高等农林教育“十三五”规划教材
全国高等学校动物医学类专业系列教材

兽医生物制品学

Veterinary Biologicalogy

罗满林　主编

中国农业大学出版社
·北京·

内容简介

本书分为总论和各论两大部分。总论分别论述了免疫学基础，疫苗相关的制造流程、种子选育、扩繁及生产技术，诊断与治疗用生物制品的制造技术，生物制品生产用设备与污物处理，生物制品的管理与质量监督手段；各论主要按动物种属（多种动物、猪、禽、牛、羊、马、水生与经济动物）介绍了目前比较重要的常见多发病的疫苗、诊断或治疗用制品的制造要点、质量标准和使用方法，同时还对微生态制剂和免疫增强剂作了适当介绍。

本书融科学性、系统性、时代性于一体，在内容上反映了兽医生物制品的最新研究成果，不仅适合在校的相关专业学生使用，也可供动物养殖行业广大从业人员、基层兽医和各类检疫人员使用和参考。

图书在版编目(CIP)数据

兽医生物制品学/罗满林主编. —北京：中国农业大学出版社，2019.2(2025.1 重印)
ISBN 978-7-5655-2183-6

Ⅰ.①兽…　Ⅱ.①罗…　Ⅲ.①兽医学-生物制品　Ⅳ.①S859.79

中国版本图书馆 CIP 数据核字(2019)第 040426 号

书　　名　兽医生物制品学
Shouyi Shengwuzhipin Xue
作　　者　罗满林　主编

策划编辑　张　程　潘晓丽　　**责任编辑**　潘晓丽
封面设计　郑　川　李尘工作室
出版发行　中国农业大学出版社
社　　址　北京市海淀区圆明园西路 2 号　　**邮政编码**　100193
电　　话　发行部 010-62818525,8625　　**读者服务部** 010-62732336
编辑部 010-62732617,2618　　**出　版　部** 010-62733440
网　　址　http://www.caupress.cn　　**E-mail**　cbsszs@cau.edu.cn
经　　销　新华书店
印　　刷　涿州市星河印刷有限公司
版　　次　2019 年 4 月第 1 版　　2025 年 1 月第 2 次印刷
规　　格　185 mm×260 mm　　16 开本　　25.75 印张　　610 千字
定　　价　68.00 元

图书如有质量问题本社发行部负责调换

编写人员
CONTRIBUTORS

主　编　罗满林

副主编　李　郁　亓文宝　胡思顺

编　者　(按姓氏笔画排序)

亓文宝(华南农业大学)
成大荣(扬州大学)
刘国华(湖南农业大学)
阮文科(北京农学院)
严玉霖(云南农业大学)
李　郁(安徽农业大学)
陈晓月(沈阳农业大学)
陈瑞爱(华南农业大学)
林瑞庆(华南农业大学)
罗满林(华南农业大学)
单　虎(青岛农业大学)
胡永浩(甘肃农业大学)
胡思顺(华中农业大学)
闻晓波(黑龙江八一农垦大学)
袁万哲(河北农业大学)

前言 PREFACE

党的二十大强调,加强生物安全管理。兽医生物制品包括预防、诊断和治疗用制品。要保证动物养殖业的健康发展,必须做好动物疫病防控工作。疫病防控应坚持预防为主的方针,这就需要了解各类疫苗的性质和掌握其使用。为了减少疫病带来的经济损失,也时常用到治疗用生物制品。可以说,兽医生物制品与动物疫病的防控息息相关,并起到举足轻重的作用。

当前,动物疫病仍是制约我国养殖业发展和影响公共卫生安全的重要因素。随着我国改革开放向纵深发展,国际经济一体化进程的加快,集约化生产模式的不断扩大,多种经济动物饲养的兴起,我国动物疫病的防控工作必须与时俱进。做好各种动物重大疫病和动物源性人兽共患病的防控工作,无论是对各级政府主管部门或兽医,还是对于从事养殖业的饲养人员,都是一项挑战性很强的工作。特别是目前或未来从事生物制品行业工作的各类生产或管理人员,更需要掌握其理论知识和相关技术。本书对各论的每一类生物制品的种子来源,制造要点、质量标准及保存与应用,进行了全面介绍。

本书由全国 12 所农业院校的 15 位工作在教学一线的教师,根据多年教学、科研和生产经验,参考了国内外相关资料编写而成。本书内容集中反映了当前兽医生物制品的新技术和新产品,也包含了编者们的科研成果和生产经验。具体编写分工如下:

袁万哲编写第一章第一节、第五章第四节。

闻晓波编写第一章第二节,第三章第四节,第四章第六节。

成大荣编写第二章第一、三、四节,第十三章第二节。

林瑞庆编写第二章第二节,第三章第三节,第十一章第三节。

陈晓月编写第三章第一、二节、第十三章第一节。

胡思顺编写第四章第一至四节,第十一章第一节。

单虎编写第五章第一至三节,第十二章第二节。

陈瑞爱编写第六章,第四章第四、五节,第七章第七节。

严玉霖编写第七章第一至六节。

罗满林编写第七章第八节,第九章第一节,第十二章第一节。

亓文宝编写第八章第二节。

刘国华编写第八章第三节,第十章第三节。

李郁编写第九章第二节。

胡永浩编写第十章第一、二节。

阮文科编写第十一章第二节。

此外，胡思顺和陈瑞爱合编了第四章第四节。第八章第一节由李郁、胡思顺、闻晓波和袁万哲共同完成。李郁、亓文宝和胡思顺参与了本书的审校工作，青岛农业大学单虎教授，生前参与了本书的编写并对部分内容提出了修改意见，他于2023年不幸病逝，在此我们对他的英年早逝表示无尽的思念和哀悼。受书稿篇幅所限，书稿中有部分内容和图片以二维码形式展现。

中国农业大学出版社为本书的出版做了大量工作，在此表示感谢。需要说明的是，由于当今科学发展日新月异，兽医生物制品的品种更新很快，虽然各位编者尽心尽力，但受知识水平所限，本书的不足之处在所难免，恳请广大读者批评指正。

编　者

2025年1月

目录 CONTENTS

总　论

各　论

总　　论

第一章　生物制品基础

本章摘要：免疫系统包括中枢免疫器官及外周免疫器官。参与免疫的细胞有免疫活性细胞及免疫辅佐细胞。前者主要有T细胞、B细胞、K细胞及NK细胞。后者主要有单核吞噬细胞、树突状细胞等。各种活化的免疫细胞能产生种类繁多、生物活性广泛的细胞因子。机体产生免疫应答分致敏、反应及效应3个阶段，抗原的加工与递呈是关键，由抗原递呈细胞完成。T细胞等介导的特异细胞免疫主要表现为溶解靶细胞作用及引致炎症反应。B细胞介导的体液免疫表现为抗体的产生。兽医免疫学理论是病原微生物及其相关产物检测及疾病防治等生物制品研发和制造的基础。市售商品化兽医生物制品种类繁多，每种生物制品都有其各自优缺点及适用范围，存在多种分类方法，但通常按照生物制品性质、用途和制法等进行分类，同时采用规范化的命名原则对市售及正在研发的生物制品进行命名，以免混淆。

第一节　生物制品的免疫学基础

一、免疫系统

（一）免疫器官

免疫器官(immune organs)是淋巴细胞和其他免疫细胞发生、分化成熟、定居和增殖以及产生免疫应答反应的场所。根据其功能的不同可分为中枢免疫器官和外周免疫器官。

1. 中枢免疫器官

中枢免疫器官(central immune organs)又称初级或一级免疫器官(primary immune organs)，是淋巴细胞等免疫细胞发生、分化和成熟的场所，包括骨髓、胸腺、法氏囊。

(1)骨髓(bone marrow)　骨髓是体内重要的造血器官，也是各种免疫细胞发生和分化的场所。骨髓中的多能干细胞首先分化成髓样干细胞和淋巴干细胞，前者进一步分化成红细胞系、单核细胞系、粒细胞系等，后者则发育成各种淋巴细胞的前体细胞。一部分淋巴干细胞分化为T细胞的前体细胞，随血流进入胸腺后，被诱导并分化为成熟的淋巴细胞，称为胸腺依赖性淋巴细胞，简称T细胞，参与细胞免疫。一部分淋巴干细胞分化为B细胞的前体细胞，在鸟类，这些前体细胞随血流进入法氏囊发育为成熟的B细胞，又称囊依赖性淋巴细胞，参与体液免疫，在哺乳动物，这些前体细胞则在骨髓内进一步分化发育为成熟的B细胞。骨髓也是形成抗体的重要部位，抗原免疫动物后，骨髓可缓慢、持久地产生大量抗体，所以骨髓也是重要的外周免疫器官。

(2)胸腺(thymus)　哺乳动物的胸腺位于胸腔前部纵隔内。猪、马、牛、鼠等动物的胸腺可伸展至颈部直达甲状腺。鸟类的胸腺沿颈部在颈静脉一侧呈多叶状排列。胸腺的大小随年龄不同而异,就胸腺与体重的相对大小而言,在初生时最大,但其绝对大小则在青春期最大。青春期之后,胸腺实质萎缩,皮质为脂肪组织所取代。除了随年龄增长而逐渐退化外,动物处于应激状态时,其胸腺也可较快地萎缩,因此,久病死亡的动物,胸腺非常小。

胸腺是T细胞成熟的场所。骨髓中的前T细胞随血流进入胸腺,首先在外皮质层进入胸腺哺育细胞(TNC)内增殖和分化,随后移出TNC进入深皮质层继续增殖,通过与此处胸腺基质细胞的接触后发生选择性分化过程,绝大部分(>95%)胸腺细胞在原处死亡,只有少数(<5%)能继续分化发育为较成熟的胸腺细胞,并向髓质移动。进入髓质的胸腺细胞与此处的胸腺上皮细胞和树突状细胞等接触后再进一步分化为成熟的具有不同功能的T细胞亚群。最后,成熟的T细胞从髓质经血流运输至全身,参与细胞免疫,外周成熟的T细胞极少返回胸腺。胸腺还有内分泌腺的功能。胸腺上皮细胞可产生多种小分子的肽类胸腺激素,如胸腺血清因子(thymulin)、胸腺素(thymosin)、胸腺生成素(thymopoietin)和胸腺体液因子(thymic humoral factor)等,它们对诱导T细胞成熟有重要作用。胸腺素是一种小的多肽混合物,它作用于骨髓前体细胞使之成熟,并进一步分化为具有特殊功能的T细胞亚群。胸腺生成素,能引起T细胞前体的分化,并降低环磷酸腺苷(cAMP)水平,增强T细胞的功能。胸腺血清因子是由胸腺上皮细胞分泌的肽类,它能部分地恢复胸腺切除动物的T细胞功能。另外,胸腺激素对外周成熟的T细胞也有一定作用,可增强或调节其功能。

(3)法氏囊(bursa of Fabricius)　也称腔上囊(bursa),为鸟类所特有的淋巴器官。位于泄殖腔背侧,并以短管与其相连。形似樱桃,鸡为球形或椭球形状囊,鹅、鸭呈圆筒形囊。性成熟前达到最大,以后逐渐萎缩退化直到完全消失。

腔上囊是B细胞诱导分化和成熟的场所。来自骨髓的淋巴干细胞在其内诱导分化为成熟的B细胞,经淋巴和血液循环到外周淋巴器官参与体液免疫。由腔上囊分泌的囊素对B细胞的分化、成熟具有重要的作用。胚胎后期或初孵出的雏禽切除腔上囊,则体液免疫应答受到抑制,浆细胞减少或消失,接受抗原刺激后不能产生抗体,但切除腔上囊对细胞免疫则影响很小,被切除的雏禽仍能排斥皮肤移植。某些病毒感染(如传染性法氏囊病)及某些化学药物(如注射睾丸酮)等均能使囊萎缩,如果鸡场存在传染性法氏囊病则易导致免疫失败。哺乳动物没有腔上囊,相当于腔上囊的功能由骨髓兼管,B细胞在骨髓发育成熟。

2. 外周免疫器官

外周免疫器官(peripheral immune organs)又称次级(二级)免疫器官(secondary immune organs),是成熟的T细胞和B细胞定居、增殖和对抗原刺激进行免疫应答的场所。它包括脾脏、淋巴结以及消化道、呼吸道和泌尿生殖道的淋巴小结等。这类器官或组织富含捕捉和处理抗原的巨噬细胞、树突状细胞和朗罕氏细胞,能迅速捕获抗原,并为处理后的抗原与免疫活性细胞的接触提供最大机会。这些器官与一级免疫器官不同,它们都起源于胚胎晚期的中胚层,并持续地存在于整个成年期,切除二级免疫器官一般不影响免疫功能。

(1)淋巴结(lymph node)　呈圆形或豆状,遍布于淋巴循环路径的各个部位,以便捕获从躯体外部进入血液-淋巴液的抗原。它由网状组织构成支架,外有结缔组织包膜,其内充满淋巴细胞、巨噬细胞和树突状细胞。

淋巴结的皮质区中含有淋巴小结，主要由 B 细胞聚集而成，也称初级淋巴小结，又称非胸腺依赖区。接触抗原刺激后，B 细胞分裂增殖形成生发中心，又称二级淋巴小结，内含处于不同分化阶段的 B 细胞和浆细胞（浆细胞是 B 细胞经抗原刺激转化后的终末细胞），还存在少量 T 细胞。在新生动物未发现生发中心，无菌动物生发中心很差，胸腺切除一般不影响生发中心。淋巴小结和髓质之间为副皮质区。淋巴小结周围和副皮质区是 T 细胞主要集中区，故称胸腺依赖区，在该区也有树突状细胞和巨噬细胞等。

髓质由髓索和髓窦组成。髓索中含有 B 细胞、浆细胞和巨噬细胞等。髓窦位于髓索之间，为淋巴液通道，与输出淋巴管相通。髓窦内有许多巨噬细胞，能吞噬和清除细菌等异物。此外，淋巴结内免疫应答生成的致敏 T 细胞及特异性抗体可汇集于髓窦中，随淋巴液循环进入血循环分布到全身发挥作用。

猪淋巴结的结构与其他哺乳动物淋巴结的结构不同，其组织学图像呈现相反的结构，淋巴小结在淋巴结的中央，相当于髓质的部分在淋巴结外层。淋巴由淋巴结门进入淋巴结，流经中央的皮质和四周的髓质，最后由输出管流出淋巴结。鸡无淋巴结，但淋巴组织广泛分布于体内，有的为弥散性，如消化道管壁中的淋巴组织；有的为淋巴集结，如盲肠扁桃体；有的呈小结状。它们在抗原刺激后都能形成生发中心。鹅、鸭等水禽类，有两对淋巴结，即颈胸淋巴结和腰淋巴结。

淋巴结具有过滤和清除异物作用。侵入机体的致病菌、毒素或其他有害异物，通常随组织淋巴液进入局部引流淋巴结内，淋巴窦中的巨噬细胞有效地吞噬和清除细菌等异物，但对病毒和癌细胞的清除能力低。同时淋巴结也是产生免疫应答的场所。淋巴实质中的巨噬细胞和树突状细胞能捕获和处理外来异物性抗原，并将抗原递呈给 T 细胞和 B 细胞，使其活化增殖，形成致敏 T 细胞和浆细胞，使生发中心增大。因此，细菌等异物侵入机体后，引致淋巴结肿大，与淋巴细胞受抗原刺激后大量增殖有关，是产生免疫应答的表现。

(2)脾脏(spleen)　外包被膜，实质分为两部分，一部分贮存红细胞，捕获抗原和生成红细胞，称为红髓，另一部分发生免疫应答，称为白髓。禽类的脾较小，白髓与红髓分界不明显，主要参与免疫功能，贮血作用很小。

红髓量多，位于白髓周围。白髓内沿中央动脉周围的淋巴组织称淋巴鞘，主要由 T 细胞组成，为胸腺依赖区。白髓内有淋巴小结和生发中心，含大量 B 细胞，为非胸腺依赖区。淋巴小结外周的白髓区仍以 T 细胞分布为主，而在白髓与红髓交界的边缘区则以 B 细胞为多。红髓由脾索和脾窦组成，脾索为彼此吻合成网状的淋巴组织索，含大量 B 细胞和浆细胞以及巨噬细胞和树突状细胞等。由脾索围成的脾窦内充满血液，脾索中和脾窦壁上的巨噬细胞能吞噬和清除血液中的细菌等有害异物和衰残的血细胞。

脾脏具有血液滤过作用。循环血液通过脾脏时，脾脏中的巨噬细胞可吞噬和清除混入血液的细菌等异物和自身衰老伤残的血细胞等废物。脾脏具有滞留淋巴细胞的作用。当抗原进入脾脏或淋巴结以后，就会引起淋巴细胞的滞留，即在正常情况下能在这些器官中自由通过的淋巴细胞被滞留而不离去，从而使抗原敏感细胞集中到抗原集聚的部位附近，增进免疫应答的效应。许多免疫佐剂能触发这种滞留，所以滞留作用可能是佐剂作用的原理之一。脾脏也是产生免疫应答的重要场所。脾脏内定居着大量淋巴细胞和其他免疫细胞，抗原一旦进入脾脏即可诱发 T 细胞和 B 细胞的活化和增殖，产生致敏 T 细胞和浆细胞。脾脏是体内产生抗体的主要器官。脾脏能产生一种含苏-赖-脯-精氨酸的四肽激素，该物质由美国 Tuft 大学发现，故名 tuftsin(特夫素)，它能增强巨噬细胞及中性粒细胞的吞噬作用。

(3)哈德腺(the gland of Harder)　是禽类眼窝内腺体之一，能接受抗原刺激，分泌特异性抗体，通过泪液带入上呼吸道黏膜分泌物内，成为口腔、上呼吸道的抗体来源之一，故在上呼吸道免疫方面起着非常重要的作用。哈德腺既可在局部形成坚实的屏障，又能激发全身免疫系统，协调体液免疫。在雏鸡免疫时，它对疫苗发生应答反应，不受母源抗体的干扰，对提高免疫效果起着非常重要的作用。

哈德腺又称瞬膜腺，位于眼窝中腹部，眼球后中央，在视神经区呈喙状延伸，呈不规则的带状。整个腺体由结缔组织分割成许多小叶，小叶由腺泡、腺管及排泄管组成。腺泡上皮由一层柱状腺上皮排列而成，上皮基膜下是大量浆细胞和部分淋巴细胞。它能分泌泪液、润滑瞬膜，对眼睛具有机械保护作用。

(4)黏膜免疫系统(mucosal lymphoid system，MLS)　也称为黏膜相关类淋巴组织(mucosa associated lymphoid tissue, MALT)，乃无被膜的淋巴组织，主要指呼吸道、肠道及泌尿生殖道黏膜固有层和上皮细胞下散在的淋巴组织以及某些带有生发中心的器官化的淋巴组织，如扁桃体、派氏集合淋巴结(位于小肠)、阑尾等。MALT 是病原微生物等抗原性异物入侵机体的主要门户，也是机体重要的防御屏障，均含有丰富的 T 细胞、B 细胞及巨噬细胞等。黏膜下层的淋巴组织中 B 细胞数量比 T 细胞多，而且多是能产生分泌型 IgA 的 B 细胞，T 细胞则多为具有抗菌作用的 $\gamma\delta$T 细胞。

(二)免疫细胞

凡参与免疫应答或与免疫应答有关的细胞统称为免疫细胞(immunocyte)，其种类很多。在免疫细胞中，接受抗原物质刺激后能分化增殖，产生特异性免疫应答的细胞，称为免疫活性细胞(immunocompetent cell，ICC)，也称为抗原特异性淋巴细胞，主要为 T 细胞和 B 细胞，在免疫应答过程中起核心作用。单核吞噬细胞和树突状细胞，在免疫应答过程中起重要的辅佐作用，故称免疫辅佐细胞(accessory cell, A cell)，能捕获和处理抗原并将抗原递呈给免疫活性细胞。

1. T 细胞和 B 细胞

(1)来源与分布　T 细胞和 B 细胞均来源于骨髓的多能干细胞。多能干细胞中的淋巴细胞分化为前 T 细胞和前 B 细胞。前 T 细胞进入胸腺发育为成熟的 T 细胞又称胸腺依赖性淋巴细胞(thymus dependent lymphocyte)，简称 T 淋巴细胞或 T 细胞。成熟的 T 细胞经血流分布到外周免疫器官的胸腺依赖区定居和增殖，并可经血液→组织→淋巴→血液再循环巡游全身各处。T 细胞接受抗原刺激后活化、增殖和分化为效应 T 细胞，执行细胞免疫功能。效应 T 细胞是短寿的，一般存活 4～6 d，其中一部分变为长寿的免疫记忆细胞，进入淋巴细胞再循环，它们可存活数月到数年。

前 B 细胞在哺乳类动物的骨髓或在鸟类的腔上囊分化发育为成熟的 B 细胞，又称骨髓依赖性淋巴细胞(bone marrow dependent lymphocyte)或囊依赖性淋巴细胞(burse dependent lymphocyte)。B 细胞在外周淋巴器官的非胸腺依赖区定居和增殖。B 细胞接受抗原刺激后，活化、增殖和分化为浆细胞，由浆细胞产生特异性抗体，发挥体液免疫功能。浆细胞一般只能存活 2 d。一部分 B 细胞成为免疫记忆细胞，参与淋巴细胞再循环，它们是长寿 B 细胞，可存活 100 d 以上。

(2)表面标志　淋巴细胞表面存在着大量不同种类的蛋白质分子,这些表面分子又称为表面标志(surface marker)。T 细胞和 B 细胞的表面标志包括表面受体和表面抗原,可用于鉴别 T 细胞和 B 细胞及其亚群。

表面受体(surface receptor)是指淋巴细胞表面上能与相应配体(特异性抗原、绵羊红细胞、补体等)发生特异性结合的分子结构。表面抗原(surface antigen)是指在淋巴细胞或其亚群细胞表面上能被特异性抗体(如单克隆抗体)所识别的表面分子。由于表面抗原是在淋巴细胞分化过程中产生的,故又称为分化抗原。不同的研究者和实验室已建立了多种单克隆抗体系统用以鉴定淋巴细胞表面抗原,出现了多种命名。为避免混淆,从 1983 年起,经国际会议商定以分化群(cluster of differentiation,CD)统一命名淋巴细胞表面抗原或分子,如将单抗 OKT3 和单抗 Leu4 所识别的同一分化抗原命名为 CD3 等,至今已命名 130 余种 CD 抗原。

①T 细胞的表面标志

TCR:所有 T 细胞表面具有识别和结合特异性抗原的分子结构,称 T 细胞抗原受体(T cell antigen receptor, TCR)。95%T 细胞的 TCR 是由 α 链和 β 链经二硫键连接组成的异二聚体,每条链又可折叠形成可变区(V 区)和恒定区(C 区)两个功能区。C 区与细胞膜相连,并有 4～5 个氨基酸伸入细胞质,而 V 区则为与抗原结合部位。α 链有 248 个氨基酸,分子量为 40 000～50 000,β 链有 282 个氨基酸,分子量为 40 000～45 000。在 T 细胞发育过程中,各个幼稚 T 细胞克隆的 TCR 基因经过不同的重排后可形成几百万种以上不同序列的基因,因而可编码相应数量的不同特异性的 TCR 分子。每个成熟的 T 细胞克隆内各个细胞具有相同的 TCR,能识别同一种特异性抗原。在同一个体内,可能有数百万种 T 细胞克隆及其特异性的 TCR,故能识别许多种抗原。TCR 与细胞膜上的 CD3 抗原通常紧密结合在一起形成复合体。

TCR 识别和结合抗原的性质是有条件的,即只有当抗原片段或决定簇与抗原递呈细胞上的 MHC 分子结合在一起时,T 细胞的 TCR 才能识别或结合 MHCⅡ类分子(或Ⅰ类分子)与抗原片段复合物中的抗原部分。这就是 TCR 识别抗原须受 MHC 分子与抗原片段结合的制约,也称为 TCR 识别抗原的 MHC 限制性或 MHC 约束性(MHC restriction)。所以 TCR 不能识别和结合单独存在的抗原片段或决定簇。

少数 T 细胞(约 5%)的 TCR 是由 γ 链和 δ 链组成,称为 γδT 细胞,也在胸腺内分化发育,在外周血循环中少,在皮肤和肠道黏膜相关淋巴组织中较多,这种 T 细胞在局部免疫方面有一定作用。

CD2:曾称为红细胞(erythrocyte, E)受体,是 T 细胞的重要表面标志,B 细胞无此抗原。一些动物和人的 T 细胞在体外能与绵羊红细胞结合,形成红细胞花环,E 花环试验是鉴别 T 细胞及检测外周血中的 T 细胞的比例及数目的常用方法。

CD3:仅存在于 T 细胞表面,由 6 条肽链组成,常与 TCR 紧密结合形成含有 8 条肽链(αβγδεεξξ)的 TCR-CD3 复合体。CD3 分子的功能是把 TCR 与外来结合的抗原信息传递到细胞内,启动细胞内的活化过程,在 T 细胞被抗原激活的早期过程中起重要作用。CD3 也常用于检测外周血 T 细胞总数。

CD4 和 CD8:分别称为 MHCⅡ类分子和 MHCⅠ类分子的受体。CD4 和 CD8 分别出现在不同功能亚群的 T 细胞表面,在同一 T 细胞表面只表达其中一种,因此,T 细胞可分成两大亚群,分别是 $CD4^+$ 的 T 细胞和 $CD8^+$ 的 T 细胞,$CD4^+$ 与 $CD8^+$ 细胞的比值是一项重要的评估机体免疫状态的依据,正常情况下此比值应为 2∶1。

此外，在 T 细胞表面还有丝裂原受体、IgG 或 IgM 的 Fc 受体、白细胞介素受体以及各种激素和介质（如肾上腺素、皮质激素、组胺）的受体。

②B 细胞的表面标志

B 细胞抗原受体：B 细胞表面的抗原受体是细胞表面的免疫球蛋白（surface membrane immunoglobulin, SmIg）。这种 SmIg 的分子结构与血清中的 Ig 相同，其 Fc 段的几个氨基酸镶嵌在细胞膜脂质双层中，Fab 段则向细胞外侧以便与抗原结合，SmIg 主要是单体的 IgM 和 IgD。每个 B 细胞表面有 $10^4 \sim 10^5$ 个免疫球蛋白分子。SmIg 是鉴别 B 细胞的主要特征，常用荧光素或铁蛋白标记的抗免疫球蛋白抗体来鉴别 B 细胞。

Fc 受体（Fc receptor，FcR）：此受体能与免疫球蛋白的 Fc 片段结合，大多数 B 细胞有 IgG 的 Fc 受体，称 Fc(γ)R，能与 IgG 的 Fc 片段结合。B 细胞表面的 Fc(γ)R 与抗原抗体复合物结合，有利于 B 细胞对抗原的捕获和结合以及 B 细胞的激活和抗体产生。检测带有 Fc 受体的 B 细胞可用抗牛（或鸡）红细胞抗体致敏的牛（或鸡）红细胞（erythrocyte sensitized with antibody, EA）作 EA 花环试验。

补体受体（complement receptor，CR）：大多数 B 细胞表面存在能与 C3b 和 C3d 发生结合的受体，分别称为 CRⅠ和 CRⅡ（即 CD35 和 CD21）。CR 有利于 B 细胞捕捉与补体结合的抗原抗体复合物，CR 被结合后，可促使 B 细胞活化。B 细胞的补体受体常用 EAC 花环试验测出：将红细胞（E）、抗红细胞（A）和补体（C）的复合物与淋巴细胞混合后，可见 B 细胞周围有红细胞围绕形成的花环。

此外，B 细胞表面还有丝裂原受体、CD79（类似于 T 细胞的 CD3，常与 B 细胞抗原受体形成复合物）、白细胞介素受体以及 CD9、CD10、CD19 和 CD20 分子等。

（3）T 细胞亚群及功能　关于 T 细胞亚群划分的原则和命名尚无统一标准。由于 T 细胞存在有许多功能和分化抗原均不相同的亚群，目前对 T 细胞亚群的划分就是基于其 CD 抗原的不同，而分为 $CD4^+$ 和 $CD8^+$ 两大亚群。

①$CD4^+$ 细胞：具有 $CD2^+$、$CD3^+$、$CD4^+$、$CD8^-$ 的 T 细胞简称为 $CD4^+$ 细胞，包括以下 3 种类型，a. 辅助性 T 细胞（helper T cell, TH），其主要功能为协助其他细胞发挥免疫功能。TH 细胞有 TH-1 与 TH-2 两大类，TH-1 产生白细胞介素 2（IL-2）、白细胞介素 3（IL-3）、γ 干扰素（INFγ）和淋巴毒素（LT），辅助 IgG_2、IgG_3、IgG_4 及 IgM 的合成，并促进迟发型变态反应；TH-2 产生白细胞介素 4（IL-4）、白细胞介素 5（IL-5）、白细胞介素 6（IL-6），辅助 IgE、IgG 和 IgA 的合成，促进嗜酸性粒细胞及肥大细胞增殖，促进速发型变态反应；b. 诱导性 T 细胞（inducer T cell, T_I），能诱导 TH 细胞和抑制性 T 细胞（TS）的成熟；c. 迟发型超敏反应性 T 细胞（delayed type hypersensitivity T cell，TD），在免疫应答的效应阶段和Ⅳ型变态反应中能释放多种淋巴因子导致炎症反应，发挥排除抗原的功能。

②$CD8^+$ 细胞：具有 $CD2^+$、$CD3^+$、$CD4^-$、$CD8^+$ 的 T 细胞简称 $CD8^+$ 细胞，包括以下 2 种类型，a. 抑制性 T 细胞（suppressor T cell, TS），能抑制 B 细胞产生抗体和其他 T 细胞分化增殖，从而调节体液免疫和细胞免疫；b. 细胞毒性或杀伤性 T 细胞（cytotoxic T cell, Tc；killer T cell, Tk，或称 CTL），在免疫效应阶段识别带有抗原的靶细胞，如被病毒感染的细胞或癌细胞等，通过释放穿孔素或其他机理使靶细胞溶解。

（4）B 细胞亚群及功能　根据产生抗体时是否需要 T 细胞协助，可将 B 细胞分成 B1 和 B2 两个亚群。B1 细胞为 T 细胞非依赖性细胞，在接受胸腺非依赖性抗原刺激后活化增殖，不需

T_H 细胞的协助，只产生 IgM，不表现再次应答，易形成耐受现象。B1 细胞表面仅有 SIgM。B2 细胞为 T 细胞依赖性细胞，在接受胸腺依赖性抗原刺激后发生免疫应答，必须有 T_H 细胞的协助，有再次应答，不易形成耐受，可产生 IgM 和 IgG 抗体，细胞表面同时有 SIgM 和 SIgD。

2. K 细胞和 NK 细胞

淋巴细胞可以根据其表面是否具有 Ig 分子及是否能与绵羊红细胞形成玫瑰花环而分为 T 细胞和 B 细胞，但另有一类淋巴细胞既无 T 细胞的表面标志（如 CD2），又无 B 细胞的表面标志（如 SmIg），称为裸细胞（null cell），主要包括具有非特异性杀伤功能的 K 细胞和 NK 细胞，这些细胞直接来源于骨髓，其分化过程不依赖于胸腺或囊类器官。

（1）杀伤细胞（killer cell, K cell）　简称 K 细胞，其主要特点是细胞表面具有 IgG 的 Fc 受体。当靶细胞与相应的 IgG 结合，K 细胞可与结合在靶细胞上的 IgG 的 Fc 结合，从而使自身活化，释放细胞毒，裂解靶细胞，这种作用称为抗体依赖性细胞介导的细胞毒作用（antibody dependent cell mediated cytotoxicity, ADCC）。在 ADCC 反应中，IgG 抗体与靶细胞的结合是特异性的，而 K 细胞的杀伤作用是非特异性的，不需要识别抗原和 MHC 分子，任何被 IgG 结合的靶细胞均可被 K 细胞非特异性地杀伤。如果用酶破坏 Fc 段，或先用 IgG 封闭 K 细胞上的 Fc 受体，则靶细胞不被杀伤。

K 细胞主要存在于腹腔渗出液、血液和脾脏中，淋巴结中很少，在骨髓、胸腺和胸导管中含量极微。K 细胞杀伤的靶细胞包括病毒感染的宿主细胞、恶性肿瘤细胞、移植物中的异体细胞及某些较大的病原体（如寄生虫）等，故 K 细胞在抗肿瘤免疫和移植物排斥反应、清除自身的衰老细胞等方面有一定的意义。

（2）自然杀伤细胞（natural killer cell, NK cell）　简称 NK 细胞，是一群既不依赖抗体参与，也不需要抗原刺激和致敏就能杀伤靶细胞的淋巴细胞，因而称为自然杀伤性细胞。NK 细胞表面存在着识别靶细胞表面分子的受体结构，通过此受体与靶细胞结合而发挥杀伤作用。NK 细胞表面有 INF 和 IL-2 受体。INF 作用于 NK 细胞后，可使 NK 细胞增多识别（靶细胞的）结构和增强溶解杀伤活性。IL-2 可刺激 NK 细胞不断增殖和产生 INF，发挥更大的杀伤作用。NK 细胞表面也有 IgG 的 Fc 受体，凡被 IgG 结合的靶细胞均可被 NK 细胞通过其 Fc 受体的结合而导致靶细胞溶解，即 NK 细胞也具有 ADCC 作用。

NK 细胞有许多表面标志，但多为与其他免疫细胞共有。这些表面标志主要有以下 3 种，a. CD16，是 NK 细胞表面一种低亲和力 IgG Fc 受体；b. CD56；c. CD57。小鼠 NK 细胞表面标志有 Asialo、GM1、Fc(r)R、Lyt5、Qa 抗原等，这些抗原也存在于小鼠其他淋巴细胞、单核/巨噬细胞及粒细胞上。

NK 细胞主要存在于外周血和脾脏中，淋巴结和骨髓中很少，胸腺中不存在。NK 细胞的主要生物学功能为非特异性地杀伤肿瘤细胞、抵抗多种微生物感染及排斥骨髓细胞的移植。NK 细胞对生长旺盛的细胞（如骨髓细胞和 B 细胞）有一定的杀伤作用，表明 NK 细胞也有免疫调节作用。NK 细胞对肿瘤细胞的杀伤作用是广谱的，因此可能是机体免疫监视机构的一个重要组成部分，是消灭癌细胞的第一道防线。

3. 辅佐细胞

T 细胞和 B 细胞是免疫应答的主要承担者，但免疫反应的完成，尚需单核吞噬细胞和树突状细胞的协助参加，对抗原进行捕捉、加工和处理，这些细胞称为辅佐细胞（accessory cell），简称 A 细胞。由于 A 细胞是免疫应答中将抗原递呈给抗原特异性淋巴细胞的一类免疫细胞，故又称抗原递呈细胞(antigen presenting cell，APC)。

(1)单核吞噬细胞(mononuclear phagocyte，Mϕ)　单核吞噬细胞包括血液中的单核细胞(monocyte)和组织中的巨噬细胞(macrophage)，单核细胞在骨髓分化成熟进入血液，在血液中停留数小时至数月后，经血流随机分布到全身多种组织器官中，分化成熟为巨噬细胞。巨噬细胞寿命较长(数月以上)，具有较强的吞噬功能。

单核细胞表面具有多种受体，例如 IgG 的 Fc 受体，补体 C3b、C3d 受体，均有助于吞噬功能的进一步发挥。Mϕ 有较强的黏附玻璃或塑料表面的特性，而 T 细胞、B 细胞和 NK 细胞等淋巴细胞一般无此能力，故可利用该特点分离和获取 Mϕ。巨噬细胞表面有较多的 MHCⅠ类和Ⅱ类分子，与抗原递呈有关。Mϕ 具有吞噬和杀伤作用，递呈抗原作用，并能合成和分泌各种活性因子。

(2)树突状细胞(dendritic cell，DC)　简称 D 细胞，来源于骨髓和脾脏的红髓，成熟后主要分布在脾和淋巴结中，结缔组织中也广泛存在。D 细胞表面伸出许多树突状突起，胞内线粒体丰富，高尔基体发达，但无溶酶体及吞噬体，故无吞噬能力。大多数 D 细胞有较多的 MHCⅠ类和Ⅱ类分子，少数 D 细胞表面有 Fc 受体和 C3b 受体，可通过结合抗原-抗体复合物将抗原递呈给淋巴细胞。

(3)郎格罕细胞(Langerhans cell，LC)　简称 L 细胞，其细胞的形态特点与 D 细胞相似，细胞膜上有突起，但无吞噬功能。主要存在于表皮层的颗粒层或扁平上皮基层中。细胞表面也有 Fc 受体、C3b 受体以及丰富的 MHCⅡ类分子。L 细胞具有较强的抗原递呈能力，特别在针对从皮肤进入的抗原所形成的免疫应答中起重要作用。

4. 其他免疫细胞

(1)粒细胞　细胞质中含有颗粒的白细胞统称粒细胞(granulocyte)。用姬姆萨染液染色后，根据细胞质颗粒的染色特性将其分为中性粒细胞、嗜酸性粒细胞和嗜碱性粒细胞。它们来源于骨髓，其寿命较短，为在外周血中维持恒定的数目，必须由骨髓不断地供应。粒细胞由于有分叶状的细胞核，又称多形核白细胞。

①中性粒细胞(neutrophile)：是血液中的主要吞噬细胞，具有高度的移动性和吞噬功能。细胞表面有 Fc 及 C3b 受体。它在防御感染中起重要作用，并可分泌炎症介质，促进炎症反应并可处理颗粒性抗原提供给巨噬细胞。

②嗜酸性粒细胞(eosinophile)：其细胞质内有许多嗜酸性颗粒。此颗粒在电镜下呈晶体样结构，颗粒中含有多种酶，尤其富含过氧化物酶。在寄生虫感染及Ⅰ型超敏反应性疾病中常见嗜酸性粒细胞数目增多。嗜酸性粒细胞能结合至被抗体覆盖的血吸虫体上，杀伤虫体，且能吞噬抗原抗体复合物，同时释放出一些酶类，如组胺酶、磷脂酶 D 等，可分别作用于组胺、血小板活化因子，在Ⅰ型过敏反应中发挥负反馈调节作用。

③嗜碱性粒细胞(basophile)：嗜碱性粒细胞内含大小不等的嗜碱性颗粒，颗粒内含有组胺、白三烯、肝素等参与Ⅰ型过敏反应的介质，细胞表面有 IgE 的 Fc 受体，能与 IgE 结合，带 IgE 的嗜碱性粒细胞与特异性抗原结合后，立即引起细胞脱粒，释放组胺等介质，引起过敏反应。

(2)肥大细胞(mast cell)　肥大细胞存在于周围淋巴组织、皮肤的结缔组织，特别是在小血管周围、脂肪组织和小肠黏膜下组织等处。肥大细胞表面有 IgE 的 Fc 受体、细胞质内有嗜碱性颗粒；脱粒机制及其在Ⅰ型过敏反应中的作用与嗜碱性粒细胞十分相似。

(3)红细胞　研究表明红细胞和白细胞一样具有重要的免疫功能，它具有识别抗原、清除体内免疫复合物、增强吞噬细胞的吞噬功能、递呈抗原物质和免疫调节等功能。

(三)细胞因子

细胞因子(cytokine)是免疫细胞受抗原或丝裂原刺激后产生的非抗体、非补体的具有激素样活性的蛋白质分子。在免疫应答和炎症反应中有多种生物学活性作用。许多细胞能够产生细胞因子，概括起来主要有三类：第一类是活化的免疫细胞；第二类是基质细胞类，包括血管内皮细胞、成纤维细胞、上皮细胞等；第三类是某些肿瘤细胞。抗原刺激、感染、炎症等许多因素都可刺激细胞因子的产生，而且各细胞因子之间也可彼此促进合成和分泌。

1. 种类与命名

细胞因子的种类繁多，就目前所知，具体包括干扰素(interferon, IFN-α、β、γ)、白细胞介素(interleukin, IL)、肿瘤坏死因子(tumor necrosis factor, TNF-α、β)、集落刺激因子(colony stimulating factor, CSF)等四大系列十几种。这些细胞因子各有各自的生物学活性，它们在介导机体多种免疫反应(如肿瘤免疫、感染免疫、移植免疫、自身免疫)过程中发挥着重要的甚至是中心的作用。在细胞因子这一概念提出之前，人们将由活化淋巴细胞产生的除抗体之外的免疫效应物质称为淋巴因子，其名称相当混乱。1979 年，在瑞士举行的第二届国际淋巴因子专题讨论会上，将在白细胞间发挥作用的一些淋巴因子统一命名为 IL，并按发现顺序以阿拉伯数字排列，如 IL-1、IL-2…，现已命名了近 20 种 IL。

2. 共同特性

尽管细胞因子种类繁多，生物学活性广泛(表 1-1)，但它们均具有以下特点。

表 1-1　主要的细胞因子及其免疫生物学活性

细胞因子名称	免疫生物学活性
巨噬细胞移动抑制因子(MIF)	抑制巨噬细胞移动
巨噬细胞活化因子(MAF)	活化和增强巨噬细胞杀伤靶细胞的能力
巨噬细胞趋化因子(MCF)	吸引巨噬细胞至抗原所在部位
巨噬细胞聚集因子(MaggF)	促使巨噬细胞聚集
趋化因子类(CFs)	分别吸引粒细胞、单核细胞、巨噬细胞、淋巴细胞等至炎症病灶
白细胞移动抑制因子(LIF)	抑制嗜中性粒细胞的随机移动
肿瘤坏死因子(TNF)	选择性地杀伤靶细胞
干扰素(IFN)	抑制病毒的增殖，激活 NK 细胞，增强巨噬细胞的活性，免疫调节
Ia 抗原诱导因子	诱导巨噬细胞表达 MHCⅡ类分子
转移因子(TF)	将特异性免疫信息传递给正常淋巴细胞，使其致敏
皮肤反应因子(SRF)	引起血管扩张，增加血管通透性

①一种细胞因子可由多种细胞产生，单一刺激(如 LPS、病毒感染等)也可使同一种细胞产生多种细胞因子。

②均为低分子量(小于 80 000)的分泌型蛋白，绝大多数为糖蛋白。

③几乎都是在细胞受抗原或丝裂原刺激后的活化过程中合成和分泌，并通过自分泌（即作用于产生细胞）或旁分泌（即作用于邻近细胞）的方式短暂地产生并在局部发挥作用，而不是通过内分泌的方式作用于远处细胞。

④具有激素样活性作用，即细胞因子的产量非常微小，却具有极高的生物学活性。在极低浓度水平（10～12 mol/L）时即可发挥生物学作用。

⑤需与靶细胞上特异性高亲和力受体结合后才能介导生物学效应。

⑥单种细胞因子可具有多种生物学效应，但多种细胞因子也常常具有某些相同的生物学活性。除参与机体的多种免疫反应外，有些细胞因子还参与炎症、发热等，甚至影响某些生理活动。

3. 各种细胞因子的免疫生物学活性

（1）IL-1　旧称淋巴细胞激活因子（LAF）、B 细胞活化因子（BAF）、胸腺细胞增生因子（TPF）等。许多细胞可产生 IL-1，如单核细胞、纤维母细胞、部分 B 细胞、人的巨噬细胞等，可由 LPS、PPD 等诱导产生。IL-1 能诱导 T 细胞、B 细胞活化增殖，促进 T 细胞对抗原的激活，可诱导产生 IL-2、IL-6，还可调节纤维母细胞增殖，有助于炎症局部组织的纤维化。

（2）IL-2　旧称 T 细胞生长因子（TCGF）。主要由 TH-1 细胞及部分 B 细胞产生。IL-2 具有广谱的免疫增强活性，可诱导 T 细胞与 B 细胞增殖分化，促进 CTL 的前体细胞分化为 CTL，并增强其杀伤效应，并可促进 NK 功能及释放 IFN。具有显著的抗肿瘤作用，并能抵御病毒性感染。

（3）IL-3　主要是由 TH-1 细胞、部分 B 细胞受丝裂原或抗原刺激后产生的，最初发现它可刺激裸鼠某些细胞分化为成熟 T 细胞，后来证明它的生物学活性非常广泛，可刺激多能造血干细胞和各系祖细胞的分化与增殖，故又称多重集落刺激因子（multi-CSF）。此外，IL-3 还促进和维持肥大细胞的增殖，增强嗜酸性粒细胞的活性，促进 NK 细胞的杀伤活性，在治疗造血系统疾病、肿瘤、变态反应等方面具有临床价值。

（4）IL-4　旧称 B 细胞生长因子 1（BCGF-1）、B 细胞刺激因子（BSF-1）、T 细胞生长因子 2（TCGF-2）。IL-4 是 TH 细胞经抗原或丝裂原刺激后产生的。其功能为诱导 B 细胞增殖、分化并表达 MHCⅡ类分子，激发 B 细胞产生 IgG、IgE，诱导肥大细胞生长，并且可促进 T 细胞的增殖，增强巨噬细胞提呈抗原的能力。

（5）IL-5　旧称 T 细胞替代因子（TRF）、B 细胞生长因子 2（BCGF-2）、IgA 增强因子（IgA-EF）、嗜酸性粒细胞集落刺激因子（E_0-CSF）、嗜酸性粒细胞分化因子（EDF）。IL-5 为 TH-2 细胞产生的淋巴因子，具有多种生物学功能。可促进 B 细胞分化与生长，诱导无活性 B 细胞产生 IgA 及活性 B 细胞产生 IgM、IgG，诱导嗜酸性粒细胞分化，并能诱导 CTL 的生长，从而在机体免疫调控中发挥重要作用。

（6）IL-6　旧称杂交瘤/浆细胞瘤生长因子（HPGF）、B 细胞刺激因子 2（BSF-2）、B 细胞分化因子（BCDF）等。单核细胞、人的成纤维细胞、部分淋巴细胞等都能分泌有活性的 IL-6，它能诱导 B 细胞分化，促进浆细胞分泌 Ig，促进抗原对 T 细胞的激活，诱导肝细胞产生急性期反应蛋白参与应激过程。此外，还参与风湿病、自身免疫病等病理过程。

（7）IL-7　旧称淋巴细胞生成素 1。IL-7 主要由基质细胞产生，其主要功能为刺激骨髓原 B 细胞的发育成熟，诱导胸腺细胞生长发育，也可作为诱导其他淋巴因子应答的感受性因子，故 IL-7 是 B 细胞和 T 细胞发育的重要调节因素，有可能用于再生障碍性贫血的治疗。

(8)IL-8 旧称单核细胞衍生中性粒细胞趋化因子(MDNCF)、中性粒细胞激活肽(NAP)、T 细胞趋化因子等。IL-8 是一种多源性细胞因子，可来自单核细胞、巨噬细胞、内皮细胞、角质细胞及部分 T 细胞等，常由 LPS、ConA、TNF 等诱导产生，也可通过基因重组合成。IL-8 是一种中性粒细胞、T 细胞以及嗜碱性粒细胞的趋化因子，可使中性粒细胞趋化、激活后脱颗粒及嗜碱性粒细胞释放组胺，提高游走率，因此，在炎症和免疫过程中具有重要的调节意义。

(9)IL-9 旧称 P40，主要来自经有丝分裂原刺激后的辅助性 T 细胞(TH-2)和肥大细胞，是 TH-2 细胞和肥大细胞的一种自分泌生长因子，可促进 TH 细胞在无抗原条件下长期存活，并能与 IL-2 协同作用促进胚胎胸腺细胞的增殖，对体液免疫反应产生正调节效应。

(10)IL-10 旧称细胞因子合成抑制因子(CSIF)，主要由 TH-2 细胞产生，能有效地抑制 TH-1 细胞和 B 细胞合成细胞因子，故与 IL-1～IL-9(IL-8 除外)的生物学效应相反，其生物学意义是介导 TH-1 和 TH-2 两类 TH 细胞间的相互调节，选择机体对抗原的免疫应答类型。

(11)IL-11 是一种新的造血细胞因子，主要由间质来源的黏附细胞(如骨髓基质细胞等)产生，能单独或与其他细胞因子协同刺激骨髓造血干细胞的增殖、成熟、形成集落，是造血微环境中的一种多功能细胞因子，在生血、抗感染等方面具有应用前景。

(12)IL-12 旧称自然杀伤细胞刺激因子(NKSF)和细胞毒淋巴细胞成熟因子(CLMF)。IL-12 主要来源于 B 细胞、巨噬细胞及 LPS 等诱导的 TH-1 细胞，是 NK 细胞最有效的活性刺激因子，可协同亚适量 IL-2 促进淋巴因子激活的杀伤细胞(lymphokine activated killer cell，LAK)的分化活性，增强其抗瘤作用。IL-12 能增强 NK 细胞的细胞毒作用并诱导其产生 IFN-γ，以及其他细胞因子。

(13)IL-13 1993 年新命名的一种细胞因子，主要由活化的 T 细胞产生。可诱导 B 细胞增殖，产生抗体，促进 NK 细胞产生 IFN-γ，抑制单核细胞所产生的炎性因子，促进单核细胞表面 MHC-Ⅱ类抗原表达并增强其抗原递呈作用。

(14)IL-14 又称高分子量 B 细胞生长因子(HMW-BCGF)，主要由 T 细胞产生，可诱导活化的 B 细胞的增殖，但对静止的 B 细胞无作用，可抑制丝裂原刺激的 B 细胞分泌 Ig。

(15)肿瘤坏死因子(TNF) 是一类能直接造成肿瘤细胞死亡的细胞因子，分为 TNF-α 和 TNF-β 两大类。TNF-α 主要由巨噬细胞产生，T 细胞和 NK 细胞在某些刺激因子作用下也可分泌。TNF-β 是由活化的 T 细胞分泌的淋巴毒素(lymphotoxin，LT)，它们可介导白细胞积聚于炎症部位，激活炎性白细胞，杀死微生物，刺激单核细胞及其他种类细胞产生细胞因子，增强免疫反应，杀死或抑制某些肿瘤细胞。

(16)集落刺激因子(CSFs) 是一组在体内外均能强烈刺激造血祖细胞增殖分化并形成细胞集落的低分子细胞因子，包括多重集落刺激因子/IL-3(multi-CSF/IL-3)、粒-巨噬细胞刺激因子(GM-CSF)、巨噬细胞集落刺激因子(M-CSF)、粒细胞集落刺激因子(G-CSF)、促红细胞生成素(EPO)及 IL-7。CSFs 总的生物学效应有以下几方面：①为造血细胞分化、成熟、集落形成的每一过程所必需，如将 GM-CSF、multi-CSF 除去，可使造血干细胞分化终止；②每种 CSF 都作用于骨髓内特定的前体细胞，促进其增殖、定向分化为成熟的细胞集落；③能作用于成熟细胞，使其固有功能增强；④促进炎症反应和抗感染免疫。

(17)干扰素(IFN)　据其来源和结构分为α、β、γ三型。IFN-α主要由单核细胞产生；IFN-β主要由成纤维细胞产生，血管内皮细胞也可产生；IFN-γ主要由抗原和有丝分裂原刺激的$CD4^+$和$CD8^+$ T细胞产生，其次是NK细胞。IFN具有广谱抗病毒、抗肿瘤和双向免疫调节作用。

二、免疫应答

免疫应答(immune response)是指动物机体免疫系统受到抗原物质刺激后，免疫细胞对抗原分子的识别，产生一系列复杂的免疫连锁反应，并表现出一定的生物学效应的过程。这一过程包括抗原递呈细胞(巨噬细胞等)对抗原的处理、加工和递呈，抗原特异性淋巴细胞(即T、B细胞)对抗原的识别、活化、增殖、分化，最后产生免疫效应分子(抗体与细胞因子)以及免疫效应细胞(CTL和TD细胞)，并最终将抗原物质和对再次进入机体的抗原物质产生清除效应。本节描述的免疫应答是指特异性的免疫应答，而广义的免疫应答还包括非特异性免疫应答因素，如炎症与吞噬反应、补体系统等。

参与机体免疫应答的核心细胞是T、B淋巴细胞，巨噬细胞等是免疫应答的辅佐细胞，也是免疫应答所不可缺少的。免疫应答的表现形式为体液免疫和细胞免疫，分别由B、T细胞介导。免疫应答具有三大特点：一是特异性，即只针对某种特异性抗原物质；二是具有一定的免疫期，这与抗原的性质、刺激强度、免疫次数和机体反应性有关，可从数月至数年，甚至终身；三是具有免疫记忆。通过免疫应答，动物机体可建立对抗原物质(如病原微生物)的特异性抵抗力，即免疫力，这是后天获得的，因此又称获得性免疫。

(一)免疫应答的基本过程

免疫应答是一个十分复杂的生物学过程，除了由单核/巨噬细胞系统和淋巴细胞系统协同完成外，在这个过程中还有很多细胞因子发挥辅助效应。这一过程可人为地划分为致敏阶段、反应阶段、效应阶段。

1. 致敏阶段

致敏阶段(sensitization stage)又称感应阶段，是抗原物质进入体内，APC对其识别、捕获、加工处理和递呈以及抗原特异性淋巴细胞(T、B细胞)对抗原的识别阶段。

2. 反应阶段

反应阶段(reaction stage)又称增殖与分化阶段，此阶段是抗原特异性淋巴细胞识别抗原后活化，进行增殖与分化，以及产生效应性淋巴细胞和效应分子的过程。T细胞增殖分化为淋巴母细胞，最终成为效应性淋巴细胞，并产生多种细胞因子；B细胞增殖分化为浆细胞，合成并分泌抗体。一部分T、B细胞在分化的过程中变为记忆性细胞(Tm和Bm)。这个阶段有多种细胞间的协作和多种细胞因子的参加。

3. 效应阶段

效应阶段(effect stage)此阶段是由活化的效应性细胞CTL与TD细胞和效应分子抗体与细胞因子发挥细胞免疫效应和体液免疫效应的过程，这些效应细胞和效应分子共同作用清除抗原物质。

(二)抗原递呈细胞对抗原的加工与递呈

1. 抗原递呈细胞

抗原递呈细胞(antigen presenting cell, APC)是一类能摄取和处理抗原,并把抗原信息传递给淋巴细胞而使淋巴细胞活化的细胞。按照细胞表面的主要组织相容性复合体(MHC)Ⅰ类和Ⅱ类分子,可把抗原递呈细胞分为两类,一类是带有 MHCⅡ类分子的细胞,包括单核/巨噬细胞、树突状细胞、B 淋巴细胞、郎格罕细胞等,主要进行外源性抗原的递呈;另一类是带有 MHCⅠ类分子的抗原递呈细胞,包括所有的有核细胞,可作为内源性抗原的递呈细胞。B 细胞作为抗原递呈细胞是现代免疫学的一个发现,特别是活化的 B 细胞,其抗原递呈能力与巨噬细胞相近。B 细胞可依靠其抗原受体 SmIg 捕获抗原物质。

2. 对外源性抗原的加工与递呈

巨噬细胞等对外源性抗原的识别大多是随机捕获,无特异性识别能力,也可通过细胞膜上的受体(如 FcR、C3bR)捕获抗原并摄入细胞内,摄取方式有吞噬、吞饮、吸附和调理等。抗原被摄取后,经内化形成吞噬体,吞噬体与溶酶体融合形成吞噬溶酶体,或称内体(endosome),外源性抗原在内体的酸性环境中被水解为抗原多肽,在其内与由内质网转运来的 MHCⅡ类分子结合,形成抗原肽与 MHCⅡ类分子的复合物,然后被高尔基体运送至 APC 的表面,供 $CD4^+$ TH 细胞识别。B 细胞可非特异性地吞饮抗原物质,也可借助其受体特异性地与抗原表位结合,然后内化入细胞内,抗原载体部分在 B 细胞内被加工处理后,以与 MHCⅡ类分子复合物的形式,运送到 B 细胞表面,外露的载体部分可供 TH 细胞的 TCR 所识别。

巨噬细胞等作为外源性抗原的 APC,其递呈抗原的分子基础是其 MHCⅡ类分子,它是由 α 链与 β 链二条肽链组成的糖蛋白,其分子中由 α1 与 β1 片段组成一个称为凹槽或裂隙(cleft)的肽结合区,约可容纳 15 个氨基酸残基的肽段。由 APC 处理后的抗原变成 13～15 个氨基酸的肽段,在此凹槽内与 MHCⅡ类分子结合,形成抗原肽-MHCⅡ类分子复合物,最后递呈给 $CD4^+$ TH 细胞。

3. 对内源性抗原的加工与递呈

以病毒感染细胞为例,病毒复制产生的病毒蛋白,被细胞的蛋白酶体(proteasome)摄取并酶解成肽段,与抗原加工转运体(transporter antigen in processing, TAP)结合,然后与内质网中合成的 MHCⅠ类分子结合,形成多肽-MHCⅠ类分子复合物,被高尔基体运至细胞表面,供 $CD8^+$ 的 CTL 所识别。

所有有核细胞均可作为内源性抗原物质的 APC,凡是受到病毒或胞内菌感染的机体细胞以及肿瘤细胞均可递呈抗原,其分子基础是有核细胞表达的 MHCⅠ类分子,它由一条重链(α 链)和一条轻链组成,由 α 链的 α1 和 α2 片段组成一个长约 2.5 mm,宽约 1 nm,深约 1 nm 的凹槽,即为 MHCⅠ类分子的肽结合区,该区域的大小和形状适合于经处理后的抗原肽段,可容纳 8～20 个氨基酸残基肽段。内源性抗原经处理后形成约 9 个氨基酸的抗原肽,结合于 MHCⅠ类分子的肽结合区,形成抗原肽-MHCⅠ类分子的复合物,然后递呈给 $CD8^+$ 的 CTL 细胞。

(三)T 细胞对抗原的识别

$CD4^+$ 的 TH 细胞和 $CD8^+$ 的 CTL 分别识别外源性和内源性抗原。T 细胞识别抗原的分子基础是其抗原受体(TCR)和APC的MHC分子,它不能识别游离的、未经APC处理的抗原物质,只能识别经APC处理并与MHCⅠ类和MHCⅡ类分子结合了的抗原肽,因此细胞免疫只能由蛋白质抗原引起。T细胞仅能识别肽类的线性决定簇(即载体决定簇),而不能识别构象决定簇。

1. TH细胞对外源性抗原的识别

TH细胞依靠其细胞表面的抗原受体TCR,识别抗原肽-MHCⅡ类分子复合物,与此同时,还有多种细胞表面分子参与TH细胞的识别及活化,其中CD3是参与TH细胞识别的一个重要分子。CD3分子与TCR以非共价键结合形成TCR-CD3复合物,在TCR识别抗原后,CD3分子将抗原的信息传递到细胞内,启动细胞内的活化过程,因此CD3是一种信息传递分子。此外,TH细胞上的CD4分子作为MHCⅡ类分子的受体,与MHCⅡ类分子结合,对TCR与抗原肽的结合起到巩固的作用。一些免疫黏附分子也参与抗原递呈、识别与信息传递过程,如TH细胞上的CD2(LFA-2,淋巴细胞功能相关抗原-2)与APC上的CD58(LFA-3)分子相互作用,以及淋巴细胞上的CD11a(LFA-1)与APC上的CD54(ICAM-1,免疫细胞黏附分子-1)分子相互作用,淋巴细胞上的CD28与APC上的B7(CD80)间的相互作用等均可促进TH细胞与APC之间的直接接触,而这对于细胞内传递活化信号也是必需的。CD45分子也对抗原刺激信号的传递起重要作用,这些分子间的相互作用又称为T细胞识别的共刺激信号。

2. CTL对内源性抗原的识别

由内源性APC递呈的抗原供CTL识别,CTL也是依靠其细胞表面的TCR识别靶细胞抗原肽-MHCⅠ类分子复合物,然后直接杀伤靶细胞。在CTL识别抗原的过程中也有一些免疫黏附分子参与。

3. T细胞对超抗原的识别

超抗原(SAg)是只需极低浓度即可诱发最大的免疫应答的抗原物质。这类抗原物质在被T细胞识别之前不需要经APC的处理,它直接与APC的MHCⅡ类分子的肽结合区以外的部位结合,并以完整蛋白分子形式被递呈给T细胞,而且SAg-MHCⅡ类分子复合物仅与T细胞的TCR的β链结合,因此可激活多个T细胞克隆,其激活作用也不受MHC的限制。

(四)B细胞对抗原的识别

B细胞识别抗原的物质基础是其膜表面抗原受体SmIg。B细胞通过不同的机制识别TI(非胸腺依赖性抗原)和TD(胸腺依赖性抗原)抗原。

1. B细胞对TI抗原的识别

TI抗原又分为1型和2型抗原,前者有细菌的LPS和多聚鞭毛素等,这类抗原在高浓度时可与B细胞上的丝裂原受体结合,从而活化大多数B细胞,这类抗原活化B细胞与B细胞抗原受体(B cell receptor,BCR)无关。TI-1型抗原在低浓度下无多克隆激活作用,但可被BCR所识别,并将它们聚集在B细胞的表面而活化B细胞。TI-2型抗原有肺炎链球菌多糖和D氨基酸聚合物等,这类抗原具有适当间隔的、高度重复的决定簇,呈线状排列,在体内不易被降解,可长期地持续吸附于巨噬细胞表面,并能与具有高亲和力的特异性BCR交联,进而使B细胞活化。现在认为TI抗原主要活化B细胞的B1亚群。

2. B 细胞对 TD 抗原的识别

大部分抗原物质均属于 TD 抗原，都需要巨噬细胞的处理，然后递呈给 TH 细胞，随后 B 细胞对其加以识别，因此 B 细胞对 TD 抗原的识别需要巨噬细胞和 TH 细胞参加，经过巨噬细胞处理和递呈的抗原肽上含有两种决定簇，一是供 TH 细胞识别的载体决定簇，二是供 B 细胞识别的抗原表位（即抗原决定簇）。TH 细胞与 B 细胞相互作用，将抗原的信息传递给 B 细胞，B 细胞对半抗原决定簇加以识别，形成所谓的"抗原桥"。

（五）T 细胞的活化、增殖与分化

静止期的 TH 细胞（G_0 期）通过识别 APC 递呈来的抗原后，细胞表面即表达白细胞介素-1 受体（IL-1R），成为诱导性 T 细胞（T_I），并接受由巨噬细胞产生的 IL-1 刺激信号而活化，随之表达白细胞介素-2 受体（IL-2R），变成活化的 TH 细胞进入 G_1 期（DNA 合成前期）。

当 IL-2R 与 IL-2（自身分泌的或其他 TH 细胞分泌的）作用后，进入 S 期（DNA 合成期），T 细胞即母细胞化，表现为胞体变大，细胞质增多，染色质疏松，出现明显的核仁，微管和多聚核糖体形成，大分子物质合成与分泌增加，经过一个短暂的 G_2 期（DNA 合成后期）后进入 M 期（在丝分裂期），然后增殖，分化为效应性 TH 细胞，并分泌一系列的细胞因子，如 IL-2、IL-4、IL-5、IL-6、IL-9 以及 IFN-γ等，从而发挥 TH 细胞的辅助效应。其中一部分 T 细胞停留在分化中间阶段而不再往前分化，成为记忆性 T 细胞。

在 TH 细胞产生的细胞因子中，IL-2 的作用相当重要，它是促进各亚群 T 细胞分化、增殖的重要介质。在 IL-2 的作用下，增殖的 T 细胞最终分化为致敏的 T 细胞，即效应性 T 细胞——CTL 和 TD 细胞，并发挥细胞免疫效应。T 细胞的活化机理比较复杂，一般认为主要是通过磷脂酰肌醇代谢途径，由蛋白激酶 C 和钙离子——钙调蛋白依赖性蛋白激酶协同作用而发生。也有研究表明酪氨酸蛋白激酶（TPK）参与的酪氨酸磷酸化途径在 T 细胞活化过程中起着重要的作用。

（六）B 细胞的活化、增殖与分化

B 细胞的活化需要两个信号，一是 B 细胞与 TH 细胞之间的接触，即"抗原桥"，B 细胞识别抗原决定簇；二是由活化的 TH 细胞分泌的 IL-4 或巨噬细胞释放的 IL-1。在双信号的刺激下，B 细胞由 G_0 期进入 G_1 期，IL-4 可诱导静止的 B 细胞体积增大，并刺激其 DNA 和蛋白质的合成。活化的 B 细胞表面可依次表达 IL-2、IL-5、IL-6 等受体，分别与活化的 T 细胞所释放的 IL-2、IL-5、IL-6 结合，然后进入 S 期，并开始增殖分化成成熟的浆细胞，合成并分泌抗体球蛋白，一部分 B 细胞在分化过程中变为记忆性 B 细胞（Bm）。关于 B 细胞活化后细胞内的变化与 T 细胞大致相似。作为 APC 的 B 细胞在递呈抗原的同时自身也活化。

由 TI 抗原活化的 B 细胞，最终分化成浆细胞，只产生 IgM 抗体，而不产生 IgG 抗体，不形成记忆细胞，因此无免疫记忆。由 TD 抗原刺激产生的浆细胞最初几代分泌 IgM 抗体，因此体内最早产生 IgM 抗体，以后分化的浆细胞可产生 IgG，以及 IgA 和 IgE 抗体。

（七）细胞免疫应答

细胞免疫应答（cell-mediated immunity，CMI）是指抗原进入机体后刺激 T 细胞产生的免疫应答过程，又称 T 细胞介导的免疫应答。

1. 细胞毒性 T 细胞与细胞毒作用

细胞毒性 T 细胞（CTL）为 $CD8^+$ 的 T 细胞亚群，在动物机体内以非活化的前体形式存在。其表面的抗原受体(TCR)识别由 APC 细胞(病毒感染细胞、肿瘤细胞、胞内菌感染细胞等靶细胞)递呈而来的内源性抗原,并与抗原肽特异性结合,并经活化的 TH 细胞产生的 IL-2、IL-4、IL-5、IL-6、IL-9 等作用,前体的 CTL 细胞活化、增殖并分化为具有杀伤能力的效应性 CTL。CTL 与靶细胞的相互作用受到 MHC Ⅰ类分子的限制,即 CTL 细胞在识别靶细胞抗原的同时,要识别靶细胞上的 MHC Ⅰ类分子。它只能杀伤携带有与自身相同的 MHC Ⅰ类分子的靶细胞。

CTL 溶解靶细胞主要由其释放的两种物质参与,一是穿孔素(perforin),这是导致靶细胞溶解的重要介质;二是淋巴毒素(lymphotoxin,简称 LT,又称 TNF-β),它可与靶细胞表面的相应受体结合,诱导靶细胞自杀。CTL 对靶细胞杀伤破坏后,可完整无缺地与裂解的靶细胞分离,又可继续攻击其他靶细胞,一般一个 CTL 细胞可在数小时内连续杀伤数十个靶细胞,杀伤效率较高。CTL 介导的细胞毒效应在机体的细胞免疫效应中,特别是在抗肿瘤与抗细胞内感染中具有重要的作用。

2. TD 细胞与炎症反应

迟发型变态反应性 T 细胞简称 TD 细胞,属于 $CD4^+$ T 细胞亚群,在体内也以非活化前体形式存在,其表面抗原受体与靶细胞的抗原特异性结合,并在活化的 TH 细胞释放的 IL-2、IL-4、IL-5、IL-6、IL-9 等作用下活化、增殖、分化成具有免疫效应的 TD 细胞。它是通过释放多种可溶性的淋巴因子而发挥其免疫效应的,主要引起以局部的单核细胞浸润为主的炎症反应,即迟发型变态反应。

3. 细胞免疫效应

机体的细胞免疫效应是由 CTL 和 TD 细胞以及细胞因子体现的,主要表现为抗感染作用,抗肿瘤效应,具体见表 1-2。此外细胞免疫也可引起机体的免疫损伤。

表 1-2 细胞免疫效应

细胞免疫效应	作用对象	参与因素
抗感染作用	胞内菌,如结核杆菌、布氏杆菌、沙门菌等	
	病毒	CTL 和 TD 细胞,细胞因子
	真菌,如白色念珠菌等	
	寄生虫,如原虫	
抗肿瘤作用	肿瘤细胞	CTL,肿瘤坏死因子(TNF-β),穿孔素等
免疫损伤作用	Ⅳ型变态反应	TD 细胞与细胞因子
	移植排斥反应	CTL 与细胞因子
	自身免疫病	细胞因子

(八)体液免疫应答

特异性体液免疫应答是由 B 细胞介导。抗原进入机体后,引起 B 细胞的免疫应答,产生抗体,大量集中于血液,也存在于淋巴液、组织液中,通过中和作用或补体、吞噬细胞等协助,特异性地消除抗原的过程,称为体液免疫应答,又称 B 细胞介导的免疫应答。

1.抗体产生的动力学

动物机体初次和再次接触抗原后，引起体内抗体产生的种类、水平等都有差异。

(1)初次应答(primary response) 动物机体初次接触抗原，也就是某种抗原首次进入体内引起的抗体产生过程称为初次应答。抗原首次进入体内后，B细胞克隆被选择性活化，随之进行增殖分化，大约经过10次分裂，形成一群浆细胞克隆，导致特异性抗体的产生。初次应答有以下几个特点。

第一，具有潜伏期。机体初次接触抗原后，在一定时期内体内查不到抗体或抗体产生很少，这一时期为潜伏期，又称诱导期。潜伏期的长短视抗原的种类而异，如细菌抗原一般经5～7 d血液中才出现抗体，病毒抗原为3～4 d，而毒素则需2～3周才出现抗体。潜伏期之后为抗体的对数上升期，抗体含量直线上升，然后为高峰持续期，抗体产生和排出相对平衡，最后为下降期。

第二，初次应答最早产生的抗体为IgM，可在几天内达到高峰，然后开始下降；接着才产生IgG，即IgG抗体产生的潜伏期比IgM长。如果抗原剂量少，可能仅产生IgM。IgA产生最迟，常在IgG产生后2周至1～2个月才能在血液中检出，而且含量少。

第三，初次应答产生的抗体总量较低，维持时间也较短，其中IgM的维持时间最短，IgG可在较长时间内维持较高水平，其含量也比IgM高。

(2)再次应答(secondary response) 动物机体第二次接触相同的抗原时体内产生抗体的过程称为再次应答。再次应答有以下几个特点。

第一，潜伏期显著缩短。机体再次接触与第一次相同的抗原时，起初原有抗体水平略有降低，接着抗体水平很快上升(2～3 d)。

第二，抗体含量高，而且维持时间长。再次应答可产生高水平的抗体，较初次应答多几倍到几十倍，而且维持很长时间。

第三，再次应答产生的抗体大部分为IgG，而IgM很少，如果再次应答间隔的时间越长，产生的IgM越少。

(3)回忆应答(anamnestic response) 抗原刺激机体产生的抗体经一定时间后，在体内逐渐消失，此时若机体再次接触相同的抗原物质，可使已消失的抗体快速回升，这称为抗体的回忆应答。再次应答和回忆应答取决于体内记忆性T细胞和B细胞的存在，记忆性T细胞保留了对抗原分子载体决定簇的记忆，在再次应答中，记忆性T细胞可被诱导，很快增殖分化成TH细胞，对B细胞的增殖和产生抗体起辅助作用；记忆性B细胞为长寿的，可以再循环，具有对抗原分子半抗原决定簇的记忆，可分为IgG记忆细胞、IgM记忆细胞、IgA记忆细胞等。机体与抗原再次接触时，各类抗体的记忆细胞均可被活化，然后增殖分化成产生IgG、IgM的浆细胞，其中IgM记忆细胞寿命较短，所以再次应答的间隔时间越长，机体越倾向于只产生IgG，而不产生IgM。

抗原物质经消化道和呼吸道等黏膜途径进入机体，可诱导产生分泌型IgA，在黏膜发挥免疫效应。初次应答与再次应答抗体产生的动态见图1-1。

2.抗体的免疫学功能

抗体作为机体体液免疫的重要分子，在体内可发挥多种免疫功能。由抗体介导的免疫效

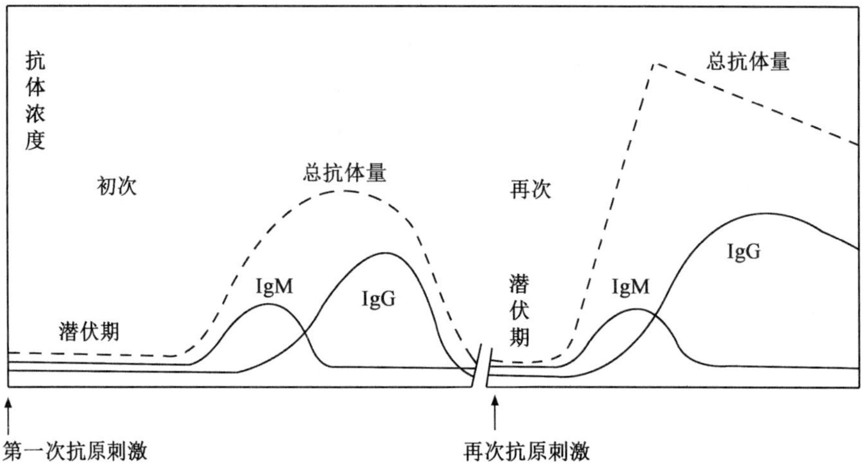

图 1-1　初次应答与再次应答抗体产生的动态

应在大多数情况下对机体是有利的，但有时也会造成机体的免疫损伤。抗体的免疫学功能有以下几个方面。

(1)中和作用　体内针对细菌毒素(外毒素或类毒素)以及病毒的抗体，可对相应的毒素和病毒产生中和效应。抗毒素与相应的毒素结合，一方面可改变毒素分子的构型而使其失去毒性作用，另一方面形成的复合物容易被单核/巨噬细胞吞噬。抗病毒抗体可通过与病毒表面抗原结合，而使其失去对细胞的感染性，从而发挥中和作用。

(2)免疫溶解作用　一些革兰阴性菌(如霍乱弧菌)和某些原虫(如锥虫)，体内相应的抗体与之结合后，在补体的参与下，可导致菌体或虫体溶解。

(3)免疫调理作用　对于一些毒力比较强的细菌，特别是有荚膜的细菌，相应的抗体(IgG或 IgM)与之结合后，则容易受到单核/巨噬细胞的吞噬，若再活化补体形成细菌-抗体-补体复合物，则更容易被吞噬。这是由于单核/巨噬细胞表面具有抗体分子的 F_C 片段和 C3b 的受体，体内形成的抗原-抗体或抗原-抗体-补体复合物容易受到它们的捕获。抗体的这种作用称为免疫调理作用。

(4)局部黏膜免疫作用　由黏膜固有层中浆细胞产生的分泌型 IgA 是机体抵抗从呼吸道、消化道及泌尿生殖道感染的病原微生物的主要防御力量，分泌型 IgA 可阻止病原微生物吸附黏膜上皮细胞。

(5)抗体依赖性细胞介导的细胞毒作用(ADCC)　一些效应性淋巴细胞(如 K 细胞)，其表面具有抗体分子(如 IgG)的 Fc 片段的受体，当抗体分子与相应的靶细胞(如肿瘤细胞)结合后，效应细胞就可借助 Fc 受体与抗体分子的 Fc 片段结合，从而发挥其细胞毒作用，将靶细胞杀伤。除 K 细胞外，现在认为 NK 细胞、巨噬细胞等在抗体的参与下均具有细胞毒作用。此外，IgM 抗体也可介导一些亚群 T 细胞的细胞毒作用。

(6)对病原微生物生长的抑制作用　一般而言，细菌与相应抗体结合后，不会影响其生长和代谢，仅表现为凝集和制动现象。只有支原体和钩端螺旋体，与其抗体结合后可表现出生长抑制作用。

三、免疫学理论的临床应用

以抗原抗体特异性结合为基础而建立起来的各种免疫血清学技术已广泛应用于生物科学的各个领域。免疫学在兽医学的应用主要在病原微生物及其相关产物的检测与疾病防治两个方面。

(一)免疫血清学技术的应用

1. 疾病诊断

通过检测相应抗原或抗体,对人和动物传染病、寄生虫病、肿瘤、自身免疫病和变态反应性疾病进行诊断,是免疫血清学技术最突出的应用。

2. 生物活性物质的超微定量

动物、植物体内存在一些活性物质,如激素、维生素等,它们在体内含量极微少,但在调节机体的生理活动中起重要作用,因此可通过分析测定这些生物活性物质的含量及变化来研究机体的各种生理功能(如生长、生殖等),但这些物质含量极低,常规方法不能准确测定。目前放射免疫测定和酶免疫技术已能精确测出“ng”(10^{-9}g)及“pg”(10^{-12}g)水平的物质,已成为测定动物、植物、昆虫体中微量激素及其他活性物质,研究动物生理或妊娠、植物生理和生物防治的重要手段。

3. 物种鉴定

各种生物之间的差异都可表现在抗原性不同,物种种源越远,抗原性差异越大,因此可用区分抗原性的血清学反应进行包括微生物在内的物种的鉴定、分类等。血清学反应在细菌、病毒等微生物鉴定和血清型及亚型的分析方面已得到广泛应用,但对动物种源、植物和昆虫分类方面还是一个新领域。此外,血清学反应也用于人和动物血型的分类与鉴定。

4. 动物、植物性状的免疫标记

通过分析动物、植物一些优良性状(如高产、优质、抗逆性等)的特异性抗原,应用血清学方法进行标记选择育种,是很有前途的方向。

5. 免疫增强药物和疫苗研究

疫苗研究中需用血清学反应和细胞免疫技术测定免疫的效果。在研究免疫增强药物(尤其是抗肿瘤药物)时,还需用细胞免疫技术分析测定其对机体细胞免疫功能的增强作用。

6. 抗原抗体在细胞和亚细胞水平的定位

传染性病原从机体特定部位入侵,并在特定组织细胞内增殖,引起发病。以荧光抗体染色或免疫酶组化染色,可在细胞水平上确定病毒等病原微生物的感染细胞,还可用免疫电镜方法在亚细胞水平上进行抗原的定位。

7. 分子生物学研究领域

在基因工程中,基因的分离、克隆的筛选、表达产物的定性与定量分析、表达产物的纯化等均涉及免疫血清学技术,如通常用免疫沉淀方法分离 mRNA 基因,酶标抗体核酸探针检测筛选克隆,免疫转印技术分析表达产物的分子量,ELISA 或 RIA 分析表达量,免疫亲和层析纯化表达产物,免疫学方法分析表达产物的性质(如免疫原性)等。由此可见,免疫血清学技术是分子生物学研究必不可少的工具。

(二)免疫防治

机体对病原微生物的免疫力分为先天性和获得性免疫两种,前者是动物体在种族进化进程中得到的天然防御能力,后者是动物体在个体发育过程中受到病原体及其产物刺激而产生的特异性免疫力。获得性免疫又分为主动免疫和被动免疫两种。

1. 天然被动免疫

天然被动免疫(natural passive immunity)是指新生动物通过母体胎盘、初乳或卵黄从母体获得某种特异性抗体(母源抗体),从而获得对某种病原体的免疫力。

天然被动免疫是免疫防治中非常重要的内容之一,在临床上应用广泛。由于动物在生长发育的早期(如胎儿和幼龄动物),免疫系统不够健全,对病原体感染的抵抗力较弱,此时可通过获得母源抗体增强自身免疫力,以保证早期的生长发育,如用小鹅瘟疫苗免疫母鹅以防雏鹅患小鹅瘟等。因此,天然被动免疫既可保护胎儿免受病原体的感染,又可抵御幼龄动物传染病。在初乳中的 IgG、IgM 可抵抗败血性感染,IgA 可抵抗肠道病原体的感染。然而母源抗体可干扰弱毒疫苗对幼龄动物的免疫效果,导致免疫失败,这是其不利的一面。

2. 天然主动免疫

天然主动免疫(natural active immunity)是指动物在感染某种病原微生物耐过后产生的对该病原体再次侵入的不感染状态或称抵抗力。

自然环境中的致病微生物可通过呼吸道、消化道、皮肤或黏膜侵入动物机体,在体内不断增殖,与此同时刺激动物机体的免疫系统产生免疫应答,如果机体的免疫系统不能将其识别和清除,就会给机体造成严重的损害,甚至导致死亡。如果机体免疫系统能将其彻底清除,动物即可耐过发病过程而康复,耐过的动物对该病原体的再次入侵具有坚强的特异性抵抗力,但对另一种病原体,甚至同种但不同型的病原体,却没有抵抗力或仅有部分抵抗力。机体这种特异性免疫力是自身免疫系统对异物刺激产生免疫应答的结果。

3. 人工被动免疫

人工被动免疫(artificial passive immunity)就是将免疫血清或自然发病后康复动物的血清人工输入未免疫的动物,使其获得对某种病原的抵抗力。例如,抗犬瘟热病毒血清可防治犬瘟热。尤其是患病毒性疾病的珍贵动物,用抗血清防治更有意义。注射免疫血清可使抗体立即发挥作用,无诱导期,免疫力出现快。然而抗体在体内逐渐减少,免疫力维持时间短,根据半衰期的长短,一般维持 1～4 周。

免疫血清可用同种动物或异种动物制备,用同种动物制备的血清称为同种血清,用异种动物制备的血清称为异种血清。抗菌和抗毒素血清多为异种血清,通常用大动物(马、牛等)制备,如用马制备破伤风抗毒素、用牛制备猪丹毒抗血清等。抗病毒血清则常用同种动物制备,如用猪制备抗猪瘟血清、用鸡制备抗鸡新城疫血清等。同种动物血清的产量有限,但免疫后不引起排斥反应,免疫期较长,通常在两周左右。

除了用免疫血清进行人工被动免疫外,在家禽还常用卵黄抗体制剂进行人工接种,例如鸡群暴发鸡传染性法氏囊病(IBD)时,用含有高效价 IBDV 卵黄抗体进行紧急接种,可起到良好的防治效果。

4. 人工主动免疫

人工主动免疫(artificial active immunity)是给动物接种疫苗等生物制品，刺激机体免疫系统发生应答反应，产生特异性免疫力。相比人工被动免疫，所接种的物质不是免疫血清或卵黄抗体，而是刺激免疫应答的各种疫苗、类毒素等，需要一定的诱导期，出现免疫力的时间与抗原种类有关，例如病毒抗原需 3～4 d，细菌抗原需 5～7 d，毒素抗原需 2～3 周。然而人工主动免疫产生的免疫力持续时间长，免疫期可达数月甚至数年，而且有回忆反应，某些疫苗免疫后，可产生终生免疫。

（袁万哲）

第二节　兽医生物制品的分类与命名

一、兽医生物制品的分类

生物制品由于微生物种类、制备方法、菌(毒)株性状及应用对象等不同而分类方法各异。为了管理和使用方便，一般按生物制品性质、用途和制法等进行分类。

(一)按生物制品性质分类

1. 疫苗

凡接种动物后能产生自动免疫和预防疾病的各种类型的生物制剂均称为疫苗(vaccine)，包括细菌性菌苗、病毒性疫苗和寄生虫性虫苗。现代意义上的疫苗除可用于预防和治疗传统的传染性疾病外，还可以预防非传染性疾病(如自身免疫性疾病和肿瘤等)。近年来，又出现了治疗性疫苗(如针对肿瘤、过敏和一些传染性疾病等)及生理调控疫苗(如促进生长和控制生殖等)。

根据疫苗抗原的性质和制备工艺，疫苗又分为活疫苗(live vaccine)、死疫苗(killed vaccine)和基因疫苗(genetic vaccine)3 类。这 3 类疫苗的特点如下。

①活疫苗：可在免疫动物体内繁殖；能够刺激机体产生全身免疫和局部免疫应答；免疫力持久，有利于清除局部野毒；产量高、生产成本低。但是，该类疫苗存在毒力增强和返祖危险；要求在低温、冷暗条件下运输和储存。它包括传统的弱毒疫苗及现代的基因缺失疫苗、基因工程活载体疫苗及病毒-抗体复合疫苗等。

②死疫苗：不能在免疫动物体内繁殖，比较安全，不发生全身性副作用，无毒力返祖现象；有利于制备多价或多联等混合疫苗；制品稳定，受外界环境影响小，有利于保存运输。但该类疫苗免疫剂量大，生产成本高，需多次免疫。而且，该类疫苗一般只能诱导机体产生体液免疫和免疫记忆，通常需使用佐剂来增强其免疫效果。它包括完整病原体灭活疫苗、化学合成亚单位疫苗、基因工程亚单位疫苗及抗独特型抗体(Id)疫苗等。

③基因疫苗：不能在机体增殖，但它可被细胞吸纳，并在细胞内指导合成疫苗抗原。它不仅可以诱导机体产生体液免疫应答，而且可以激活细胞毒 T 淋巴细胞而诱导细胞免疫应答。

弱毒疫苗(attenuated vaccine):它是由微生物自然强毒株通过物理(温度、射线等)、化学(醋酸铊、吖啶黄等)或生物(非敏感动物、细胞、鸡胚等)处理,并经连续传代和筛选,而培养成的对原宿主动物致病力丧失或减弱,但仍保留良好免疫原性和遗传特性的毒株;或从自然界筛选的具有良好免疫原性的自然弱毒株,经培养增殖后制备的疫苗。目前,市场上大部分活疫苗是弱毒疫苗。如猪瘟兔化弱毒疫苗、牛肺疫兔化弱毒疫苗及鸡痘鹌鹑化弱毒疫苗等。

基因缺失疫苗(gene deleted vaccine):通过基因工程技术,将病原微生物致病性基因进行修饰、突变或缺失,从而获得的弱毒株。由于这种基因变化,一般不是点突变(经典技术培育的弱毒株基因常为点突变),故其毒力更为稳定,如猪伪狂犬基因缺失疫苗。

基因工程活载体疫苗(genetic engineering live vector vaccine):是指用基因工程技术将致病性微生物的免疫保护基因插入到载体病毒或细菌[通常为疫苗毒(菌)株]的非必需区,构建成重组病毒(或细菌),经培养后制备的疫苗。该类疫苗不仅具有活疫苗和灭活疫苗的优点,而且对载体病毒或细菌以及插入基因相关病原体的侵染均有保护力。同时,一个载体可表达多个基因,可制备成多价或多联疫苗。目前,常用的载体病毒或细菌有痘病毒、腺病毒、疱疹病毒、大肠杆菌和沙门菌等。

病毒-抗体复合物疫苗(virus-antibody complex vaccine):该类疫苗由特异性高免血清或抗体与适当比例的相应病毒组成。其特点是可以延缓病毒释放,提高疫苗安全性和免疫效果。其制造关键是病毒与抗体的比例要适度。目前,已研制成功并被批准投放市场的有传染性法氏囊病毒-抗体复合疫苗(美国)。

灭活疫苗(inactivated vaccine):该类疫苗由完整病毒(或细菌)经灭活剂灭活后制成,其关键是病原体灭活。既要使病原体充分死亡,丧失感染性或毒性,又要保持病原体的免疫原性。该类疫苗历史较久,制备工艺比较简单。目前我国已有很多商品化灭活疫苗,如猪口蹄疫、鸡减蛋综合征和兔出血症等灭活疫苗。

亚单位疫苗(subunit vaccine):是指病原体经物理或化学方法处理,除去其无效的毒性物质,提取其有效抗原部分制备的一类疫苗。病原体的免疫原性结构成分包含细菌的荚膜和鞭毛、病毒的囊膜和衣壳蛋白,及有些寄生虫虫体的分泌和代谢产物,经提取纯化或根据这些有效免疫成分分子组成,通过化学合成的方法制备而成。该类疫苗具有明确的生物化学特性、免疫活性。人工合成物纯度高,使用安全。如肺炎球菌囊膜多价多糖疫苗、流感血凝素疫苗及牛和犬的巴贝斯虫疫苗等。

基因工程亚单位疫苗(genetic engineering subunit vaccine):将病原体免疫保护基因克隆于原核或真核表达系统(如细菌、哺乳动物细胞、酵母、植物等),通过体外高效表达,获得病原微生物保护性抗原的重组蛋白制备的疫苗。目前,该类疫苗尚不多,人乙肝重组蛋白疫苗是成功的典范。动物疫苗方面,例如猪圆环病毒亚单位疫苗目前已经商品化。此外,该类疫苗在非传染病领域有了较大应用,如胰β细胞自身抗原重组蛋白可用于治疗人Ⅰ型糖尿病、人精子表面特异重组蛋白可用于妇女恢复性生殖节育免疫等。

抗独特型疫苗(ant-idiotypic vaccine):根据免疫网络学说原理,利用第一抗体分子中的独特抗原决定簇(抗原表位)所制备的具有抗原的“内影像”(internal image)结构的第二抗体。该抗体具有模拟抗原的特性,故称之为抗独特型疫苗,它可诱导机体产生体液免疫和细胞免疫，主要适用于目前尚不能培养或很难培养的病原，以及直接用病原体制备疫苗有潜在危险的疫病。

基因疫苗（genetic vaccine）：又称 DNA 疫苗（DNA vaccine）或核酸疫苗（nucleic acid vaccine），是将编码某种抗原蛋白的基因置于真核表达元件的控制之下，构成重组表达质粒，将其直接导入动物体内，通过宿主细胞的转录翻译系统合成抗原蛋白，从而诱导宿主产生对该抗原蛋白的免疫应答，以达到预防和治疗疾病的目的。该类疫苗具有所有类型疫苗的优点，有很大应用前景。

各种基因工程疫苗的构建技术，见第二章第三节。

按疫苗抗原种类和数量，疫苗又可分为单（价）疫苗、多价疫苗和多联（混合）疫苗。

单价疫苗（univalent vaccine）：利用同一种微生物菌（毒）株或同一种微生物中的单一血清型菌（毒）株的增殖培养物制备的疫苗称为单（价）疫苗。单价疫苗对单一血清型微生物所致的疫病有免疫保护效力。但单价疫苗仅能对多血清型微生物所致疾病中的对应血清型有保护作用，而不能使免疫动物获得完全的免疫保护。用同一种微生物菌（毒）株制备的疫苗，如鸡新城疫疫苗[Ⅰ系苗、Ⅱ系苗、Ⅳ系苗（LaSota 株）等]，都能使接种鸡获得完全的免疫保护，用同一种微生物中的单一血清型菌（毒）株制备的疫苗，如猪肺疫氢氧化铝灭活疫苗，系由 6:B 血清型猪源多杀性巴氏杆菌强毒株灭活后制造而成，对由 A 型多杀性巴氏杆菌引起的猪肺疫则无免疫保护作用。

多价疫苗（polyvalent vaccine）：利用同一种微生物中若干血清型菌（毒）株的增殖培养物制备的疫苗。多价疫苗能使免疫动物获得完全的保护力，且可在不同地区使用，如钩端螺旋体二价及五价活疫苗、口蹄疫 A、O 型二价灭活疫苗等。

混合疫苗（mixed vaccine）：又称多联疫苗，是利用不同微生物增殖培养物，按免疫学原理和方法组合而成。接种动物后，能产生对相应疾病的免疫保护，具有减少接种次数和使用方便等优点，是一针防多病的生物制剂。混合疫苗又可根据实际疫病流行情况和组合微生物多少，有三联、四联疫苗甚至五联、六联疫苗等之分，如猪瘟、猪丹毒、猪肺疫三联活疫苗；狂犬病病毒、犬瘟热病毒、犬副流感病毒、犬传染性肝炎病毒、犬细小病毒、犬冠状病毒六联活疫苗等。

按疫苗病原菌（毒）株的来源，疫苗又有同源疫苗和异源疫苗之分。

同源疫苗（homologous vaccine）：利用同种、同型或同源微生物株制备，又应用于同种类动物免疫预防的疫苗。如猪瘟兔化弱毒疫苗、牛肺疫兔化弱毒疫苗。

异源疫苗（heterologous vaccine）：a. 利用不同种微生物的菌（毒）株具有共同抗原制备的疫苗，接种动物后能使其获得对疫苗中并未含有的病原体产生抵抗力。如犬在接种麻疹疫苗后，能产生针对犬瘟热的抵抗力；兔接种兔纤维瘤病毒疫苗后能使其抵抗兔黏液瘤病。b. 用同一种菌（毒）株中的一种型（生物型或动物源型）微生物的菌（毒）株制备的疫苗，接种动物后能使其获得对异型病原体的抵抗力。如接种猪型布鲁菌弱毒苗后，能使牛获得对牛型和使羊获得对羊型以及使绵羊获得对绵羊型布鲁菌病的免疫力。

2. 类毒素

类毒素（toxoid）又称脱毒毒素，是指细菌生长繁殖过程中产生的外毒素，经化学药品（甲醛）处理后，成为无毒性而保留免疫原性的生物制剂。接种动物后能产生自动免疫，也可用于注射动物制备抗毒素血清。于类毒素中加入适量磷酸铝或氢氧化铝等吸附剂后注入动物体后，能延缓吸收，长久地刺激机体产生抗体，增强免疫效果。如破伤风类毒素和明矾沉降破伤风类毒素等。

3. 诊断制品

诊断制品(diagnostic preparation)是利用微生物、寄生虫及其代谢产物，或动物血液、组织，根据免疫学和分子生物学原理制备，可用于诊断疾病、群体检疫、监测免疫状态和鉴定病原微生物等的一类生物制剂。诊断制品包含诊断菌液、毒液或抗原、诊断血清和定型血清、标记抗体、诊断用毒素和菌素以及核酸探针和PCR诊断液等。

诊断液大体分为下列几类：a. 凝集试验用抗原与阴阳性血清；b. 补体结合试验用抗原与阴阳性血清；c. 沉淀试验用抗原与阴阳性血清；d. 琼脂扩散试验用抗原与阴阳性血清；e. 标记抗原与标记抗体，如荧光素标记、酶标记、同位素标记等及相应试剂盒；f. 定型血清及因子血清；g. 溶血素及补体、致敏血细胞；h. 分子诊断试剂盒。

4. 抗病血清

抗病血清(antiserum)又称高免血清，为含有高效价特异性抗体的动物血清制剂，能用于治疗或紧急预防相应病原体所致的疾病，所以又称为被动免疫制品。如抗猪瘟血清、破伤风抗毒素血清和抗传染性法氏囊病血清等。在生产上，有同源动物抗病血清和异源动物抗病血清之别，但为了增加产量、降低成本，多选择马属动物以生产各种抗病血清。近年来，国外用奶牛研制成功了猪大肠杆菌牛乳抗体。

5. 微生态制剂

微生态制剂(probiotics)又称益生素、活菌制剂或生菌剂，是用非病原性微生物，如乳酸杆菌、蜡样芽胞杆菌、地衣芽胞杆菌或双歧杆菌等活菌制剂，口服治疗畜禽正常菌群失调引起的下痢。目前，该类制剂已在临床上应用和用作饲料添加剂。

6. 副免疫制品

副免疫制品(paraimmunity preparations)是通过刺激动物机体，提高特异性和非特异性免疫力的免疫制品，从而使动物机体对其他抗原物质的特异性免疫力更强、更持久。如脂多糖、多糖、免疫刺激复合物、细胞因子、重组细菌毒素及CpG寡核苷酸等。

(二)按生物制品制造方法和物理性状分类

1. 普通制品

普通制品指用一般生产方法制备的、未经浓缩或纯化处理，或者仅按毒(效)价标准稀释的制品。如无毒炭疽芽胞疫苗、猪瘟兔化弱毒疫苗、普通结核菌素等。

2. 精制生物制品

将普通生物制品(原制品)利用物理或化学方法除去无效成分，进行浓缩和提纯处理制成的制品，其毒(效)价均高于普通生物制品，从而使其效力更好。如精制破伤风类毒素和精制结核菌素等。

3. 干燥制品

生物制品经冷冻真空干燥后能长时间保持活性和抗原效价，无论活疫苗、抗原、血清、补体、酶制剂和激素制剂均如此。将液状制品根据其性质加入适当冻干保护剂或稳定剂，经冷冻真空干燥处理，将 96%以上的水分除去而剩余的疏松、多孔呈海绵状物质，即为干燥制品。冻干制品应在 8℃下运输，在 0～5℃保存。如猪瘟兔化弱毒冻干疫苗、鸡马立克病火鸡疱疹病毒冻干疫苗等。

4. 液状制品

液状制品即与干燥制品相对而言的湿性生物制品。一些灭活疫苗、诊断制品为液状制品。液状制品多数既不耐高温阳光，又不宜低冻结或反复冻融，否则其效价会受到影响，故只能在低温冷暗处保存。

5. 佐剂制品

为了增强疫苗制剂诱导动物机体的免疫应答反应，以提高免疫效果，往往在疫苗制备过程中加入适量的佐剂(免疫增强剂或免疫佐剂)，制成的生物制剂即为佐剂制品。若加入的佐剂是氢氧化铝胶，即制成氢氧化铝胶疫苗，如猪丹毒氢氧化铝胶灭活疫苗；若于疫苗中加入的是油佐剂，则称为油乳佐剂疫苗，如鸡新城疫油乳剂灭活疫苗。

二、生物制品命名原则

根据中华人民共和国《兽用新生物制品管理办法》规定，生物制品命名原则有 10 条。

①生物制品的命名原则以明确、简练、科学为基本原则。

②生物制品名称不采用商品名或代号。

③生物制品名称一般采用“动物种名＋病名＋制品名称”的形式。如猪丹毒活疫苗、牛巴氏杆菌病灭活疫苗、马传染性贫血活疫苗等。诊断制剂则在制品种类前加诊断方法名称。如：猪支原体肺炎微量间接血凝抗原。特殊的制品命名可参照此方法。病名应为国际公认的、普遍的称呼，译音汉字采用国内公认的习惯写法。

④共患病一般可不列动物种名。如：气肿疽灭活疫苗、狂犬病灭活疫苗。

⑤由特定细菌、病毒、立克次体、螺旋体、支原体等微生物以及寄生虫制成的主动免疫制品，一律称为疫苗。例如：仔猪副伤寒活疫苗、牛瘟活疫苗、牛环形泰勒氏梨浆虫疫苗。

⑥由特定细菌、病毒、立克次体、螺旋体、支原体等微生物及寄生虫毒力致弱或采用异源毒制成的疫苗，称“活疫苗”；用物理或化学方法将其灭活后制成的疫苗，称“灭活疫苗”。

⑦同一种类而不同毒(菌、虫)株(系)制成的疫苗，可在全称后加括号注明毒(菌、虫)株(系)。例如：高致病性猪繁殖与呼吸综合征活疫苗(HuN4-F112 株)、高致病性猪繁殖与呼吸综合征活疫苗(TJM-F92 株)。

⑧由两种以上的病原体制成的一种疫苗，命名采用“动物种名＋病名＋×联疫苗”的形式命名。例如：猪瘟-猪丹毒二联活疫苗。

⑨由同种病原体两种以上血清型制备的一种疫苗，命名采用“动物种名＋病名＋若干型名＋×价疫苗”的形式。例如：牛口蹄疫 O 型、A 型双价灭活疫苗。

⑩制品的制造方法、剂型、灭活剂、佐剂一般不标明。但为区别已有制品，可以标明。

(闻晓波)

复习思考题

1.简述免疫系统的免疫器官及其主要免疫功能。

2.简述免疫系统的免疫细胞及其主要免疫功能。

3.阐述免疫应答的基本过程。

4.初次应答与再次应答中,抗体产生均有什么特点?

5.抗体在动物体内有哪些免疫学功能?

6.主动免疫和被动免疫有什么区别?

7.简述弱毒疫苗与灭活疫苗各自的优缺点。

8.简述生物制品的命名原则。

第二章　兽医生物制品菌种和毒种的选育

本章摘要：菌种或毒种是国家重要的生物资源，是生物制品生产、检验与研究必不可少的物质基础；自然界存在着多种多样的微生物，而且还在不断地出现新的株和型；做好菌种和毒种的选育，是生物制品研发的重要工作。本章主要介绍了兽医生物制品菌种和毒种的概念、一般要求、鉴定、常规选育技术以及寄生虫虫种的常规选育技术和基因工程疫苗的构建技术。

第一节　菌种、毒种的常规选育技术

自然界的微生物多种多样，而且还在不断地发生变异，从而产生新的菌种或毒种。在兽医生物制品学中，菌种或毒种是指微生物种子资源，是生物制品生产、检验与研究的基础。根据生物制品用途的不同，所选择的菌种和毒种也各异；有的需要致病力强、抗原性好，有的则要求致病力弱或仅有感染性而无致病性、免疫原性高。菌种或毒种同时是国家的重要生物资源，世界各国均设有专业性保藏机构，我国于 1980 年在中国兽医药品监察所（简称中监所）设立了兽医微生物菌种保藏管理中心。

一、菌种、毒种概述

1. 种的概念

在微生物学中，种是微生物基本的分类单位，通常指表型特征相似、亲缘关系接近的一类细菌或病毒群体，与同属内其他种具有明显差异。

2. 菌种、毒种的分类

根据兽医生物制品在生产、检定过程中的用途，菌种与毒种可分为以下 4 类。

（1）生产用的菌种和毒种有以下 3 种。

①直接生产用菌种和毒种：是指直接用于制备疫苗、类毒素、诊断抗原等生物制品的菌种和毒种。如制备新城疫油佐剂灭活疫苗的新城疫病毒，制造破伤风类毒素的破伤风梭菌，生产鸡白痢全血玻板凝集抗原的雏沙门菌等。

②免疫用菌种和毒种：是指用于生产免疫血清和诊断血清的菌种和毒种。如制备小鹅瘟免疫血清的小鹅瘟病毒，制备炭疽沉淀素的炭疽杆菌等。

③加工用菌种和毒种：是指应用于兽医生物制品的加工过程的菌种和毒种。如制备沙门

菌单因子血清时，先用某种沙门菌免疫家兔获得的免疫血清为群因子血清，再用与上述菌有类属抗原的沙门菌吸收掉血清中的类属抗体便获得单因子血清，后者（吸收菌）就是参与加工的菌种。

（2）工具用的菌种和毒种　是指在兽医生物制品生产中作为工具使用的菌种和毒种。如生产痢疾杆菌噬菌体用的痢疾杆菌。

（3）检定用的菌种和毒种　是指用于兽医生物制品某些项目检验的菌种和毒种。如疫苗效力检验攻毒用的强毒菌（毒）种，因子血清效价及特异性测定用的菌（毒）种。

（4）标准菌株或参考菌株　是指在研究或其他特殊问题鉴定等方面使用的菌种和毒种，一般不用于直接生产兽医生物制品。

3. 菌种、毒种的一般要求

临床使用的疫苗必须安全、有效，诊断试剂必须敏感、特异。因此，菌种、毒种是生物制品质量的关键，所用的菌（毒）种必须按照要求进行严格的筛选与鉴定，除毒力标准不同外，均需符合一定标准才能用于生产兽医生物制品。

（1）来源清楚，资料完整　兽医生物制品菌种和毒种的来源（流行地区、动物种类、流行资料）清楚；分离鉴定资料完整，传代、保藏、生物学特性检查方法明确；生物学特性以及免疫学特性、安全与效力检定等资料完整；有关审批单位的鉴定、结论及审核批示材料均应清楚。任何来历不明或传代历史不清的菌种、毒种，不能用于兽医生物制品的生产。

（2）生物学特性典型　生物学特性包括菌种、毒种的形态特征、培养特性、生化特性、毒力特性和免疫学特性等，应当符合相应的标准。菌种的形态、培养、生化特性以及免疫学特性应该明显，易于鉴别；毒种应具有典型的电镜形态、细胞培养和免疫学特性，以及强毒种在人工感染动物后具有明显的临床表现和病理变化。

（3）血清型相符　制备兽医生物制品时，需特别注意菌（毒）种的血清型是否与使用地区流行疫病的病原血清型相符；只有选择相符的菌种和毒种，才能保证产品的临床使用效果。

（4）抗原性优良　抗原性包括免疫原性和反应原性。兽医生物制品主要是用于疾病的预防、治疗和诊断，优良的免疫原性与反应原性是生物制品中菌（毒）种的重要指标。具有优良免疫原性的抗原免疫动物后能产生良好的免疫应答，从而获得坚强的免疫力，因而制造疫苗用的菌（毒）种必须具有良好的免疫原性。具有优良反应原性的抗原可在血清学试验中出现敏感的特异性反应，生产诊断抗原的菌种或毒种必须具有很强的反应原性。通常也可通过浓缩、提纯或加入佐剂等方法，非特异性地提高机体对抗原的应答能力以及提高血清学试验的敏感性。

（5）遗传性状相对纯一　纯的菌种和毒种是来自于一个克隆的后代，但在保存、传代和使用过程中，受各种理化因素的影响容易发生遗传的变异或性状的改变，从而导致形态和培养特性、毒力和抗原性等方面发生变化。如果生产生物制品的菌种或毒种个体间产生较大的毒力和抗原性差异，那么制品的质量可能会受到严重影响。提高或保持菌种和毒种纯一性方法，就是经常进行挑选、纯化或克隆化。

（6）毒力在规定范围内　通常在生产兽医生物制品时，不同的制品对菌种和毒种的毒力具有不同的要求。用于制造弱毒疫苗的菌种和毒种，毒力要尽可能弱些；用于制造灭活疫苗的菌种和毒种则需要强毒力；诊断用抗原以反应原性高为准，同时不能具有感染性；制备诊断用血清时最好选用灭活的强毒株。

4.菌种、毒种的鉴定

(1)毒力测定　毒力也称为致病力，是指病原微生物引起动物机体不同程度病变的能力。菌种和毒种的毒力测定是一项重要的工作，通常使用递减剂量的活微生物或毒素接种易感的实验动物或本动物(原宿主动物)或禽胚或细胞进行测定。用来表示微生物毒力大小的单位通常有最小致死量(minimal lethal dose，MLD)、半数致死量(median lethal dose，LD_{50})、最小感染量(minimal infectious dose，MID)、半数感染量(median infectious dose，ID_{50})；如果在禽胚上进行测定则加"禽胚"前缀，例如禽胚半数致死量(egg median lethal dose，ELD_{50})、禽胚半数感染量(egg median infectious dose，EID_{50})；如果在细胞上进行测定则加"组织细胞"前缀，例如组织细胞半数致死量(tissue culture median lethal dose，$TCLD_{50}$)、组织细胞半数感染量(tissue culture median infectious dose，$TCID_{50}$)。一般在死亡率或感染率越接近50%时，对剂量的变化越敏感，故现多用半数剂量(如LD_{50})作为毒力测定单位。由于一些物质可能令动物在长时间的痛苦下死去，故动物保护组织一直批评以动物进行LD_{50}测定。

在进行毒力测定时必须设阳性和阴性对照，否则结果不成立。设阴性对照是为表明所用动物、禽胚或细胞等是否正常健康；设阳性对照是为表明所用动物、禽胚或细胞对接种物的敏感性。具体的测定方法是将待测的微生物进行连续递进稀释，将不同的稀释度定量接种一定数量的动物、禽胚或细胞，统计被接种动物在规定时间内的发病数或死亡数(细胞病变数)，按一定的统计方法计算半数剂量，数字越小说明致病力越强。常用的统计方法包括寇氏法(Karber氏法)、累计法(Reed-Muench法)、加权法(Bliss法)、霍恩氏法(Horn氏法)、上下法(up-and-down procedure，UDP)、固定剂量法(fixed dose procedure，FDP)和Logistic模型法等。

其中寇氏法的应用较为广泛，该方法是由Karber(1931)提出。由于它计算复杂，当时并没有得到广泛应用。孙瑞元(1963)改进并发展了寇氏法，即LD_{50}综合计算方法，后称之为改良寇氏法，该法在简洁度上优于累计法、寇氏法等，在精确度上也比寇氏法有所进步，计算结果与加权法很接近。杨世洪(1974)将运算过程进一步简化，推导出了新的公式，即：

$$LD_{50}=\lg^{-1}\left[X_n-i\left(\frac{2\sum m+h}{2^n}-0.75\right)\right]$$

式中：X_n为最高反应组剂量的对数，i为相邻两组对数剂量之差值(即组距)，m为各组动物反应数，$\sum m$为各组动物反应数的总和，n为每组动物数，h为首末两组反应数的平均值。

在实际运用中，由于寇氏法及其改良法都是根据结果直接按公式计算，不需要因为数据不精确而进行各种修改，省去了其他更复杂的统计计算，其计算结果精确，能求出标准误，只是应用时必须满足3个条件：①反应量大致呈正态分布；②剂量必须按等比级数分布；③各组动物数相等。

(2)抗原性测定　抗原性包括免疫原性和反应原性。免疫原性是指抗原刺激动物机体产生抗体或效应淋巴细胞的特性；反应原性是指抗原与相应的抗体或效应淋巴细胞发生反应的特性。

免疫原性测定通常采用的方法是将菌(毒)株制成疫苗，免疫动物，经2～3周后用定量的原强菌或毒株攻击测定，以保护率表示。抵抗强毒的致死量越大，保护率越高，免疫原性越好。反应原性的测定，一般采用血清学方法，以抗体滴度或效价表示。抗原性的测定，也需设阳性和阴性对照，否则无效。

(3)稳定性测定　菌种或毒种遗传性状的稳定是保证其遗传上相对纯一的基础。菌种的稳定性测定一般采取在适宜的培养基上连续传代培养；毒种的稳定性测定一般选择适宜的动物或禽胚或细胞进行连续传代培养；通过检测其传代培养物的培养特性、毒力特性以及抗原性，以确定其遗传性状是否稳定。菌种或毒种的遗传稳定性是相对的，保持稳定性的方法就是经常进行挑选和纯化。

二、强毒菌种和毒种的选育

强毒菌(毒)种是指毒力强大，足以感染并引起动物临床症状的菌种或毒种，广泛用于制备灭活疫苗、诊断制品、抗病血清以及疫苗制品的效力检验，也用于弱毒株的人工培育以及微生物学与免疫学、动物传染病等的研究。强毒菌种或毒种的选育程序见图 2-1。

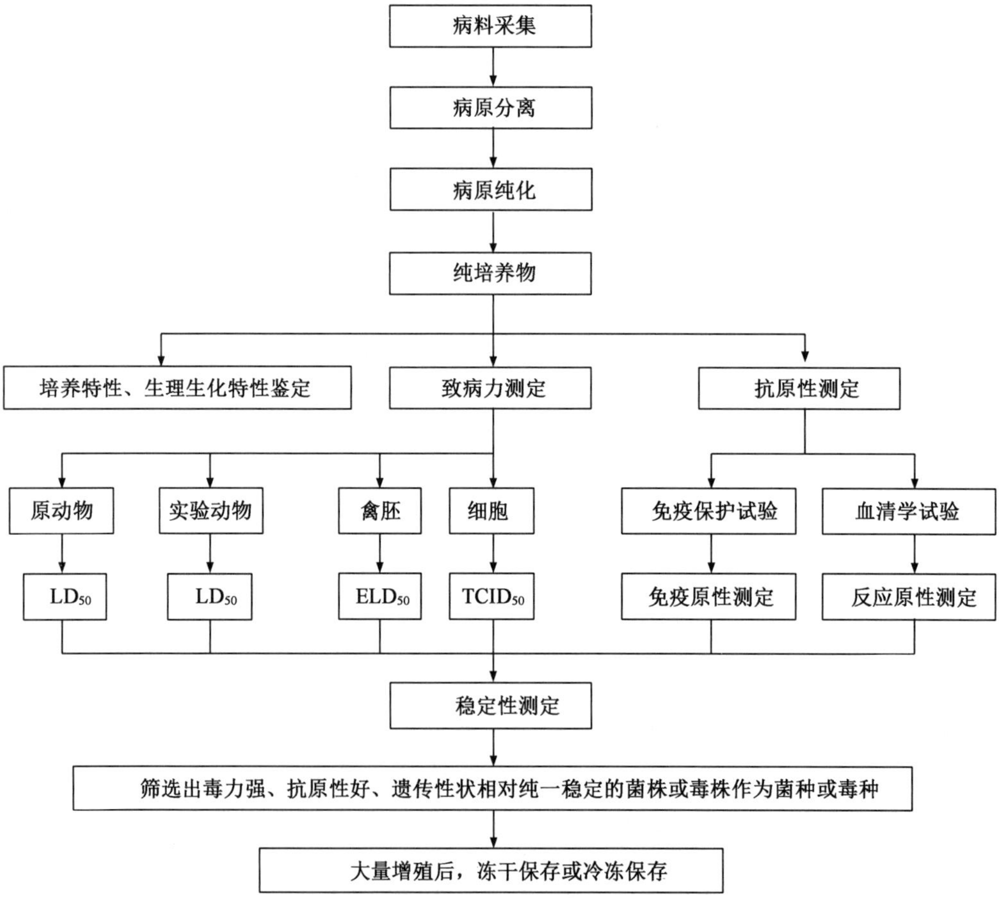

图 2-1　强毒菌种或毒种的选育程序

毒力强大、抗原性好的自然菌种或毒种通常分离自疾病流行地区的典型病例，如我国的石门系猪瘟病毒是1945年分离于湖南省石门县的疾病流行中期、症状和病理变化典型猪体。为了得到好的结果，获得适宜的病料非常重要；因此，病料的采集应选取含菌或含毒最多或病变明显的组织。

若要分离细菌，则应选取适宜的培养基进行分离与纯化；若要分离病毒，则应选择敏感的禽胚或细胞进行分离与纯化；无法通过禽胚或细胞分离培养的病毒（如兔瘟病毒），则应选择敏感的实验动物分离与纯化。理想的纯培养物是由一个细菌或病毒生长繁殖或增殖形成。

对于菌种而言，应测定其显微形态与大小、在培养基上的生长特性以及生理生化特性。对于毒种而言，应测定其电子显微镜下形态与大小以及接种动物、禽胚或细胞之后所导致的病变。通过毒力测定、抗原性测定、稳定性测定的菌种或毒种，经大量增殖之后，必须分装冻存。

三、弱毒菌种和毒种的选育

弱毒菌种、毒种是指致病力微弱或无致病力，不足以引起动物发病的菌种或毒种，主要用于制造弱毒疫苗、部分诊断制剂和抗血清。弱毒菌种、毒种的重要特征是致病力微弱或无致病力，但免疫原性优良，能够刺激动物产生坚强的免疫力。获得弱毒菌种和毒种主要是通过人工诱发突变，也可从自然界中筛选（图2-2）。无论自然弱毒株还是人工培育的弱毒株，都是基因突变或基因重组的结果。

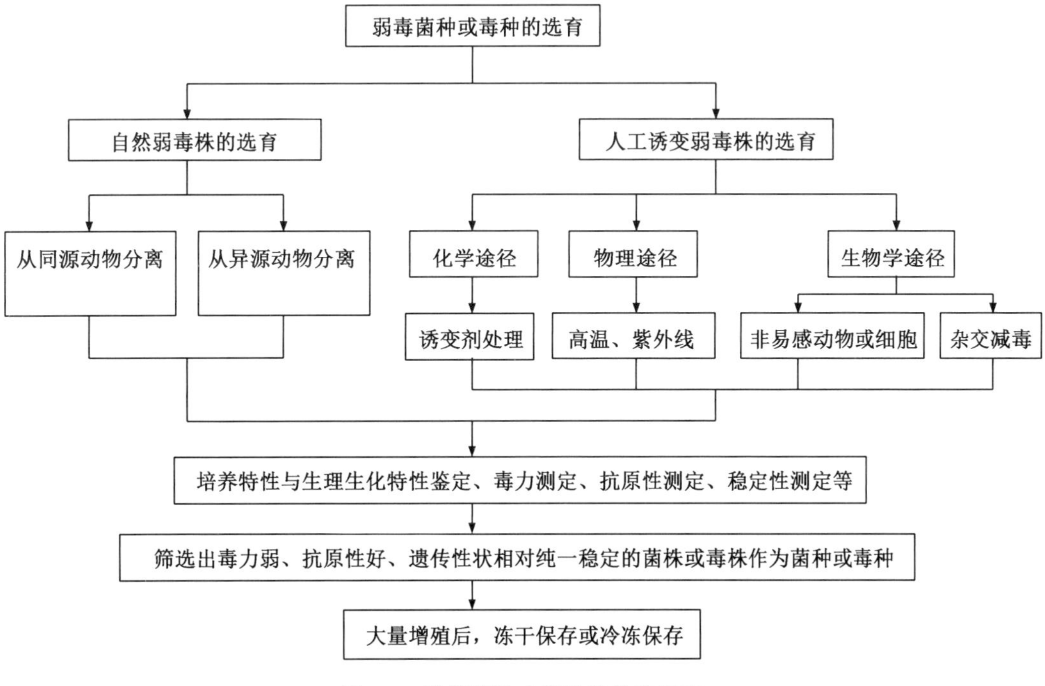

图2-2　弱毒菌种或毒种的选育程序

1. 自然弱毒株的选育

自然弱毒株又称自发突变毒株，是由于微生物的自然强毒株长期在自然因素（温度、日光、干燥、异种非易感动物等）作用下引起遗传基因突变，从而形成毒力减弱的菌株或毒株。微生物的自发突变概率很低，形成具有稳定遗传性状毒株的过程也长，获得自然弱毒株的概率不大。因此，自然弱毒株往往是有意或无意地从自然界中分离、筛选到的，然后再通过克隆、挑选等途径育成。

分离于自然宿主的称为同源自然弱毒株，例如巴斯德从巴氏杆菌的陈旧培养物中分离到禽霍乱弱毒菌株以及从自然鸡群中分离鸡新城疫 LaSota 弱毒株。分离自其他动物的称为异源自然弱毒株，对于自然宿主不致病，但与相关病原有一定的亲缘关系，且具有共同抗原，例如分离自火鸡的火鸡疱疹病毒 FC126 株，对鸡无致病性，但与鸡马立克病病毒有共同抗原，因而可制备疫苗用于预防鸡马立克病。

2.人工诱变弱毒株的选育

由于自然弱毒株很难获得，因此常用人工诱变的方法使强毒株变为弱毒株。采用的途径主要有化学途径、物理途径以及生物学途径，这些途径也可以联合使用。

(1)通过化学途径选育　是指利用某些化学药品引起病原微生物的核酸碱基发生改变，从而获得毒力减弱的菌株或毒株。将微生物用化学诱变剂处理，可极大地提高其基因突变率。例如亚硝基胍是一种烷化剂，具有强大的诱变作用，极其微量即可引起突变，诱变率达 1%。例如，通过亚硝基胍处理鸡毒支原体育成了疫苗突变株；将猪副伤寒沙门菌强毒株在含有醋酸铊的肉汤培养基中传代培养 50 代后育成了相应的弱毒株。

(2)通过物理途径选育　是指利用某些物理因素引起微生物突变，从而获得毒力减弱的菌株或毒株。高温、干燥、射线、紫外线等物理因素可导致微生物的核酸发生突变从而引起遗传性状的改变。例如，1881 年巴斯德将炭疽强毒菌在 42.5℃ 高温下长期传代培养，导致遗传性状变异，育成了弱毒菌株；1885 年将含有狂犬病病毒的脑脊髓置于干燥条件中处理，获得弱毒株。日本乙型脑炎病毒强毒株经紫外线照射后引起突变，产生毒力减弱的子代病毒，育成了弱毒株。

(3)通过生物学途径选育　是指通过接种非易感的自然宿主、细胞或禽胚，使微生物经传代发生突变，从而获得毒力减弱的菌(毒)株。通过生物学途径育成的弱毒株，其稳定性极佳，但育成过程比较长。我国在这方面处于领先地位，常用的育成路线有以下几种。

①适应非自然宿主：选择原始的强毒株不易感的非自然宿主，通过接种连续传代，使之发生变异并适应于非自然宿主，同时对原来自然宿主致病性大大减弱甚至丧失。通常用实验动物(兔、小鼠、地鼠、豚鼠、鸡、鹌鹑等)或禽胚进行，其优点是动物来源广泛、饲养管理方便、成本低廉、易于连续传代以及操作便利。例如，狂犬病病毒强毒株通过兔体传代后育成的弱毒株；猪瘟病毒强毒株通过兔体 400 余代后育成兔化弱毒株；口蹄疫病毒强毒株通过乳鼠和鸡胚传代育成弱毒株；鸭瘟病毒强毒株通过鸭胚和鸡胚传代后育成弱毒株。

②适应细胞：选择原始的强毒株不易感的同源或异源动物组织的原代细胞，通过接种连续传代，使之发生变异并适应于非易感细胞，同时对原来自然宿主致病性大大减弱甚至丧失。可选择一种或两种，甚至多种细胞，例如我国学者将马传染性贫血病毒强毒株通过驴白细胞传代育成了驴白细胞弱毒株；日本学者将猪瘟病毒强毒株通过猪睾丸细胞 142 代，牛睾丸细胞 36 代，再在豚鼠肾细胞传至 41 代后育成弱毒株。

③杂交减毒：经典的杂交减毒是将二种遗传性状不同的毒株在传代培育中进行自然杂交，以导致突变育成有使用价值的弱毒株。例如，流行性感冒弱毒株的育成是将温度敏感株(毒力弱，抗原性弱)与流行株(毒力强，抗原性强)进行混合培养传代，二者毒力基因发生交换产生毒力低，抗原性强的毒株。随着分子生物学技术的快速发展，采用基因工程技术途径对具有多节

段核酸的病毒进行核酸杂交也是弱毒株选育的新途径之一。

(4)变异毒株的初选依据　由于微生物变异的方向难以预测，所以只能在培育过程中，对各个表现遗传性状的群体按照需要进行选择，以求筛选出目的变异株。这种选择首先从外表观察、检测开始，然后再做系统的检测筛选。变异株初选依据包括以下几点。

①细菌菌落特征的变异，如菌落大小、形状、色泽、粗糙或光滑、荧光等；

②病毒蚀斑的变异，如蚀斑的有无、大小、形状等；

③对温度敏感性变异；

④对药物敏感性变异；

⑤对营养要求变异，如对氨基酸的特殊需要；

⑥对宿主动物易感性变异。

(5)我国在弱毒株选育中的贡献　我国经长期研究，育成了一些弱毒株并作为疫苗种毒生产疫苗，在控制和消灭动物疫病中发挥了重要的作用，见表2-1。

表2-1　我国一些弱毒株的育成线路与方法

弱毒株	致弱线路与方法
猪丹毒弱毒菌株(GC_{42})	强毒株→豚鼠370代→鸡42代
猪丹毒弱毒菌株(G_4T_{10})	强毒株→豚鼠370代→含0.01%～0.04%吖啶黄血液琼脂培养基10代
猪肺疫弱毒菌株(EO_{630})	强毒株→含海鸥牌洗衣粉培养基630代
口服猪肺疫弱毒菌株(679-230)	强毒株(C44-1)→在血液琼脂培养基上逐渐提高温度至42℃连续传39代→恒温培养230代
羊链球菌弱毒菌株(F_{60})	强毒株→鸡10代→培养基42～44℃传10代→鸽10代→培养基42～44℃传10代→鸡10代→培养基42～44℃传10代→鸽10代
马流产弱毒菌株(C_{39})	强毒株→雏鸡99代
禽霍乱弱毒菌株($G_{190}E_{40}$)	强毒株→豚鼠190代→鸡胚40代
布氏杆菌羊5号弱毒菌株	布氏羊型强毒株→鸡胚传代
牛肺疫兔化弱毒株	牛肺疫强毒株→兔传代
羊痘弱毒株	强毒株→鸡胚传代
鸡痘弱毒株	强毒株→鹌鹑传代
日本乙型脑炎弱毒株(53)	强毒株→地鼠肾细胞传代→鸡胚细胞传代

（成大荣）

第二节　寄生虫虫种的常规选育技术

一、寄生虫致弱疫苗

寄生虫感染常为带虫免疫状态，有证据表明几乎所有寄生虫感染后宿主存在获得性免疫或对再感染的抵抗力，因此可以将强毒虫体致弱制成寄生虫致弱疫苗，接种到易感动物体内，以提高其抵抗力。大量的研究表明，致弱疫苗在多种动物模型中均能诱导高保护力，提示获得高效且安全的疫苗是可行的。寄生虫毒力致弱的方法主要归纳为以下几种。

1.筛选天然弱毒虫株

弱毒虫株的主要特点是致病力微弱或无致病力，免疫效果好，能让受免疫的动物产生良好的免疫力。不同个体或不同虫株的寄生虫的致病力有所不同，但其本质组成和遗传上可能相同，有些致病力很弱，但可能是免疫效果很好的虫体，是制备疫苗的好材料。因此，可从自然界筛选出天然的弱毒虫株进行培育和评估，从而得到免疫效果良好的弱毒虫株。

2.人工传代致弱虫株

有些寄生虫在易感动物或培养基上培养，传代多次后，其毒性会越来越小，致病力越来越弱，但是不会影响其原有的抗原性，因此可以通过人工传代的方法使强毒株变为弱毒株，此种弱毒虫株可用于弱毒疫苗的制备，如艾美耳球虫的鸡胚传代致弱苗和泰勒虫的淋巴细胞传代致弱苗等。另外，通过有目的地选育，也可获得候选疫苗虫株，例如鸡球虫弱毒疫苗即通过早熟选育方法制备成功，并广泛应用于临床，具体做法是重复收集强毒虫株感染后最先排出的卵囊而获得遗传稳定的早熟系，再用早熟系制作疫苗，其毒力大大减弱，但同样能诱发强烈的保护性免疫应答。

3.人工诱变致弱虫株

可通过物理途径（放射线、温度等）或化学途径（化学诱导剂、药物等）人工诱变获得弱毒虫株。在血吸虫病疫苗的制备过程中，发现辐照可以使血吸虫的毒力减弱，能够得到免疫效果较好的虫苗。弱尾蚴疫苗可以诱导多种动物获得对血吸虫感染的高保护性免疫力，目前辐照致弱尾蚴疫苗诱导高保护力的相关机制在曼氏血吸虫病中研究较多且较深入。

二、寄生虫抗原疫苗

由于通过强毒虫体致弱制备弱毒疫苗存在很多缺陷，譬如难以通过体外培养获得减毒活疫苗、难以获得高效的多价活疫苗等，所以寄生虫抗原疫苗是一个重点关注的研究方向。制备寄生虫抗原疫苗的方法主要是从寄生虫提取抗原有效成分，加入相应的诱导剂，接种到动物体内，而制备该抗原的关键是确保能够从寄生虫提取有效的抗原成分。制备寄生虫抗原疫苗可采用两种方法，一是传统寄生虫抗原苗的制备，方法比较简单，将虫体在无菌的条件下进行机械破碎，提取可溶性物质或虫体的浸出物，通过浓缩、收集即可。虽然此方法简单，但是难以获得足够虫体，此外，浓缩收集而来的抗原大部分为非功能抗原，因此，此方法制备的抗原并不理想。随着科学技术的发展，一些寄生虫能够实现体外培养，从而解决了寻找虫体来源困难的问题，为寻找合适、有效的抗原奠定了基础。二是分子水平寄生虫抗原苗，要确保得到有效疫苗的关键是能够收集到大量的功能抗原，分子生物学技术的飞速发展为寄生虫抗原苗的研制开辟了新的途径。运用基因工程技术生产重组蛋白疫苗解决了虫源抗原来源的困难，可以获得大量的抗原分子，从而制备出高效的寄生虫抗原苗，此类虫苗有亚单位疫苗、人工合成肽苗、基因工程疫苗等。

（林瑞庆）

第三节　基因工程疫苗的构建技术

基因工程疫苗是近代分子生物学应用于疫苗领域的产物，一般包括基因工程亚单位疫苗、基因工程活疫苗、基因工程活载体疫苗、核酸疫苗、合成肽疫苗、转基因植物疫苗等。

一、基因工程亚单位疫苗的构建

基因工程亚单位疫苗也称为重组亚单位疫苗。构建该类疫苗，首先应选取病原微生物的某个或某几个保护性抗原基因，通过 PCR 将目的基因扩增，并选择合适的蛋白表达系统进行目的基因的表达；然后将表达的抗原蛋白从培养物中分离提取出来，或裂解细胞以提取在细胞内表达的抗原(图 2-3)；最后纯化的表达产物加入佐剂即可制成基因工程亚单位疫苗。目前原核表达系统(如大肠杆菌)是比较成熟的，但表达出的某些蛋白抗原性较差；而真核系统(如酵母)的表达产物抗原性较好，有巨大发展潜力。

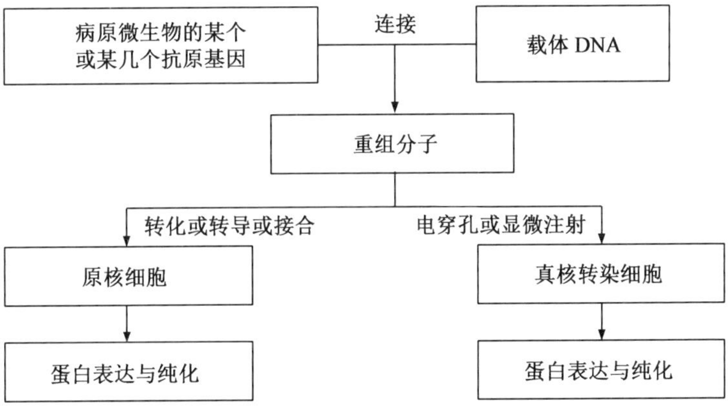

图 2-3　基因工程亚单位疫苗的构建路线

基因工程亚单位疫苗安全性好、纯度高、稳定性好、产量大，可用于培养困难的或有潜在致癌性的或有免疫病理作用的病原的疫苗研制。但与传统亚单位疫苗相比，其免疫效果较差，增强免疫原性的方法主要有：①调整基因组合使之表达成颗粒性结构；②在体外加以聚团化，包入脂质体或胶囊微球；③加入有免疫增强作用的佐剂。

二、基因工程活疫苗的构建

基因工程活疫苗也称为基因缺失活疫苗。自然界的弱毒株很难获得，利用基因工程技术使人工构建弱毒株成为可能。该类疫苗的构建是将与病原微生物毒力相关的致病基因或病毒复制的非必需基因通过全部或部分敲除或突变，从而筛选到毒力丧失或降低且能保持原有的抗原性的减毒菌株或毒株；以此减毒的菌株或毒株制成的疫苗，称为基因工程活疫苗。

例如，通过基因工程技术构建的猪伪狂犬病毒的糖蛋白 *E* 基因缺失株(gE^-株)及胸腺核苷酸激酶基因突变失活株(TK^-株)，致病力相对于原病毒显著降低，但免疫力不低于常规的弱毒疫苗。由于缺失了 gE 基因,故用该疫苗免疫的猪不产生抗 gE 抗体,而自然感染的猪具有抗 gE 抗体。欧盟的多个国家在实施根除伪狂犬病计划时,只允许使用这种 gE 基因缺失的伪狂犬病疫苗。伪狂犬病的 Bartha-K61 株疫苗是野毒株发生自然基因缺失性突变的活苗,而且缺失的基因及其编码产物可用于鉴别诊断。该疫苗减毒彻底、不易返祖、安全、遗传性能更稳定。此外,反向遗传操作技术的发展,进行基因点突变、缺失、插入、颠换、转位和互补等改造成为可能,表达禽流感 HA 基因的重组新城疫病毒活疫苗已实现了产业化。

三、基因工程活载体疫苗的构建

传统方法筛选的弱毒菌种或毒种以及通过基因工程技术构建的减毒菌株或毒株,均可以作为载体使用。利用基因工程技术将毒力弱的病毒或细菌构建成为疫苗载体,然后把外源基因插入其中,从而使非致病性微生物携带并表达某种特定病原微生物的抗原决定簇基因,以此重组的菌种或毒种制备而成的活疫苗即为基因工程重组活载体疫苗。另外,可构建多价或多联活载体疫苗,从而取得一针防多病的效果。该类疫苗具有免疫效力高、成本低、安全性好等优点,是疫苗研制与开发的重要方向之一。

(1)细菌活载体疫苗　是将病原体的保护性抗原或表位插入低致病力的细菌基因组或质粒使其表达。目前主要有以沙门菌、大肠杆菌、单核细胞增多性李斯特菌和小肠结肠耶尔森菌为载体的细菌活载体疫苗。

(2)病毒活载体疫苗　该疫苗的载体为低致病力的病毒,将其他病原的保护性抗原基因插入载体基因组的非必需区形成新的重组体,在同源或兼容性好的启动子驱动下,外源基因随载体的复制而表达。商品化的病毒载体活疫苗以痘病毒载体活疫苗最具代表性;另外,疱疹病毒、腺病毒、伪狂犬病毒、反转录病毒等均可作为载体。

四、核酸疫苗的构建

核酸疫苗又称为基因疫苗或 DNA 疫苗,是通过基因工程技术,将病原微生物的保护性抗原基因定向插入能在动物细胞内表达的质粒载体,构建的重组真核表达质粒作为疫苗直接注入动物体内,在动物细胞内产生功能性蛋白并激发免疫系统产生免疫应答。核酸疫苗表达的抗原蛋白类似于亚单位疫苗,不同的是抗原蛋白是在免疫对象体内产生。目前进入临床试验的核酸疫苗有艾滋病 DNA 疫苗和疟疾 DNA 疫苗。

相对于传统疫苗及亚单位疫苗,核酸疫苗最突出的优势是抗原合成和提呈过程类似于病原的自然感染,并能通过 MHC-Ⅰ类分子和 MHC-Ⅱ类分子的途径提呈所表达的抗原,可同时活化 $CD4^+$ T 细胞、$CD8^+$ T 细胞。但其潜在危险性也不容忽视,主要包括:如果外源 DNA 整合到宿主的染色体中可能引起插入突变;外源抗原的长期表达及在体细胞的转移可能导致免疫病理反应;可能产生抗 DNA 抗体,导致自身免疫反应;所表达的抗原也可能具有其他的生物活性等。

五、合成肽疫苗的构建

合成肽疫苗也称表位疫苗,是一种仅含抗原决定簇的小肽,即用人工方法按病原微生物保护性抗原蛋白的氨基酸顺序合成保护性短肽或抗原表位,然后与载体蛋白连接后加佐剂所制成的新型疫苗(图 2-4)。特别适用于不能通过体外培养获得足够量抗原的病原微生物疫苗研制。

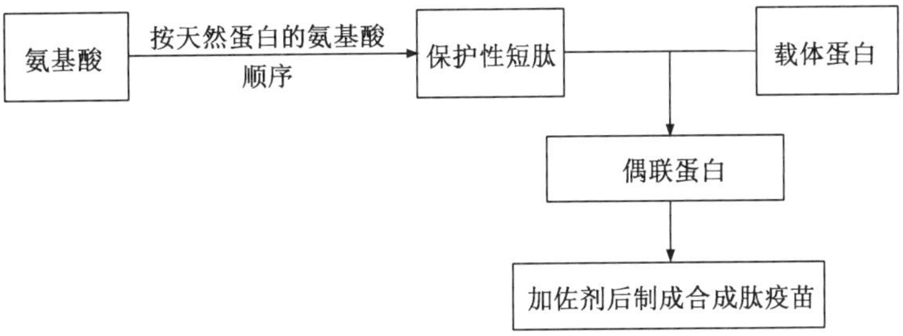

图 2-4　合成肽疫苗的构建路线

合成肽疫苗具有纯度高、安全性好、副作用小、可在常温下长期保存的优点。但同时其缺点也很明显,合成的肽段构象必须与自然的抗原决定簇构象一致,选定的单一抗原决定簇必须有足够强的免疫原性,抗原表位、多肽合成以及纯化技术的局限性等。兽医临床上,我国已成功研制出猪 O 型口蹄疫合成肽疫苗并投入市场销售。目前合成肽疫苗的生产成本昂贵,主要用于人及珍稀动物。

六、转基因植物疫苗的构建

转基因植物疫苗也称为植物疫苗,是把植物基因工程技术与机体免疫机理相结合,生产出能使机体获得具有特异性抗病力的疫苗。目前,植物疫苗生产的策略主要是利用根癌农杆菌介导的转化技术将病原微生物的抗原基因导入植物,并在植物中表达出活性蛋白(图 2-5)。转基因植物表达的抗原蛋白经纯化后仍保留了免疫学活性,注入动物体后能产生特异性抗体;用转基因植物组织饲喂动物,携带的抗原可激发肠道黏膜免疫和体液免疫反应。

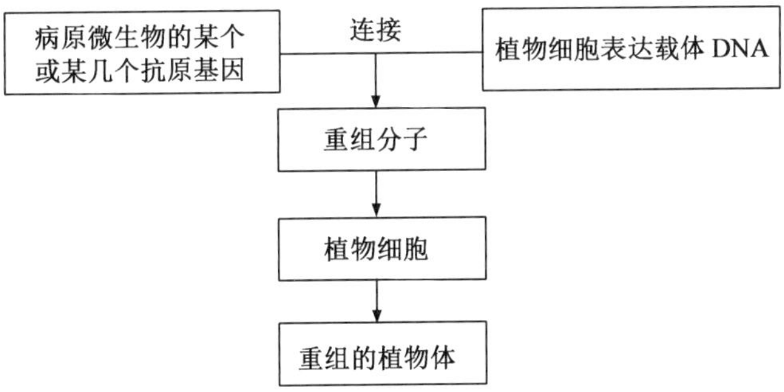

图 2-5　转基因植物疫苗的构建路线

植物作为生产抗原蛋白的生物反应器,提供了一个更加安全和廉价的生产体系。目前,国外已有将乙型肝炎病毒、口蹄疫病毒、霍乱毒素、结核分枝杆菌、轮状病毒、狂犬病病毒的抗原在植物中表达的报道。但植物表达系统还处于发展阶段,尚有许多课题有待于解决,例如:①受体植物尚不理想,烟草在转基因疫苗研制中使用最为广泛,但不利于作为可食用的疫苗;马铃薯虽是理想的转化材料,但不宜生食;番茄是可生食的蔬菜,但易腐烂。②口服的转基因疫苗必须能够抵抗消化道的酸性环境和各类酶的降解，足以通过黏膜并激发免疫应答。③抗原的表达量偏低。④抗原在转基因植物中定位、定时表达的问题，如植物被转入外源基因以后，有时会导致生长不良。⑤口服疫苗还涉及口服耐受性问题。

（成大荣）

第四节　菌种和毒种种子批的制备和保存

菌种和毒种是兽医生物制品生产的基础，其质量的优劣直接关系到制品的质量；但如果在微生物使用和传代过程中发生污染、衰退甚至死亡，则会致使优良菌种或毒种的丢失。菌种或毒种的衰退是指在培养或保藏过程中，由于自发突变出现某些原有优良生产性状的劣化、遗传标记的丢失等现象。为保持菌种和毒种的原有性状和活力的稳定，确保生物制品的质量，制备和保存合格的种子成为一项重要的工作。

一、种子与种子批的制备

根据《兽药注册办法》和农业部第442号公告规定，我国兽医生物制品的生产与检验用菌种和毒种实行种子批和分级管理制度。种子分三级，即：原始种子、基础种子和生产种子。

1. 原始种子与原始种子批

原始种子是指已明确其来源、历史和生物学特性并经系统鉴定确认具有良好免疫原性、繁殖特性、鉴别特征和纯净性良好的细菌、病毒或寄生虫株，即菌种、毒种或虫种。原始种子由研发单位保管。原始种子用于制备基础种子。

原始种子批是指某一菌种或毒种经过试验被选定用于兽医生物制品生产后，为确保能为制品的生产提供充足的质量均一的种子，采用一定方法对选定的菌种或毒种进行纯培养，收获细菌或病毒培养物，制成单一批。细菌性原始种子的质量应符合其培养特性、生化特性、血清学特性、毒力、纯粹、安全和免疫原性等标准。病毒性原始种子应做细菌、真菌、支原体和外源病毒污染检查，尤其是不应有外源病毒（如禽白血病病毒、网状内皮组织增生症病毒等）污染，并规定其生物学特性、理化特性、血清学特性、最小感染量（致死量、毒力）、最小免疫量（免疫原性）、安全性等，弱毒株的原始毒种还应作毒力返强试验。为了保存和使用方便，通常将细菌或病毒的培养物分成一定数量、装量的小包装，小包装应具有组成的均一性和同一质量。

2. 基础种子与基础种子批

基础种子是指来自原始种子、处于特定代次水平、具有一定数量、已进行全面鉴定、组成均一的活细菌或病毒培养物。基础种子由中监所或其委托单位负责制备、鉴定、保管和供应。基础种子应是质量均一的、按照相应制品规程中的标准进行过全面鉴定并合格、可供数年甚至数十年生产的种子，冻干或冷冻保存。基础种子的鉴定过程和结果应详细记录于专用表册中，由鉴定人签名后经主管审核存档，按国家规定及保藏单位程序发放。超过有效期的不得使用，应重新制备、鉴定。基础种子用于制备生产种子。

基础种子批是指从原始种子批中取一定数量的菌种或毒种培养物，通过适当方式进行传代，达到某一特定代次，增殖到一定数量后，将该代次的所有培养物均匀混合成一批，分成一定数量、装量和成分一致的小包装，保存于适宜条件下备用。这些小包装中的细菌或病毒培养物，经全面鉴定确认合格后，即为基础种子批。基础种子批的制备应达到足够的量，以便保证相当长时间内的生产需要。基础种子批一旦全部用完，必须按规定方法重新制备。

3. 生产种子与生产种子批

生产种子是指从基础种子传代培养而得到、处于一定代次范围内的活细菌或病毒培养物。生产种子由生产企业自行制备、鉴定和保管。生产种子直接用于生物制品的生产。

生产种子批是指取一定数量的基础种子，按照生产中的增殖方法进行传代增殖，达到一定数量后，均匀混合，定量分装，保存于液氮或其他适宜条件下备用。生产种子批经逐项检验确认合格后方可用于生产；应达到一定规模和分装量，并含有足量活细菌或病毒，以确保用生产种子复苏后传代增殖以后的细菌或病毒培养物数量能满足生产一批或一个亚批产品。

二、种子批系统

通常对种子要做系统鉴定，其内容包括外源因子检测、鉴别检验、感染滴度、免疫原性、血清学特异性、纯粹或纯净性、毒力稳定性、安全性、免疫抑制特性等。在种子批建立过程中，应取不同代次的种子培养物进行上述各项指标的测定，考察其繁殖特性、毒力、免疫原性及遗传稳定性等，以判定和确定疫苗用种子的合适代次。在实际生产中应严格控制基础种子的使用代次。基础种子传代次数过多，可能导致免疫原性降低和安全性发生变化。按照国际惯例，一般不能用基础菌种传代 10 代以上或基础毒种传代 5 代以上的培养物生产疫苗；如果要使用这种代次范围之外的基础种子用于生产，应通过进一步的试验加以证明。我国对基础种子的代次控制较为宽松，通常根据实际试验数据规定代次范围。生产种子是基础种子放大培养的产物，用于进一步扩大培养并制备半成品。对生产种子的检验项目通常较少，主要包括纯净性和含量，有时也进行血清学鉴定。

原始种子批应详细记录其背景，如名称、代号、时间、地点、来源、代次和历史等，并进行有关特性鉴定。基础种子批和生产种子批，应详细记录代次、安瓿的存放位置、识别标志、冻存日期和库存量。由种子批移出的菌种或毒种无论开瓶与否，均不得再返回贮存。用生产种子批增殖获得的细菌或病毒培养物，不得再回冻保存和再次用于生产。

菌种和毒种应由专人管理，将基础种子批和生产种子批分别放置在生产区中相距较远的两处、多个容器存放，避免种子混淆和丢失。非生产用菌种和毒种应严格与生产用菌种和毒种分开存放。为了容易区分，每种基础种子批要有一个指定的代码。

三、种子批的保存

经过鉴定符合要求的种子批必须置于低温进行保存。无论何种保存方法，均应根据微生物的生理、生化特点，人为地创造环境条件，使微生物长期处于代谢不活泼、生长繁殖受抑制的休眠状态。

1. 斜面低温保存法

该法适用于细菌、放线菌、酵母菌和霉菌等大多数微生物菌种的短期保存。首先将菌种接种在适宜的斜面培养基上，待菌种生长完全后，置于4℃左右的冰箱中保藏，每隔一定时间再转接至新的斜面培养基上，生长后继续保藏。无芽胞的细菌可保存1个月左右，酵母菌可保存3个月左右，放线菌、霉菌和有芽胞的细菌一般可保存6个月左右。

该法的优点是简便易行，容易推广，存活率高，故科研和生产上对经常使用的菌种大多采用这种保藏方法。其缺点是菌株仍有一定程度的代谢活动能力，保藏期短，传代次数多，菌种存在变异和被污染的可能。

2. 石蜡油封存法

该法适用于保藏霉菌、酵母菌、放线菌、需氧细菌等。此法是在无菌条件下，将灭菌的液体石蜡倒入培养成熟的菌种斜面或半固体穿刺培养物上，石蜡油层高出斜面顶端1 cm，使培养物与空气隔绝，加胶塞并用固体石蜡封口后，垂直放在室温或4℃冰箱内保藏。使用的液体石蜡要求优质无毒，需要121℃高压蒸汽灭菌60～80 min。

液体石蜡可阻隔空气，防止水分挥发，使培养物不会干裂，故保存期可达1～2年，或更长。该方法操作简单，但对厌氧细菌的保藏效果较差，也不适用于某些能分解烃类的菌种。

3. 冷冻真空干燥保存法

该法也称冷冻干燥保存法，简称冻干法。此法是将待保存的菌种或毒种加入一定量的保护剂制备成悬液，并分装于安瓿管中；在低温下快速冻结后，通过减压抽真空，使水分升华而将样品脱水干燥，形成完全干燥的海绵状固体样品；同时应在真空条件下立即融封安瓿管，形成无氧真空环境；最后置于低温下（如－20℃），使微生物处于休眠状态而得以长期保存。

该方法具备低温、干燥、缺氧的条件，因此保存期一般达5～15年，且存活率高、变异率低，是目前被广泛采用的一种较理想的保藏方法。除不产孢子的丝状真菌不宜用此法外，其他大多数微生物（如病毒、细菌、放线菌、酵母菌、丝状真菌等）均可采用这种保藏方法。该法的缺点是操作比较繁琐，技术要求较高，且需要冻干机等设备。

4. 液氮超低温保存法

该法简称液氮保存法、液氮法，是在加入保护剂的条件下，通过液氮超低温（－196℃）保藏菌种或毒种的方法。其主要原理是细菌细胞或病毒感染细胞从常温过渡到低温，并在降到低温之前，使细胞内的自由水通过细胞膜外渗出来，以免膜内因自由水凝结成冰晶而使细胞损伤。通常以每分钟下降1℃的速度从0℃直降到－35℃，然后保藏在－196℃液氮冷箱中。如果降温速度过快，由于细胞内自由水来不及渗出胞外，形成冰晶就会损伤细胞。据研究认为降温的速度控制在（1～10）℃/min，细胞死亡率较低；随着速度加快，死亡率则相应提高。

液氮超低温保存使用的保护剂，一般选择甘油、二甲基亚砜、糊精、血清蛋白、聚乙烯氮戊环、吐温80等，但最常用的是甘油（10%～20%）。此法操作简便、高效、保藏期一般可达15年以上。除了少数对低温损伤敏感的微生物外，该法适用于各种微生物菌种或毒种的保藏，甚至藻类、原生动物、支原体等都能用此法获得有效的保存。但需购置超低温液氮设备，且液氮消耗较多，操作费用较高。

（成大荣）

复习思考题

1. 根据用途，可以将生产用的菌(毒)种分为哪几类？
2. 简述菌(毒)种的基本要求。
3. 简述选育强毒力菌(毒)种的方法。
4. 简述选育弱毒菌(毒)种的常用方法。
5. 如何将寄生虫的强毒虫株致弱？
6. 简述基因工程疫苗的种类。
7. 简述构建基因工程亚单位疫苗的技术路线。
8. 疫苗生产中种子分为哪3个级别？各自有何特点？
9. 试列举疫苗生产用种子保存的方法。

第三章　兽用疫苗生产培养技术

本章摘要：病原微生物（细菌、病毒）和寄生虫的人工培养或增殖是兽用疫苗生产环节中的关键技术之一，决定着疫苗的品质。兽用疫苗生产培养技术包括细菌培养技术、病毒增殖技术、寄生虫培养技术和疫苗制造流程4个方面。细菌培养技术包括细菌生长繁殖规律，细菌生长所需营养条件和环境条件，细菌分离培养技术，疫苗生产中细菌培养方法，大规模发酵培养细菌的操作方式，细菌的计数方法。病毒增殖技术包括病毒复制的规律，用于增殖病毒的动物、鸡胚和细胞的种类及选择，病毒接种的途径，影响病毒增殖的因素，大规模体外增殖病毒的技术，细胞培养的污染与控制。寄生虫培养技术分别介绍了绦虫、线虫、吸虫、原虫、节肢动物的体外培养方法。疫苗制造流程分别阐述了细菌疫苗、类毒素、病毒性疫苗和寄生虫苗的制造流程。

第一节　细菌培养技术

细菌培养是指细菌在人工培养基上以及人工控制的环境中生长繁殖的过程。大多数细菌属异养菌，必须从周围环境中摄取营养，进行新陈代谢和生长繁殖等生命活动。不同种类的细菌其生长条件不尽相同，选择最适合的培养条件，可提高产量，缩短生产时间。细菌性生物制品（菌苗）均是利用细菌培养物制备，广泛用于动物疫病的防治。掌握细菌培养的基本技术必须了解细菌的生长繁殖和营养需求。

一、细菌的营养需求与生长繁殖

（一）细菌对营养物质的需求

营养物质是细菌生长繁殖的基本要素，是构成菌体成分的原料，也是细菌生命活动的能量来源，与细菌化学组成密切相关。不同种类细菌所需要的营养物质不完全相同，在人工培养过程中应根据细菌种类不同，提供合适的营养。

（1）水分　水是细菌重要组成成分之一，占细胞总质量的75%～90%。细菌对物质的吸收、渗透，对代谢产物的分泌、排泄及代谢过程中的生化反应均需在有水的条件下进行。

（2）碳源　细菌主要从含碳化合物（如糖类）中获得碳源，以合成菌体的成分。碳源也是细菌的能源物质。由于细菌的分解和合成能力不同，对碳源的利用具有选择性。自养菌可自无机物中获得碳源；异养菌除从有机物得到碳源外，也需要少量CO_2。

（3）氮源　细菌多以有机氮化物（如氨基酸、蛋白胨等）为氮源，用于合成菌体的蛋白质、酶、核酸等含氮物。

(4)无机盐　细菌对无机盐的需要量很少，但其作用非常重要，如参与细胞组成、调节菌体渗透压和维持酸碱平衡，有些元素是细菌酶的活性基团的组分，有些是酶激活剂。

(5)生长因子　是指一类细菌生长所必需而又不能自身合成的有机化合物，如维生素、氨基酸、嘌呤、嘧啶等，主要是作为某些辅酶和辅基的组分。此外，某些细菌还需要特殊的生长因子，如X因子和V因子，这类因子均存在于血液中。

(二)细菌生长繁殖的条件

细菌的生长繁殖除需一定的营养条件外，还需提供合适的环境条件。不同种类的细菌，生长繁殖的条件不完全相同，个别种类要求特殊的环境条件，但基本条件包括营养、pH、温度、气体等。

(1)营养物质　细菌在体外人工生长繁殖，必须按照细菌的种类嗜好满足其营养需求，涉及上述的水分、碳源、氮源、无机盐和生长因子。

(2)酸碱度　大多数病原菌最适酸碱度为pH 7.2～7.6，在此pH下细菌的酶活性强，生长繁殖旺盛。少数细菌具有耐酸或耐碱的能力。细菌在代谢过程中分解糖类产生酸，pH下降，不利于细菌生长。

(3)温度　温度是影响细菌繁殖的重要因素之一，大多数病原菌最适生长温度为37℃，因此规模化培养细菌时通常采用37℃培养。

(4)气体　细菌生长繁殖所需要的气体有O_2和CO_2，根据细菌对O_2的需要情况，可将细菌分为以下3类。

①需氧菌：该类细菌在有氧环境中才能生长繁殖，如炭疽杆菌、结核分枝杆菌等。其中有些细菌在低氧压条件下生长良好，高氧压对其有抑制作用，称为微需氧菌，如空肠弯杆菌。

②厌氧菌：缺乏完善的呼吸酶系统，利用O_2以外的其他物质作为受氢体，只能在无氧环境中生长，但需要少量CO_2以合成酶，如梭状芽胞杆菌。

③兼性厌氧菌：兼有需氧呼吸和无氧发酵两种功能，在有氧或无氧条件下均能良好生长繁殖，如大肠杆菌、沙门菌等。

(5)渗透压　每种细菌有其各自的最适渗透压，多数病原菌只能在等渗环境下生长繁殖，在低渗溶液中引起膨胀、破裂死亡；在高渗溶液中导致细胞质与细胞膜脱离而死亡；但多数细菌的细胞壁比较坚固，使细菌细胞不致崩裂。

(三)细菌生长繁殖的规律

在培养基和适宜环境中，将一定数量的细菌接种于适宜的液体培养基中，连续取样检测活菌数，以培养时间为横坐标，培养物中活菌数目对数为纵坐标，可以绘制出一条生长曲线。根据生长曲线，细菌群体生长繁殖可分为四个时期。

1.迟缓期

接种的细菌处于静止适应状态，仅表现为菌体缓慢地膨大，其时间长短随细菌的适应能力而异。

2.对数期

细菌适应环境后，即以恒定的速度增殖，并表现出培养时间与菌数的对数呈直线关系。细菌生长的速度取决于细菌的世代时间，一般细菌的世代时间为15～20 mim，但有些细菌的世代时间较长，如结核菌需 15～18 h。大规模生产生物制品时，对数期细菌是用作种子的最佳材料。

3. 稳定期

随着营养物质的消耗、减少，代谢毒性物质积蓄，细菌生长速度逐渐缓慢，进入相对稳定期，即细菌的增加数与死亡数保持平衡状态。细菌的芽孢、外毒素和抗生素等代谢产物多在稳定期产生。

4. 衰退期

细菌出现大量死亡，死菌数超过活菌数。如不移植到新的培养基，最终可能全部死亡。

二、细菌的培养方法

细菌培养是指细菌在人工培养基以及人工控制的环境中生长繁殖。细菌性生物制品都是利用细菌培养物制造的。

(一)细菌分离培养

细菌分离是人工分离培养细菌的重要步骤，其目的是从污染的样品中分离获得所需要的细菌，从而可以进行感染性疾病的病原学诊断，在生物制品生产中是必不可少的技术。

细菌分离培养常采用营养琼脂平板分离。根据细菌生长特点，采用划线法和倾注法。接种时要严格无菌操作，避免污染。

1. 平板划线法

划线接种的方法很多，如分区划线法、平行划线法、棋盘格划线法等(图 3-1)。通过划线法可使混杂的细菌在琼脂平板表面分散生长，各自形成不同的菌落，再根据菌落特性进行鉴别，挑选单个菌落进行纯培养，制备种子培养物。

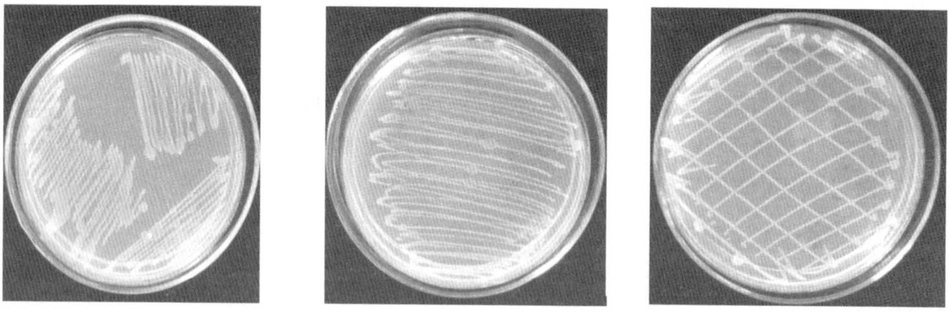

图 3-1　琼脂平板上各种划线培养法(左:分区划线;中:平行划线;右:棋盘格划线)

2. 倾注培养法

将适量细菌培养液注入灭菌平皿内，再将事先融化的营养琼脂培养基冷却至 45～50℃，注入其中，混匀后，制成平板，37℃培养 24～36 h后，挑取典型菌落培养。

(二)疫苗生产中细菌培养

疫苗生产中的细菌培养方法主要包括传统的固体表面培养、液体深层培养、固定化培养和高密度培养等，不同菌种应选择不同的培养方法，以实现最佳生产过程。疫苗生产中细菌的产量除与营养条件有关外，还与菌种接种量、培养时间和培养方法有关。

1. 固体表面培养

固体表面培养是将菌种接种或涂布在固体培养基表面，平放静置培养，多用于菌种的分离、纯化、筛选和鉴定等。固体表面培养的培养容器包括试管、培养皿、克氏扁瓶、茄子瓶等，本法收获的菌体纯度高，细菌浓度可根据需要调节，多用于制备诊断抗原。但产量低，劳动强度大。

2. 液体深层培养

液体深层培养是将菌种接种到发酵罐中，使细菌细胞游离悬浮在液体培养基中进行生长的一种培养方法。深层液体培养一般需要通入无菌空气并不断进行搅拌，可加速细菌分裂繁殖，缩短培养时间，提高细菌产量。

3. 固定化培养

固定化培养是固体培养和液体深层培养相结合的一种方法，即将菌体活细胞固定在固体支持介质上，进行发酵培养。常用固定化的方法有包埋、吸附、共价键交联等，目前常用的有复合、无机和有机高分子。固定化培养的优点在于：可实现高密度培养，不需要多次培养和扩大，缩短发酵周期；细菌可长期、反复或连续使用，稳定性好，有利于提高产量；发酵液中菌体少，有利于产物的分离纯化。固定化培养是未来较具有潜力的细菌培养方法。

4. 透析培养法

利用膜的半透性原理，在培养物与培养基之间隔一层半透膜的培养方法，使代谢产物和培养基分开成为各自的循环系统，中间经透析器交换营养。可获得高浓度的纯粹细菌和高效价的毒素，有利于制造高效力的生物制品。

5. 高密度培养

高密度培养是应用一定的培养技术和装置提高菌体发酵密度，使菌体密度比普通培养有显著提高的一种培养方法。广义来说，凡是细胞密度较高，以至接近其理论值的培养均可称为高密度培养。高密度培养采用每升培养液中干细胞质量作为衡量单位，一般上限值为 150～200 g/L（干细胞质量/升），下限值为 20～30 g/L。高密度培养是实现细菌及其代谢产物工业化生产的重要技术(图 3-2)。

图 3-2　细菌发酵罐

(三)细菌大规模发酵培养的操作方式

按操作方式和工艺流程可将发酵培养分为分批式操作、流加式操作、半连续式操作和连续式操作等几种。

1.分批式培养操作

分批式培养操作又称不连续培养操作,是将菌体和培养液一次性装入发酵罐,在最佳条件下进行发酵。经过一段时间,完成菌体的生长和产物合成后,一次性收获细菌、产物和培养基的操作方式。然后清洗发酵罐,装料,灭菌后再进行下一轮操作。分批式操作的缺点是发酵体系中开始时基质浓度很高,到中后期,产物浓度很高,不利于发酵反应的顺利进行。

2.流加式培养操作

流加式培养操作是在分批式操作的基础上,连续不断补充新培养基,但不取出培养液。由于不断补充新培养基,整个发酵体积不断增加。整个培养过程没有流出或回收,通常在细菌进入衰亡期进行终止,回收整个反应体系,分离细菌,浓缩。

3.半连续式培养操作

半连续式培养操作又称反复分批式或换液培养,是将菌体和培养液一起装入发酵罐,在菌体生长过程中,每隔一段时间,取出部分发酵培养物,同时补充同等量新培养液,如此反复进行,放料 4～5 次,直至发酵结束,取出全部发酵液。该操作可间歇取出部分发酵液,与正常放罐的发酵液一起送提炼车间。

4.连续式培养操作

连续式培养操作是将菌体与培养液一起装入发酵罐,在菌体培养过程中,为防止衰退期的出现,不断向发酵罐补充新培养基,同时取出包括培养液和菌体在内的发酵液,使菌体始终处于恒定发酵的状态。连续操作的特征是培养基连续稳定地加入发酵罐内,同时产物也连续稳定离开发酵罐,保持反应体积不变,发酵罐内物系的组成不随时间而变,因此也称恒态操作。

本操作所需设备和投资较少,减少了分批式培养的每次清洁、装料、消毒、接种等操作时间,提高了产率和效率,产量稳定性好。不足之处是由于连续操作过程时间长,杂菌污染机会增多,细菌易产生变异和退化,有害代谢产物积累等,使连续操作受到了限制。

(四)细菌计数方法

细菌性生物制品在生产过程中,经常需要进行细菌计数,包括细菌总数(死亡细菌数和活细菌数)的计数以及活细菌计数。

1.直接计数法

(1)计数板(血球计数板)测定法　在光学显微镜下直接观察细菌并进行计数的方法。此法计算的细菌数包括死亡细菌数和存活细菌数。为了便于区分死亡细菌和活细菌,可对样品进行染色,根据细菌染色后的颜色不同进行计数。常用活菌染色法:①美蓝染色液对酵母菌染色后,其活菌为无色,死菌为蓝色。②吖啶橙染色后,紫外光镜下,活菌发橙色荧光,死菌发绿色荧光。

(2)电子计数器计数法　电子计数器的工作原理是测定小孔中液体的电阻变化,小孔仅能通过一个细胞,当细胞通过小孔时,电阻增加,形成一个脉冲,自动记录在电子记录装置上。该测定方法比较准确,但只识别颗粒大小,不能区分是否为活细菌。因此,为保证测定的准确性，保证菌悬液中不含任何碎片。

2. 间接计数法

最常用的是菌落计数法，计算固体培养基上(内)形成菌落的个数来计算细菌数目。

(1)平板菌落计数法　可用倾注平板、涂布平板、微量点板等方法进行。此法需氧菌或厌氧菌均适用。主要操作是将稀释后含一定量菌的菌样通过倾注或涂布的方法，使细菌单个分散在琼脂平板上，经培养后，每一个细菌形成一个单菌落，即“菌落形成单位”(CFU)，根据每个平皿上长出的菌落数乘以稀释度即可推算出原始样品中含菌的数目。如果在培养基中加入活菌指示剂 TTC(2,3,5-氯化三苯基四氮唑)，可使细菌在数小时内染成易于辨认的玫瑰红色。

(2)厌氧菌的菌落计数法　主要采用亨盖特滚管培养法、半固体深层琼脂法，培养基中最好加入还原剂(维生素 C、半胱氨酸等)。

(3)比浊计数法　根据细菌悬浮液的吸光度测定其数量，分为标准比浊管法和分光光度计法。简便、直接，计算菌体数量包括死亡细菌和活细菌。

(陈晓月)

第二节　病毒增殖技术

一、病毒的复制与营养

(一)病毒的复制

病毒是专性寄生物，必须在活的宿主细胞内，利用细胞的合成机构，按照病毒的遗传特性合成病毒的核酸和蛋白质，然后装配成新的病毒粒子，病毒这种特殊的繁殖方式称为复制。

不同种病毒生命周期差异很大，但复制过程大体相同，分为吸附、侵入、脱壳、生物合成、装配和释放 6 个连续阶段。

1. 吸附

吸附是指病毒附着于敏感细胞的表面，它是感染的起始期。病毒与细胞最初的吸附是非特异性的静电作用，随后病毒衣壳蛋白与宿主细胞表面特定受体之间发生特异性结合。根据特异性结合可确定病毒的宿主范围，不吸附就不能引起感染。病毒吸附过程也受离子强度、pH、温度等环境条件的影响。

2. 侵入

在病毒附着到宿主细胞表面之后，通过受体介导的胞吞或膜融合进入细胞，这一过程通常被称为“病毒进入”。主要有三种方式：①病毒直接进入细胞质。②细胞膜内陷，整个病毒被吞饮入胞内形成囊泡。这是病毒侵入的常见方式。③病毒囊膜与细胞膜融合，病毒的核衣壳进入细胞质。

3. 脱壳

病毒的衣壳被病毒或宿主细胞中的酶降解，使得病毒的核酸得以释放。侵入和脱壳是连续的过程，失去病毒体的完整性被称为“脱壳”。从脱壳到出现新的感染病毒之间的时间叫“隐蔽期”。

4. 生物合成

进入细胞的病毒核酸在细胞质和细胞核内进行自身复制，合成蛋白质，该过程依赖细胞提供的能量、病毒所需的前体成分和酶等。在此期间，细胞内尚无完整的病毒粒子。

5. 装配

合成的核酸和蛋白质衣壳各部分组装在一起。病毒的装配率不高，常有约一半核酸和蛋白质不能装配成病毒粒子。在病毒颗粒完成组装之后，病毒蛋白常会发生翻译后修饰。

6. 释放

成熟病毒粒子自宿主细胞释放出来的过程。无囊膜病毒需要在细胞裂解后才能释放出来，而有囊膜病毒可以通过出芽方式从宿主细胞内释放出来，在出芽过程中由细胞膜获得囊膜。

病毒在活细胞内复制增殖的速度随病毒种类、细胞种类、形成部位和平衡条件等因素而不同。痘病毒增殖全过程为 24～28 h，披膜病毒约 12 h，动物病毒在 1 个细胞的增殖量数千个到百万个。

通常，病毒吸附进入细胞后，有 2～12 h 的隐蔽期，该期内不能检出感染病毒。随着病毒粒子逐渐成熟，细胞膜破裂，无囊膜病毒释放出来，有囊膜病毒则通过细胞质膜出芽成熟，其规律变化见图 3-3。掌握动物病毒的增殖规律，获得高滴度病毒，对研制动物生物制品十分重要。

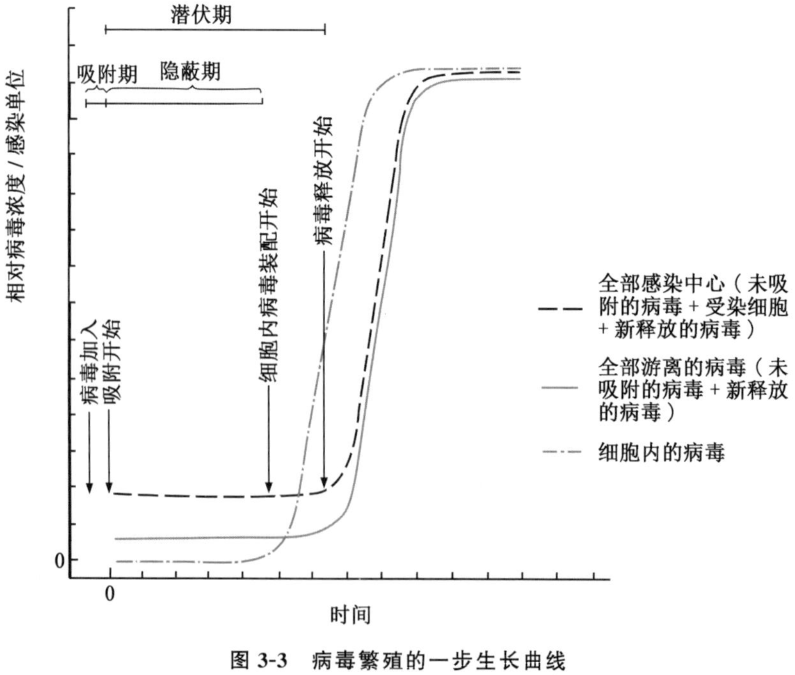

图 3-3　病毒繁殖的一步生长曲线

(二)病毒所需营养

病毒在复制增殖过程中,直接利用宿主细胞的成分合成自身的核酸和蛋白质,因此宿主细胞所需能量和组成成分的来源。目前,为病毒提供营养的方法有易感动物接种、鸡胚培养和细胞培养等。其主要营养物质包括蛋白质、氨基酸、碳水化合物、生长因子(维生素、激素和血清滤过因子)、无机盐类等。

二、易感动物增殖病毒技术

动物接种是增殖病毒的经典方法之一。为了制备病毒性灭活疫苗、弱毒疫苗、亚单位疫苗或表面抗原疫苗,或用病毒抗原制备免疫血清(抗体),都需要制备大量的病毒抗原。尽管大多数病毒可以通过禽胚培养技术和细胞培养技术进行增殖,但有些病毒只能在易感动物体内增殖。

(一)动物的选择

动物的品质对所增殖病毒的生物学性状影响很大,会直接或间接干扰兽医生物制品的质量和实验结果。如果有 SPF 动物,应首选 SPF 动物。选择动物的条件如下:①外购动物应来自非疫区,未接种过相应病毒疫苗的健康动物,对病毒易感性高。②动物体重、年龄尽可能一致,符合增殖病毒的要求。③遗传特性相似,试验结果具有一致性、准确性和可比性。④家兔、小鼠、大鼠等应符合普通级或清洁级实验动物标准;鸡应符合非免疫鸡或 SPF 级标准;犬、猫应品种明确,并符合普通级实验动物标准。

(二)接种方法

根据病毒性质和接种目的不同,采取不同途径接种动物。常用的接种方法包括皮下接种、皮内接种、肌内接种、静脉接种、脑内接种和腹腔接种等。

(三)动物接种后的饲养管理与病毒收获

接种病毒后,应每天观察和检查动物的各项规定指标,如精神、食欲、粪便、尿液、被毛状态、活动情况和接种部位的反应,每天测体温 1 次,做好记录。出现反应症状的动物,按规定方法扑杀,采取含病毒量高的组织脏器。

三、禽胚增殖病毒技术

1911 年,Rous 等首先应用鸡胚增殖鸡肉瘤病毒获得成功,直至 1938 年,该技术才得以应用。近 20 年来,虽然组织培养技术发展很快,但鸡胚培养技术仍被广泛地用于病毒的分离鉴定、抗原制备及疫苗生产等多方面。

(一)禽胚的选择及接种前孵化

用于增殖病毒和生产生物制品的禽胚的质量极为重要,必须慎重选择。孵化前用消毒剂对鸡胚进行消毒,晾干后孵化。孵化温度为 37.5～38.5℃,相对湿度 50%～60%,每日通风、翻蛋最少 2 次。孵化 4～5 d,用照蛋器照蛋检查,淘汰未受精蛋和死胚,孵化至所增殖病毒需要的接种日龄即可。

(二)禽胚的接种途径

常用鸡胚的接种途径有 4 种,即绒毛尿囊膜接种法、尿囊腔接种法、卵黄囊接种法和羊膜腔接种法。此外静脉接种法和脑内接种法。

1. 绒毛尿囊膜接种

多用于痘病毒和疱疹病毒的分离和增殖，这些病毒可在鸡胚绒毛尿囊膜上形成痘斑或病斑。

方法一：选用孵化 10～12 日龄鸡胚，照蛋，画出气室及绒毛尿囊膜的发育面，在绒毛尿囊膜处(靠近胚胎无大血管处)的蛋壳上用碘酒和酒精消毒后，锉成一个三角形或方形裂痕，除去蛋壳造成“卵窗”，注意勿伤及壳膜。另在气室顶部的蛋壳上钻一小孔，将蛋横卧于蛋盘(座)上，在“卵窗”处滴无菌盐水 1 滴于壳膜上，以针尖将壳膜划破一小孔，不可伤及下面的绒毛尿囊膜，然后用胶皮乳头置气室端的小孔处吸气，造成气室内负压，使盐水渗入壳膜与绒毛尿囊膜的裂隙内，此时绒毛尿囊膜即下陷形成人工气室。用注射器注入 0.1～0.2 mL 病毒液于绒毛尿囊膜表面，石蜡封孔(图 3-4 左)。蛋横卧于蛋盘上，置 35～37℃孵化箱内孵化，每日照蛋 2 次，弃去 24 h 内死胚，死胚及活胚置 4℃ 12 h 后收获。

方法二：在气室端的卵壳上开约 1.5 cm×1.5 cm 的口，并小心地用灭菌牙科镊子撕去一小片内壳膜，切勿损伤皮下的绒毛尿囊膜，随即滴入接种物，最后用透明胶纸封闭开口(图 3-4)。

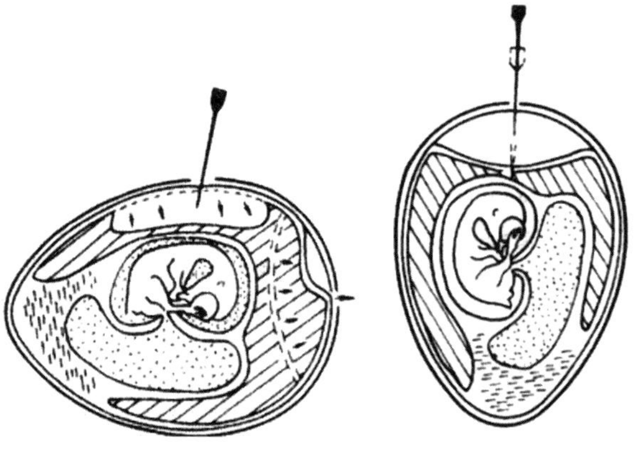

图 3-4　鸡胚绒毛尿囊膜两种接种法(左：人工气室接种法；右：直接接种法)

2. 尿囊腔接种

选用 10～11 日龄的鸡胚，画出气室和胚体的大致位置，在距离气室边界上或下 2～3 mm 接近胚体处涂抹碘酊和酒精进行消毒后，用钢锥穿入小孔，随后将注射器针头沿此小孔插入 0.5～1.0 cm 处(避开血管)，注入 0.1～0.2 mL 接种物，石蜡封口，置孵卵箱内孵化(图 3-5)。每天照蛋两次，24 h 内死亡的鸡胚废弃不用。根据病毒种类不同，收获不同时间死亡或存活的鸡胚尿囊液。

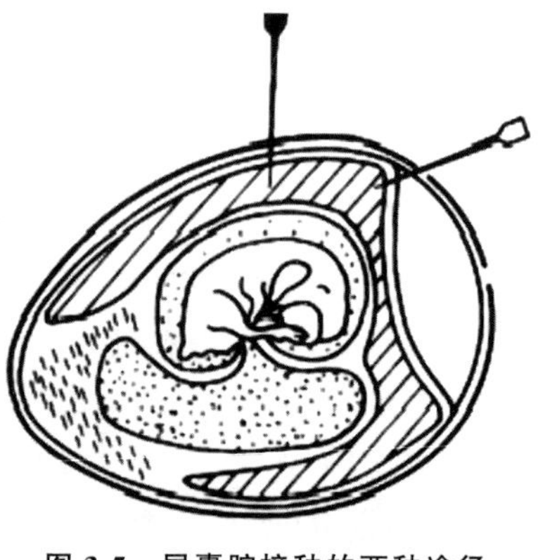

图 3-5　尿囊腔接种的两种途径

3. 卵黄囊接种

主要用于虫媒披膜病毒以及鹦鹉热衣原体和立克次

体等病原的分离和增殖。选用 6～8 日龄鸡胚，画出气室和胚胎位置后，垂直放置在固定卵托上，用碘酊和酒精消毒气室端，以钢锥在气室中央锥一小孔，用灭菌注射器吸取病毒液，沿气室端所穿小孔刺入约 3 cm，注入 0.1～0.2 mL 接种物于卵黄囊内，石蜡封孔，孵卵箱内继续孵育，每天翻卵 1～2 次(图 3-6A)，24 h 内死亡鸡胚废弃，但马脑炎病毒常可在接种后 15～24 h 内致死鸡胚。

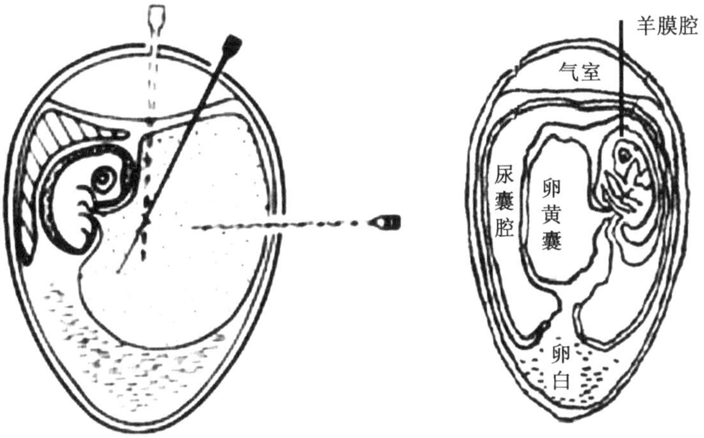

A. 卵黄囊接种　　B. 羊膜腔接种

图 3-6　卵黄囊接种和羊膜腔接种

4. 羊膜腔接种

从病料中首次分离病毒时，羊膜腔接种比尿囊液接种敏感，但此接种方法难度较大，鸡胚容易受伤致死。选用 11～12 日龄的鸡胚，按绒毛尿囊膜接种法造人工气室，撕去卵壳，并刺破绒毛尿囊膜血管较少的部位，用钝端镊子沿此破孔处插入，夹起羊膜囊，注入 0.1～0.2 mL 接种物。由于不易判断接种物是否被正确地注入羊膜腔内，故可将已经吸取了接种物的注射器筒栓稍微回抽，使注射针芯内含一个气泡，注射时将气泡和接种物一起注入，将胚适当转动，可清楚地看到气泡是否在羊膜腔内，以判断注射是否正确(图 3-6B)。

另一个方法是在气室端中央开一个 1.2 cm 直径的圆孔，用灭菌镊子揭去卵窗部位的卵壳和壳膜，随后用灭菌弯头眼科镊子，刺破内层壳膜和绒毛尿囊膜(避开血管)并轻轻夹起羊膜向上提，在直视下将注射针头插入羊膜腔内，接种病毒后的鸡胚，封口后继续孵化。

(三)禽胚接种后孵育和病毒收获

接种后，蜡液封孔，置 37℃下孵化，每天照蛋 2 次，通过禽胚的病变初步确定病毒增殖情况，除接种马脑炎病毒外，淘汰 24 h 内死亡鸡胚。病毒感染指征：胚体死亡、充血、出血或出现坏死灶、畸形、痘斑。孵化时间也随病毒种类而异。根据接种途径的不同，收获相应的材料，收获前将鸡胚置 4℃冰箱 6 h 或者过夜，使胚体血液凝固以免收获时胚体红细胞与尿囊液或羊水中的病毒发生凝集，造成病毒滴度下降。用碘酒消毒气室端卵壳，去除卵壳和壳膜，无菌收集绒毛尿囊膜、尿囊液、卵黄、羊水等备用。

(四)影响禽胚增殖病毒的因素

1. 种蛋质量

种蛋质量直接影响病毒的增殖。最理想的禽胚是 SPF 胚，种毒传代和弱毒疫苗生产必须用SPF胚；其次是非免疫胚；非免疫鸡胚只能用于灭活疫苗，而普通鸡胚可能携带多种家禽的病原体，故不能用于疫苗生产。

2. 孵化技术

孵化温度通常控制在37～39.5℃，有些病毒对温度比较敏感，如鸡胚接种鸡传染性支气管炎病毒后，不应超过37℃。孵化湿度为53%～57%，水禽胚孵化湿度比鸡胚高5%～10%。禽胚发育需要大量O_2，应加强通风换气，及时翻蛋促进胚体均匀发育。

3. 接种技术

接种途径不同，收获的病毒量不同，鸡胚发育到13～14日龄，鸭胚发育至15～16日龄，尿囊液含量最高，平均6～8 mL。因此，尿囊液增殖病毒时，应根据病毒种类选择合适日龄鸡胚接种，以获得最高量病毒液。接种操作应严格无菌操作，避免伤及胚体和血管，保证鸡胚继续发育。

四、细胞增殖病毒技术

自20世纪40年代Enders等首次用非神经组织成功增殖出脊髓灰质炎病毒以来，细胞培养已经成为增殖病毒的主要方法。

(一)细胞培养技术

1. 细胞培养概念

细胞培养是指利用机械、酶或化学方法从动物组织取出细胞在体外模拟体内环境，使其生长繁殖，并维持其结构和功能的一种培养技术。

用于疫苗生产的细胞基本有3类，即原代细胞、二倍体细胞株及传代细胞系。经过几十年的研究和发展，目前我国已经拥有了可以进行大规模疫苗生产的动物原代细胞、二倍体细胞，用于生产多种动物疫苗。其中二倍体细胞对多种病毒具有广泛的敏感性，用其制备病毒性疫苗可以克服使用原代细胞时在其培养物中可能存在的各种潜在致病因子的危险，是当前病毒性疫苗生产较为理想的细胞基质。

(1)原代细胞　指由新鲜组织经剪碎和胰酶消化制备的细胞，如鸡胚成纤维细胞。原代细胞对病毒的检测最敏感，但制备和应用不方便。

(2)二倍体细胞株　自继代培养的细胞中选育出具有特殊生物学特性和标记的细胞。这类细胞既能保持原来二倍染色体数目，又能连续传很多代(50～100代)，但不能无限制传代。如PK15(猪肾细胞株)、BHK21(地鼠肾细胞株)和Vero(非洲绿猴肾细胞株)等。原代细胞和二倍体细胞多用于疫苗的制造和病毒的分离及建立制备疫苗的毒株。

(3)传代细胞系　又称细胞系，能在体外无限制传代，应用方便，其染色体数目及增殖特性均类似恶性肿瘤细胞，且多来源于癌细胞，如Hela细胞系(人子宫颈癌细胞)、RAG细胞系(鼠肾腺癌细胞)等，因有致癌性，不能直接用于疫苗生产，多用于病毒的分离鉴定。

2. 体外培养细胞的分型

(1)贴附型细胞　能贴附在支持物表面上生长，大多数动物细胞属于贴壁型细胞，大致分为以下四型。①成纤维型：胞体呈梭形或不规则三角形，中央有卵圆形核，胞质突起，生长时呈放射状。细胞的形态与成纤维细胞类似。②上皮型：细胞呈扁平不规则多角形，中央有圆形核，细胞彼此紧密相连成单层膜。起源于内、外胚层的细胞（如皮肤表皮及衍生物、消化管上皮等）皆呈上皮型形态。③ 游走型：呈散在生长，一般不连成片，胞质常突起，呈活跃游走或变形运动，方向不规则。此型细胞不稳定，有时难以和其他细胞相区别。④多型：有一些难以确定规律和稳定形态的细胞则归为此类，如神经细胞。

（2）悬浮型细胞　在培养液中悬浮生长。见于源自血液、淋巴组织的细胞，许多肿瘤细胞和某些转化细胞，这类细胞容易大量繁殖。

3. 细胞的制备

（1）原代细胞　首先选择适当的组织或器官，采取机械分散法（如剪碎、挤压等）使之成为小块，然后用胰酶消化，消化好的组织块去掉胰酶经反复吹打形成分散细胞，即为原代细胞。

（2）传代细胞　当细胞在培养瓶中长满后就需要将其稀释分成多瓶，细胞才能继续生长，这一过程为传代。长成单层细胞传代时多采用乙二胺四乙酸（EDTA）-胰酶消化法，单层细胞经 EDTA-胰酶消化，洗涤 2～3 次，再加少量消化液消化，待细胞圆缩时加入营养液轻轻吹打，即可形成单层。

（3）细胞冻存与复苏　为避免污染造成的损失，也为了避免长期传代引起细胞系的老化，可冻存哺乳细胞。欲冷冻保存的细胞应在生长良好且存活率高的状态，约为 80%～90% 致密度时进行冷冻，冻存前应检查细胞特有性质及是否污染。细胞株与细胞系均需保存于液氮中（196℃）。常用的冷冻方法为 4℃ 10 min，−20℃ 30 min，−80℃ 16～18 h（或隔夜），液氮中长期储存。为防止细胞在冻存过程中因渗透压、pH 等改变影响活力，需加入二甲基亚砜（DMSO）作为保护剂，防止细胞内形成冰晶对细胞造成伤害。

细胞复苏的原则是快速解冻，以避免冰晶重新结晶而对细胞造成伤害，导致细胞死亡。液氮中取出冷冻管，立即放入 37℃ 水浴中快速解冻，轻摇冷冻管，使其在 1 min 内全部融化，加入培养液培养。细胞活化后，约需数日，或继代 1～2 代，其细胞生长或特性表现才会恢复正常。解冻后是否立即去除冷冻保护剂[DMSO 或 GLYCEROL（丙三醇）]，依细胞种类而异，若需去除，则将解冻的细胞悬浮液加入含有 5～10 mL 培养液的离心管内，离心去除保护剂，然后将细胞悬浮于培养液中培养。

4. 细胞培养的必要条件

（1）细胞培养液　细胞培养液中含有细胞增殖和生长所需要的各种物质。合成培养基的种类很多，据报道已有数十种，每种合成培养基都有其适用细胞范围。如 DMEM 和 RPMI-1640 主要用于培养肿瘤细胞和淋巴细胞。

（2）血清　动物细胞离体培养需在培养液中加入适量血清，最常用的是犊牛或小牛血清。血清提供生长必需因子，如激素、微量元素、矿物质和脂肪。不同种动物血清的作用差别较大，实践证实，同种动物血清优于异种动物血清。

（3）细胞接种量　在适宜的培养条件下，活细胞数需要达到一定的量才能生长繁殖。通常原代细胞为（3×10^5）～（1×10^6）个/mL，传代细胞为（1×10^5）～（3×10^5）个/mL。

（4）温度　细胞的培养温度与细胞来源的动物体温一致。温度过低时，细胞生长缓慢甚至不生长，温度过高则导致细胞死亡。哺乳动物（包括人类）体外培养细胞的理想温度是 35～37℃。

（5）pH　各种细胞对 pH 的要求不尽相同，大多数细胞适于 pH 7.0～7.4 条件下生长，低于 pH 6.8 或高于 pH 7.6 可能对细胞有害，甚至退变或死亡。

（6）渗透压　多数细胞对渗透压有一定范围的耐受能力，理想的渗透压因细胞的类型而异。在实际应用中，260～320 mmol/L 的渗透压可适于大多数细胞。

（7）气体　多数细胞需要在有氧条件下才能生长，氧张力通常维持在略低于大气状态，若 O_2 分压超过大气中氧的含量可能对某些细胞有害。CO_2 也是细胞生存的必要条件。

（8）支持物　大多数动物细胞有贴壁生长的习惯。离体培养常用玻璃、塑料等作为支持物，如培养皿和培养瓶。

体外细胞培养仅仅是对所需的细胞进行培养，但环境中（如空气）有各种其他微生物，必须对所需细胞进行无杂菌的隔离培养。无菌条件是细胞离体培养最基本的条件。

5. 细胞培养的方法

由于细胞培养技术不断发展和完善，许多人用生物制品和兽医生物制品，尤其是分子量相对较大、较复杂或糖基化的蛋白质都用动物细胞生产，并成为首选的生产方式。根据动物细胞的类型，可采用贴壁培养、悬浮培养和固定化培养等三种培养方法。

（1）贴壁培养（单层细胞培养）　是指细胞贴附在一定的固相表面进行培养。贴壁依赖型细胞在培养时要贴附于培养瓶（皿）壁上，细胞一经贴壁就迅速铺展，然后开始有丝分裂，并很快进入对数期，一般数天后就铺满培养瓶（皿）表面，并形成致密的细胞单层，也叫单层细胞培养。贴壁细胞大规模培养有两种方式，一是平面培养，通过增加细胞培养体积来实现大量培养。Nunc 和 Coring 等公司生产体积大、多层的培养系统（1～10 层或更多），称为细胞工厂（图 3-7），减少了培养瓶的使用数量，降低了污染的风险。二是生物反应器 3D 培养（图 3-8），在模拟体内细胞三维生长环境的同时，能够解决静态细胞培养时遇到的营养物/废弃物交换的问题，在细胞培养时源源不断地提供营养物质并去除代谢产物。

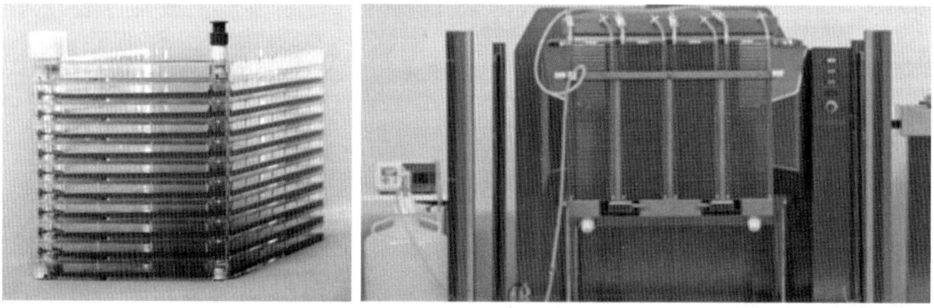

图 3-7　细胞工厂

贴壁培养系统主要有细胞培养瓶、转瓶、中空纤维、玻璃珠床反应器、搅拌式反应器（微载体培养）、大载体反应器、陶质矩形通道蜂窝状反应器、细胞工厂反应器、三维灌注生物反应器等。

（2）悬浮培养　指细胞在反应器中自由悬浮生长的过程。主要用于非贴壁依赖型细胞培养，如杂交瘤细胞等，是在微生物发酵的基础上发展起来的。

悬浮培养用反应器为搅拌式反应器、中空纤维反应器、陶质矩形通道蜂窝状反应器、气升式反应器。

（3）固定化培养　是指将游离的细胞包埋在多糖或多聚化合物制备成的网状支持物中，培

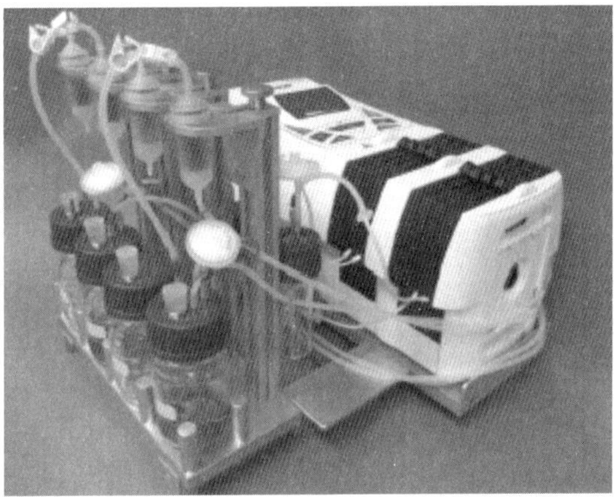

图 3-8　3D 灌注生物反应器

养液呈流动状态的一种培养方法。固定化培养对贴附型细胞和悬浮型细胞都适用，是将动物细胞与水不溶性载体结合起来，再进行培养。这种方法具有细胞生长密度高，抗剪切力和抗污染能力强等优点，细胞易与产物分开，有利于产物分离纯化。装备方法很多，包括吸附法、共价贴附法、交联法、包埋法、微囊法等。

①吸附法：用固体吸附剂将细胞吸附在其表面而使细胞固定化的方法。具有操作简单、条件温和的特点，是动物细胞固定化中最早研究使用的方法。缺点是载体的负荷能力低，细胞易脱落。

②共价贴附法：利用共价键将动物细胞与固相载体结合的固定化方法。可减少细胞的泄漏，但必须引入化学试剂，对细胞活性有影响，且因贴附而导致扩散限制小，细胞得不到保护。

③交联法：交联法与共价贴附法类似，利用载体表面两个或两个以上官能团与细胞之间发生分子间的交联使细胞固定化。交联法固定的细胞与载体联结稳定性高，但交联过程生化反应复杂，反应激烈抑制了微生物的活性，适用范围较狭窄。

④包埋法：将细胞包埋在多孔载体内部制成固定化细胞的方法。优点是步骤简单、条件温和、负荷量大、细胞泄漏少，抗机械剪切。缺点是扩散限制，并非所有细胞都处于最佳基质浓度，且大分子基质不能渗透到高聚物网络内部。一般适用于非贴壁依赖型细胞的固定化，常用载体为多孔凝胶，如琼脂糖凝胶、海藻酸钙凝胶和血纤维蛋白等。

⑤微囊法：是用一层亲水的半透膜将细胞包围在珠状的微囊里，细胞不能逸出，但小分子物质及营养物质可自由出入半透膜；囊内是微小培养环境，与液体培养相似，能保护细胞少受损伤，故细胞生长好、密度高。微囊直径控制在 200～400 μm 为宜。

6. 动物细胞大规模培养技术

动物细胞大规模培养技术是指在人工条件下，在细胞生物反应器中高密度大量培养动物细胞用于生产生物制品的技术。目前可大规模培养的动物细胞有鸡胚、猪肾、猴肾等多种原代细胞及二倍体细胞，并成功生产多种兽医生物制品。

不论贴壁细胞还是悬浮细胞，深层培养的操作方式分为分批式、流加式、半连续式、连续式和灌注式 5 种。

（1）分批式培养　是细胞规模培养发展进程中较早采用的方式，也是其他操作方式的基础。该方式采用机械搅拌式生物反应器，将细胞扩大培养后，一次性转入生物反应器内进行培养，在培养过程中其体积不变，不添加其他成分，待细胞增长和产物形成积累到适当的时间，一次性收获细胞、产物、培养基。

(2)流加式培养　是在分批式培养的基础上，采用机械搅拌式生物反应器系统，悬浮培养细胞或以悬浮微载体培养贴壁细胞，细胞初始接种的培养基体积一般为终体积的 1/3～1/2，在培养过程中根据细胞对营养物质的不断消耗和需求，流加浓缩的营养物或培养基，从而使细胞持续生长至较高的密度，目标产品达到较高的水平，整个培养过程没有流出或回收，通常在细胞进入衰退期或衰退期后回收整个反应体系，分离细胞和细胞碎片，浓缩、纯化目的蛋白。

(3)半连续式培养　又称重复分批式培养或换液培养。采用机械搅拌式生物反应器系统，悬浮培养形式。将细胞接种一定体积的培养基，让其生长至一定的密度，在细胞生长至最大密度之前，用新鲜的培养基稀释培养物，每次稀释反应器培养体积的 1/2～3/4，以维持细胞的指数生长状态，随着稀释率的增加，培养体积逐步增加。或者在细胞增长和产物形成过程中，每隔一定时间，定期取出部分培养物，或是连同细胞、载体一起取出，然后补加细胞或载体，或新鲜的培养基继续进行培养。

(4)连续式培养　是一种常见的悬浮培养模式，该模式是将细胞接种于一定体积的培养基后，为了防止衰退期的出现，在细胞达到最大密度之前，以一定速度向生物反应器连续添加新鲜培养基；同时，含有细胞的培养物以相同的速度连续从反应器流出，以保持培养体积的恒定。优点是反应器的培养状态可以达到恒定，细胞在稳定状态下生长。稳定状态可有效地延长分批培养中的对数生长期。

(5)灌注式培养　是将细胞和培养基一起加入反应器中，在细胞增长和产物形成过程中，不断地将部分培养基取出，同时又连续不断地灌注新的培养基。它与半连续式操作的不同之处在于取出部分培养基时，绝大部分细胞均保留在反应器内，而半连续培养在取培养物时同时也取出了部分细胞。

7.微载体培养技术

1967 年微载体培养技术用于动物细胞大规模培养，经过三十多年发展，该技术日趋完善和成熟，广泛用于疫苗、基因工程产品的生产。微载体以细小的颗粒作为细胞载体，通过搅拌悬浮在培养液内，使细胞在载体表面繁殖成单层的一种细胞培养技术。微载体培养是目前公认最具发展前途的一种动物细胞大规模培养技术，其兼具悬浮培养和贴壁培养的优点，且容易放大，广泛用于多类型细胞的培养(图 3-9)。

微载体是指直径 60～250 μm，能适用于贴壁细胞生长的微珠。一般是由天然葡聚糖或各种合成的聚合物组成。微载体加入培养容器的培养液中，作为载体，使细胞在微载体表面附着生长，同时通过持续慢速搅动使微载体始终保持悬浮状态，极大地提高了培养基、培养罐的利用率(图 3-10)。

国外相继研制了数种适合进行微载体大规模细胞培养的生物反应器系统，如搅拌式生物反应器系统、灌注式生物反应器系统以及旋转式生物反应器系统等。

(1)搅拌式生物反应器系统　在微载体细胞大规模扩增研究领域中，该系统已有较长的研究历史，但因该系统容易产生过大的剪切力，从而限制其应用范围。尽管如此，由于该系统具有简单、实用及价格低廉等特点，国内外仍有应用该系统进行细胞大规模扩增的研究报道。

(2)灌注式生物反应器系统　是目前研究热点之一，特点是不断地加入新鲜培养基以及不

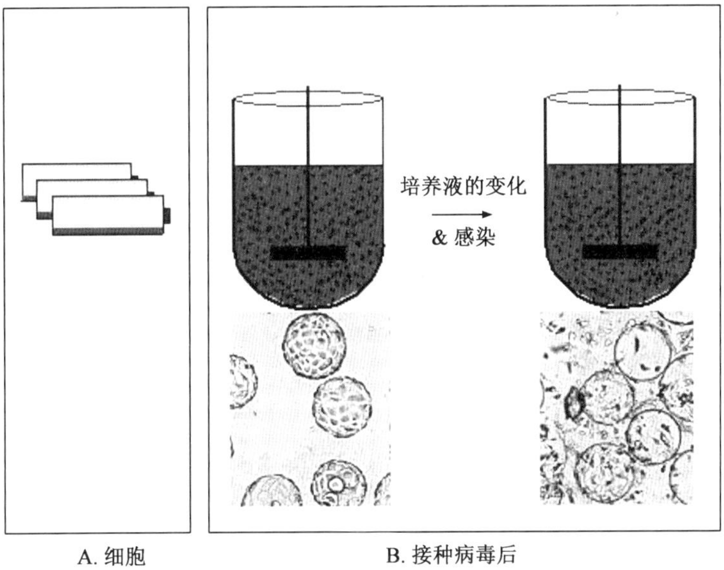

图 3-9　细胞的微载体培养

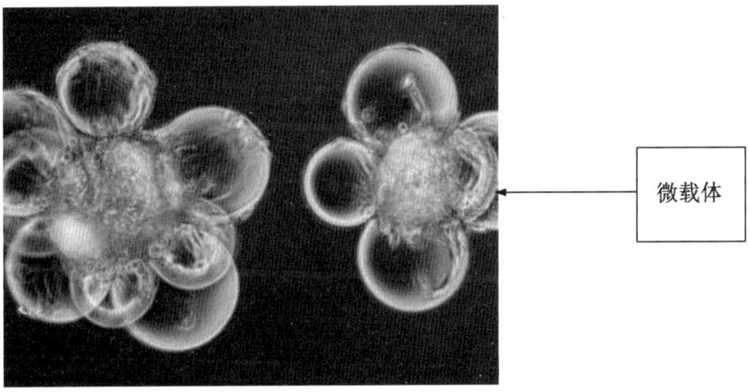

图 3-10　细胞吸附在球形微载体上

断地抽走含细胞代谢废物的培养基，使细胞得以在一个相对稳定的生长环境内增殖，既省时省力，又减少了细胞发生污染的机会，还可以提高细胞密度 10 倍以上。

(3)旋转式生物反应器　近年来，旋转生物反应器系统(RCCS)已成为应用微载体技术进行细胞大规模扩增的一种较常用细胞培养系统。该系统是基于美国航空航天局为模拟空间微重力效应而设计的一种生物反应器。RCCS 既可以用于微载体大规模细胞培养，又能在其内培育细胞与支架形成的三维空间复合体(图 3-11)。至今，近百种组织细胞均在该系统内成功进行了大规模扩增。

8. 细胞培养的污染与控制

细胞培养的污染以微生物最常见，化学物污染较少。随细胞种类的增多，也常发生细胞的交叉污染。

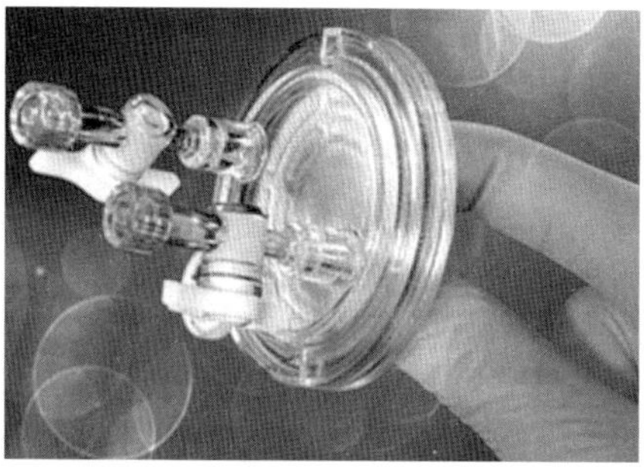

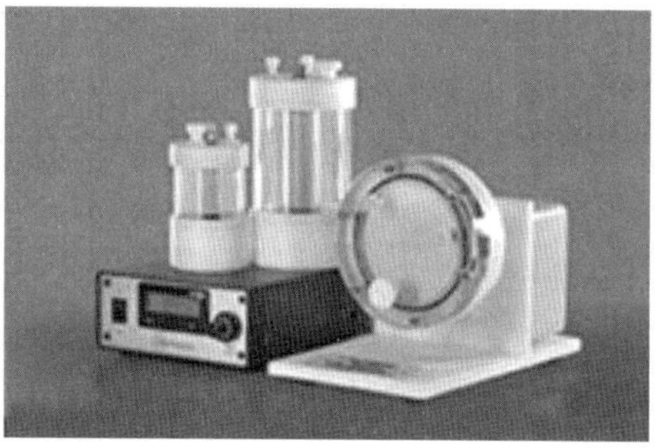

图 3-11 旋转生物反应器(RCCS)

(1)细菌污染 常见于灭菌不彻底、操作不严格及环境污染所致,表现为营养液很快混浊和 pH 下降,随之细胞死亡脱落。

(2)真菌污染 与灭菌不彻底和操作不严格有关。一般培养液清亮,不变色,镜下观察有丝状物,培养液中可见白色或黄色小点状悬浮物,镜检时可见菌丝结构。

(3)支原体污染 在细胞培养中最常见的污染是支原体污染,不易觉察,危害较大。目前细胞支原体污染率为 50%~60%,主要来源于犊牛血清、实验人员、细胞原材料及已污染的原始细胞。在用细胞增殖病毒过程中,被支原体污染的细胞可出现细胞病变,使病毒增殖不能正常进行;有的污染支原体的细胞,虽没有导致细胞病变作用,但能影响病毒的增殖,使病毒蚀斑形成单位平均下降 10 倍。如犬瘟热病毒、马立克病毒和新城疫病毒等。

(4)病毒污染 病毒污染是指细胞培养中出现非目的病毒,其来源有组织带毒和培养液带毒,细胞一旦污染病毒,很难排除。

(5)原虫污染 培养液可轻微浑浊,显微镜下看到细小的点状物,轻微活动。在犊牛血清中,有时会发现一种新的对细胞培养有害的原虫,一经污染就难于消除。

为避免胎牛血清(FBS)自身带来的污染,研究者采用无血清培养基替代 FBS 或采用血小板裂解物替代 FBS,成功实现了干细胞的培养。

(二)病毒增殖技术

1. 细胞的选择

病毒需在敏感的宿主细胞中增殖,宿主细胞通常选择易感动物的组织细胞,如增殖口蹄疫病毒可选择牛、猪的细胞。病毒的细胞感染谱要通过试验获得。

2. 细胞增殖病毒的条件

病毒在敏感细胞上增殖需要一定的条件,包括维持液、血清、温度、pH、病毒的接种量和接种方法等。只有提供适合病毒增殖的条件,才能获得足够量的病毒。病毒维持液中血清含量不超过 2%,多数病毒细胞维持液不加血清,但同步接毒的病毒细胞培养必须加入一定量血清。多数病毒细胞培养的温度为 37℃,少部分病毒对温度要求不同。病毒的接种量按维持液的 1%~10%量接入,接种量小,细胞不能完全发生感染,影响毒价;接种量过大,会产生大量无感染性缺陷病毒。病毒接种细胞有异步接毒和同步接毒两种。异步接毒是待细胞长成单层后弃掉生长液,接毒后 37℃吸附 1 h,再加入维持液,大多数病毒采用异步接毒法。同步接毒是在种植细胞的同时或在种植细胞后 4 h 内将病毒接入,通常适用于病毒复制发生在细胞有丝分裂盛期的病毒，如细小病毒等。

3. 病毒增殖的指标与收获

细胞接种病毒后，在适宜温度下培养，多数病毒在敏感细胞内增殖可引起细胞代谢等方面的变化，发生形态改变，即细胞病变（CPE），显微镜下观察，主要表现为：①细胞圆缩，如痘病毒、呼肠孤病毒等。②细胞聚合，如腺病毒。③细胞融合形成合胞体，如副黏病毒和疱疹病毒。④轻微病变，如正黏病毒、冠状病毒等。有些病毒在细胞上增殖并不产生 CPE，如猪瘟病毒和猪圆环病毒等。此外，包涵体和血凝性也可作为检查病毒增殖的指标。

病毒的收获通常在 CPE 达 80%左右时进行，采取反复冻融的方式使病毒释放出来，离心沉淀细胞碎片，病毒上清液低温冷冻保存。

（陈晓月）

第三节　寄生虫培养技术

寄生虫是一类低等动物，主要有吸虫、绦虫、线虫、原虫和节肢动物，在形成寄生生活的长期演化过程中，不同类型的寄生虫与其宿主适应程度不同，以致有着复杂的生活史且呈多样化。相比细菌、病毒等微生物，寄生虫的培养是比较困难的，不同的寄生虫培养方法也不尽相同。

一、吸虫的体外培养技术

（一）吸虫的发育

畜禽吸虫病主要由复殖目吸虫感染而引起。复殖吸虫的生活史为需宿主交替的较为复杂的间接发育型，中间宿主的种类和数目因不同吸虫而异。发育史一般经历虫卵、毛蚴、胞蚴、雷蚴、尾蚴、囊蚴和成虫等各期。成虫排出虫卵到外界，在合适的环境和条件下虫卵就会孵出毛蚴。毛蚴在水中游动，当遇到合适的中间宿主后就会钻入其体内，之后形成胞蚴，胞蚴在宿主体内进行无性繁殖发育为多个雷蚴，之后雷蚴就可以发育为尾蚴，当尾蚴成熟后则从中间宿主的体内逸出再次进入水中，依附于水草等（如肝片吸虫）或进入第二中间宿主（如华支睾吸虫）形成囊蚴，被终末宿主吞食后，幼虫在其体内移行至寄生部位发育为成虫。日本血吸虫等没有囊蚴期，其尾蚴可直接钻入终末宿主体内，发育为童虫，继而发育为成虫。

（二）日本血吸虫体外培养

1. 初产卵的收集与培养

将被日本血吸虫尾蚴 50～100 条感染后 38～45 d 的实验动物兔或鼠，在无菌条件下剖开腹腔，从门静脉处取出血吸虫成虫，用预温的培养液洗涤 3 次，然后将合抱虫体移入 24 孔培养板中，每孔放入培养基 1 mL，接种 1 对，置 37℃、5% CO_2 孵箱中培养 15 d。分别收集培养后第 3～4 天所产出的初产卵，并连续培养 15 d。初产卵经培养 12～15 d 后，即可见到部分发育成熟的毛蚴，少数毛蚴可在壳内伸缩并破壳而出。

2. 毛蚴发育至胞蚴

可用对倍稀释的 RPMI1640 加 10%兔血清为培养基，36 h 虫体可见大量胚球样结构，第 7 d 随着母胞蚴的生长发育，虫体呈长椭圆形，24 d 部分母胞蚴体壁增厚并出现皱褶，类似于钉螺体内生长，34 d 虫体最长可增加近一倍。培养第 11 周有少数子胞蚴逸出。

3. 收集尾蚴

将已感染日本血吸虫的钉螺(20～30 个)放于烧杯内，并加入去氯水，为防止钉螺爬出杯外，在烧杯上覆盖一层滤网。再将烧杯放置在 20～28℃的恒温箱内，使尾蚴逸出。尾蚴用盖玻片粘贴法收集：向烧杯中加入去氯水，使液面稍高于杯口，再用消毒后的盖玻片蘸取上层液体，之后将盖玻片置于盛有洗涤液的离心管中且放于冰上 5～10 min，然后 1 500 r/min，3 min 反复数次离心后集中于 50 mL 大离心管底的即为纯净的尾蚴。

4. 尾蚴转变为童虫

将尾蚴转变为童虫的方法有机械转变、培养液孵育、血清孵育和药物孵育等。

以机械方法为例，可用胶头滴管吸出已集中沉于大离心管底的尾蚴团，置于一新的离心管，并向其中加入洗涤液重悬，之后再离心洗涤数次；弃去上清液，将管底尾蚴加少量的培养液重悬，再用 5 mL 注射器吸入，排尽空气，套上连体针头，在其另一端也套上注射器，并来回反复推压尾蚴 20 次左右，镜检断尾率可达 99%以上。将机械童虫置于培养液中，在 37℃培养箱内孵育 3 h 即可。

以孵育方法，可应用含 10%、25%或 50%的新鲜血清的 RPMI1640 培养基，孵育 72 h 后，几乎 100%的尾蚴可转变为童虫。

5. 童虫的收集

(1)皮肤型童虫收集　将小鼠腹部去毛，将尾蚴覆盖于去毛部位进行感染。感染 30 min 后结束，将小鼠腹部感染皮肤取下，放入洗涤液中，洗涤两次，之后放入欧氏液中，并将皮肤剪碎，置于 37℃中培养 2 h，取出后用 130 目滤网过滤，取滤液离心，沉淀则为皮肤型童虫。

(2)肺型童虫收集　用常规方法感染小鼠 72 h 后，剖开小鼠暴露心脏。在左心室扎一针眼用于减压，在右心室灌注含有欧氏液的肝素，灌注量以肺脏膨胀发白为准。之后取肺脏在含有欧氏液的肝素中洗涤两次，之后放入欧氏液中剪为粟粒状，置于 37℃中培养 2 h，取出后用 130 目滤网过滤，取滤液离心，沉淀即为童虫。

(3)肝门型童虫收集　常规方法感染家兔，18 d 后无菌操作，用灌注液按常规方法在背主动脉插管灌注，门静脉开口取虫，取出的虫体迅速移入盛有预温的洗涤液的培养皿中。

6. 童虫体外培养

用九孔板进行培养时，每孔加 2 mL 培养液，每孔约 1 000 条童虫，在 37℃、5% CO_2 培养箱内进行培养；以后每周置换一次新鲜培养液，置换培养液前，将新鲜培养液置 CO_2 培养箱内预温 0.5 h。

7. 日本血吸虫的细胞培养

(1)成虫细胞培养　以感染 28 d 日本血吸虫成虫为实验材料，在无菌条件下按联合法接种培养细胞，在含 5%小牛血清的 RPMI1640 培养基中可存活 184 d，在含 10%、20%小牛血清的 TC-199 培养基中最长存活时间超过 150 d。光镜下成虫细胞分为多角形、圆颗粒形、三角扇形及鞭毛形等类型，以多角形细胞为主。

(2)童虫细胞培养　以感染 18 d 日本血吸虫肝门型童虫为实验材料，在无菌条件下运用正交试验法筛选培养条件，在含 5%小牛血清的 RPMI1640 培养基中细胞最长可存活 7 个月。童虫细胞类型与成虫细胞类型相似，但以圆颗粒形为主，且比成虫培养细胞小。

(三)肝片吸虫体外培养

肝片吸虫体外培养主要进行囊蚴分离、脱囊以及脱囊后尾蚴的培养。将螺体置于水中并诱发尾蚴逸出，使其在玻璃纸上成囊，24 h 后刮下囊蚴，囊蚴可在已加 100 U/mL 青霉素和 100 μg/mL 链霉素的蒸馏水中 4℃贮藏；将囊蚴放入灭菌试管内，加 10 mL 激活液(需预热)，37℃，培养 1 h。之后反复洗涤 3～5 次，将囊蚴移至新管中，再加 5 mL 预热的逸出液，37℃培养 2～2.5 h，约 40 min 后即有脱囊，2 h 后脱囊率达 70%～85%；用洗涤液反复洗涤脱囊后的囊尾蚴 5 次，再移至新的培养管内，加入培养液、红细胞，使红细胞的终浓度达 2%，向管中通入无菌 8% CO_2 0.5 min，密封瓶盖培养。每隔 3～4 h 更换培养液和红细胞。

二、绦虫的体外培养技术

(一)绦虫的发育

感染人、畜的绦虫一般属假叶目和圆叶目，其生活史较为复杂。感染家畜的各种绦虫的发育需通过 1～2 个中间宿主才能完成，其中间宿主多种多样，有软体动物、节肢动物和脊椎动物等。假叶目绦虫在终末宿主体内生产并通过子宫孔排出虫卵，虫卵在水中发育为钩球蚴(或称钩毛蚴)，之后被第一中间宿主(主要为水生甲壳类)吞食，在其体内发育为原尾蚴；当第二中间宿主(主要为鱼类、两栖类和爬行动物)吞食了第一中间宿主，原尾蚴在其体内发育为实尾蚴或裂头蚴；终末宿主因食入第二中间宿主或者感染裂头蚴的贮藏宿主而感染。圆叶目绦虫虫卵含六钩蚴，无纤毛不运动，被中间宿主吞食后释放出六钩蚴，六钩蚴移行至相应组织发育为中绦期幼虫(囊尾蚴型和似囊尾蚴型)，中绦期幼虫被终末宿主吞食后则发育为成虫。

(二)棘球绦虫体外培养

1. 虫卵至棘球蚴阶段的体外培养

若得到成虫，则取其中的虫卵，方法：将虫体在 37℃的生理盐水中破碎，再用 90 目筛网过滤，之后滤液放入离心管中离心，取沉淀后再用生理盐水将其混匀，再次离心，反复 2～3 次，之后倒入洗必泰(1∶5 000)混匀静置 1 h，保存于 4℃ KRB 缓冲液中。得到虫卵后应先将其活化，方法：将虫卵放入孵化液(1%胰酶 ＋ 1% $NaHCO_3$ ＋ 5%羊或兔胆汁)中培养 30 min，之后将适量活化的六钩蚴分装放入培养瓶中，加入培养液(含牛血清和兔红细胞)，37℃ 恒温培养，3～4 d 更换一次培养液，若发现培养液 pH 降低，则将虫体转至更大培养瓶培养，获得接近于动物体内大小的棘球蚴，操作过程要注意生物安全。

2. 原头蚴至成虫阶段的体外培养

用带有 16 号针头的一次性注射器抽取囊液，然后剪开包囊取出内囊，用带有双抗的 PBS 冲洗 3 遍，收集沉淀去上清。38℃的消化液(含胃蛋白酶的 Hank's 液)将虫体消化得到原头节，之后用 38℃的 Hank's 液洗涤 4 次，每次 15 min。将原头蚴转移到 50～100 mL 外翻液(每 1 mL parkers 858 中含 0.05%犬胆汁或 0.02%牛磺胆酸钠)中，38℃培养 18～24 h。之后弃去 90%的外翻液，使原头节存在于剩下的 10%外翻液中，并吸取 0.1 mL，将其接种在培养液里，38℃培养，培养条件为 10% O_2 + 5% CO_2 + 85% N_2，每 2 d 换一次培养液。活的原头节为透明，死亡的为棕色，计算成活率和头节外翻率。

(三)猪囊尾蚴细胞的培养

猪囊尾蚴病是猪囊尾蚴寄生于人和猪引起的人兽共患病，对人和猪的危害较大，猪囊尾蚴细胞的培养对该病的研究有很大的帮助。

1. 获得原代细胞

有两种方法可获得原代细胞：①从猪体采出新鲜的囊尾蚴，然后用无菌的生理盐水冲洗数遍，去除污物和结缔组织，在无菌操作台上再用无菌的生理盐水浸泡洗涤 4～5 次，然后将处理好的囊尾蚴放于盛有含双抗的生理盐水溶液的无菌平皿中。浸泡 0.5 h 后，再次用灭菌的生理盐水漂洗猪囊尾蚴 2 次，然后将虫体剪碎，在无菌的条件下用 0.25%的胰酶消化 0.5 h，在无菌操作台内用 200 目铜网碾磨过滤，收集滤液进行离心，弃上清，留沉淀，此沉淀为所需的细胞。用无菌的培养液将细胞洗涤一次后置于培养瓶中培养，向瓶中加入 20%胎牛血清的 RPMI1640 溶液，置于 37℃，CO_2 培养箱中培养。②直接贴壁法，将囊尾蚴在无菌的条件下剪碎后用少量的培养液平铺于瓶底，后将培养瓶倒置培养，培养几小时确定组织贴壁后放正培养瓶，再加入适量的 20%胎牛血清的 RPMI1640 溶液，置于 37℃，CO_2 培养箱中培养。

2. 传代培养

原代培养形成单层细胞后，移去原代培养物中的组织碎片，定期传代和换液。

三、线虫的体外培养技术

(一)线虫的发育

线虫的发育主要分为直接发育型和间接发育型。直接发育型指线虫在其发育过程中不需要借助中间宿主，直接在环境中就可发育到感染性阶段，又称土源性线虫，如蛔虫、蛲虫、钩虫、鞭虫等。间接发育型指线虫在其发育过程中需要借助中间宿主(昆虫和软体动物等)才能发育到感染性阶段，又称生物源性线虫，如丝虫、旋毛虫、广州管圆线虫等。线虫的发育一般经过卵、幼虫、成虫三个阶段，其主要特征是蜕皮，一般要经过四次蜕皮后才可发育为第五期幼虫，之后发育为成虫。

(二)旋毛虫体外培养

1. 肌幼虫的分离和体外培养

(1)肌幼虫的分离　取人工感染的大白鼠，剥离肌肉，特别是膈肌和胸部肌肉，剪成约 0.5 cm^3 的小肉块，加少量 HCl 胃蛋白酶消化液(100 mL 蒸馏水中加 1 mL HCl 和 1 g 胃蛋白酶)后匀浆，收集匀浆液于烧杯，加消化液(每克肌肉 6～10 mL 消化液)，37℃作用 18 h，弃 2/3 上清，沉淀加水稀释，37℃作用 1 h，同上弃部分上清、加水，37℃作用重复此过程洗涤 3 次，4 层纱布过滤可获脱囊幼虫。

(2)肌幼虫的体外培养　PBS 液体冲洗幼虫五次，最后一次留少量液体，以便把幼虫吸入消毒液(0.5 mg 链霉素+100 万 U 青霉素+5 000 U 制霉菌素)中，在 37℃ 培养 30 min。之后再用 PBS 液体冲洗 5 次，之后将其放入 DMEM 培养液中，以 37℃，气相条件 5% CO_2，85% N_2，10% O_2，pH 7.4 的条件培养。

2. 新生幼虫的获得和体外培养

(1)新生幼虫的获得　直接将感染旋毛虫的小肠剪成 3～5 cm 片段，置于 37℃生理盐水中孵育 2～3 h，此时大部分成虫均已从肠上皮细胞中孵出。挑出小肠片段及大的脱落黏膜后，以自然沉淀法收集成虫，反复用灭菌生理盐水洗涤、沉淀，最后可收集到纯净的、大量的成虫，将成虫置添加有 20%小牛血清的 199 培养液中于 37℃、5% CO_2 及 95%相对湿度条件下培养 24～48 h 后，用过滤法将成虫与新生幼虫分开，然后将滤液离心沉淀即可收集到大量的新生幼虫。

(2)新生幼虫的体外培养　可用 199 培养液添加 10%、20%、或 30%的胎牛血清。新生幼虫的密度为每 0.1 mL 培养孔加 65 条新生幼虫。将新生幼虫培养于 37℃，95%相对湿度含 5% CO_2 的培养箱中，观察生长发育及存活情况。

(三)圆线虫体外培养

1. 第三期幼虫(L3)的收集、分离和纯化

收集虫卵室温下培育至 L3，用贝尔曼法分离幼虫。如分离后依旧有一些小颗粒杂质，将虫体移至一大平皿内，加适量蒸馏水，放入 4℃冰箱中 12 h，可将浮于表面的杂质除去。再将虫体移离心管，加热至 39℃，低速离心 3 min，留上清，可去除底部杂质。

2. 人工脱鞘

脱鞘方法分为化学处理法和生物处理法。化学处理法是利用单一的化学物质脱鞘；生物学处理法是仿照虫体在动物体内的脱鞘过程来进行的(表 3-1)。

表 3-1　人工脱鞘方法比较

方法	优点	缺点	试剂
生物处理法	对虫体本身无不利影响	过程较慢，条件控制较难，脱鞘率不高	十二指肠液 仿瘤胃液
化学处理法	时间快，效率高	若时间控制不当会对虫体不利	次氯酸 次氯酸钠

例如，次氯酸钠人工脱鞘，将净化后的 L3 幼虫放入试管内，加入 0.06%的次氯酸钠水溶液，封口后在 38℃下作用 20~30 min，在此期间经常晃动，并在显微镜下观察虫体脱鞘情况，脱鞘后用无菌生理盐水洗涤 5 次。

3. 幼虫体外培养

不同类型圆线虫培养条件有一定的差异，例如捻转血矛线虫，L3 脱鞘后，可放入培养基(API-1 40 mL + Fildes 营养剂 1.28 mL + OGC 8 mL)内，pH 6.4，气相条件 85% N_2、10% CO_2、5% O_2培养 7 d，调 pH 至 6.8，继续培养，虫体可发育为成虫。

(四)蛔虫体外培养

1. 虫卵的培养

解剖蛔虫雌性成虫，收集子宫的后 1/2 段，用灭菌的 PBS 液在研钵内稍加研磨后，加 PBS

液及1.5%福尔马林液(即0.6%甲醛溶液,下同)各清洗、离心2次,弃上清,将沉淀放入培养皿中培养。培养方法:在培养皿上先铺上一层约0.5 cm厚的棉花,在棉花上铺一层滤纸;将沉淀均匀铺在滤纸上,并在上面滴数滴1.5%福尔马林液,以保持底部棉花的湿润并起到抗菌作用。盖上皿盖,28~30℃培养30 d左右。培养期间,定期添加1.5 %福尔马林液。每隔一周取样镜检观察虫卵的发育情况。约28 d后,虫卵已发育成感染期蛔虫卵。收集这些感染性虫卵,于4℃保存备用。

2.人工脱鞘

取感染性虫卵,用40目铜筛过滤,收集滤液于50 mL离心管中,加7.5 %次氯酸钠,37℃过夜后,用灭菌0.9 %生理盐水离心数次,充分洗去次氯酸钠,最后将沉淀用1.5 mL离心管分装,加数粒玻璃珠,并加生理盐水至刚好淹没玻璃珠,在振荡器上振荡5 min至卵壳破裂,幼虫孵出。用200目分样筛过滤去除玻璃珠,收集滤液。即用淋巴细胞分离液通过密度梯度离心法离心滤液后,将滤液分为四层,分别吸取第二层下环中的幼虫和底层幼虫,用生理盐水洗涤离心2次后,再用淋巴细胞分离液重复分离3次,最后收集最底层的脱鞘幼虫。

3.肝、肺和小肠中幼虫的收集

感染期虫卵感染体重20~25 kg的小猪,分别在感染后3、7及15~18 d剖杀实验猪,分别取其肝、肺和小肠。将肝和肺剪成小块,肠幼虫则收集小肠内容物及肠黏膜,用绞肉机绞碎,采用琼脂凝胶法按贝尔曼原理分离幼虫。取9个直径30 cm的漏斗,下端连接20 cm长的橡皮管,在橡皮管下方接一1.5 mL的离心管,剪9块直径30 cm的纱布四层分别放入漏斗内,漏斗内装入预热38℃的生理盐水,排出漏斗颈及橡皮管中的气泡。配制0.5 %琼脂糖凝胶液,冷却到60℃后,倒入装有生理盐水的漏斗中,使其终浓度为0.3%~0.4 %。分别将绞碎的肝、肺平均分装在漏斗中,然后放入40℃温箱中孵育3 h,取下橡皮管下的离心管,静置5 min,吸去1 mL的上层液,留下0.5 mL沉淀,用400目分样筛过滤分离肝中的幼虫,用300目分样筛过滤分离肺中的幼虫,通过200目分样筛过滤收集肠中幼虫。

四、原虫的体外培养技术

(一)原虫的发育

原虫是单细胞动物,结构简单,但能完成生命活动的全部功能。寄生性原虫的生殖方式各不相同,有的为无性生殖,有的为无性生殖和有性生殖交替进行。无性生殖包括二分裂生殖、出芽生殖、裂殖生殖等;有性生殖包括接合生殖和配子生殖。对于传播原虫的媒介昆虫,有一类传播者称为生物性传播者,原虫需要在其体内发育;另一类传播者为机械性传播者,原虫并不在其体内发育,只起到一种机械的传播或搬运作用。

(二)球虫的体外培养

体外培养对深入研究球虫病及球虫的生物学特性具有重要的意义和作用,包括:①在各种条件下,研究球虫在其生长发育过程中的行为、与宿主之间的关系及其生物学特性;②通过体外培养传代,能够为传代致弱苗的研制提供基础;③在免疫学抗原的制备上也具有一定的作用;④获取不同发育阶段的球虫为基因工程苗的研制奠定基础;⑤细胞的体外培养对抗球虫药物的研究提供了一定的条件。目前人们通常采用的方法是细胞培养法和鸡胚培养法。

1. 球虫的细胞培养

这种培养主要包括 3 个步骤：①子孢子的制备。首先收集纯化卵囊，如卵囊为未孢子化的，先将卵囊进行孢子化，然后用次氯酸钠进行消毒(4℃，1 夜即可达到消毒的状态)；将已消毒的卵囊进行脱囊，脱囊的方法有直接消化法和机械法，常用直接消化法，即利用 CO_2 和消化液的作用，消化卵囊壁和孢子囊壁，释放子孢子。②子孢子的纯化。上述步骤中得到的子孢子还掺杂有卵囊或者孢子囊的碎壳，必须将它们分离出来，常用的净化方法是玻璃珠层析法、DEAE-52 纤维素层析法等。③将已纯净好的子孢子接种于所需培养的原代或传代细胞中，常用的细胞有鸡胚成纤维细胞、原代鸡肾细胞和鸡胚肾细胞等，并观察球虫在其细胞中的生长发育情况。

2. 球虫的鸡胚培养

将已经纯化的子孢子接种于质量在 50～60 g 的白壳蛋，该白壳蛋应在孵化箱中孵育 9～12 d，绒毛尿囊膜已经完全发育。可经绒毛尿囊膜、尿囊腔、羊膜腔、卵黄囊、静脉等途径接种子孢子，接种后观察球虫在其中的生长发育情况。有学者成功地使柔嫩艾美耳球虫在鸡胚中完成了全部发育史。

(三)弓形虫的体外培养

1. 弓形虫速殖子的细胞培养

用于培养弓形虫速殖子的细胞有包皮成纤维细胞、人子宫颈癌细胞、牛肾细胞、猴肾细胞、猪肾细胞和小鼠成纤维细胞等多种。一般培养的方法都是先获得所需的细胞，于培养箱中培养，待用。分离弓形虫的速殖子，并且进行提纯备用。选取生长状况较好的细胞，更换培养液后于培养箱中培养 24 h 左右，接种已提纯的弓形虫速殖子，然后再放于 37℃，CO_2 培养箱中继续培养，同时不断地观察弓形虫在细胞中的生长状态。

2. 弓形虫速殖子的鸡胚培养

弓形虫速殖子可通过接种鸡胚培养，弓形虫感染鸡胚的途径很多，但常用的是绒毛尿囊膜接种。具体方法：选取已孵化 10～12 d 且检测良好的鸡胚，进行消毒，然后用 1 mL 注射器或者毛细管吸取已经纯化的弓形虫(0.1～0.2 mL)滴于绒毛尿囊膜上，将鸡胚轻轻地旋转，目的是使接种物扩散到整个绒毛尿囊膜内，置于 35～36℃的培养箱中培养，培养时使人工气室朝上，培养数天后，用镊子在人工气室处扩大开口，轻轻地夹起绒毛尿囊膜，用已消毒的剪刀剪下已经被感染的绒毛尿囊膜，置于装有灭菌生理盐水的平皿中，用于传代或者制作抗原。

3. 弓形虫体外包囊培养

弓形虫体外包囊的形成和培养有助于研究速殖子与缓殖子之间的转化，而速殖子与缓殖子的转化与其致病性有关。大部分弓形虫在体外可以形成包囊，不受虫株的限制，是一个较为普遍的现象，但包囊形成的时间有株间差异，弱毒株比强毒株(RH 等)更易形成包囊。用于培养弓形虫包囊的细胞很多，大多数细胞系都可以支持包囊的生长，且细胞的类型对包囊形成与否影响不大。具体方法：先单独培养细胞，待细胞长到密集时，在无菌条件下接种已经分离纯化好的弓形虫，置于 37℃的 CO_2 培养箱中培养。无论是用缓殖子、子孢子还是缓殖子与速殖子的混合物接种细胞，都可形成包囊。大多数虫株在不施加任何作用因素下，都可在体外培养系统中自然地发展形成包囊，但是这种自发形成的包囊数量很少，如果对培养条件加以改善，可以提高包囊的形成量及其稳定性。

(四)环形泰勒虫裂殖体体外培养

1. 用被感染牛的组织进行培养

采集环形泰勒虫的传播媒介璃眼蜱的饱血若蜱，在接种健康牛前，把所采集的蜱置于28℃温箱中培养4周，蜕化成为饥饿成蜱，接种于健康牛使之感染，后将蜱处死。然后每天观察感染牛的生长情况及临床症状，同时还应进行感染牛的血常规检查。在攻蜱约13 d后，病牛淋巴结由硬肿逐渐变为软肿时，扑杀感染牛，取出淋巴结组织或者脾脏，检查裂殖体的感染情况，制备被泰勒虫感染的原代细胞培养物。用人工感染患牛或自然感染患牛的患处淋巴结部位的穿刺物或外周血单核细胞制备的原代物，效果更好，死亡不久的病牛含泰勒虫的组织也可作为培养材料。

(1)淋巴结组织的淋巴细胞培养　在无菌操作台内除去患牛淋巴结被膜和多余的结缔组织，剪碎，然后倒入约20倍量的基础盐液进行搅拌。用单层纱布滤过，除去较大的组织块，再将滤液以1 200 r/min，离心沉淀5 min。弃去上清液，向沉淀细胞中加入适量的培养液，将细胞浓度调整到$(4\sim8)\times10^6$个/mL，分装于150 mL的玻璃培养瓶中，每瓶15 mL，置于37～38℃温箱培养。原代细胞培养到24～48 h后，更换新鲜培养液。继续培养120 h后，倾出细胞悬液离心沉淀，再用新培养液将沉淀细胞浓度调整到$(5\sim7)\times10^5$个/mL，移植于另外的培养瓶中进行传代培养。3代以后，细胞浓度调整为$(4\sim5)\times10^5$个/mL，每5～10 d传代一次。

(2)淋巴结穿刺物的培养　穿刺淋巴结，穿刺物制成2×10^6个/mL细胞悬液，按上述方法培养。

(3)外周血单核细胞的培养　用密度梯度离心法或溶解法分离外周血单核细胞，按上述方法培养。

2. 子孢子感染外周血单核细胞的培养

感染环形泰勒虫的璃眼蜱饥饿成虫释放于兔体背部，让蜱叮咬兔体3～4 d，采集已经吸血的蜱，清洗后用青霉素、链霉素和制霉菌素等抗生素处理。将蜱移至盛有BSA的MEM灭菌乳钵中研磨，之后吸取上清液，加MEM，再次研磨蜱，吸取上清液，如此重复3～4次。收集上清液于离心管内，4℃，150 r/min离心5 min，收集上清液，沉淀重复研磨、离心和收集上清。然后用0.8 μm孔径的滤膜过滤上清液，该滤液即为子孢子悬液。用制备好的子孢子感染已经稀释好的外周血单核细胞，在培养过程中测定细胞感染虫率和转化率，一旦有30%以上的细胞感染泰勒虫时，应该频繁换液，每周至少3次，并进行扩大培养。

3. 裂殖体感染细胞的转瓶培养

对寄生有环形泰勒虫的淋巴样细胞，采取转瓶培养法及改善培养条件，可促进增殖。

(五)牛巴贝斯虫体外培养

巴贝斯虫的体外培养方法有两种，即悬浮培养和微气静相培养，在此主要介绍的培养方法是微气静相培养技术。在24孔培养板中，每孔加入染虫率为0.5%～1.5%红细胞0.1 mL、完全培养液(0.5 mg/L两性霉素B＋50 mg/L庆大霉素＋400 mL/L热灭活FBS的PRMI1640培养液)1 mL置于37℃、5% CO_2培养箱中培养，每24 h取出800 μL上清液，移出上清液后轻轻混匀，取5 μL红细胞涂片(姬姆萨染色，油镜下观察牛巴贝斯虫的生长情况和红细胞的染虫率)，然后在孔内添加800 μL完全培养液。每72 h进行继代培养，将培养物混匀后吸取 0.1 mL 接种到新的培养孔中，同时加入 0.3 mL 健康牛红细胞悬液、0.4 mL FBS 和 0.4 mL RPMI 培养液。

染虫率计算方法采用公式：染虫红细胞数/（正常红细胞数＋染虫红细胞数）× 100%，通常取 50 个视野，计算平均值。

五、节肢动物的体外培养技术

1. 节肢动物的发育

节肢动物的种类已知的有 100 万种以上，但对于兽医研究有意义的仅有属于蛛形纲和昆虫纲的一些种。这些寄生虫发育过程中有变态和蜕皮现象，变态可分为完全变态和不完全变态两种，前者要经过虫卵、幼虫、蛹和成虫四个阶段，几个时期在形态上和生活习性上彼此不同，如蚊、蝇等昆虫；后者包括卵、若虫和成虫 3 个阶段，几个时期在形态上和习性上比较相似，如蜱、螨和虱等。

2. 蝇的体外培养

湿热条件下，用腐败物招来蝇产下卵，收集其孵化的幼虫使其生长发育至成熟，体积可增大数十倍，成熟幼虫将自动钻进沙中化蛹，收集蛹，置于蝇笼中羽化为成蝇。雌雄蝇交尾后产卵或幼虫，转入第二世代继续培养。

3. 蚊细胞培养

建立蚊细胞培养对蚊虫传播疾病的机制及抗药性等的研究起着重要作用。常见的细胞体外培养有白纹伊蚊细胞系、中华按蚊细胞系等。培养细胞一般来自蚊幼虫组织、胚胎组织和成蚊卵巢组织，由于不同的组织其分化程度有所不同，作为原代培养物的方法和培养步骤也有所不同。目前普遍认为，最适合蚊细胞培养的组织是卵巢组织，而幼虫组织是建立蚊细胞系最方便的组织来源。

蚊细胞培养的要求包括：①营养要求：用于蚊细胞培养的培养基必须包含细胞生长所需的营养物质。②培养基：蚊细胞的培养液有多种配法，应该选择最适于蚊细胞生长的培养基，目前培养蚊细胞常用的培养基为 MM 培养基等。③血清：在蚊细胞培养中最常用的血清是 10%～20%胎牛血清或小牛血清。④进行细胞传代时可用胰酶消化法，机械刮取或者机械吹打将细胞分离出来，分装到新的培养瓶中继续培养。但有些细胞用胰酶消化后会失去传代能力，故胰酶消化法慎用。

（1）中华按蚊幼虫细胞的培养　中华按蚊产卵 24 h 后收集蚊卵，消毒后置于无菌潮湿滤纸上，28℃ 培养 1 d，后置于 Earle 液的培养瓶中至幼虫孵出。剪碎幼虫接种到培养瓶，每周换液一次到单层细胞形成后传代。

（2）中华按蚊卵巢细胞的培养　无菌条件下解剖新羽化雌蚊取出卵巢并用解剖针撕开，放入含培养基的培养瓶中，28℃、5% CO_2 培养箱中培养，待原代细胞长满单层后传代。

（3）白纹伊蚊唾液腺细胞的培养　采用 Schneider 培养基添加 10%胎牛血清和双抗（青霉素 100 U/mL、链霉素 100 μg/mL）作培养液，在无菌条件下取出唾液腺，经 PBS 液清洗后放入培养液中，26℃培养箱中培养，3～4 d 观察并换液。

4. 蜱细胞培养

蜱细胞培养的步骤可分为 6 个阶段：蜱材料的选择，蜱表面的灭菌，蜱组织的摘除及碎解，培养基的配制，初培养接种细胞，换液及传代。整个培养过程需在无菌条件下进行，特别是在选择蜱组织材料时应该考虑：①选择处于发育阶段的蜱组织，其细胞活泼，进行有丝分裂的能力越强越好；②选择的蜱组织须能提供大量细胞，保证一定的接种密度；③选择初培养时不需要过繁操作的蜱组织，可根据蜱的种类和培养目的，选取胚胎卵、胚胎、内脏等进行解剖、分离，在解剖前一定要进行蜱表面的消毒，确保无菌，减少污染。

（林瑞庆）

第四节　疫苗制造流程

由于疫苗制造环节多，生产周期长，应特别注意避免受外源微生物污染。下面按细菌疫苗、病毒疫苗和寄生虫疫苗分别叙述。根据疫苗制备所用微生物或寄生虫的培养特性及疫苗制剂类型的不同，疫苗制备工艺有较大差异。但一般来讲，活疫苗制造包括种毒鉴定，种毒批量制备，细菌、病毒或寄生虫培养与鉴定，抗原纯化或提取，配苗冻干及成品检验等过程；灭活疫苗制造则包括种毒鉴定，种毒纯制备，细菌、病毒或寄生虫培养与鉴定，抗原提取、灭活、类毒素。

一、细菌疫苗和类毒素的制造流程

菌苗类制品和类毒素的制备，均由细菌培养开始。前者由培养的混悬液或菌体液加工而成，后者则以细菌所分泌的外毒素加工而成。不同的菌苗制备工艺不尽相同，但其主要程序颇为相似，图 3-12 概括了一般菌苗和类毒素制备的工艺流程。

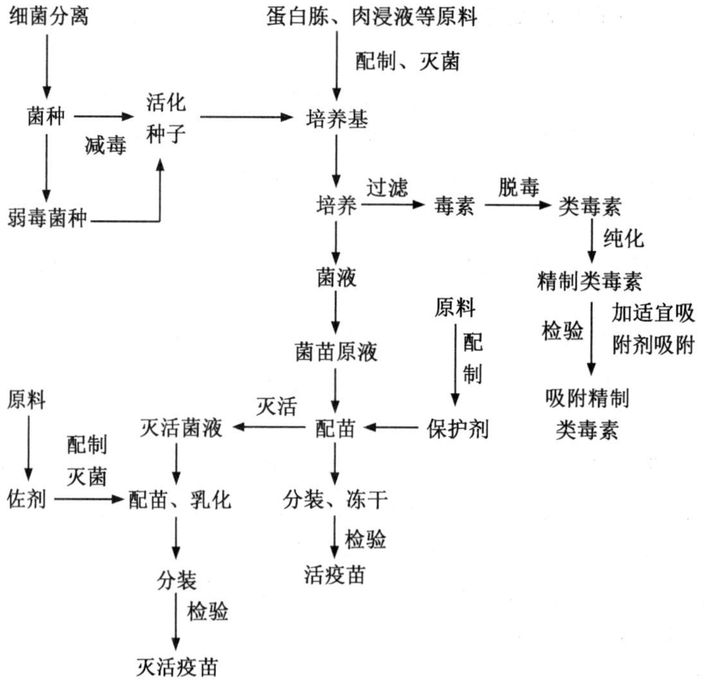

图 3-12　细菌疫苗和类毒素制备工艺流程

二、病毒疫苗的制造流程

不同病毒疫苗的制备工艺各异,但主要程序相似。图 3-13 概括了组织疫苗的制备工艺流程。如为代胞苗,则是取种毒接种于长为单层的原代或传代细胞上,待收毒后取制苗。

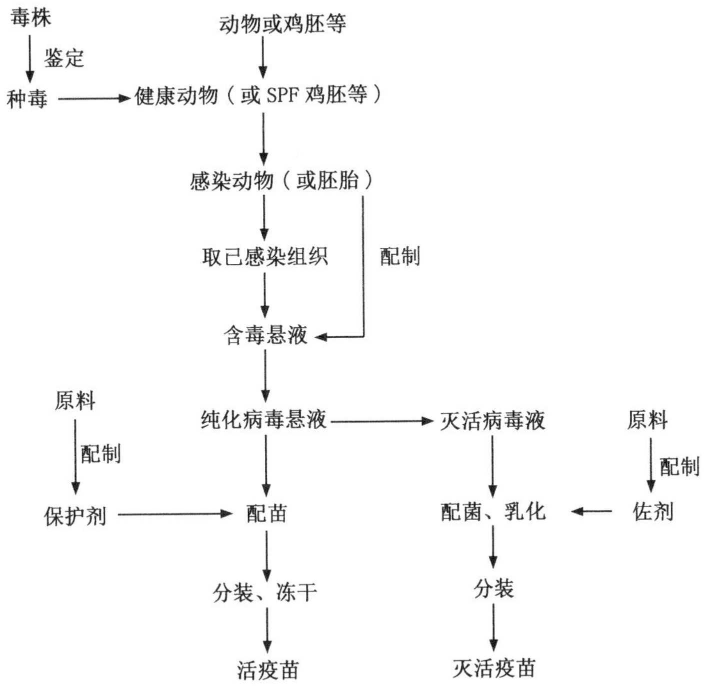

图 3-13 病毒组织疫苗制备工艺流程

三、寄生虫疫苗制造流程

由于寄生虫感染的特殊性,在控制寄生虫感染的免疫预防方面,国内外的研究进展都不大,尚未能像细菌和病毒那样,很好地利用疫苗进行预防接种。但随着各种生物学新技术,尤其是分子生物学技术在寄生虫研究领域的应用,寄生虫免疫学研究不断取得进展,各种虫体的抗原变异机理不断被揭示,保护性抗原分离及分子克隆不断取得突破,寄生虫基因工程虫苗亦已初露端倪。如羊抗细粒棘球蚴基因工程疫苗 EG95 已用于生产;牛巴贝斯虫基因工程苗在澳大利亚已开始进行田间试验;人用恶性疟原虫基因工程苗已在坦桑尼亚等非洲国家试用多年,取得了令人振奋的临床保护效果。随着寄生虫免疫学研究的不断深入,相信会有更多的寄生虫疫苗问世。

寄生虫疫苗的制造流程与细菌疫苗和病毒疫苗的制造流程大致相同,不同种类的疫苗有不同的制造流程。图 3-14 概括了 3 种寄生虫疫苗制备的工艺流程。

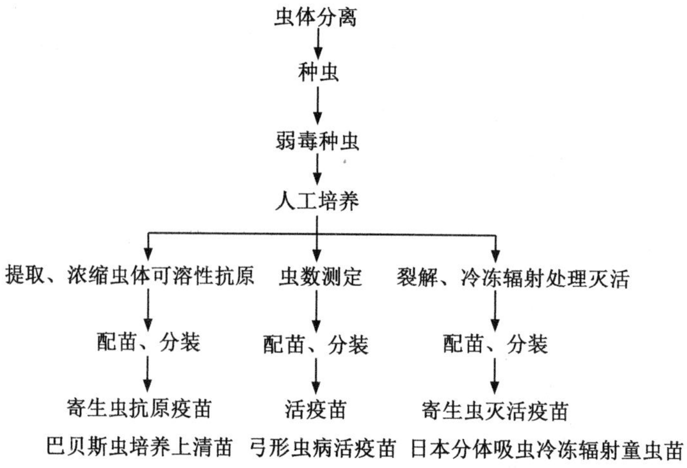

图 3-14 寄生虫疫苗的制备工艺流程

（闻晓波）

复习思考题

1. 疫苗生产中规模化培养细菌的方法有哪些？
2. 细胞培养的必要条件有哪些？
3. 简述球虫细胞培养的步骤及注意事项。
4. 试述菌(毒、虫)弱毒疫苗和灭活疫苗制备的一般流程。

第四章　兽用疫苗制造的相关技术

本章摘要：灭活剂主要破坏微生物核酸结构及功能或导致微生物的蛋白质变性，从而达到灭活微生物的目的，其灭活效果与其特异性与工作浓度、微生物种类和特性、灭活条件密切相关。常用的灭活剂有甲醛、烷化剂、苯酚等。佐剂是可以增强抗原特异性免疫应答的物质，其作用机理复杂，作用方式多样，除铝盐类、蜂胶、油乳等常规佐剂外，细胞因子、ISCOM、基因工程减毒毒素、脂质体及纳米材料等新型佐剂也能显著增强抗原的免疫效果。冻干保护剂由营养液、赋形剂、抗氧化剂 3 部分组成，能防止生物活性物质在保存过程，特别是在冷冻真空干燥（冻干）时受到破坏，其效能受多种因素的影响。冻干工艺依赖冻干机的 4 个系统协同工作。冻干产品的质量与冻干曲线和时序密切相关。为了提高产品的保存温度，应大力开发具有良好前景的耐热保护剂。

第一节　灭　活　剂

一、灭活与灭活剂

灭活（inactivation）是指破坏微生物的生物学活性、繁殖能力和致病性或外毒素的毒性作用，但尽可能不影响其免疫原性。除微生物毒力与毒素毒性灭活外，兽医生物制品生产中还包括补体活性灭活，即破坏诊断血清或待检血清中的补体活性，以避免补体对诊断试验的干扰作用。经灭活后的物质可用来制备疫苗、类毒素和诊断用品。

灭活剂：用来灭活生物制剂活性的物质称为灭活剂。生物制品的灭活绝大多数都是使用化学灭活剂。灭活剂对人有害，有时对皮肤黏膜有强烈刺激性。有些灭活剂可以作为微生物诱变剂使用。

二、灭活方法

灭活的方法包括物理学方法和化学方法，这些方法都是使微生物蛋白质、核酸等变性和失去活性，从而起到灭活作用。生物制品的灭活绝大多数都是使用化学灭活剂，针对不同的对象，具体的灭活方法有所不同。以不影响微生物的抗原性和免疫原性为原则选择适当的灭活剂和灭活方法。

1. 物理灭活法

物理灭活法主要包括加热及射线照射等方法。

加热灭活方法是通过高温使蛋白质变性，从而灭活微生物，但同时影响抗原的免疫原性。该方法在灭活疫苗研制的初期有较多的应用，目前在生产实践中很少采用。但生产中常采用56℃维持30 min灭活血清中的补体。

射线照射主要通过产生射线，直接或间接破坏微生物的核酸达到灭活效果。射线照射对蛋白质、脂类和多糖等有机化合物破坏作用弱，故并不影响抗原的免疫原性。

紫外线的灭活效果不良，γ射线的灭活效果良好。^{60}Co辐射源产生γ射线照射生物制品，可以达到彻底灭菌的目的，并对裂解血质量无明显影响。^{60}Co照射处理，应根据被照射物的容量大小及性质调整被照射物与钴源的距离和剂量。一般情况下，20～50 kGy剂量的γ射线辐照几乎能灭活所有的病毒。有研究证实，8～12 kGy的辐照剂量即可完全灭活细胞培养材料中外源细菌、霉菌和支原体。

2. 化学灭活法

化学灭活法是利用化学药物或酶使微生物、活性物质的一些结构发生改变，从而丧失生命力、感染性、毒性或活性。化学灭活效果良好、方法简便而最为常用，但化学灭活的效果常受灭活剂种类、剂量和作用温度、pH、时间以及被灭活物质的种类和性质等因素影响，与微生物的种类和含氮量及是否存在有机物等因素也有关，因此必须筛选最佳的灭活条件。化学灭活剂种类很多，作用机理存在差异、灭活效果也不一样。无论选用何种灭活剂，都应遵循以较低温度、较低剂量和短时间处理为原则，同时注意溶液的pH(一般以中性为宜)。

现有兽医生物制品中常用的灭活剂有甲醛、二乙烯亚胺(BEI)、乙酰基乙烯亚胺(AEI)、β-丙酰内酯(BPL)、TritonX-100。其他灭活剂有缩水甘油醛、苯酚、硫柳汞钠盐、结晶紫和胍类(盐酸聚六亚甲基胍)等。

三、影响灭活剂灭活的因素

影响灭活剂灭活效果的因素很多，主要有以下几个方面。

1. 被灭活物质的种类和特性

不同种类的被灭活物质对各种灭活剂的敏感性不完全相同。如多数病毒对甲醛灭活敏感，使用时浓度较低，灭活时间也较短，一般只需加0.1%灭活不超过2 d；而芽胞梭菌和毒素则需要较高的浓度和较长的时间灭活，浓度可达0.8%，时间上需灭活几天，甚至更长。不同的细菌或病毒对同一灭活剂的敏感性也有差别。

2. 灭活剂的种类和特性

不同种类的灭活剂适用的灭活范围不同，如甲醛适用于多种细菌、病毒和毒素的灭活，但对口蹄疫病毒(FMDV)的灭活效果不理想；而乙烯亚胺对FMDV的灭活效果远远优于甲醛。缩水甘油醛对大肠杆菌噬菌体、新城疫病毒(NDV)和FMDV的灭活也优于甲醛。所以在使用灭活剂时需考虑灭活剂的种类和特性，选择较合适的灭活剂。

3. 灭活剂浓度和剂量

灭活的速度和效果在一定范围内与灭活剂的浓度和剂量成正比，浓度和剂量越大，灭活效果越良好，需要的灭活时间也越短。但许多灭活剂(如甲醛)都有一定的毒害作用，浓度高，剂量大，反而会破坏抗原性，加大疫苗的副作用。

4. 灭活的时间和温度

一般来讲，随灭活时间的延长，灭活效果愈加良好，但不是越长越好。如乙烯亚胺类灭活结束后就对抗原呈破坏作用，所以达到灭活时间后应及时中止灭活。灭活的温度一般都选择37℃，温度升高可以加快灭活速度，反之亦然。但温度过高会严重损害抗原。

5. 有机物质对灭活的影响

有机物质中主要是蛋白质对灭活有一定的影响，如果杂蛋白含量高则对细菌、病毒以及毒素呈一定的保护作用。所以在灭活前应采用适当方法处理，如离心、过滤等除去杂蛋白，以提高灭活效果。

四、常用的灭活剂及其灭活原理

1. 甲醛

甲醛是生物制品上最古典、最广泛使用的灭活剂。它是一种无色液体，溶于水、乙醇。水溶液俗称福尔马林，含甲醛 36%～40%，为无色透明液体，呈弱酸性，有刺激性气味且对眼、鼻黏膜有刺激性，性质不稳定，在空气中能缓慢氧化成甲酸。应封闭避光置于 16℃以下保存，长期或低温保存发生絮状沉淀（三聚甲醛），虽加热后会消除，但灭活性能降低。为了防止甲醛聚合，一般商品甲醛溶液含 10%～15%甲醇。

甲醛为活泼的烷化剂，具有很强的还原性（特别在弱碱性时），可作用于氨基、羧基、羟基和巯基，分别产生羟甲基胺、亚甲基二醇单脂、羟甲基酚和硫代亚甲基二醇。由此，甲醛与上述功能基团反应，以羟甲基替代敏感氢原子，破坏生命基本结构，导致细菌死亡和病毒灭活。甲醛能与细菌蛋白质的氨基结合，使蛋白质变性，形成具有新的性质的化合物。甲醛对核酸的烷化作用比对蛋白质更利于杀灭微生物。针对不同的微生物，甲醛灭活的浓度一般如下：需氧菌 0.1%～0.2%，厌氧菌 0.4%～0.5%，病毒 0.05%～0.4%（多数为 0.1%～0.3%）。用甲醛灭活时间长，一般需要在 37～39℃处理 24 h 以上或更长时间，并且灭活的效果易受灭活剂的浓度，灭活的温度、pH，是否存在有机物、病原体的种类和含氮量等因素影响；残留的游离甲醛，若随疫苗注入机体后，会产生刺激性反应。必要时可在灭活结束后加入 2%亚硫酸钠终止甲醛反应。

迄今应用的灭活病毒疫苗，约有 50%以上是用甲醛作灭活剂。其他病毒制品（如血凝抗原、补体结合抗原、琼扩抗原）也常以甲醛灭活病毒制备。

2. 烷化剂

烷化剂是含有烷基的分子中去掉一个氢原子基团的化合物，它能与其他化合物作用，将烷基引入，形成烷基取代物。这类化合物的化学性质活泼，其灭活机制是烷化微生物 DNA 分子中的鸟嘌呤或腺嘌呤，引起单链断裂、双螺旋链交联及干扰酶系统和核蛋白作用，从而破坏核酸代谢、合成，导致病毒核酸芯子破坏而达到灭活目的。烷化剂灭活，可使病毒丧失感染力而不损害蛋白壳，得以保留其抗原性。这类烷化剂常用的有 N-乙酰乙烯亚胺（N-acetyl ethylenimine，AEI）、二乙烯亚胺（binary ethylenimine，BEI）及缩水甘油醛（glyceraldehyde，GDA）等。

（1）N-乙酰乙烯亚胺　AEI 为淡黄色透明液体，有轻微氨臭味，能与水或醇任意混合。最适保存温度－79℃，在 0～4℃可保存 1 年，在－20℃可保存 2 年，但在常温下由于分子聚合，外观颜色及流动性均发生变化，从而导致 AEI 灭活作用的改变。AEI 起作用的功能基团是乙烯亚氨基，用于 FMDV 灭活。在 FMDV 悬液中加入最终浓度为 0.05%的 AEI，30℃作用 8 h 进行灭活。加入 2%的硫代硫酸钠即可中断 AEI 的灭活作用。

(2)二乙烯亚胺　市售商品为浓度 0.2%的 BEI 溶液，在 0～4℃可保存 1 个月，在 FMDV 悬液中加入最终浓度为 0.02%BEI 可对病毒进行较好的灭活。当灭活结束时，加入最终浓度为 2%的硫代硫酸钠阻断灭活作用。

(3)缩水甘油醛　GDA 易挥发，水溶液含量为 15～30 mg/mL。0～4℃保存 3 个月后含量逐渐下降，约半年失效，20℃只能保存 10 d。GDA 的作用机理是环氧烷基与病毒蛋白或核酸发生反应。对大肠杆菌、噬菌体、NDV、FMDV 等有灭活作用。

3. β-丙酰内酯

β-丙酰内酯(β-propiolactone，β-PL)又名羟基丙酸-β-内酯，早在 1984 年就被选作狂犬病灭活疫苗的灭活剂，现已被广泛应用于各种病毒疫苗。它是一种杂环类化合物($C_3H_4O_2$)，沸点 155℃，常温下是无色有刺激气味的黏稠状液体，有一定的致癌性，对病毒具有很强的灭活作用。

β-PL 水溶液迅速全部分解。水溶液的有效期 10℃保存 18 d，25℃保存 3.5 d，50℃保存 20 min，5℃保存于密封玻璃瓶中较为稳定。

β-PL 灭活剂的特点：①直接作用于病毒核酸，不作用于壳蛋白，保持免疫原性，灭活效果强。②极易水解，无残留。水解产物为无毒性的人体脂肪代谢产物 β-羟基丙酸，但大剂量 β-PL 具有致癌性。③灭活时间短，37℃仅需 2 h 即可完全水解，缩短了疫苗的生产周期，提高了经济效益。

除上述灭活剂外，随着现代生物技术、化学技术研究的快速发展，已筛选出不少效果优良的灭活剂，如过氧化氢和一些非离子型去污剂等，更为优良的灭活剂还有待进一步发掘。

（胡思顺）

第二节　免疫佐剂

一、佐剂的概念和特点

传统的观念认为，佐剂是指先于抗原或与抗原混合或同时注射于动物体内，通过不同方式，能非特异性地改变或增强机体对该抗原的特异性免疫应答，发挥其辅佐作用的物质。最新的定义认为，凡是可以增强抗原特异性免疫应答的物质均称为佐剂。佐剂可以先于抗原施予动物，也可以与抗原混合后同时施予动物。一般情况下，佐剂单独使用时没有抗原性，但与别的抗原物质合并使用时，佐剂对某些分子，如相对质量小的多糖或多肽等抗原性微弱的物质，可明显增强其抗原性。同时可用最小的抗原量、最少的接种次数，达到产生大量特异性抗体的目的，在机体血循环中或黏膜表面维持足够的抗体浓度，获得持久的预防接种效果；增强对肿瘤细胞或胞内感染细胞的有效免疫反应，以其增强吞噬细胞的非特异性杀伤功能和特异性细胞免疫的刺激作用等。

二、佐剂的作用方式及其作用机理

佐剂的类型多种多样，但作用方式基本有以下 3 种：①在接种部位形成抗原贮存库，使抗原缓慢释放，使抗原与免疫细胞较长时间接触并激发对抗原的应答；②辅助抗原暴露并将能刺激特异性免疫应答的抗原表位提呈给免疫细胞；③改变机体免疫机能，诱导并能介导免疫应答的细胞因子释放。

佐剂不仅能改变免疫反应类型、使体液免疫转变为细胞免疫，改变免疫球蛋白的种类和亚类，还可改变免疫反应状态，使免疫耐受性变为免疫反应。然而，佐剂加强免疫反应的机理至今尚未完全清楚。佐剂的机理可能主要是：①增加抗原的表面积，改变抗原的构型，使抗原物质降解并加强其免疫原性；②改变正常免疫机能，吸引大量 APC 加工处理抗原；③将过多的抗原暂时贮存，延缓释放，并发挥免疫系统的细胞间协同作用（巨噬细胞与 T 细胞，T 细胞与 B 细胞）等。

三、佐剂的类型与特性

目前研究的佐剂或佐剂系统已有上百种，但其分类还没有达成一致意见。

按照物理性质，可将佐剂分为颗粒型佐剂和非颗粒型佐剂。其中颗粒型佐剂包括盐类佐剂（氢氧化铝胶、明矾、磷酸铝等）、油水乳剂佐剂[弗氏佐剂（Freund's adjuvant，FCA）、矿物油白油佐剂等]、蜂胶佐剂（propolis）、免疫刺激复合物佐剂（ISCOM）、脂质体佐剂（liposomes）以及 MF59 佐剂、微囊化佐剂（micro-encapsulation）等。非颗粒性佐剂包括肽类佐剂（peptides）[胞壁酰二肽（MDP）及其衍生物、去胞壁酰多肽、脂肽和免疫调节多肽等]、海藻糖合成衍生物（TDM）、核酸及其衍生物类佐剂（合成核苷酸聚合体、CpG）、含硫复合物类佐剂（左旋咪唑）、细胞因子类（cytokine）佐剂（IL-2、IL-4 和 γ-IFN 等）、脂质分子类佐剂（脂多糖、VitA 和 VitE 等脂溶性维生素）以及细菌代谢产物[霍乱毒素（CT）、百日咳毒素（PT）和破伤风类毒素（TT）等]。

按照生物学性质（即 Ballanti 分类法）可将佐剂分为微生物及其组分和非微生物物质。

按照在体内存留的时间，可将佐剂分为贮存型佐剂（depot type adjuvant）和非贮存型佐剂（non-depot type adjuvant）。颗粒型佐剂多属于贮存型佐剂，而非颗粒性佐剂多属于非贮存型佐剂。

（一）常规（传统）佐剂

1. 不溶性铝盐类佐剂

铝盐类佐剂对于胞外繁殖的细菌及寄生虫抗原是良好的佐剂，一直广泛用于人用和兽用疫苗的制备。主要包括氢氧化铝胶、各种明矾和磷酸铝等。此类佐剂与蛋白质抗原混合后成为凝胶状态，可较长期存留在体内，持续释放抗原并发挥刺激作用。主要诱导体液免疫应答，可刺激机体迅速产生持久的高水平抗体，抗体以 IgG1 类为主，刺激产生 Th2 型反应。但仍存在缺点：皮下注射时常有肿胀或结块，抗原免疫原性弱时，不足以提高其免疫原性，特别是保护性免疫机制要求 T 细胞活性介导的免疫参加时，应使用其他佐剂。

(1)氢氧化铝胶　氢氧化铝胶 $Al(OH)_3$(简称铝胶)的质量与佐剂活性的关系极为重要,质量好的铝胶应是分子细腻、胶体性良好、稳定、吸附力强的。制备铝胶的方法很多,如铝粉加烧碱合成法、明矾加碳酸钠合成法、明矾加氨水合成法、三氯化铝与氢氧化钠合成法等。不同的合成方法,各有其优点。

制造铝胶时要注意:①氢氧化铝具有较强的吸附力,故制胶过程洗涤用水不能含有任何杂质,一般用软化水或去离子水。②氢氧化铝胶为两性化合物,要掌握好化合时的 pH。过酸或过碱都会失去胶态。③贮存铝胶应放在耐酸搪瓷缸或耐酸池中并严密封盖,一般在缸或池中贮放不超过 3 个月。④铝胶不能在低温结冻情况下保存,否则会破坏胶态。

(2)明矾　作为佐剂用于生物制品的主要是钾明矾(即硫酸铝钾)。应用较广泛,历史亦较早,如破伤风明矾沉淀类毒素、气肿疽明矾苗等。使用方法:先将灭活菌液调至 pH 8.0。选精制明矾制成 10%溶液,高压灭菌后,冷至 25℃以下备用;按菌液量加入明矾溶液 15%～20%充分振荡,然后沉淀。佐剂作用与氢氧化铝胶吸附沉淀近似,但用法较简便。

2. 油佐剂

油佐剂又称为油水乳剂佐剂,即乳化的水油佐剂。所谓“乳剂”是将一种溶液或干粉分散成细小的微粒,混悬于另一不相溶的液体中所形成的分散体系。被分散的物质称为分散相(内相),承受分散相的液体称连续相(外相),两相间的界面活性物质称为乳化剂(即表面活性剂)。每种乳化剂都具有一定的亲水亲油平衡值(hydrophile-lipophile balance,HLB),可以根据制乳剂的要求,运用 HLB 值这一性质,选择合适的乳化剂。按照乳化剂的 HLB 值,大致可以确定乳化剂的应用范围。亲水强的乳化剂,在水中溶解度大,HLB 值高,容易形成水包油型(O/W)乳剂。亲油性强的乳化剂,在水中溶解度小,HLB 值也相应地低,容易形成油包水型(W/O)乳剂。试验证明对某些非离子型乳化剂,当 HLB 值为 4～6 时适于制备 W/O 乳剂,HLB 值为 8～18 宜于制备 O/W 乳剂。

油佐剂疫苗制成什么样的制型,与乳化剂及乳化方法密切相关。当以水为分散相,以加有乳化剂的油为连续相时,制成的乳剂为 W/O 乳剂,反之为 O/W 乳剂。通常 W/O 型乳剂较黏稠,在机体内不易分散,但佐剂活性较好,为生物制品采用的主要剂型;O/W 型乳剂较稀薄,注入机体后易于分散,但佐剂活性很低,生物制品一般不采用这种剂型。水包油包水(W/O/W)型乳剂也称双相油乳剂或多型乳剂(multiple emulsion adjuvant),兼具上述两种乳剂的优点,而克服了其不足,因此也广泛采用。

早期最著名的油佐剂有弗氏佐剂,以羊毛脂为乳化剂,具有亲油亲水性,乳化作用较好,但是制出的乳剂非常黏稠,只适于实验条件下使用。国外所用的油佐剂中广泛采用的是矿物油和缩水甘露醇单油酸酯。我国目前的白油,基本达到国外白油的品质标准。在我国现有的兽用灭活油乳剂疫苗中,多数采用 94%的白油与 6%司本-80 混合后加 2%硬脂酸铝作为油相,抗原液中加入 2%～4%的吐温-80 作为水相,按容量计算,水相与油相以 1∶(1～4)的比例乳化成 W/O 型、O/W 型或 W/O/W 型油乳剂疫苗。

大量生产油佐剂疫苗时,可将 94%白油与 6%司本-80 混合后加 2%硬脂酸铝为油相;将抗原液加 2%吐温-80 为水相,按容量计算,油相与水相以 1∶1 配制,先缓速混合,再通过胶体磨充分乳化,可获得稳定的 W/O 乳剂疫苗。但这种配方制备的乳剂苗一般较黏稠,而且必须充分掌握混入抗原时的速度，在慢速搅拌油相的同时，缓慢倾入水相混合，然后再高速通过胶体磨充分乳化，否则易于分层。如欲降低乳剂的黏稠度，可以增加油相的比例，例如以水与油之比达 1∶2 或 1∶3，最高可达 1∶4 量，亦能获得良好的 W/O 乳剂疫苗。或者将黏稠的 W/O 乳剂疫苗，再加 2%吐温-80 生理盐水，通过搅拌或胶体磨使乳化成 W/O/W 乳剂苗。也可直接制备 W/O/W 乳剂苗。W/O/W 乳剂苗与一次乳化佐剂疫苗具有同等抗原性，易于吸收，更为稳定，黏性较小，在注射部位易分散、局部反应轻微、仅在注射部位引起小硬结、但佐剂效果仍相当良好。

一些学者用精制花生油与化学纯试剂，研制成功“佐剂-65”。经试验证明，这种佐剂具有矿物油所没有的优点，注射“佐剂-65”两个月后，几乎能全部被代谢，从而可以减少过度刺激，排除了长期潴留可能产生的有害作用，产生的抗体水平与矿物油佐剂相似。另有学者应用甘油、卵磷脂作为佐剂，由于这种佐剂成分是机体的正常代谢物质，且比佐剂-65 更易于乳化、更安全有效。

3. 蜂胶佐剂

蜂胶是蜜蜂采集植物分泌的树脂，混入蜜蜂上颚腺分泌物，以及蜂蜡、花粉和其他一些有机与无机物的一种天然物质，具有广谱的生物活性。蜂胶佐剂具有良好的免疫增强作用，能增强巨噬细胞的吞噬能力，促进抗体的产生，提高机体的特异性和非特异性免疫力。蜂胶佐剂已成功地用于禽霍乱灭活疫苗中，证明免疫效力良好。在猪细小病毒疫苗、鸡大肠杆菌疫苗、鸡新城疫疫苗中，蜂胶佐剂已经初步证明安全有效。

目前已知蜂胶含树脂、蜂蜡、芳香油、花粉，有 20 余种黄酮类化合物，多种酸类、醇类、酚类、酮类、脂类、烯烃和萜类等化合物，还有多种氨基酸、酶、多糖、脂肪酸、维生素以及 30 余种化学元素。但由于蜂种不同、产地不同，天然蜂胶的质量和成分有较大的差异，用作免疫佐剂需进行纯化。市售蜂胶，放 4℃以下低温贮存，用前在 4～8℃下粉碎，过筛，按质量体积比 1∶4 加 95%乙醇，18～25℃浸 24～48 h，冷却离心取上清液即为纯化蜂胶，以干物质计算配成 30 mg/mL 溶液，4℃保存备用。取一定量灭活的病原加入蜂胶乙醇浸液（终质量浓度约 10 mg/mL），边加边震荡摇匀，迅速呈乳浊状，即制备蜂胶疫苗。

4. 微生物及其代谢产物佐剂

某些死菌的菌体成分与抗原在一起注射，具有明显的佐剂效应，这一类微生物佐剂活性物质主要是革兰阴性菌细胞壁外层的脂多糖（lipopolysaccharide，LPS）、百日咳杆菌毒素、霍乱弧菌毒素、破伤风类毒素和分枝杆菌细壁中的一些成分。

LPS 是菌体的内毒素，是由多糖和类脂 A 组分构成的，其佐剂活性主要来自类脂 A。LPS 对体液和细胞免疫力都有佐剂作用，并可提高对蛋白和多糖抗原的免疫应答，脱毒的 LPS 制剂将是疫苗的良好佐剂。

含有分枝杆菌死菌体的 FCA（完全弗氏佐剂）是有效的佐剂。早期从完整细菌提取的脂溶性蜡质 D 是一种高分子多肽糖脂，具有一定的佐剂活性。1971 年日本学者证明，以结核杆菌为首的分枝杆菌菌体的活性因子存在于细胞壁骨架（cell wall skeleton，CWS）中，而蜡质 D 是 CWS 的合成前体。与分枝杆菌具近缘关系的卡氏菌及棒状杆菌的 CWS，同样具有佐剂活性，但这些细胞壁成分的用量与适当的抗原量、使用方法等不同，有很大的差异。

(二)新型佐剂

1.细胞因子类佐剂

细胞因子是免疫原、丝裂原或其他刺激剂诱导多种细胞产生的低分子量可溶性蛋白质或小分子多肽，是一类能在细胞间传递信息、具有免疫调节和效应功能等高活性、多功能的蛋白质或多肽。细胞因子在调节先天性免疫和特异性免疫中发挥着关键作用，能增强疫苗的特异性免疫反应。多种细胞因子都被证明具有明显的免疫佐剂效应，不仅可以以纯化的蛋白质形式共同或提前免疫动物，也可将其编码的某些基因片段与疫苗蛋白基因或DNA重组共同表达，增强机体的细胞和体液免疫应答，从而调节免疫反应，增强疫苗的免疫保护作用，增强和保护机体免受病毒、细菌和寄生虫的侵袭。在肿瘤免疫模型试验中，细胞因子亦能提高其免疫性参数。

目前，细胞因子作为疫苗免疫佐剂的研究主要集中在白细胞介素(IL)、干扰素(IFN)、粒巨噬细胞集落刺激因子(GM-CSF)等方面。

(1)白细胞介素-1(IL-1)　IL-1是第1个细胞因子佐剂，可增强机体对抗原的初次和二次免疫应答反应，提高IL 2水平及增强抗原特异性Th细胞活性，促进B细胞增殖。但IL-l可引起许多与炎症有关的严重副作用，这限制了IL-1在佐剂领域的应用研究。科学家发现IL-1β序列中163-171位的短肽保持了IL-1的免疫刺激作用，而且不引起与炎症有关的副作用。因此，肽163-171已被成功地用于动物，以增强对抗原的特异性免疫应答。

(2)白细胞介素-2(IL-2)　IL-2可上调免疫应答反应，诱导Th2型细胞应答向Th1型转变，同时上调CD80、CD83、CD86及MHC-I类分子表达，诱导更多的IL-12和TNF-α分泌。IL-2具有多种免疫生物学效应，佐剂效应明显。当IL-2用于灭活疫苗和正常接种对象时，其免疫原性的增强，取决于给予抗原后的连续注射。IL-2与疫苗合用，可增强对胸膜肺炎嗜血杆菌、狂犬病病毒和单纯疱疹病毒的防御作用，但抗体应答并不增强。有关研究表明，使用高剂量的IL-2有相当大的毒性，易引起血管渗漏，因此IL-2作为佐剂的安全使用还需进一步研究。

(3)白细胞介素-12(IL-12)　与IL-2有协同作用，是重要的促炎性反应细胞因子，参与机体的细胞免疫应答，诱导Th0细胞向Thl细胞分化，同时激活NK细胞的杀伤作用及CTL活性，刺激IFN-γ的分泌，增强对靶细胞的裂解活性。IL-12具有重要的免疫调节和抗肿瘤作用，其最大特点是在极低浓度时即具有显著活性，且分子质量小，作用无特异性，可自由出入细胞，通过作用于靶细胞受体Jak/STAT信号传导途径发挥作用。IL-12佐剂活性高于IL-2和IFN-γ，在极低浓度时就有显著活性，对灭活疫苗、肿瘤和寄生虫抗原具有良好的佐剂活性。

IL-12的产生是一些细菌性佐剂发挥作用的机理。这些细菌成分激发巨噬细胞产生IL-12。许多研究者建议，IL-12可替代这些细菌佐剂，并更为安全。而且IL-12应用于主要诱导细胞免疫应答的疫苗(如HIV疫苗)。

(4)γ-干扰素(IFN-γ)　IFN-γ属Ⅱ型干扰素，是由致敏T细胞在活的或灭活的病毒等干扰素诱生剂和某些细胞因子作用下所产生的一类高活性多功能的糖蛋白。IFN-γ能诱导MHC-Ⅱ类抗原的表达并促进抗原呈递给辅助性T细胞，参与免疫应答的全程，调控免疫反应的走向。具有抗病毒、抗肿瘤、免疫调节和免疫佐剂等多种免疫生物学活性。当IFN-γ与抗原在同一位置同时使用时，佐剂效果最好。

(5)粒细胞巨噬细胞集落刺激因子(GM-CSF)　GM-CSF可增强CTL、NK细胞活性和募集 APC 到抗原加工位点，表达 MHC-I 类抗原和 B7 共刺激因子，刺激 DC 分化与成熟，增强抗原特异性 $CD8^+$ T 细胞反应。在诱导肿瘤特异性免疫反应中 IL-2 和 GM-CSF 是最有效的细胞因子，可产生协同作用。为了克服这两种细胞因子联合使用的局限性，Wen 等构建 IL-2-GM-CSF 融合蛋白，该蛋白维持 IL-2 和 GM-CSF 活性，并能显著促进 DC 活动，在体外增强脾细胞对多种肿瘤细胞株的杀伤作用，可有效地调节抗肿瘤免疫。

2. CpG DNA

CpG DNA 是含有非甲基化 CpG（胞嘧啶鸟嘌呤二核苷酸）基序的脱氧核糖核酸 DNA。CpG 基序（motif）是以非甲基化的 CpG 为基元构成的回文序列，其碱基排列大多为 5′-Pur-Pur-C′PG-Pyr-Pyr-3′，具有较强免疫活性，又称为免疫刺激序列（immunostimulatory DNA sequences，ISS）。

CpG DNA 可同时诱导非特异性免疫及特异性免疫反应，具有佐剂效用。与其他的佐剂相比，CpG 可诱导更快速的抗体分泌，并诱出比毒杀性 T 细胞更强烈的活性。值得注意的是 CpG DNA 在 Thl 细胞方面会诱发比弗氏完全佐剂更强烈的免疫反应。CpG DNA 可作为疫苗佐剂、过敏疾病的免疫治疗剂、抗肿瘤效用剂以及应用于基因治疗等方面。

人工合成的含有非甲基化 CpG 基序的寡聚脱氧核苷酸（称为 CpG OND）与细菌 CpG DNA 均具有免疫刺激作用。CpG OND 免疫刺激作用具有物种和细胞特异性：含有 GACGTT-基序的 CpG OND 刺激小鼠淋巴细胞；含有 AGCGTG 基序的 CpG OND 刺激小鼠 NK 细胞；含有 GTCGTT 基序的 CpG OND 刺激人淋巴细胞；含有 ATCGAT 基序的 CpG OND 刺激鸡外周血单核细胞；含有 GTCGTT 基序的 CpG OND 刺激牛 B 细胞和 PBMC；含有 ATCGAT 基序的 CpG OND 适用于猪。

3. 免疫刺激复合物佐剂

免疫刺激复合物佐剂（ISCOM）是由两歧性抗原与 Quil A 及胆固醇以 1∶1∶1 的分子比例混匀共价结合而成的一种有较高免疫活性的脂质小泡。Quil A 是从皂树皮提取的一种糖苷，纯化的 Quil A 能与病毒被膜蛋白或细菌和寄生虫的外膜蛋白的疏水基结合。ISCOM 直径 40 nm，每个 ISCOM 含 10～12 个蛋白质分子。ISCOM 现已广泛用于多种细菌、病毒和寄生虫性疫苗。目前，兽用 ISCOM 疫苗已在国外投放市场。

4. 脂质体

脂质体（liposomes，LS）是一种新型的免疫佐剂，已在免疫学中得到广泛应用，主要作为抗原、淋巴因子的载体。LS 是人工合成的双分子层磷脂单层或多层微球体，能将抗原传递给合适的免疫细胞，促进抗原对 APC 的定向作用。脂质体的佐剂效应主要来源于接种局部的仓库效应，使抗原缓慢释放，促使抗原向巨噬细胞的有效递呈，同时增强机体介导的体液免疫应答和细胞免疫应答，增强对试验动物的保护作用，也可作为半抗原的载体，诱发半抗原特异的免疫反应，可减少抗原剂量或接种次数，维持较长时间的高水平抗体。LS 对 pH 稳定，通过胃肠道时，其结构及性能不会受到大的影响。

除上述佐剂以外，胞壁酰二肽（MDP）及其衍生物、海藻糖合成衍生物等人工合成佐剂以及霍乱毒素（CT）、大肠杆菌不耐热毒素（LT）、破伤风类毒素（TT）等基因工程减毒素佐剂以及生物降解聚合微球佐剂的研究也取得良好的进展。

（胡思顺）

第三节 保 护 剂

生物制品上的保护剂又称稳定剂(stabilizer),是指保护微生物、寄生虫等活力以及酶、激素、免疫反应物等活性的一类物质。冻干保护剂是指在冻干过程中及其后,使制品的活性物质免受破坏的一类物质,如血清、蔗糖、脂脱乳、聚乙烯吡咯烷酮等。

耐热冻干保护剂是针对现有冻干活疫苗产品不耐热(−15℃保存)进行改革与创新,以冻干保护剂为突破口,筛选出与微生物相溶性良好的有机大分子物质和小分子物质,优化保护剂配方,提高冻干制品的保存温度和保质期。耐热保护剂减小了具有生物活性的制品在较高温度和较长保存时间下,冻干物质可能产生的物理和化学变化对活疫苗存活的影响,使疫苗制品中抗原的免疫原性获得良好的保持。耐热保护剂主要成分有大分子物质、小分子物质和抗氧化剂。

一、保护剂的作用机理与效应

保护剂是一种混合物,常由营养液、赋形剂和抗氧化剂三部分组成,既含添加剂的大分子物质和小分子物质,又含被保护物的代谢物和营养物质;既含有保护物不能利用的成分,也含有可利用的营养成分。因此保护剂的作用机制很复杂,也因保护剂不同而不同。大致分为3个方面:其一,是防止活性物质失去结构水及阻止结构水形成结晶,以避免生物活性物质的损伤;其二,是降低细胞内外的渗透压差,防止细胞内结构水形成结晶以保持细胞活力;其三,是保护或提供细胞复苏所需的营养物质,有利于其迅速修复自身恢复活力。

保护剂的功能是多方面的,既有生物学方面的,也有物理学方面的。具体表现为以下4个方面。

①营养成分,保护微生物和活性物质在冻干过程中所受到的物理、化学因素的影响或损伤,以维持高的存活率和活性。例如菌苗的活菌数、疫苗的病毒滴度、酶活性等;

②使微生物的活动、活性物质处于半静止或静止状态,以延长生命的活性期;

③大分子物质(赋形剂)在冻干过程中保持原有的构架,使制品形成海绵状结构,且有一定的含水量,同时增加溶解度。

④抗氧化剂能抑制制品中的酶化作用,从而维持微生物、活性物质稳定和静止状态。

耐热保护剂中各种成分的主要作用分别如下。

①大分子物质,在冻干过程中大分子物质组成的耐热性构架,阻断构架外热源对构架内病毒或细菌的热传导性和热辐射性杀伤,这种构架可增强对病毒或细菌的保护作用,而且可促进冷冻干燥过程中水分的升华。

②小分子物质,可形成均匀悬液,使悬浮于耐热保护剂中的病毒或细菌在冷冻干燥过程中尽量保存活力,起直接保护作用;同时阻止干燥样品过度脱水,防止蛋白质变性,减少病毒或细菌失活。

③抗氧化剂,许多病毒或细菌,在干燥状态下与空气(氧)接触,会促进其新陈代谢,加快死亡。耐热保护剂中的抗氧化剂可阻止病毒或细菌在干燥状态下发生这种代谢进程,从而推迟病毒或细菌失活。

二、保护剂的种类

保护剂种类很多，其使用目的也不同。可从不同角度对保护剂进行分类。

1.按照化学成分

按照化学成分，可将保护剂分为复合物类、糖类、醇类、酸类、盐类、聚合物、抗氧化剂类等（表4-1）。

表4-1 按化学成分分类

分类	保护剂
复合物类	脱脂乳、明胶、蛋白质及水解物、多肽、酵母浸膏、肉汤、淀粉、糊精、甲基纤维素、血清、蛋白胨液等
糖类	蔗糖、乳糖、果糖、麦芽糖、棉籽糖、己糖、葡萄糖等
醇类	山梨醇、甘油、甘露醇、肌醇、木糖醇等
酸类	氨基酸、柠檬酸、EDTA、磷酸等
盐类	NaCl、KCl、NH_4Cl、乳酸钙、谷氨酸钠等
聚合物	葡聚糖、聚乙二醇、PVP等
抗氧化剂类	维生素C、维生素E、硫脲等

2.根据作用机理

根据作用机理，可将保护剂分为渗透剂和非渗透剂两大类。二甲基亚砜（dimethylsulfoxide,DMSO）、甘油、蔗糖等渗透剂能渗入细菌、细胞等活性物质内部，降低因冷冻而增加的渗透压，减少细胞内外压力差，防止细胞内脱水，保护细胞减轻冷冻过程产生的损害。聚乙烯吡咯烷酮（PVP）和蛋白质等非渗透剂，能防止细胞等生物活性物质由内向外渗漏溶质，保护细胞，减少因速冻和溶解时可能产生的损害。

3.根据分子大小以及抗氧化性

按分子大小及抗氧化性，保护剂通常分为：①低分子物质，如氨基酸、葡萄糖、蔗糖、乳糖和营养成分等；②高分子物质，如脱脂乳、明胶、淀粉、血清、聚乙烯吡咯酮等；③抗氧化剂，如维生素C、硫脲等。

4.按照功能和性质

根据功能和性质可将保护剂分为填充剂、防冻剂、抗氧化剂、酸碱调整剂、缓冲剂、羟基中和剂。填充剂能防止有效物质随水蒸气一起升华飞散并使之成形，如甘露醇、乳糖、明胶等；防冻剂能防止和减少冷冻过程结晶水的形成，如甘油、二甲基亚砜、蔗糖、聚乙烯吡咯烷酮等；抗氧化剂能防止保存过程中的氧化反应，如维生素D、维生素E、蛋白质水解物、硫代硫酸钠等；酸碱调整剂能将pH调整到活性物质的最稳定区域，如磷酸、山梨醇，EDTA（乙二胺四乙酸）、氨基酸等；其他物质如葡聚糖、脱脂乳、谷氨酸钠、硫脲，碘化钾等。

三、微生物的保护剂与组成

不同微生物（表4-2）、不同生物制品的保护剂不同，保护剂的组成也各有差异。

1. 微生物适用的保护剂

(1)普通需氧或兼性需氧菌　实验室常用20%脱脂乳、1%谷氨酸钠，10%脱脂乳、1%谷氨酸钠、12%蔗糖，5%牛血清蛋白蔗糖；兽医生物制品中则多用：10%脱脂乳、灭活犊牛血清、5%蔗糖脱脂乳、5%蔗糖、1.5%明胶、灭活马血清等。

(2)厌氧菌　10%脱脂乳、7.5%葡萄糖血清、0.1%谷氨酸钠的10%乳糖溶液等。

表4-2　不同微生物常用的冻干保护剂主要成分

微生物类型	冻干保护剂主要成分
细菌	10%蔗糖、5%蔗糖脱脂乳、5%蔗糖、1.5%明胶；10%～20%脱脂乳、含1%谷氨酸钠的10%脱脂乳；5%牛血清白蛋白的蔗糖；灭活马血清等
厌氧菌	含0.1%谷氨酸钠的10%脱脂乳，10%脱脂乳，7.5%葡萄糖血清等
病毒	下列物质常用不同浓度或按不同比例混合组成冻干保护剂： 明胶、血清、谷氨酸钠、羊水、蛋白胨、蔗糖、乳糖、山梨醇、葡萄糖、牛血清白蛋白、聚乙烯吡咯烷酮、水解乳蛋白、乳酸钙、海藻糖、硫脲等
支原体	50%马血清、1%牛血清白蛋白、5%脱脂乳、7.5%葡萄糖马血清等
立克次体	10%脱脂乳
酵母菌	马血清或含7.5%葡萄糖马血清、含1%谷氨酸钠的10%脱脂乳等

2. 常用的保护剂举例

(1)5%蔗糖(乳糖)脱脂乳　详述如下。

成分：蔗糖(乳糖)5 g，加脱脂乳充分溶解至100 mL。

制备方法：①脱脂乳充分溶解蔗糖(乳糖)，110～116℃高压灭菌30～40 min；②无菌检验合格，4℃保存备用。

用途：羊痘鸡胚化弱毒羊体反应冻干苗，ND Ⅰ系、Ⅱ系冻干苗等。

(2)明胶蔗糖　详述如下。

成分：明胶2%～3%，蔗糖5%，硫脲1%～2%。

制备方法：①先分别配成12%～18%明胶、30%蔗糖、6%～12%硫脲原液；②按比例配成明胶(2%～3%)、蔗糖5%、硫脲1%～2%应用液，加蒸馏水至100 mL，116℃高压灭菌30～40 min；③无菌检验后，4℃保存，用于配苗。

用途：猪肺疫弱毒冻干苗等。

(3)40%蔗糖明胶　详述如下。

成分：蔗糖40 g，明胶12 g，加蒸馏水至100 mL。

制备方法：①混合溶解，调pH，116℃高压灭菌30～40 min，灭菌后pH为6.8～7.0；②无菌检验后，4℃保存，用于配苗。

用途：猪肺疫E0630弱毒冻干苗。

(4)聚乙烯吡咯烷酮乳糖　详述如下。

成分：聚乙烯吡咯烷酮K 30～35 g，乳糖10 g，加蒸馏水至100 mL。

制备方法：①混合溶解，120℃高压灭菌20 min；②无菌检验后，4℃保存，用于配苗。

用途：水貂犬瘟热细胞冻干苗。

(5)SPGA　详述如下。

成分：蔗糖 76.62 g，K_2HPO_4 0.52 g，$K_2HPO_4(3H_2O)$ 1.64 g，谷氨酸钠 0.83 g，牛血清白蛋白 10 g，去离子水加至 1 000 mL。

制备方法：①混合溶解，滤过除菌。②无菌检验后，4℃保存，用于配苗。

用途：MD 火鸡疱疹病毒活疫苗。

四、国内耐热冻干保护剂研究

国内冻干活疫苗一般需要在－15℃以下，如果在 2～8℃条件下，保存期只有 4～6 个月。而欧美国家生产的活疫苗一般在 2～8℃保存，甚至常温保存，其关键技术在于耐热保护剂和冻干技术。在 20 世纪 80 年代，发达国家就已开始进行耐热冻干保护剂的研究。我国在耐热冻干保护剂方面的研究起步较晚，但目前在这方面的研究取得了一定的成果。

中国兽医药品监察所的王栋研究团队开发多种耐热保护剂，研制成功 6 种耐热冻干保护剂活疫苗（鸡新城疫 LaSota 株、鸡马立克病火鸡疱疹病毒、鸡传染性法氏囊病中等毒力 B87 株、鸡传染性支气管炎、猪瘟淋脾毒及细胞毒和鸡痘耐热保护剂活疫苗），部分疫苗中试结果显示 2～8℃条件下，保存 24 个月，抗原滴度无明显变化，达到甚至领先于国际同类产品（表 4-3）。

表 4-3　四种耐热疫苗、进口疫苗、常规疫苗主要技术指标对比（王栋，2004）

疫苗	耐热疫苗		进口疫苗		常规疫苗	
（单位）	原始效价	37℃ 10 d	原始效价	37℃ 10 d	原始效价	37℃ 10 d
NDV(EID_{50}/0.1 mL)	108.9	$10^{7.63}$～$10^{8.5}$	$10^{8.7}$	$10^{7.9}$～$10^{8.1}$	$10^{8.9}$	$10^{6.3}$
IBDV(EID_{50}/0.1 mL)	$10^{4.3}$	$10^{4.3}$～$10^{4.7}$	$10^{4.3}$	$10^{4.1}$～$10^{4.5}$	$10^{4.3}$	$10^{2.7}$～$10^{3.1}$
IBV(EID_{50}/羽)	$10^{4.3}$	$10^{3.5}$～$10^{3.9}$	$10^{4.3}$	$10^{3.5}$	$10^{4.3}$	$10^{1.7}$～$10^{1.9}$
MDV(PPU/羽)	7 000～7 100	4 000～6 600	6 935～8 365	935～5 365	4 000～6 000	915～2 915

国内耐热冻干保护剂的研究方兴未艾。史济筠等对脱脂牛奶、明胶、蔗糖、乳糖、山梨醇、谷氨酸钠、柠檬酸钠、乙二胺四乙酸二钠、磷酸盐缓冲液（pH 7.2）等按拟定的配方进行 ND 疫苗耐热冻干保护剂的研究试验。孙中成等把 ND-LaSota 系鸡胚液与耐热保护剂右旋糖酐、羟乙基淀粉、*L*-谷氨酸钠、柠檬酸等按一定比例混合制成冻干疫苗，在 4℃环境下放置 1 年半，疫苗的病毒含量基本不变。王栋等对鸡新城疫耐热保护剂活疫苗进行中试生产试验，在 2～8℃，保存期达 24 个月。张云浦等选用多聚蛋白胨、明胶、乳糖、水解乳蛋白、硫脲、PVP、精氨酸等原料，分别开发成功 IBDV、IBV 和鸡痘疫苗病毒弱毒株冻干保护剂。王栋等选用牛血清白蛋白、可溶性明胶、卵清蛋白、谷氨酸钠、蔗糖、海藻糖、山梨醇等保护剂基质，研究 MD 疫苗耐热保护剂，效果达到国外同类产品水平。王成业等研制的猪瘟耐热冻干保护剂疫苗在 2～8℃保存期超过 2 年；2011 年瑞普生物获得仔猪副伤寒耐热保护剂活疫苗注册证书。

随着中国加入 WTO，国外生物制品不断涌入国内，国内疫苗市场竞争加剧。在我国现有的兽用疫苗中，活的冻干疫苗占相当大的比例。为了更好地占领国内的动物活疫苗市场，新型有效的耐热冻干保护剂的研究和应用显得尤为迫切。耐热冻干保护剂有良好功能和应用前景，但不同品种疫苗的保护效果并不一致，保护剂存在某些问题需要更深入地研究解决。

（胡思顺）

第四节　生物制品的冷冻真空干燥技术

一、生物制品的一般理化性质

生物制品中的有效成分，通常是由蛋白质、脂肪、糖和核酸组成。它们可能是一个单一的分子，也可能是具有一定组织结构的细菌或病毒。这些物质不但都有固定的分子结构，而且还有一定的空间结构。如果在分子结构上或是空间位置的排列上发生了变化，都可能引起变性失活或死亡。

生物制品往往是以水溶液或混悬液的状态存在并发挥活性作用。但随着溶液温度的升高，分子拥有较多的能量，易与外界物质起化学反应，导致变性失活。因此与生物制品有关的一个重要课题就是如何防止使生物活性物质变性的化学反应。冷冻干燥是降低或防止这些化学反应速度的有效方法。

二、冷冻干燥的原理和作用

冷冻干燥是将含大量水悬浮物，经预先冻结，在低温和真空条件下使水分升华，干燥成为疏松多孔状、体积不变的干燥制品。其原理是通过降低气压来使活性物质中结成冰的水直接升华成为水蒸气，继而凝结在一个温度更低的金属表面(冷凝器)上，再结成冰。实践证明，0℃冰的蒸汽压是 533 Pa(4 mmHg)，若气压降至 13 Pa(0.1 mmHg)或 6.7 Pa(0.05 mmHg)，冰就能很快地蒸发。

冷冻干燥具有下列优点。

①冷冻干燥在低温下进行，对于许多热敏性的物质特别适用，如蛋白质、微生物等，不会发生变性或失去生物活力。

②在低温下干燥时，物质中的一些挥发性成分损失很小，适合一些化学产品、药品和食品干燥。

③在冷冻干燥过程中，微生物的生长和酶的作用无法进行，因此能保持原来的性状。

④由于在冻结的状态下进行干燥，因此体积几乎不变，保持了原来的结构，不会发生浓缩现象。

⑤干燥后的物质疏松多孔，呈海绵状，加稀释液后溶解迅速而完全，几乎立即恢复原来的性状。

⑥由于干燥在真空下进行，氧气极少，因此一些易氧化的物质得到了保护。

⑦干燥能排除 95%～99%及以上的水分，使干燥后产品能长期保存而不致变质。

目前，冷冻干燥在医药工业、食品工业、科研和其他部门得到广泛的应用。

三、冻干设备

产品的冷冻真空干燥需要在一定装置中进行，这个装置叫作真空冷冻干燥机或冷冻干燥装置，简称冻干机(见二维码 4-1)。冻干机按系统分，由制冷系统、真空系统、加热系统和控制系统 4 个主要部分组成(图 4-1)。各系统改进与发展迅速,已成为独立的专门学科。按结构分,由冻干箱或称干燥箱、冷凝器或称水汽凝结器、制冷机、真空泵和阀门、电气控制元件等组成(见二维码 4-2)。有些设备还包括能使搁板升降的液压系统和微机自动控制系统,冻干箱甚至可以用高压蒸汽灭菌。

二维码 4-1　　　　二维码 4-2

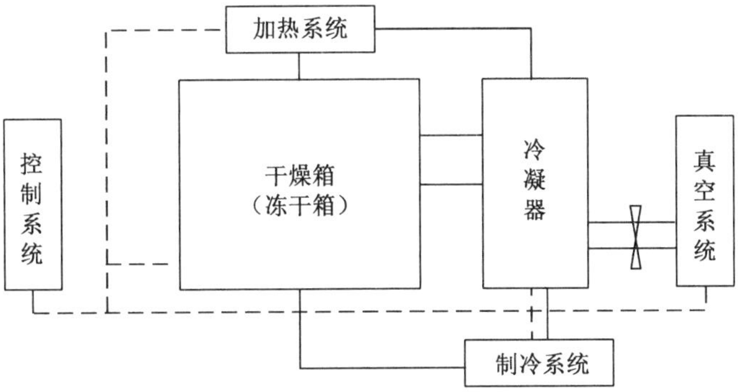

图 4-1　冻干设备示意图

制冷系统由制冷机与冻干箱、冷凝器内部的管道等组成。制冷机可以是互相独立的二套或多套,也可以合用一套。制冷机的功用是对冻干箱和冷凝器进行制冷,以产生和维持它们工作时所需要的低温,它有直接制冷和间接制冷 2 种方式。

冷凝器同样是一个真空密闭容器,在它的内部有一个较大表面积的金属吸附面,吸附面的温度能降到−40～−70℃以下,并且能维持这个低温范围。冷凝器的功用是将冻干箱内产品升华出来的水蒸气冻结吸附在其金属表面上。

冻干箱是一个能够制冷到−55℃左右,加热到 80℃左右的高低温箱,也是一个能抽成真空的密闭容器。它是冻干机的主要部分,需要冻干的产品就放在箱内分层的金属板层上,对产品进行冷冻,并在真空下加温,使产品内的水分升华而干燥。

冻干箱、冷凝器、真空管道、阀门、真空泵等构成冻干机的真空系统。真空系统要求没有漏气现象,真空泵是真空系统建立真空的重要部件。真空系统对于产品的迅速升华干燥是必不可少的。

加热系统对于不同的冻干机有不同的加热方式。有的是利用直接电加热法;有的则利用中间介质进行加热,由一台泵(或加一台备用泵)使中间介质不断循环。加热系统的作用是对冻干箱内的产品进行加热,以使产品内的水分不断升华,并达到规定的残余含水量要求。

控制系统由各种控制开关、指示调节仪表及一些自动装置等组成,它可以较为简单,也可以很复杂。一般自动化程度较高的冻干机,其控制系统较为复杂。控制系统的功用是对冻干机进行手动或自动控制，操纵机器正常运转，以使冻干机生产出合乎要求的产品。

四、冷冻干燥工艺

冻干过程一般分 3 步进行，即预冻结、升华干燥（或称第一阶段干燥）、解析干燥（或称第二阶段干燥）。

优质的冻干制品除需控制制品的配制过程和冻干后的密封保存外，更需要全面控制冷冻干燥过程的每一个阶段的各个参数，其中最主要的参数是冻干曲线和时序。在冻干过程中，将产品和板层的温度、冷凝器温度和真空度对照时间的关系曲线，称为冻干曲线。因制品的温度与搁板温度或箱内空间温度有一定依从关系，所以实践中冻干曲线往往用搁板温度（或箱内空间温度）与时间的关系曲线来表示。为了监测冻干过程的主要参数，配置自动记录仪的冻干机一般均自动记录下搁板的温度、制品温度、水汽凝结器温度、冻干箱压力等四个参数和时间的曲线（见二维码 4-3）。通常以时间为横坐标，温度或压力为纵坐标。冻干曲线还与冻干机的性能有关。不同的产品，不同的冻干机所用的冻干曲线有所不同。同一产品采用的冻干曲线不同，产品的质量也不相同。

二维码 4-3

（一）冷冻

（1）溶液的共熔点　当冷却时开始析出晶体的温度称为溶液的冰点。溶液的冰点低于溶媒的冰点。溶液并不是在某一固定温度时凝结，而是在某一温度范围内凝结。溶液全部凝结的温度称为溶液的凝固点。由于凝固点即是熔化的开始点（即熔点），对于溶液来说也就是溶质和溶媒共同熔化的点，故又称为共熔点。共熔点是溶液真正全部凝成固体的温度，因此共熔点的概念对于冷冻干燥非常重要，因为冻干产品是一种复杂的液体，它的冻结过程也是一个复杂的过程，与溶液相似，也有一个真正全部凝结成固体的温度。冻干产品在升华开始时必须要冷到共熔点以下的温度，使冻干产品真正全部冻结。否则会存在部分液体，而这些液体在冻干过程中会迅速冒出来，造成像开水沸腾的样子，使冻干产品鼓泡，甚至冒出瓶外，直接影响冻干制品的质量。

共熔点的测定可采用电阻法。冰冻溶液在－40℃时，电阻无穷大，当温度升至某一温度时，电阻突然降低，此时温度为共熔点，水分子才游离出来，真空下冰升华。共熔点与产品的品种、保护剂的种类和浓度有关，其数值从 0～40℃不等，一些物质的共熔点见表 4-4。因实际的冻干产品还有其他成分，所以与此不完全相同。

表 4-4　一些物质的共熔点　℃

物　质	共熔点	物　质	共熔点
0.85%氯化钠溶液	－22	2%明胶、10%蔗糖溶液	－19
10%蔗糖溶液	－26	10%溶液、10%葡萄糖、0.85%氯化钠溶液	－36
40%蔗糖溶液	－33	脱脂牛奶	－26
10%葡萄糖溶液	－27	马血清	－35
2%明胶、10%葡萄糖溶液	－32		

对于无细胞的溶液，一般应选择较快的冷冻速度进行冻结。但对细菌或细胞，速冻至极低

温度(－40～－70℃)将造成细胞膜的损伤,降低其存活率,故宜选择慢冻进行冻结。至于对特定的生物活性物质,应进行实际的试验来确定最佳的冷冻速度范围。

冷却速度、制品的成分、含水量、流体的黏性、不可结晶成分的存在等因素影响晶体形状、大小和后续升华过程。最佳冻结方式及其参数应当在升华干燥前确定。

(二)第一阶段干燥

具体内容见二维码 4-4。

(三)第二阶段干燥

具体内容见二维码 4-5。

二维码 4-4　　二维码 4-5

五、冷冻干燥的程序

冷冻干燥的程序包括:液状制品分装→冻干箱进行空箱降温→装箱→预冻→抽真空(冷凝器达到－40℃)→第一步加热(温度低于共熔点)→第二步加热(最高温度维持数小时)→结束冻干→加塞封口→善后处理(清洁、消毒等)。

具体操作步骤及其注意事项见二维码 4-6。

二维码 4-6

六、冻干机的清洗和消毒

冷冻干燥的产品中带有对人体有危害的物质时,冻干机应带有清洗装置。有些产品虽对人体无害,但升华时随气流而飘到箱内各处,最好也需带清洗装置。冻干机的消毒有蒸汽法和化学法两种。

(胡思顺,陈瑞爱)

第五节　乳 化 技 术

一、乳化及其方法

乳化是一种液体以极微小液滴均匀地分散在互不相溶的另一种液体中的方法或过程。目前国内常用的乳化方法有研钵法、振荡法、搅拌法、注射器法、超声波法。

研钵法，顾名思义是用研钵磨的。具体做法是在研钵内先加佐剂，然后一滴一滴加抗原，边加边磨，30 min 左右即可达到较好的乳化效果。振荡法和搅拌法都是借助振荡器、搅拌器进行乳化的，不同仪器会产生不同的乳化效果。注射器法可分为 3 种：连通管法、空气法和针头法。它们的共同特点是均使用两支注射器，但在细微方面有所不同。超声乳化是指在超声波能量作用下，使两种（或两种以上）不相溶液体混合均匀形成分散体系，其中一种液体均匀分布在另一液体之中而形成乳状液的工艺过程。

二、常用乳化设备构造及主要性能

1. 搅拌器

搅拌混合机理主要包括对流混合、扩散混合、剪切混合。对流混合是在搅拌容器中，通过搅拌器的旋转将机械能传给液体物料造成液体的流动，属强制对流；包括主体对流——物料大范围的循环流动，涡流对流——漩涡的对流运动。扩散混合指互溶组分中存在的混合现象，是液体分子间的均匀分布；对流混合可促进扩散混合。由于物料群体中的粒子相互间形成剪切面的滑移和冲撞作用，引起局部混合，称为剪切混合。对于高粘稠度流变物料如面团和糖蜜等，主要是依靠剪切混合，一般称为捏和。捏和机工作部件对物料产生的剪切力，使物料拉成愈来愈薄的料层，料层表面出现裂纹，产生层流流动，达到局部混合，谓之剪切混合。挤压膨化机和绞肉机中的物料在螺杆作用下也产生剪切混合。事实上，物料在混合机里往往同时存在着上述 3 种混合方式，单一的混合方式是少见的，但是常以其中的一种混合方式为主。

搅拌器是通过搅拌使物料均匀混合的装置，主要由搅拌装置、搅拌罐和轴与轴封三大部分组成。搅拌器主要包括小面积叶片高速运转的搅拌器，诸如涡轮式、桨式搅拌器等，多适用于低黏度的物料；大面积低速运转的搅拌器，诸如框式、螺带式及行星式搅拌器等。

2. 均质机

均质是将一种物料粉碎为极细小微粒或将液滴分散在另一液体中的过程。通过均质机，可使两种互不相溶的液体进行密切混合，呈乳状液。目前主要有以下几种均质机。

（1）高压均质机　又名高压匀浆机、高压均化机、高压乳化泵。它是一种用途广泛的粉碎和乳化设备，属包装盒食品机械范畴。高压均质机是基于对物料的挤压、剪切、涡流、泄压、空穴作用，从而达到使颗粒减小、分散均匀的目的。

高压均质机是由高压泵和均质阀（或安全阀）、电动机、传动机与机架等部分组成。目前的高压均质机为同一类型的三柱塞往复泵。原料经高压泵加压后，由排出管道进入均质阀，在均质阀处由于压差很大及料液通道小等原因，使流体发生湍流流动，产生强烈的撞击及剪切作用，使液滴破裂达到乳化效果。高压均质机的用途十分广泛，归纳起来有：第一，微生物细胞或其他生物细胞的破碎；第二，互不相溶的二相乳化；第三，其他某些颗粒的破碎。用高压均质机处理后的产品粒度细而均匀，一般达到 1～2 μm 或以下；稳定性好，保存期长；机体吸收效率提高。

（2）高剪切均质机　是目前应用最广泛的均质机，由转子或转子一定子系统构成，工作时高速回转，在叶片作用下流入的液体通过窄小的缝隙，在很高的剪切力作用下破碎、分散、混合。经过高剪切均质机的物料粒径可达到 1 μm，且稳定性好，能耗低，对材质也无特殊要求。

3.胶体磨

胶体磨是一种主要依靠剪力作用,使流体物料得到精细粉碎和微粒处理的设备。其主要部件是固定件和转动件,二者之间间隙可以调节。工作时,料液由间隙流入,并由转动件带动进行高速旋转,使物料产生强烈的湍动并产生剪切作用,达到液滴破碎及乳化效果。胶体磨用于黏度较高的物料的乳化。

4.超声波均质机

超声波均质是利用超声波在液体中的空化作用及其他物理作用来达到均质效果的。物理作用指的是超声波可在液体中形成有效的搅动与流动破坏介质的结构、粉碎液体中的颗粒,主要是液体间碰撞、微相流和冲击波导致颗粒表面形态变化。

超声波均质可以由于振动叶片或磁致收缩而使物料变细,达到均质的效果。当物料从供液管经喷出口高速流入管路时,调节频率,使激发频率与簧片的固有频率相当,从而产生超声波共振。使得物料在舌簧片附近产生空穴作用,液滴得以破碎;破碎后的物料可以再一次经过供液管进入管路,进行再一次的破碎,如此反复即可。

三、常用乳化工艺流程

常用乳化工艺流程见图 4-2。

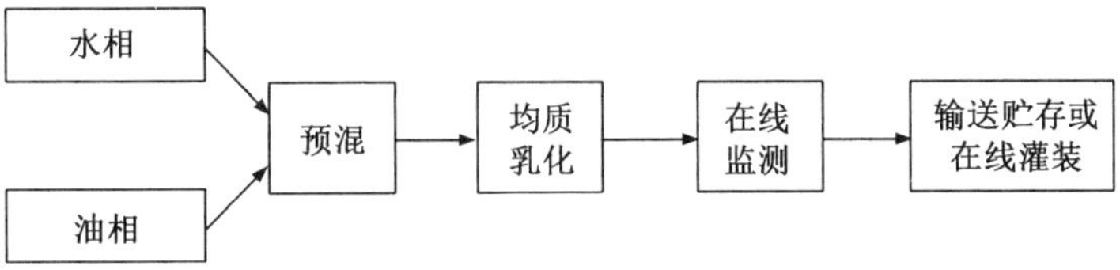

图 4-2　乳化工艺流程

1.水相制备

按照配方,添加抗原、缓冲液等物料制备水相。水相的温度,应接近油相的温度,如低于油相的温度,不宜超过 10℃。在制备乳状液时,乳化剂的加入方式有多种,将乳化剂加入水中构成水相,然后在激烈搅拌下加入油相,形成乳状液。

2.油相制备

①执行工艺罐及管网清洁清洗程序完成对油相罐清洁。

②使用投料及输送管网将核定佐剂量输入油相罐。

③关闭油相罐进液阀,微开启油相罐夹层排放阀,缓慢开启油相罐夹层工业蒸汽进液阀、开启罐体搅拌器搅拌。此时通过工业蒸汽在夹层流动对罐体内油相进行升温。

④待油相罐温度达到一定温度(如 100℃),进入预热计时。

⑤待预热计时结束,加大油相罐夹层工业蒸汽对油相继续升温。待温度升至灭菌工艺要求的数值,进入灭菌计时。

⑥待灭菌计时结束,关闭工业蒸汽、纯蒸汽供给阀。

⑦开启油相罐洁净压缩空气,开启内胆进气阀,利用洁净压缩空气对灭菌油相进行保压。

3. 预混

待灭菌油相温度降至一定温度后，将水相按一定速度滴加至油相中，并根据工艺要求的转速进行搅拌、混匀。

①开启油相罐至预混罐管路输送阀，开启油相罐内胆洁净压缩空气进气阀，利用其压力将灭菌油相输送至预混罐，后关闭油相罐内胆洁净压缩空气进气阀。

②开启预混罐搅拌系统，开启水相罐至预混罐管路输送阀，开启水相罐内胆洁净压缩空气进气阀，利用其压力将水相按工艺要求的速度滴加至预混罐内，后关闭水相罐内胆洁净压缩空气进气阀。

③待水、油相充分混合均匀，进行均质乳化操作。

4. 均质乳化规划

待水、油相充分混合均匀后，使用高压均质机对混合乳液进行均质乳化。

（陈瑞爱）

第六节　抗原分离与纯化技术

生产生物制品所用的原材料种类繁多，生产方法多种多样，使所制备的混合物中含有的有效成分复杂。随着对生物制品质量控制的提高，对疫苗抗原纯度的要求越来越高，许多新型的分离与纯化技术得到飞速发展和应用。由于生物制品的质量要求、生产过程的条件限制以及产品的特殊性，对生物制品纯度及杂质含量均提出了很高的要求，对产品中有效成分的分离和纯化成为生物工程领域的一门重要技术。

一、抗原纯化与分离原则

兽医生物制品抗原成分主要来源于病原体、宿主细胞及其分泌产物，与生物活细胞或其分泌产物中其他成分混合在一起。因此，目标抗原成分的分离纯化也比较复杂，每种抗原的大小、形状、电荷、疏水性、溶解度和生物学活性都会有差异。抗原分离提纯就是利用不同抗原间内在的相似性与差异，将目的抗原从其他无关抗原中纯化出来。

在设计纯化工艺时应遵循以下原则。

①尽量抑制宿主细胞或其分泌产物中酶的活性，防止其消化降解目的抗原成分，保持目的抗原的生物活性。

②优化选择或组合使用多种分离纯化技术，达到最佳纯化效果。

③选用适宜的检测方法对分离纯化过程进行质量控制。

④验证分离纯化工艺和采用的分离纯化介质和设备等。

⑤实验室分离纯化试验、中间试验和生产工艺放大等每个阶段中都要贯彻 GLP（Good Laboratory Practice）和 GMP（Good Manufacturing Practices）的原则。

二、分离纯化的步骤和常用技术

生物制品抗原成分差异较大，但分离纯化的主要工艺步骤具有以下共性。

①将目的成分从起始原材料中释放出来。

②从混合物中去除固体杂质成分。

③从混合物中去除可溶性杂质成分。

④除去水或其他类别的溶剂，富集或浓缩目的抗原成分。

⑤去除残留杂质和污染物成分，使目的蛋白成分能够达到所需的纯度。

⑥对目的蛋白成分进行必要的后加工处理（如修饰、加入稳定剂等），以保护或提高其生物活性等。

（一）原材料的预处理

1. 原材料来源及预处理

兽医生物制品目的抗原主要来源于动物器官组织、细胞培养产物和微生物发酵培养产物等。其中，动物器官组织主要包括鸡胚，兔、猪、牛、羊等动物的脾脏、淋巴结、肝脏、肺脏和脑组织等。细胞培养产物主要包括用于病毒培养的动物传代细胞、原代细胞和昆虫细胞等。微生物发酵培养产物主要包括真菌（酵母）发酵培养产物和细菌发酵培养产物等。

目的抗原分离纯化的第一个必需步骤就是从生物材料出发，使所制备的目的抗原转移到溶液中，同时设法去除其他悬浮颗粒（如菌体、细胞、培养基残渣等）以及改善溶液的性状，以利于后续各步操作，该过程称为预处理。原材料预处理的目的是将目的抗原成分从起始原材料中释放出来，同时保护目的抗原的生物活性。

2. 器官与组织的粉碎

对于动物组织、器官来源的原材料，需要先将大块的原材料粉碎或绞碎成细小颗粒或匀浆，以利于抗原成分的释放或溶出。动物脏器组织冷冻后再用绞肉机或切刨机，可以在实现粉碎目的的同时保存目的抗原的生物活性。

3. 细胞破碎

细胞破碎的主要目的是破坏细胞壁或者膜结构，从而提取目的抗原。细胞破碎是分离纯化细胞内合成的非分泌型成分的基础。有效的细胞破碎对分离纯化任何细胞内活性成分都是必要的。由于不同的生物体或者同一生物体不同的组织细胞，其各自的细胞壁和膜的结构组成及稳定性差异较大，故采用的细胞破碎方法和处理条件也会有所不同，需要根据具体情况而定，有时需要将几种方法联合使用。细胞破碎的方法可分为机械破碎法和非机械破碎法。

（1）机械破碎法　又可分为高压匀浆破碎法、高速搅拌珠研磨破碎法和超声波破碎法等。高压匀浆破碎法和高速搅拌珠研磨破碎法均有特制的设备，适合大规模的细胞破碎；超声波破碎法操作便捷，在实验室中应用广泛，但由于其产热太高而不适合大规模的细胞破碎。

①高压匀浆破碎法：是指利用高压迫使细胞悬液高速通过针型阀，经过突然减压和高速冲击特制的撞击环而使细胞破碎的技术。

②高速搅拌珠研磨破碎法：是将玻璃小珠与细胞一起高速搅拌，带动玻璃小球撞击细胞，作用于细胞壁的碰撞力或冲击力和剪切力使细胞破碎。

③超声波破碎法:当声波达到 150 W、20 kHz 时,使液体产生非常快速的振动,在液体中产生空穴效应使细胞破碎的技术。超声波引起的快速振动使液体局部产生低压区,这个低压区使液体转化为气体,形成很多小气泡。由于局部压力的转换,压力重新升高,气泡崩溃。崩溃的气泡产生一个振动波并传送到液体中,形成剪切力使细胞破碎。

(2)非机械破碎法　可分为冻融破碎法、酶溶破碎法、化学破碎法和生物破碎法等。

①冻融破碎法:是将细胞放于低温下冷冻,然后在室温中融化,如此反复多次,从而使细胞壁破裂的细胞破碎技术。原理是在冷冻过程会促使细胞膜的疏水键结构断裂,从而增加细胞的亲水性;另外冷冻时细胞内的水结晶,形成冰晶粒,使细胞膨胀而破裂。本方法缺点是会使一些蛋白质变性,从而影响活性目的蛋白质的回收率。

②酶溶破碎法:是利用酶解反应方法,在控制 pH 和温度的基础上,分解细胞壁上的特殊连接键,从而破坏细胞壁结构,使细胞内含物流出。本方法作用条件温和,且能特异性降解细胞壁结构,能较好地保持蛋白质的生物活性,但对不同的微生物所用的水解酶种类不同,不同条件下酶的作用效果差别很大,特别是大多数水解酶在市场上不易得到,因此大规模使用时受到限制。

③化学破碎法:通过各种化学试剂的作用使细胞膜结构发生改变,从而破碎细胞。其优点,一是适用于任何大小的细胞,且费用便宜;二是可以"灭菌",保证在制品中没有活的细菌残留,适合用于制备无菌制品。需注意的是,使用碱破碎细胞必须要求所提取的蛋白质类药物成分能在高 pH(10.5～12.5)耐 30 min 以上,待细胞溶解后加入酸中和。

④生物破碎法:即打破细胞的稳态条件使细胞发生溶解的细胞破碎方法。

(二)颗粒性杂质的去除

动物器官、组织匀浆或细胞破碎液中有大量组织细胞碎片及颗粒性杂质,必须对其进行澄清处理,除去细胞碎片。常用有离心技术和过滤技术。

1. 离心技术

离心技术是基于固体颗粒和其周围液体密度存在的差异,由于产生的离心力不同使不同密度的固体颗粒加速沉降,实现悬浮液、乳浊液分离或浓缩的过程。根据离心原理不同,可分为沉降速率离心法和沉降平衡离心法。

(1)沉降速率离心法　是根据粒子大小、形状不同而进行分离,包括差速离心法和速率区带离心法。差速离心法是利用不同的粒子在离心场中沉降的差别,在同一离心条件下,沉降速率的不同,通过不断增加相对离心力,使一个非均匀混合液内的大小、形状不同的粒子分步沉淀。常用于其他分离手段之前的粗制品提取。

(2)沉降平衡离心法　是依据粒子密度差进行分离,包括等密度离心和经典式沉淀平衡离心。等密度离心的特点是形成的区带与样品粒子的密度有关,而与粒子的大小和其他参数无关,只要转速、温度不变,延长离心时间也不能改变这些粒子的成带位置。一般应用于物质大小相近而密度差异较大的情况。

2. 过滤技术

过滤技术是借助于过滤介质,在一定的压力差作用下,使悬浮液中的液体通过介质的孔道,而固体颗粒被截留在介质上,从而实现固-液分离的单元操作。对于离心方法不易去除、密度相近的不溶性组织细胞碎片及颗粒性杂质,可以选用适当型号、孔径和材质的滤器进行过滤。

(三)可溶性杂质的去除与目的抗原成分纯化

经过澄清处理后,提取液中的各种成分均呈溶解状态,相对于目的抗原成分,其他成分则属于杂质。可溶性杂质按成分可分为多肽与蛋白质类、脂类、多糖类、多酚类、核酸类、脂多糖、盐类及去垢剂等。这些可溶性杂质既有源于原材料(如细胞)的组成成分,也有加工过程中人为加入的工艺处理溶液或添加物中的成分。去除这些成分难度较大,需要采取不同方法或联用各种方法。

1. 盐析技术

盐析技术是利用蛋白质和酶等生物分子在浓盐溶液中溶解度的差异,通过向溶液中加入一定量的中性盐,使不同溶解度的生物分子先后凝聚而从溶液中析出,从而达到分离目的。盐析是一个可逆过程,因此可以重复多次进行分离提纯目的产物。

盐析方法可用于初级分离工序中,该方法可以澄清粗制提取液,并能浓缩目的抗原,去除部分杂质,包括蛋白酶和不用去垢剂解离吸附在质膜上的蛋白质。其技术要点如下。

①在避开目的抗原等电点的条件下,加入不同浓度(通常为高浓度、饱和浓度或超饱和浓度,抑或未经溶解的原试剂本身)的沉淀剂,如硫酸铵和聚乙二醇等,在低温条件下充分混合均匀。

②采用离心方法,将细胞碎片及各类大分子可溶性杂质沉淀出来,分离获取上清液。

③将获得的上清液 pH 调整至目的抗原的等电点值,再通过改变盐析沉淀条件,将目的抗原成分沉淀下来。

④离心后去除上清液,取沉淀,用适宜工艺溶解沉淀,即可以用于兽医生物制品生产,或进一步采用层析方法进行精制纯化。

盐析法具有经济、安全、操作简单、不易引起蛋白质变性等优点,缺点是分辨率不高。因此,适合于生化物质粗提纯阶段,应和其他方法组合使用。

2. 结晶技术

结晶技术是生化工业生产中常用的制备纯物质的有效方法。溶液中的溶质在一定条件下,由于分子有规则地排列而结合成晶体的过程为结晶。晶体的化学成分均一,具有各种对称晶状,其特征为离子和分子在空间晶格的结合点上呈规则排列。将晶体溶于溶剂或熔融以后,又重新从溶液或熔体中析出晶体的过程为重结晶。重结晶可以使不纯净的物质获得进一步的纯化,或使混合在一起的盐类彼此分离。

只有同类分子或离子才能排列形成晶体,因此,结晶过程具有良好的选择性。通过结晶或重结晶,溶液中大部分杂质留在母液中,而后利用过滤、洗涤等方法就可得到纯度较高的晶体。另外,结晶过程成本低、所需设备简单、操作方便。因此许多氨基酸、有机酸、抗生素、维生素、核酸等产品的精制均采用结晶法。

3. 等电点沉淀技术

等电点沉淀技术是利用两性电解质分子在电中性时溶解度最低,而各种两性电解质具有不同等电点进行分离的一种方法。其原理及特点:两性电解质(如蛋白质或酶等生物分子)在溶液 pH 处于等电点(pI)时分子表面净电荷为零,导致赖以稳定的双电层及水化膜被削弱或破坏,分子间引力增加,溶解度降低。调节溶液的 pH,使两性溶质溶解度下降,进而沉淀析出。等电点沉淀法操作十分简单，试剂消耗量少，引入杂质少，是一种常用的分离纯化方法。但由于其分辨率差，并且许多生物分子的等电点又比较接近，因此常与盐析沉淀联合使用。

4. 超滤纯化技术

超滤纯化技术是以特制超滤膜质材料为分离介质，利用滤膜的筛分性能，以超滤膜两侧压力差作为传质推动力，将提取液从滤膜高压一侧推至低压一侧过程中，溶液中的小分子可以通过一定孔径的薄膜，截留住大分子，从而实现了大、小分子不同物质的分离。在蛋白质纯化过程中超滤技术有两大应用，一是用于去除细胞破裂释放的大量核酸和内毒素等小分子杂质，二是用于蛋白溶液的浓缩、脱盐、脱醇和分级纯化等。

5. 超速离心技术

超速离心技术是在强大的离心力场下，根据提取液中目的分子与杂质成分的沉降系数、质量、密度、大小和形状的差异，在超速离心设备中，将目的分子与其他杂质分开的技术。若需要，离心后可采用合适的过滤介质进一步分离目的产物和杂质。常用超速离心技术主要有差速离心和密度梯度离心。

（1）差速离心　是利用目的分子与杂质成分的密度和大小等的不同，在离心场中沉降速度有差异，采用逐渐增加离心速度或高、低速交替离心，在不同离心速度和时间下分批分离的方法，用于病毒纯化。差速离心与盐析沉淀技术结合，可用于很多蛋白和生物制品的生产。

（2）密度梯度离心　溴化钾、氯化铯、蔗糖等溶液在超速离心场中能形成稳定密度梯度，而提取液中目的分子与其他成分密度不同，各成分在密度梯度介质中沉降或上浮至与其等密度区，目的蛋白成分在其等密度区形成富集区带，通过分布收集富含目的分子的区带达到分离效果。如血源乙型肝炎疫苗生产过程中采用离心技术分离 22 nm 的乙肝表面抗原（HBsAg）。

6. 层析与吸附技术

层析与吸附技术是利用纯化生物分子与多种杂质分子因相应性质差异在固定相（层析或吸附介质）和流动相（缓冲溶液）间存在分配差异，即固定相对流动相中各个成分的阻滞能力的差别从而达到分离目的。近十多年来，随着新型层析吸附介质性能的不断改进和提高，配套的分步收集器、监测记录仪和计算机软件控制系统不断完善，该技术在生物制药领域已经成为应用最为广泛的一类精制纯化技术。目前，常用层析技术见表 4-5。

表 4-5　常用层析技术

层析分离技术	适用被分离物质性质
吸附层析	吸附差异
凝胶过滤或分子筛作用	大小和性状
离子交换层析	静电荷
沉淀与等电聚焦层析	等电点
亲和层析	生物结合功能
免疫吸附	抗原-抗体结合性
化学吸附（共价层析）	游离巯基含量

层析介质先装填在柱状容器中，待纯化的提取液一般经柱上端进样，流入层析介质。在流

穿介质过程中，液相各成分，包括目的分子，按其理化、生物学性质及与层析介质间相互作用产生分配差异（如吸附、离子交换等，使目的产物挂在柱上），再改变流动相条件（如更换缓冲液以达到吸附、离子交换与洗脱等目的），经洗脱层析柱下端分段收集。

层析介质装填必须非常均匀，如果介质在柱体内形成沟槽必然会破坏液相的平流推动效应，将直接影响分离效果。采用本方法纯化抗原时，抗原提取液应经过离心、沉淀或过滤等澄清处理，防止有颗粒性杂质进入层析柱堵塞柱床。目前，还有一种变通的吸附方法，即将相应吸附介质与含有可被吸附目的蛋白成分的提取液混合，充分吸附后，通过离心法洗去未吸附的杂质，再通过改变洗脱条件将被分离成分从吸附介质上洗脱下来。此方法省去了介质装填程序，操作步骤简便，吸附与洗脱等工艺条件容易掌握。

7. 电泳分离

带电粒子在电场中向本身电荷性质相反的电极移动的过程称为电泳。电泳法按支持体的不同，可分为纸电泳、薄层电泳、凝胶电泳、等电聚焦电泳等。其中后两种方法的应用最为广泛，主要用于物质纯度的鉴别以及分子量或等电点的确定，也可作为分辨率很高的分离方法。但电泳法的进样量少，一般仅作为分析法。

8. 流化床吸附和扩张床技术

表达基因工程目的蛋白的宿主细胞经大规模培养后，细胞收获液及其匀浆体积较大，除含目的蛋白分子外，还存在完整细胞、细胞碎片及各种小分子可溶性杂质。由于 DNA、蛋白质等成分的存在，使液体黏稠度较大，目的产物提取难度加大。流化床和扩张床吸附技术的主要优点是可直接处理含细胞或细胞碎片等颗粒性杂质和黏稠度较高的粗提液，无须专门去除固体颗粒的离心与微滤等加工步骤，节省时间和简化工序。

（1）流化床吸附技术　流化床内填充的吸附介质或离子交换介质等在纯化过程中处于流化态，待加工料液、洗涤或洗脱等工艺处理的溶液从床底端以较高的流速上行循环输入，使吸附介质产生流化作用。此过程中目的产物分子与介质间产生吸附或离子交换等作用，工艺处理溶液的上冲效应使介质、细胞或其碎片处于离散状态，通过进一步的上冲流化洗涤作用将细胞、细胞碎片等杂质颗粒和未吸附可溶性杂质清除。流化床既可进行分批纯化，也可实现连续加工。该方法对吸附剂和设备结构设计的要求相对较低，介质、加工物、加工处理液和（或）产物的连续输入和排出操作较易实现。其缺点是床内固相与液相的反向混合剧烈，吸附剂利用效率比固定床和扩张床低。

（2）扩张床吸附技术　是在流化床和固定床技术基础上发展起来的吸附技术，具有固定床纯化效率高和流化床可直接加工粗提液的优点。它可以直接从粗提液中分离目标成分，省略了离心、过滤等澄清处理工序，将固液分离、吸附和浓缩集成为一道工序，简化了操作步骤，缩短了纯化时间，纯化产物回收率大幅提高。同时，设备、人力、净化厂房面积和公用设施、能耗等成本大大减低，具有重要应用价值。

三、工艺优化

所选用的分离纯化方法的效果如何，是否达到了分离的目的，可以用回收率、分离因子等参数来评价。

1. 回收率

回收率(R)是评价分离与纯化效果的一个重要指标,反映了被分离组分在分离与纯化过程中损失的量,代表了分离与纯化方法的准确性(可靠性),将回收率 R 定义为:

$$R=Q/Q_0\times100\%$$

式中:Q 、Q_0—分离富集后和富集前预分离组分的量;R—回收率,通常小于 100%。

富集过程中,由于挥发、分解或分离不完全,器皿和有关设备的吸附作用以及其他人为的因素会引起欲分离组分的损失。通常情况下,对回收率的要求:1%以上常量分析的回收率应大于 99%;痕量组分的分离应大于 90%或 95%。

2. 分离因子

分离因子表示两种成分分离的程度,在 A、B 两种成分共存的情况下,A(目标分离组分)对 B(共存组分)的分离因子的数值越偏离 1,分离效果越好。通常在根据上述准则和实际经验选定了分离方法之后,需要进行的工作是对影响分离因素的考察。通过试验设计和反复试验,优化分离过程的条件,这一过程需用分离效果的指标(回收率、分离因子等)衡量分离方法和分离条件的优劣,最后确定用于生产的分离方法和条件。

在大型工业化生产中,为了获得纯化的目的成分,需要综合应用不同的分离纯化设备和技术,对每一操作单元或工序进行生产工艺条件优化。因此,设计生产工艺时,应尽量做好工序间的衔接工作,可以从以下 4 个方面综合考虑优化工艺流程整体纯化效果的加工条件。

(1)收率与纯度之间的平衡　目的蛋白的纯度是衡量其质量优劣的重要指标,其纯度的高低与产品安全性直接相关。纯度要求的提高意味着纯化工艺成本的提高和产物回收率的降低。因此,应结合对产品的质量要求、加工成本、技术可行性、可靠性和市场需求等,找出纯化工艺加工产物纯度和产量间的平衡点,实现工艺的最优化。

(2)经济性考虑　纯化工艺流程中,纯化加工的成本是随工艺流程的增加而提高的。因此,在设计工艺流程时,应将处理体积大、加工成本低的工序尽量前置。层析介质价格比较昂贵,该工序宜放在工艺流程的后段,进入层析阶段的半成品体积应尽可能小,以减少层析介质的使用量。随产物纯度的提高,对工艺流程下游加工所用的设备、试剂的要求亦提高,应选择质量和性能可靠的设备,使用高质量的试剂,并确保所用工艺处理溶液合格,以免造成纯化产品的损失。

(3)工艺放大与中试　实验室工艺探索是最终实现大规模商业生产工艺的第一步,小规模纯化工艺的中间试验研究是放大到大规模生产纯化工艺的基础。虽然工艺放大过程中,一般还需要改变一些操作细节或条件,但小量工艺开发中,优化的工艺条件和工序综合效果可为工艺放大设计和定型积累数据与提供经验。然而,某些纯化工艺放大后不能重复放大前加工性能和效果,例如酵母细胞小量实验室研究可以采用玻璃珠震荡法或酶消化法破碎,而在大量生产中采用该实验室方法,则达不到生产目的,而采用高压破碎器即可达到破碎效果。

(4)纯化过程中对产品的检测　检测各工序在制品、半成品中杂质去除程度、残留物含量和目标药物成分的纯度、含量与活性等是纯化工艺的重要组成部分。根据检测在工艺里所起作用,可将其分为在线检测、数据检测和放行检测等。在线检测是指在工艺运行过程中,通过对在制品取样并用适当仪器和方法测试样品相应指标，以了解工艺运行状况，并对其进行调整和控制。数据检测是指在进一步纯化加工之前，对制品某些指标的检测，据此确定下一道工序的工艺参数后才能继续加工。放行检测是指一道纯化工序结束后，其产物是否可以进入下一道工序继续分离处理。应根据加工工艺的要求，对工序间的制品设定质量标准，抽样检验其制品有关质量指标，若其结果符合标准，才允许进入后一道工序继续加工。

（闻晓波）

复习思考题

1. 理解以下基本概念：灭活剂、佐剂、保护剂、耐热保护剂、冷冻干燥、共熔点、冻干曲线、乳化。

2. 常用的灭活剂有哪些？其灭活机制是什么？试列举影响灭活剂灭活作用的影响因素。

3. 简述生物制品冻干保护剂的组成及其作用。

4. 简述佐剂的作用方式和作用特点。

5. 简述冷冻干燥的基本原理、基本程序和影响因素。列举冻干机组成。

6. 简述抗原分离纯化的原则和基本操作方法。如何优化抗原分离纯化工艺？

第五章　诊断与治疗用兽医生物制品制造技术

本章摘要：随着畜牧业的不断发展，诊断与治疗用兽医生物制品在预防、控制和扑灭动物疫病方面发挥着越来越重要的作用。分子诊断技术基于每种病原体都含有特异性的DNA或RNA序列，通过检测病原体核酸分子来鉴定病原体，该技术能有效地把病原体鉴定到亚种，从而具有很高的应用价值。分子诊断技术基于每种病原体都含有特异性的DNA或RNA序列，通过检测核酸分子鉴定病原体，并能有效地将病原体鉴定到亚种，具有很高的应用价值。基因芯片技术可以高效、快速测定基因组成千上万个基因，分析速度快、高通量、所需样品少，已成为国际上的前沿和热点，在兽医诊断中应用推广迅速。免疫学诊断即根据抗原、抗体反应的原理，利用已知的抗原检测未知的抗体，或是利用已知的抗体检测未知的抗原，如酶联免疫吸附试验(ELISA)及基于ELISA、单克隆抗体技术和新材料技术建立的免疫胶体金技术。特异性抗病血清可以提供相应疫病短期的被动免疫，广泛适用于疫病早期治疗和疫病流行早期对未感染动物的短期预防。此外，卵黄抗体能够靶向清除病原，疗效显著，且不产生毒副作用，不会激发补体系统，已被广泛用于动物疫病的预防与治疗工作。

第一节　诊断抗原

抗原是指能被免疫系统适应性元件(adaptive element)即B细胞和T细胞特异性识别的任何分子，既可刺激机体产生抗体或致敏淋巴细胞，又可与这些产物发生特异性结合。抗原有两个基本特性：①免疫原性(immunogenicity)，即刺激免疫系统产生抗体或致敏淋巴细胞，诱生体液免疫或细胞免疫的性能；②免疫反应性(immunoreactivity)，即能与相应抗体或致敏淋巴细胞发生特异性结合，引起免疫应答的性能。

一、抗原分类

(一)根据抗原的性能

1. 完全抗原

具有免疫原性和免疫反应性的抗原即完全抗原。微生物、异种蛋白等均属此类。

2. 半抗原或不完全抗原

仅有免疫反应性而无免疫原性的抗原为半抗原或不完全抗原。

(二)根据抗原与机体的亲缘关系

1. 异种抗原

来自另一物种的抗原称异种抗原，如各种微生物及其代谢产物、异种动物血清等。

2. 同种异型(体)抗原

来自同一种系而基因型不同的个体抗原称同种异型(体)抗原，如人类红细胞抗原、主要组织相容性抗原等。

3. 自身抗原

能引起自身免疫应答的自身组织成分称自身抗原。自身抗原的形成与遗传、用药、外伤、感染等因素有关。

(三)根据抗原的来源

1. 天然抗原

天然抗原如微生物、异种动植物蛋白、同种异体抗原等。

2. 人工结合抗原

将无免疫原性的简单化学基团(如碘化蛋白、偶氮蛋白等)或有机分子(如二硝基苯、三硝基苯等)与蛋白载体结合形成的半抗原-载体复合物即人工结合抗原。

3. 人工合成抗原

人工合成抗原如共聚多肽、合成多肽以及用化学方法合成的高分子氨基酸聚合物和基因工程抗原等。

(四)根据抗原刺激 B 细胞产生抗体是否需要 T 细胞的辅助

1. 胸腺依赖性抗原

胸腺依赖性抗原(thymus dependent antigen, TdAg)需要在 T 细胞及巨噬细胞参与下，才能激活 B 细胞产生抗体，如细菌、病毒、异种血清等。TdAg 结构复杂，分子量大，均含有蛋白质成分，抗原表面决定簇种类多，能引起体液免疫与细胞免疫。产生的抗体多数为 IgG 型，且能引起记忆反应。

2. 胸腺非依赖性抗原

胸腺非依赖性抗原(thymus independent antigen, TiAg)此类不需要 T 细胞协助，能直接刺激 B 细胞产生抗体，如细菌脂多糖等。TiAg 只引起体液免疫，不引起细胞免疫。产生的抗体为 IgM 型，不引起记忆反应。

二、动物血清

动物血清成分复杂，含有多种蛋白质、多肽、生长因子、激素等，不同动物血清中各组分的含量也存在差别。虽然抗原物质很复杂，但是研究不同种动物的血清蛋白，已获得了值得注意的血清学结果。用几种动物的血清作为抗原，与用绵羊血清接种家兔所得的抗血清作沉淀试验，山羊与绵羊的血清起同等的反应，故可能是相同，若有差异，只有作吸附试验才能测知。其他血清的反应效价较低，显然它们仅含较小量的绵羊血清中的有效成分（家兔抗绵羊血清对于同种及异种血清的沉淀作用，见二维码 5-1）。

二维码 5-1

此外，根据对受免动物注入细菌或病毒的不同，注射到不同种类的动物体内，能够得到不同免疫性能的抗血清，特异性高免血清还可用于疾病诊断与微生物鉴定。

三、重组抗原

重组抗原是采用基因工程技术将体内编码某一特定抗原的基因，通过扩增、纯化后，与合适的载体重组转移到另一种生物体内，使后者获得前者的遗传特征，并表达重组的抗原。重组抗原可根据需要剪接以提高和改善抗原的敏感性和特异性。重组抗原制备技术主要包括原核表达系统、真核表达系统、无细胞表达系统以及其他表达系统。

（一）原核表达系统

1. 大肠杆菌表达系统

大肠杆菌（*Escherichia coli*）作为原核生物，因其具有培养、操作简便、生长速度快以及不易污染等特点而成为原核表达系统中占据优势的菌株。目前被广泛应用的大肠杆菌表达载体主要有 pGE、pQE 和 pET 等系列，其中 pET 系列是表达外源蛋白效率、产量和成功率均最高的载体，它最初是利用与启动子配套并且能高效转录特定基因的外源 RNA 聚合酶构建的 T7 RNA 聚合酶/启动子系统，可以从各种基因（包括原核细胞、真核细胞）生产大量的目的蛋白。原核基因在大肠杆菌表达系统中可以直接进行表达，而真核基因属于断裂基因，其中含有内含子序列，转录出的前体 mRNA 不能被大肠杆菌进行剪切而形成有功能的 mRNA，不能完成正常的蛋白翻译功能，因此无法在大肠杆菌表达系统中直接进行表达。外源蛋白在原核宿主内重组表达时，转录后修饰缺乏糖基化和磷酸化作用。

近年来市售的重组蛋白产品大约 30％是由大肠杆菌生产。当蛋白分子质量＜100 ku，翻译后修饰作用不影响特定结构和生物活性时，大肠杆菌表达系统是首要选择。但利用大肠杆菌表达系统生产药用蛋白时，易形成不溶性包涵体以及表达易泄露等缺点，针对这些问题采取相应措施可优化其表达。

2. 乳酸菌表达系统

乳酸菌是革兰阳性菌，膜单一，在大量膜蛋白的表达方面提供了革兰阴性菌无法比拟的优势，原因是革兰阴性菌具有内外膜并覆盖着厚厚的、刚性的肽聚糖层的内表面周质空间，影响蛋白质的表达。近年来在乳球菌和乳杆菌等菌属中建立了完整的分子克隆和基因表达系统，且通过乳酸菌诱导和靶向表达系统可使外源蛋白的表达分别在时间和空间上得到控制。由于乳酸菌具有食品级和益生菌的特点，与大肠杆菌等表达系统相比，乳酸菌表达系统的最大优势是表达的重组蛋白可以不经分离纯化，直接制成活菌制剂，通过黏膜途径用于动物而达到治疗目的。这使乳酸菌成为药物蛋白和疫苗表达，以及黏膜靶向给药的理想载体。

3. 芽胞杆菌表达系统

芽胞杆菌（*Bacillus*）也属于革兰阳性菌。桥石短芽胞杆菌（*Brevibacillus choshinensis*）和

枯草芽胞杆菌(*Bacillus subtilis*)表达系统由 Takara、MoBiTec 公司开发与提供。芽胞杆菌能过表达且能分泌外源蛋白到培养基中，适合分泌型蛋白的生产，如细胞因子或需要形成复杂二硫键的外源蛋白。该系统也被用来生产$^{2}H/^{13}C/^{15}N$同位素标记的外源蛋白，用于溶液核磁共振研究。

(二)真核表达系统

1. 酵母表达系统

酵母是一种真核微生物，其细胞有表达外源蛋白的能力，可以达到一个相当高的胞密度状态，表达的外源蛋白可以进行翻译后修饰，如磷酸化和糖基化。由于酵母宿主细胞结合了细菌和高级生物宿主细胞表达系统的优良特性，当外源蛋白在大肠杆菌中未能成功表达时，可选择该表达系统。酵母能在 pH 4～7 之间生存，但不能在易导致蛋白质变性或聚集的 pH 条件下分泌外源蛋白。充足的碳源和通气是酵母细胞生长及蛋白表达的关键，能实现高速搅拌和连续供气效率的最大化，但搅拌产生的气泡会破坏宿主细胞，所以消泡剂的添加必不可少。

2. 昆虫细胞表达系统

膜蛋白、大分子质量蛋白和蛋白激酶等很难在细菌表达系统中表达的蛋白，利用昆虫细胞(Sf9 或 High-5 等)实现了表达。在大多数昆虫细胞表达系统中，外源基因通过杆状病毒载体转染宿主细胞，含有目标基因的标记盒通过同源重组并入宿主基因组中。为构建杆状病毒载体，市面上提供了 Bac-to-Bac、BaculoGold、bacPAK 和 BacMagic 等，将目的基因或不同基因的多拷贝整合到宿主基因中，实现对多个靶蛋白共表达。最近的 MultiBac 系统实现了在昆虫宿主细胞内协助多蛋白复合物的表达。用于昆虫细胞表达系统的增溶标签包括 GST 和 SUMO，外源蛋白的$^{2}H/^{13}C/^{15}N$同位素标记也可使用昆虫宿主细胞。

3. 哺乳动物细胞表达系统

常用的外源蛋白表达的哺乳动物细胞系包括 HeLa 细胞、人胚肾细胞(HEK293)和中国仓鼠卵巢细胞(CHO)。与其他系统相比，哺乳动物细胞表达系统的优势在于能够指导蛋白质的正确折叠，提供复杂的 N 型糖基化和准确的 O 型糖基化等多种翻译后加工功能，因而表达产物在分子结构、理化特性和生物学功能方面最接近于天然的高等生物蛋白质分子；哺乳动物宿主细胞的缺点在于外源蛋白表达能力较差、成本高，尤其是产生$^{2}H/^{13}C/^{15}N$同位素标记的外源蛋白。

(三)无细胞表达系统

在无细胞蛋白的合成中，通过混合 cDNA 或 mRNA 编码靶蛋白和细胞提取物(含有核糖体和其他蛋白质生物合成所需的分子体系)实现目标多肽在试管中翻译，提取物来源于大肠杆菌、小麦胚芽、昆虫细胞和哺乳动物细胞(来自兔子镰状红细胞或 CHO 细胞)。主流的无细胞(cell free,CF)表达策略为分层、分批提供新鲜组分到混合物中，消除混合物中副产物，在分批处理时，mRNA 编码的蛋白连续注入反应物中，可以提高产量，特别是当反应的时间长、规模大时，并且存在裂解液中核糖核酸酶使靶标 mRNA 降解可能性增加。

无细胞蛋白合成系统能够表达其他表达系统很难表达的蛋白，如毒性蛋白、膜整合蛋白、生物活性肽等，并且共表达的蛋白复合物明确，具有高通量的特性。此外，能更好地生产需要二硫键形成的外源蛋白，因为裂解物的氧化还原条件可使用添加剂或改变还原剂/氧化剂的比例进行调节。

（单虎）

第二节　诊断抗体

一、阴性和阳性血清

诊断用阴性血清的制备通常使用SPF动物采血，分离血清获得。阳性血清的获得包括抗原制备、免疫动物、采集血液、分离血清等步骤，获得的抗体是针对多个不同抗原决定簇的抗体混合物，因此又称之为多克隆抗体（polyclonal antibody，PcAb），简称多抗。免疫用抗原多采用原核表达或真核表达的方法制备而成，制备好的抗原用灭菌生理盐水进行稀释并与佐剂混合制成乳剂后用于动物免疫。制备抗血清的免疫动物主要是哺乳类和禽类，羊、马、豚鼠、兔都是常用的动物，因雌性动物在性周期的不同阶段和怀孕、哺乳时机体对抗原的敏感性有较大改变，所以一般挑取雄性动物。免疫后经效价检测合格后即可考虑取血，为减少血清中的脂肪含量，放血前可考虑停食12 h。无菌条件下待平皿或三角瓶内的血液凝固血块收缩后，用无菌滴管吸取血清，合格后的抗血清以1∶100比例加入1%的硫柳汞或5%的叠氮钠（终浓度分别为0.01%或0.05%）。−20℃以下保存，可保存2年以上。将血清冷冻干燥保存于4℃以下冰箱，保存时间更久。

二、单克隆抗体

单克隆抗体（monoclonal antibody，McAb）是指由一个B细胞分化增殖的子代细胞（浆细胞）产生的针对单一抗原决定簇的抗体，这种抗体的轻链、重链及可变区独特型的特异性、亲和力、生物学性状及分子结构均完全相同。

（一）单克隆抗体制备技术

1. 杂交瘤技术

杂交瘤技术是目前应用较广的McAb制备技术。将抗原免疫小鼠，从超免疫的供体中获取脾细胞，再与带有遗传标记并已适应于组织培养的骨髓瘤细胞融合，形成杂交瘤细胞株，这种杂交瘤细胞既有骨髓瘤细胞无限繁殖的特性，又有B细胞分泌特异性抗体的能力，将这种克隆化的杂交瘤细胞进行培养或注入小鼠体内可获得大量高效价、单一的特异性抗体，即McAb。

制备McAb的具体方法是用缺乏次黄嘌呤磷酸核糖转化酶或胸腺嘧啶核苷酸酶的瘤细胞变异株与脾脏的B细胞融合。采用HAT选择性培养基进行细胞培养，在这种选择性培养基中，由于变异的瘤细胞不具有次黄嘌呤磷酸核糖转化酶或胸腺嘧啶核苷激酶，所以不能利用培养基中的次黄嘌呤或胸腺嘧啶核苷而合成DNA，而只能利用谷酰胺与鸟核苷酸单磷酸合成

DNA，这一途径又被氨基蝶呤所阻断，所以未融合的瘤细胞不可避免要死亡。B淋巴细胞在一般培养基中不能长期生长，一般于两周内死亡，但融合的杂交瘤细胞由于脾淋巴细胞具有次黄嘌呤磷酸核糖转化酶，可以通过次黄嘌呤合成DNA，克服氨基蝶呤的阻断，因此杂交瘤细胞可以大量繁殖而被筛选出来。

2. 基因工程抗体技术

基因工程技术的飞速发展为McAb的生产提供了一条新途径。在基因水平上对抗体基因进行切割、拼接、修饰或通过人工合成的方法构建各种抗体基因的表达载体，并通过不同的转基因技术使之在受体细胞中得以表达。许多适用抗原表达的系统都适于抗体的表达。

(1)原核表达 原核细胞表达系统不能对表达的抗体分子进行糖基化修饰、肽链组装和正确形成二硫键，因此不能用来表达完整的抗体分子，而适于表达抗原结合片段(Fab)、单链抗体(scFv)等功能性抗体片段。一般程序是，人工分离单抗或其部分基因，用特定的连接肽连接，然后在受体中表达。大肠杆菌表达系统是最常用的表达系统。

(2)转基因动物表达 人们多用转基因鼠来生产McAb，主要有两种方法，一是分别将小鼠胚系的抗体轻、重链基因破坏，插入目的抗体轻、重链基因，杂交后即可获得同时含有两类目的抗体基因的小鼠，经抗原免疫即可获得特异性抗体。二是将轻、重链基因通过脂质体导入或原生质体融合入小鼠胚胎干细胞，获得含目的抗体的轻、重链的小鼠，后与内源性轻、重链双缺失的小鼠杂交，即可筛选到能产生目的抗体的小鼠。

3. 抗体库技术

(1)噬菌体抗体库技术 噬菌体抗体库技术和核糖体展示技术是抗体库筛选技术的主要手段，而前者是迄今发展最成熟、应用最广泛的抗体库技术。噬菌体表达技术制备抗体有以下优点：一是可以获得具有人体性质的McAb；二是分离抗体的速度极快，最快可在1周内完成，而常规免疫接种法制备鼠源McAb的分离时间需6～8个月，因此噬菌体抗体库技术已成为一种有效的功能基因筛选工具，广泛用于药物的筛选。

(2)核糖体展示技术 这是一种完全在体外合成蛋白质分子并进行选择与进化的新技术。由于核糖体展示技术是纯粹的体外系统，因此可以克服其他展示技术所不能解决的问题。首先，核糖体展示技术库容量大，可达10^{12}～10^{15}，而分子文库的筛选结果与库容量呈正相关，所以能更容易筛选到目标分子。其次，在体内表达系统中涉及大肠杆菌宿主菌的生长，具有毒性的蛋白分子无法表达，而核糖体展示技术不需要考虑细胞毒性。此外，由于该技术是完全的体外系统，避免了体内与体外操作的转换，通过PCR即可进行所有复制与扩增，仅几个小时即能建立核糖体展示文库，因此还具有建库周期短、筛选简便等优势。

(3)细胞表面展示技术 包括细菌细胞表面展示技术和酵母表面展示技术，与噬菌体展示技术相同之处是都依赖细胞技术和体内基因的表达。但二者也有不同，噬菌体展示是将表达的重组蛋白或多肽融合到噬菌体外壳蛋白区，细胞表面展示是将表达的重组蛋白与筛选信号直接合并到细胞表面。

(4)RNA-多肽融合技术 也称为mRNA展示技术或体外病毒技术。该技术是利用嘌呤霉素分子将mRNA分子和其所编码的多肽共价结合，嘌呤霉素与单链DNA连接物的3′端连接后,DNA 连接物再与文库编码的 mRNA 的 3′端连接。当 mRNA 在体外翻译时,核糖体到达 mRNA 和 DNA 的结合点并稳定下来,嘌呤霉素进入核糖体的氨酰化位点,并在氨酰转移酶的作用下与所编码的多肽偶联。mRNA-DNA-嘌呤霉素分子文库可在体外翻译,然后用固相化的靶分子将纯化的 RNA-多肽复合物挑选出来,如同核糖体展示系统,这个复合物可通过 RT-RCR 得到进一步的扩增。

4. 嵌合抗体

嵌合抗体产生于 20 世纪 80 年代中期,是应用 DNA 重组技术将小鼠抗体基因上的可变区与人抗体基因的恒定区重组,再将重组后的基因导入骨髓瘤细胞中表达。为了进一步提高嵌合抗体的人源化,在嵌合抗体的制备过程中又引进了重构抗体技术和表面重塑技术。重构抗体技术是与异源抗体和抗原的结合相关,而表面重塑技术是对鼠抗体表面氨基酸残基进行人源化改造,在维持抗体活性并兼顾减少异源性基础上,选用与人抗体表面残基相似的氨基酸进行替换,所替换的片段不应过多,对于影响侧链大小、电荷、疏水性,或可能形成氢键从而影响到抗体互补决定区构象的残基要尽量保留。到目前为止,嵌合 McAb 基本主宰着治疗性 McAb 的商品市场,嵌合抗体的制备技术也不断发展,抗体人源化程度也不断提高,但即使是在仅移植不到整个嵌合抗体 5%的鼠抗体互补决定区(complementarity determining region, CDRs)的情况下,鼠源成分依然存在,并未完全解决鼠抗体的免疫原性问题,而且人源化过程较复杂,造价也比较高。

(二)临床应用

1. 在血清技术方面

McAb 用于血清学技术,进一步提高了方法的特异性、重复性、稳定性和敏感性,同时使一些血清学技术得到标准化和商品化,即制成诊断试剂盒。自 McAb 技术问世以来,已研制出很多病原微生物的 McAb,可取代原有的 PcAb,用于传染病的诊断及病原的分型,避免了 PcAb 引起的交叉反应。一些生物活性 McAb 的出现,使其检测水平上升到一个新的高度。

2. 在免疫学基础研究方面

McAb 作为一种均质很好的分子,用于对抗体结构和氨基酸顺序的分析,促进了对抗体结构的进一步探讨;应用 McAb 对淋巴细胞表面标志以及组织细胞相容性抗原的分析,极大地推动了免疫学的发展,如用 McAb 对淋巴细胞 CD 抗原进行分析,可以对淋巴细胞进行分群。

3. 在肿瘤免疫治疗方面

通过采用杂交瘤技术,制备出肿瘤细胞特异性抗原的 McAb,然后与药物或毒素连接制成免疫毒素,又称生物导弹,用于肿瘤的临床治疗,这在医学上已初获成效。

4. 在抗原纯化方面

利用 McAb 的特异性,可将 McAb 与琼脂糖等偶联制成亲和层析柱,可从混合组分中提取某种抗原成分。此技术可与基因工程疫苗的研究相结合,即先用 McAb 作为探针,筛选出保护性抗原成分或决定簇,然后再用 DNA 重组技术表达目的抗原。

5.在疫苗研制方面

McAb可用于制备抗独特型抗体疫苗。

（单虎）

第三节　分子诊断技术与诊断试剂盒

一、PCR技术及其发展

随着科学技术的发展和突破，PCR技术在很多领域得到广泛应用。该技术具有很高的特异性、灵敏度、准确度，且可快速检测，因而其应用领域仍不断延伸，同时在常规PCR的基础上又衍生出许多技术，如实时荧光定量PCR、环介导等温扩增PCR、巢氏PCR、多重PCR、单分子PCR技术等。

（一）普通PCR技术

PCR，即聚合酶链式反应（polymerase chain reaction，PCR）是一项可在体外快速扩增特定基因或DNA序列的新技术。这项技术借助PCR仪，依据生物体的DNA序列可以快速复制的特点，完成在体外对特定DNA序列快速扩增的行为。PCR是在模板DNA、引物和4种脱氧核糖核苷酸存在下，依赖于DNA聚合酶的酶促合成反应，双链DNA的高温变性、引物与模板的低温退火和适温下引物延伸3个步骤反复循环，每一循环中所合成的新链又都可以作为下一循环的模板。PCR的特定DNA序列产量随着循环次数呈指数增加，达到迅速大量扩增的目的。整个反应只需经过几个简单的温度变换即可在短时间于EP管内完成（PCR反应原理图见二维码5-2）。

（二）实时荧光定量PCR技术

实时荧光定量PCR（realtime fluorescence quantitative PCR，RFQ-PCR）是一种定量试验技术，可通过荧光染料或荧光标记的特异性探针，对PCR产物进行标记跟踪，实现实时在线监控，结合相应的软件对得到产物进行分析，计算出待测样品模板初始浓度。实时荧光定量PCR技术是目前快速、精确定量核酸的最有效的方法之一（荧光定量PCR原理图见二维码5-3）。

二维码5-2　　二维码5-3

RFQ-PCR技术准确可靠，具有高灵敏性，可检测低至10 ng的基因组DNA。反应快速，整个检测流程只需3 h。试剂盒提供预混好的试剂，使体系配制操作简便，可防污染。具有高特异性，引物与 DNA 互补链结合必须完全配对才能延伸，在此过程中，探针特异性与所检测基因的 PCR 产物配对，在延伸中产生荧光，保证检测结果的准确性。

（三）环介导等温扩增 PCR 技术

环介导等温扩增（loop-mediated isothermal amplification，LAMP）是针对靶基因的 6 个区域设计 4 种特异引物，在链置换 DNA 聚合酶（Bst DNA polymerase）的作用下，等温条件下快速进行核酸扩增的方法，可在 1 h 内，将靶序列片段扩增 10^9～10^{10} 倍。与普通 PCR 相比，LAMP 不需要模板的热变性、温度循环、电泳及紫外观察等过程，在灵敏度、特异性和检测范围等指标上能媲美甚至胜出，不依赖任何专门的仪器设备实现现场高通量快速检测，检测成本远低于 RFQ-PCR。由于 LAMP 具有特异性强、灵敏度高、快速、准确和操作简单等优点，被应用于包括人类、动物和植物致病微生物的检测、动物胚胎性别的鉴别和转基因食品的检测等许多方面。

（四）巢式 PCR 技术

巢式 PCR（nested PCR）是一种变异的聚合酶链反应，使用两对 PCR 引物扩增完整的 DNA 片段。第一对 PCR 引物扩增片段和普通 PCR 相似。第二对引物称为巢式引物（因其在第一次 PCR 扩增片段的内部）结合在第一次 PCR 产物内部，使得第二次 PCR 扩增片段短于第一次扩增，即在 PCR 基础上，用第二对引物扩增第一次反应生成的 PCR 产物的"亚片段"，可使检测结果更具有特异性（巢式 PCR 原理图见二维码 5-4）。

二维码 5-4

巢式 PCR 的优点在于，如果第一次扩增产生了错误片段，则第二次能在错误片段上进行引物配对并扩增的概率极低，因此，巢式 PCR 的扩增特异性、准确性极高。巢式 PCR 能克服单次扩增平台期效应的限制，使扩增倍数提高，从而极大地提高了 PCR 的敏感性；由于模板和引物的改变，降低了非特异性反应连续放大进行的可能性，保证了反应的特异性；内侧引物扩增的模板是外侧引物扩增的产物，第二阶段反应能否进行，也是对第一阶段反应正确性的鉴定，因此可以保证整个反应的准确性及可行性。但其亦有缺点，进行第二次 PCR 扩增引起交叉污染的概率大。为了克服此缺点，可采用同一反应管进行巢式 PCR，主要利用内外引物 T_m 值的不同。

（五）多重 PCR 技术

多重 PCR（mutiplex PCR）技术是在同一 PCR 反应体系中加入 2 对以上特异性引物，同时扩增出多个 DNA 片段的 PCR 反应。该技术可以扩增一个物种的一个片段，也可以同时扩增多个物种的不同片段。在许多领域，包括基因缺失分析、突变和多态性分析、定量分析等，多重 PCR 技术已经显示出它的价值，成为识别病毒、细菌、真菌和寄生虫的有效方法。利用一次多重 PCR 反应，可同时检测、鉴别出多种病原体，在临床混合感染的鉴别诊断上具有独特的优势和极高的实用价值。多重 PCR 技术已经广泛应用于人类生物医学、动物生物学、植物生物学、海洋生物学、法医学、食品卫生等各个方面。动物传染病、寄生虫病，具有相似的临床症状和流行特征，或临床症状不明显，此时临床经验很难判断，而常规的检测方法准确度差、费时费力，给动物疫病的防控带来不利影响。多重 PCR 技术以其敏感、特异、快速等特点，满足各种动物疫病诊断的要求，特别是在多种病原混合感染方面，得到了广泛应用和快速发展。

（六）数字（单分子）PCR 技术

数字（单分子）PCR 技术（single molecule PCR，SM-PCR）是基于普通 PCR 技术发展而来的，基本循环过程相同，但在反应条件、模板数量、DNA 聚合酶选择、引物设计方面具有不同点。该技术是以少量或单个 DNA 分子为模板进行的 PCR，模板的质量直接决定试验的成败与扩增效率。目前 SM-PCR 仍然存在一些不足，制约了该技术的广泛应用。例如，由于 SM-PCR 自身特点决定了其分析的样品通量很低，基本每块芯片上万个反应单元都是针对单一样本的分析，而荧光检测技术的局限性限制了多个芯片的同时检测，因此该技术在常规基因表达分析中不具优势。此外，SM-PCR 的灵敏度和准确性有待进一步提高和优化，在临床诊断中需要进行大量的比较和验证试验。基于精密仪器和复杂芯片的 SM-PCR 成本高昂，也是制约其广泛应用的一个原因。相信在未来的几年里将会不断有新的技术和产品出现，不断扩展其应用范围，使之成为新一代分子诊断工具。

二、PCR 试剂盒

PCR 试剂盒以其快速、灵敏、操作简便、自动化、准确等优点，在短短数年内即被广泛地应用于动物疫病的临床诊断。PCR 试剂盒反应体系的组分一般包括引物、*Taq* DNA 聚合酶、PCR 反应缓冲液及 dNTPs。

1. 引物设计的一般性原则

（1）长度　15～30 bp，引物的有效长度 $Ln=2(G+C)+(A+T)$，Ln 值一般不大于 38，否则 PCR 的最适延伸温度会超过 *Taq* 酶的最佳作用温度（74℃），从而降低产物的特异性。

（2）G+C 含量　应在 40%～60%之间。

（3）复性温度　PCR 扩增中的复性温度一般是引物的 T_m 值（上下游引物中较低 T_m 值）减去 5～10℃。引物长度小于 20 时，其 T_m 值等于 $4\times(G+C)+2\times(A+T)$。$T_m$ 值最好接近 72℃以使复性条件最佳。

（4）碱基分布的随机性　引物中四种碱基的分布最好是随机的，应避免连续出现 4 个以上的单一碱基。尤其是不应在其 3′端出现超过 3 个的连续 G 或 C，否则会使引物在 G+C 富集序列区错误引发。

（5）引物自身　引物自身不应存在互补序列，否则引物自身会折叠成发夹状结构。

（6）引物之间　两引物之间不应有互补性，尤其应避免 3′端的互补重叠以避免引物二聚体的出现。

（7）引物的 3′端　引物的延伸是从 3′端开始的，除特殊情况（等位基因特异性 PCR，AS-PCR）外，3′端不应发生错配。

2. *Taq* DNA 聚合酶

Taq DNA 聚合酶属于 DNA 聚合酶Ⅰ家族，是一种耐热的 DNA 聚合酶。该酶的热稳定性很高，在 95℃时酶活性半衰期为 1.5 h；在 70℃的高温下反应 2 h 后，还能保持 90%以上的活性；在 75～80℃时活性最高，延伸效率约为每秒 150 个核苷酸。

3. PCR 反应缓冲液

PCR 反应缓冲液的主要缓冲体系为 Tris-HCl 反应体系，这是一种双极化离子缓冲液，主要作用是维持偏碱性的 *Taq* 酶作用环境。镁离子浓度可显著影响 PCR 的产量及产物特异性,一般用量为 1.5～2.0 mmol,浓度过高则出现非特异扩增,过低则酶活性显著下降。由于反应混合物中的模板 DNA、引物、dNTPs 等均可结合镁离子,从而降低其游离浓度,故推荐使用比 dNTPs 高 0.2～2.5 mmol 的镁离子浓度。明胶或无核酸酶的 BSA,尤其是乙酰化 BSA,对酶有一定的保护作用,Tween-20(0.05%～0.1%)及 5 mmol 的二硫苏糖醇(DTT)也有类似作用。在反应体系中加入 10%的 DMSO(二甲基亚砜)、甲酰胺及氯化四甲基铵(TMAC)均有助于 PCR 反应的顺利完成。

4. dNTPs

工作浓度为 20～200 μmol,浓度过低则反应速度下降,过高则特异性下降。

三、胶体金试剂盒

免疫胶体金技术(immune colloidal gold technique,ICGT)是 20 世纪 80 年代发展起来的一种新型固相标记免疫测定技术,它以胶体金为标记物,利用特异性抗原抗体反应,通过带颜色的胶体金颗粒来放大免疫反应系统,使反应结果在固相载体上直接显示出来,用于检测待测样品中的抗原或抗体。由于胶体金颗粒本身呈红色,所以当免疫胶体金颗粒遇到相应的抗原或抗体时会发生反应产生聚集,在适宜条件下达到一定的密度,出现肉眼可见的红色,因而在定性或半定量的快速免疫检测方法中得到了广泛应用。

目前,医学检验中应用的胶体金快速诊断技术主要有两种:胶体金快速免疫层析法(colloidal gold enhanced immunochromatography assay,GICA)和快速斑点免疫金渗滤法(dot-immunogold filtration assay,DIGFA)。这两种方法的基本原理都是以微孔滤膜为载体,包被已知抗原或抗体,加入待检标本后,经滤膜的毛细管作用或渗滤作用使标本中的抗原或抗体与膜上包被的抗体或抗原结合,再用胶体金结合物标记而达到检测目的。不同的是前者是通过垂直穿透固定有配体的硝酸纤维素膜(nitrocellulose filter membrane,NC 膜)而进行的,后者反应液体是层析作用的横向流动。

(一)胶体金试剂盒种类

胶体金试剂盒由两个基本部分组成:胶体金反应板和稀释液。反应板即渗滤装置,是滴金法测定中的主要组成部分之一,由塑料小盒、吸水垫料和点加了抗原或抗体的硝酸纤维素膜片组成。检测时,在膜中央有清晰的淡红色或红色斑点显示者判为阳性反应,否则判为阴性反应;斑点呈色的深浅相应地表示阳性反应强弱。反应模式主要有间接法、双抗体夹心法、捕获法、竞争法。以间接法和双抗体夹心法应用较多。

1. 间接法

间接法是目前检测抗体最常用的方法。固定于膜上的特异性抗原结合标本中的相应抗体后,再与标记的抗体或葡萄球菌 A 蛋白(Staphylococcal protein A,SPA) 显色。

2. 双抗体夹心法

双抗体夹心法系用胶体金标记的特异性抗体来检测分子量大的抗原。固定于膜上的 PcAb 和标本中待测抗原结合,然后再与胶体金标记的特异性 McAb 显色,可根据需要设置不同的检测阅读模式,比如双点模式,也可以设计成加减号模式。若需要同时检测多个项目,也可以设计成多项目检测模式。

3. 捕获法

此法可看作是双抗体夹心法和间接法联合使用的改良法。在固相载体上包被二抗，以此二抗捕获样品中的待检抗体，然后加入抗原，之后再加入胶体金标记的特异性 McAb 显色。

4. 竞争法

用胶体金标记抗体或抗原竞争性地结合抗原或抗体。以检测抗原为例，如果样品中的抗原量足够大，以至于将包被的抗体结合位点全部占据，那么加入胶体金标记的抗原后，便没有位点可以结合，洗涤时，被洗掉而不显色。反之，如果样品中抗原量很少或没有，那么标记的抗原就可以结合的比较多，显色也就深。

操作方法以单克隆双抗体夹心法为例，所用试剂全为干试剂。多种试剂被结合在一个 6 mm×7 mm 的塑料板上，成为 1 个单一的试剂条，试剂条上端和下端分别粘上吸水材料，胶体金—抗体复合物干片贴在近下端，紧贴其上为 NC 膜条，NC 膜条上有 2 个反应区域：测试区(T)包有特异抗体，参照区(C)包有抗小鼠抗体。测定时将试纸条下端浸入标本中，则标本液顺吸水材料向吸水滤纸移动，若标本中有特异抗原时则可与胶体金结合，形成胶体金—抗体—抗原复合物，当此复合物移至 T 区时，被固相抗体捕获，形成抗体—抗原—金标抗体复合物，出现红色线条，过剩的胶体金继续上移至 C 处，与固相抗小鼠 IgG 结合[免疫金(胶体金)的 McAb 为小鼠 IgG]而显出红色线条，若为阴性时，仅在 C 线处显出红色线条，若为阳性时，则在 C 线、T 线处都显出红色线条(试纸条组成部分示意图见二维码 5-5)。

二维码 5-5

(二)胶体金试剂盒的特点

1. 优点

①胶体金易制备，价格低廉，成本较低；②胶体金颗粒大小可以控制，可进行双重和多重标记，同时检测多种物质；③具有高度特异性和高敏感性；④不仅可用于光镜，也可用于透射电镜和扫描电镜；⑤检测结果直接用颜色显示，肉眼判断容易，无须仪器设备，结果直观可靠；⑥简化了烦琐的常规操作过程，缩短了检测时间，同时也减少了因操作引起的误差。

2. 缺点

①胶体金试剂盒在检测过程中常出现假阳性和假阴性问题；②检测的灵敏度及可重复性程度不高，检测范围需要进一步扩展；③因免疫胶体金技术是以胶体金纳米颗粒作为标记物，颗粒本身的一些特性也导致该技术的应用受到一定限制，胶体金溶液的稳定性较差，存放时间短等。

(三)胶体金试剂盒应用

目前市面上已经有多种与免疫渗滤胶体金相关的家禽、家畜及宠物用金标诊断试剂，在细菌性疾病、病毒性疾病及寄生虫病的诊断中发挥着越来越重要的作用，如猪口蹄疫、猪繁殖与呼吸综合征、猪瘟、猪旋毛虫病、鸡传染性法氏囊病、鸡新城疫、禽流感、犬瘟热、犬细小病毒病等快速诊断试剂，给疾病的检测和预防提供了技术保障。

GICA 自诞生以来，便以其简便、快速、敏感、特异等优点被广泛应用于兽医临床快速检测和现场诊断上，显示出巨大的发展潜力和广阔的应用前景。目前，该技术已成为多个领域研究与应用的热点。一方面，该技术的研究正在不断地深化；另一方面，该技术对物质的检测范围也正在拓宽，涉及病原体、激素、毒品、药物、重金属等方面。

四、ELISA 试剂盒

ELISA 的基础是抗原或抗体的固相化及抗原或抗体的酶标记。结合在固相载体表面的抗原或抗体仍保持其免疫学活性，酶标记的抗原或抗体既保留其免疫学活性，又保留酶的活性，在测定时，受检标本（测定其中的抗体或抗原）与固相载体表面的抗原或抗体起反应。用洗涤的方法使固相载体上形成的抗原抗体复合物与液体中的其他物质分开，再加入酶标记的抗原或抗体，也通过反应而结合在固相载体上，此时固相上的酶量与标本中受检物质的量成一定的比例，加入酶反应的底物后，底物被酶催化成为有色产物，产物的量与标本中受检物质的量直接相关，故可根据呈色的深浅进行定性或定量分析。由于酶的催化效率很高，间接地放大了免疫反应的结果，使测定方法达到很高的敏感度。ELISA 可用于测定抗原，也可用于测定抗体。

ELISA 方法具有快速、高效、低廉、特异性强、灵敏度高、简便、无须无菌操作，可同时检测多份血清样品等优点，特别是在国内兽药残留检测现场监控、大量样本筛查、实验室检测鉴定病原等方面被广泛应用。

（一）ELISA 原理和类型

ELISA 可用于测定抗原，也可用于测定抗体。在这种测定方法中有 3 种必要的试剂：①固相的抗原或抗体；②酶标记的抗原或抗体；③酶作用的底物。根据试剂的来源和标本的性状以及检测具备的条件，可设计出各种不同类型的检测方法。

1. 双抗体夹心法

双抗体夹心法是检测抗原最常用的方法。采用酶标抗体检查多种大分子抗原，它不仅不必标记每种抗体，还可提高试验的敏感性。具体步骤如下。

①将特异性抗体（如豚鼠免疫血清 Ab1）吸附在固相上：洗涤除去未结合的抗体及杂质。

②加入抗原（Ag）：使之与固相抗体接触作用一段时间，让标本中的抗原与固相载体上的抗体结合，形成固相抗原复合物，洗涤除去其他未结合的物质。

③加不同种动物制出的特异性相同的抗体（如兔免疫血清 Ab2）酶标抗体：使固相免疫复合物上的抗原与酶标抗体（Ab2）结合，结果形成 Ab1-Ag-Ab2-HRP 复合物。彻底洗涤未结合的酶标抗体等物质。此时固相载体上带有的酶量与标本中受检物质的量呈正相关。

二维码 5-6

④加底物显色：夹心式复合物中的酶催化底物成为有色产物。根据颜色反应的程度进行该抗原的定性或定量分析（双抗体夹心法检测抗原示意图见二维码 5-6）。

根据同样原理，将大分子抗原分别制备固相抗原和酶标抗原结合物，即可用双抗原夹心法测定标本中的抗体，与间接法测定抗体的不同之处是以酶标抗原代替酶标抗体。双抗原夹心法中的受检标本不需稀释，可直接用于测定，因此其敏感度相对高于间接法，但关键在于酶标抗原的制备，应根据抗原结构的不同，寻找合适的标记方法。

2. 间接法

间接法是检测抗体最常用的方法。利用酶标记的抗抗体检测已与固相结合的受检抗体。操作步骤如下。

①将特异性抗原与固相载体连接形成固相抗原：洗涤除去未结合的抗原及杂质。

②加稀释的受检血清：其中的特异抗体与抗原结合，形成固相抗原抗体复合物，经洗涤，除去其他免疫球蛋白及血清中的杂质。

③加酶标抗抗体：酶标记的抗抗体与固相复合物中的抗体结合，洗涤后，固相载体上的酶量就代表特异性抗体的量。

④加底物显色：在酶的催化作用下底物发生反应，产生有色物质。颜色深度代表标本中受检抗体的量。样品含抗体愈多，出现颜色愈快、愈深(间接法检测抗体示意图见二维码 5-7)。

二维码 5-7

本法只要更换不同的固相抗原，可以用一种酶标抗抗体检测与抗原相应的抗体，成功的关键在于抗原的纯度，除此之外，另一种干扰因素为非特异 IgG 可直接吸附到固相载体上，有时也可吸附到包被抗原的表面。因此，用间接法测抗体，抗原包被后一般用无关蛋白质(例如牛血清蛋白)再包被一次，以封闭固相上的空余间隙；同时在检测过程中须先行稀释 1∶(40～200)，以避免过高的阴性本底影响结果的判断。

3. 竞争法

可用于检测抗原，也可用于检测抗体。以测定抗原为例，受检抗原和酶标抗原竞争与固相抗体结合，因此结合于固相的酶标抗原量与受检抗原量呈反比。多用于测定小分子激素、药物等。操作步骤如下。

①将特异抗体与固相载体连接，形成固相抗体，洗涤。

②待测管中加受检标本和一定量酶标抗原的混合溶液，使之与固相抗体反应。如受检标本中无抗原，则酶标抗原能顺利地与固相抗体结合；如受检标本中含有抗原，则与酶标抗原以同样的机会与固相抗体结合，竞争性地占去了酶标抗原与固相载体结合的机会，使酶标抗原与固相载体的结合量减少。对照管仅加酶标抗原，保温后，酶标抗原与固相抗体充分结合，洗涤。

③加底物显色：被结合的酶标抗原量由酶催化底物反应产生有色产物的量来确定。对照管中由于结合的酶标抗原最多，故颜色最深。如待检管中抗原越多，被结合的酶标抗原量越少，有色产物就减少。对照管颜色深度与待测管颜色深度之差，代表受检标本抗原的量，根据有色产物的变化求出未知抗原的量(竞争法检测抗原示意图见二维码 5-8)。

二维码 5-8

竞争法其缺点是每种抗原都要进行酶标记，而且因为抗原结构不同，还需应用不同的结合方法。此外，试验中应用酶标抗原的量较多。但此法的优点是出结果快。当抗原材料中的干扰物质不易除去，或不易得到足够的纯化抗原时，可用此法检测特异性抗体，其原理为标本中的抗体和一定量的酶标抗体竞争与固相抗原结合，标本中抗体量越多，结合在固相上的酶标抗体愈少，因此阳性反应呈色浅于阴性反应。竞争法测抗体有多种模式，可将标本和酶标抗体与固相抗原竞争结合。另一种模式为将标本与抗原一起加入固相抗体中进行竞争结合，洗涤后再加入酶标抗体，与结合在固相上的抗原反应。

4. 捕获法

在传染病的早期诊断中通常需检测 IgM 抗体。间接法 ELISA 一般仅适用于检测总抗体或 IgG 抗体，若用该法直接测定 IgM 抗体，因血清样本中含有高浓度的 IgG 抗体，其中部分特异 IgG 抗体将与 IgM 抗体竞争与固相抗原结合，从而干扰 IgM 抗体的检测。因此，在临床检验中测定 IgM 抗体时多采用捕获法，即先将所有血清 IgM（包括特异性 IgM 和非特异性 IgM）固定在固相上，在去除 IgG 后再测定特异性 IgM。操作步骤如下。

①将抗 IgM 抗体连接在固相载体上，形成固相抗 IgM，洗涤。

②加入稀释的血清标本：保温反应后血清中的 IgM 抗体被固相抗体捕获。洗涤除去其他免疫球蛋白和血清中的杂质成分。

③加入特异性抗原试剂：它只与固相上的特异性 IgM 结合，洗涤。

④加入针对特异性的酶标抗体：使之与结合在固相上的抗原反应结合，洗涤。

⑤加底物显色：如有颜色显示，则表示血清标本中的特异性 IgM 抗体存在，为阳性反应（捕获法检测 IgM 抗体示意图见二维码 5-9）。

二维码 5-9

5. 酶-抗酶抗体（PAP）法

该法又称 PAP-ELISA，反应过程同组化染色法，只是操作在反应板上进行。此方法虽可提高试验的敏感性，但因不易制作理想的抗酶抗体，试验中较多干扰因素影响结果的准确性，因此较少采用。

6. PPA-ELISA

以 HRP 标记 SPA（葡萄球菌蛋白 A）代替间接法中的酶标抗抗体进行的 ELISA。因 SPA 能与多种动物（如人、猪、兔等）的 IgG Fc 片段结合，可用 HRP 标记制成酶标记 SPA，而代替多种动物的酶标抗抗体，该制剂有商品供应。

7. BA 系统 ELISA

生物素（biotin）与亲和素（avidin）具有很强的结合能力，因此可将其引入 ELISA，方法有 BA-ELISA（反应层次为抗原、待检血清、生物素化二抗、酶标亲和素）、BAB-ELISA（反应层次为抗原、待检血清、生物素化二抗、亲和素、酶标生物素）、ABC-ELISA（反应层次为：抗原、待检血清、生物素化二抗、酶标记的亲和素与生物素复合物）等。

8. 斑点 ELISA

斑点 ELISA（Dot-ELISA）是以硝酸纤维素膜代替反应板，用不溶性供氢体显色。也可作直接法、间接法等。

（二）特点

ELISA 为一种生物活性物质微量测定技术，与经典生物学和化学方法相比，该方法具有以下特点：①灵敏度高，其检测限可达到“ng”甚至“pg”水平，并可作定量测定；②特异性强，抗原抗体发生特异性免疫反应，结构类似物对检测干扰很小；③操作简单方便，样本处理后可一次进行上千个样本的检测，也可实行单个药物检测或多残留检测，特别适合于对大规模样品的检测；④安全性高，对环境污染程度低，减少了对检测人员和环境的潜在危害。

（三）发展

ELISA是免疫诊断中的一项新技术，现已成功地应用于多种传染性、寄生虫性及非传染性等疾病的诊断。目前，ELISA在各领域的应用范围日益扩大，可概括为4个方面：各种细胞内成分的定位、研究抗酶抗体的合成、免疫沉淀反应、定量检测体液中抗原或抗体成分。

五、基因芯片

随着分子生物学相关学科的迅猛发展，极大地带动了动物疾病相关基因以及病原微生物基因的定位、克隆、结构与功能研究，基因芯片就是在这个背景下发展起来的一项分子生物学新技术。基因芯片，是平面载体和载体上按照某种预先设计的位置高密度有序排列的成千上万核酸探针的称谓，也称DNA芯片或DNA微阵列。基因芯片技术融合了生命科学、化学、微电子学、计算机科学、统计学和生物信息学等诸多学科领域的成就，具有高通量、高集成、微型化、平行化、多样化和自动化等特点。该技术的出现为生命科学、医学、化学等领域的研究提供了一个强有力的工具。

（一）基因芯片技术的基本原理

基因芯片技术是近年来基于核酸分子原位杂交技术原理发展而来的一种全新的检测方法。它通过采用半导体光刻加工微缩技术，将现在生命科学研究中许多不连续的、离散的分析过程，如样品制备、化学反应和定性、定量检测等手段集成于1 cm^2 大小的基片，在上面固定核酸、蛋白及多肽序列等大量探针分子，形成高密度点阵，与样品中的靶分子作用后，通过分子杂交技术在相同条件下进行反应，反应结果用同位素法、化学荧光法、化学发光法或酶标法显示，然后用精密的扫描仪或激光共轭聚焦摄像技术记录，由计算机进行分析、综合，并使这些分析过程连续化和微型化。

基因芯片技术的4个技术环节是芯片的制备、样品制备与标记、杂交反应、信号检测和分析。

（二）基因芯片的分类

①按其片基不同，可分为无机片基芯片和有机合成片基芯片。

②按其应用不同，可分为表达谱芯片、诊断芯片、检测芯片。

③按其制备方法不同，可分为原位合成芯片和合成后交联芯片。

④按载体上所点探针的长度不同，可分为cDNA芯片和寡核苷酸芯片。

（三）基因芯片的应用

基因芯片技术以一种全新、系统的科研思维方式研究生物体，在生命科学研究领域中的应用几乎是全方位的，包括DNA测序、基因表达分析、检测基因突变和基因组的多态性、基因诊断、药学研究和环境保护等方面。尽管基因芯片技术已经在一些科学研究和医学临床实践中得到了一些应用，但是在一些领域尤其是在兽医领域中，该技术还尚处于初步的探索发展阶段，在基因治疗和基因疫苗的研制等方面基因芯片技术也没有得到广泛应用。然而，随着生物信息学的进步和发展，基因芯片技术一定会进一步成熟，必将给人类提供越来越多的方便，发挥越来越大的重要作用，从而帮助人们认识、掌握和利用生命科学的规律。

基因芯片技术充分利用了生物学、信息学等当今前沿科技成果，发展至今，在诸多领域已呈现出广阔的应用前景。当然，作为一项新诞生的技术，它也同样有许多问题需要解决，有学者也指出，基因芯片技术作为一种预测手段还不稳定，应慎重选择。首先该技术需要大量已测知的、准确的DNA/cDNA片段的信息，充分利用这些信息才能使芯片技术成为大规模、集成化、整体获取生物信息的有效手段，现在尚缺乏公开可得的、经证实准确的基因序列。其次是目前研究芯片技术的费用还比较高昂，尽管芯片或微阵列可以重复多次使用，但每次杂交反应后，其敏感性都会降低。此外，样品制备和标记还比较复杂，各研究机构中仍没有一个统一的质量控制标准，各实验室不能分享数据和资料库等。但相信随着功能基因组学和蛋白组学研究的深入和芯片技术的完善，这些问题最终将会得到很好的解决。基因芯片技术的建立得益于人类基因组计划的实施，在进入后基因时代的如今，基因芯片技术必将得到更广阔的发展空间。

（单虎）

第四节　血清学与抗病血清制造技术

抗病血清又称抗血清或高免血清，是一种含有高效价特异性抗体的动物血清。特异性高免血清可提供相应疫病短期的被动免疫，广泛使用于疫病早期治疗和疫病流行早期对未感染动物的短期预防，也可抑制引起器官移植死亡的淋巴细胞活动。特异性高免血清还可用于疾病诊断与微生物鉴定。抗血清包括抗毒素、抗细菌、抗病毒血清。抗毒素血清是用细菌类毒素或毒素免疫异源动物所取得的血清，如破伤风抗毒素；抗菌血清是用细菌免疫异源动物所取得的血清，如抗炭疽血清；抗病毒血清是用病毒免疫异源动物所取得的血清，如抗猪瘟血清。选择免疫动物是制备抗血清的第一步，也是比较关键的一步。可作为免疫用的动物多为哺乳类和禽类，主要有家兔、绵羊、马、牛、猪、驴、豚鼠和鸡等，其中实验常用的有家兔、绵羊、鸡和豚鼠。大批抗血清是用马、牛生产的，因为一般情况下，马、牛具有产量大、成本低、饲养管理方便等优点，在高免中不受接种途径、接种量与接种次数的限制。

一、抗病血清的制备

（一）抗血清的制备

抗血清既可以利用病原微生物抗原免疫同种或异种动物后采血并提取血清制备，也可以提取自然感染动物血清制造。通常是给动物适当反复多次注射特定的病原微生物或其代谢产物等物质，促使动物不断产生免疫应答反应，从而使血清中含有大量相应的特异性抗体。然后采（放）血、分离血清制成。

（二）抗血清的制备方法

1. 动物的选择

①免疫动物亲缘关系：近缘动物的蛋白质免疫原性弱，反之则强，因此，选择动物时应选用亲缘关系较远的动物。

②抗血清的用量：根据抗血清的需要量选择免疫动物。若是经常大量使用，则应选择大动

物;若所需抗血清量少,则以选择小动物为宜。

③动物的个体状态:用于免疫的动物必须是适龄、健壮、无感染的动物。免疫过程中应特别注意营养和卫生管理。

2. 抗原(免疫原)制备

抗原是制备抗血清的基础,必须具有良好的免疫原性和免疫反应性,因为选择优良的菌/毒株是制备优良抗原的关键,所以应挑选培养形态、生化、血清学与抗原性、毒价(力)等具有典型性的菌/毒株用于抗原制造。抗原菌/毒株有强菌/毒株与弱菌/毒株之分,前者用于高免,后者多用于基础免疫,既可提高血清抗体效价又不损害免疫动物。抗血清抗原制备方法随免疫途径、程序、菌/毒株的特性而异。

3. 免疫程序

不同抗血清由于病原体的特点、免疫机理等不同,其获得高效价抗体的免疫程序也有差别。一般免疫程序:①如用强毒作加强免疫,则用疫苗(弱毒或灭活苗毒)作基础免疫,然后再以递增量强毒抗原进行高免。这种程序可获高效价抗体的抗血清,如抗气肿疽血清、抗猪、牛巴氏杆菌病血清等。②如以佐剂抗原(如破伤风毒素油佐剂、破伤风类毒素氢氧化铝佐剂疫苗)进行免疫,只需以递增量免疫即可获得高效价抗体的抗血清。免疫剂量、次数、间隔,在各种抗血清制造中差异极大,如抗猪丹毒血清全程要注射抗原 20 次,历时 60～100 d;抗猪瘟血清要注射 6 次以上,全程约 50 d,且以获得高抗体效价为佳。

4. 血清抗体的检测

免疫程序接近结束时,测定血清的抗体效价,如果效价已达规定的要求,即视作免疫成功,可以开始采血。若经试血,血清效价不合格,则可继续增加注射抗原次数或剂量,如再试血仍不合格,应将该动物淘汰。测定免疫血清效价是及时掌握采血时机的重要步骤。在“兽药典”中规定了各种血清抗体的检测方法。目前,根据抗体效价的不同,其检测方法也很多,有血凝试验和血凝抑制试验、间接 ELISA、斑点 ELISA、琼脂扩散试验等。当用琼脂扩散试验测定血清效价时,若在抗原孔与抗体孔之间出现沉淀线者,即为阳性;最高稀释倍数血清孔出现的沉淀线,即为该血清的抗体效价。

5. 血清采集与提取

通常在末次免疫后 7～10 d 采血样检测抗体效价,抗体滴度达到要求后,再按体重采血(10 mL/kg)。不论免疫动物是大动物或小动物,采血方法均分一次放血和多次放血法两种。

一次放血法:绵羊或其他大动物可自颈动脉放血,家兔、豚鼠和鸡等小动物可通过心脏直接采血。

多次少量放血法:大动物可通过静脉采血,小动物可自心脏采血,在第 1 次采血后 35 天进行第 2 次采血。动物采血应在上午空腹时进行,采前禁食 1 d,可避免血中出现乳糜而获得澄清的血清。血清提取常采用自然凝固加压法和枸橼酸盐血浆分离血清法。在操作过程中,血清的分离应在无菌条件下进行,并应尽量防止溶血。采血用的器械、容器等用前要进行灭菌,以无菌操作采血,分离的血清加防腐剂经检验合格后分装和保存。

6. 抗血清的检验

按照《中华人民共和国兽医生物制品质量标准》(以下简称“质量标准”)的要求,每一种生物制品都需要进行检验。抗血清的检验包括物理性状检验、无菌检验、支原体检验、外源病毒检验、安全检验、效力检验和苯酚或汞类防腐剂残留量测定。物理性状检验、无菌检验、支原体检验、外源病毒检验均按“质量标准”中成品检验的有关规定进行。其中，外源病毒检验的种类有：①禽类：鸡传染性支气管炎病毒、鸡新城疫病毒、禽腺病毒、禽A型流感病毒、鸡传染性喉气管炎病毒、禽呼肠孤病毒、鸡传染性法氏囊病病毒、禽网状内皮组织增生症病毒、鸡马立克病病毒、禽淋巴白血病病毒、禽脑脊髓炎病毒、鸡痘病毒；②家畜：牛病毒性腹泻/黏膜病病毒、伪狂犬病病毒、猪细小病毒、猪瘟病毒、蓝舌病病毒、马传染性贫血病毒、狂犬病病毒。安全检验通常用体重18～22 g的健康小白鼠5只，各皮下注射血清0.5 mL，用体重250～450 g的健康豚鼠2只，各皮下注射血清10 mL，观察10 d，均应健康。效力检验则按不同病原的抗血清规定方法和剂量进行。苯酚或汞类防腐剂残留量测定应符合兽医生物制品通则的规定。

(三)抗血清中病原体的处理

对于新制备的抗血清，如果没有对外源病原体的检测和相应的处理，则其属于不合格的产品。因此，处理抗血清中的病原体(主要是病毒)应成为抗血清安全性的首要问题，也是提高抗血清产品质量的一个关键环节。一般情况下，处理病毒需进行以下3个方面的程序：病毒排除、病毒去除和病毒灭活。排除病毒的最主要的工作是对材料的筛选，它至少防止了抗血清分离混合物中过高的病毒负荷。而去除病毒则是确保抗血清成品安全的一个重要程序。其去除过程主要依据的是传统物理法，如膜过滤法等。膜过滤法去除病毒的原理是用病毒颗粒体积大于膜平均孔径而使病毒截留在滤膜上，通过这一步可使抗血清制品得到进一步纯化。

最具有技术难度的是病毒灭活技术，因为所选的灭活方法必须满足以下条件：①灭活技术本身或其致活因子与血液成分反应的产物应无急性或慢性毒性作用；②不使血清成分发生变性，不产生新的免疫原，或不使长期使用者发生免疫反应性疾病；③灭活后的终产品仍然具有正常理化活性和免疫学性质；④灭活方法要简便、可行，无须大量人力、设备和空间。目前，已经开发利用的方法很多，但只有其中一些比较适合抗血清制品的病毒灭活，如亚甲蓝/光化学(MB)法、γ-射线辐照法、以核酸为靶点的光化学技术以及流体力学高压法等。

二、相关应用研究

几乎所有动物传染病的病原微生物(特别是细菌和病毒)及其代谢产物都可制造相应的抗血清，用于疾病的紧急预防与治疗，部分高免血清可以用于疾病诊断和病原鉴定，特别是对于宠物、珍稀动物以及易患突发性疾病的动物具有非常重要的应用价值。当动物接种相应抗血清后，机体迅速得到大量非自身免疫抗体，从而快速中和侵入机体的病原，或者抵御致病病原的攻击，如抗猪瘟血清能有效地控制猪瘟的疫情，抗犬瘟热血清对犬瘟热有独特的疗效。迄今，已被国家批准生产应用的抗血清有抗气肿疽血清、抗炭疽血清、抗绵羊痢疾血清、抗猪羊多杀性巴氏杆菌病血清、抗猪瘟血清、破伤风抗毒素、抗猪丹毒血清、抗犬瘟热血清和抗细小病毒病血清等。目前，尽管新的疾病诊断和病原鉴定方法不断出现，但是血清学诊断方法仍占主要地位。而在用血清学方法时，必须要以阳性血清作为反应的诊断物。因此，具有高效价特性的抗血清成为首选。现已批准生产的有炭疽沉降素血清、布鲁菌病试管凝集试验阳性血清、衣原体病间接血凝试验阳性血清、口蹄疫细胞中和试验阳性血清、蓝舌病琼脂扩散试验阳性血清、日本血吸虫病凝集试验阳性血清、大肠埃希菌K88、K99、987P定型血清、水貂阿留申病对流免疫电泳阳性血清和狐阴道加德纳菌病虎红凝集试验阳性血清等。

三、免疫血清学技术

免疫血清学技术见二维码 5-10。

二维码 5-10

（袁万哲）

第五节　卵 黄 抗 体

禽卵黄抗体(yolk antibody,IgY)是禽类 B 淋巴细胞在抗原物质刺激下产生的沉积于卵黄中的一种免疫球蛋白。由于卵黄抗体能够靶向清除病原,疗效理想且不产生毒副作用,不会激发补体系统,因此卵黄抗体已被广泛应用于动物疾病的诊断、预防和治疗工作。

一、卵黄抗体的免疫学特性

正常 IgY 的相对分子质量约为 180 ku,由两条重链(2H)和两条轻链(2L)组成,H 链分子量 65～70 ku,L 链分子量 19～21 ku,等电点约为 5.2。相对于哺乳动物的 IgG 抗体,IgY 的免疫学特性有以下特点:IgY 不结合细菌和哺乳动物的 Fc 受体,不结合 SPA,也不结合链球菌 G 蛋白(SPG),不激活哺乳动物的补体系统,不结合类风湿因子,故使用 IgY 抗体作为免疫学工具可避免干扰现象,减少假阳性的产生。鸡蛋的生产成本低,卵黄抗体提纯技术成熟,无须采血,无损伤,能够大量生产抗体又不违背动物福利原则。由于禽类与哺乳动物系统发育的差距,二者的亲缘关系较疏远,哺乳动物的蛋白质抗原在禽体内更易产生特异性高的抗体,易于提纯。服用 IgY 安全可靠,对肠道正常菌群无副作用,不存在耐药性和药物残留问题。

二、制备方法

卵黄抗体是通过免疫注射产蛋鸡,由其生产的蛋黄中提取相应的抗体。经皮下注射的方法比肌内注射能产生更高滴度的抗体,免疫间隔时间对抗体的产生影响较大。通常,初次免疫与第一次加强免疫之间的时间间隔至少 4 周。

(一)卵黄抗体的分离

1. 水稀释法

先将卵黄液用蒸馏水稀释 10 倍,调整 pH 至 5.0～5.2,4℃静置 6 h 以上,上清液即为水溶性组分。水稀释法工艺简单，若采用适当的方法进行纯化，可获得较高的回收率和纯度。有机物沉淀法中聚乙二醇(PEG)法是较常用的方法。通过免疫产蛋母鸡，收获高免鸡蛋，以TBS作为缓冲液，将卵黄液稀释4倍后，加入3.5%的聚乙二醇6000沉淀脂类，IgY保留在上清液中，应用这种方法从每毫升卵黄液中获得约4.5 mg的特异性IgY，纯度达95%。

2. 有机溶剂抽提法

脂类易溶于有机溶剂，可采用氯仿、丙酮等有机溶剂进行分离。用经TBS冲洗过的鸡蛋黄制成15 mL蛋黄液，加入40 mL TBS充分混匀后加入40 mL氯仿，冷冻离心，分三相。弃去氯仿层保留水层，中间的半固体相用40 mL TBS萃取，取水层与前一步水层合并即为水溶性组分。

(二)卵黄抗体的提取方法

提取的目的是将大量IgY从水溶液中分离出来。目前主要通过超滤法或沉淀法来实现。超滤法具有浓缩、除盐、分级和纯化作用。卵黄抗体的分子量约为180 ku，在提取时可采用截流值为100 ku的超滤膜。超滤法具有所需设备较简单、操作方法简便等优点，适合大规模工业化提取IgY。沉淀法所用的沉淀剂包括无机物、有机物或有机溶剂，也可以采用多种方法联合沉淀，或者沉淀法和超滤法相结合的方法提取卵黄抗体。无机物沉淀法向含有IgY的水溶液中加入无机盐或无机盐过饱和溶液，使IgY在高盐条件下盐析，常用的无机盐有硫酸钠和硫酸铵。采用无机盐沉淀后所得固体，一般需经半透膜透析以除去残留的盐分。通过比较硫酸铵沉淀法及离子交换法，发现前者所制备的IgY纯度高于后者，而且适合于大量样品的制备。

(三)卵黄抗体的纯化方法

1. 凝胶过滤层析

主要利用具有网状结构的凝胶分子筛作用，可根据被分离物的分子大小不同选择不同的凝胶介质进行层析。IgY纯化时，多采用以葡聚糖交联的弱碱性阴离子交换剂DEAE为载体，磷酸盐缓冲液作为吸附一洗脱体系进行分离纯化。用DEAE-Sephacel柱层析可获得纯度为98%的IgY，每个鸡蛋黄可收获70～100 mg IgY。

2. 亲和层析

纯化IgY采用的亲和层析方法包括亲硫层析、固相金属离子亲和层析、合成配体亲和层析以及免疫亲和层析等。

三、应用前景

IgY除了能很好地治疗传染性法氏囊病外，在其他病毒性疾病方面也有广泛应用。近年来，IgY作为潜在的饲料添加剂发展较为迅速，目前已经有相关产品问世。研究表明，饲喂含有抗犬细小病毒、狂犬病病毒、传染性肝炎病毒、犬副流感病毒、犬冠状病毒的IgY饲料，可以有效降低断奶幼犬腹泻、血便和呼吸道等疾病，提高幼犬的成活率。但IgY作为添加剂进行大规模的应用还存在一定的问题，如特异性菌/毒株的选择问题、IgY的稳定性保护和贮存、污染防治等问题，但是可以预见，IgY在饲料添加剂方面可能具有很好的前景。

随着细菌对抗生素耐药性的增加及抗生素在欧洲的禁用，科学家正致力于寻找抗生素的有效代替品；同酶制剂、益生素、中草药等一样，IgY作为一种廉价、安全、有效、易获得的抗体，不存在药物残留和耐药性的问题，而且IgY是蛋白质、本身具有促生长作用，非常符合我国畜牧业生产的实际，在动物疾病的预防控制、诊断和治疗方面将具有广泛的应用前景。但应用IgY防治畜禽疾病也有不可避免的缺点，如IgY是高蛋白物质，在生产过程中易污染细菌；还可能带有蛋传染性疾病的病因，对养禽业存在潜在的威胁；目前对于IgY没有统一可执行的质量标准，没有规范的操作规程，没有用于监制的质量标准等。今后应尽快制定IgY的各类标准和规范，提高产品质量，使其在畜牧业生产中发挥更大的作用。

（单虎）

复习思考题

1. 重组抗原的制备方法包括哪几种？各自有哪些优缺点？
2. 单克隆抗体制备技术包括哪几种？各自有哪些优缺点？
3. PCR诊断技术的原理是什么？在常规PCR基础上衍生出来的诊断技术有哪几种？
4. PCR试剂盒反应体系的组分包括哪些？
5. ELISA检测方法包括哪几种类型？并简述其优缺点。
6. 简述卵黄抗体的制备方法。

第六章　兽医生物制品生产用主要设备及污物处理

本章摘要：生产所用的灭菌设备和产区净化是保证生物制品质量和环境安全的重要手段，同时生产过程中所产生固液气废弃物中存在潜在危险，必须经相关设备专门处理才能排放。这些均是有效安全生产的前提条件。目前，绝大多数兽医生物制品生产所需的抗原均是通过培养获得，这些培养装置包括生物反应器、恒浊器与恒化器、厌氧罐、摇床、培养箱等。随着工业化自动化的不断发展，生产禽胚源性疫苗，已经采用自动化设备代替人工接种收获，能有效地提高生产效率和减少生物安全风险。最后通过分装包装形成产品，通过各种冷藏设备储存或者运输，便于保障产品品质和客服使用。

第一节　灭菌与净化设备

兽医生物制品为动物与人类的健康、现代生物科学探索等领域做出了巨大贡献。但由于生物制品本身的特性和安全防护方面的漏洞，也会出现某些生物灾害，造成不应有的损失。生产设备的灭菌和产区净化对于兽医生物制品生产质量保障有特殊的意义。

一、生产设备的灭菌

1. 干热灭菌设备

干热灭菌的主要设备有烘箱、干热灭菌柜、隧道灭菌系统等。干热灭菌柜、隧道灭菌系统是制药行业对玻璃容器进行灭菌干燥工艺的配套设备，适用于药厂经清洗后的安瓿瓶或其他玻璃容器用盘装的方式进行灭菌干燥。

2. 湿热灭菌设备

热压灭菌器有密封端盖，可以使饱和水蒸气不逸出，由于水蒸气量不断增加，而使灭菌器内的压力渐渐增大，利用高压蒸汽杀灭细菌，是一种公认的可靠灭菌法。凡热压灭菌器应密闭耐压，有排气口、安全阀、压力表、温度计等部件。热源有的通饱和蒸汽，也有的在灭菌器内加水，用煤、电或木炭加热。常用的热压灭菌器有手提式热压灭菌器和卧式热压灭菌柜系统。

(1)手提式热压灭菌器　这种灭菌器，锅盖上装有压力表、放气阀门、安全阀门和手柄。放气阀下接一放气软管，用以排出冷空气。当锅内压力增加达到此种灭菌器不能承受的压力时，安全阀门将被锅内蒸汽推开、放出蒸汽，以免发生事故。另外锅盖上还有两个小孔，内嵌有特制合金，在锅内蒸汽压力超过限度时，合金即被熔融，亦可放出蒸汽以防爆炸。锅内有电热管，用来加热水产生蒸汽。锅内有一铝桶（内桶），供放置灭菌物品，灭菌完毕后可连铝桶一起取出。

（2）卧式热压灭菌柜　在药品生产上，湿热灭菌法的主要设备是灭菌柜。现在国内很多企业使用的方型高压灭菌柜，能密闭耐压，有排气口、安全阀、压力和温度指示装置。带有夹套的灭菌柜和带轨道的活动格车，分为若干格。灭菌柜顶部装有两只压力表，一只指示蒸汽夹套内的压力，另一只指示柜室内的压力。灭菌柜的上方还应安装排气阀。目前，国内兽药生产企业使用较多的是带有预真空功能的脉动真空压力蒸气灭菌器，配有真空泵，在通入蒸汽前先将内部抽成真空，形成负压，以利蒸汽穿透。在压力 105.95 kPa 时，温度达 132℃，4～5 min 即可灭菌。灭菌柜为高压设备，必须按 GB 150—1998《钢制压力容器》和《压力容器安全技术监察规程》制造，确保使用安全。使用时必须严格按照说明书进行。

（3）紫外线灭菌法　用于灭菌的紫外线波长是 200～300 nm，灭菌力最强的波长为 254 nm 的紫外线，可作用于核酸蛋白促使其变性；同时空气受紫外线照射后产生微量臭氧，从而起到共同杀菌的作用。紫外线进行直线传播，其强度与距离平方成比例减弱，其穿透作用微弱，但易穿透洁净空气及纯净的水，故广泛用于纯净水、空气灭菌和表面灭菌。一般在 6～10 m^2 的空间可安置 30 W 紫外灯一只，灯距地面 2.5～3 m 为宜，室内相对湿度为 45%～60%，温度 10～30℃，杀菌效率最理想。

二、灭菌方法的选择

湿热灭菌主要通过凝固菌体蛋白质而使微生物死亡，与干热法相比，具有时间短、温度低、热效应好的特点，适用于耐湿、耐热物品的灭菌。干热灭菌适用于设备、容器等耐热物质的灭菌，使用时选用穿透性好，耐热且不易变形的包装材料。灭菌效果应经检验。灭菌器的空气进入口及排气口应安装不脱落纤维的无菌过滤装置。放射灭菌法适用于对热不稳定的固体物质，但不少生物药品和包装材料易被射线破坏，因而本法必须经实验确证射线对灭菌物无破坏作用后才能采用。环氧乙烷可用于玻璃、金属、橡胶、塑料等固体表面的灭菌，由于其本身的毒性，与空气混合后的易爆炸性，以及使用后的残留量问题等，因此，只有确认其对产品或材料无破坏作用并与所灭菌的材料不形成有毒物质后方可采用。

三、厂区净化

生物制药工厂不仅设备多、生产工艺复杂、洁净级别和无菌的要求高，而且对生产人员的素质也有严格的要求。

洁净区：需要对环境中尘粒及微生物污染进行控制的房间（区域），其建筑结构、装备及其使用均具有防止该区域内污染物的引入、产生和滞留的功能，根据洁净级别不同分为百级区、万级区、十万级区、三十万级区（表 6-1）。

气锁间：设置于两个或数个房间之间（如不同洁净度级别的房间之间）的具有两扇或多扇门的隔离空间。设置气锁间的目的是在人员或物料出入其间时，对气流进行控制。气锁间有人员气锁间和物料气锁间之分。

表 6-1 空气洁净级别标准

洁净级别	尘粒最大允许数/m³(静态)		换气次数
	≥0.5 μm	≥5 μm	
百级	3 500	0	0.8 m 高平面,垂直单向流≥0.25 m/s,水平单向流 0.35 m/s
万级	350 000	2 000	≥20 次/h
十万级	3 500 000	20 000	≥15 次/h
三十万级	10 500 000	60 000	≥10 次/h

净化室的基本特征:必须以尘粒和微生物为环境控制对象。空气洁净度级别相同的洁净室宜相对集中。不同空气洁净度级别的洁净室应该根据空气洁净度级别的高低按里高外低进行布局,并应有指示压差的装置或设置监控报警系统。不同洁净度级别室之间有相互联系(人、物料进出)时,应按人净、物净措施处理。洁净室需设立单独的备料室、称料室,其洁净度级别同初次使用该物料的洁净室。洁净室应设单独的设备及器具清洗室。清洁工具洗涤、存放室宜设在洁净区外。如需设在洁净室内,其空气洁净度级别应与本区域相同,并有防止污染的措施。100 000 级及以上区域的洁净工作服的洗涤、干燥、灭菌室应设在洁净室内,其洁净度级别不低于 300 000 级。无菌工作服的整理室、灭菌室,其洁净度级应与使用此无菌工作服的洁净室相同。不同洁净级别区域的工作服不应混洗。人员净化用室包括换鞋室、更衣室等按工艺要求设置。厕所、沐浴室、休息室的设置不得对洁净室产生不良影响。

洁净室的温度:在无特殊要求下,应该为 18～26℃,相对湿度控制在 30%～65%。

生物制药洁净厂房污染控制:污染源控制,散播过程控制,交叉污染控制。净化室关键技术主要在于控制尘埃和微生物,作为污染物质,微生物是净化室环境控制的重中之重。

第二节 微生物培养装置

从历史发展的角度来分析,微生物培养技术的发展主要有这样几个特点:①从少量培养发展到大规模培养;②从以固体培养技术为主发展到以液体培养技术为主;③从静止式液体培养发展到通气搅拌式的液体培养;④从利用分散的微生物细胞发展到利用固定化的细胞集团;⑤从单纯利用微生物细胞到大量培养利用高等动、植物细胞;⑥从利用野生菌种发展到利用变异株以及“工程菌”等。以下列举常用的几种微生物培养装置。

一、培养箱

培养箱是培养微生物的专用设备。制热式培养箱是由电炉丝和温度控制仪合成的固定体积的恒温培养装置,大小规格不一,适用于室温至 60℃之间的各类微生物培养。目前,有各种结构合理、功能齐全的培养箱,如恒温培养箱、恒温恒湿培养箱、低温培养箱、微生物多用培养箱和二氧化碳培养箱等。微生物多用培养箱是融加热、制冷和振荡于一体的微生物液体发酵装置,振荡机转速可在 1～220 r/min 范围内任意调控。

二、摇床

摇床是培养好气性微生物的小型试验设备或作为种子扩大培养之用，常用的摇床有往复式和旋转式两种。往复式摇床的往复频率一般在 80～140 r/min，冲程一般为 5～14 cm。旋转式摇床的偏心距一般在 3～6 cm，旋转次数为 60～300 r/min。

三、厌氧罐

这是一种常规的不很严格的厌氧技术，可用于培养多数厌氧菌。在罐内一般可放 10 个常用的培养皿（直径 9 cm）或任何液体培养的试管。厌氧罐的类型很多，国际上盛行方便的"GasPak"产气袋商品，把袋口剪开一角并加适量水后，即会自动放出足够的 CO_2 和 H_2。

四、恒浊器与恒化器

恒浊器是一种根据培养器内微生物的生长密度，并借光电控制系统控制培养液流速，使细菌培养液保持恒定的连续培养方法。主要用于获得大量菌体或与菌体相平行的代谢产物。与恒浊器相反，恒化器是一种设法使培养液的流速保持不变，并使微生物始终在低于其最高生长速率的条件下进行生长繁殖的连续培养装置。

五、生物反应器

生物反应器是指任何提供生物活性环境的制造或工程设备。在一般情况下，生物反应器是一个进行涉及生物或生物化学活性物质由特定的生物生产出来的化学过程的容器。此过程既可以在有氧条件进行也可以在无氧条件进行。这些生物反应器通常呈圆筒状，其体积从几升到几立方米不等，多由不锈钢制成。常用的有发酵罐和动物细胞培养用生物反应器。

1. 发酵罐

发酵罐是指工业上用于进行微生物发酵的装置。其主体一般是由不锈钢板制成的主式圆筒，容积在 1 m^3 至数百立方米。发酵罐的主要作用是为微生物提供丰富而均匀的养料，良好的通气和搅拌，适宜的温度和酸碱度，并能确保防止杂菌的污染。为此，除了罐体有合理的结构外，还要有一套必要的附属装置，例如培养基配制系统、蒸汽灭菌系统、空气压缩和过滤系统，以及发酵产物的后处理系统等。按照发酵罐的设备，分为机械搅拌通风发酵罐和非机械搅拌通风发酵罐。

2. 动物细胞培养用生物反应器

动物细胞培养用生物反应器种类繁多，按细胞培养方式、反应器操作模式、液体存在相、反应器的几何特征等划分为不同类别。较常用的反应器如下。

①搅拌式生物反应器，主要由培养罐、管道、阀门、泵、搅拌电机、控制系统等部分组成，罐体主要有硼硅酸盐玻璃和不锈钢两种材质。通过搅拌器旋转驱动营养液流动，从而为细胞提供生长所必需的条件。

②气升式生物反应器，结构上与搅拌式生物反应器差别不大，其显著特点是以气体上升为动力，由导流装置引导形成气液混合的总体有序循环，用气流代替搅拌叶轮进行搅拌。气升

式生物反应器的优点：罐内液体流动温和均匀，剪切力小，对细胞损伤较小；可直喷射空气供氧，氧传递率较高；液体循环量大，细胞和养分都能均匀分布于培养液中，结构简单，利于密封并降低了造价。

③填充床生物反应器，是在反应器中填充一定材质的填充物，供细胞贴壁生长。营养液通过循环灌流的方式提供，并可在循环过程中不断补充。细胞生长所需的氧分也可以在反应器外通过循环的营养液携带，因而不会有气泡伤及细胞。这类反应器剪切力小，适合细胞高密度生长，但混合效果比上述生物反应器要差。

④膜式生物反应器，中空纤维素膜生物反应器使用中空纤维素膜隔离细胞与介质，在中空纤维的内壁和外壁培养细胞。细胞在中空纤维的一侧生长，培养介质在罐内流动，通过扩散向细胞传递营养物质，而细胞不能透过纤维膜。此类生物反应器的优点：可以广泛用于各种细胞培养；细胞可以生长到高密度，节省空间；培养时间可持续很久，细胞增殖率高；细胞和培养基可以分离；产物浓度非常高，产品纯化所需成本相对较低。缺点：不能给细胞生长提供均一的生长环境；中空纤维素膜价格昂贵、消耗量大，不易重复使用；容易污染；不易清洗和维护；不宜放大。

第三节　多肽合成仪

一、多肽合成仪的分类

目前多肽合成仪品种繁多，从合成量上，可分为微克级、毫克级、克级和公斤级；从功能上，可分为研究型、小试型、中试型、普通生产型和 GMP 生产型；从自动化程度上，可分为全自动、半自动和手动；从通道上，可分为单通道和多通道；从技术角度上，可分为第一代、第二代和第三代……，针对数量少但合成量大的生产性应用，典型代表是美国 ABI 公司的 ABI336 型多肽合成仪；针对药物研发、基因研究等科研性应用，典型代表是德国 Intavis AG 公司的 ResPep SL 和 MultiPep RS 系列。

二、多肽合成仪运行原理

多肽合成总的来说分成两种：固相多肽合成和液相多肽合成。目前，固相法已成为多肽和蛋白质合成中的一个常用技术。固相合成方法有两种，即 Fmoc 和 tBoc。由于 Fmoc 比 tBoc 存在很多优势，现在大多采用 Fmoc 法合成，但对于某些短肽，tBoc 因其产率高的优势仍然被很多企业所采用。

多肽合成仪以固相合成为反应原理，在密闭的防爆玻璃反应器中使氨基酸按照已知顺序序列，一般从 C 端（羧基端）向 N 端（氨基端）不断添加、反应、合成，操作最终得到多肽载体。羧基端是游离的，并且在反应之前必须活化。具体合成由下列几个循环组成。

①去保护：Fmoc 保护的柱子和单体必须用一种碱性溶剂（piperidine）去除氨基的保护基团。

②激活和交联：下一个氨基酸的羧基被一种活化剂所活化。活化的单体与游离的氨基反

应交联，形成肽键。在此步骤使用大量的超浓度试剂驱使反应完成。循环：这两步反应反复循环直到合成完成。

③洗脱和脱保护：多肽从柱上洗脱下来，其保护基团被一种脱保护剂（TFA）洗脱和脱保护。

三、多肽合成仪基本元件

多肽合成仪基本元件包括反应器、氨基酸储罐、溶剂储罐、转液瓶、感应器、废液桶、控制配件、电磁阀、控制面板等。

数百年来，制药业的反应器/反应釜设备以玻璃材质最为常见，因其完全透明且耐腐蚀，而被众多化学、生物学专家沿用。多肽合成的过程需要操作人员直观监测，同时合成后可进行在线切割（切割试剂 TFA 的强腐蚀性对反应器材质有了极大限制），这些要求限制反应器以玻璃材质最为适用。废液桶通常选择容积较大的 HDPE 桶，保证通风良好，同时需安装感应器装置时刻检测废液情况，避免溢出。

多端触发器自感应定量量取法，直观、科学、相对误差最低。多肽合成仪中的电磁阀属于敏感配件，其控制液路的串联与闭路，在氨基酸转移与量取，溶剂转移与量取两步骤中起到至关重要的作用。不同品牌的合成仪对电磁阀的设计与排布也略有不同。控制面板内往往含有光敏组件，部分控制电磁阀以及感应器控制组。与电脑主机的控制系统、合成仪统一链接在一起，完成多肽合成的全过程。

第四节　自动接种收获机

一、自动接种机接种

自动接种机上各部位的光纤传感器检测到输送带上的蛋盘后，控制气缸完成相应的消毒、吹干、接种、等待等动作，从而完成接种的整个过程。

自动蛋胚接种机（图 6-1）由送盘装置、消毒装置、注毒装置、等待装置、电气装置组成。送盘装置由调速电机和传送带组成；消毒装置主要由消毒均压管、消毒夹板、喷雾箱、气缸组成；注毒装置由静压管、注毒夹板、打孔针头板、注毒针头板等组成。注毒静压管的作用是压入管子内的毒液均匀受压以保证注毒针头注入蛋胚内毒液均等。注毒夹板的作用是控制注入蛋胚的毒液量。打孔针头用于蛋胚壳打孔使得注毒针头能顺利进入内腔膜完成注毒工作。等待装置由气缸的挡卡组成，其作用是使各蛋盘保持一定的时间间隔，以确保整个工作顺利完成。电气装置部分主要由可编程控制器（PLC）、触摸屏及电气元件组成。

1. 自动接种机接种操作前的准备

①检查电气元件是否有明显缺陷及电气接地是否可靠，各部分进气管是否完好等，打孔针头、注毒针头无明显弯曲，调节注毒压力和蛋胚消毒罐压力。

②准备种毒、稀释液及存放毒种的含冰容器。

③根据生产产品的要求，将毒种稀释至相应的倍数。

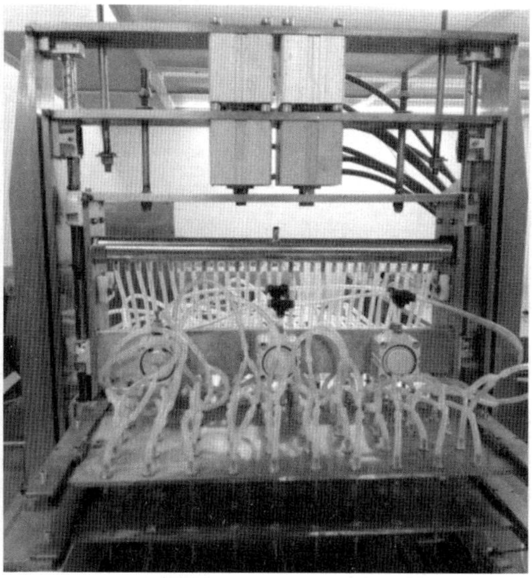

图 6-1 自动接种机

④按要求选择适合日龄的蛋胚，对蛋胚表面进行消毒。

2. 操作步骤

①安装注毒针头板：取下注毒压力挡板，装好注毒针头板，安装完毕后把注毒压力挡板放回。安装的过程中接种硅胶管应安放到相应卡槽中，不可出现重叠现象，固定挡片与螺丝必须禁锢。

②安装种毒瓶：将各部位的硅胶管连接好后，再连接压缩空气，检查注毒压力表的读数应在 0.02～0.05 MPa（为防止种毒瓶爆裂，用 6 号针头时压力控制在 0.03～0.05 MPa、用 7 号针头时压力控制在 0.02～0.03 MPa）。

③空载检验：启动机器，观察蛋盘的传送行走情况，应没有明显抖动，运行平稳且无异常声音，要求蛋盘到达接种位置时打孔针头、注毒针头动作到位。

④注毒量检测：打开"打孔""入针"键，运行数次，以排尽管道中空气；根据所需注毒量的大小，调整注毒时间，测量注毒量。

⑤将装有蛋胚的蛋盘依次送上输送带，按下"自动"键进行自动接种。

⑥及时将接种完毕的蛋胚送入孵箱置继续孵化，孵化温度一般为 36.5～37.5℃，不必翻蛋。

3. 注意事项

①蛋盘内的蛋胚大小应尽量均匀，且摆放整齐，以避免损坏注毒针头。

②接种过程中需换种毒瓶时，应先将种毒瓶内气源关闭，并放空瓶中的余压。

③如接种过程中需添加消毒液时，应先关闭压缩空气并卸压后方可进行。

④接种过程中应定期对接种量进行校验。

⑤接种过程中应保持传感器感应头的清洁，防止出现因无感应信号而造成接种程序不能进行的情况。

二、自动收获机收获

全自动蛋胚收获机(图 6-2)一般用于尿囊液的收获。其组成包括进蛋送盘装置、蛋消毒装置、蛋胚吹干装置、收获装置、收获罐装置等。各部件电气控制由可编程控制器与电气执行元件组成。送盘装置由调速电机和传送带组成,传送带的速度可通过调速旋钮进行调节;进蛋装置由蛋盘确定按键与推蛋盘汽缸组成,按动蛋盘确定按键后,推蛋盘汽缸将蛋盘自动推到指定位置;蛋消毒装置由消毒液储存盒、气压罐、气雾生成装置组成,消毒液由储存盒流入气雾生成装置后,当蛋盘到位后气压罐释放气压到气雾生成装置,生成消毒液气雾对蛋胚进行表面消毒;蛋胚吹干装置由离心风机组成,对每个蛋胚上的消毒液进行吹干;收获装置由收获头与收获汽缸组成,收获汽缸控制收获头的进蛋高低位置,收获装置对蛋胚内尿囊液进行收获,在负压的作用下,尿囊液被收获到储液罐中;收获头与收获罐通过硅胶管连接,真空泵连接在收获罐上,当收获头进入蛋胚后,通过真空泵将尿囊液吸收到收获罐中。电气控制部分主要由可编程控制器(PLC)、触摸屏和电气元件组成。自动收获基本流程如下。

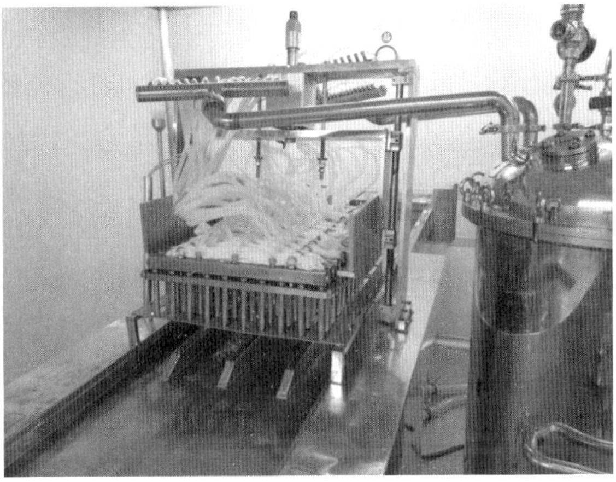

图 6-2　自动收获机

1. 照胚

接种后蛋胚一般在 36.5～37.5℃继续孵化 2～7 d,但不必翻蛋,每天至少照胚 1～2 次(不同产品照胚时间不同)。弃去接种后前期死亡的胚蛋,根据要求将留用的胚蛋(死胚或活胚)及时取出并做好标记,置于 2～8℃冷却 4～24 h,以备收获。

2. 蛋胚消毒

通常采用喷雾消毒、表面擦拭消毒和浸泡消毒等方法对蛋胚表面进行消毒。喷雾消毒是用喷雾消毒装置将消毒剂喷雾于蛋胚表面;表面擦拭消毒是先用 4%碘酊擦拭蛋壳接种部位和气室部位,再用 75%酒精脱碘;浸泡消毒则是将蛋胚浸泡于消毒液中进行消毒。

3. 胚液收获

①连接电源与压缩空气,向各汽缸内自动充气,并开启可编程控制器。安装好收获头。

②安装收获罐:将收液管道与收获头连接、收获罐的出口与真空泵进口连接,并检查各接

口的密封头是否连接妥当。

③添加消毒液:在消毒液罐中添加消毒液。

④将装有蛋胚的蛋盘依次送上输送带,打开电源按键,依次启动真空泵、吹干风扇及自动运行程序,开始自动收获。

⑤收获过程中需留样作无菌检验和病毒含量测定。

⑥收获结束后,应及时将抗原和留样放入 2～8℃冷库中保存。

第五节　分装与包装设备

目前,兽医生物制品行业普遍采用的分装设备为自动化无菌工艺分装线,主要由洗瓶机-隧道式灭菌器、分装一压塞机、轧盖机、贴签机等单元构成。分装生产线的流程一般为:空疫苗瓶经洗瓶机清洗后,通过传输系统输送至灭菌设备进行高压湿热灭菌、干燥,经检验合格,进入灌装-压塞机进行分装、压塞,按规定装量分装制品至疫苗瓶内,然后输送至轧盖机,用已经灭菌处理的铝盖对疫苗瓶进行轧盖密封,通过贴签机对分装密封好的产品进行贴签、打码标识,经自动化二维码采集系统进行数据采集,最后由全自动装箱机进行包装。

一、洗瓶机-灭菌器

洗瓶机为兽用疫苗瓶清洗设备,可与隧道式灭菌烘箱等灭菌设备组合成为联动线,亦可单独使用。疫苗瓶清洗机清洗方式为超声波清洗。主要由输瓶轨道部件、进出瓶部件、水气冲洗部件、水气循环系统组成。其原理主要是瓶子经不锈钢进瓶网带输送到进瓶盘,同时循环水注满瓶子,瓶子经过约 1 min 的超声波清洗,再进入进瓶螺杆由高压循环水冲洗瓶子的外壁,同时第一组喷针向瓶内冲循环水;第二、三组喷针冲压缩空气,将瓶内循环水排出;第四组喷针冲新鲜水;第五、六组喷针冲压缩空气,将瓶内残留水尽量排出,以便烘干。同时外喷压缩空气把瓶外壁水吹干净,至此完成瓶子的所有清洗工序。机械手将瓶子翻正,并送至出瓶拨轮,出瓶拨轮将瓶子推出,瓶子进入出瓶盘或干燥机烘箱网带上(图 6-3)。

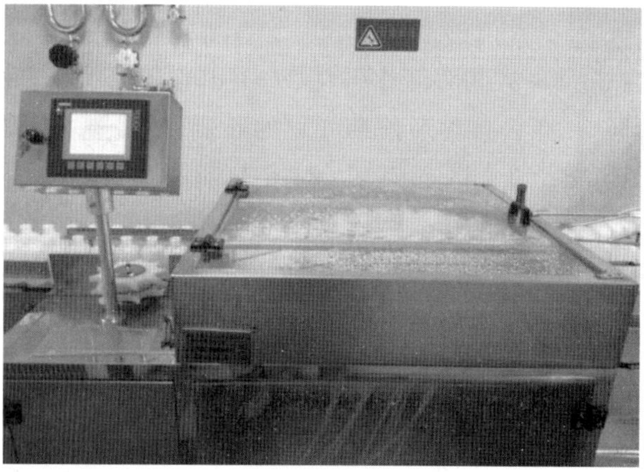

图 6-3　洗瓶机

二、分装-压塞机

1. 灌装系统

兽医生物制品行业普遍采用的分装单元设备主要是多头自动分装机，即具有3个以上分装头，分装速度每小时达5 000瓶以上的高速分装机，具备分装精度高、分装速度快的特点。其基本原理是依靠不锈钢活塞上下运动抽吸将疫苗压入疫苗瓶。同时多采用带有PLC程控系统的自动灌装加塞设备，主要部件包括供料机构、灌装供瓶输送机构、灌装机构、压塞机构、传动装置等（图6-4）。

图6-4　分装灌装系统

清洁灭菌后的瓶子，经检查合格后，由传送带送入限位机构，根据规定的要求按一定距离排列好，送入灌装机构，达到一定位置时灌装泵开始工作，进行罐液。完成灌装后，被送出进行加塞，完成灌装工作的一个工作循环。

2. 传输系统

在自动灌装机中，要求准确地将容器送到待罐区域，以保证灌装工艺能够准确进行。供瓶机构需对容器连续输送及定时供给。除传送装置外，在传送带旁边还需要安装护瓶挡板，保持容器的运动轨迹，挡板与传送中心线的距离可调，以适应不同大小的瓶子。

3. 加塞系统

T型胶塞通过激振器的电磁振荡将杂乱无章的胶塞理顺后，通过下塞轨道将胶塞送入加塞机构。压塞盘通过真空将胶塞理顺后，通过下塞轨道将胶塞送入加塞机构。压塞盘通过真空将胶塞吸紧后与瓶子做同步运动，由于凸轮的曲线运动，装胶塞压入瓶内从而完成加塞工艺（图6-5）。通常情况下，半加塞或全加塞只需要调整压塞盘的高度即可。

4. 控制系统

其构成主要包括可编程控制器（PLC）、变频装置、伺服装置、外部传感器、触摸屏及电机等。电气控制技术是根据控制要求，将输入信号转换为执行机构的控制信号，实现对执行机构的有序、可靠控制。任何一种控制系统都是为了实现被控对象的工艺要求，达到稳定、灵敏、可靠，以提高生产效率和产品质量。目前，生物制品行业普遍采用基于可编程控制器（PLC）的自

图 6-5　加塞系统

动控制系统，以灌装联动生产线进行药液的灌装。

5. 轧盖机

用于管子瓶、西林瓶、抗生素模子瓶、塑料瓶制剂等生产中铝盖的轧盖，使其密封不泄漏。它是由送瓶轨道、进瓶转盘、轧盖转盘、数只轧头、振荡送盖斗、送盖装置、出瓶转盘、出瓶轨道和触摸屏或手操作控制板面组成。

6. 贴签机

贴签机主要由两个功能部分组成：贴标功能部分和热烫印字功能部分(图 6-6)。

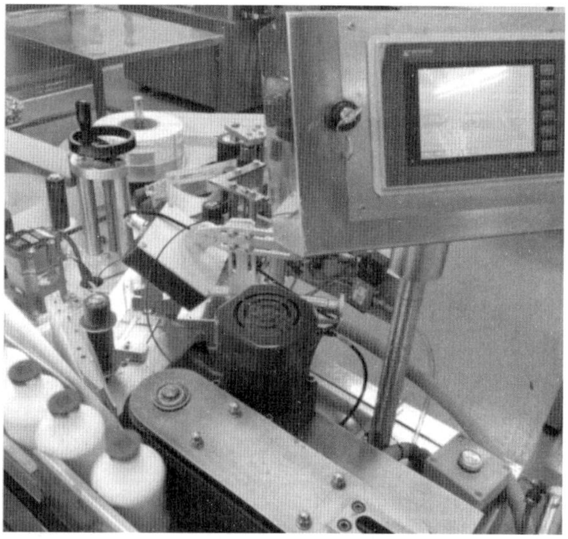

图 6-6　贴签机

(1)传输系统　贴签机的传输主要靠电机的变频控制尼龙平顶输送带输送，瓶子传输到红外线感应位置，由标签感测头发出信号，伺服电机驱动轮启动运行，标签剥离板起标，将已打印字码的标签贴于输送到位的瓶子身上。

(2)贴签　由以下程序完成贴签。

①送瓶:由电机的变频控制尼龙平顶输送带输送。

②分瓶:由电机的变频控制橡胶分瓶轮使瓶分出合适的瓶距。

③标卷系统:由放标签盘、标签定位轮、标签张紧轮、压紧轮、出标轮、同步轮、标签感测头、标签剥离板、驱动轮和底纹收纸盘组成标卷系统。底纸收纸盘由电机、变频控制收纸和标卷系统的运行。

④起标贴签:由标签感测头发出信号,伺服电机驱动轮启动运行,标签剥离板起标,将已打印字码的标签贴于输送到位的瓶子身上。

⑤标签压紧:贴上标签的瓶子由输瓶带送至由变频控制的电机轮附同步带,通过压紧海绵,将贴标牢固贴在瓶子上,后送出贴标机。

(3)箱码采集　箱码二维码采集头安装在全自动装箱机的输送带上,采用红外感应对箱按顺序进行扫描采集。

(4)控制系统　包括以下几种处理。

①瓶码收集处理:对瓶码二维码采集头传输的数据按顺序进行排列处理,出现数据错误或无数据时,系统作剔除、报警、不留数据空位处理。

②箱码收集处理:对箱码二维码采集头传输的数据按顺序进行排列处理,出现数据错误或无数据时,因产品已装箱,无法作剔除,系统作报警、留数据空位处理。由工作人员对数据空位作修正可补采集处理。

③关联处理:系统根据装箱比例按顺序进行瓶箱关联,并设置关联验证功能,工作人员可随时随机对瓶箱关联进行实物扫描验证。

7. 全自动装箱机

全自动装箱机为自动将产品按顺序排列,吸取装入包装箱后,进行不干胶封箱等动作的整套装箱设备。装箱的所有动作都采用 PLC＋触摸显示屏控制全自动完成。整套装箱设备主要包括排列装置、吸取装箱装置、传输装置和封箱装置。

第六节　冷藏设备

兽医生物制品管理制度第十二条明确指出“兽医生物制品的供应以各级动物防疫部门为主渠道,供应单位应有必需的冷藏设施”。兽医生物制品含有蛋白质,有效成分对保存的环境温度和湿度要求较高,故冷藏冷冻设备在其生产、保存及过程均起到重要的作用。所谓冷藏设备,一般都是指一些可以通过人为控制来进行制冷以及维持稳定温度的设备,包括各种冰箱、冷库、冷藏车、冷藏船和冷藏集装箱等。

一、制冷设备的工作原理

制冷设备的冷却方式有直接冷却和间接冷却两种。直接冷却是将制冷机的蒸发器装设在制冷装置的箱体或建筑物内,利用制冷剂的蒸发直接冷却其中的空气,靠冷空气冷却需要冷藏的物体。这种冷却方式的优点是冷却速度快,传热温差小,系统比较简单,因而得到普遍应用。

间接冷却是靠制冷机蒸发器中制冷剂的蒸发，从而使载冷剂(例如盐水)冷却，再将载冷剂输入制冷装置的箱体或建筑物内，通过换热器冷却其中的空气。这种冷却方式冷却速度慢，总传热温差大，系统也较复杂，故只用于较少的场合，如盐水制冰和温度要求恒定的冷库等。根据工作原理，制冷机可分为压缩式制冷机和吸收式制冷机。

二、生物制品中常见的冷藏设备

生物制品常见的冷藏设备主要涉及冷库、冷链运输、冷藏冷冻柜、超低温冰箱、液氮罐等。

(一)冷库

1. 温度范围

疫苗、药品库，2～8℃可用于储存疫苗、药品等。

低温保温库，－20～－30℃保存血浆、生物材料、试剂等。

超低温保存库，－30～－80℃可用于保存胎盘、精液、干细胞、血浆、骨髓、生物样品等。

2. 库板配置

冷库库板尺寸规格：标准化的库板宽为100 mm，高度为2～10 m。冷库库板厚度规格：60、75、100、120、150、180、200 mm；库板厚一般采用100 mm、双面为涂塑彩钢板。库板心材为隔热性能的轻质聚氨酯泡沫。

3. 电控部分

库外电控箱具有双控电路自动切换的功能，通常是指常规电源和备用电源。

特点：具有控制主压缩机和副压缩机自动切换使用，数字显示库内温度，具有监测，调控，显示和报警功能。

4. 制冷部分

具备备用制冷机组，设置3P压缩机两台，相互切换使用。

(二)冷藏车

冷藏车是指具有隔热车厢，并设有制冷装置的汽车。按制冷装置的制冷方式划分，可分为机械冷藏汽车、冷冻板冷藏汽车、液氮冷藏汽车、干冰冷藏汽车、冰冷冷藏汽车等，其中机械冷藏汽车是冷藏车中的主要车型，国内绝大多数冷藏车也都是机械冷藏车。冷藏车的构成主要由汽车底盘、隔热保温厢体、制冷机组、车厢内温度记录仪等部件组成。

(三)冷藏集装箱

冷藏集装箱是一种特殊的集装箱，它附有冷冻机设备，并在内壁敷设热传导率较低的材料，是用以装载冷冻、保温、保鲜货物的集装箱。冷藏集装箱的主要特点是具有良好的隔热性、气密性，货物可不间断地保持在所要求的低温状态。

(四)冰箱

冰箱按其工作原理可分为压缩式电冰箱、吸收式电冰箱、半导体电冰箱、化学冰箱、电磁振动式冰箱、太阳能电冰箱、绝热去磁制冷电冰箱等。

超低温冰箱，箱体内外各有60 mm和80 mm的聚亚氨脂泡沫材料构成。自动调温器为铂电阻敏感器，用于对温度的精确控制。超低温指零下五六十摄氏度，在这种情况下，需要两个独立的制冷系统才能达到，第一个制冷系统的蒸发器部分为第二个制冷系统的冷凝器提供冷量。第一级的制冷剂为 R-12(23.0 oz,28.349 523 g)，设计压力高压为 400 ppsi(1 ppsi=6.894 76×10^3 Pa)，低压为 90 ppsi。第二级制冷的冷凝器和第一级制冷的蒸发器是放在一起的。

(五)液氮罐

液氮生物容器简称液氮罐。根据 GB/T 5458—1997 国家推荐性标准的规定，按照用途，液氮罐分为液氮贮存罐和液氮贮运罐。

1.液氮贮存罐(储存型)

液氮保存时间长，适用于静置室内长时间保存活性生物材料。常规型号里边是带有几个提桶的。储存型液氮罐多用于低温保藏标本、细胞等。

2.液氮贮运罐(运输型)

在内胆加设了支承，耐运输和振动，适用于室内静置和长途运输两用。

第七节　带毒污水与废弃物处理设备

兽医生物制品生产过程中所产生的含毒物品，带有病毒、细菌或其他微生物。对生产而言，有污染和混淆的危险，而强毒则会污染环境和危害生物安全。在整个生产过程中还会产出含微生物的废水、废胚、废置培养基、废置抹布、盐水瓶、污染蛋托、废弃注射器、手套及口罩，实验动物尸体、粪便等。因此，对生产过程中产生的废弃物，必须在位消毒，经无害化处理后方能排放。带毒污水与废弃物处理设备主要有污水处理系统、焚烧系统、无害化处理系统。

一、污水处理系统

污水处理系统包括废水高温高压处理罐、格栅井、调节池、气浮池、厌氧发酵池、接触氧化池、沉淀池、消毒池、污泥池。

原理：废水经高温高压处理罐初处理后，经格栅井去除较大沉淀物，经调节池对水量、水质pH、水温进行调节，并预曝气；经气浮池将难以溶解于水中的气体或不同液体高效混合(产生微细气泡粒径 20～50 μm)，以微小气泡作为载体，黏附水中的杂质颗粒，颗粒被气泡挟带浮升至水面与水分离，达到固液分离；所得废水通过厌氧发酵池，对复杂有机物进行厌氧发酵后，以一定流速流经填料，与生物膜接触，生物膜与悬浮的活性污泥共同作用，达到净化废水的作用；废水通过沉淀池再沉淀后，进入消毒池进行化学消毒获得洁净水，沉淀物在污泥池做进一步生物发酵消毒。

二、动物尸体无害化降解处理机

降解处理机工作的技术原理是一系列高温生物发酵的生物化学过程：利用自然界中广泛存在的微生物(细菌、放线菌、真菌等)或商业菌株，使畜禽废弃物向稳定的腐殖质转化，并利用高温环境灭活病原体，实现动物尸体无害化处理与资源化利用。设备综合分切、绞碎、发酵、杀菌、干燥等多个同步环节，将畜禽尸体等废弃物快速降解处理为有机肥原料。

三、医疗垃圾焚烧炉

适合的焚化物包括一次性注射器、输液器、棉纱、手术室处理物、残肢、橡皮手套、废防护服及传染性、危害性病床用品等。医疗废物通过人工投送到焚烧炉内，辅助燃料——柴油，先后经油箱、输油管、燃烧器喷入炉内，使炉内保持一定温度，当废物的热值较高时，燃烧器熄火，当废物的热值较低时，燃烧器大小火自动调节，辅助燃烧。

四、常见带毒污水与废弃物处理方法

具体内容见二维码 6-1。

二维码 6-1

（陈瑞爱）

复习思考题

1. 灭菌的方法有哪些？
2. 厂区净化要求有哪些？
3. 微生物培养技术的发展主要特点有哪些？
4. 常见微生物培养装置有哪些？
5. 多肽合成仪运行原理是什么？
6. 简述蛋胚自动接种收获过程。
7. 分装生产线的流程一般是什么？
8. 带毒污水与废弃物处理方式有哪些？

第七章　兽医生物制品的管理与质量控制

本章摘要：本章从兽医生物制品研发、生产、经营、使用、进出口、市场监督和生物安全等环节，介绍了我国兽医生物制品的管理制度和基本要求，包括兽医生物制品监督管理、质量管理规范(GMP)、兽医生物制品物料控制、兽医生物制品生物安全管理、实验动物与动物实验、兽医生物制品质量检验、新兽医生物制品注册与审批、转基因产品生物安全评价。本章对兽医生物制品生产和研发工作具有重要的指导作用，是兽医生物制品学的重点内容之一。

第一节　兽医生物制品监督管理

兽医生物制品是一种特殊商品，具有双重性。制品质量优劣不仅直接关系到畜禽防病工作的有效性和安全性，而且关系到人类的健康和可能给生态环境造成的影响。因此，世界各国对兽医生物制品的生产质量、流通和使用都非常重视，不仅制定有严格的生产、检验技术法规和质量标准(药典和规程等)，而且对制品的生产、流通和使用也进行严格的法制管理，避免危害，发挥效益。

一、兽医生物制品相关法规

《中华人民共和国兽药典》《兽药管理条例》《生物制品生产车间管理办法》《新兽药研制管理办法》等。

二、兽医生物制品监督管理

(一)兽医生物制品研究与开发管理

《兽药管理条例》等对兽医生物制品的研制条件、内容和程序等作了规定。一般情况下，新生物制品的实验室试验无须审批。但是，在实验室试验中需要使用一类病原微生物的，应当在实验室阶段前取得国务院兽医行政管理部门的批准，并在具备相应条件(如 BSL-3 实验室等)且已取得相应资格证书的实验室进行有关试验。从事研究开发的机构必须具有与试验研究项目相适应的人员、场地、设备、仪器和管理制度。所用试剂和原材料应当符合国家有关规定和要求，并应当保证所有试验数据和资料的真实性。

按照《新兽药研制管理办法》的规定，兽医生物制品的研制试验过程包括临床前研究和临床试验。临床前研究主要包括菌(毒)种、细胞株和生物组织等起始材料的系统鉴定,如菌(毒、虫)种的选育和鉴定,毒力、抗原型、免疫原性、遗传稳定性、保存条件、特异性试验和生产工艺的探索等,用实验室制品进行的试验研究包括预防和治疗用制品的安全性、效力、免疫期、保存期试验、免疫学研究等和诊断制品的敏感性、特异性及可重复性等。

开展兽医生物制品临床试验前,应当向农业部提出申请,并提交有关临床前研究资料。农业部组织有关部门(农业部兽药评审中心)对申报资料和临床试验方案进行审查,必要时现场核查临床前研究的原始记录、试验条件和试验用产品的试制情况等。通过审查的,农业部发放临床试验批件,对临床试验区域、产品批号、负责人和试验期限等加以规定。

临床试验中一般用 3 批制品在实际生产条件下,使用对象动物进行试验,进一步评价预防或治疗制品的安全性和效力、诊断制品的敏感性和特异性。用于临床试验的预防或治疗类制品需在具备相应条件和资质的企业生产。该制品仅供临床试验用,不得销售,不得在未批准的区域使用,不得超过批准期限使用。临床试验需按有关技术指导原则进行。

临床试验取得满意结果后,按照《兽药注册办法》及《兽医生物制品注册分类及注册资料的要求》等整理注册资料,向农业农村部提出注册申请。经农业农村部兽药评审中心评审通过、中国兽医药品监察所(中监所)检验合格后,农业部按有关规定进行审批。符合规定的,农业部颁发《兽药注册证书》,同时发布该制品的规程、质量标准、标签和说明书。

(二)兽医生物制品生产管理

我国对兽医生物制品的生产实行许可管理,未经许可而从事生物制品的任何生产行为均视为非法生产。生产许可的范围包括生产许可证、兽药产品批准文号、规程、质量标准、说明书和标签等。

《兽药管理条例》规定:开办兽医生物制品生产企业,必须符合国家兽药行业发展规划和产业政策,并符合兽药 GMP 规定的各项条件。目前,我国政府对兽医生物制品企业的建设设立了一定的限制性门槛,如:在本企业没有经过审批通过的相关新制品的情况下,采用转瓶培养技术的疫苗生产线已经不再受理。根据我国兽医生物制品生产技术发展状况和全国的生产企业建设进展,或许将继续出台新的限制性措施,以提高总体技术水平,限制盲目性的低水平重复性建设。

兽药 GMP 是兽医生物制品生产的基本要求。经兽药 GMP 检查验收合格的企业方可向农业部申领兽药生产许可证。经农业部审查合格的,发给兽药生产许可证,兽药生产许可证有效期为 5 年。兽药生产企业变更生产范围、生产地点的,应向农业部申请换发兽药生产许可证。变更企业名称、法定代表人的,应在办理工商变更登记手续后,再换发兽药生产许可证。

兽医生物制品生产企业生产的每个产品,均应按照《兽药产品批准文号管理办法》的要求取得农业部核发的兽药产品批准文号。兽药产品批准文号是农业部根据兽药国家标准、生产工艺和生产条件批准特定兽药生产企业生产特定兽药产品时核发的兽药批准证明文件。企业将有关技术资料报送农业部,样品送中监所检验,农业部根据检验结果和资料审查情况决定是否审批,合格的,核发产品批准文号,并批复该产品的标签和说明书。农业部在核发新生物制品的批准文号时,可以根据有关规定确定不超过 5 年的监测期。在监测期内,不批准其他企业生产或进口该产品。

在实际生产活动中,企业必须按照每个制品的制造及检验规程组织生产,生产的产品必须符合农业部发布的相应国家标准。生产兽医生物制品所需的原材料和包装材料应符合国家标准或兽药质量要求。

在日常监督工作中，农业部和兽药 GMP 办公室定期或不定期地以分析检查、驻厂监督等形式，对兽医生物制品生产企业的生产、质量管理情况进行监督检查。

(三)兽医生物制品市场监督管理

兽医生物制品是一种特殊商品，农业部近年来加大了对其监管的力度，将其列为兽药监督的重点。为整治和规范市场，加大打假力度，农业部每年均组织专项整治行动，全面部署兽医生物制品的打假治劣工作。

农业部定期或不定期对全国各地的兽医生物制品经营企业、生产企业、养殖场、兽医医疗机构和农业科研教学等单位实施执法检查。对以中试生产名义生产的无文号产品、未经审批擅自进口的产品、非 GMP 企业生产的产品、合法企业生产的无文号产品等进行坚决清理。对在政府采购中恶意压低产品价格、为了中标不惜牺牲产品质量的行为予以坚决打击。充分发挥监督抽检的作用，打击流通领域内的假劣兽医生物制品。严厉打击非法经营、使用中试产品行为，组织查处伪造兽药产品批准文号，依法取缔无证经营窝点，没收、封存非法经营制品，吊销生产许可证、经营证等。

(四)进出口生物制品的管理

为保证进口兽医生物制品的质量，根据《兽药管理条例》的规定，对进口的兽医生物制品一律报农业部注册和审批。获得农业部核发的《进口兽药登记许可证》，才能准许进口，并在我国销售。注册审批程序为：资料申请→农业部药政处预审→审评委员会初审→中监所质量复核、临床试验→新兽药审评委员会审议→农业部审批→颁发《进口兽药登记许可证》。为科学研究试验或为积累临床资料进行试验而进口的生物制品可不需注册，但需向农业部申报批准。

向中国境外出口疫苗，农业部可以为进口方提供所需证明文件。对国内防疫急需的生物制品，国家限制或禁止出口。

三、兽医生物制品的国家批签发制度

(一)批签发管理依据和意义

兽医生物制品的批签发是指国家依据农业部批准的现行有效的质量标准或规程，对国内生产和进口的兽用疫苗、血清制品、微生态制剂、诊断试剂及其他生物制品的每批产品在进行销售前实行的强制性审核、检验和批准制度。未取得批签发合格通知的兽医生物制品不得销售和使用。

根据《兽药管理条例》第十九条规定：兽药生产企业生产的每批兽医生物制品，在出厂前应当由国务院兽医行政管理部门指定的检验机构审查核对，并在必要时进行抽查检验；未经审查核对或者抽查检验不合格的，不得销售。第四十七条规定：依照规定应当抽查检验、审查核对而未经抽查检验、审查核对即销售、进口的，按照假兽药处理。农业部在批复中监所的职能中明确要求其负责全国兽医生物制品批签发工作。为加强兽医生物制品质量管理，保证兽医生物制品安全有效，农业部于 2013 年起草《兽医生物制品批签发管理办法》征求意见稿，以进一步规范批签发工作要求和程序。

兽医生物制品是一类特殊药品，其可能存在的质量安全问题，可能对动物群体、环境经济健康发展以及公共卫生安全造成严重伤害，因此有必要对其实施特别管理措施。批签发管理即是此特别措施之一。采取这种管理措施也是有关国际组织(如WHO、OIE等)的要求，同时也是世界发达国家(欧盟、美国、日本等)普遍实施的通行做法。因此，实施批签发管理制度也是我国兽医生物制品走出国门、走向世界的先决条件。

(二)批签发工作职责和程序

1. 工作职责

农业部兽医局主管全国兽医制品批签发和监督管理工作。

中监所在生产企业产品检验结果准确、真实的前提下负责对国内外生产企业的制品进行批审核，提出审核意见，或进行检验并出具检验报告，最后根据审核意见和检验结果作出是否同意销售的决定；负责进口兽医生物制品批签发样品的日常保管和进口检验及对国内生产企业、境外企业销售或代理机构进行不定期检查。

各省、自治区、直辖市兽药监察所负责对辖区内生产企业的质量监督，设专人对辖区内生产企业的批签发产品进行抽样、封样，建立批签发样品记录，并对批签发样品的真实性、可靠性负责。

兽医生物制品生产企业对制品质量负责。必须严格按照《兽药GMP》和《兽医生物制品规程》的要求组织生产；对生产原材料、生产过程、检验过程、销售过程进行全面的质量控制；建立产品的批生产、批检验和批销售记录，负责各项记录和批签发申报资料的真实性；对质量检验报告实行质量负责人、技术负责人、法定代表人(或其授权人)三级审核、签名制度；负责本企业兽医生物制品批签发样品的日常保管，未经同意，任何单位或个人不得动用封存的批签发样品。

兽医生物制品进口所在地省级兽医行政管理部门负责对进口兽医生物制品的审核和抽样。进口兽医生物制品批签发产品的抽样、封样，按照《兽药进口管理办法》执行。

2. 工作程序

国内生产企业首次实施批签发时，必须向中监所提供以下资料(在实施批签发后如有变更，需及时将变更资料报送中监所)：企业的基本情况(包括企业的名称、通信地址、法定代表人、主要部门联系人及其联系方式、批准生产的产品目录等)；兽药生产许可证复印件；工商营业执照复印件；批签发产品的批准文号及审批件复印件；批签发产品的标签、说明书。

生产企业完成对某批制品的检验并合格后，需申请批签发时，由生产企业填写样品抽样单，省所抽样人员现场检查该制品的生产批准文件、批生产记录检验记录、检验报告等有关资料，核对产品库存量，检查产品标签和说明书是否符合要求。经查对无误后开始抽样。抽样工作按《兽药质量监督抽样规定》进行。每批活疫苗抽样20瓶(带有稀释液的，同时抽取稀释液10瓶)，每批灭活疫苗抽样10瓶。抽样后，按要求封样，填写批签发样品抽样单，并签名，抽取的样品分别由生产企业(或境外企业代理机构)、省所和中监所保存。

封样后应由中监所保存的样品暂由生产企业负责保藏在指定的样品库中，并建立详细的批签发样品出入库记录、温度记录和制冷设备运行及维修记录，根据要求送交中监所。未经中监所同意，任何单位或个人不得动用封存的批签发样品。在失效期1年后，由样品保存单位将样品进行无害化处理，并建立销毁记录。生产企业负责将抽样单(1份)、生产与检验报告(一式2份)报中监所。

中监所在收到批签发申报资料7个工作日内完成审核、签发。审核内容包括:申报资料是否齐全,项目填写是否规范,有无相关人员签名,是否加盖生产企业或检验单位印章;采用的检验标准是否正确,检验项目、方法和结果是否齐全,并符合标准规定;对有特殊要求的产品,审核其生产、检验过程中使用的菌毒种、细胞、实验动物等原材料及生产工艺是否与批准的质量标准或规程一致。

需对批签发产品进行检验的(一般按3%～5%抽样),由中监所根据具体情况确定检验项目。在收到样品后2个月内完成检验,根据检验结果提出同意或不同意销售的意见。生产企业、境外企业销售或代理机构对不同意销售的批签发结论有异议时,可在15个工作日内以书面形式向中监所提出技术复审申请。中监所在收到技术复审申请后,必须及时对申诉的项目进行再审核或再检验,复审工作完成后3个工作日内提出书面复审意见,作出是否同意批签发的最终决定。

(严玉霖)

第二节　兽医生物制品质量管理规范(GMP)

一、GMP的概念和作用特点

(一)GMP的基本概念

1962年,美国FDA(食品药品管理局)首先提出GMP(Good Manufacturing Practices,"良好生产规范")作为药品质量管理的法定性文件。1969年,WHO也公布了药品(包括血液制剂)管理的GMP,原文是"Good Practices for Manufacture and Quality Control of Drugs",意思是"药品生产和质量管理规范",所以我们通常把GMP称为"药品生产质量管理规范"。20世纪70年代后,世界上很多国家都先后制定了GMP,作为本国药品管理的法定性文件。1989年我国颁布了《兽药生产质量管理规范(试行)》。为了贯彻和落实,于1994年又颁布了《兽药生产质量管理规范实施细则(试行)》。2002年3月修订发布了《兽药生产质量管理规范》,并于同年6月实施。

GMP是对兽医生物制品生产全过程的质量管理,涉及人员、厂房和设备、原料采购入库、检验、发料、加工、半成品检验、分包装、成品检定、产品运输、销售、用户意见及使用反应处理等在内的全过程的质量管理。

(二)GMP的作用与特点

1. GMP的实施涉及两个方面

(1)政府兽医药政管理部门　从管理角度出发,将GMP视作政府对兽药企业(包括兽医生物制品生产企业)提出的最低要求,并作为兽药药政管理部门检查兽药企业和兽药质量的依据。

(2)兽药企业　应将GMP视为本企业所必须具备的技术水平,包括生产管理、质量管理和质量监测等。

2. GMP 的制定原则

GMP 是根据通用的原则性规定，针对我国所有兽药企业而制定的。各兽药企业应按 GMP 要求，制定更具体的实施细则和条例。

3. GMP 的主要目的

GMP 主要是为了防止兽药生产过程中的污染、混淆或其他事故。根除生产上的不良习惯，防患于未然，保证产品质量安全有效。

4. GMP 强调有效性的证实

这一点即对一个工序或一件用具或设备在用于生产之前，要经过验证，证明是符合要求和有效的，以保证产品质量。

5. GMP 要求权力分立

GMP 要求生产管理部门和质量控制部门的权力分立。在组织上，生产部门和质控部门的领导，应由两人分别承担。

6. GMP 的管理要求

GMP 强调人员素质、卫生要求、无菌要求、核对制度以及质量监督和检查制度。

二、兽医生物制品质量管理规范和要求

概括起来，GMP 和要求包括以下 3 个方面：人员、厂房设备和原材料（硬件）以及管理制度要求（软件）。

（一）GMP 对人员的基本要求

兽医生物制品生产企业应配有与生产品种规模相适应的具有适宜素质和数量的各类管理人员、专业技术人员和生产人员。

1. 负责生产和质量管理的企业领导人

必须具有制药或相关专业大专学历，对兽药生产及质量管理应具有较丰富的实践经验，并经过有关专业领域和基础理论的培训和学习。

2. 生产管理和质量控制（管理）部门的主要负责人与各类高级工程技术人员

应具有兽医学或药学等相关专业知识，经过有关专业领域和基础理论的培训和学习，有丰富的实践经验，有能力对生产和质量或本专业领域中出现的实际问题作出正确的判断和处理，以确保在其生产和质量管理中履行其职责。

3. 其他各类管理人员、专业技术人员和生产人员

应具有与本职工作要求相适应的文化程度和专业知识，或经过培训，能胜任本岗位的管理、生产或研究工作。此外，各类生产人员、管理人员和专业人员应有计划地进行技术培训和质量意识的教育，并进行考核，不断提高其业务能力和技术水平。

（二）硬件方面

1. 厂房

总体要求：应有与生产品种和规模相适应的足够面积和空间的生产建筑、附设建筑及

设施。

①厂区周围应无明显污染(包括空气、水和声音等),厂区内应卫生整洁,绿化良好;厂区的地面、路面及运输等不应对兽医生物制品生产造成污染;生产、仓储、行政、生活和辅助区的总体布局应合理,不得互相妨碍。

②要有适用的足够面积的厂房进行生产和质量检定工作,保持水、电、气供应良好。做到:a.同一生产区和邻近生产区进行不同制品的生产工作,应互无妨碍和污染。不同生物制品应按微生物类别和性质的不同严格分开生产。b.合理地安置各种设备和物料,确保强毒菌种与弱毒菌种、生产用菌(毒)种与非生产用菌(毒)种、生产用细胞与非生产用细胞、活疫苗与灭活疫苗、灭活前与灭活后、脱毒前与脱毒后其生产操作区域和贮存设备严格分开。c.厂房应按生产工艺流程及所要求的空气洁净度级别进行合理布局,工序衔接合理。人流、物流分开,保持单向流动,防止不同物料混淆或交叉污染。d.房间墙壁和天花板表面光洁、平整、不起灰、不落尘、耐腐蚀、耐冲击、不积聚静电、易除尘清洗和消毒。e.门窗造型要简单,不易积尘、清扫方便。门窗与内墙面要平整,尽量不留窗台,门框不得设门槛。f.根据人员净化的要求,人员净化室包括换鞋室、存换衣室、盥洗室、淋浴室、洁净工作服室、气闸室或风淋室等,并按照图7-1所列人员净化程序的顺序进行布置。g.生产生物制品必须设置生产和检验用的动物房。

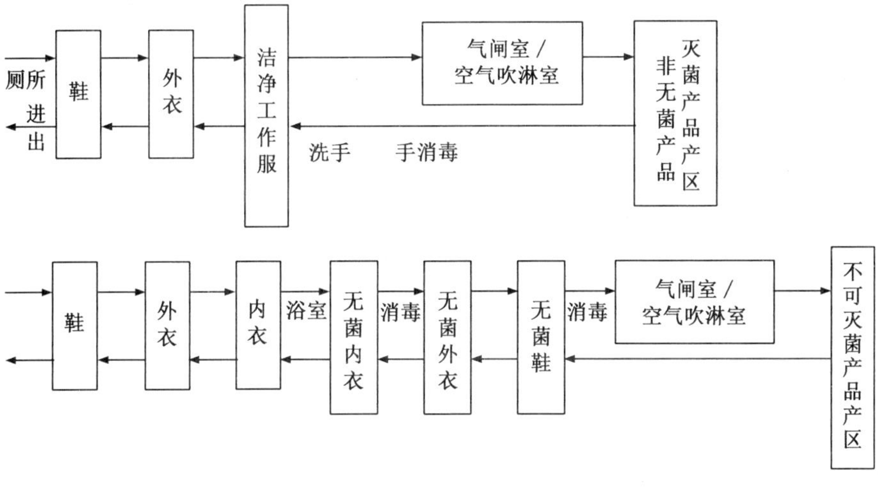

图7-1　不同产品生产区人员净化流动程序

③按工艺和质量要求,对生产区划分洁净等级,一般分为100级、1 000级、10 000级和大于100 000级,其标准见表7-1。100级洁净区适用于生产要求无菌而又不能对分装后成品进行加热灭菌制品的生产关键工序和分装工序。10 000级洁净区适用于可灭菌的配液和其他有洁净度要求的制品的生产操作。100 000级洁净区适用于洗涤和烘干等。

④环境控制:包括以下几个方面。

a.温度和湿度:以穿着洁净工作服无不舒适感为宜。一般100级、10 000级洁净区控制温度为20～24℃,相对湿度45%～65%;100 000级及>100 000级洁净区控制温度为18～28℃,相对湿度50%～65%。生产特殊产品洁净室的温度和湿度可根据生产工艺要求确定。

b.压差:通过控制送风量和排风量实现压差,送风量大于排风量为正压,送风量小于排风量为负压。洁净室必须维持正压。不同级别的洁净室以及洁净区与非洁净区之间的压差应大于 5 Pa，洁净区与室外的静压差应大于 10 Pa。但工艺过程中使用强毒等大量有害和危险物质的操作室应与其他房间和区域之间保持相对负压，其空气应当经过处理装置无害化处理后单独排放。

表 7-1　生产区洁净等级标准（测定状态为静态）

洁净级别	尘粒数/m^3		活微生物数/m^3	
	≥0.5 μm	≥5 μm	沉降菌	浮游菌
100 级	≤3 500	0	≤1	≤5
1 000 级	≤35 000	≤2 000	≤3	≤100
10 000 级	≤350 000	≤20 000	≤10	≤500
>10 000 级	≤3500 000	≤200 000	—	—

c. 送风量：100 级垂直单向流和水平单向流洁净室断面风速分别大于 0.3 m/s 和 4 m/s；非单向流洁净度 10 000 级和 100 000 级洁净室换气次数分别大于 20 次/h 和 15 次/h。

d. 新鲜空气量：洁净室内应保持一定量的新鲜空气，单向流和非单向流洁净室新鲜空气分别占总送风量的 2%～4%和 10%～30%，以补偿室内排风和保持室内正压值所需的新鲜空气量，新鲜空气量不少于每人 40 m^3/h。

⑤厂房内的水和电等管线均应隐藏，有适宜的照明、取暖、通风、空调和卫生设施，并有防尘、防虫、防鼠和防污染设施。建筑表面应力求光滑，无缝隙，无脱落或吸附粉尘。

⑥工厂的下水道应分为两个网系，一为正常排水网系，另一为需要做无害化处理的废水排水网系。洁净厂房的废水需经过无害化处理后才可排放。

⑦按生产规模，应设有相应的原材料、原液（中间体）、半成品和成品的储存仓库和冷库，并有相应的保温和保湿设施。待检半成品和成品、合格与不合格的试剂及物料要严格分开，并有明显标志。危险品、废料和回收材料等应隔离储存。

2. 设备与设施

①企业应有与其生产规模相适应的和足够的设备及设施（包括水、电、气及冷藏设施）。设施的性能和主要技术参数，应能保证生产和产品质量控制的要求，并定期经法定计量部门校验。

②空气处理系统有集中式和分散式之分。洁净厂房应尽量采用中央空调集中式空气处理系统。常见的空调系统又有高效空调系统和中效空调系统两类。

③生产设备的安装需跨越两个洁净度级别不同的区域时，应采取密封的隔断装置。与设备连接的主要固定管道应标明管内物料名称和流向。

④生物制品生产、检验过程中会产生大量的含毒污水和动物粪便、残渣和垫料等带毒废物及带毒动物尸体等，极易造成对外界环境的污染。因此，生产企业应有相应的防止散毒设施，并对其进行无害化或消毒处理，注意废气的排放。对接触或操作烈性传染病病原的区域，应有必要的设备对排出空气进行杀菌或消毒处理。

⑤生产、检验设备及器具应易于清洗、消毒，便于生产操作、维修和保养，并能防止差错和减少污染。应制定使用、维修、清洁和保养规程，定期进行检查、清洁、保养与维修，并由专人进行管理和记录，并建立档案。

3. GMP 对物料和实验动物的基本要求

相关要求主要包括水、兽医生物制品生产所需的原料、菌毒种、辅料、包装材料和用于生产(作为原材料)及检定用的普通级实验动物。

(三)软件方面

1. 卫生管理

厂区应经常保持清洁,无堆放设备、物料或废料,堆放垃圾应远离生产车间;操作室、实验室、冷库、储藏室、更衣室、卫生间及各种设备和门窗等处,都必须保持整洁,无积附尘埃;注意个人卫生,保持良好的卫生习惯,定期体检,建立健康档案。

2. 无菌管理

生产无菌制品,必须在专用的洁净室内进行。洁净室是指一个封闭的隔离空间,通过特殊的高效空气过滤器(high efficiency particulate air filter)输入洁净空气,使该区域达到应有的洁净度。对该区域的温度、湿度、压力及换气频率都应作严格控制。通常采用垂直层流室或水平层流式,洁净度可达 100 级。为保证洁净效果,可在 10 000 级入口处设风淋室;在 100 000 级入口设气闸室。洁净室内不应存放不必要的物料,特别是未灭菌除菌的器具或材料。一切接触制品的用具、容器及加入制品的材料,用前必须严格灭菌。生产器具或材料,灭菌除菌前和灭菌除菌后应做明显标记。

洁净室的工作人员应控制在最少人数。无菌操作人员必须严格执行无菌操作细则,按无菌操作要求进行。

洁净室(区)应定期消毒,使用的消毒剂不得对设备、物料和成品产生污染。利用紫外线灯杀菌,紫外线波长为 136～390 nm,以 254 nm 者杀菌力最强,有效灭菌距离为 1.8～2.0 m。在已有高效洁净室(有的附装紫外线灯)条件下,可以不用紫外线灯。

3. 生产管理

(1)文件、制度、细则和记录　包括以下几种。

①药政文件:包括农业部《兽医生物制品管理办法》(第 6 号令)、《兽医生物制品管理办法》(第 2 号令)、《兽药生产质量管理规范(试行)》《兽药生产质量管理规范实施细则》和《兽药生产质量管理规范》(第 11 号令)等。

②生产管理制度:在实施 GMP 管理中,应制订生产管理制度、质量管理制度、卫生制度、安全制度、核对制度、质量检查制度及其他特定制度(如菌毒种管理制度)。

③标准操作细则:在实施 GMP 中,应制订标准操作细则,包括生产操作细则、检定操作细则、仪器操作及保养细则等。这些细则应经质量控制和生产管理部门认可。

④记录:在实施 GMP 管理中,必须认真做好生产记录、检定记录、销售记录及用户意见与不良反应记录。记录格式和内容应经质量控制和生产管理部门审定。

(2)包装与标签　只有经质量控制部门检定,符合质量标准的制品才能进行包装。包装用标签(盒签及瓶签)和使用说明书的文字内容应符合本制品规程要求,并经质量控制部门审定和批准。所有检验用试剂、生产专用溶液、原液及半成品,都应贴有标签,注明品名、批号、日期及效价等。

(3)验证与核对　主要包括以下内容。

①验证：验证是一个规定的程序，可提供很高的可信度，使某一特定工艺过程能稳定地生产符合质量标准的生物制品。验证的方法及可接受标准应根据不同的验证内容作具体规定。例如，对无菌分装机的验证，按 WHO 规程要求，无菌分装的培养基 1 000 瓶，培养 14 d，污染率应小于 0.3%；按美国 FDA 要求，污染率应小于 0.1%。验证的内容包括制造工艺、检验方法、原材料、设备、设施及操作人员等。通过验证，可以考查工艺、方法及设备的有效性，对生产工艺提出问题，预防生产事故，保证生产质量的稳定性。

②核对：为防止差错，GMP 要求对生产全过程进行核对，包括生产流程及记录、检定方法及结果、半成品及成品的转移和成品的标签等。对制品转移记录及凭据和发出制品的检验报告等关键步骤及内容进行双核对。

上述所有生产管理文件和质量管理文件都应符合以下要求：a. 标题应能清楚地说明文件的性质；b. 各类文件应有便于识别其文本、类别的系统编号和日期；c. 文件数据的填写应真实、清晰，不得任意涂改，若确需修改，需签名和标明日期，并应使原数据仍可辨认；d. 文件不得使用手抄件；e. 文件制定、审查和批准的责任应明确，并有责任人签名。

4. 质量管理

(1)质量管理的组织系统　按兽医生物制品 GMP 要求，兽医生物制品生产企业应建立完善的质量管理组织系统，包括：①主管质量的企业领导人及 GMP 领导小组；②质量控制部门(质量管理处、质量检验处和质量控制处)；③生产管理部门(生产管理处或生产计划处)；④三级质量监督网，由所(厂)级、科室级和班组级质量监督员(或质量巡视员、质量检查员)组成；⑤群众性质量管理小组。

主管质量的企业领导人主管质量方针的制定及全面质量管理，组织建立质量体系和实施质量目标。GMP 领导小组应由企业领导人直接领导或由其委托的适宜专家担任领导，负责全厂 GMP 实施计划，开展质量意识教育及群众性质量管理小组活动，协调质量控制部门和生产管理部门有关质量管理方面的工作。质量控制部门主要负责全厂的质量监督和质量检定，并负责(亦可由 GMP 领导小组负责)组织质量监督员按 GMP 要求对全厂进行质量检查和监督。生产管理部门应会同质量控制部门组织实施 GMP，按生物制品规程组织生产，并进行生产工艺过程的质量控制和管理。质量监督员应按本厂授予的职权履行质量监督的职责。

(2)质量控制部门及其职权　按 GMP 要求，生物制品生产企业应设有独立的质量控制部门，直属企业领导人，组织上与生产管理部门平行，业务上接受本企业和中监所双重领导。国家对兽医生物制品实行批签发制度。生产企业生产的兽医生物制品，必须将每批产品的样品和检验报告报中监所。产品的样品可以每 15 d 集中寄送一次。中监所在接到生产企业报送的样品和质量检验报告 7 个工作日内，作出是否可以销售的判定，并通知企业。对于中监所认为有必要进行复核检验的，可以在中监所或其指定的单位、场所进行复核检验。复核检验必须在中监所接到企业报送的样品和质量检验报告 2 个月内完成。复核检验结束后，由中监所作出判定，并通知企业；当对产品作出不合格判定时，应当同时报告农业部。

(3)质量控制部门的主要职责和权限包括以下方面。

①质量监督管理：审定本企业质量管理文件和制订本企业质量监督文件；按生物制品规程和 GMP 要求，审定各种制品的制造和检验操作细则及有关记录；负责各种菌(毒)种、标准品或参考品的申请、分发和管理；对生产过程的工艺、方法、设备、仪器、仪表的验证及结果进行监督检查；根据检定结果，决定原料、原液和半成品是否允许继续加工，决定成品可否使用和签发

合格证；审定包装材料、标签、说明书及成品容器可否使用；组织或会同有关部门对本企业各类人员进行质量意识教育及实施 GMP 的技术培训；协助、会同生产管理部门组织对本企业实施 GMP 的检查和考核；协助、会同有关部门调查处理与制品有关的不良反应或质量事故。

②质量检定：负责制定制品的抽样办法，每批成品及主要原料的全面质量检定，留样观察，签发鉴定报告，参与半成品原液的效价测定，评价制品的质量及稳定性；生产洁净区及生产用水质量检测；对发生临床不良反应或用户发现质量问题制品的实验室复查。

③质量自查与用户意见的处理：兽医生物制品质量优劣的最终评价，取决于临床和动物群体的使用效果。因此，对兽医生物制品的临床及流行病学现场的安全与效果观察和评估非常重要。该项工作应按《兽用新生物制品管理办法》的有关规定执行。每批成品有销售记录。其内容包括品名、规格、批号、数量、收货单位和地址及发货日期，根据销售记录应能追查每批制品出厂后的情况，以便于在必要时及时地完全回收。记录应保存至制品失效期或负责期后 1 年。

企业应按 GMP 要求定期组织全面质量检查，并接受上级部门的检查和监督。企业应建立兽医生物制品不良反应监察报告制度，指定专门部门或人员负责管理。对用户的产品质量投诉和产品不良反应进行详细记录和调查处理，并连同原投诉材料存档备查。对兽医生物制品不良反应及时向当地农牧行政管理部门提出书面报告。兽医生物制品生产出现重大质量问题和严重的安全隐患时，应立即停止生产，并及时向当地农牧行政管理机关报告。

三、检查验收和我国兽医生物制品 GMP 实施情况

2006 年 1 月 1 日起我国强制实施兽药 GMP。目前，所有兽医生物制品生产都通过 GMP 认证，实现了兽医生物制品生产的 GMP 管理，但重硬件轻软件的情况依旧存在，有的企业软件处理任务仍相当艰巨。

（严玉霖）

第三节 兽医生物制品物料控制

兽医生物制品生产中涉及很多物料，包括原料（动物源性原材料和非动物源性原材料）、辅料和包装材料。这些物料的质量直接影响到中间产品和半成品的质量，进而影响到终产品的质量。在一定程度上可以说，控制住了物料质量，也就控制住了制品质量。当然，半成品和成品质量控制也是质量控制的重要环节。因此，兽医生物制品生产企业必须对物料的管理、检验和出入库等制定完善的管理制度，并严格实施。

一、水

水是生产用基本原料。自来水需经净化处理，其质量应符合饮用水标准；对去离子水，应定期处理树脂；对蒸馏水，应采用多效蒸馏器制备。生产中大量用的纯化水和注射用水，应符合《中国兽药典》中的有关标准。其制备、储存、运送、使用等，需符合兽药 GMP 中的有关

要求。

二、菌(毒、虫)种

兽医生物制品制造与检验所用的菌(毒、虫)种等应采用统一编号,实行种子批制度,分级制备、鉴定、保管和供应。菌(毒)种的验收、储存、保管、使用和销毁应执行国家有关兽医微生物菌种保管的规定。

在实际生产中应严格控制基础种子的使用代次。基础种子传代次数过多,可能导致免疫原性降低和安全性发生变化。按照国际惯例,从基础种子到终产品计算,病毒性基础种子的使用一般控制在 5 代以内,细菌性基础种子的使用一般控制在 10 代以内。我国对基础种子的代次控制较为宽松,通常根据实际试验数据规定代次范围。生产种子是基础种子放大培养的产物,用于进一步扩大培养并制备半成品。对生产种子的检验项目通常较少,主要包括纯净性和含量,有时也进行血清学鉴定。

菌(毒、虫)种的保管必须有专人负责,应分别保存于规定的条件下,有严密的登记制度,分类建立档案;寄发菌(毒、虫)种和标准品时,必须装入金属筒内密封,妥善包装。一般菌(毒、虫)种和标准品可以航寄,烈性传染病或人畜共患传染病的强毒菌(毒)种(如牛瘟病毒、口蹄疫病毒、狂犬病病毒、猪瘟病毒、炭疽杆菌、马鼻疽杆菌、破伤风杆菌、C 型肉毒梭菌、布鲁菌病和结核杆菌等),必须派专职技术人员领取。非批准生产该类产品的制造单位,需用上述强毒菌(毒)种,必须经农业部批准后始可领用,并由专人领取。

三、细胞和血清

针对兽医生物制品生产和检验用细胞系,应建立原始细胞库、主细胞库和工作细胞库。应保存细胞系的完整记录,包括细胞的原始来源、传代谱系、制备方法、最适保存条件、控制代次等,并根据要求对各级细胞种子进行鉴定。主细胞库细胞鉴定内容包括显微镜检查、细菌和真菌检验、支原体检验、外源病毒检验、细胞鉴别、胞核学检查及致瘤致癌性检验。外源病毒检验时被检细胞面积需不少于 75 cm^2,维持期不少于 14 d,其间至少传代 1 次。在整个维持期内,定期对细胞单层进行检查,应不出现细胞病变(CPE)。在培养结束时检查,应不出现红细胞吸附现象。对非禽源细胞系,还需采用荧光抗体技术检查其中是否有特定病原的污染。对不同传代水平的细胞系进行胞核学检查时,最高代次的细胞中应找到主细胞库细胞中的染色体标志,其染色体模式数不得高于主细胞库细胞的 15%。由于细胞系一般源于动物的肿瘤组织或经正常组织传代转化而来,传到一定代次后具有一定的致瘤性,因此可用无胸腺小鼠检查细胞的致瘤致癌性,必要时进行病理组织学检查。

兽医生物制品生产检验用原代细胞应来自健康动物(鸡应为 SPF)的正常组织。除 SPF 鸡胚原代细胞外,每批原代细胞均需经显微镜观察、细菌真菌检验、支原体检验、外源病毒检验及细胞鉴别,并符合规定。

兽医生物制品生产中通常用到血清、胰酶及牛血清白蛋白等,这些原材料具有生物活性,其质量和安全状况也直接关系到生物制品质量安全水平。胎牛血清、犊牛血清、新生牛血清、猪胰酶等应不带有细菌、支原体、牛病毒性腹泻/黏膜病病毒、猪圆环病毒、细小病毒等病原。必须按《中国兽药典》中的方法对血清的促细胞生长能力进行检验。进口牛血清应来自无疯牛病的国家或地区。

四、动物和动物组织

部分兽医生物制品生产需要采用动物或动物原代细胞。因此，动物的质量直接关系到产品的质量和安全。动物应按照《实验动物管理条例》进行管理。动物的质量应符合《兽医生物制品规程》的有关规定。禽类制品毒种的制备、鉴定、活疫苗的制备及外源病毒检验所用鸡、鸡胚应符合 SPF 级标准。据统计，目前我国生产 SPF 种蛋在数量上足以满足需求，但因国家对实验动物(包括 SPF 蛋)生产的管理存在法律法规不健全、相关部门职责不清、行业管理严重滞后、质量检测实验室和检测技术欠缺等方面的原因，我国 SPF 鸡和 SPF 鸡蛋的质量状况可能存在不少问题。一旦生产疫苗所用 SPF 鸡胚中污染了外源病原，尤其是通过鸡蛋垂直传染的病原，相关疫苗中也就污染了外源病原。应用这些疫苗后，污染的病原不仅能通过水平(接触)传播，而且能通过垂直(经蛋)传递在鸡群中扩散，继而引起相关疾病的人为传播。因此，加强鸡胚 SPF 化是保证疫苗制品的纯净、安全和有效的重要途径。

五、其他辅料

用于制备兽医生物制品的化学药品及试剂，需符合《中国药典》和《中国兽药典》等标准。生产企业应按规定要求检查，合格者方可使用。按规定的使用期限储存。未规定使用期限的，其储存一般不超过 3 年，期满后应复验。储存期内如有特殊情况应及时复验。注射用白油和乳化剂、包装用管制玻璃瓶、丁基橡胶瓶塞等需符合《兽医生物制品规程》的有关规定。进口的非生物源性原材料需符合进口国的药典标准。注射用白油是生产灭活疫苗的主要原材料，对灭活疫苗的安全性有显著影响。因此，必须按照《中国兽药典》中的有关方法和标准对其质量进行严格检验。

严格按照各项操作规程进行生产，并对所有操作详细记录，是对兽医生物制品生产的基本要求。经过大量试验对生产工艺定型，并转化为各个岗位的操作规程后，各生产岗位的操作人员的任务就是不折不扣地按操作规程进行操作和记录。新工艺研究只能由研发人员会同企业生产、质量管理部门有关人员完成。新工艺也只能在按照有关程序转化为新的岗位操作规程并取代原操作规程后，才能进入实施阶段。生产操作人员不具有摸索和改进生产工艺的责任和义务。

（严玉霖）

第四节　兽医生物制品生物安全管理

根据《病原微生物实验室生物安全管理条例》(国务院第 424 号令)、农业部《兽医实验室生物安全管理规范》《高致病性动物病原微生物实验室生物安全管理审批方法》等，我国对病原微生物实行分类管理、对实验室实行分级管理，以满足生物安全管理需要。兽医生物制品的实验室管理又称为兽医生物制品 GLP 管理。

一、病原微生物分类

根据病原微生物的传染性、感染后对人或动物个体或群体的危害程度，将病原微生物分为四类。一类病原微生物是指能够引起人类或动物非常严重疾病的微生物，以及我国尚未发现或已经宣布消灭的微生物。二类病原微生物是指能够引起人类或动物严重疾病，比较容易直接或间接在人与人、动物与人、动物与动物之间传播的微生物。三类病原微生物是指能够引起人类或动物疾病，但一般情况下对人、动物或环境不构成严重危害，传播风险有限，实验室感染后很少引起严重疾病，并具备有效治疗和预防措施的微生物。四类病原微生物是指在通常情况下不会引起人类或动物疾病的微生物。一类、二类病原微生物统称为高致病性病原微生物。

根据《病原微生物实验室生物安全管理条例》的有关规定，农业部对动物病原微生物进行了分类，并于 2005 年 5 月 13 日以《动物病原微生物分类名录》(农业部令第 53 号)发布。其中，一类动物病原微生物包括口蹄疫病毒、高致病性禽流感病毒、猪水疱病病毒、非洲猪瘟病毒、非洲马瘟病毒、牛瘟病毒、小反刍兽疫病毒、牛传染胸膜肺炎丝状支原体、牛海绵状脑病病原和痒病病原等 10 种。二类动物病原微生物包括猪瘟病毒、鸡新城疫病毒、狂犬病病毒、绵羊痘/山羊痘病毒、蓝舌病病毒、兔病毒性出血症病毒、炭疽芽胞杆菌和布鲁菌等 8 种。三类动物病原微生物包括多种动物共患病病原微生物、牛、绵羊和山羊、猪、马、禽、兔、水生动物、蜜蜂及其他动物病原微生物等。四类动物病原微生物包括危险性小、致病力低、实验室感染机会少的兽医生物制品生产用弱毒微生物以及不属于一、二、三类的低毒力病原微生物。不同类别的动物病原微生物的采集、运输和保藏均应按照相应规定进行。

二、病原微生物实验室分类

根据实验室对病原微生物的生物安全防护水平，依照实验室生物安全国家标准，将实验室分为一级、二级、三级和四级。新建、改建或扩建一级、二级实验室，应当向所在地区的市级卫生主管部门或兽医主管部门备案，并由市级向省级相应主管部门报告。一、二级实验室不得从事高致病性病原微生物实验活动。新建、改建或扩建三级、四级实验室或生产、进口移动式三级、四级实验室的，应当符合国家生物安全实验室建筑技术规范，依照《中华人民共和国环境影响评价法》的规定进行环境影响评价并经环境保护主管部门审查批准，生物安全防护级别需与拟从事的实验活动相适应。三级、四级实验室应当通过实验室国家认可，颁发相应级别的生物安全实验室证书。从事高致病性病原微生物实验室活动的三级、四级实验室，应经主管部门审查，取得相应资格证书。对我国尚未发现或已经宣布消灭的病原微生物，任何单位和个人未经批准不得从事相关试验活动。

《兽医实验室生物安全管理规范》将兽医实验室分为两类：生物安全实验室和生物安全动物实验室。生物安全实验室是指对病原微生物试验操作过程中所产生的生物危害具有物理防护能力的兽医实验室，适用于兽医微生物的临床检验检测、分离培养、鉴定及各种生物制剂的研究等工作。生物安全动物实验室是指对病原微生物的动物生物学试验研究过程中所产生的生物危害具有物理防护能力的兽医实验室，也适用于动物传染病临床诊断、治疗、预防研究等工作。根据所用病原微生物的危害程度、对人或动物的易感性、气溶胶传播的可能性、预防和治疗的可行性等因素，生物安全实验室和生物安全动物实验室的生物安全水平分四级。

三、实验室生物安全水平分级

实验室试验生物安全水平(BSL)分级依据：一级生物安全水平(BSL-1)是指能够安全操作对实验室工作人员和动物无明显致病性的、对环境危害程度微小的、特性清楚的病原微生物的生物安全水平。二级生物安全水平(BSL-2)是指能够安全操作对实验室工作人员和动物致病性低的、对环境有轻微危害的病原微生物的生物安全水平。三级生物安全水平(BSL-3)是指能够安全从事国内和国外的、可能通过呼吸道感染的、引起严重或致病性疾病的病原微生物的生物安全水平。与上述相近或有抗原关系的，但尚未完全认知的病原体，也应在此种生物安全水平条件下操作，直到取得足够数据后，再决定其操作要求的生物安全水平。四级生物安全水平(BSL-4)是指能够安全地从事国内和国外的、可能通过气溶胶传播、实验室感染高度危险、严重危害人或动物生命和环境的、没有特效预防和治疗方法的微生物工作的生物安全水平。与上述相近或有抗原关系的，但尚未完全认知的病原体，也应在此种生物安全水平条件下操作，直到取得足够数据后，再决定其操作要求的生物安全水平。参照上述分类标准，动物实验室生物安全水平(AB-SL)也分成了四个级别。上述相近或有抗原关系的，但尚未完全认知的病原体，也应在此种生物安全水平条件下操作，直到取得足够数据后，再决定其操作要求的动物实验室生物安全水平。

（严玉霖）

第五节　实验动物与动物实验

一、常用实验动物生物学特性

(一)小鼠

小鼠(mouse，*mus musculus*)属于脊椎动物门哺乳纲啮齿目鼠科小鼠属动物，它是目前世界上用量最大、用途最广、品种最多的一种实验动物。按遗传特性分为近交系、封闭群、突变系和杂交一代。目前已培育出500多种近交系、400多种突变系和200多种远交群。

1. 外形特征

成年小鼠全身被毛，体型小，面部尖，长有19根触须。耳耸立呈半圆形，眼睛大而有神。四肢匀称，皮毛光滑紧贴皮肤，尾长约与体长相等。尾部表皮覆有横列、环状、角质鳞片。

2. 行为习性

性情温驯，易于捕捉，一般很少主动咬人，但性成熟的非同窝雄鼠好斗，小鼠胆小易受惊，对多种病原体及毒素非常敏感，抗病力差。受外界的强光或噪声刺激时，有可能导致哺乳母鼠神经紊乱，发生吃仔现象。温度过高或过低时，生殖能力下降，情况严重时会发生死亡。不耐饥饿和冷热，过热出汗后易引起死亡。小鼠喜欢群居，有昼伏夜动习性，夜间活跃，并有两次活动高峰，分别在傍晚后1～2 h和黎明前，如进食、交配、分娩多发生在此时。故晚间要注意给足饲料和饮水。

3. 生长特性

小鼠出生时无毛，闭眼，皮肤赤红，头大尾短，6 日龄左右开始长毛，12 日龄左右开始睁眼。小鼠出生时仅约 1.5 g，到 1～1.5 个月龄体重达 18～20 g。因体型小，生长快，需要的饲养空间小，饲料消耗量也少，故饲养管理较易，可在短时间内大量生产繁殖。

4. 繁殖特性

性成熟早，繁殖力强，适合作为遗传学的研究。雌鼠在 35～45 日龄、雄鼠在 45～60 日龄性成熟，65～90 日龄时配种较为合适。小鼠常年均有性活动，并且有产后 24 h 又可发情的特点。性周期 4～5 d，发情后 2～3 h 排卵，每次排卵 10～23 个，妊娠期 19～21 d，哺乳期 20～22 d，每胎产仔数 8～15 只，1 年可怀 6～10 胎。生育期为一年。

5. 解剖生理学特征

上下颌骨各有 2 枚门齿和 6 枚臼齿，共 16 枚。门齿终生不断生长。下颌骨喙状突较小，髁状突发达。小鼠的颌下腺仅能分泌一种类型的唾液。胃容量小，功能差。小肠长度接近于体长的 4 倍，盲肠不发达，肝脏分左叶、中叶、右叶和尾叶，肺部有 5 叶，右肺 4 叶（上、中、下和腔后叶），左肺为一不完全的整叶。脾脏长而大，呈镰刀状。气管及支气管腺不发达。

小鼠体温为 37～39℃。饲养室最适温度为 18～22℃，不得超过 32℃。小鼠的基础代谢率较高，耗氧量大。成年小鼠呼吸频率 140～210 次/min，平均 163 次/min。小鼠饮水量 4～7 mL/d。小鼠尿量少，一次排尿仅 1～2 滴。

（二）大鼠

大鼠（rat，*rattus norvegicus*）是野生褐家鼠的变种。大鼠属于脊椎动物门哺乳纲啮齿目鼠科大鼠属动物。

1. 外形特征

大鼠的外观与小鼠相似，但体型比小鼠大得多。成鼠体重 350～450 g，为小鼠的 15 倍。有多种色泽，如白色、棕色、黑色、黄色和斑驳色等，实验常用的大鼠多为白色。

2. 行为习性

大鼠性情较温顺，行为迟缓，易于捕捉，但怀孕和哺乳的雌鼠及发怒受惊时，常会咬人。喜独居安静的环境，对外界刺激和营养缺乏敏感，适宜作行为学研究，噪声可使其内分泌紊乱、性功能减退并引起雌鼠的吃仔行为。大鼠也习于昼伏夜动，白天喜挤在一起休息，采食、交配等活动多在夜间和清晨进行。食性广泛，喜啃咬，以谷物为主，兼食肉类，体内可合成维生素 C。

3. 生长特征

新生仔鼠无毛，耳贴皮肤，在 3～5 d 后长毛，耳和皮肤分开。8～10 d 长出门齿，开始爬行。14～17 d 开眼，16 d 毛长齐后开始采食。分别在第 19、21 和 35 天生长第 1～3 对臼齿。到 90 日龄体重可达 300 g 以上。大鼠的寿命一般为 2.5～3 年，最长为 5 年。

4. 繁殖特征

大鼠成熟快，繁殖力强，为全年多发情动物，雌鼠 2 月龄，雄鼠 2.5 月龄达到性成熟，3 月龄达到体成熟，性周期 4～5 d，其性周期不同阶段阴道黏膜可发生典型变化，通过检察阴道涂片和分泌物的 pH,可确定性周期阶段。大鼠妊娠期平均 21 d,每窝产仔 6～16 只,哺乳期为 21～28 d。

5. 解剖生理学特征

大鼠共有 16 枚牙齿,其每侧上、下颌各有门齿 1 枚,臼齿 3 枚,眼突出,眼窝后部有 Harderian 腺,眼角膜无血管,有棕色脂肪组织。无扁桃体,胰腺呈长条片状,分左右两叶,无胆囊,胆管直接与十二指肠相通。雌鼠在胸部和鼠蹊部各有 3 对乳头。大鼠尾部被覆短毛和环状角质鳞片。大鼠嗅觉灵敏,但不能呕吐,汗腺也不发达,仅在爪垫上有汗腺,尾巴是散热器官,当环境温度过高时常靠流出大量的唾液来调节体温,当唾液腺机能失调时易中暑死亡。大鼠对空气中湿度耐受性差。

(三)豚鼠

豚鼠(guinea pig,*cavia procellus*)又名天竺鼠、荷兰猪、海猪等。豚鼠属于脊椎动物门哺乳纲啮齿目豚鼠科豚鼠属动物。

1. 外形特征

豚鼠体躯短胖、身圆,眼明亮,耳圆小;颈部和四肢较短,被毛紧贴体表,无尾;上唇分裂;前肢四趾、后肢三趾,趾上有短而锐利的爪子,脚形似豚。豚鼠耳蜗管发达,听觉灵敏;毛色多种多样,有单色、双色和三色等花色,外形可爱。

2. 行为特征

豚鼠性情温顺,胆小易惊,易捕捉,较少有斗殴现象,一般不伤人。豚鼠喜居清洁、干燥、安静的环境,对外界刺激非常敏感,一旦受惊则表现为全身僵立、耳郭竖起或整群一起惊跑。豚鼠喜群居,有一雄多雌结群而居的习性。豚鼠活动多,需要较大的活动场所,在拥挤或应激的情况下会发生脱毛、皮肤创伤和皮炎。豚鼠的跳跃和攀爬能力很差,可在低墙、无顶的围栏中饲养。豚鼠为草食性动物,日夜自由采食,其食性挑剔。无良好的生活习惯,喜欢故意将食物扒散或弄脏饲料槽、饮水器具。有食粪癖,能从肛门摄取软便以补充营养,幼仔可从母豚鼠粪中吸取正常菌丛。

3. 生长特征

新生仔鼠全身被毛、耳竖起、眼睁开、有视力、门齿齐全,体重 50～115 g,出生后 1 h 即可走动,出生当天就能吃软料,4～5 d 就能吃块料,在出生后的两个月内平均每天增重 4～5 g。5 月龄雌鼠体重可达 700 g、雄性体重 750 g 左右。豚鼠的寿命一般为 4～5 年,最长为 8 年。

4. 繁殖特征

豚鼠的性成熟较早,雌豚鼠 30～45 日龄,雄豚鼠 70 日龄性成熟。豚鼠的适配日龄为 5 月龄左右。

雌豚鼠性周期 15～17 d,妊娠期为 65～70 d,每胎产仔 1～8 只,多为 3～5 只。仔鼠 15～21 d 离乳。豚鼠为全年多发情动物,有产后发情(多在产后 2～3 h 内)。发情后持续 1～18 h,发情结束后排卵。种鼠的平均生产年限为 1.5 年。豚鼠只有一对乳房,但泌乳能力强、母性好,一般都能带活全部仔鼠,对寄养的仔鼠亦予哺乳。

5. 解剖生理学特征

豚鼠门齿尖利呈弓形并能终身生长,臼齿发达。豚鼠的骨骼系统由头骨、躯干骨和四肢骨组成。肋骨有13对，其中真肋骨6对，假肋骨7对。豚鼠的神经系统在啮齿类动物中属于较发达的。豚鼠的消化系统有典型的草食动物特征。其咀嚼肌发达，胃壁很薄，黏膜呈皱襞状，胃容量为20～30 mL；肠管较长约为体长的10倍，盲肠发达，约占腹腔容积的1/3并富集有淋巴结。豚鼠食量大，对粗纤维消化能力强，消化率达到38.2%，高于家兔。胰腺呈白色脂肪样片状物，分泌的胰液经胰腺管流入十二指肠。肝脏呈深枣红色，光滑、坚实而脆，胆囊位于胆囊窝内，胆管长约10 mm。

豚鼠自身体温调节能力比较差，对环境温度变化很敏感。豚鼠饲养间温度应控制在18～29℃以内，最适温度为20～24℃。当环境温度连续变化且波动幅度较大时，会造成豚鼠群内疾病流行。豚鼠抗氧化能力强，但呼吸道与消化道抗病能力较差，因而易患细菌性肺炎和急性肠炎。自身不能合成维生素C。豚鼠易被抗原物质所致敏，引起过敏反应。对麻醉药物敏感，尤其是患病豚鼠更为敏感，麻醉时死亡率较高。对青霉素、四环素、红霉素等抗生类药物特别敏感，常在用药48 h后引起急性肠炎，严重时导致死亡。

(四)家兔

家兔属于脊椎动物门哺乳纲兔形目兔科欧洲穴兔属穴兔种家兔变种的动物。

1. 外形特征

家兔头圆、耳大、直立、肌肉发达、尾短颈短，被毛浓密、柔软、富弹性，毛色有白、灰、青黑等色。有红色眼和灰色眼之分。

2. 行为特征

家兔胆小易惊，常竖耳听声，受惊后精神紧张，甚至出现“惊场”现象，严重时可引起食欲减退、难产、拒绝哺乳、食仔等严重后果，家兔喜干燥清洁、恶潮湿、污秽；喜欢昼伏夜动，白天常静伏笼中，夜间则十分活跃，采食频繁。家兔汗腺很少，相对耐寒，但不耐热。适宜的气温是15～25℃，气温超出这个范围，都会使兔食欲减退，繁殖率降低。家兔群养时还有互斗的特性，特别是公兔间或新组的兔群经常发生互斗和咬伤。

家兔以青绿草食为主，混合日粮以制成颗粒饲料较为适宜。动物性预混料可拌在混合饲料中饲喂。兔的门齿有不断生长的特点，为磨损不断生长的门齿，要常喂些豆秆、玉米秆、麦秆、稻草秆等坚硬的农作物茎秆，兔还有夜间直接自肛门舔舐软粪的习惯，乳兔则吃食母兔的软粪，以补充营养和获得正常菌丛。

3. 生长特征

仔兔刚出生时无毛，闭眼，10日龄时眼睁开，3周龄开始吃食；兔生长快，初生体重50～60 g，生后1周后体重就增加1倍，1个月后可增加10倍左右。100日龄脱换乳毛，130～190日龄第2次换毛，成年兔一般春秋两季各换毛一次。兔平均寿命为5～6年，长寿者可达15年。

4. 繁殖特征

兔的繁殖力强，不仅每窝产仔数多，孕期短，而且成熟早和繁殖无季节限制，全年均可产仔。兔繁殖期长，适配年龄雄兔7～9月龄，雌兔6～7月龄，正常繁殖3～4年，妊娠期30～33 d，哺乳期25～45 d。繁殖期内一般可产7～11胎，平均每胎7～8只。家兔性周期不明显，属于刺激性排卵，即只有经交配刺激后10～12 h才排卵。

5. 解剖生理学特征

兔的上唇正中线有纵裂，形成豁嘴(兔唇)，因而门齿外露。兔耳大、血管清晰。眼大、眼球大。大脑很少有脑沟、脑回。兔的被毛较厚，故借耳和呼吸散热，易产生热反应，对热原反应灵敏、稳定。兔全身肌肉达 300 余条，肌肉总质量约占体重的 35%，兔的前半身肌肉不发达，而后半身肌肉很发达。兔的胸腔内由纵隔将其分为左右两部分，互不相通，在不弄破纵隔膜的前提下，可以在不做人工呼吸条件下进行开胸后的心脏实验操作。家兔的胃常处于排空状态，不会呕吐。兔的肠非常长，小肠和大肠的总长度约为体长的 10 倍，加之兔肠的运动性强，从而易于消化粗纤维，对青绿饲料的消化率特高。兔的回肠与盲肠相连处膨大，形成兔特有的圆小囊，它是富有淋巴小结的淋巴样组织。兔的甲状旁腺散在，无固定位置，因而不宜进行甲状旁腺切除术。兔有两个子宫角和子宫颈，但无子宫体。有 4 对乳腺。仔兔不能从初乳中获得母源抗体，只有在胚胎期时从母体获得。

（五）犬

犬属于脊椎动物门哺乳纲食肉目犬科犬属犬种动物。

1. 外形特征

因品种的不同，犬的外形差异很大，例如头部的额段、额沟、躯干形态都各不同。尤其是耳和尾巴的差别更大，如耳有直立耳、半直立耳、垂耳、纽扣耳、蝙蝠耳、玫瑰耳等之分；尾则有卷尾、镰状尾、鼠尾、螺旋尾、前弯尾、直立尾、齐状尾等。犬的毛质和毛色也有多种，如按毛质可分为直毛、开立毛、卷毛、波状毛、丝状毛、针头毛和刚毛等；按毛的色泽可分为黑、褐、黑褐、铁灰、白、青、金黄等颜色。按体型大小可分为大型、中型、小型和极小型犬 4 种。

2. 行为特征

犬的嗅觉、听觉灵敏，易于驯养，能与人为伴，并能服从主人的命令和听从人的简单意图。犬对环境适应力强，可承受较热或较冷的气候。犬喜欢清洁，习惯于运动，故需有较大的运动场地。犬为肉食性动物，善食肉类和脂肪，同时喜欢啃咬骨头以利磨牙。犬的头部、颈部喜欢人以手抚摸、拍打，但臀部、尾部忌摸。雄性爱斗，有合群或欺弱的特点。健康犬的鼻尖湿润，呈涂油状，触之有凉感。

3. 繁殖特征

犬性成熟期 8～10 个月。适配年龄为 1～2 岁。妊娠期 58～62 d，哺乳期 60 d。性周期 126～240 d，每年发情多在春、秋季节，每次发情时间持续 14～21 d。一般每胎产仔 2～8 只。犬的寿命为 10～20 年。

4. 生理学特征

犬齿大而锐利，善于撕咬食物。犬在出生后十几天即长出乳齿，8～10 个月换齐恒齿，但需要 1 岁以后才能生长坚实。犬视力不发达，但在黑暗中的分辨力较强，能在夜间猎取食物。犬的味觉也不太灵敏，但触觉较为敏感。犬的汗腺极不发达，主要通过张口吐舌、加速呼吸频率以喘式呼吸散热，调节体温平衡。

（六）猪

猪属于脊椎动物门哺乳纲偶蹄目猪科猪属猪种的动物。

1. 外形特征

家猪的体躯丰满，四肢短小，鼻面短凹或平直，耳下垂或竖立，被毛较粗，有黑、白、棕、红、黑白花等色。猪的上唇短厚，与鼻连在一起，构成坚强的鼻吻，鼻吻灵活，有用鼻端拱土觅食地下草根、块茎和其他食物的本能。足有四趾，但仅第 3、4 趾着地。杂食，能利用各种动、植物性饲料。

2. 行为特征

猪的嗅觉和听觉灵敏，其嗅觉高于犬 1 倍。仔猪一生下来，就能靠嗅觉找到母猪乳头，生后几小时便能鉴别气味，母猪靠气味能识别自己的仔猪，对于混入的它窝仔猪常进行驱赶，甚至咬伤或咬死。猪的性联系也是通过嗅觉。在群体生活中，猪靠嗅觉识别自己的圈舍和固定卧位等。猪的听觉很灵敏，能鉴别声音的强度、音调和节律，容易对呼唤、口令和声音等刺激物的调教养成习惯。猪对痛觉刺激容易形成条件反射。猪的视觉很差，不靠近物体就看不见东西。对光线强弱、颜色和物体形象的分辨能力也差。猪的群居次序明显，仔猪同窝出生，过群居生活，合群性较好，但不同来源或不同品种的猪合群喂养时，要经过几天适应，按体重大的或战斗力强的排序，建立位次关系。猪爱好清洁，一般不会在吃睡的地方排泄粪尿。喜欢在墙角、潮湿、隐蔽、有粪便气味处排泄，喜欢在喝水时排泄。在养猪生产中，经训练后，猪会在固定位置采食、排泄、睡觉，做到吃、拉、睡三定位，从而便于舍内清洁卫生管理。

3. 繁殖特征

猪是常年发情多胎动物，性成熟早，繁殖力强。幼公猪在断乳前后即有性欲表现。猪 4～5 月龄达到性成熟，6～8 月龄就可以初次配种，12 月龄时即可产仔。母猪一次排卵 12～20 d，每胎产仔数 10 头左右。猪的繁殖周期短，哺乳期 21～28 d，断乳 7～10 d 即可发情配种。猪的妊娠期和哺乳期较短，一年能分娩 2 胎，若缩短哺乳期或用激素处理母猪，两年可达 5 胎。猪的利用年限较长，一般公猪为 4～5 年，地方母猪为 5～6 年。

4. 生长特征

仔猪初生重一般为 1～1.5 kg。哺乳前期仔猪日增重为 75～112 g，哺乳后期约为 300 g，仔猪断奶时体重可达 10～20 kg。猪在育肥时，一般前期日增重为 200～400 g，后期日增重可达 800～1 000 g。猪对各种营养物质的利用率较高，一般肉料比为 1∶(3～3.5)，而且维持正常生理活动所消耗的能量也较少。因此，有利于长肉储脂。

5. 解剖生理学特征

成年猪有 44 颗牙齿，门齿、犬齿和臼齿都很发达。猪的唾液腺发达，其淀粉酶含量是马的 14 倍，牛、羊的 3～5 倍。能分泌较多含有淀粉酶的唾液，能将少量淀粉转化为溶性糖。猪对各种味道敏感，且特别喜欢甜食。

猪是单胃家畜，猪的贲门腺占胃的大部分，幽门腺比许多动物宽大，胃肠具有各种消化酶，能消化饲料中的各种营养物质，但对粗纤维的消化、转化能力较差，消化粗纤维能力靠盲肠中少量共生的有益微生物。消化率为 3%～25%，其利用随体重增加而增大。

猪的汗腺不发达，皮下脂肪层厚，体热不易散发，主要靠呼吸散热，因而猪怕热。猪皮肤表层薄，被毛稀少，对光化性照射的防护力较差，同时耐寒力差。由于猪的怕热不耐寒的特点，在猪的饲养过程中，炎热夏季要注意防暑降温，寒冷冬季要注意防寒保暖，尤其是要注意新生仔猪生后及时吃到初乳和精心护理。

猪的胎盘类型属上皮绒毛膜型，母源抗体不能通过胎盘屏障，只能通过初乳传递。猪初乳中含较多 IgG、IgA 和 IgM，常乳中含有多量的 IgA。

猪正常体温为 39℃，心率 55～60 次/min，血容量占体重的 4.6%，心排血量 3.1 L/min，收缩压 169 mmHg，舒张压 108 mmHg，呼吸频率 12～18 次/min，通气率 37 L/min，耗气量 220 mm^3/g(活体重)，血液 pH 7.57，红细胞 6.4×10^6/mm^3，血红蛋白 0.132～0.142 g/mL，白细胞 7 530～16 280 个/mm^3，血小板 24 万个/mm^3，尿比重 1.101 8～1.102 2，尿 pH 6.5～7.8。猪的这些血液学、血液化学各种常数和人近似。猪的脏器质量也近似于人，猪的心血管系统、消化系统、营养需要、骨骼发育以及矿物质代谢等与人非常相似，尤其是猪的皮肤组织结构、皮下脂肪层、上皮修复再生性和烧伤后内分泌与代谢的改变与人极其相似。因此，猪可以作为人类进行比较医学研究的理想动物模型，同时在环境鉴定和监测、胚胎移植、烫伤治疗、人体器官替代，医用辅料等方面得到广泛应用。

二、常用动物实验技术

常用动物实验技术见二维码 7-1。

二维码 7-1

（严玉霖）

第六节　兽医生物制品质量检验

兽医生物制品的质量检验是兽医生物制品生产的重要组成部分，在保证兽医生物制品质量方面发挥重要作用。每种兽医生物制品的“规程”中均对各个项目的检验方法和标准作出了明确规定。检验项目主要包括理化性状检验、无菌检验、纯粹检验、支原体检验、鉴别检验、活菌计数、病毒含量测定、安全检验、外源病毒检验、效力检验、敏感性检验、特异性检验、剩余水分测定、真空度测定、灭活剂和防腐剂残留量测定、最低装量检查等。这些检验项目中，有些用于半成品检验，有些用于成品检验；有的检验项目只适用于某类制品。

一、物理化学检验

兽医生物制品的理化检验通常包括性状（外观、剂型、黏度、稳定性、pH、最低装量检查）、甲醛残留量测定、苯酚残留量测定、汞类防腐剂残留量测定、剩余水分测定、真空度测定等。

（一）性状检验

1. 外观检验

通常采用肉眼观察法，在自然光下观察制品的形状、颜色、包装的完好性，内容物的完整性等。检查澄清度等性状时，需要在专用光源下进行观察。液体制品通常应澄清、透明，细菌灭活疫苗等可在容器底部出现容易摇匀的沉淀物。生产过程中未采用纯化工艺的制品，通常带有一定颜色。液体血清制品通常为微带乳光的橙黄色或茶色清朗液体，不应有摇不散的絮状沉淀与异物，若有沉淀，稍加摇动，即应成轻度均匀浑浊悬液。冻干疫苗应为海绵状疏松物，色微白、微黄或微红，无异物和干缩现象。冻干制品加适量稀释液或水稀释震荡后，在常温下应迅速溶解成均匀一致的悬浮液。容器封口应严密，瓶签应正确无误。试剂盒中的组分应齐全。

2. 剂型检查

油乳剂疫苗通常包括油包水型(W/O)和水包油包水型(W/O/W)。检测时，用一清洁吸管吸取少量疫苗滴于清洁冷水表面，呈云雾状扩散的，为水包油包水型(W/O/W)；除第一滴外均不扩散的，为油包水型(W/O)。

3. 黏度

油乳剂疫苗的油水比、油佐剂的成分及其乳化工艺等决定了各种疫苗具有不同黏度。以前通常采用吸管法测定疫苗黏度，即用 1 mL 吸管(下口内径为 1.2 mm，上口内径为 2.7 mm)吸取 25℃左右的疫苗 1.0 mL，令其垂直自然流出，记录流出 0.4 mL 所需的时间。除少数细菌油乳剂灭活疫苗外，大多数油乳剂灭活疫苗的黏度不大于 8 s，该方法较为粗放。我国现正在推广使用黏度计测定法测定油乳剂灭活疫苗的黏度。

4. 稳定性

通常采用离心法和加速稳定性试验方法检验疫苗的稳定性。离心法中，取少量(通常为 10 mL)疫苗，加入离心管中，低速(通常为 2 000～3 000 r/min)离心 10～15 min，析出的水相通常不得超过 5%。在加速稳定性试验中，将数瓶疫苗置 37℃下 2～3 周，采用肉眼观察法检查疫苗水相和油相的分离情况。

5. 最低装量检查

通常采用质量法或容量法进行检查。

(1)质量法　适用于标示装量以质量计者。通常情况下，取供试品 5 个(装量在 50 g 以上者取 3 个)，除去外盖和标签，分别称定质量，除去内容物，再分别称定空容器的质量，求出每个容器内容物的装量，均应符合规定。如有 1 个容器装量不符合规定，则再次进行复试，应全部符合规定。

(2)容量法　适用于标示装量以容量计者。通常情况下，取供试品 5 个(装量在 50 mL 以上者取 3 个)，开启时注意避免损失。用适宜大小的吸管或量筒进行装量检查。使用吸管或量筒进行装量检查的样品，分别用预经标化的吸管尽量吸尽或直接将检验瓶中所有内容物全部倒入适宜的量筒中，尽量倾净，读数。如有 1 个容器装量不符合规定，则再次进行复试，应全部符合规定。

此外，对部分液体疫苗、稀释液等进行该项检验，通常用酸度计进行测定。

(二)干燥制品剩余水分

所有冻干制品均应测定水分含量。部分干粉疫苗、微生态制剂也需测定水分含量。我国的冻干制品剩余水分通常不超过 4%。剩余水分的测定方法有以下两种。

1. 真空烘干法

取样品置于含有五氧化二磷的真空干燥箱内，抽真空度至 2 666.44 Pa(20 mmHg)以下，加热至 60～70℃干燥 3 h，待干燥至恒重时，减失的质量即为含水量，水分计算公式为：含水量=(样品干燥前质量-样品干燥后质量)/样品干燥前质量×100%。

2.费休氏法

本法根据碘和二氧化硫在吡啶和甲醇溶液中能与水起定量反应的原理测定水分。所用仪器应干燥,并能避免空气中水分的进入;测定操作宜在干燥中进行。具体方法见《中国兽药典》。

无论采用哪种方法进行水分测定,均应注意避免空气湿度对测定结果的影响。测定过程要在干燥环境中完成,测定速度要快,使用的工具均需先行干燥处理。

(三)真空度测定

测定真空可通过高频火花真空测定器来进行。凡制品容器内出现白色、粉色或紫色辉光者为合格。经真空保存的冻干制品,出厂前两个月应由监察室测定真空度。无真空的制品,应予剔除报废,不得重抽真空。

(四)其他物质残留量测定

对采用甲醛作为灭活剂的疫苗,均应进行甲醛残留量测定。通常情况下,含梭状芽胞杆菌的制品中,甲醛残留量不得超过0.5%的甲醛溶液量(40%甲醛);其他制品不应超过0.2%甲醛溶液量(40%甲醛)。

使用苯酚溶液作为防腐剂的非油乳剂的兽医生物制品在成品检验时,均应进行苯酚残留量和硫柳汞含量测定。通常情况下,制品中的苯酚残留量应不超过0.5%。硫柳汞残留量应不超过0.01%。

二、生物学检验

兽医生物制品的种类比较多,一般而言,疫苗的生物学检验项目包括无菌检验、纯粹检验、支原体检验、鉴别检验、活菌计数、病毒含量测定、安全检验、外源病毒检验、效力检验等。诊断用生物制品检验包括性状、无菌、敏感性、特异性、重复性和适应性等。治疗用生物制品检验包括纯净性、安全性和疗效等。

(一)疫苗的生物学检验

1.无菌检验或纯粹检验

兽医生物制品均需按规定进行无菌检验或纯粹检验。除特殊情况外,所有灭活疫苗和病毒活疫苗均应无细菌污染;所有细菌活疫苗均应无杂菌污染。诊断试剂盒中的液体组分,通常也应无细菌污染。

根据样品和检出目标菌的不同,选用不同培养基。进行活菌纯粹检验时或进行细菌灭活疫苗灭活检验时,均要选用适于本菌生长的培养基。例如进行厌氧性及需氧性细菌检验时,用硫乙醇酸盐培养基(T. G)及酪胨琼脂(G. A);进行真菌及腐生菌检验时,用葡萄糖蛋白胨汤(G. P)。

每批抽检的样品必须全部无菌或纯粹生长。如发现个别瓶有杂菌或结果可疑时,可重检原瓶,如无菌或无杂菌生长,可作无菌或纯粹通过,如仍有杂菌,可抽取加倍数量的样品重检,个别瓶仍有杂菌,则作为污染杂菌处理。

2. 杂菌计数及病原性鉴定

(1)杂菌计数　每批有杂菌污染的制品至少抽样3瓶，用普通肉汤或蛋白胨水分别按头份数作适当稀释，接种于含4%血清及0.1%裂解血细胞全血的马丁琼脂平板上，每个样品接种平板2个，每个平皿0.1 mL，置36℃培养48 h后，再移至室温下放置24 h，数杂菌菌落，然后分别计算杂菌数。如污染真菌，亦作为杂菌计算。任何一瓶制品每头剂的非病原菌应不超过规定，超过规定时，该批制品应废弃。

(2)病原性鉴定　检查需氧性细菌时，将污染需氧性杂菌管培养物移植1支T.G管或马丁汤，置相同条件下培养24 h，取培养物，用蛋白胨水稀释100倍，皮下注射体重18～22 g的健康小鼠3只，每只0.2 mL，观察10 d；检查厌氧性细菌时，将杂菌管延长培养时间至96 h，取出置65℃水浴加温30 min后移植T.G管或厌气肉肝汤1支，在相同条件下培养24～72 h。如有细菌生长，将培养物接种体重350～450 g的健康豚鼠2只，每只肌内注射10 mL，观察10 d。如发现制品同时污染需氧性及厌氧性细菌，则按上述要求同时注射小鼠及豚鼠。试验小鼠、豚鼠均应健活。如有死亡或局部化脓、坏死，证明有病原菌时，该批制品应废弃。

3. 支原体检验

检验禽源细胞和由禽胚组织或其细胞制成的活疫苗时，用改良Frey培养基；检验其他种类细胞和病毒活疫苗时，用支原体培养基；检验血清时，用待检血清取代支原体培养基制备培养基后进行检验。通常情况下，每批制品取样3～5瓶，混合后备用。如为冻干制品，则加液体培养基复原成混悬液后混合。检测血清时，用血清直接接种。每个样品需同时用液体培养基培养法和固体培养基培养法进行检验。

每次检验中均需设立阴、阳性对照。检测禽类疫苗时用滑液支原体作为对照，检测其他疫苗时用猪鼻支原体作为对照。若阳性对照中至少一个平板出现支原体菌落，而阴性对照中无支原体生长，则检验有效。当接种被检物的任何一个琼脂平板上出现支原体菌落时，判定疫苗或血清不合格。

4. 外源病毒检验

所有病毒活疫苗均应无外源病毒污染。在兽医生物制品生产中，还需对生产用毒种、细胞、血清等原材料进行外源病毒检验。根据疫苗使用对象和原材料来源，外源病毒检验分为禽源细胞及其制品的外源病毒检验和非禽源细胞及其制品的外源病毒检验。

(1)禽源细胞及其制品的外源病毒检验　通常，液体样品取2～3瓶混合，冻干样品取2～3瓶加入稀释液或PBS溶解后混合，用相应抗血清中和后作为待检样品。对血清类制品，需用PBS进行透析过夜，除去防腐剂后作为待检样品；对待检细胞，需经冻融3次后混合作为待检样品。

检验方法包括鸡胚检查法(包括尿囊腔内接种、绒毛尿囊膜接种途径)、鸡检查法和细胞检查法(细胞病变法、红细胞吸附试验法和禽白血病病毒污染检查法)。

(2)非禽源细胞(或细胞系)、种毒及其制品的外源病毒检验　检验方法包括荧光抗体检查法(选用不同病毒的特异性荧光抗体进行染色)、Vero细胞检查法(将处理过的待检样品接种Vero细胞单层，采用细胞病变法、细胞吸附试验法、荧光抗体法进行检验)、细胞病变检查法和红细胞吸附试验法。

5. 安全检验

通常情况下，安全检验系指兽医生物制品生产和检验过程中进行的有关安全性方面的检验,包括对菌毒种和成品的检验,与新生物制品研发过程中需要完成的安全试验有所不同。从试验的范围和各项试验深度上看,研发中的安全试验比生产中的安全检验要复杂得多。

确保安全性是对兽医生物制品的最基本要求,所有用于动物体内的预防、治疗、诊断制品均需经安全检验合格后方可出厂。有时为了确保体外诊断试剂在使用中的生物安全,也需就诊断制品中是否存在致病性微生物进行安全检验。

安全检验是对制品中可能存在的各种病毒性物质的综合检验,这些毒性物质可能包括外源性污染物(如致病菌、非致病菌、病毒、支原体、污染细菌产生的毒素、尘埃离子或其他异物等)、未彻底灭活或脱毒的微生物、疫苗中所含弱毒微生物的残余毒力或毒性物质、通过原辅材料带入制品中的毒性物质或过敏源(如甲醛或其他灭活剂、乳化剂、异源血清、分装瓶和瓶塞等包装物中的毒性物质等)。

成品安全检验通常用最小使用日龄的靶动物进行。有时也可使用实验动物进行代替安全检验,但需经过试验得到证明并获得农业部许可。安全检验需用敏感动物进行,除日龄要求外,有时对其品种和品系也有一定要求。使用的实验动物应符合普通级或清洁级动物标准,使用的鸡应符合 SPF 级标准。用于安全检验的大动物,应符合药典和该产品规程中规定的基本要求,并应无与待检制品有关的抗原和抗体。用于检测抗原和抗体的方法,需符合有关产品规程中的要求。

灭活疫苗的安全检验剂量通常为实际剂量的 2 倍,活疫苗的安全检验剂量通常为实际使用剂量的 10 倍。

安全检验中,需详细观察检验动物的临床反应,通常还需测定体温。观察期通常为 10～14 d。观察结束后,通常应进行解剖观察,以对局部反应情况进行判定。观察期内出现死亡或明显的全身反应时,应判被检制品不合格。只有在有足够证据表明检验结果受意外因素影响难以判定检验结果时,才能进行重检。重检时,应使用加倍数量的该种动物。凡规定需用多种动物进行安全检验的制品,只有各种动物的安全检验结果均符合规定时,才能判该批制品安全检验合格。凡规定可用小动物或靶动物进行安全检验的制品,当小动物检验结果不合格时,可用靶动物重检;但用靶动物检验不合格时,不能再用小动物重检。

6. 效力检验

效力检验系指兽医生物制品生产和检验过程中进行的有关有效性方面的检验,通常包括菌毒种的免疫原性检验和成品效力检验,与新生物制品研发过程中需要完成的效力试验有所不同。从试验的项目范围和各项试验深度上看,研发中的效力试验比生产中的效力检验要复杂得多。

“效力”一词通常包括两种含义:一是指“免疫攻毒效力”,指的是用靶动物进行免疫攻毒的效力;二是指“有效性”,指用免疫攻毒以外的间接方法(如病毒含量、活菌计数、灭活抗原含量测定、相对效力测定等)测定的效力指标。

效力检验的方法很多,但简单地可划为体内效力检验法和体外效力检验法。体内效力检验法是利用靶动物或替代的实验动物进行免疫攻毒和血清学效力测定。抗体测定的方法主要有中和试验、HI 试验和 ELISA 试验。体外效力检验法不使用动物,采用物理化学或生物学方法测定制品中的微生物或抗原含量(如活菌数测定、病毒含量测定),以间接评价有效性。确保制品有效性是对兽医生物制品的基本要求之一。无论是采用直接的免疫攻毒法,还是采用间接的替代方法,所有用于动物体内的预防、治疗制品均需经效力检验合格后方可出厂。

(二)诊断用生物制品的检验

诊断用生物制品检验一般包括形状、无菌、敏感性、特异性、重复性和适应性等。性状检验应确保试剂盒的包装及内容物的外观性状符合标准,各试剂组分的装量符合试验目的和标准要求。试剂盒中的抗原、抗体、阴阳性对照等生物组分,应符合无菌要求。性状和无菌检验是每批诊断试剂(盒)必须检验的项目,其方法与疫苗检验相似。

1. 敏感性检验

敏感性是考察诊断试剂的最重要指标之一,每批诊断试剂的成品检验中,敏感性检验均是必不可少的项目。

敏感性一般以与公认的确诊方法确诊的患病动物的阳性率来表示。通过与公认的确诊方法(金标准、HI、SN、CF、病原分离培养以及解剖检查等)的比较确定其敏感性。同时要确定制品的最低检出量。最低检出量一般以抗体滴度、抗原量、变异数以及其他适当的测定方式表示。在确定最低检出限量时,应当包括对几种已知的阴性、弱阳性、强阳性样品的检测。

国外的诊断试剂敏感性检验通行方法是,按该诊断制品说明书中的方法检测一组敏感性质控样本(生产企业自行制备或从国家有关机构获得的、经过验证的,含有强阳性的、阳性和弱阳性等不同量检测目标物的一组样品,通常称之为敏感性质控样本组),对各样本的检测结果应在各自的规定范围内。

我国多采用更为简化的方法,如用一份阳性样品(或试剂盒中的阳性对照)稀释成不同稀释度后按说明书规定的操作程序进行检测。有的采用与国际参考诊断试剂盒进行对比的方法进行敏感性检测,即用待检试剂盒与参考试剂盒同时检测试剂盒中的阳性对照样品,与参考试剂盒的检测结果相比,待检试剂盒的检测结果在一定范围内,即为合格。

2. 特异性检验

特异性是考察诊断试剂的另一最重要指标,每批诊断试剂的成品检验必须进行特异性检验。

特异性一般是用对已知无病动物的阴性率来表示。对抗体检测制品,除对已知无病动物的阴性率外,还应通过检测与目标疾病存在交叉反应的相关病原免疫的动物血清或自然感染血清的交叉反应来确定;对抗原及基因诊断制品,除对已知无病动物的阴性率外,还应通过检测与目标疾病病原存在交叉反应的抗原或基因的交叉反应来确定。

特异性检验的目的是考察特定诊断试剂对已知阴性样本进行检测时出现假阳性结果的概率。通行做法是,按该诊断说明书中的方法检测一组特异性质控样本(生产企业自行制备或从国家有关机构获得的、经过检验的、不含有检测目标物的一组样品,通常称之为特异性质控样本组),对各样本的检测结果均应为阴性。特异性质控样本组中通常包括数份已知阴性样本以及数份含有其他检测目标物的样本。同时应确定判定试验系统是否具有试验成立的判定条件(同条件下对阴性、弱阳性、强阳性参考试剂的测定值范围)。必要时,应用试剂盒对经公认的确诊方法确定的、可能存在与目标疾病发生交叉反应的其他疾病的样品进行检测试验,确定试剂盒的假阳性范围或百分比。有时也增加用国际参考诊断试剂盒进行比对的方法进行特异性检验。

3. 其他项目检验

(1)重复性检验　重复性一般以变异系数表示。即用试剂盒对已知的阴性、弱阳性、强阳性样品进行反复测定,计算测定结果的变异系数,确定试验的重复性。变异系数必须在可接受的范围内。

(2)保存期检验　应将试剂盒在适当条件下保存,并间隔一定时间,按成品检验标准对质控试剂进行检验试验,并与原始成品检验数据进行比较,确定试剂盒的保存条件和有效期。

(3)适应性检验　适应性是指在不同环境条件下试剂盒的可靠性,一般应在具有不同地理位置代表性的 3 个以上实验室对已知样品进行试验,以确定试剂盒对不同环境条件的适应性。

所述的这三项试验 ,均不是每批诊断试剂(盒)必须检验的项目,但在研发过程中有必要开展研究。

(三)治疗用生物制品的检验

为了确保治疗用生物制品质量,对其制备过程必须加以监测,如用于制备治疗制品的菌(毒、虫)株、抗原,应进行全面鉴定,以保证其纯净性和足够的免疫原性;用于制备治疗制品的细胞株(如杂交瘤细胞株),应进行纯净性鉴定和分泌抗体的效价和稳定性鉴定;用于制备治疗制品血浆、血清或抗体,应进行纯净性和效价测定。成品质量检验一般包括以下几项。

1. 纯净性

纯净性是治疗制品的首要关键控制点,是每批治疗用制品的必检项目。如污染细菌、支原体或病毒,即便抗体效价很高,也无法用于治疗动物疾病。因此,每批出厂的制品,均需按照《中国兽药典》中的方法进行无菌检验、支原体检验、外源病毒检验。

2. 安全性

通常情况下,注射用治疗制品的安全性问题可能系由异源蛋白(如异源抗血清)、内毒素(生产过程中的细菌污染)等引起;针对通常意义上的制品安全性,可按常规方法用最小使用日龄靶动物、各种使用途径进行一次单剂量、单剂量重复使用、一次超剂量使用的安全性试验,必要时用怀孕动物进行上述安全性试验。为了保证试验结果的科学性,需进行一定数量的重复试验。安全性是每批治疗用制品必须检验的项目,但上述安全试验中的有些内容仅需在研发过程中开展研究即可,无须在每批制品出厂前进行检验。

3. 疗效

疗效是治疗制品的最基本指标。通常情况下,应采用攻毒试验验证制品的治疗效果。应用至少 3 批(一类制品至少 5 批)制品通过每种使用途径对每种靶动物进行疗效试验。在攻毒试验中,对照组应有足够高的发病率。但是,对于某些急性或烈性传染病而言,由于发病快、病程短、死亡率高,治疗组的疗效不易显现,此时,可能需要模仿临床治疗方案,在使用治疗制品时,还需要采取补液等辅助治疗措施。当确认制品疗效后,如有检验制品效力的可靠的替代指标,可不对每批出厂的制品进行疗效检验,而以检测替代指标代替之。当制品质量标准中的指标(如抗体效价、特异性免疫球蛋白含量)足以保证制品疗效时,则无须在每批制品出厂前进行疗效检验。

4. 稳定性

无论是抗体制品中的抗体、微生态制剂中活菌、免疫去势疫苗中的抗原,还是干扰素或转移因子制品中的有效因子,对温度等理化因子的影响都有一定的敏感性。因此,有必要通过试验研究治疗制品中的效用成分随温度等变化而变化的规律,为保存条件和保存期的设定提供支持数据。

(严玉霖)

第七节　新兽医生物制品注册与审批

一、注册审批机构及其职责

我国实行新兽药注册审批制度，只有审批并获得《新兽药注册证书》的兽医生物制品才能投入生产。农业农村部兽医局负责注册审批工作；农业农村部办公厅行政审批综合办公室（简称"综合办"）统一接受申请，并负责申报资料的转送、审批意见和结果的通知等；农业农村部兽药评审中心负责技术评审工作；中监所承担需进行临床验证试验和产品复核检验的工作。

二、注册审批程序

按照农业农村部公告第1704号规定，申报单位向综合办递交注册资料，兽医局在10个工作日内完成预审，对符合要求的注册资料，通知综合办开具《受理通知书》，并抄送兽药评审中心；对不符合要求的注册资料，通知综合办予以退审。

兽药评审中心生药评审处接到《受理通知书》和完整的注册资料后，根据申报的产品种类、数量、申报时间等情况进行初审，提出修改和补充意见，并根据需要实地考察和/或要求提供样品送中监所进行质量复核检验。初审未通过的，由兽药评审中心报请兽医局退审。

初审、现场核查、质量复核检验均符合要求的产品提交复审会，以记名投票的方式征得到会人数的2/3以上同意后，兽药评审中心会同申报单位完成试行规程（草案）、质量标准、说明书和标签的最终修订和定稿，提请农业农村部审批，决定批准颁发《新兽药注册证书》或退审。

三、注册资料的形式审查要求

申报资料要有正式公函原件，其他资料可使用复印件（注意字迹清晰可见）。可按照农业部公告第442号中《兽医生物制品申报资料项目要求》准备，并编写目录和页码，用A4纸打印，装订成册。

试行规程（草案）、质量标准、说明书和标签等，按照最新有关要求起草。试验报告中主要试验均要有详细的单项报告，详细列出特殊试验方法的操作步骤和判定标准。涉及动物攻毒试验时，要制定明确的动物发病判定标准。中间试制报告需提供由从事中试产品检验的部门出具并加盖公章的检验报告单。

对于基因工程活疫苗，要先获得农业生物基因工程安全评价委员会签发的同意进行商品化生产的"审批书"。

四、兽医生物制品的评审要点

（一）一般资料

1．兽医生物制品名称

名称包括通用名、商品名、英文名、汉语拼音名。通用名按照《兽医生物制品通用名命名指导原则》，用汉字命名，用字母、数字或其他符号标注微生物的群、型、亚型、株名和毒素的群、型、亚型。商品名的命名要符合农业部发布的《兽药商品命名原则》，无商品名时，可填“无”。英文名和汉语拼音，均要与通用名对应。

2. 证明性文件

证明性文件包括：单位合法证明、生产许可证、GMP 证书、基因工程产品的安全审批书、实验动物使用许可证、临床试验批准文件等证件的复印件；配方、工艺等专利权属状态的说明、不侵权保证书；研究中使用了一类病原微生物的，提供批准性文件复印件；包装材料和容器合格证明的复印件。

3. 制造及检验试行规程（草案）、质量标准及其起草说明

试行规程（草案）中要详细描述、菌毒种的各项鉴定方法和标准、代次范围、保存条件和有效期，疫苗半成品、成品的制备和检验，疫苗的作用和用途、用法和用量、注意事项、规格、储藏和有效期。拟定质量标准时不能一味提高标准，以标榜所报疫苗与同类疫苗相比的优越性，也不能低于已颁布的同类疫苗的质量标准。质量标准后附上各个主要检验项目的标准操作程序。起草说明中要详细阐述各项主要标准的制定依据和国内外生产、使用情况。

4. 说明书、标签和包装设计样稿

说明书和标签要严格按照《兽药标签和说明书管理办法》、有关公告和最新参考文献编写，使用对象、作用和用途必须与研究结果一致。

（二）生产用菌（毒、虫）种的研究资料

1. 来源和特性

细菌的形态、培养特性、生化特性，病毒对细胞的适应性等研究资料包括生产用菌毒虫种原种的代号、来源、历史（分离、鉴定、选育或构建过程等）、感染滴度、血清学特性/特异性。

2. 种子批建立的有关资料

种子批通常包括原始种子、基础种子和工作种子。注册资料中需提供：对原始种子的繁殖/培养特性、免疫原性、血清学特性、鉴别特征和纯净性的鉴定；对基础种子的含量测定、安全或毒力试验、免疫抑制试验、免疫原性（或最小剂量）试验和纯净性检验；对生产种子纯净性检验、特异性检验、含量测定及保存期测定。

3. 基础种子的全面鉴定报告

报告包括外源因子检测、鉴别检验、感染滴度、免疫原性、血清学特性/特异性、纯粹性、毒力稳定性、安全性、免疫抑制特性等。

4. 最高代次范围及其依据

其中应提供对不同代次的菌毒种进行的试验报告，作为规程中限定代次范围的依据。

5. 检验用强毒株代号、来源

注册资料中需要详细说明用于攻毒试验的毒株代号和来源。对已有国家标准的，可使用国家标准强毒株。

6. 检验用强毒株全面鉴定资料

鉴定资料包括鉴别特征、血清学特性、纯净性、含量和致病性。

（三）生产用细胞的研究资料

1. 来源和特性

相关资料包括代号、来源、历史（细胞的建立、鉴定和传代等）、主要生物学特性、核型分析等研究资料。

2. 细胞库

相关资料包括原始细胞库、基础细胞库的代次、制备、保存及生物学特性、核型分析、外源因子检验、致癌/致肿瘤试验等。

3. 代次范围及其依据

用不同代次的细胞进行试验（主要是细胞核型和致瘤性试验）的报告，作为规程中限定代次范围的依据。

（四）主要原辅材料选择的研究资料

这些资料包括来源、检验方法和标准、检验报告等。原辅材料采用国家标准（国家已收载）或国际标准（国家未收载）。对牛源材料尤其是血清，要避免从已公布有疯牛病的国家或地区进口。

（五）生产工艺的研究资料

1. 主要制造用材料、组分、工艺流程等

应详细说明最终产品中各组分的名称、配比及生产的工艺流程，可以采用流水图或表格来表述各配方和具体流程。

2. 制造用动物或细胞的主要标准

生产中使用动物或细胞的，需在试验的基础上事先制定这些动物或细胞的标准。

3. 构建的病毒或载体的主要性能指标（稳定性、生物安全性）

人工构建的病毒或其他载体，应对其进行稳定性和生物安全性评价，从而以评价其应用于兽医生物制品生产的潜力。

4. 疫苗原液生产工艺的研究

采用新工艺进行生产时，需提供这新工艺的研究资料。包括菌（毒、虫等）培养时的接种量、培养/发酵条件，灭活/裂解工艺的条件；活性物质的提取和纯化；对动物体有潜在毒性物质的清除；联苗中各活性组分的配比和抗原相容性研究资料；乳化工艺研究；灭活剂、灭活方法、灭活时间和灭活检验方法的研究等。

（六）产品的质量研究资料

1. 成品检验方法的研究及其验证资料

应当对不同于常规的成品检验新方法的可靠性，进行验证。必要时将二者（新方法和常规法）进行平行对比试验，以证明二者之间的相关性。

2.与同类制品的比较研究报告

如申请注册第三类新制品时，需要提供该产品与已上市的同类制品的比较研究报告，如在安全性、免疫效力、免疫期与保存期的比较，联苗与各单苗的免疫效力、保存期的比较。

3.用于实验室试制的产品检验报告

实验室试验的样品应有一定的质量要求，故要对实验室试验的样品进行检验，以保证实验室试验的结果可靠。

4.实验室制品安全性试验研究报告

兽医生物制品的安全性是考察其质量的最重要指标之一。实验室制品安全试验基本要求如下。

(1)评价单位　非临床研究的所有安全性评价试验，应由与新兽药研制单位无隶属或者其他利害关系的兽药安全性评价单位承担。且安全性评价单位必须经农业部兽药非临床研究质量管理规范(GLP)监督检查合格。

(2)实验动物　实验室制品安全试验中所用实验动物应是普通级或清洁级易感动物，必要时应使用SPF级动物。

禽类实验室制品安全试验多使用本动物，其他实验室制品的安全试验中除使用靶动物外，还须用敏感的小型实验动物(如啮齿类)进行试验。试验中应使用敏感性最高的品系。应使用最小使用日龄的动物进行试验。

每批实验室制品的安全试验中所用动物应不少于10只(头)，来源困难或经济价值高的动物应不少于5只(头)，鱼、虾应不少于50尾。

(3)评价对象　实验室制品安全试验中所用的生产用菌(毒、虫)种、制品组成和配方等，应与规模化生产的产品相同。试验性产品应经过必要的检验，且结果应符合要求。试验性产品中主要成分的含量应不低于规模化生产时的出厂标准。

(4)试验方案　在试验开始前，必须制定详细的实验室制品安全试验方案。实验室制品安全试验包括以下项目：①一次单剂量接种的安全试验。②单剂量重复接种安全试验。③一次超剂量接种的安全试验。④对怀孕动物的安全性及对动物生殖功能影响试验。⑤对非靶动物、非使用日龄动物的安全试验。⑥对靶动物免疫学功能影响试验。⑦疫苗水平传播试验。⑧对靶动物生产性能的影响试验。⑨基因工程产品的安全评价。⑩其他安全试验。

需要说明的是：上述安全试验研究项目中，①～③项的内容是必须要做的，而④～⑩项的内容根据制品的种类、使用对象等不同，应部分或全部进行。通常①～③项内容是制定生物制品试行规程成品安全检验最常用的方法，应有连续3～5批实验室制品的试验数据。

5.实验室制品效力试验研究报告

兽医生物制品的效力是考察其质量的最重要指标之一。实验室制品效力试验基本要求如下。

(1)生物安全条件　实验室及动物实验室的生物安全条件应符合国家有关实验室生物安全标准。

(2)实验动物　实验室制品效力试验中所用实验动物应是普通级或清洁级易感动物，必要时应使用SPF级动物。每批实验室制品效力试验中所用动物应不少于10只(头)，来源困难或经济价值高的动物应不少于5只(头)，鱼、虾应不少于50尾。

实验室制品效力试验应使用靶动物进行。如果在规模化生产的每批产品出厂时的效力检验中使用小型实验动物替代靶动物进行，则在实验室制品效力试验中除使用靶动物以外，还应使用这种替代动物进行。

(3)评价对象　实验室制品效力试验中所用制品的生产用菌(毒、虫)种、制品组成和配方等，应与规模化生产的产品相同。试验性产品应经过必要的检验，且结果应符合要求。试验性产品中主要成分的含量应接近或低于产品规程中规定的最低标准。

为了同时证明产品"规程"中所规定的基础种子使用代次范围的合理性，通常用处于最高代次水平的病毒(或细菌)悬液制备疫苗后，进行效力试验。一旦试验结果证明最高代次水平的疫苗具有令人满意的免疫效果，则可认为规定范围内的基础种子均具有令人满意的免疫原性。

如果每批规模化生产的产品出厂时的"效力检验"采取与参考疫苗对比的方法，则在实验室制品效力试验中，除应使用实验室制品进行效力试验外，还应用参考疫苗进行系统的效力试验，或提供有关参考疫苗效力试验资料。

(4)攻毒株　对攻击用强毒的要求，在多数实验室制品效力试验中可能会使用攻毒用强毒。对已经有国家标准强毒株的，应使用标准强毒株，必要时增加使用当时的流行株。对没有国家标准强毒株的，可使用自行分离的强毒株，但需报告其来源、历史和有关鉴定结果。使用一类病原微生物的，应按有关规定事先获得农业部批准。

(5)试验方案　在试验开始前，必须制定详细的实验室制品效力试验方案，其内容应包括受试制品的种类，试验开始和结束的日期，试验动物的年龄、品种、性别等特征，制品的配方，对照组的设置，每组动物的数量，实验动物来源、圈舍、试验管理和观察方式，动物个体是否发病或保护的判定标准，最终结果的判定方法及标准等。实验室制品效力试验包括以下内容。

①靶动物免疫攻毒试验。具体方法有定量免疫定量强毒攻击法、变量免疫定量强毒攻击法、定量免疫变量强毒攻击法及抗血清被动免疫攻毒法等，根据制品的具体情况可选择一种最佳的方法。

②疫苗抗原(细菌或病毒)含量与靶动物免疫攻毒保护力相关性的研究(最小免疫剂量试验)。

③免疫产生期及免疫持续期试验。

④血清学效力检验与靶动物免疫攻毒保护相关性的研究。

⑤不同血清型或亚型间的交叉保护力试验。

⑥实验动物效力检验与靶动物效力检验结果相关性的研究。

⑦子代通过母源抗体获得被动免疫力的效力和免疫期试验。

⑧不同接种途径对靶动物的效力试验。

⑨接种后动物体内抗体消长规律的研究。

需要说明的是：上述效力试验研究项目中，①～③项的内容在新制品研制中是必须要做的，而④～⑨项的内容，根据制品的种类、使用对象等不同，在新制品研制中也应部分或全部进行。通常①项是生物制品规程常用的效力检验的内容，应有连续 3～5 批实验室制品的试验数据。

6. 实验室制品稳定性试验研究报告

《中华人民共和国兽药典》中规定，在规定的保存期内，兽药质量均不应低于规定标准。

《兽药注册办法》中规定，每种兽医生物制品的注册资料中必须提交至少3批试验性产品的实验室保存期试验报告。

兽医生物制品对环境因素比较敏感，为了确保其生物学活性和避免降解，通常要采用严格的保存条件。

实验室制品稳定性试验依据以下原则开展。

(1)样品选择　稳定性试验中所用实验室制品的生产过程、配方、保存条件及使用的包装容器等应与工业化生产的产品一致。存在不同包装规格时，应选择最小规格和最大规格的产品进行稳定性试验。

(2)测试内容　包括性状、真空度、效力等。

①性状：对兽医生物制品稳定性试验中应考察的性状指标，无统一规定。研制单位应根据具体产品的特性选择对保存条件敏感的性状指标，以保证能辨别产品在保存期间所发生的变化，如溶液和悬液的颜色、pH、黏度、剂型、浑浊度，粉剂的颜色、质地和溶解性，重溶后的可见颗粒物等。考察的内容应不少于成品检验标准中的性状检验内容。

②真空度：对于冻干的制品，在稳定性试验中，应进行真空度的测定。

③效力检验：制品的效力是稳定性试验中考察的最重要的特异指标。效力检验的方法应与成品效力检验方法一致。通常情况下，对活疫苗，应采用病毒或细菌含量测定方法，对灭活疫苗，可采用免疫攻毒方法或经过验证的血清学方法。

④其他内容：如产品的纯度，冻干产品的水分含量等。

在保存期内，制品中的添加物或赋形剂可能发生降解，如果在初步的稳定性试验中有迹象表明这些材料的反应或降解对制品质量具有不良影响，则在稳定性试验中应对这些方面进行监测。

(3)试验要求　具体要求如下。

①稳定性试验中所用各批实验室制品应尽可能由不同批次的半成品制备而成。

②兽医生物制品一般分装于防潮的容器中。因此，只要能够证明所用容器(处于保存条件下时)对高湿度和低湿度都能提供足够的保护，则通常可以免除在不同的湿度下进行稳定性试验。如果不使用防潮容器，则应该提供适宜的稳定性数据。

③兽医生物制品的稳定性试验应在实时/实温条件下进行。在加速和强化条件下获得的稳定性试验数据，不作为最终确定制品有效期的依据。但是，加速稳定性试验数据有助于提供证明有效期的支持数据，并为将来的产品开发提供稳定性资料。

④首次开启或冻干产品重溶后的稳定性，在说明书上应注明冻干产品在溶解后的保存条件和最长保存时间。

⑤对预期的保存期不到12个月的兽医生物制品，在前3个月内应每个月进行一次检测，以后每3个月检测一次；对预期的保存期超过12个月的，在保存的前12个月内应每3个月进行一次检测，在第二年中每6个月进行一次检测，以后每年进行一次检测。

(七)中间试制研究资料

由中间试制单位出具的中间试制报告通常由中试单位出具，应包含以下内容：中间试制的生产负责人和质量检验负责人签名，试制的时间和地点，连续生产的批数、批号、批量(升数、瓶数)，每批生产的详细生产报告和检验报告。

(八)临床试验研究资料

1.临床试验研究资料及要求

兽医生物制品进入临床试验前,必须获得农业部的批准。申请注册兽医生物制品时,提交的资料中必须包括完整的临床试验报告。

临床试验的目的是在实际生产条件下考察制品的安全性和效力,是对实验室试验数据的必要补充和验证。兽医生物制品临床效力和安全试验的设计和完成应确保临床试验数据的科学性、完整性和正确性,同时,对实验动物的健康、对环境和试验人员的影响以及有害物质的残留也有相应要求。临床试验须由经农业部兽药临床研究质量管理规范(GCP)监督检查合格的评价单位开展。预防及治疗用生物制品临床试验应在不少于3个省(自治区、直辖市)进行。

对临床试验的一般要求如下。

(1)所使用的试验动物　在试验前应确定是否曾接种过针对同种疾病的其他单苗或联苗。在近期是否发生过同种疾病。为确证这种免疫或感染状态,在进行试验前应当对试验动物进行特异性抗体检测,并评估其是否对试验产生影响。

(2)靶动物总数　最少应满足:牛1 000头;马属动物、鹿300匹(只);猪5 000头,种猪500头;羊3 000只;中小经济动物1 000头(只);鸡、鸭10 000只,鹅、鸽2 000只;宠物犬、猫200只;鱼10 000尾。申请制品为一类新兽药的,临床试验动物数量加倍。兽医诊断制品临床样品检测数量不少于1 000份,犬、猫等宠物样品检测数量不少于500份。上述未规定的其他类别动物或样品数量一般情况下应不少于100例。临床上特别不容易获得的野生动物、稀有动物的数量应满足统计学要求。

(3)疫苗　在开始试验后,动物一般不应再接种针对同种疾病的其他单苗或联苗。

对临床效力试验有如下特殊要求。

①所选择的动物种类应当涵盖说明书中描述的各种靶动物,并选择使用不同品种的动物进行试验。对动物年龄没有特殊规定的,还应当选择使用不同年龄的幼龄动物和成年动物进行试验。

②临床效力试验中使用的产品批数应符合《兽药注册办法》中的规定,可有目的地使用接近失效期的产品进行试验。

③可以同时使用低于推荐使用剂量进行临床效力试验。

④接种动物后,应当定期随机选择动物对其生理状态和生产性能进行评价,并定期通过免疫学或血清学方法对特异性免疫应答反应进行测定和评价。

⑤对可以通过攻毒试验确定产品保护效力的,应当随机选择一定数量的动物进行攻毒保护试验。并证明在整个保护期内都可提供保护。

⑥如果产品对被接种动物的后代会产生保护或影响,应当通过免疫学、血清学方法或攻毒试验对其后代的被动免疫保护力或影响进行检测。

⑦对治疗用的生物制品,应对发病动物进行治疗试验,而且必须对疾病进行确诊。

对临床安全试验有如下特殊要求。

①所选择的动物种类应当涵盖说明书中描述的各种靶动物,并选择使用不同品种的动物进行试验。对动物年龄、生理或生产状态没有特殊规定的,还应当选择使用不同年龄的幼龄动物、成年动物、怀孕动物、处于特殊生产状态的动物进行临床安全试验。

②临床安全试验中使用的产品批数应符合《兽药注册办法》中的规定。

③可以同时使用高于推荐使用剂量进行临床安全试验。

④接种动物后，应当定期随机选择动物对其生理状态和生产性能进行测定评价。

⑤为了发现不良的局部或全身反应，必须以足够的频率和时间观察试验动物。

⑥必要时，应定期随机选择一定数量的动物进行剖检，观察可能由于接种疫苗而引起的局部或全身反应。对灭活疫苗，还应定期检查注射部位的疫苗吸收情况。

⑦临床试验中还需有目的地就制品对环境及其他非靶动物的安全性影响进行评价。

2. 其他资料

临床试验期间进行的有关改进工艺、完善质量标准等方面的工作总结及试验研究资料。

（陈瑞爱）

第八节　动物用转基因微生物的安全评价

一、定义和分类

动物用转基因微生物是指利用基因工程技术改变基因组构成，在农业生产或者农产品加工中用于动物的重组微生物及其产品。

1. 基因工程亚单位疫苗

利用细菌、病毒、哺乳动物细胞、酵母、植物等体系表达病原微生物的保护性抗原蛋白制备的疫苗。可以是纯化的抗原蛋白，或是未纯化的灭活混合物。含有目的抗原蛋白，无复制特性。

2. 基因工程重组活载体疫苗

利用基因重组技术将病原微生物的保护性抗原蛋白基因插入低毒或无毒的细菌、病毒等载体微生物基因组中，获得的活载体疫苗，其特点是在体内可复制，且低毒或无毒。

3. 基因缺失疫苗

利用同源重组技术将病原微生物的致病或(和)毒力相关且复制非必需的基因或基因片段全部或部分删除后获得的低毒或无毒微生物制备的疫苗。其特点是带有基因缺失的遗传标记，据此可以区分疫苗毒株和野生毒株。

4. 核酸疫苗

将病原微生物的主要保护性抗原基因插入真核表达质粒中形成 DNA 重组体，纯化获得重组质粒即为核酸疫苗。其特点为质粒 DNA，而非蛋白，进入细胞后表达抗原蛋白，诱导机体免疫反应。

5. 基因工程激素类疫苗及治疗试剂

利用基因工程技术体外表达的激素(如生长激素、生长抑素等)、细胞因子(如干扰素、白介素、肿瘤坏死因子)和其他具有重要生物活性的因子，与正常动物体内相应因子的生物学功能相似或相同，在机体内可发挥调节、干扰或增强相应的生理功能。

6. 饲料用转基因微生物

利用细菌、病毒、哺乳动物细胞、酵母、植物等体系表达的功能性蛋白或肽类（如植酸酶、抗菌肽等）作为饲料添加剂，其产品可以是纯化蛋白，有活性的转基因微生物或灭活的转基因微生物。

7. 基因工程抗原与诊断试剂盒

利用细菌、病毒、哺乳动物细胞、酵母、植物等体系表达病原微生物的功能蛋白，并以此蛋白作为抗原建立诊断方法，并组装诊断试剂盒。特点是不含有病原微生物，只含有一种或几种蛋白，不用于动物体内，只用于体外检测。

8. 其他

无法纳入上述七类的，如利用反向遗传操作技术体系构建的疫苗。

二、申报要求和程序

农业转基因生物安全评价试验，一般应当经过中间试验、环境释放和生产性试验三个阶段。上述试验结束后，可申请农业转基因生物安全证书。中外合作、合资或外方独资在我国境内从事农业转基因生物研究与试验，在试验开始前向农业农村部申请。

（一）总体要求

1. 分子特征

从基因水平和翻译水平，考察外源基因插入和表达情况。

(1)表达载体相关情况

①物理图谱。目的基因与载体构建的物理图谱详细注明表达载体所有元件名称、位置和酶切位点。

②目的基因。详细描述目的基因的供体微生物、结构（包括基因中的酶切位点）、功能和安全性。

a. 供体微生物：如 VP1 来源于 FMDV 某毒株。

b. 结构：完整的 DNA 或序列和推导的氨基酸序列。

c. 功能：生物学功能，如免疫原性、致病性。

d. 安全性：从供体微生物特性、安全使用历史、基因结构、功能及有关安全性试验数据等方面综合评价目的基因的基因安全性。

③表达载体和其他元件。主要包括启动子、标记基因、报告基因及其他表达调控序列。

a. 启动子：供体（微）生物来源、大小、DNA 序列（或文献）、功能和安全应用记录。

b. 标记基因和（或）报告基因：供体（微）生物来源、大小、DNA 序列（或文献）、功能和安全应用记录。

c. 其他表达调控序列：来源（如人工合成或供体生物名称）、名称、大小、DNA 序列（或文献）、功能和安全应用记录。

(2)目的基因在微生物基因组中的插入或缺失情况　采用 PCR 扩增外源基因片段，进行扩增物的序列测定，分析外源基因片段插入或微生物基因缺失情况。

(3)目的基因在微生物体中的表达情况　采用 Western blot 分析外源基因的表达情况。

2.遗传稳定性 需提供不少于 5 代的试验数据。

(1)目的基因整合的稳定性：可用 PCR、Southern blot 等方法检测和验证。

(2)目的基因表达的稳定性：一般采用 Western blot 等血清学方法进行验证。

3.转基因微生物的生物学特性

转基因微生物的生长或培养特性、理化特性（细菌）、致病性与免疫性。

4.转基因微生物对动物的安全性

转基因微生物对靶动物和非靶动物的安全性，高剂量使用对靶动物的安全性、对妊娠动物的安全性。

5.转基因微生物对人类的安全性评价

对人类的感染性和致病性，以提供资料为主，涉及人兽共患病原应提供历史上有无对人类感染或致病的记录。必要时提供人体细胞、特定模型动物和灵长类动物感染性试验报告。

6.转基因微生物对生态环境的安全性评价

转基因微生物在应用环境中的存活情况，在靶动物之间水平和垂直传播能力，与其他相近微生物发生遗传重组的可能性，对动物体内正常菌群和环境微生物的影响。

(二)相关规定

1.项目名称

应包含目的基因名称，动物用转基因微生物及产品名称，试验所在省（市、自治区）名称和试验阶段名称。如表达鸡新城疫病毒 *F* 基因的重组鸡痘病毒基因工程疫苗在江苏省的中间试验。

2.试验材料数量（菌株数）

中试，不超过 20 个；环境释放，不超过 5 个；生产性试验，只能 1 种。

3.试验年限

试验年限一般为 1～2 年。

4.试验地点

中试，不超过 3 个省市，每省不超过 2 个点；环境释放，不超过 3 个省市，每省不超过 3 个点；生产性试验，只能在批准的省份做，不超过 2 个省市，每省不超过 3 个点。

5.试验规模

从安全性出发，仅规定了各类试验的上限。中试：大动物 20 头，中小动物 40 只，禽类 200 只，鱼 2 000 尾；环境释放：大动物 100 头，中小动物 500 只，禽类 5 000 只，鱼 10 000 尾；生产性试验：大动物 1 000 头，中小动物 10 000 只，禽类 20 000 只，鱼 10 万尾。

6.关于安全证书的申报要求

①项目名称：应包含目的基因名称，转基因微生物及产品名称，安全证书应用所在省（市、自治区）名称，如表达鸡新城疫病毒 *F* 基因的重组鸡痘病毒基因工程疫苗 NF16 在山东省的安全证书。

②一份申报书只能申请一种转基因微生物；名称需与前期试验阶段的名称相对应。

③一种转基因微生物只能在批准过生产性试验1个省级行政区域申请一个安全证书。

④申请安全证书时，提交各阶段的安全性试验的总结报告。

⑤安全证书使用期限为五年。

(三)分类要求

1.基因工程亚单位疫苗

利用基因工程技术表达的抗原经纯化后制备的亚单位疫苗，经中试结束后，可直接申请安全证书；未经纯化的制备的亚单位疫苗，经中试和环境释放结束后，依据安全评价情况，可直接申请安全证书；提交中试阶段安全性试验的总结报告。申请中试，提供前期研究报告，包括表达载体构建、外源基因表达和蛋白纯化工艺等；评价产品对靶动物的安全性，重点是产品用于靶动物后的临床反应。未经纯化的产品用于靶动物后，产品中抗性质粒在环境中的转移情况。

2.基因工程活载体疫苗

利用已知的安全性载体与已知的安全性外源基因构建的活疫苗，经中试和环境释放结束后，可直接申请安全证书；利用新型的、安全性不明的载体或外源基因制备的活疫苗，应按中试、环境释放、生产性试验和安全证书4个阶段申报安全评价。

①申请中间试验时，提供前期研究报告，包括重组活载体疫苗的构建、外源基因的表达、重组微生物的遗传稳定性、生物学特性等。

②申请环境释放试验时，提交中试阶段安全性试验总结报告。评价疫苗株的水平传播和垂直传播能力，检测疫苗株在应用环境中的存活能力，以及疫苗株在靶动物的存留和排毒情况。涉及人兽共患病原的产品，还应评价对人类的安全性，疫苗株与其他微生物发生遗传重组的可能性。

③申请生产性试验时，提交上两个阶段安全性试验的总结报告。继续检测疫苗株在应用环境中的存活能力，以及疫苗株在靶动物的存留和排毒情况。

3.基因缺失疫苗

活苗应按前述的4个阶段申报安全评价。灭活疫苗在中间试验结束后，可直接申请安全证书。

①申请中试时，提供前期研究报告，包括基因缺失疫苗构建、遗传稳定性和生物学特性。

活苗：评价对靶动物的致病性，用于靶动物后的临床反应，提供实验室内基因缺失毒株与野生毒株重组获得缺失致病基因能力的研究报告。

灭活苗：对靶动物的安全性，重点是产品用于靶动物后的临床反应。

②申请环境释放试验时，提交中试阶段的安全性试验的总结报告。评价基因缺失疫苗株在靶动物体内的增殖、分布和存活情况，水平和垂直传播能力。涉及人兽共患病原的产品，还应评价对人类的安全性，疫苗株与其他微生物发生遗传重组的可能性。

③申请生产性试验时，提交上两个阶段安全性试验的总结报告。继续观察基因缺失疫苗株水平和垂直传播能力。监测缺失毒株与野生毒株重组获得缺失致病基因能力。

4.核酸疫苗

按4个阶段申报安全评价。

①申请中试，提供前期研究报告，包括核酸疫苗构建、外源基因表达和制备工艺等。评价核酸疫苗质粒 DNA 在靶动物注射部位存留情况，在靶动物体内相关组织分布情况，监测靶动物血液中质粒 DNA 的存在和持续时间；评价重组质粒与宿主染色体的整合情况。

②申请环境释放试验，提交中试阶段的安全性试验的总结报告。监测靶动物粪便中核酸疫苗质粒 DNA 的存在，检测重组质粒 DNA 抗性基因向环境微生物（如以大肠杆菌作为指示菌）中转移的可能性。

③申请生产性试验时，提交上两个阶段安全性试验的总结报告。继续监测重组质粒 DNA 抗性基因向环境微生物（如以大肠杆菌作为指示菌）中转移的可能性。

5. 基因工程激素类疫苗及治疗试剂

以纯化表达蛋白使用且安全的基因工程治疗制剂（如细胞因子、其他具有重要生物活性的因子），在中试结束后，可直接申请安全证书。表达蛋白作为激素使用的，在中试和环境释放结束后，依据安全评价情况，可直接申请安全证书。

以核酸疫苗应用的激素或用活载体表达的激素，应按 4 个阶段申报安全评价。

①申请中试，提供前期研究报告，包括表达载体的构建、外源基因的表达、重组微生物的遗传稳定性等。在实验室可控条件下，检测靶动物的临床安全性、生理学和病理学变化；监测产品在体内的代谢（消长规律）。以核酸疫苗为应用的，应评价核酸疫苗质粒 DNA 在靶动物注射部位存留情况，在体内相关组织分布情况，监测靶动物血液中质粒 DNA 的存在和持续时间；评价重组质粒与宿主染色体的整合情况。

②申请环境释放试验，提交中试阶段的安全性试验的总结报告。分析靶动物的食用安全性；检测靶动物的生理学和病理学变化；以核酸疫苗为应用的，监测靶动物粪便中核酸疫苗质粒 DNA 的存在，检测重组质粒 DNA 抗性基因向环境微生物（如以大肠杆菌作为指示菌）中转移的可能性。以活载体疫苗应用的，应评价疫苗株的水平传播和垂直传播能力，检测疫苗株在应用环境中的存活能力，以及疫苗株在靶动物的存留和排毒情况。涉及人兽共患病原的产品，还应评价对人类的安全性，疫苗株与其他微生物发生遗传重组的可能性。

③申请生产性试验，提交上 2 个阶段安全性试验的总结报告。继续检测靶动物的生理学和病理学变化；以核酸疫苗应用的，继续监测重组质粒 DNA 抗性基因向环境微生物（如以大肠杆菌作为指示菌）中转移的可能性。以活载体疫苗应用的，继续检测疫苗株在应用环境中的存活能力，以及疫苗株在靶动物的存留和排毒情况。

6. 饲料用转基因微生物

利用转基因微生物的表达产物（如植酸酶、抗菌肽等）或代谢产物，及转基因微生物灭活制备的产品，在中试和环境释放结束后，依据安全评价情况，可直接申请安全证书。利用活性转基因微生物制备的产品，应按 4 个阶段申报安全评价。

①申请中试，提供前期研究报告，包括重组微生物的构建、外源基因的表达、遗传稳定性等。在实验室可控条件下，检测产品对靶动物的安全性，重点是产品用于靶动物的临床反应，及产品的食用安全性（如分析产品对小鼠的毒性）。

②申请环境释放试验，提供中试阶段安全性试验的总结报告。检测产品对靶动物的安全性，分析产品中抗性质粒在环境中的转移情况。以活载体微生物应用的，应评价重组微生物的水平传播和垂直传播能力，检测重组微生物在应用环境中的存活能力，以及重组微生物在靶动

物的存留和排毒情况。涉及人兽共患病原的产品，还应评价对人类的安全性，重组微生物与其他微生物发生遗传重组的可能性。

③申请生产性试验，提供中试和环境释放阶段安全性试验的总结报告。继续检测产品对靶动物的安全性，分析产品中抗性质粒在环境中的转移情况。以活载体微生物应用的，应继续检测重组微生物在应用环境中的存活能力，以及重组微生物在靶动物的存留和排毒情况。

7. 基因工程抗原与诊断试剂盒

在中试结束后，可直接申请安全证书。申请中间试验，提供前期研究报告，包括表达载体的构建、外源基因的表达、蛋白纯化工艺等。申请安全证书，提交中试安全性评价的总结报告。

8. 其他

利用反向遗传操作技术体系构建的基因组序列与原毒株一致，且无基因插入或缺失的活疫苗，只进行基因操作评价；利用反向遗传操作技术体系构建的，经基因插入、缺失或重组制备的活疫苗，应按四个阶段申报安全评价。凡是经过基因操作的毒株，终产品为灭活的，按基因工程亚单位疫苗安全评价要求进行评价。

党的二十大强调要加强科技基础能力建设，健全生物安全监管预警防控体系，因而做好农业转基因生物安全评价工作意义重大。一方面通过加强生物安全管理，防治外来物种侵害；另一方面，要强化企业科技创新主体地位，加强企业主导的产学研深度融合提高科技成果转化和产业化水平。

（罗满林）

复习思考题

1. 兽医生物制品批签发的程序是怎样的？

2. 什么是 GMP？其特点是什么？

3. GMP 质量规范和要求包括哪几个方面？各自有何基本要求？

4. 实验室生物安全水平 4 个级别的要求是什么？

5. 根据病原微生物的传染性、感染后对人或动物个体或群体的危害程度，将病原微生物分为哪 4 类？

6. 如何理解疫苗的“效力”？

7. 兽医生物制品质量检验包括哪些检验项目？疫苗的生物学检验项目包括哪些内容？

8. 新兽医生物制品试验研究报告分别包括哪些内容？

9. 农业转基因生物安全评价试验，一般应当经过哪几个阶段？关于安全证书的申报有哪些具体要求？

各　论

第八章　多种动物用生物制品

本章摘要： 本章介绍多种动物共患疫病（包括11种细菌性疾病、6种病毒性疾病和3种寄生虫病）相关的生物制品，这些疫病在经济学和公共卫生学上均具有非常重要的意义。由于共患病是按病原分类来命名，故实际上一种病包括多种动物的多个病，如巴氏杆菌病、链球菌病、结核病等；此外，细菌性疾病比病毒性疾病复杂，有些细菌的抗原性复杂，毒力因子多种多样，不同血清型、宿主范围和致病性大不相同，可在不同的动物或在同种不同年龄的动物中引起的疾病多种多样，如大肠杆菌病、沙门菌病、布鲁菌病等。对于细菌病使用疫苗防控效果远不及病毒病疫苗。病毒性疾病多数具有发病急、传播快，可在易感群体中造成流行甚至大流行的特点，如口蹄疫、流行性感冒等；有的具有明显的流行季节性，如流行性乙型脑炎、轮状病毒病等，还有的具有特殊的传播方式，且潜伏期长，发病率不高但病死率很高，如狂犬病等，这些病毒性疾病均有疫苗用于预防。

第一节　细菌性制品

一、大肠杆菌病

大肠杆菌病（colibacillosis）是由大肠埃希菌的某些致病性血清型菌株引起的疾病总称，包括局部性或全身性感染、腹泻、败血症和毒血症等，属于细菌性人兽共患病。人和各种动物大肠杆菌病的表现形式有所不同，但该病多发生于婴幼儿、幼龄家畜和各日龄段禽类。随着畜牧养殖业的快速发展，大肠杆菌病在世界各国的流行日趋严重，所造成的经济损失也日益明显。

（一）病原

大肠埃希菌（*Escherichia coli*，*E. coli*）通常被称为大肠杆菌，属于肠杆菌科埃希菌属，有致病性和非致病性之分。致病性大肠杆菌是指能产生和携带毒素（不耐热肠毒素LT、耐热肠毒素ST、类志贺毒素SLT）、黏附素或定居因子、K抗原或类似物质，以及带有性菌毛、能分泌内毒素的大肠杆菌。根据不同的生物学特性可将致病性大肠杆菌分为6种类型：产肠毒素性大肠杆菌（*Enterotoxigenic E. coli*，ETEC）、肠侵袭性大肠杆菌（*Enteroinvasive E. coli*，EIEC）、肠致病性大肠杆菌（*Enteropathogenic E. coli*，EPEC）、肠出血性大肠杆菌（*Enterohemorrhage E. coli*，EHEC）、肠聚集性大肠杆菌（*Enteroaggregative E. coli*，EAEC）及弥散黏附性大肠杆菌（DAEC）。

大肠杆菌抗原主要有O（菌体抗原）、K（荚膜抗原）、H（鞭毛抗原）3种，是该菌血清型鉴定的依据。已确定的O抗原有173种，K抗原有80种，H抗原有56种。通常用O:K:H排列表示大肠杆菌的血清型，如O8:K23:H19等。ETEC除含酸性多糖K抗原外，还可含有蛋白质性黏附素抗原(F抗原)或定居因子抗原(CFA抗原)，人源ETEC中主要有CFAI(F2)、CFAII(F3)和CFAIII等，动物源ETEC中主要有F4(K88)、F5(K99)、F6(987P)、F41、F42、F165、F17和F18等，故这类菌株的F抗原应并列写于K抗原之后，如O8:K87,K88:H19。

大肠杆菌对热和消毒剂的抵抗力不强，60℃经30 min即可被杀死，5%～10%漂白粉、3%来苏儿、5%苯酚等条件下可迅速致死。大肠杆菌对抗生素的敏感性日益降低，耐药菌株越来越多，耐药谱也越来越广，但不同国家和地区、不同动物源的菌株对抗生素类药物的感受性存在差异。

(二)免疫

在大肠杆菌病的抗感染免疫中，因抗体滴度和保护率之间呈正相关，而这种相关来自血清中产生的针对多个免疫保护性抗原表位的抗体，故体液免疫发挥着重要作用，其免疫保护机理在于特异性抗体封闭了靶细胞上的受体，使得大肠杆菌不能吸附于某些脏器达到保护作用。

(三)疫苗

1. 鸡大肠杆菌病灭活疫苗

病原主要为致病性大肠杆菌O1、O2、O3、O4、O11、O15、O18、O26、O35、O36、O78、O88等血清型。根据临床表现和病理变化，通常将鸡大肠杆菌病分为7种类型，即急性败血症型、气囊炎型、关节滑膜炎型、全眼球炎型、输卵管炎和腹膜炎型、脐炎型和肉芽肿型。

鸡大肠杆菌疫苗主要包括两大类，即菌体灭活疫苗和菌毛亚单位疫苗，二者均主要以黏附素免疫为基础，而前者制造工艺简单，造价低廉，使用更广泛。因此，目前国内研制的鸡大肠杆菌疫苗仍以灭活苗为主，而且以多价苗或与其他鸡病疫苗组成的联苗居多。多价苗通常是采用多个血清型不同的菌株(即含有多种常见O抗原)，经培养、收获和灭活后，加入佐剂乳化而成。使用的佐剂包括氢氧化铝胶佐剂、油乳佐剂和蜂胶佐剂等。

【菌种】鸡源致病性大肠杆菌EC24、EC30、EC45、EC50和EC44菌株。其标准:①接种MAC平板，35～36℃培养24 h，肉眼观察菌落应呈粉红色或砖红色，隆起，表面光滑；低倍显微镜下45°折光观察，菌落应呈鲜艳的金光，边缘整齐。②取含0.1%微量盐溶液的马丁肉汤20～24 h培养菌液0.5 mL[含(2.0～5.0)×10^8 CFU活菌]，肌内注射或腹腔注射1月龄鸡5只，应出现明显的临床症状，于14 d内死亡或活鸡内脏有明显的病变，如心包积液、心包膜炎、纤维素性渗出，并与肝脏或胸膜发生粘连等。

【制造要点】先将各株冻干菌种分别接种马丁肉汤，培养后划线接种MAC平板，选取典型菌落10个与少量马丁肉汤混合，接种马丁肉汤琼脂斜面，培养为一级种子，之后接种于马丁肉汤，培养20～24 h，纯粹检验合格后为二级种子。按玻璃瓶或培养罐容积装入70%培养基及花生油消泡剂，并按培养基量的2%～4%接种二级种子液，EC24∶EC30∶EC45∶EC50(或EC44)各菌株混合比例为3∶3∶2∶2，通气培养10～14 h。收获培养物，加入0.5%甲醛，4℃灭活48 h。每5份灭活菌液加1份氢氧化铝胶，同时按总量的0.005%加硫柳汞，充分振荡，2～8℃静置2～3 d，抽弃上清浓缩成全量的60%。无菌检验合格后，进行混合分装。

【质量标准】除按成品检验的有关规定进行检验外，尚需做如下检验。

①安全检验:用1日龄鸡5只，各颈部皮下注射或肌内注射疫苗2.0 mL，观察14 d，均应

健活。

②效力检验:用1月龄鸡8只,各颈部皮下注射或肌内注射疫苗0.5 mL,21 d后连同条件相同对照鸡3只,各肌内注射或腹腔注射致病性大肠杆菌强毒菌株混合菌液0.5 mL(含约5.0×10^8 CFU活菌),观察14 d,对照鸡应全部发病或死亡,免疫鸡应保护6只以上。

【保存与使用】2~8℃保存,有效期12个月。颈部皮下注射。适用于1月龄以上的鸡,每只0.5 mL。免疫期4个月。

2. 猪大肠杆菌病疫苗

病原主要为致病性大肠杆菌O101、O64、O138、O139、O141、O147、O149、O157、O8、O9、O20等血清型。根据临床表现和病理变化,通常将猪大肠杆菌病分为三种类型,即黄痢型(仔猪黄痢)、白痢型(仔猪白痢)和水肿型(仔猪水肿病),以发生肠炎、肠毒血症为特征。

国内猪大肠杆菌疫苗主要有3种,即仔猪大肠杆菌病三价灭活疫苗、仔猪大肠杆菌病K88-K99双价基因工程灭活疫苗和仔猪大肠杆菌病K88-K99-987P-F4四价亚单位疫苗,疫苗研制的重点均放在菌毛抗原和肠毒素方面,而现在推广和使用的疫苗主要是全菌灭活疫苗和基因工程菌苗。国外的产品有英特威国际有限公司生产的仔猪大肠杆菌病灭活疫苗,以及美国硕腾公司生产的仔猪C型产气荚膜梭菌病、大肠杆菌病二联灭活疫苗。

(1)仔猪大肠杆菌病三价灭活疫苗 详述如下。

【菌种】猪源致病性大肠杆菌C83549、C83644及C83710(分别带有K88、K99、987P菌毛抗原)。其标准:在适宜改良Minca琼脂平板上培养,菌落应光滑圆整。在改良Minca汤中培养,菌液应呈均匀混浊。用相应的K88、K99和987P因子血清作平板凝集反应,应达到强阳性反应。

【制造要点】先将冻干菌种接种改良Minca汤,培养后划线接种改良Minca琼脂平板,筛选典型菌落若干个,分别用相应的K88、K99、987P因子血清逐个做平板凝集反应,从中选取符合反应结果要求的菌落,再接种改良Minca汤培养,平板凝集反应结果应为强阳性,且纯粹检验合格者为一级种子。按上述同样方法繁殖一级种子,在革兰染色镜检无杂菌后作为二级种子。将3株菌种子分别进行连续通气培养,搅拌速度为600 r/min,通气量大于1∶1。第一代通气培养7h,取样检验合格后收获,并按加入培养基的3%~5%留有种子,然后加入培养基,通气培养6~7 h,如此循环,连续通气培养,但最多不超过10代。培养温度为36~37℃,消泡剂为0.1%花生油。3种浓缩菌液用0.4%甲醛灭活,按照各菌株抗原单位含量的不同比例进行配苗,并按总量加入20%氢氧化铝胶,最后补加PBS和0.01%硫柳汞。每1.0 mL成品苗中K88菌毛抗原含量≥100个抗原单位、K99和987P两种菌毛抗原含量均≥50个抗原单位,总菌数≤200亿。经无菌检验合格后,进行混合、组批、分装。

【质量标准】除按成品检验的有关规定进行检验外,尚需做如下检验。

①安全检验:一是用体重18~20 g小鼠5只,各皮下注射疫苗0.5 mL,观察10 d,应全部健活。二是用体重40 kg以上猪4头,各肌内注射疫苗10.0 mL,观察7 d,应无明显不良反应。

②效力检验:用反向间接血凝(RIHA)技术测定疫苗中3种菌毛抗原所诱发的RIHA效价,K88和K99均≥40、987P≥160。

【保存与使用】2~8℃保存,有效期12个月。颈部肌内注射。用于妊娠母猪时,在产仔前40 d和15 d各免疫1次,每次5.0 mL。新生仔猪通过吸吮母猪的初乳而获得被动免疫。

(2)仔猪大肠杆菌病K88、K99双价基因工程灭活疫苗　本疫苗系用基因工程技术构建的大肠杆菌C600/PTK8899株接种适宜培养基培养，收获含K88、K99菌毛的抗原培养物，经甲醛溶液灭活后，冷冻真空干燥制成。2～8℃保存，有效期12个月。用于预防仔猪黄痢。耳根部皮下注射。用于妊娠母猪时，取疫苗1瓶加注射用水1.0 mL溶解，与20%氢氧化铝胶生理盐水2.0 mL混匀，在产前21 d左右注射1次即可。新生仔猪通过初乳获得预防仔猪黄痢的母源抗体。

(3)仔猪大肠杆菌病K88、LTB双价基因工程活疫苗　本疫苗系利用含K88和LTB大肠杆菌抗原的基因重组菌接种适宜培养基培养，收获培养物，浓缩，加适宜稳定剂，经冷冻真空干燥制成。用于预防大肠杆菌引起的新生仔猪腹泻。2～8℃保存，有效期3个月；-15℃保存，有效期7个月。肌内注射或口服。按瓶签注明头份，用灭菌生理盐水稀释。口服时，每头500亿CFU活菌，在怀孕母猪预产前10～20 d进行，将每头份疫苗与2.0 g小苏打一起拌入少量精饲料中，喂给空腹母猪，待吃完后再作常规喂食。肌内注射时，每头100亿CFU活菌，在怀孕母猪预产前10～20 d进行。疫情严重的猪场，在产前7～10 d再接种1次，方法同上。新生仔猪通过吸吮母猪的初乳而获得被动免疫。

3. 羊大肠杆菌病疫苗

病原主要为致病性大肠杆菌O2、O8、O9、O15、O20、O26、O35、O78、O101、O115、O117、O137等血清型，以O78:K80最常见。根据临床表现和病理变化，通常将羊大肠杆菌病分为两种类型，即肠型(大肠杆菌性羔羊痢疾)和败血型。

羊大肠杆菌疫苗国内共有2种，即羊大肠杆菌全菌体灭活疫苗和绵羊大肠杆菌活疫苗。此外，还有犊牛和羔羊大肠杆菌病、B型产气荚膜梭菌基因工程灭活疫苗。

(1)羊大肠杆菌病灭活疫苗　详述如下。

【菌种】羊源致病性大肠杆菌C83-1、C83-2和C83-3株，其血清型均为O78:K80，毒力较强，可使3～8月龄绵羊致死。

【制造要点】将冻干菌种接种普通肉汤、普通琼脂平板和鲜血琼脂斜面培养，制备一级、二级种子。将各菌的二级种子菌液等量混合，按培养基总量的1%～2%接种，36～37℃培养6～8 d，每4 h振荡或搅拌1次。培养物经检验纯粹后，加入甲醛溶液灭活，无菌检验合格后，每5份灭活菌液加1份氢氧化铝胶进行配苗，混合均匀定量分装。

【质量标准】除按成品检验的有关规定进行检验外，尚需做如下检验。

①安全检验：用3～8月龄羊2只，各皮下注射疫苗5.0 mL，注射后允许有体温升高、不食及跛行等反应，但必须在48 h内康复，观察10 d，均应健活。

②效力检验：有2种方法，可任选1种。一是用300～400 g豚鼠4只，各皮下注射疫苗0.5 mL，14 d后连同条件相同的对照豚鼠2只，各腹腔注射1 MLD强毒菌液，观察10 d。对照豚鼠应全部死亡，免疫豚鼠应至少保护3只。二是用3～8月龄羊4只，各皮下注射疫苗1.0 mL，14 d后连同条件相同的对照羊3只，各皮下注射1 MLD强毒菌液，观察10 d。对照羊应至少死亡2只，免疫羊应全部保护。

【保存与使用】2～8℃保存，有效期18个月。皮下注射。3月龄以上绵羊或山羊每只2.0 mL；3月龄以下的羊，如需注射，每只0.5～1.0 mL。免疫期5个月。怀孕羊禁用。

(2)绵羊大肠杆菌活疫苗　本疫苗系用大肠杆菌C83-1、C83-2、C83-3株(血清型均为O78:K80)接种适宜培养基培养，收获培养物，加适宜稳定剂，经冷冻真空干燥制成。用于预防绵羊大肠杆菌病。2～8℃保存，有效期 24 个月。皮下注射或气雾免疫。按瓶签注明头份，用生理盐水稀释，每只 1 头份（含 $1.0\times10^{5.0}$ CFU 活菌）。室内气雾免疫时，每只 10 个注射剂量（含 $1.0\times10^{6.0}$ CFU 活菌）；露天气雾免疫时，每只 3 000 个注射剂量（含 $3.0\times10^{8.0}$ CFU 活菌）。仅供 3 月龄以上的绵羊使用。免疫期 6 个月。3 月龄以下的羔羊、体弱或已发生该病的羊不能使用。

(3)犊牛和羔羊大肠杆菌病、B 型产气荚膜梭菌基因工程灭活疫苗　本疫苗系用表达产气荚膜梭菌 β 毒素与大肠杆菌耐热性肠毒素融合蛋白的基因工程大肠杆菌（EC-2 株），接种适宜培养基培养，收获培养物，经甲醛溶液灭活后，加氢氧化铝胶制成。用于预防由产耐热性肠毒素大肠杆菌和 B 型产气荚膜梭菌引起的羔羊痢疾和犊牛肠毒血症。2～8℃保存，有效期 24 个月。肌内注射。初产母羊和母牛，分别于产前 30～35 d 和 15～20 d 各接种 1 次，每次接种量，羊 2.5 mL/只，牛 5.0 mL/头。对于经本疫苗免疫过的经产母羊和母牛，于产前 15～20 d 接种 1 次即可。

（四）诊断制剂

大肠杆菌 K88、K99、987P 定型血清，详述如下。

【制造要点】本品系用大肠杆菌（含 K88、K99 和 987P 抗原标准菌株）接种适宜培养基通气培养，收获抗原表达良好的菌液，经离心、匀浆、盐析和纯化，得到 K88、K99 和 987P 菌毛抗原，分别接种兔和豚鼠，采血，分离血清，经冷冻真空干燥制成。

【质量标准】淡红色海绵状疏松团块，易与瓶壁脱离，加注射用水后迅速溶解。

【保存与使用】－25℃保存，有效期 24 个月。试验前将阳、阴性血清分别用含 0.5%苯酚生理盐水 5.0 mL 和 2.5 mL 溶解，阳性对照抗原充分混匀。取抗原 2 滴（每滴相当于 0.05 mL）滴于平板上，分别加等量阳、阴性血清，混合均匀，2 min 内若阳性血清出现 75%（＋＋＋）以上凝集、阴性血清不出现凝集，则可进行正式试验。取被检菌液（含约 1.0×10^{10} CFU 活菌）3 滴滴于平板上，分别加 1 滴 K88、K99、987P 阳性血清，混合均匀，2 min 内判定结果。标准阳性血清应发生 50%（＋＋）以上凝集，标准阴性血清应不发生凝集，被检血清发生 50%（＋＋）以上凝集为阳性（＋），不发生凝集为阴性（－），介于二者之间为可疑（±）。

（李郁）

二、沙门菌病

沙门菌病（salmonellosis）又名副伤寒（paratyphoid），是由沙门菌属细菌引起人和动物的多种不同临床表现的疾病总称。临诊上主要表现为伤寒、肠热症、胃肠炎、败血症，以及其他组织的局部炎症，也可致使怀孕母畜发生流产。该病流行于世界各国，不仅给牲畜的繁殖和幼畜、雏禽的健康带来严重威胁，而且沙门菌很容易在动物与人之间传播，故为一种重要的人兽共患病，在医学、兽医学和公共卫生方面均具有重要意义。

（一）病原

沙门菌属（*Salmonella*）是肠杆菌科中的一个大属，分为肠道沙门菌（*S. enterica*）和邦戈尔沙门菌（*S. bongo*）两个种，前者又分为 6 个亚种。沙门菌具有 O（菌体）、H（鞭毛）、K（荚膜，又叫 Vi）和菌毛 4 种抗原，其中前 2 种是主要抗原。根据不同 O 抗原、Vi 抗原和 H 抗原将沙门菌分为不同的血清型。迄今为止，沙门菌至少有 58 种 O 抗原、63 种 H 抗原，组成了 2 600 种以上的血清型，除了不到 10 种罕见的血清型属于邦戈尔沙门菌外，其余血清型都属于肠道沙门菌。通常用 O:H(第 1 相):H(第 2 相)排列表示沙门菌的血清型，如 1,4,[5],12:i:1,2 为鼠伤寒沙门菌。若有 Vi 抗原，则可写在 O 抗原之后，如 1,9,12,[Vi]:g,p:-为都柏林沙门菌。在我国目前已发现有 300 多种血清型。虽然沙门菌血清型很多，但是多数国家从人体、动物和食品中分离出的沙门菌仅有 40～50 种血清型，而在一个国家一定时期内只有约 10 个血清型是比较常见的。

沙门菌对热和消毒剂抵抗力不强，但在外界环境中生存能力强。在水中能存活 2～3 周，在粪便和冰水中可生存 1～2 个月，在牛乳和肉类中可存活数月，在含有 12%～19%食盐的腌肉中可存活 75 d。目前，由于长期滥用抗生素，导致耐药现象普遍存在、耐药菌株日益增多。

(二)免疫

体液免疫与细胞免疫在抗沙门菌感染中都很重要。动物接触沙门菌或注射疫苗后，其体液免疫应答主要是 IgM 抗体。在疾病康复或口服弱毒苗的动物肠道中，可出现特异性分泌型 IgA。沙门菌免疫母牛的初乳和奶中含有特异性抗体，可阻断细菌对肠道上皮细胞的吸附和穿入，为其后代提供抗沙门菌的能力。

用无毒性的沙门菌突变株或热灭活的菌体免疫动物后，其血清抗体水平与动物人工感染的保护力之间并无相关性。致敏 T 细胞的转移可提供保护力，巨噬细胞、B 细胞以及高免血清的转移却没有保护性。细胞免疫反应性与大剂量沙门菌攻击动物的保护性通常呈现很好的相关性。

(三)疫苗

1. 鸡沙门菌病

鸡沙门菌病包括鸡白痢(pullorosis)、鸡伤寒(typhus avium)和鸡副伤寒(paratyphus avium)。

(1)鸡白痢　病原为鸡白痢沙门菌。垂直传染是该病的主要传播方式，雏鸡通常表现为急性全身性感染，成鸡则常外观正常，病灶局限于卵巢、睾丸和慢性感染。发病的高峰期往往在出壳后几天之内，试验证明高免血清的杀菌作用很小，而通过种鸡群的检疫清除带菌鸡是消灭鸡白痢感染的有效方法。

(2)鸡伤寒　病原为鸡伤寒沙门菌。主要发生于育成鸡和成年鸡群，是一种败血性疾病，呈急性或慢性经过。消化道是该病的主要感染途径，也可经垂直传播。

(3)鸡副伤寒　病原为鸡副伤寒沙门菌。各种日龄的鸡均可发病，以产蛋鸡最易感。该病主要经卵传递，消化道、呼吸道及损伤的皮肤或黏膜亦可感染。

由于在预防鸡白痢、鸡伤寒方面尚无成熟有效的疫苗，世界各国均采用血清学诊断法检疫种鸡群，淘汰阳性鸡，已达到净化鸡群消灭鸡白痢和鸡伤寒的目的。德国 IDT 公司和罗曼公司分别生产有鸡鼠伤寒沙门菌病活疫苗和鸡肠炎沙门菌病活疫苗。

2. 猪沙门菌病

猪沙门菌病又名猪副伤寒(paratyphus suum)，病原主要是猪霍乱沙门菌和猪伤寒沙门菌。鼠伤寒沙门菌、德尔俾沙门菌和肠炎沙门菌等也常引起该病。该病主要发生于 2～4 月龄的仔猪。急性者以败血症，慢性者以坏死性肠炎，有时以卡他性或干酪性肺炎为特征。我国农业农村部将其列为3类动物疫病。

仔猪副伤寒疫苗有灭活苗和弱毒疫苗两类。国外很早就使用灭活苗，但对其使用效果存在两种截然不同的观点，一种认为有效，另一种认为无效。20世纪60年代初，中国兽医药品监察所房晓文等用多批不同佐剂的猪霍乱沙门菌灭活苗进行免疫效力试验，获得的保护率均低于30%，并且经免疫接种过的仔猪群仍会发生仔猪副伤寒。与此同时，他们开始了仔猪副伤寒活疫苗的研究。通过选用抗原性良好的猪霍乱沙门菌强毒菌株，在含有醋酸铊的普通肉汤培养基中传代培养，经传数百代后，筛选出一株毒力弱而免疫原性良好的弱毒菌株，命名为猪霍乱沙门菌C500弱毒株。

仔猪副伤寒活疫苗，详述如下。

【菌种】猪霍乱沙门菌C500弱毒株（CVCC 79500）。其标准：a.在普通琼脂培养基上形成圆整、光滑、略湿润菌落；在醋酸铊普通肉汤中呈均匀一致混浊生长；对沙门菌O5、O7因子血清呈典型凝集。b.用普通肉汤菌液给家兔皮下注射$1.0\times10^{10.0}$ CFU活菌，断奶仔猪皮下注射$1.2\times10^{10.0}$ CFU活菌或口服$1.0\times10^{11.0}$ CFU活菌，均应全部存活；在普通琼脂培养基上连续传代20代，或连续通过仔猪3代，其毒力不增强。c.以$(2.0\sim5.0)\times10^{9.0}$ CFU活菌肌内注射或口服免疫断奶仔猪，经静脉攻击强毒菌液，免疫猪获得的保护率为88%～100%，未免疫对照猪死亡率为80%～100%。

【制造要点】将冻干菌种经培养繁殖、选菌、扩大培养后制成生产种子液。固体培养时，将种子液接种于普通琼脂大扁瓶，37℃培养48 h。液体通气培养时，将种子液按培养基总量的1%～2%接种于含1.5%蛋白胨普通肉汤中，37℃通气培养18～21 h。用含1.5%明胶、5%蔗糖的稳定剂洗下固体培养基上菌苔，充分混合均匀后，按规定的头份定量分装。液体通气培养结束时立即加入稳定剂，充分混合均匀后，按规定的头份定量分装。分装结束后应迅速进行冷冻真空干燥，其中每头份不少于$3.0\times10^{9.0}$ CFU活菌。

【质量标准】除按成品检验的有关规定进行检验外，尚需做如下检验。

①安全检验：按瓶签注明头份，将疫苗用普通肉汤或蛋白胨水稀释，皮下注射体重1.5～2.0 kg家兔2只，各1.0 mL（含2头份，不少于$6.0\times10^{9.0}$ CFU活菌），观察21 d，应全部存活。

②效力检验：以活菌计数为准。按瓶签注明头份，用普通琼脂平板进行活菌计数，每头份含活菌数应不少于$3.0\times10^{9.0}$ CFU。

【保存与使用】2～8℃保存，有效期9个月；−15℃以下保存，有效期1年。口服或耳后浅层肌内注射。适用于1月龄以上哺乳或断乳健康仔猪。按瓶签注明的头份口服或注射，但瓶签注明限于口服者不得注射。口服时，按瓶签注明头份，临用前用冷开水稀释，每头份5.0～10.0 mL，给猪灌服，或稀释后均匀地拌入少量新鲜饲料中，让猪自行采食。注射时，按瓶签注明头份，用20%氢氧化铝胶生理盐水稀释，每头1.0 mL。

3.马沙门菌病

马沙门菌病又名马副伤寒（equine paratyphoid），病原主要为马流产沙门菌。临诊特征是妊娠母马发生流产，且多在怀孕中后期；幼驹感染后多呈败血症或局部炎症，公畜则为睾丸炎与鬐甲肿。

马流产沙门菌疫苗有灭活苗和弱毒疫苗两类。国外一般采用灭活苗。国内学者研究表明灭活苗的效力很不理想，免疫接种后的马匹仍发生沙门菌流产，而用减毒或无毒活疫苗免疫马匹，效果明显优于灭活苗。20 世纪 60 年代，我国就已开始进行弱毒疫苗的研究，先后培育出多株弱毒菌株。目前用于生产弱毒疫苗的有 C355 株和 C39 株。

（1）沙门菌马流产活疫苗（C355 株） 详述如下。

【菌种】马流产沙门菌 C355（CVCC79355）弱毒菌株。其标准：①在普通培养基上形成圆整、光滑、湿润菌落；在含 1%醋酸铊普通肉汤中混浊生长；对沙门菌 O4 因子血清呈典型凝集；在生理盐水中无自凝；用 1/500 吖啶黄溶液作凝集试验，应不出现凝集或仅有轻微凝集。②普通琼脂斜面培养物腹腔注射 18～20 g 小鼠 10 只，每只 0.2 mL[含(1.5～2.0)×$10^{8.0}$ CFU 活菌]，观察 14 d，至少存活 8 只；皮下注射 1.5～2 kg 家兔 2 只，每只 1 mL（含 1.3×$10^{10.0}$ CFU 活菌），观察 14 d，应全部健活；腹腔注射 18～20 g 小鼠 10 只，每只 0.2 mL（含 1.0×$10^{8.0}$ CFU 活菌），14～21 d 后腹腔注射 4～5 MLD 的马流产沙门菌 C77-l 株（CVCC 79001）强毒菌液，观察 14 d，免疫保护率 80%以上。

【制造要点】将冻干菌种接种普通肉汤或马丁肉汤、普通琼脂斜面培养，制备一级、二级种子液。取种子液 30 mL 接种于 pH 7.4～7.6 普通琼脂大扁瓶中培养 5～7 d，抬高瓶口做倾斜培养 36～48 h。纯粹检验合格后，每瓶加入稳定剂（含 1%明胶、10%蔗糖，pH 7.4～7.6）300 mL，将菌苔洗下，用纱布过滤。经静置沉淀 24 h 并纯粹检验合格的菌液，吸弃上清液 1/3，充分摇匀，按规定头份定量分装，迅速进行冷冻真空干燥。每头份均不少于 1.0×$10^{10.0}$ CFU 活菌。

【质量标准】除按成品检验的有关规定进行检验外，尚需做如下检验。

①安全检验：按瓶签注明头份，将疫苗用普通肉汤或马丁肉汤稀释，腹腔注射体重 18～20 g 小鼠 10 只，每只 0.2 mL（含 1.5×$10^{8.0}$ CFU 活菌），观察 14 d，应至少存活 8 只。

②效力检验：用体重 18～20 g 小鼠 10 只，各腹腔注射 0.2 mL（含 1.5×$10^{8.0}$ CFU 活菌）。21 d 后连同条件相同的对照鼠 5 只，各腹腔注射 4～5 MLD 的 C77-l 株强毒菌液。观察 14 d。对照鼠应全部死亡，免疫鼠应至少保护 8 只。

【保存与使用】2～8℃保存，有效期 12 个月。臀部肌内注射。主要用于受胎 1 个月以上的怀孕马，也可用于未受孕母马和公马。临用时，按瓶签注明头份，用 20%氢氧化铝胶生理盐水或灭菌生理盐水稀释为每头份 1.0 mL；每年接种 2 次，间隔约 4 个月。怀孕马可安排在当年 9～10 月和次年 l～2 月各接种 1 次，每次接种 1 头份/匹。

（2）沙门菌马流产活疫苗（C39 株） 详述如下。

【菌种】马流产沙门菌 C39 弱毒菌株。

【制造要点】同马流产沙门菌 C355 活疫苗。

【质量标准】除按成品检验的有关规定进行检验外，尚需做如下检验。

①安全检验：用体重 16～18 g 小鼠 10 只，腹腔注射，观察 10 d，其中 5 只小鼠，各注射 2.0×$10^{5.0}$ CFU 活菌，应全部存活；另 5 只小鼠，各注射 2.0×$10^{6.0}$ CFU 活菌，应至少存活 3 只。

②效力检验：用体重 18～20 g 小鼠 10 只，各腹腔注射 2.0×$10^{6.0}$ CFU 活菌。21 d 后连同条件相同的对照鼠 5 只，各腹腔注射 C77-l 株强毒菌液 0.2 mL（含 1.0×$10^{8.0}$ CFU 活菌）。观察 15 d。对照鼠应至少死亡 4 只，免疫鼠应至少保护 8 只。

【保存与使用】2～8℃保存，有效期 6 个月；－20℃以下保存，有效期 24 个月。颈部皮下注射。按瓶签注明头份，用灭菌生理盐水稀释，成年马 2.0 mL（1 头份，含 5.0×$10^{9.0}$ CFU 活菌)，于每年 8～9 月份母马配种结束后接种；幼驹于出生后 1 个月接种，剂量减半，断乳后，再接种 1 次。

4. 牛沙门菌病

牛沙门菌病即为牛副伤寒(bovine paratyphoid)，病原主要为鼠伤寒沙门菌、都柏林沙门菌和牛病沙门菌。临床上以败血症、出血性肠炎、怀孕母牛多数发生流产为特征，并可以导致病牛死亡。犊牛易感，呈急性流行性发生，死亡率有时达 50%，病期延长时，表现为关节肿大，有时伴有支气管炎或肺炎症状。

防制该病的最有效办法是用疫苗进行免疫接种。疫苗有牛副伤寒灭活疫苗和牦牛副伤寒活疫苗。

(1)牛副伤寒灭活疫苗　详述如下。

【菌种】都柏林沙门菌和牛病沙门菌。

【制造要点】将冻干菌种分别培养繁殖、选菌、扩大培养后制成生产种子液。将种子液接种于肉肝胃消化汤培养基，37℃静止培养 6～12 d，或通气培养 3～4 d。当菌液 pH 达 8.0～8.2 时，加入甲醛溶液，37℃灭活 3 d。用小鼠对灭活菌液进行脱毒检验，合格后，按 3 份菌液加 1 份氢氧化铝胶的比例，充分混合均匀，定量分装。

【质量标准】除按成品检验的有关规定进行检验外，尚需做如下检验。

①安全检验：用体重 205～350 g 豚鼠 3 只，各皮下注射疫苗 3.0 mL(可分两个部位注射)，观察 10 d，应全部健活。同时用 6～12 月龄的小牦牛 3 头，分别肌内注射疫苗 3.0、4.0 和 5.0 mL，观察 4 h，应无过敏反应。

②效力检验：用体重 250～350 g 豚鼠 14 只，其中 8 只各皮下注射疫苗 1.0 mL，另 6 只作对照。注射后 14 d，以 4 只免疫豚鼠和 3 只对照豚鼠为一组，第一组豚鼠各皮下注射 1 MLD 的都柏林沙门菌菌液；第二组豚鼠各皮下注射 1 MLD 的牛病沙门菌菌液(用 37℃培养 24 h 的普通琼脂斜面培养物制备)。观察 14 d。对照豚鼠应在 3～10 d 内全部死亡，免疫豚鼠应至少保护 3 只。

【保存与使用】2～8℃保存，有效期 12 个月。肌内注射。1 岁以下犊牛 1.0 mL；1 岁以上牛 2.0 mL。为提高免疫效果，对 1 岁以上的牛，在第 1 次接种后 10 d，可用相同剂量再接种 1 次。在已发生牛副伤寒的畜群中，可对 2～10 日龄的犊牛进行接种，每头 1.0 mL。孕牛应在产前 45～60 d 时注射疫苗，所产犊牛应在 30～45 日龄时，再注射疫苗一次。瘦弱牛不宜注射。免疫期 6 个月。

(2)牦牛副伤寒活疫苗　详述如下。

【菌种】都柏林沙门菌 STM8002-550 弱毒菌株。

【制造要点】将冻干菌种经培养繁殖、选菌、扩大培养后制成生产种子液。将种子液按培养基总量的 1%～2%接种于含 1.5%蛋白胨普通肉汤中，37℃通气培养 16～20 h，培养物经离心后，用生理盐水稀释菌泥成菌液，然后加入含明胶、蔗糖的稳定剂，充分混合均匀，定量分装，在分装结束后应迅速进行冷冻真空干燥，制成冻干活疫苗。

【质量标准】除按成品检验的有关规定进行检验外，尚需做如下检验。

①安全检验：按瓶签标明的头份稀释后，皮下注射体重 300～400 g 豚鼠 2 只，每只 1 mL，含 $8.0\times10^{9.0}$ CFU 活菌，观察 15 d，应全部健活。

②效力检验：按瓶签标明的头份活菌稀释为 $5.0\times10^{8.0}$ CFU，皮下注射体重 250～300 g 豚鼠 4 只，每只 1 mL，15 d 后连同条件相同的对照豚鼠 3 只，各皮下注射 2 MLD 都柏林沙门菌菌液。观察 15 d。对照豚鼠应全部死亡，免疫豚鼠应至少保护 3 只。

【保存与使用】2～8℃保存，有效期 12 个月。臀部或颈部浅层肌内注射。按瓶签标明的头份数，用 20%氢氧化铝胶生理盐水稀释疫苗为每头份 1.0～2.0 mL，小牛剂量减半，于每年 5～7 月份接种 1 头份。免疫期 12 个月。

(四)诊断制剂

1. 鸡白痢、鸡伤寒多价染色平板抗原、阳性血清与阴性血清

OIE 推荐使用平板凝集抗原进行鸡白痢和鸡伤寒的检疫。我国研制的鸡白痢、鸡伤寒多价染色平板抗原是用国际标准血清标化的，质量达到世界同步水平。

【制造要点】

①抗原：取标准型鸡白痢沙门菌 C79-1 株(CVCC79201)和变异型鸡白痢沙门菌 C79-7 株(CVCC79207)冻干菌种，先经繁殖、选菌、扩大培养后制成生产种子，再分别接种硫代硫酸钠普通琼脂培养基，37℃培养 48 h，用含 2%甲醛溶液的 PBS 洗下培养物灭活，经无菌检验合格后，用 95%或无水乙醇沉淀处理，配制成适当浓度的菌液，加结晶紫乙醇溶液和甘油搅拌混合制成。

②阳性血清：用标准型和变异型鸡白痢沙门菌的灭活抗原分别接种健康羊或兔，采血，分离血清，标化后制成，或经冷冻真空干燥制成冻干血清。

③阴性血清：用健康兔，采血，分离血清，标化后制成，或经冷冻真空干燥制成冻干血清。

【质量标准】

①抗原：紫色混悬液，静置后菌体下沉，振荡后呈均匀悬液；滴于平板时，在 2 min 内应不出现自凝现象。应无菌生长。效价测定，在平板上分两处各滴抗原 1 滴，然后分别滴加标准型血清和变异型血清标准品各 0.05 mL(均含 0.5 IU)，混合，在 2 min 内应出现不低于 50%(++)凝集。特异性检验，在平板上滴加抗原 1 滴，再滴加阴性血清 1 滴，混合后应无凝集反应。

②阳性血清：橙黄色或略带棕红色澄明液体，久置后，有少量白色沉淀；冻干血清为淡红色或微黄色疏松团块。应无菌生长。效价测定：用弱阳性血清(每 1.0 mL 含 10 IU)与抗原进行平板凝集试验，应出现不低于 50%凝集反应(++)；用强阳性血清(每 1.0 mL 含 500 IU)与抗原进行平板凝集试验，应出现 100%凝集反应(++++)。

③阴性血清：橙黄色或略带棕红色澄明液体，久置后，有少量白色沉淀；冻干血清为淡红色或微黄色疏松团块。应无菌生长。将原血清与鸡白痢和鸡伤寒凝集抗原做平板凝集试验，应无凝集反应。

【保存与使用】2～8℃保存，有效期为抗原 36 个月，液体阳性血清 12 个月，冻干阳性血清 48 个月，冻干阴性血清 24 个月；−15℃保存，冻干阳性血清有效期 96 个月。适用于产蛋母鸡及 3 月龄以上的鸡。使用时将抗原混匀，取抗原 1 滴(相当于 0.05 mL)滴于平板上，采取鸡血或血清 0.05 mL 与抗原混合均匀，2 min 内判定结果。发生 50%(++)以上凝集为阳性(+)，不发生凝集为阴性(−)，介于二者之间为可疑(±)。

2. 沙门菌马流产凝集试验抗原、阳性血清与阴性血清

【制造要点】

①抗原：取马流产沙门菌 C77-1 强毒菌株(CVCC79001)制备种子液，接种 pH 7.2～7.4 普通琼脂扁瓶培养后，用 1%甲醛生理盐水洗下菌苔，经玻璃珠打碎后用纱布滤过，再用 1%甲醛液生理盐水稀释成 $2.0\times10^{10.0}$ CFU/mL，分装制成。

②阳性血清：用上述灭活抗原接种兔或绵羊，采血，分离血清，经冷冻真空干燥制成。

③阴性血清：用健康兔或绵羊，采血，分离血清，经冷冻真空干燥制成。

【质量标准】

①抗原：微黄色混悬液体，静置后菌体下沉，振荡后呈均匀混悬液。应无菌生长。效价测定用标准试管凝集试验法进行。阳性血清 2 份、阴性血清 1 份。被检抗原和参照抗原与 2 份阳性血清的凝集价一致，且与参照抗原的原凝集价一致；与 1∶200 稀释的阴性血清不发生凝集；并在生理盐水对照管中无自凝现象，判为合格。

②阳性血清：淡黄色疏松物质，加稀释液后迅速溶解。应无菌生长。效价测定同抗原，血清效价应不低于 1∶1 600(++)。

③阴性血清：淡黄色疏松物质，加稀释液后迅速溶解。应无菌生长。1∶200 稀释(加抗原后的最终稀释度)时，对沙门菌马流产凝集试验抗原应无凝集反应。

【保存与使用】2～8℃保存，有效期为抗原 24 个月，阳性血清 96 个月，阴性血清 18 个月。被检血清用生理盐水作 1∶100、1∶200 至 1∶3 200 等稀释，取各稀释液 1 mL，分别加入试管中，每管加入 1∶20 稀释的抗原溶液 1.0 mL，混匀后置 37℃反应 20 h，取出，室温放置 2 h，观察结果。当被检血清的 1∶800 稀释液出现"++"以上凝集时，判为可疑反应；1∶1 600 稀释液出现"++"以上凝集时，判为阳性反应。

（李郁）

三、巴氏杆菌病

巴氏杆菌病(pasteurellosis)又称出血性败血症(haemorrhagic septicaemia)，是由多杀性巴氏杆菌引起的发生于多种家畜、家禽、野生动物及人类等的一种传染性疾病的总称。动物巴氏杆菌病的急性型常以败血症和出血性炎症为主要特征，慢性型常表现为皮下结缔组织、关节及各脏器的化脓性病灶，并多与其他疾病混合或继发感染。该病在世界范围广泛分布，热带地区严重，疾病的暴发和流行严重威胁动物的健康安全。

(一)病原

多杀性巴氏杆菌(*P. multocida*)属于巴氏杆菌科巴氏杆菌属，是该属中最重要的畜禽致病菌。该菌主要以其荚膜抗原和菌体抗原区分血清型，前者有 A、B、D、E、F 共 5 个型，后者分为 1～16 个型，通常用菌体抗原：荚膜抗原排列表示血清型，如我国分离的禽多杀性巴氏杆菌以 5:A 为多，其次为 8:A；猪的以 5:A 和 6:B 为主，8:A 与 2:D 次之；牛、羊的以 6:B 为多；家兔的以 7:A 为主，其次是 5:A。

多杀性巴氏杆菌为革兰阴性杆菌，两端钝圆，近似椭圆形，大小为(0.25～0.4) μm×(0.5～2.5) μm；病料涂片用瑞氏染色或美蓝染色时，可见典型的两极着色；在琼脂培养基上

生长的菌落可分为黏液型(M 型)、光滑型(S 型)和粗糙型(R 型)3 类,其中 R 型菌落的菌株无荚膜,M 型和 S 型有荚膜。由于不同来源菌的荚膜组分有差异,故形成的菌落在 45°折射光线下呈现不同的荧光色泽:蓝绿色带金光,边缘有红黄光带者为 Fg 型,对猪、牛等动物毒力强大;橘红色带金光,边缘有乳白光带的为 Fo 型,对禽类毒力强大;无荧光的为 Nf 型,对畜禽毒力均很弱。

多杀性巴氏杆菌抵抗力不强,阳光下暴晒 10 min,或 56℃ 15 min、60℃ 10 min 可被杀死;干燥空气中 2～3 d 死亡;厩肥中可存活 1 个月。3%石炭酸、3%福尔马林、10%石灰乳、2%来苏儿、0.5%～1%氢氧化钠等 5 min 可杀死该菌;对青霉素、链霉素、四环素、土霉素、磺胺类及许多新的抗菌药物敏感,但其耐药性出现,尤其是多重耐药问题目前已引起广泛关注。

(二)免疫

自动物分离的多杀性巴氏杆菌的抗原结构比较复杂。细胞表面的荚膜含有免疫保护性抗原决定簇,荚膜抗原具有很高的免疫特性,免疫动物后能产生特异性抗体,免疫保护力甚至优于全细胞,故荚膜抗原是刺激机体产生免疫应答的理想抗原;但具有抗原活性的荚膜,仅在新分离的强毒菌中才充分发育,经人工培养传代后则易于丧失。菌体成分也参与免疫应答。带菌健康动物具有一定程度的免疫力;动物患病痊愈后可获得较强的免疫;动物接种疫苗可产生一定的免疫力。菌体抗原免疫动物后也可产生特异性沉淀抗体,不同的菌体所诱发产生的抗体也不同,相互之间不能产生交互免疫。因此,动物抵抗多杀性巴氏杆菌感染的保护性反应为细胞免疫和体液免疫。

(三)疫苗

1. 禽霍乱

禽霍乱(cholera avian)又称禽出血性败血症,病原是多杀性巴氏杆菌,以血清型 5:A、8:A、9:A 为多。临床上以全身出血性变化和肝脏多发性坏死为特征。我国农业农村部将其列为二类动物疫病。

目前,世界范围内防控禽霍乱的疫苗包括不同类型的灭活疫苗、弱毒疫苗以及亚单位疫苗,这些疫苗都有自身的优势,其中以灭活疫苗和弱毒疫苗在实际生产中应用最为广泛。然而,由于多杀性巴氏杆菌的血清型较多,现有的疫苗具有免疫谱窄(只对同型菌株的攻击有保护作用)、免疫保护期短(一般 3～4 个月)、免疫效果不稳定等缺点,致使该病迄今仍未得到有效的控制。

多杀性巴氏杆菌侵入禽类机体,其增殖能力与致病性随着菌体荚膜的产生而得到增强;致病性菌株由于丧失产生荚膜的能力往往导致毒力丢失。因此,多杀性巴氏杆菌荚膜抗原的研究受到了各国学者的重视。随着对荚膜化学成分的深入研究,学者们普遍认为荚膜多糖(CCA)是多杀性巴氏杆菌的主要保护性抗原。试验证实,荚膜多糖(CCA)与破伤风类毒素(TT)交联成 CCA-TT 载体抗原,结合物稳定且有较强免疫原性,可诱导产生高滴度的 IgG 抗体,持续 24 周左右,免疫后 4 周和 28 周时攻毒保护率分别为 100%和 66.7%,且有较强的回忆反应。至此,禽霍乱荚膜亚单位疫苗成为最有发展前途的禽多杀性巴氏杆菌亚单位疫苗之一。

(1)禽多杀性巴氏杆菌病灭活疫苗(C48-2 株) 详述如下。

【菌种】鸡源多杀性巴氏杆菌 C48-2 株(CVCC44802)。其标准:荚膜抗原 A 型;Fo 型菌落；5～10 个活菌肌内注射 3～6 月龄的健康易感鸡，3 d 内应全部死亡。

【制造要点】用含 0.1%裂解红细胞全血的马丁肉汤、鲜血琼脂斜面，分别制备一级种子和二级种子。二级种子液以 1%～2%的量接种于含 0.1%裂解红细胞全血的马丁肉汤，37～39℃通气培养 14～20 h。收获培养菌液按 0.15%的量缓慢加入甲醛，37℃温育灭活 7～12 h。无菌检验合格后，加入氢氧化铝胶、硫柳汞或石炭酸。无菌检验合格后，定量分装。

【质量标准】除按成品检验的有关规定进行检验外，尚需做如下检验。

①安全检验：用 2～4 月龄 SPF 鸡 4 只，各肌内注射疫苗 4.0 mL，观察 10 d，应全部健活。

②效力检验：用 2～4 月龄 SPF 鸡或鸭 6 只，4 只各肌内注射疫苗 2.0 mL，另 2 只作对照。21 d 后，每只鸡或鸭各肌内注射 1 MLD 的鸡源多杀性巴氏杆菌 C48-1 株（CVCC44801）强毒菌液。观察 10～14 d。对照鸡或鸭应全部死亡，免疫鸡或鸭应至少保护 2 只。

【保存与使用】2～8℃保存，有效期 12 个月。肌内注射。适用于 2 月龄以上的鸡或鸭，每只 2.0 mL。免疫期 3 个月。

（2）禽多杀性巴氏杆菌病灭活疫苗（1502）　详述如下。

【菌种】鸡源多杀性巴氏杆菌 1502 株（CVCC2802）。其标准与鸡源多杀性巴氏杆菌 C48-2 株相同。

【制造要点】种子制备、菌液培养与灭活同禽多杀性巴氏杆菌病灭活疫苗（C48-2 株）。灭活菌液经无菌检验合格后，先按 5 份菌液加 1 份氢氧化铝胶配苗，充分混匀，静置 2～3 d，吸弃上清液，浓缩至全量的 1/2。再加入吐温 80 作为水相，最后与白油佐剂乳化制成。

【质量标准】除按成品检验的有关规定进行检验外，尚需做如下检验。

①安全检验：用 2～4 月龄 SPF 鸡 4 只，各颈部皮下注射疫苗 2.0 mL，观察 10 d，注射局部应无严重反应，且应全部健活。

②效力检验：用 3～6 月龄 SPF 鸡或鸭 8 只，5 只各颈部皮下注射疫苗 1.0 mL，另 3 只作对照。21 d 后，每只鸡或鸭各肌内注射 1 MLD 的 C48-1 株强毒菌液。观察 14 d。对照鸡或鸭应全部死亡，免疫鸡或鸭应至少保护 3 只。

【保存与使用】2～8℃保存，有效期 12 个月。颈部皮下注射。适用于 2 月龄以上的鸡或鸭，每只 1.0 mL。免疫期为鸡 6 个月、鸭 9 个月。用鸭效力检验合格的疫苗，只能用于鸭，不能用于鸡。

（3）禽多杀性巴氏杆菌病蜂胶灭活疫苗　详述如下。

【菌种】鸡源多杀性巴氏杆菌 C48-1 株（CVCC44801）和 C48-2 株（CVCC44802）。

【制造要点】种子制备、菌液培养同禽多杀性巴氏杆菌病灭活疫苗（C48-2 株）。培养菌液加灭菌生理盐水稀释成每毫升含 $2.0\times10^{10.0}$ CFU 活菌，加入 0.3%甲醛于 37℃灭活 24 h。同时称取蜂胶 1 份，剪碎后溶于 4 份 95%乙醇中，18～25℃ 24 h 后冷却离心，取上清液配制成 30 mg/mL 的蜂胶乙醇溶液。最后将灭活菌液与蜂胶乙醇溶液按 1∶1（*V*/*V*）等量混合，搅拌均匀制成。

【质量标准】除按成品检验的有关规定进行检验外，尚需做如下检验。

①安全检验：用 2 月龄鸡 5 只，各肌内注射疫苗 5.0 mL，观察 20 d，应全部健活。

②效力检验：用 2～4 月龄鸡 20 只，分成 2 组，第 1 组 10 只各肌内注射疫苗 1.0 mL，第 2 组 10 只作对照。10～14 d 后，每只鸡各肌内注射 1 MLD 的 C48-1 株强毒菌液。观察 14 d。对照鸡应全部发病死亡，免疫鸡应至少保护 8 只。

【保存与使用】2～8℃保存，有效期 18 个月；－15℃保存，有效期 24 个月。适用于 2 月龄以上的鸡、鸭、鹅，每只肌内注射 1.0 mL。免疫期 6 个月。用鸭、鹅检验合格的疫苗，只能用于鸭、鹅。

(4)禽多杀性巴氏杆菌病灭活疫苗(TJ8 株)　本疫苗系用禽源多杀性巴氏杆菌 TJ8 株接种适宜培养基培养，收获培养物，经甲醛溶液灭活后，加矿物油佐剂混合乳化制成。用于预防禽霍乱。2～8℃保存，有效期 12 个月。颈部皮下或肌内注射。适用于 2 月龄以上的鸡，每只 0.5 mL，接种 14 d 后产生免疫力，免疫期 6 个月。

(5)禽多杀性巴氏杆菌病活疫苗(B26-T1200 株)　详述如下。

【菌种】鸡源多杀性巴氏杆菌 B26-T1200 弱毒菌株，为荚膜抗原 A 型。

【制造要点】种子制备、菌液培养与禽多杀性巴氏杆菌病灭活疫苗类似。培养菌液进行纯粹检验和活菌计数。检验合格的菌液混于同一容器，以容量计，预热至 37℃的菌液 7 份加入 37℃左右的稳定剂 1 份(明胶 12 g、蔗糖 50 g 溶于 100 mL 蒸馏水，pH 7.6，间歇灭菌)，充分混匀，定量分装，立即冷冻真空干燥。鸡每羽份不少于 $3.0\times10^{7.0}$ CFU 活菌，鸭每羽份不少于 $9.0\times10^{7.0}$ CFU 活菌。

【质量标准】除按成品检验的有关规定进行检验外，尚需做如下检验。

①安全检验：用 2～4 月龄鸡 2 只，20％氢氧化铝胶生理盐水稀释疫苗至每毫升含 100 羽份，每只皮下或肌内注射 1.0 mL，观察 10～14 d，应全部健活。

②效力检验：用 2～4 月龄鸡 8 只，20％氢氧化铝胶生理盐水稀释疫苗至每毫升含 1 羽份，每只肌内注射 1.0 mL。14 d 后连同条件相同的对照鸡 2 只，各肌内注射 1 MLD 的 C48-1 株强毒菌液。观察 10～14 d。对照鸡应全部死亡，免疫鸡应至少保护 6 只。

【保存与使用】2～8℃保存，有效期 12 个月。皮下或肌内注射。用 20％氢氧化铝胶生理盐水稀释疫苗至每羽份 0.5 mL，每只接种 1 羽份。适用于 2 月龄以上的鸡、1 月龄以上的鸭。免疫期为 4 个月。

(6)禽多杀性巴氏杆菌病活疫苗(G190E40 株)　详述如下。

【菌种】鸡源多杀性巴氏杆菌 G190E40 弱毒菌株。荚膜抗原 A 型，Nf 型菌落。

【制造要点】同禽多杀性巴氏杆菌病活疫苗(B26-T1200 株)。鸡每羽份不少于 $2.0\times10^{7.0}$ CFU 活菌，鸭每羽份不少于 $6.0\times10^{7.0}$ CFU 活菌，鹅每羽份不少于 $1.0\times10^{8.0}$ CFU 活菌。

【质量标准】除按成品检验的有关规定进行检验外，尚需做如下检验。

①安全检验：用 2～6 月龄鸡 4 只，20％氢氧化铝胶生理盐水稀释疫苗至每毫升含 $2.0\times10^{9.0}$ CFU 活菌，每只肌内注射 1.0 mL，观察 10～14 d，应全部健活。

②效力检验：用 2～6 月龄鸡 4 只，20％氢氧化铝胶生理盐水稀释疫苗，每只肌内注射 $2.0\times10^{7.0}$ CFU 活菌。14 d 后连同条件相同的对照鸡 2 只，各肌内注射 1 MLD 的 C48-1 株强毒菌液。观察 10～14 d。对照鸡应全部死亡，免疫鸡应至少保护 3 只。

【保存与使用】2～8℃保存，有效期 12 个月。肌内注射。用 20％氢氧化铝胶生理盐水稀释疫苗成每羽份 0.5 mL，每只接种 1 羽份。适用于 3 月龄以上的鸡、鸭、鹅。免疫期为 3.5 个月。

2. 猪巴氏杆菌病

猪巴氏杆菌病又称猪肺疫(swine pneumonia)，病原是多杀性巴氏杆菌，以血清型 5:A 和 6:B 为多，8:A 和 2:D 次之，国内分离自病猪群的多杀性巴氏杆菌以荚膜抗原 B 型和 A 型为主。临床特征为最急性型呈败血症和咽喉炎，急性型呈纤维素性胸膜肺炎，慢性型主要表现慢性肺炎，但较少见。

目前，国内外预防猪肺疫的疫苗包括灭活疫苗和弱毒疫苗。国外以灭活疫苗为主，而灭活疫苗存在使用剂量大、免疫保护期短、单一血清型难以产生理想的交叉免疫保护等缺点；国内研制推广了一些弱毒疫苗，包括联苗，虽然在生产实际中发挥了重要作用，但由于这些疫苗株多系猪源多杀性巴氏杆菌弱毒株，属于荚膜抗原 B 型，故使其的应用范围受到了一定限制。

(1)猪多杀性巴氏杆菌病灭活疫苗　详述如下。

【菌种】猪源多杀性巴氏杆菌 C44-1 株(CVCC44401)。其标准：荚膜抗原为 B 型；菌落为 Fg 型；1～3 个活菌皮下注射 1.5～2.0 kg 家兔，应于 2 d 内死亡；50 个左右活菌皮下注射 15～25 kg 猪，应于 3 d 内死亡。

【制造要点】用含 0.1%裂解红细胞全血的马丁肉汤、鲜血琼脂斜面，分别制备一级种子和二级种子。二级种子液以 1%～2%的量接种于含 0.1%裂解红细胞全血的马丁肉汤，37℃培养 24 h，或通气培养 10～12 h。进行纯粹检验和活菌计数。收获培养菌液按 0.4%的量缓慢加入甲醛，37℃温育灭活 7～12 h。无菌检验合格后，按 5 份菌液加入 1 份氢氧化铝胶配苗，再按总量的 0.005%加入硫柳汞或 0.2%石炭酸。无菌检验合格后，定量分装。

【质量标准】除按成品检验的有关规定进行检验外，尚需做如下检验。

①安全检验：用体重 18～22 g 小鼠 5 只，各皮下注射疫苗 0.3 mL；或用体重 1.5～2.0 kg 家兔 2 只，各皮下注射疫苗 5.0 mL。观察 10 d，应全部健活。

②效力检验：有两种方法，可根据情况任选一种。一是用体重 1.5～2.0 kg 家兔 4 只，各皮下或肌内注射疫苗 1.0 mL，21 d 后连同条件相同的对照兔 2 只，各皮下注射致死量的猪多杀性巴氏杆菌 C44-1 株强毒菌液或 C44-8 株 80～100 个活菌；观察 10 d；对照兔应全部死亡，免疫兔应至少保护 2 只。二是用体重 15～25 kg 猪 5 头，各皮下注射疫苗 5.0 mL，21 d 后连同条件相同的对照猪 3 头，各皮下注射致死量的 C44-1 株强毒菌液；观察 10 d；对照猪死亡 2 头，免疫猪全部保护；或对照猪全部死亡，免疫猪应至少保护 4 头。

【保存与使用】2～8℃保存，有效期 12 个月。皮下或肌内注射。断奶后的猪不论大小，每头 5.0 mL。免疫期 6 个月。

(2)猪多杀性巴氏杆菌病二价灭活疫苗　本疫苗系用多杀性巴氏杆菌(荚膜抗原 A 型和 B 型)，接种适宜培养基，收获培养物，经甲醛溶液灭活、浓缩后，加氢氧化铝胶制成。用于预防由荚膜抗原 A 型和 B 型多杀性巴氏杆菌引起的猪肺疫。2～8℃保存，有效期 12 个月。皮下或肌内注射。断奶后的猪不论大小，每头 3.0 mL。免疫期 7 个月。

(3)猪多杀性巴氏杆菌病活疫苗(EO630 株)　详述如下。

【菌种】猪源多杀性巴氏杆菌 EO630 弱毒株(CVCC1765)。荚膜抗原 B 型，Fg 型菌落。

【制造要点】种子制备、菌液培养与猪多杀性巴氏杆菌病灭活疫苗类似。培养菌液进行纯粹检验和活菌计数。检验合格的菌液混于同一容器，加适量预热至 37℃的明胶蔗糖硫脲稳定剂，使明胶含量为 2%～3%、蔗糖 5%、硫脲 1%～2%，充分混匀，定量分装，立即冷冻真空干燥。每头份不少于 $3.0\times10^{8.0}$ CFU 活菌。

【质量标准】除按成品检验的有关规定进行检验外，尚需做如下检验。

①安全检验：用体重 1.5～2.0 kg 家兔 2 只，各皮下注射用 20%氢氧化铝胶生理盐水稀释的疫苗 1.0 mL，含 10 个使用剂量。观察 10 d，应全部健活。

②效力检验：有 3 种方法，可根据情况任选一种。a. 用体重 16～18 g 小鼠 10 只，各皮下注射用 20%氢氧化铝胶生理盐水稀释的疫苗 0.2 mL，含 1/30 个使用剂量；14 d 后连同条件相同的对照鼠 3 只，各皮下注射 2 MLD 的 C44-8 株强毒菌液，另用对照鼠 3 只各皮下注射 1 MLD 的 C44-8 株强毒菌液；观察 10 d；注射 2 MLD 对照鼠应全部死亡，注射 1 MLD 对照鼠应至少死亡 2 只，免疫鼠应至少保护 8 只。b. 用体重 1.5～2.0 kg 家兔 4 只，各皮下注射用 20%氢氧化铝胶生理盐水稀释的疫苗 1.0 mL，含 1/3 个使用剂量；14 d 后连同条件相同的对照兔 2 只，各皮下注射 C44-8 株强毒菌液 80～100 个活菌；观察 10 d；对照兔应全部死亡，免疫兔应至少保护 2 只。c. 用断奶 1 个月后、20 kg 左右的猪 5 头，各皮下注射 1.0 mL，含 1 个使用剂量；14 d 后连同条件相同的对照猪 3 头，各皮下注射致死量的 C44-1 株强毒菌液；观察 10 d；对照猪应至少死亡 2 头，免疫猪全部保护；或对照猪全部死亡，免疫猪应至少保护 4 头。

【保存与使用】2～8℃保存，有效期 6 个月；－15℃保存，有效期 12 个月。皮下或肌内注射。按瓶签注明头份，用 20%氢氧化铝胶生理盐水稀释疫苗，每头份 1.0 mL。免疫期 6 个月。

(4)猪多杀性巴氏杆菌病活疫苗(679-230 株)　见二维码 8-1。

(5)猪多杀性巴氏杆菌病活疫苗(C20 株)　见二维码 8-1。

(6)猪多杀性巴氏杆菌病活疫苗(CA 株)　见二维码 8-1。

(7)猪多杀性巴氏杆菌病活疫苗(TA53 株)　见二维码 8-1。

二维码 8-1

(8)猪丹毒、多杀性巴氏杆菌病二联灭活疫苗　本疫苗系用猪丹毒杆菌 2 型 C43-5 株(CVCC43005)和猪源多杀性巴氏杆菌 C44-1 株(CVCC44401，荚膜抗原 B 型)分别接种适宜培养基培养，收获培养物，经甲醛溶液灭活后，加氢氧化铝胶浓缩，按比例混合制成。用于预防猪丹毒和猪肺疫。2～8℃保存，有效期 12 个月。皮下或肌内注射。体重 10 kg 以上的断奶仔猪，每头 5.0 mL；未断奶仔猪，每头 3.0 mL，间隔 1 个月后，再注射 3.0 mL。免疫期 6 个月。

(9)猪瘟、猪丹毒、猪多杀性巴氏杆菌病三联活疫苗　本疫苗系用猪瘟兔化弱毒株接种乳兔或易感细胞，收获含毒乳兔组织或病毒培养物，以适当比例和猪丹毒杆菌(G4T10 株或 GC42 株)弱毒菌液、猪源多杀性巴氏杆菌(EO630 株)弱毒菌液混合，加适宜稳定剂，经冷冻真空干燥制成。用于预防猪瘟、猪丹毒、猪肺疫。2～8℃保存，有效期 6 个月；－15℃保存，有效期 12 个月。肌内注射。按瓶签注明头份，用生理盐水稀释成 1 头份/mL。断奶半个月以上的猪，每头接种 1.0 mL；断奶半个月以内的猪，每头 1.0 mL，但应在断奶后 2 个月左右在接种 1 次。猪瘟免疫期 12 个月，猪丹毒和猪肺疫免疫期均为 6 个月。

3. 牛巴氏杆菌病

牛巴氏杆菌病又称牛出血性败血症(bovine hemorrhagic septicemia)，简称牛出败。病原是多杀性巴氏杆菌，以血清型 6:B 和 6:E 最为多见，国内分离自黄牛、牦牛、水牛等的多杀性巴氏杆菌则以血清型 6:B 为主。败血型病例常见多发性出血，浮肿型常见咽喉部水肿，肺炎型主要表现肺两侧前下部有纤维素性肺炎和胸膜炎。

(1)牛多杀性巴氏杆菌病灭活疫苗　详述如下。

【菌种】牛源多杀性巴氏杆菌 C45-2 株(CVCC44502)、C46-2 株(CVCC44602)、C47-2 株(CVCC44702)强毒菌株，可任选其中 1～3 株。荚膜抗原 B 型；Fg 型菌落。

【制造要点】同猪多杀性巴氏杆菌病灭活疫苗。

【质量标准】除按成品检验的有关规定进行检验外，尚需做如下检验。

①安全检验：同猪多杀性巴氏杆菌病灭活疫苗。

②效力检验：有两种方法，可根据情况任选一种，一是用1.5～2.0 kg家兔4只，各皮下或肌内注射疫苗1.0 mL，21 d后连同条件相同的对照兔2只，各皮下注射致死量的牛多杀性巴氏杆菌C45-2株强毒菌液；观察8 d；对照兔应全部死亡，免疫兔应至少保护2只。二是用100 kg左右的牛4头，各皮下或肌内注射疫苗4.0 mL，21 d后连同条件相同的对照牛3头，各皮下或肌内注射致死量的10 MLD的C45-2株强毒菌液；观察14 d；对照牛死亡2头，免疫牛应全部保护；或对照牛全部死亡，免疫牛应至少保护3头。

【保存与使用】2～8℃保存，有效期12个月。皮下或肌内注射。体重100 kg以下的牛，每头4.0 mL；体重100 kg以上的牛，每头6.0 mL。免疫期9个月。

(2)猪、牛多杀性巴氏杆菌病灭活疫苗　本疫苗系用荚膜抗原B型多杀性巴氏杆菌接种适宜培养基，收获培养物，经甲醛溶液灭活后，加氢氧化铝胶浓缩制成。用于预防猪肺疫和牛出败。

2～8℃保存，有效期12个月。皮下或肌内注射。每头猪2.0 mL，每头牛3.0 mL。免疫期猪6个月、牛9个月。

4.兔巴氏杆菌病

兔巴氏杆菌病又称兔出血性败血症(rabbit hemorrhagic septicemia)，病原是多杀性巴氏杆菌，以血清型7:A为主，其次是5:A。临床上以出血性败血症、传染性鼻炎、地方流行性肺炎、中耳炎、结膜炎、脓肿、子宫炎和睾丸炎等为特征。

(1)兔、禽多杀性巴氏杆菌病灭活疫苗　本疫苗系用荚膜抗原A型多杀性巴氏杆菌(兔1株)接种适宜培养基，收获培养物，经甲醛溶液灭活后，加氢氧化铝胶浓缩制成。用于预防兔、禽多杀性巴氏杆菌病。2～8℃保存，有效期12个月。皮下注射。90日龄以上兔、60日龄以上鸡，每只注射1.0 mL，每头牛注射3.0 mL。免疫期兔6个月、鸡4个月。

(2)兔多杀性巴氏杆菌、支气管败血波氏杆菌感染二联灭活疫苗　本疫苗系用荚膜抗原A型兔源多杀性巴氏杆菌C51-1株、C51-3株和兔Ⅰ相支气管败血波氏杆菌Bb122株、Bb46株或Bb178株分别接种适宜培养基，收获培养物混合，经甲醛溶液灭活后，加矿物油佐剂混合乳化制成。用于预防兔多杀性巴氏杆菌病和兔支气管败血波氏杆菌感染。2～8℃保存，有效期12个月。颈部肌内注射。成年兔每只1.0 mL。初次使用的兔场，首免后14 d，用相同剂量再接种1次。免疫期6个月。

(3)兔病毒性出血症、多杀性巴氏杆菌病二联灭活疫苗　本疫苗系用兔病毒性出血症病毒皖阜株和荚膜抗原A型兔源多杀性巴氏杆菌C51-17株(CVCC1753)分别接种兔和适宜培养基，收获感染兔的实质脏器和培养物，经甲醛溶液灭活后，分别加入氢氧化铝胶，然后按适当比例混合制成。用于预防兔病毒性出血症和多杀性巴氏杆菌病。2～8℃保存，有效期12个月。皮下注射。2月龄以上兔，每只1.0 mL。免疫期6个月。

(4)兔病毒性出血症、兔多杀性巴氏杆菌病二联灭活疫苗　本疫苗系用兔病毒性出血症病毒CD85-2株和荚膜抗原A型兔源多杀性巴氏杆菌C51-17株(CVCC1753)分别接种兔和适宜培养基，收获感染兔的肝、脾、肾等脏器和培养物，经甲醛溶液灭活后，再向兔多杀性巴氏杆菌灭活菌液中加入氢氧化铝胶佐剂，然后按适当比例混合制成。用于预防兔的病毒性出血症和多杀性巴氏杆菌病。2～8℃保存，有效期12个月。颈部皮下注射。1月龄以上兔，每只

1.0 mL。兔病毒性出血症的免疫期 12 个月，兔多杀性巴氏杆菌病免疫期 5 个月。

(5)兔病毒性出血症、多杀性巴氏杆菌病二联干粉灭活疫苗　本疫苗系用兔病毒性出血症病毒接种免，收获感染兔的肝、脾、肾等脏器，制成乳剂，经甲醛溶液灭活，制成干粉；用荚膜抗原 A 型多杀性巴氏杆菌接种适宜培养基，收获培养物，经甲醛溶液灭活，用硫酸铵提取，制成干粉后，按比例配制而成。用于预防兔的病毒性出血症和多杀性巴氏杆菌病。2～8℃保存，有效期 24 个月。肌肉或皮下注射。按瓶签注明头份，用 20%氢氧化铝胶生理盐水稀释，成年兔每只 1.0 mL，45 日龄兔每只 0.5 mL。免疫期 6 个月。

(6)兔病毒性出血症、多杀性巴氏杆菌病、产气荚膜梭菌病(A 型)三联灭活疫苗(皖阜株＋C51-17 株＋苏 83-A 株)　本疫苗系用兔病毒性出血症病毒皖阜株接种家兔，荚膜抗原 A 型多杀性巴氏杆菌 C51-17 株和产气荚膜梭菌(A 型)苏 83-A 株分别接种适宜培养基，分别收获感染兔的实质脏器和培养物，经甲醛溶液灭活后，向多杀性巴氏杆菌灭活菌液中加入氢氧化铝胶佐剂，产气荚膜梭菌(A 型)菌液经适当浓缩，然后三者按适当比例混合制成。用于预防兔病毒性出血症、兔多杀性巴氏杆菌病和兔产气荚膜梭菌病(A 型)。2～8℃保存，有效期 12 个月。皮下注射。2 月龄以上兔，每只 2.0 mL。免疫期 6 个月。

(7)兔多杀性巴氏杆菌病活疫苗　本疫苗系用多杀性巴氏杆菌弱毒菌株接种适宜培养基，收获培养物，加适宜稳定剂，经冷冻真空干燥制成。用于预防兔多杀性巴氏杆菌病。2～8℃保存，有效期 12 个月。股内侧皮下注射。按瓶签注明头份，用 20%氢氧化铝胶生理盐水稀释，每只 0.2 mL(含 1 头份)。免疫期 5 个月。

(四)生物治疗制剂

抗猪、牛多杀性巴氏杆菌病血清

【制造要点】本品系用荚膜抗原 B 型多杀性巴氏杆菌制成的免疫原多次接种牛或马后，采血，分离血清，加适当防腐剂制成。

【质量标准】橙黄色或略带棕红色的澄明液体，久置后，底部有少量白色沉淀。

【保存与使用】2～8℃保存，有效期 36 个月。用于预防及治疗猪、牛多杀性巴氏杆菌病。皮下注射。

①预防剂量：2 月龄以内仔猪 10～20 mL，2～5 月龄猪 20～30 mL，5～10 月龄猪 30～40 mL，犊牛 10～20 mL，成年牛 30～50 mL。

②治疗剂量：2 月龄以内仔猪 20～40 mL，2～5 月龄猪 40～60 mL，5～10 月龄猪 60～80 mL，犊牛 20～40 mL，成年牛 60～100 mL。

(李郁)

四、链球菌病

链球菌病(streptococcicosis)主要是由 β 型溶血素链球菌引起的多种动物和人共患的传染病的总称。病原性链球菌能感染多种动物，以猪、羊、牛、马、鸡较为常见，近年来，牦牛、兔、水貂和鱼类也有发生链球菌病的报道。主要引起败血症和各种化脓创，也能引起局部性感染，主要有关节炎、脑膜炎、乳腺炎、子宫炎、尿路感染、脓肿、肺炎、淋巴结炎等临床疾病。它严重威胁到人类和动物的健康。

(一)病原

链球菌属于链球菌属(*Streptococcus*),目前该属共有30多种,比较常见的有10多种,可根据其抗原结构和溶血特性对链球菌分类。在血琼脂平板上长成直径为0.1～1.0 mm、表面光滑、灰白、边缘整齐的小菌落。多数链球菌致病菌对营养要求较高,普通培养基上生长不良,需要添加血液、血清、葡萄糖等。病菌有溶血性,溶血性的大小和类型因菌株而异。可根据在血琼脂平板的溶血的能力将链球菌分为α、β、γ 3类,这在鉴定链球菌的致病性方面具有一定的意义。

(二)免疫

链球菌具有多种抗原:a. C抗原,又称群特异性抗原,是细菌细胞壁的多糖成分,是一种半抗原。根据该抗原特异性的不同可以将链球菌分为20个血清群(A～V,缺I和J)。兰氏分类即以此为基础。b. 表面抗原,又称型特异性抗原,是细胞壁的蛋白质成分,位于C抗原的外层。该抗原可以分为4种不同的成分,即M、T、R、S,其中M成分与细菌的毒力和免疫有关,具有抗吞噬性。根据M蛋白的不同,该菌在各自的群类又可被分为不同的型,A群链球菌有60多个血清型,B群有4型,C群分20多型,D群分10型,E群分为11型等。c. P抗原,也称属特异性抗原,是核蛋白抗原,与葡萄球菌属的细菌有交叉免疫。近年来发现许多链球菌细胞壁中含有一种蛋白成分,称为链球菌G蛋白(SPG),可与人及其他各类动物的IgG Fc段结合,但不与其他各类Ig结合,也不与禽类的Ig结合。

(三)疫苗

1. 猪链球菌病

猪链球菌病(swine streptococcosis)是由多种不同群的链球菌引起的不同临床类型传染病的总称。常见的有淋巴结脓肿和败血性链球菌病两种类型,特征为急性病例常有败血症和内膜炎。根据荚膜抗原的差异,猪链球菌分为35个血清型(1～34及1/2)及相当数量无法定型的菌株。按兰氏分群法,过去猪链球菌属D群,此后将猪链球菌2型分入R群,猪链球菌1型分入S群,但近来仍有科学家对此提出异议。α或β溶血,一般起先为α溶血,延时培养后则变为β溶血,或者菌落周围不见溶血,刮去菌落则可见α或β溶血。猪链球菌2型在绵羊血平板呈α溶血,马血平板则为β溶血。康复猪具有坚强的免疫保护,感染猪可产生体液抗体。目前,我国已经成功研制出猪链球菌活疫苗和多价灭活疫苗。

(1)猪败血性链球菌病活疫苗(ST171株)　详述如下。

【菌种】制苗用菌种是猪链球菌弱毒ST171株。效力检验用菌种C74-63或C74-37。

【制造要点】①种子繁殖:冻干菌种接种于含10%鲜血琼脂平板、缓冲肉汤培养制成。②菌液制备:将缓冲肉汤预热至37℃左右,按培养基总量的1%～4%加入裂解血细胞全血(或血清)和0.2%葡萄糖,同时按10%～20%接种种子液,混匀后置37℃培养6～16 h,进行纯粹检验和活菌计数。纯检合格的菌液按容量计算,菌液7份加蔗糖明胶稳定剂1份,混合均匀后,按规定头份定量分装,注射用每头份活菌不少于0.5亿个。

【质量标准】除按成品检验的有关规定进行检验外,还需做如下检验。

①安全检验:用2～4月龄的健康易感仔猪2头,每头皮下注射100个使用剂量的疫苗,观察14 d,除有2～3 d不超过常温1℃的体温升高和减食1～2 d外,不应有其他临床症状;用体重18～22 g小鼠5只,每只皮下注射菌液0.2 mL,含1/50的猪使用量,观察14 d,应全部健

活。若有个别死亡，可用加倍数小鼠重检 1 次，仍有个别死亡时，应判为不合格。

②效力检验：按瓶签注明头份，用 20% 铝胶生理盐水稀释疫苗，皮下注射 2～4 个月健康易感猪 4 头，每头 1/2 使用剂量，14 d 后连同条件相同的对照猪 4 头，各静脉注射致死量强毒菌液，观察 14～21 d。对照猪全部死亡，免疫猪至少保护 3 头；或对照猪死亡 3 头，免疫猪保护 4 头为合格。

【保存与使用】在 2～8℃保存，有效期为 1 年；在 -15℃可保存 18 个月。使用时按瓶签注明的头份，加入生理盐水或 20% 氢氧化铝胶生理盐水稀释溶解，每头猪皮下注射 1 mL，或口服 4 mL。免疫期为 6 个月。

(2)猪链球菌病灭活苗　根据猪链球菌流行菌株血清型，我国研制的 C 群链球菌和 R 群猪链球菌 2 型，研制二价灭活疫苗不仅对仔猪的安全性较好，而且仔猪免疫后对两株疫苗强毒株攻击保护率达 90%～100%。

近年来，我国又相继成功研制出马链球菌兽疫亚种＋猪链球菌 2 型＋猪链球菌 7 型三价灭活苗。本品系用马链球菌兽疫亚种 XS 株、猪链球菌 2 型 LT 株和猪链球菌 7 型 YZ 株，分别接种适宜培养基培养，收获培养物，经甲醛溶液灭活后，加油佐剂混合乳化制成。按活菌计数法计数，每头份至少含 3.0×10^{9} CFU。用于预防由马链球菌兽疫亚种、猪链球菌血清 2 型、猪链球菌 7 型感染引起的猪链球菌病。免疫期为 6 个月。疫苗置 2～8℃保存，有效期为 12 个月。颈部肌内注射。按瓶签注明头份，每次均肌内注射一头份(2 mL)。推荐免疫程序：种公猪每半年接种 1 次；后备母猪在产前 8～9 周首免，3 周后二免，以后每胎产前 4～5 周免疫一次；仔猪在 4～5 周龄免疫一次。疫苗注射后可能引起轻微体温反应，但不引起流产、死胎、畸形胎等不良反应，个别猪在注射后可能出现过敏反应，可用抗过敏药物(如地塞米松、肾上腺素等)进行治疗，同时采用适当的辅助治疗措施。

另外，近年来，我国又相继成功研制出猪链球菌病、副猪嗜血杆菌病二联灭活疫苗(LT 株＋MD0322＋SH0165 株)，该疫苗中含灭活的猪链球菌 2 型 LT 株(灭活菌数 $\geq1.0\times10^{9}$ CFU/mL)和副猪嗜血杆菌 4 型 MD0322 株(灭活菌数 $\geq2.0\times10^{9}$ CFU/mL)、5 型 SH0165 株(灭活菌数 $\geq2.0\times10^{9}$ CFU/mL)。用于预防由猪链球菌 2 型感染引起的猪链球病和 4 型、5 型感染引起的副猪嗜血杆菌病，免疫期为 6 个月。

2. 羊败血性链球菌病

羊败血性链球菌病是由 C 群马链球菌兽疫亚种引起的一种急性热性败血性传染病。绵羊为最易感动物，山羊次之。其主要特征是浆液性肺炎与纤维素性胸膜肺炎及全身性出血性败血症。该病病原为 C 群马链球菌兽疫亚种(*S. equi* subsp. *zooepidemicus*)。患链球菌病的羊康复后会具有一定的免疫力，感染羊后可产生体液免疫。

(1)羊败血性链球菌病灭活疫苗　详述如下。

【菌种】制苗用菌种为羊链球菌 C55001 和 C55002 菌株。

【制造要点】①种子繁殖：将菌种分别接种在血液琼脂试管斜面和缓冲肉汤中培养制成。②菌液制备：将缓冲肉汤置 37℃预热 24 h 后，按培养基量的 0.2% 加入葡萄糖，也可同时按总量的 1%～2% 加入血清或血红素，并且按总量的 5% 接入二级种子液，37℃培养 16～24 h，培养期间摇瓶 3 次。同时进行纯粹检验和活菌计数。加入氢氧化铝胶配苗。

【保存与使用】在 2～8℃保存，有效期是 18 个月。绵羊和山羊不论大小，均皮下注射 5 mL。免疫期是 6 个月。

(2)羊败血性链球菌病活疫苗　详述如下。

【菌种】制苗用菌种为羊链球菌弱毒株 F60,效力检验用菌种为 C55001 和 C55002 强毒株。

【制造要点】与羊链球菌 C55001 和 C55002 菌株培养方法类似。配成注射用苗,将纯粹检验合格的菌液按容量计算,菌液 7 份加蔗糖明胶稳定剂 1 份,混匀后,按规定头份定量分装,每头份活菌不少于 200 万个。若配成气雾用苗,则菌液 5 份加蔗糖明胶稳定剂 1 份。混匀后,按规定头份定量分装,每头份不少于 3 000 万个菌。

【保存与使用】保存在 2～8℃,有效期为 2 年。按瓶签注明的头份,用生理盐水稀释。6 月龄以上羊,尾根皮下注射 1 mL。免疫期为 1 年。

(袁万哲)

五、炭疽

炭疽(anthrax)是由炭疽杆菌引起的多种动物和人共患的一种急性、热性、败血性传染病。该病主要感染牛、马、羊等动物。急性感染的动物多取败血性经过,以脾脏显著肿大、皮下和浆膜下出血性胶冻样浸润为特征,患病动物濒死期多天然孔出血,血液凝固不良、呈煤焦油样,通过皮肤伤口感染则可以形成炭疽痈。人类可感染炭疽,易感性位于草食动物和肉食动物之间,感染后多表现为肺炭疽、肠炭疽和皮肤炭疽等,偶伴发败血症。该病分布于世界各国,且多为散在发生。

(一)病原

炭疽杆菌(*Bacillus anthracis*)属于芽胞杆菌属,是革兰阳性菌,大小在(1.0～1.5) μm×(3.0～5.0) μm,无鞭毛,不运动。有荚膜,与氧接触后能形成芽胞,芽胞呈椭圆形,位于菌体中央。在动物体内炭疽杆菌呈单个,短链状存在,培养时多呈长链状,成链时呈竹节状。条件不适时,能发生菌落形态和毒力变异,从而获得光滑型弱毒菌株。

炭疽杆菌是兼性需氧菌,在 12～44℃时都能生长,其最适生长温度为 37℃,最适 pH 在 7.3～7.6。在琼脂平板上,其产生特征的"毛玻璃"样表面菌落。菌落边缘不整齐,在低倍镜下像波浪样的发束。在血琼脂上一般不溶血。明胶穿刺培养时,呈倒立松树状生长,表面逐渐被液化呈漏斗状。

该菌菌体易受外界理化因素影响,与其他非芽胞菌相似,但其芽胞抵抗力非常强,土壤被污染后,传染性可保持数十年,120℃需 15～30 min 才能将其全部杀死,对碘与氧化剂敏感,1∶2 500 的碘液 10 min 即可将其杀死,10%漂白液、0.1%升汞和 0.5%过氧乙酸等也是常用的消毒药。

(二)免疫

炭疽杆菌主要有 4 种抗原成分:①荚膜抗原,由 *D*-谷氨酸多肽组成,是一种与毒力有关的半抗原,仅见于有毒菌株。此抗原具有抗吞噬功能,不是主要保护性抗原,其相应抗体对机体无保护作用,但其反应具有特异性。②菌体多糖抗原,存在于细胞壁及菌体内,由乙酰基葡萄糖与 *D*-半乳糖组成,是一种与毒力无关的半抗原,可与相应免疫血清发生沉淀反应,但反应特异性不强。③保护性抗原(PA),是一种胞外蛋白质抗原,相对分子质量 83 000,

为炭疽毒素的组成成分之一，具有免疫原性，能使机体产生抗该菌感染的保护力。④芽胞抗原，位于芽胞的外膜层，为炭疽芽胞的特异性抗原成分，含有抗原决定簇，具有免疫原性。

炭疽毒素是一种外毒素蛋白复合物，由水肿因子(EF)、保护性抗原(PA)和致死因子(LF) 3种蛋白组成，且三种成分均有不同程度的免疫原性和血清学活性，尤以PA更为显著。三种成分单独对动物无毒性作用，但EF和PA协同作用能引起水肿；PA和LF协同作用能发生致死。因此强毒菌株因既能产生毒素又能形成荚膜而显示出毒力。近年来，科学家正在利用基因工程技术研制炭疽疫苗。在生产中，我国应用深层通气培养法或用豆芽汤深层通气培养法制造的炭疽Ⅱ号芽胞菌，也获得了良好的效果。

(三)疫苗

目前常用的疫苗有无荚膜炭疽芽胞苗和Ⅱ号炭疽芽胞苗两种。

(1)Ⅱ号炭疽芽胞疫苗　详述如下。

【菌种】制苗菌种是炭疽杆菌弱毒C40-202株。效检菌种是炭疽杆菌C40-48强毒菌株。所选菌株符合炭疽杆菌生物学特性，在2～8℃条件下可保存10年。

【制造要点】

①菌种繁殖：将冻干菌种划线接种于15%血液琼脂平板及普通琼脂平板培养，挑取典型菌落，经毒力及纯粹检验合格后作为一级种子。将一级种子接种于pH 7.2～7.4普通肉汤中培养，经纯粹检验合格后作为二级种子液。

②菌液培养：将二级种子液接种于pH 7.2～7.4普通琼脂或无蛋白胨肉汤琼脂或豆汤琼脂扁瓶中，30～35℃培养48～96 h，取样涂片、染色、镜检，当芽胞形成达90%以上时，用30%甘油蒸馏水洗下芽胞。

③配苗：用含0.1%～0.2%石炭酸和30%甘油水或20%铝胶盐水将芽胞液稀释成芽胞苗，使每毫升含有活芽胞1 300万～2 000万个(铝胶苗为2 000万～3 000万个)。纯粹检验及芽胞计数合格后，分装即成。

【质量标准】除按成品检验的有关规定进行检验外，还需做如下检验。

①安全检验：用1.5～2 kg健康家兔4只，各皮下注射芽胞苗1 mL，观察10 d，家兔应均健活。

②荚膜检查：用200～250 g豚鼠4只，各皮下注射芽胞苗0.5 mL，病死后剖检，取脾脏涂片、染色、镜检。菌体应有荚膜。

③效力检验：用1 mL含1 300万～2 000万个芽胞的甘油芽胞苗，分别以1 mL皮下注射20～30 kg的易感绵羊4只，14 d后，连同对照羊2只，各皮下注射C40-48强毒芽胞液100 MLD，观察10 d，免疫羊全部保护、对照羊全部死亡。

【保存与使用】2～8℃冷暗处，有效期2年。用于预防大动物、猪、绵羊、山羊的炭疽。山羊尾部皮内注射0.2 mL，其他动物皮下注射1 mL或皮内注射0.2 mL。免疫期1年，但山羊的免疫期为6个月。

(2)无荚膜炭疽芽胞疫苗　制苗菌种是无荚膜的C40-205弱毒株。效检菌种是C40-48强毒菌株。所选菌株符合炭疽杆菌生物学特性，2～8℃保存期10年。其毒力为以37℃培养24 h的普通肉汤培养物0.25 mL皮下接种小鼠4只，0.5 mL皮下接种豚鼠2只和家兔2只，均应产生剧烈水肿，但兔不应死亡，豚鼠允许死亡1只，小鼠应大部分或全部死亡。取死亡动物脾脏涂片染色镜检，应不见荚膜，否则不合格，废弃。C40-205 弱毒株免疫原性应符合效力检验。制造方法同Ⅱ号炭疽芽胞苗。可用于预防猪、绵羊、牛和马的炭疽病。免疫期 1 年。

（闻晓波）

六、结核病

结核病（tuberculosis）是由分枝杆菌引起的人兽共患的一种慢性传染病，并以多种组织器官和感染部位形成结核结节性肉芽肿和干酪样坏死或钙化结节病理变化为特征。该病广泛分布于世界各地，曾是引起人和动物死亡最多的疾病之一，对动物生产和人类健康构成严重威胁，特别是对奶牛业发达的国家。一些国家已有效控制了该病，但近年来我国结核病的发病率有增长的趋势。目前，我国主要采取检疫、淘汰阳性牛的防控策略。

（一）病原

引起人和动物结核病的分枝杆菌主要有 3 个种，包括结核分枝杆菌（*M. tuberculosis*）、牛分枝杆菌（*M. bovis*）和禽分枝杆菌（*M. avian*）。结核分枝杆菌一般简称结核杆菌，主要感染人、类人猿、猴、犬和鹦鹉，也可以感染牛，分类上属于分枝杆菌属。结核杆菌是专性需氧菌，生长最适温度为 37.5℃，生长最适 pH 为 7.4～8.0，对营养的要求较为严格，在添加特殊营养物质的培养基上才能生长，且生长缓慢，特别是初代培养，一般需 10～30 d 才能观察到菌落。该菌革兰染色呈阳性，常用 Ziehl-Neelsen 抗酸染色法染色。

结核杆菌在自然环境中生存力较强。对湿冷和干燥的抵抗力很强。但对热的抵抗力很差，60℃ 经 30 min 即可死亡。实验动物中，结核杆菌对豚鼠的致病力最强，注射少量活菌即可致死。家兔对结核杆菌有抵抗力，但可感染。小鼠的易感性因品种不同而异。家兔和豚鼠对牛分枝杆菌很敏感，注射少量活菌，即可引起严重的全身感染，小鼠腹腔注射也可感染，对仓鼠的致病力也很强，而禽类分枝杆菌对仓鼠没有致病力，但对兔与鸡有很强的致病力。结核杆菌和牛分枝杆菌对鸡均没有致病力，对豚鼠的致病力也不强。根据致病力的不同可对不同菌型进行鉴定。

（二）免疫与疫苗

结核杆菌侵入机体后，主要产生的是细胞免疫。细胞免疫随病情的加重而减弱，体液免疫随病情的加重而增强。凡病情得到控制或康复的动物，其细胞免疫可达到一定的水平，而血清中抗体水平较低。重症动物的细胞免疫反应低下，甚至消失，血清中特异性抗体显著增加。结核病的免疫通常是带菌免疫，当结核杆菌在机体内消失或死亡后，其免疫也随之终止。结核杆菌的不同抗原成分激活不同的 T 细胞，可产生分枝杆菌生长抑制因子（MycoIF）或巨噬细胞移动抑制因子（MIF），前者可特异地抑制巨噬细胞内结核杆菌的繁殖，从而获得免疫，后者可致变态反应性炎性反应。分枝杆菌激发机体产生免疫应答的同时，迟发性变态反应也随之发生，二者均由 T 细胞介导产生。但诱导产生的免疫与变态反应的物质不同，如将结核菌素与其细胞壁成分同时注入机体，可产生变态反应，但不产生免疫；因此检测机体对结核杆菌是否发生变态反应，即可判定是否有免疫力，结核菌素试验正是根据这一原理设计的最常用的免疫学检测手段。

卡介苗是结核病免疫制品中研究最多、使用最广的疫苗，为控制人类结核病作出了巨大贡献，目前仍在普遍使用。卡介苗为毒力减弱的一株牛型结核菌，目前，防控牛分枝杆菌感染的唯一有效的免疫是牛分枝杆菌致弱菌株 BCG，但牛体试验防疫效果不一，这可能与疫苗剂型、接种途径以及在环境中暴露程度等多种因素有关。使用疫苗会干扰结核杆菌素皮肤试验和其他免疫试验。

(三)诊断制品——牛型结核菌素

结核病控制主要采用检疫和淘汰患病动物及感染动物的措施。结核病诊断和检疫常用方法是结核菌素变态反应，也是国际贸易检疫中的标准方法。本法准确率高，操作简便，可操作性强，易于判定。目前使用的结核菌素有人型结核菌素、牛型结核菌素和禽型结核菌素，在制法上又有老结核菌素和提纯结核菌素之分。制造牛型结核菌素的菌种为牛分枝杆菌 C68001 株和 C68002 株，制造禽型结核菌素的菌株为禽分枝杆菌 C68201、C68202 和 C68203 株。

【制造要点】

①提纯结核菌素：冻干菌种接种在 P 氏固体培养基，再接种于苏通培养基液面进行驯化，生长出菌膜后作为种子，鉴定合格后将二级种子菌膜接种于制造用苏通培养基液面上，置37℃培养 2～3 个月。121℃灭活 30 min，用赛氏(Seitz)滤器滤过除菌，所得滤液倒入大瓶中。取滤液 900 mL，缓慢加 40%三氯醋酸水溶液 10 mL，混匀，2～8℃静置 14～24 h，使蛋白沉淀，弃上清。再用 1%三氯醋酸水溶液重新悬浮沉淀，静置弃上清液，重复 3 次，最后将沉淀物以 5 000 r/min 离心 15～30 min，弃上清液。将沉淀物先加入少量 1 mol/L 氢氧化钠溶解。准备冻干的结核菌素用 pH 7.4 的 PBS 稀释；液体菌素用加有防腐剂的 pH 为 7.4 的 PBS 稀释。最后将 pH 调至 7.4，用灭菌的赛氏滤器过滤，即为提纯结核菌素原液。经无菌检验、蛋白测定和效价测定合格后，再用加有防腐剂的 pH 为 7.4 的 PBS 将牛型结核菌素原液稀释至 100 000 IU/mL，禽型结核菌素原液稀释至 25 000 IU/mL，定量分装即成；冻干菌素则用 pH 7.4 的 PBS 将牛型结核菌素原液稀释至 100 000 IU/mL，禽型结核菌素原液稀释至 25 000 IU/mL，定量分装，迅速冷冻真空干燥。

②老结核菌素：老结核菌素菌液按其培养方法培养细菌，培养 45～160 d，从每批培养物抽取 2～3 瓶，121℃灭活 30 min，用滤纸滤过，再用蒸馏水将滤纸上的菌膜洗下，60～80℃烘干后，称其质量，直到质量不变为止。计算每 100 mL 培养基中的平均菌膜质量。甘油培养基菌膜质量达 0.25 g/100 mL 以上，苏通培养基达 0.4 g/100 mL 以上为合格。菌膜合格的培养瓶121℃灭菌 30 min，数层纱布滤过，将所得滤液倒入大容器中，以不超过 100℃的温度蒸发浓缩至接种容量的 1/10，用赛氏滤器过滤，121℃灭菌 1 h 备用。无菌检验、蛋白测定和效价测定合格后，定量分装。

【质量标准】除进行安全检验外，还应以致敏豚鼠效检法检验其质量标准，具体方法如下。

①牛分枝杆菌致敏原制备：将牛分枝杆菌固体培养物刮下、称重、磨碎，加适量生理盐水稀释，121℃灭活 30 min，再用弗氏不完全佐剂制成油乳剂，使含牛分枝杆菌量为 8～10 mg/mL，分装后 80℃水浴灭菌 2 h，即得牛分枝杆菌致敏原。无菌检验合格后置 2～8℃备用。

②选用体重 400 g 左右的豚鼠 10～12 只，分别在豚鼠大腿内侧深部肌内注射 0.5 mL。5 周后，各豚鼠臀部拔毛 3 cm^2 大小，次日后在拔毛处皮内注射 1 000 倍稀释的牛型结核菌素 0.1 mL。注射后 48 h，检测注射部位红肿面积达 1 cm^2 以上者可用作正式试验。

③挑选 6 只合格豚鼠并拔去腹部两侧的毛，将制备的待标效价的结核菌素原液稀释成

每毫升含 2.5、2.7、3.0 和 3.4 mg(含氮量)不同浓度，再分别作 1 000 倍稀释，参照品菌素也作 1 000 倍稀释，然后分点皮内注射 0.1 mL 于每只豚鼠腹部两侧，48 h 后检测每种稀释液在 6 只豚鼠身上肿胀面积的平均值，以识别被检菌素的效力是低于、等于或高于标准菌素。

④被检菌素 1∶1 000 稀释液的反应面积与标准菌素反应面积的比值在 0.9～1.1，则该稀释度菌素所含单位数与标准菌素基本相同。被检菌素 1∶1 000 稀释液的反应面积与标准菌素反应面积的比值等于 1 为合格。

（闻晓波）

七、布鲁菌病

布鲁菌病(brucellosis)是由布鲁菌属的病原细菌引起的多种动物互传的人畜共患传染病，又称为马耳他热或波状热。在家畜中，羊、牛、猪最常发生，且可传染给人和其他家畜。该病主要是侵害动物生殖系统，表现为母畜的不孕或流产，公畜发生睾丸炎，动物还发生腱鞘炎、关节炎；人则出现波浪热、睾丸肿胀和关节炎等症状。病理特征为全身弥漫性网状内皮细胞增生和肉芽肿结节。该病广泛流行，分布于世界各地。在我国的西北、华北和东北地区均有流行或散发。

(一)病原

布鲁菌(*Brucella*)属于布鲁菌属，为革兰阴性小杆菌，大小在(0.6～1.5) μm×(0.5～0.7) μm，姬姆萨染色呈紫色。新分离者趋向球状或卵圆形，多单在。无鞭毛，不运动，不形成芽胞，S 型菌有荚膜。该菌专性需氧，但许多菌株在初代培养时尚需 5%～10%的 CO_2。生长最适温度 37℃，生长最适 pH 为 6.6～7.4。内消旋赤藓糖醇和泛酸钙可刺激某些菌株生长。布鲁菌在培养时对营养要求高，一般需要大量维生素 B_1，在含有少量血液、血清、马铃薯浸液、肝浸液、甘油、胰蛋白胨时生长良好，常用肝汤、胰蛋白际、肝琼脂和马铃薯琼脂等培养基培养。布鲁菌对热敏感，70℃经 10 min，即可死亡；阳光直射 1 h 死亡；在腐败病料中迅速失去活力；一般常用消毒药都能很快将其杀死。

依据布鲁菌对宿主的偏好性不同可以将其分为 9 个种，其中比较经典有 6 个种，即马耳他布鲁菌(*B. melitensis*)生物型 1～3、流产布鲁菌(*B. abortus*)生物型 1～9、猪布鲁菌(*B. suis*)生物型 1～5、绵羊布鲁菌(*B. ovis*)、沙林鼠布鲁菌(*B. neotomae*)和犬布鲁菌(*B. canis*)。

布鲁菌抗原结构复杂，目前可分为属内抗原和属外抗原，属内抗原包括 A、M 及 R 等表面抗原。光滑型布鲁菌含有 A 抗原和 M 抗原两种，R 抗原为大多数非光滑型菌株的共同抗原决定簇，具有属的特异性，其成分复杂。R 抗原其实是布鲁菌细胞裂解后释放的可溶性细胞质抗原。布鲁菌易发生变异，常发生 S→R 变异，从而引起抗原性和毒力的改变，也会影响生物制品的质量。光滑型菌株发生 S→R 变异后，丧失 A 和 M 抗原，暴露出 R 抗原，可与 R 抗血清发生凝聚反应。布鲁菌还含有其他表面抗原或亚表面抗原成分，主要包括天然半抗原(NF)和 f、χ、β 及 γ 等。

布鲁菌的属外抗原可与很多细菌发生交叉凝集反应。此外，犬布鲁菌与驹放线杆菌、绿脓杆菌的黏液型菌株、多杀性巴氏杆菌的一些血清型之间存在交叉反应。

(二)免疫

布鲁菌为胞内寄生菌,病菌侵入机体,被吞噬细胞吞噬。如吞噬细胞未能将其杀灭,则细菌在吞噬细胞内大量繁殖导致吞噬细胞破裂,随之细菌进入循环系统而被血液里的吞噬细胞吞噬,并扩散至全身。机体免疫功能正常时,通过体液免疫及细胞免疫可清除病菌而获痊愈;若免疫功能不健全,或感染的菌量大、毒力强,则部分细菌逃脱免疫而形成新的感染,如此反复便成为慢性感染。动物感染后 4～5 d,血液中即出现凝集抗体,主要是 IgM。随后主要是 IgG 滴度升高,IgA 在其后呈低水平上升,可持续 1～2 年。此后当病情反复时,IgG 又可迅速回升。在感染后 7～14 d 即出现补体结合抗体,主要是 IgM 和 IgA。试验证实,细胞免疫在布鲁菌病的免疫中起重要作用,而慢性期机体内免疫复合物大量增加,体液免疫参与病理损伤。疾病的早期,巨噬细胞、T 细胞及体液免疫功能正常,可联合作用将细菌清除而痊愈。如不能将细菌彻底清除,则细菌、代谢产物及内毒素可使机体致敏,产生致敏淋巴细胞和相应抗体,从而出现Ⅰ、Ⅱ、Ⅲ或Ⅳ型变态反应,引起血管内膜炎、组织坏死和肉芽肿等免疫病理反应。

(三)疫苗

免疫接种是有效防治该病的根本措施之一。已有的菌苗种类很多,国际上使用的菌苗主要有 4 种,其中两种是羊型 ReV. 1 和布鲁菌 19 号弱毒活菌苗;两种是死菌佐剂苗,分别是牛型 45/20 死菌佐剂苗和羊布鲁菌 H38 灭活疫苗。目前我国主要应用的有猪型 S2 活疫苗和马耳他布鲁菌 M5 活疫苗两种。

(1)布鲁菌 19 号活疫苗(A19 株)　本疫苗制造用菌株是从牛奶中分离获得。菌种中含有脂多糖(LPS),能持续刺激机体产生抗体,对牛有一定的保护力,历史上应用最广泛。但该菌株对绵羊免疫力较差,对猪和山羊没有保护作用,并可引起怀孕母畜的流产,目前已经停止生产。

(2)布鲁菌活疫苗(S2 株)　本疫苗菌种由我国分离培育,其毒力比 19 号和 Rev. 1 菌株弱,可以通过口服或肌内注射的方式进行免疫,对牛、羊和猪均能产生良好的免疫,并且不会引起怀孕母畜的流产,在我国广泛使用。该疫苗对超强的马耳他布鲁菌的攻击能提供 40%～60%的保护。

【菌种】猪种布鲁菌弱毒株 S2,其形态、染色、生化和培养特性、毒力和绵羊布鲁菌弱毒株 A19 相同。用生理盐水洗下 48 h 的固体培养物,制成每毫升含 10 亿个活菌的悬液,皮下注射 350～400 g 的豚鼠 5 只,每只 1 mL。14 d 后剖杀,脏器不应有肉眼可见的病变,每 1 g 脾脏含菌量不超过 20 万个。用 350～400 g 豚鼠 10 只,每只皮下注射活菌 25 亿～30 亿,40～60 d 后,接种 1～3 个感染量的羊布鲁菌强毒株 M28,观察 30～35 d 后剖杀,作细菌培养检查,80%以上豚鼠应无强毒菌出现。用其所制备的布鲁菌弱毒菌苗,应符合效力检验等。

【制造要点】

①种子繁殖:冻干菌种移植于胰蛋白琼脂平板或其他适宜培养基上,36～37℃培养 2～3 d,选取合格菌落,再次移植于上述培养基培养 48～72 h,作为种子。

②菌液培养:制苗用培养基为马丁肉汤或其他适宜培养基。将二级种子液按培养基总量的 1%～2%接种,在 36～37℃下通气培养 36 h,其间于第 12、20、28 小时分别按培养基总量的 1%～2%加入 50%葡萄糖溶液。经纯粹检验及活菌计数合格。

③浓缩与配苗:用 pH 为 6.3～6.8 缓冲生理盐水稀释成 120 亿～160 亿/mL 的菌液,无

菌分装即为湿苗；若制冻干菌苗，可根据总量的0.2%～0.4%加入羧甲基纤维素钠浓缩沉淀菌体。浓缩的菌液纯粹检验及活菌计数合格后，加入pH 7.0的蔗糖明胶稳定剂（10%蔗糖脱脂乳，或1%～2%明胶、10%蔗糖液）进行配苗。为增加冻干疫苗的耐热性，亦可加入硫脲，其最终含量为1%～3%。定量分装，迅速冷冻真空干燥。

【质量标准】除按成品检验的有关规定进行检验外，还需做如下检验。

①活菌计数：冻干苗用蛋白胨水稀释后在胰蛋白胨琼脂平板上进行活菌计数，液体苗含菌100亿～160亿/mL，冻干苗核定头份数不应低于瓶签注明数。

②变异检查：划线接种肝汤琼脂平板，36～37℃培养72 h，用折光检查菌落或结晶紫染色后折光检查，R型菌落不超过5%。

③安全检查：将疫苗稀释成每毫升含0.4头份，皮下注射0.25 mL，体重为18～20 g小鼠5只，观察6 d应全部健活，如有死亡应重检。

保存与使用　湿苗0～8℃，保存期45 d；冻干苗2～8℃冷暗处，保存期1年。牛可用600亿～800亿的标准剂量皮下注射，在3～8月龄注射1次，必要时在18～20月龄再注射1次，免疫期6年；羊配种前1～2月注射1次（孕羊严禁注射），皮下注射300亿～400亿。免疫期24个月。绵羊、山羊、猪、牦牛均可使用，免疫期12个月。

（3）布鲁菌活疫苗（M5株或M5-90株）　疫苗菌种为布鲁菌M5通过鸡体187代，经黄素处理，并用鸡成纤维细胞传代90次，又称M5-90株，具有良好的安全性和优秀的免疫原性。免疫期可达3年。疫苗制备方法和质量标准与布鲁菌活疫苗（S2株）相似，只有活菌数不同。该苗对牛、山羊、绵羊和鹿布鲁菌病的预防效果较好，可采用皮下、滴鼻、气雾免疫法，也可以口服法免疫。疫苗2～8℃保存，有效期1年。

（四）诊断制剂

布鲁菌病有很多血清学诊断方法，目前广泛应用的有平板凝集试验（PAT）、补体结合试验（CFT）、试管凝集试验（SAT）、全乳环状试验（MRT）、虎红平板凝集试验（RBPT）及皮肤变态反应试验。

（1）平板凝集抗原　布鲁菌猪种2号菌株或马耳他布鲁菌99号菌株为菌种。按照布鲁菌试管凝集抗原步骤制成灭活沉淀菌体。将沉淀菌体悬浮在含有0.5%石炭酸、12%氯化钠和20%甘油的蒸馏水中，使菌液的浓度比试管凝集抗原菌液的浓度大2～3倍，即为平板抗原浓菌液，然后对其进行标化。向标化好的抗原内加入结晶紫和煌绿水溶液，使其在菌液中的最终含量为0.04%，混匀后60℃水浴1 h，即为染色抗原。除按成品检验的有关规定进行外，还需做如下检验。

①特异性检验：取抗原0.03 mL分别与阴性血清0.01、0.02、0.04、0.08 mL作平板凝集试验，应无反应。

②效价测定：分别取抗原0.03 mL与25、200 IU/mL的阳性血清国家标准品0.08、0.04、0.02、0.01 mL混合作平板凝集试验，应在25 IU/mL阳性血清国家标准品的0.08 mL量和200 IU/mL阳性血清国家标准品的0.01 mL量出现“＋＋”凝集。本品在2～8℃冷暗处保存期为2年，专用于诊断动物布鲁菌病平板凝集试验。

（2）补体结合反应抗原　详述如下。

【菌种】猪种布鲁菌弱毒菌株S2和牛马耳他布鲁菌菌株A99。应符合各标准株的生物学特性；在pH为4.6～6.8的胰蛋白胨琼脂平板上生长良好，95%以上为S型菌落，边缘整齐、露滴状；H_2S 试验阳性；所制抗原与光滑型布鲁菌阳性血清和 A 因子血清出现凝集，与 M、R 因子血清不出现凝集。

【制造要点】两种冻干菌种分别移植在胰蛋白胨琼脂平板、胰蛋白胨肉汤（一级和二级种子）。将二级种子分别接种在上述同种培养基的扁瓶，36～37℃培养 2～3 d，用 0.5％石炭酸生理盐水将菌苔洗下，纱布滤过。每型菌液经纯粹检验、热凝集试验和吖啶黄凝集试验检验应合格。在 70～80℃水浴灭活 1 h，冷却后两种菌液等量混合，离心弃上清液。沉淀菌体重新悬浮在 0.5％石炭酸生理盐水中时，要使其浓度比试管凝集抗原原液浓度大 2 倍（约 800 亿菌/mL），然后在 108℃高压加热 40～60 min，在冷暗处浸泡 15 d。离心沉淀，吸取上清液，经无菌滤过，滤液即为抗原。经无菌检验和效检合格后，即可定量、分装。

【质量标准】除按成品检验的有关规定进行外，还需做如下检验。

①非特异性检验：样品用生理盐水稀释后，分别与 2 份阴性血清作补体结合试验，应完全溶血。

②效价测定：按常规滴定方法进行。用 2 份阳性血清、1 个工作量补体、2 个单位溶血素、2.5％绵羊红细胞悬液做补体结合试验，抗原效价应不低于 1∶100。

【保存与使用】2～8℃冷暗处，保存期为 18 个月。专用于布鲁菌病补体结合试验。使用时将被检血清以 1∶10 稀释，分别加入两管中，每管 0.5 mL，再向其中一管加入 0.5 mL 工作浓度的抗原，作为试验管；另一管加 0.5 mL 生理盐水，作为对照管。然后各加 0.5 mL 补体，37℃水浴 20 min。再加入 0.5 mL 的 2 个单位溶血素和 0.5 mL 2.5％绵羊红细胞，37℃水浴 20 min，取出观察结果。判定标准：40％以下溶血为阳性；50％～90％溶血为可疑；100％溶血为阴性。

(3)全乳环状试验抗原　马耳他布鲁菌 99 号弱毒菌株为菌种。制造抗原用的培养基是胰蛋白胨琼脂或其他适宜培养基。将二级种子分别接种在胰蛋白胨琼脂或其他适宜培养基上，于 36～37℃培养 2～3 d，用普通肉汤或马丁肉汤洗下菌苔，使菌液浓度大致与布鲁菌试管凝集抗原原液相同。每 500 mL 菌液加入 2,3,4-氯化三苯基四氮唑粉末 1 g 或 3,5-氯化二苯基四氮唑粉末 0.8 g。充分振荡，36～37℃静置 2～4 h 染色，然后于 65～70℃水浴灭活 1 h，离心沉淀后，弃上清，将菌体沉淀重新悬浮于含有 1％甘油和 1％苯酚的生理盐水中，用棉花纱布滤过，滤液即为全乳环状试验抗原。

效价测定应用 0.5％苯酚生理盐水将新制抗原和标准抗原分别做 1∶20 稀释，并将阳性血清国家标准品作 1∶300、1∶400、1∶500、1∶600、1∶700 稀释，取各血清稀释液 0.5 mL 分别加入等量的 1∶20 抗原稀释液作凝集试验，两种抗原的凝集价均应为 1∶1 000“＋＋”，判为合格。

(4)虎红平板抗原　菌种是抗原性良好的猪布鲁菌 2 号或马耳他布鲁菌 99 号。将其制成的沉淀菌体按每克菌体沉淀加入 0.5％苯酚生理盐水 22.5 mL，充分搅拌 30 min，制成悬液，然后按每 35 mL 菌悬液加入 1 mL 的 1％虎红染色液，再充分搅拌 30 min 后离心，弃上清，染色菌体按湿质量，每克加入缓冲液 4～6 mL，搅拌 30 min 混匀后，用标准阳性血清进行抗原标化。确定抗原浓度，定量分装即可。

本品为红色均匀悬浮液，久置后上部澄清，底部有少量红色菌体沉淀。接种检验培养基后应无菌生长。取抗原和标准抗原分别与 5～10 份阴性血清作平板凝集反应，应无任何凝集现象。新制抗原分别与 25、50、100、200 IU 布鲁菌病凝集试验阳性血清国家标准品做平板凝集反应。抗原对标准阳性血清 25 IU 呈“－”反应，50 IU 呈“＋”反应，100 IU 呈“＋＋”反应或不足“＋＋＋”，200 IU 呈“＋＋＋”反应或不足“＋＋＋＋”为合格。

（5）布鲁菌病三用抗原　供诊断动物布鲁菌病的平板凝集反应、试管凝集反应和补体结合反应用。制备时，所用菌种与布鲁菌平板凝集反应抗原的菌种相同。将三型菌种种子液制成等量混合的沉淀菌体，用 5％蔗糖生理盐水悬浮，使菌液浓度为试管凝集抗原原液的 5～6 倍，即为浓菌液。取该菌液 1 mL，用 0.5％石炭酸缓冲盐水配成 1∶80 菌液，然后按试管凝集反应抗原方法进行标化，根据标化结果，用 5％蔗糖生理盐水稀释浓菌液，制成抗原原液，比应用抗原液浓度大 100 倍。经无菌检验及效力检验合格后，定量封装冻干。效价测定分别参见试管凝集反应抗原、补体结合反应抗原和平板凝集反应抗原。

（6）布鲁氏菌病水解素　本品专用于山羊、绵羊布鲁菌病变态反应检验。对尾根皱褶或肘关节无毛处皮内注射 0.2 mL，注射后 24 和 48 h 各检查 1 次，水肿明显者为阳性，水肿不明显者 30 d 之后再检，无反应者为阴性，仅出现一小硬结者为非特异性反应。

（闻晓波）

八、破伤风

破伤风（tetanus）又名“强直症”“锁口风”，幼畜破伤风又称脐带风，是由破伤风梭菌经伤口感染产生毒素引起的一种急性、创伤性、中毒性人畜共患病。该病以全身骨骼肌持续性痉挛，对外界刺激的反射兴奋性增高，牙关紧闭为基本特征，动物多死于窒息及全身性衰竭，病死率很高。该病在世界各地广泛分布，我国也普遍存在。

（一）病原

破伤风梭菌（*Clostridium tetani*）分类上属于梭菌属。菌体两端钝圆、细长、直或微弯曲，多单在，有时成双，偶有短链，在湿润琼脂平面上，可以形成较长的丝状。芽胞大于菌体且位于一端呈鼓槌状或球拍状，无荚膜，多具有周身鞭毛，能运动。幼龄培养物革兰染色阳性，培养 24 h 后可出现阴性反应者。该菌严格厌氧。对营养要求不高，普通培养基即能生长良好，最适生长温度是 37℃，最适生长 pH 为 7.0～7.5。在血琼脂平板上生长可形成直径为 4～6 mm 菌落，通常伴有狭窄 β 溶血环，破伤风梭菌脱氧核糖核酸酶阳性，神经氨酸苷酶阴性。20％胆汁、6.5％氯化钠可抑制其生长。

破伤风梭菌具有不耐热的鞭毛抗原，用凝集试验可分为 10 个菌型。该菌在动物机体内或培养基中均能产生外毒素，能被任何一个型抗毒素所中和，包括破伤风痉挛毒素（tetanospasmin）、破伤风溶血毒素（tetanolysin）及非痉挛毒素。痉挛毒素是致病的主要因素。外毒素的毒性很强，且与菌株、培养基、培养时间和温度有密切关系。

菌体抵抗力不强，煮沸 10～90 min 即可致死，但芽胞抵抗力极强，在土壤中可存活几十年，150℃干热 1 h 才能致死，芽胞广泛分布在自然界中。

（二）免疫

该菌有鞭毛抗原和菌体抗原两种，前者是型特异性抗原，后者是属特异性抗原。不同菌型菌株所产生的毒素，可被任何一型的抗毒素所中和。毒素分子与神经组织的结合是不可逆的，中和抗体对已结合的毒素无效。正常情况下，大部分牛血液中含有中和抗体，绵羊和山羊血清中也含有少量抗体，而在马、犬、猪、鸟类、冷血动物以及人的血液中通常无抗体。破伤风梭菌的毒素具有良好的免疫原性，将其制成类毒素，接种动物后可产生坚强的免疫力，可有效预防该病。

(三)类毒素

破伤风类毒素有良好的免疫原性，使用安全方便，免疫期长，坚持实施免疫接种，可获得很好的防治效果。类毒素采用一般方法制备时，通常含有一定量的非特异性杂质，而具有免疫原性的类毒素含量通常相对较低。为了获得纯的或比较纯的类毒素制品，可通过物理、化学等方法对类毒素进行精制处理。

【菌种】破伤风梭菌 C166-1、C66-2 和 C66-6 菌株。菌株接种在 8%甘油冰醋酸肉汤、牛肉胨水消化汤或黄豆蛋白胃酶水解液等培养基中培养 96～120 h，毒素的毒力应达(MLD/mL)≥2 000 000、(L_+/100 h/mL)≥4 000、类毒素结合力单位(EC/mL)≥200 合力单位；所制备的类毒素应符合效力检验。

【制造要点】培养基为厌气肉肝汤、8%甘油冰醋酸肉汤、牛肉胨水消化汤或黄豆蛋白胃酶水解液。菌种接种于厌气肉肝汤，34～35℃培养 48 h，作为种子繁殖物。按 0.2%～0.3%种子液立即接种培养基，于 34～35℃培养 5～7 d。按培养基总量的 0.4%加入甲醛溶液，充分摇匀，置 37℃脱毒 21～31 d，每日摇振 2～3 次。取出静置 7～10 d，抽取上清液，加入 0.004%硫柳汞，混匀，再用蔡式滤器过滤以除去菌体及沉淀。菌检、安检和类毒素结合力测定合格的滤液，加入 2%预先灭菌的精制明矾液中，边混合边搅拌，混匀分装。

【保存与应用】本品用于预防家畜破伤风，注射后 1 个月产生免疫力，免疫期 1 年。第 2 年再接种一次，免疫期 4 年。

(四)破伤风抗毒素

破伤风抗毒素可用于免疫接种，又可用于特异性治疗。在动物发生严重创伤或进行较大手术之前，用破伤风抗毒素进行紧急免疫接种，同时注射破伤风类毒素。动物发生破伤风时，可用破伤风抗毒素进行治疗，早期使用效果良好。

【制造要点】制造和检验用的破伤风梭菌菌种同破伤风类毒素。制造用动物应检疫合格。免疫抗原选用破伤风类毒素和精制破伤风类毒素。其中精制破伤风类毒素抗原制备方法如下。

(1)制备精制破伤风类毒素　按盐酸-食盐法进行。将破伤风类毒素液混合在同一容器中，按 10%的量加入氯化钠，搅拌溶解，然后缓慢地加入 1 mol/L 盐酸，调 pH 至 3.6～3.7，用绸布过滤至透明为止。绸布用吸水纸吸干，用 1/15 mol/mL 磷酸盐缓冲溶液(pH 8.0)洗涤绸布及沉淀，磷酸盐缓冲溶液的用量为原类毒素液的 1/20 制成。精制破伤风类毒素平均纯度应为每毫克总氮含 2 000 结合力单位。

(2)制备精制破伤风类毒素油佐剂免疫原　一般可按精制破伤风类毒素∶羊毛脂∶石蜡为 3∶2∶3 或 2∶3∶5 或 3∶1∶2 或 4∶2∶4 等比例配制。选好配制比例，将无水羊毛脂和液体石蜡灭菌后，混入精制破伤风类毒素，充分搅拌混匀，置 2～8℃备用。也可选用其他佐剂(如分枝杆菌、氢氧化铝等)与精制破伤风类毒素制成相应佐剂免疫原。

(3)免疫接种　a.基础免疫。基础免疫接种一般进行 2 次。第 1 次注射精制破伤风类毒素油佐剂抗原 1 mL，第 2 次注射 2 mL。第 2 次免疫后 10～14 d 采血作抗毒素单位(AE)测定，以供强化免疫时参考。基础免疫后休息1～3个月进行强化免疫。b.强化免疫。强化免疫往往可分两个进程。第一程强化免疫：一般注射5～8次，各次间隔时间前1～4次为2～3 d，后 5～8次为4～6 d。抗原剂量第1次从1 mL开始，以后每次递增1～2 mL，最后1次抗原剂量为8～12 mL。从第4次起免疫接种的同时采血测定AE。第二程强化免疫：第一程免疫后休息14～16 d的马匹，即可进行第二程免疫。一般注射3次，每次间隔5～7 d。第1次注射3～5 mL，第2次注射4～6 mL，第3次注射5～7 mL。高免马匹血清效价低于300～500AE者应淘汰。

【质量标准】除按成品检验的有关规定进行检验外，还需做如下检验。

①安全检验：每组抗毒素选用350～400 g健康豚鼠2只，各皮下注射10 mL(分两侧各注射5 mL)，观察10～14 d，豚鼠应全部健活，且无局部反应和体重下降。

②效价测定：每毫升待检抗毒素所含抗毒素的单位应比规定的标准高20%，即每毫升未精制的抗毒素不少于1 200 IU，每毫升精制的抗毒素不少于2 400 IU。

（闻晓波）

九、衣原体病

动物衣原体病(chlamydiosis)是由鹦鹉热衣原体、牛羊衣原体、动物嗜流产衣原体、肺炎衣原体等引起的传染病。病原可以感染190种鸟类和哺乳动物，也可以感染人。被感染的牛主要症状为流产、早产和死胎。绵羊主要表现为流产和肺炎，山羊为肺炎及多发性关节炎。鸟类以鹦鹉最为易感，其他如鸡、鸭、鸽和火鸡等也易感；主要是隐性感染，当条件恶劣时也能暴发疾病而引起死亡。其他如猪、马也有感染的报道。

(一)病原

衣原体属的微生物细小，呈球状，有细胞壁，含有RNA和DNA，为革兰阴性、仅在细胞内繁殖的寄生菌。衣原体有独特的发育史，各期形态都不相同：感染型称为原体(elementary body)，为较小颗粒，呈球形或卵圆形，直径0.2～0.3 μm。繁殖型称为始体(initial body)，也称网状体(reticular body)，为较大颗粒，呈球形或不规则形，直径0.7～1.5 μm。原体通过细胞吞饮作用进入细胞内，在细胞质中发育增大，并形成外膜明显的中间体，中间体再变成始体，后者以二分裂方式繁殖，直至整个空泡中充满较多的中央致密小体，在受感染细胞中所见各种形态的包涵体即由原体所组成。

(二)免疫

衣原体含有3种不同类型的抗原，一是位于衣原体细胞壁上的属特异性抗原，化学成分为脂多糖，具有耐热和耐胰酶等特性，多以补体结合反应检出；二是位于细胞壁的主要外膜蛋白(MOMP)上的种特异抗原，与衣原体的致病性、免疫性有关，其化学成分是一种酸性蛋白，能刺激机体产生特异性中和抗体，并抑制衣原体的感染性；三是在MOMP中的氨基酸可变区尚有衣原体的特异性抗原，也能诱导机体产生型特异性抗体，对小鼠具有保护作用。在衣原体中还发现热休克蛋白Hsp60，系一种刺激机体免疫病理反应的主要靶抗原，已证明它对沙眼衣原体和鹦鹉热衣原体具有特异性。猪自然感染鹦鹉热衣原体后病情一般不太严重，并可诱导机体产生一定程度的免疫力。在感染后2周即可出现补体结合抗体，以后一直维持在较高的水平。用感染衣原体的卵黄囊制成灭活疫苗，免疫动物可产生较好的预防效果。

(三)疫苗

灭活苗一般均采用衣原体性流产动物胎膜或人工感染衣原体的鸡胚卵黄囊膜和衣原体细胞培养物，制成悬液，加0.1%～0.2%甲醛溶液灭活，再加液体石蜡和羊毛脂或其他矿物油佐剂，乳化制成佐剂苗。20世纪80年代，兰州兽医研究所与内蒙古畜牧科学院开展了猪、羊的衣原体油佐剂苗研究，获得良好的效果。国外曾有学者研究衣原体弱毒疫苗，美国已有鹦鹉热衣原体活疫苗上市，国内尚无此类弱毒疫苗研究的报道。

(1)猪鹦鹉热衣原体病灭活疫苗　详述如下。

【菌种】猪流产鹦鹉热衣原体 CPD_{13} 强毒株。

【制造要点】用免疫原性良好的猪流产鹦鹉热衣原体强毒株种毒，接种鸡胚卵黄囊培养，收集卵黄囊膜，经捣碎、适度稀释后用甲醛溶液灭活，加油佐剂混合乳化制成。

【质量标准】除按成品检验的有关规定检验外，还需进行如下检验。

①安全检验：将疫苗作10倍稀释，卵黄囊接种7日龄鸡胚5只，各0.4 mL，37℃下孵育10 d，应无死亡。用怀孕1个月内的母猪2头，各皮下注射疫苗4 mL，观察10 d，除注射部位出现20 mm左右的结节外，应无其他不良反应。

②效力检验：用体重18～20 g小鼠5只，各皮下注射疫苗0.4 mL，21 d后，连同条件相同的对照小鼠5只，各腹腔注射猪流产鹦鹉热衣原体强毒株卵黄囊培养物(10^{-3})0.4 mL，8～10 d后，将免疫小鼠和对照小鼠全部剖杀，取肝、脾、腹水涂片，用姬姆萨法染色、镜检。对照小鼠应全部检查到衣原体，免疫小鼠至少4只检查不到衣原体，或对照小鼠4只检查出衣原体，免疫小鼠全部检查不到衣原体为合格。

必要时用怀孕母猪检验。用衣原体抗体阴性的怀孕母猪5头，在怀孕一个月内各皮下注射疫苗2 mL。21～28 d后，连同条件相同的对照猪5头，各注射猪流产鹦鹉热衣原体强毒 CPD_{13} 株卵黄囊膜乳剂10 mL(皮下和腹腔各5 mL)。待产仔结束，判定结果。对照猪至少4头发生流产、死胎或产下弱仔猪，并从全部对照母猪胎衣中检查出衣原体；免疫猪全部正常生产，并从母猪胎衣中检查不到衣原体为合格。

【保存与使用】在2～8℃有效期为12个月。不可冻结以防破乳分层。运输或使用中避免高温和直射阳光暴晒。用于预防猪鹦鹉热衣原体引起的母猪流产、死胎或弱胎。耳根部皮下注射。每头2 mL。注射疫苗后18～21 d产生免疫力，免疫期为12个月。疫苗久置后，上层可有少量油(1/20)析出，使用前应充分摇匀。

(2)奶牛衣原体病灭活疫苗　是由中国农业科学院兰州兽医研究所利用制苗菌株(SX5株)研发的疫苗。牛衣原体病灭活疫苗的制备方法：将牛源鹦鹉热衣原体SX5或NX种毒用0.1 mol/L pH 7.2的磷酸盐缓冲液或生理盐水10 000倍稀释，接种于37℃孵化6～7 d且无鹦鹉热衣原体感染的健康鸡胚，收获接种72 h后死亡鸡胚卵黄膜和尿囊液作为制苗用抗原。将抗原用组织捣碎机捣碎后过滤，然后将滤液用0.1 mol/L pH 7.2的磷酸盐缓冲液(PBS)20倍稀释，按稀释后抗原量的0.2%加入浓度37%的甲醛，容器严格密封好，充分摇匀，于4℃灭活72 h，用消毒的206佐剂或11号食用白油作为佐剂，将灭活抗原与油佐剂按1∶1比例混合、摇匀，用高压均质机乳化，制得疫苗。该产品2～8℃保存，有效期为12个月。主要用于预防鹦鹉热衣原体。在犊奶牛断奶1月内肌内注射2.0 mL，免疫期为4个月；成年适繁奶牛在配种前或配种后1个月内肌内注射5.0 mL，免疫期为8个月。接种后，个别牛可能出现体温升高、减食等反应，一般 2 d 内自行恢复，重者可注射抗过敏药物，并采取其他辅助治疗措施。

(3)羊流产衣原体蜂胶灭活苗　用途：用于预防山羊和绵羊衣原体流产病，本品在羊配种前或配种后 1 个月均可注射。用法与用量：皮下注射，大羊 5 mL，小羊 3 mL。免疫期：绵羊 10 个月，山羊 5 个月。2～8℃保存，有效期为 12 个月。

(四)诊断试剂

(1)衣原体病补体结合试验抗原　详述如下。

【菌种】衣原体 B1101 株或 CSH 株。

【制造要点】本抗原系用衣原体菌种接种鸡胚培养，收获感染鸡胚卵黄囊膜，通过高速匀浆或捣碎制成悬液，然后振荡、离心、透析或加温灭活后，经超声裂解制成。

【质量标准】本品为乳白色悬液。久置后，有少量沉淀。效价应大于 1∶256；特异性检验时，用 2 份阳性血清和 2 份阴性血清，分别与待检抗原进行补体结合试验，阳性血清 1∶256 应能完全抑制溶血，阴性血清应完全溶血。

(2)衣原体病补体结合试验阳性血清　详述如下。

【制造要点】将标准株衣原体感染的鸡胚卵黄囊膜制成悬液，作为制备阳性血清的免疫原(必要时可以加弗氏完全佐剂)，皮下、腹腔或静脉多次免疫健康动物(如家兔、绵羊、山羊、鸭等)。末次免疫 1 周后试血，补体结合试验效价达到 1∶256 倍以上者，放血分离血清。经无菌检验合格后，定量分装，冻干保存，也可加防腐剂后置 2～8℃保存。

【质量标准】液态为淡黄色澄明液体。效价测定时，应作 1∶4 稀释，无抗补体作用。兔和羊血清与 1 个工作量抗原作直接补体结合试验，血清以 1∶256 倍稀释，能完全抑制溶血，1∶512 倍稀释液能完全抑制溶血或 25%溶血认为合格；鸭血清与 1 个工作量抗原，在 1 个工作量指示血清参与下作间接补体结合反应，1∶256 稀释时应呈现完全溶血。

(3)衣原体病间接血凝试验抗原　本抗原系用猪源衣原体 CJ4 株接种鸡胚培养，收获卵黄囊膜，经离心纯化、去污剂裂解后制成属特异性抗原，包被于醛化绵羊红细胞制成。用于畜禽衣原体属特异性抗体检测。

十、肉毒梭菌毒素中毒症

肉毒梭菌毒素中毒症(botulism)，是肉毒梭菌产生的毒素被摄入机体后引起的人和多种动物的急性中毒性疾病，以运动神经麻痹为特征。动物多因食入含毒素的高蛋白腐败性饲料而致病。该病在世界各地均有分布，我国多见于北纬 30°～50°的西北地区。

(一)病原

肉毒梭菌(*Clostridium botulinum*)分类上属于梭菌属。菌体多呈直杆状，少数略弯曲，大小(0.5～1.4) μm×(1.6～22.0) μm，单在或成双，着周身鞭毛，能运动，芽胞大于菌体呈卵圆形，位于菌体中央或偏于一端。革兰染色阳性。该菌专性厌氧，生长营养要求不高，普通培养基中均能生长。大多数菌株可于 25～45℃生长，产毒素的最适温度是 25～30℃。该菌可产生肉毒毒素。该毒素具有蛋白酶活性，是毒性极强的神经麻痹毒素之一，1 mg 纯毒素约含 1 万个人的致死量或能使 4×10^{12} 个小鼠致死。依据毒素抗原性的差异，可将肉毒梭菌分为 A、B、C、D、E、F、G 7 个菌型。其中 C 型菌又可分为两个亚型，即 C_α 亚型和 C_β 亚型。

(二)免疫

肉毒毒素对所有温血动物和冷血动物均有致病性。家畜中以马类动物最易感,猪较能耐受,其他畜禽易感性介于其间。各型肉毒梭菌毒素均可致病,其中C型引起的中毒症最常见。各型毒素的抗毒素没有交叉保护作用,具有型特异性,而毒素亚型之间存在一定的交叉反应。在C型毒素中,C_α 毒素只能被本亚型抗毒素中和,C_β 毒素则能被 C_β 抗毒素和 C_α 抗毒素中和。各型或亚型菌虽产生其特异性毒素,但也存在交叉产生毒素的现象。如 C_α 亚型除产生 C_α 毒素外,还能产生少量 C_β 毒素和D型毒素;D型菌也可产生少量 C_α 毒素;F型菌和E型菌也能相互产生少量对方的毒素成分。同型的抗毒素能很好地保护动物抵抗肉毒素中毒。肉毒毒素制备成类毒素,具有良好的免疫原性,接种动物可有效地预防该病的发生。

(三)疫苗

常发病的地区进行免疫接种是根本有效的预防措施。目前,我国普遍使用的疫苗有肉毒梭菌中毒症(C型)灭活疫苗和肉毒梭菌中毒症(C型)透析培养疫苗。

(1)肉毒梭菌中毒症(C型)灭活疫苗　制造和检验用肉毒梭菌为C型肉毒梭菌C62-4和C62-6菌株。培养基为鱼肉或牛肉胃酶消化肉肝汤。菌种接种厌气肉肝汤或肉肝胃酶消化汤半固体培养基、厌气肉肝汤或肉肝胃酶消化汤,作为种子液。再按1%～2%比例接入种子液,同时加入0.5%葡萄糖液,30～35℃静置培养5～7 d。之后加入0.8%甲醛液37℃脱毒10 d。以5份菌液加入1份灭菌氢氧化铝胶配苗制成。可用于预防牛、羊、骆驼、水貂的肉毒梭菌毒素中毒症。免疫期1年。

(2)肉毒梭菌中毒症(C型)透析培养灭活疫苗　制造和检验用的肉毒梭菌菌种同肉毒梭菌(C型)灭活疫苗。将含0.5%葡萄糖的鱼肉或牛肉胃酶消化肉肝汤培养基灌入透析器的培养基室,同时将1/10装量比的生理盐水灌入细菌培养室,灭菌后,以1%种子繁殖液接入培养室,34～36℃静置培养6～8 d。取菌液1份、灭菌氢氧化铝胶2份和灭菌生理盐水2份混合,再按总量加入0.5%甲醛,混匀后37℃脱毒10 d,每天振摇2次。灭菌脱毒完成并检验合格后,用灭菌生理盐水稀释至每毫升含原菌液0.02 mL,加入1/25 000硫柳汞,充分混匀后分装。绵羊皮下注射疫苗1 mL;牛皮下注射2.5 mL。免疫期1年。

(胡思顺)

十一、钩端螺旋体病

钩端螺旋体病(leptospirosis,简称钩体病)是一种自然疫源性人兽共患病,至今已有100多年的记载。钩端螺旋体(简称钩体)广泛分布于世界各地,感染近百种动物,包括哺乳类、鸟类、爬行类、两栖类和节肢动物。家畜中猪、牛、羊、马、鹿、犬等均可感染、发病和传播病原。以短期发热、黄疸、血红蛋白尿、出血、流产,黏膜以及皮肤坏死为主要特征,严重者可引起死亡。大多数动物呈隐性感染,缺乏明显的临床症状。

(一)病原

钩端螺旋体属(*Leptospira*)是螺旋体科的一个属,所有致病性的螺旋体都属于一个种,问号螺旋体。种以下又分为若干个血清群和血清型(serotype),现已发现的有23个血清群和200多个血清型。我国发现有19个血清群,75个血清型。家畜中主要流行的有波摩那群、犬热群、秋季热群、黄疸出血群、流感伤寒群、致热群、澳洲群、七日热群等。猪、牛、马、犬等动物感染钩体分别以波摩那、七日热、秋季热、犬热群为主。其他易感动物因地区流行菌型不同而各有差异。

钩体形态细长，呈圆柱状，有 12～18 个螺旋，沿轴丝规律、致密盘绕；长度 4～20 μm，宽 0.1～0.2 μm，两端弯曲呈钩状。菌体由轴丝、外膜、圆柱体三部分构成。有运动能力，呈直线或旋转式活泼运动。具有组织穿透力。

(二)疫苗

20 世纪初叶，日本学者野口等首先试制出了钩体灭活疫苗用于人群接种。疫苗效果虽然显著，但注射后能引起严重过敏反应，因而未获得广泛应用。20 世纪 50 年代时，有关学者将致死的钩体培养物充分洗涤离心沉淀，除去有害物质制成浓缩疫苗，收到了良好的免疫效果，至今仍在应用。

我国医学上的钩体疫苗制造始于 20 世纪 50 年代，历经蒸馏水疫苗、胎盘浸液疫苗，直到目前的综合培养疫苗等阶段，制造疫苗时现将各苗株分别培养直到菌数达到要求。杀死菌体，按需要配制多价疫苗，或者通过中空纤维超滤制成浓缩疫苗。

目前应用的疫苗虽然具有良好的免疫力，但需要多次接种，同时不能消除被免疫者的带菌状态，因此学者们对于外膜成分疫苗进行了不断的探索，获得了初步成果。于恩庶和应溥康于 20 世纪 70 年代选出无毒型波摩那 N 株和犬热型 L 株，以其接种猴子可以保护接种动物抵抗强毒株的攻击。1978 年，中国医学科学院流行病研究所用波摩那型弱毒菌株 L18 接种架子猪，可以保护架子猪抵抗强毒株的攻击，并且可以阻止肾脏感染的发生。

国内在兽用疫苗中，谢昕、许宝琪(1987)和吴福林(1990)采用波摩那型和犬热型培养物以 0.3%甲醛溶液灭活，浓缩到原来的 1/10 容积制成油佐剂浓缩苗，仓鼠、豚鼠的接种量为 0.5 mL，猪 1 mL。接种一个月后，以强毒株进行攻击，结果证明接种的全部仓鼠和 90%的豚鼠都得到完全保护，阻止了肾脏带菌感染和排菌感染的危险。而未接种疫苗的对照动物全部出现感染。

尽管接种疫苗有良好的免疫预防效果，但所用疫苗必须包括当地主要流行菌型。国外有犬用的多联疫苗，国内尚无商品化的兽用钩端螺旋体疫苗。

(三)诊断制品

钩体病实验室血清学诊断方法很多，如酶联免疫吸附试验、酶联斑点试验、PCR、SPA 协同凝集试验、炭凝集试验、间接荧光试验、显微镜凝集溶菌和补体结合试验等。在诸多诊断方法中，动物钩体病的法定标准方法是补体结合试验和显微镜凝集溶菌试验。补体结合试验具有群属特异性，凝集溶菌试验具有型特异性。这两种方法适合于做动物流行病学调查和流行菌型鉴定。

我国动物钩体病的诊断制品中，主要有补体结合试验抗原和阴、阳性血清。

(1)补体结合抗原　采用黄疸出血群、波摩那群、犬热群、秋季热群、澳洲群及其他地方性的代表株钩体，接种适宜培养基，在 28～32℃ 培养 3～7 d。选取生长良好、运动活泼、无自凝现象和纯粹的钩体培养物，加 0.3%甲醛溶液灭活、离心、收集沉淀物等量混合，按原量 1/10 重新悬浮于 0.3%甲醛盐水溶液中，置 2～8℃ 静置 15 d 以上。经标化，测定出抗原效价制成。

本品为乳白色混悬液。用于诊断动物钩端螺旋体病的补体结合试验。在 2～8℃，有效期为 9 个月。期满后复检，如不低于原效价，可继续使用 3 个月。抗原使用前应充分振荡，按测定的效价用 0.3%苯酚生理盐水稀释。按补体结合试验常规方法使用，判定标准如下：阳性 0%～40%溶血。可疑 50%～90%溶血。阴性 100%溶血。

（2）阳性血清　用培养制备好的 5 型（同钩体补体结合杭原）或单 1 型钩体免疫抗原。连续免疫健康绵羊或家兔 5～6 次，每次免疫间隔 3 d，末次免疫 7 d 后试血。补体结合试验效价达到 100 倍，凝集溶菌试验达 10 000 倍以上者，采血分离血清、混合、无菌检验合格后，定量分装，迅速进行冷冻干燥，即为钩体病阳性血清，用于钩体病补体结合试验阳性对照。

（3）阴性血清　选择钩体病血清学反应阴性的健康牛、马、绵羊或家兔，按常规方法采血，分离血清。无菌检验合格后，定量分装，迅速冷冻干燥，即为钩体病阴性血清。用于钩体病补体结合试验阴性对照。

（胡思顺）

第二节　病毒性制品

一、流行性感冒

流行性感冒（influenza）是由流感病毒（influenza virus）引起的人和多种动物感染的接触性传染病。该病易感宿主广，传播迅速，病毒变异快，经常发生流行或大流行。该病不但严重威胁养殖业的发展，而且具有重要的公共卫生学意义。

流感病毒属于正黏病毒科、流感病毒属的成员。流感病毒分为甲（A）、乙（B）、丙（C）、丁（D）4 种血清型，引起各种动物感染和发病的主要是 A 型流感病毒。病毒粒子直径为 80～120 nm，有囊膜，囊膜表面有由血凝素和神经氨酸酶两种蛋白构成的纤突。核酸型为线状单股负链 RNA。病毒粒子髓芯由螺旋形 RNA、核蛋白和多聚酶构成。病毒含有血凝素（HA）、神经氨酸酶（NA）、核蛋白（NP）和基质蛋白（M）等重要抗原。NP 和 M 具有型特异性，HA 和 NA 为该病毒主要表面抗原，具有亚型特异性。根据表面基因血凝素（HA）和神经氨酸酶（NA）抗原性不同，目前已发现有 16 种特异的 HA 和 9 种特异的 NA，分别命名为 H1～H16，N1～N9，这些抗原又以不同的组合，产生不同亚型的毒株，包括 H1N1、H3N2、H5N1、H5N6、H7N9 和 H9N2 等。此外，在北美的蝙蝠体内检测到了 H17N10 和 H18N11 亚型流感病毒的基因。

流感病毒容易突变和重组。病毒易在 9～11 日龄的鸡胚上生长，也可在犊牛肾、猪肾、犬肾、猴肾、人胚肾、鸡胚成纤维细胞等多种细胞上生长繁殖，并能引起细胞病变。犬肾传代细胞系（MDCK）是最常用的传代细胞系。该病毒能凝集人、猴、豚鼠、犬、貂、大鼠、蛙、鸡和禽类的红细胞。病毒在－70℃可冻干保存数年。60℃经 20 min、56℃经 30 min 可灭活病毒。酚、乙醚、福尔马林和碘溶液等对流感病毒均有良好的杀灭作用。

（一）禽流感

1. 病原

禽流感（avian influenza，AI）是由禽流感病毒（avian influenza virus，AIV）引起的一种疾

病，表现出轻度的呼吸道症状、产蛋下降，死亡率较低；或表现出较为严重的全身性、出血性和败血性症状，死亡率可达100%。高致病性禽流感又称真性鸡瘟或欧洲鸡瘟。该病广泛分布于世界很多国家或地区，对世界养禽业已造成了巨大经济损失。被WOAH列为必须报告的动物疾病，我国规定其为一类动物疾病。同时，AIV还可以感染人和哺乳动物，在公共卫生上具有重要意义。

根据禽流感病毒的致病性可将其分为低致病性禽流感病毒（LPAIV）和高致病性禽流感病毒（HPAIV）。目前，部分H5和H7亚型禽流感病毒属于高致病性禽流感病毒，其余亚型禽流感病毒对禽类为低致病性。目前我国禽群中流行的主要是H5亚型、H7N9亚型和H9N2亚型的禽流感病毒。

2. 免疫

禽流感病毒囊膜表面的HA是诱生保护性免疫的主要抗原，NA蛋白也具有一定免疫保护作用。NP蛋白非常保守，是型特异性抗原，具有很强的免疫原性，能诱导抗体的产生。这一特性被用来研制针对NP的单克隆抗体和通用疫苗。

我国目前采用生物安全措施、疫苗免疫和发病后扑杀的综合措施防控禽流感。禽流感病毒血清亚型众多，且易发生变异，为禽流感的防控带来巨大挑战。禽类感染禽流感病毒可以产生黏膜免疫和细胞免疫应答。目前，禽流感的防治尚无特效方法，接种疫苗是预防AIV发生与传播的最主要措施。使用与流行病毒匹配的灭活疫苗进行免疫，可产生良好的保护效果，但接种疫苗后，血清学监测受到限制。

从流感疫苗的实际需求出发，理想的流感疫苗应至少满足3方面的要求，即首先是广谱针对多种亚型流感病毒，尤其是对新出现的流感病毒提供免疫保护；其次是更为安全、高效，在不同群体中均可产生理想的预防效果；最后是易于生产，满足流感大流行时疫苗生产的需要。目前，我国禽流感疫苗全部是灭活疫苗，主要包括重组H5亚型病毒系列灭活疫苗、重组H7N9亚型病毒灭活疫苗、H9N2亚型病毒灭活疫苗等。

3. 疫苗

（1）重组禽流感H5亚型灭活疫苗　为了应对H5亚型高致病性禽流感病毒抗原性变异，利用流感病毒反向遗传操作技术平台，采用改造后的流行毒株的免疫保护基因*HA*和*NA*，替代低致病性流感病毒PR8（H1N1）株的相关基因，拯救出低毒力的重组H5亚型病毒，先后研制系列重组H5亚型病毒灭活疫苗，即Re-1、Re-2、Re-3、Re-4、Re-5、Re-6、Re-7、Re-8、Re-11和Re-12，为我国H5亚型禽流感的防控发挥了重要作用。另外，近年来新研制的全禽源水禽专用H5亚型禽流感灭活疫苗（D7株）在水禽中的使用效果出色，基于此又研制出了新的rD8株、rSD57株、rFJ56株。根据生产需要，基于以上疫苗候选株，又研制了重组H5亚型禽流感双价灭活疫苗或三价疫苗。该类疫苗均属于全病毒灭活疫苗，一般是用甲醛或者β-丙内酯灭活禽流感病毒鸡胚尿囊增殖液并辅以佐剂制成，具有良好的免疫作用。灭活疫苗的优点：制备工艺简单，免疫保护效果确实，而且安全性好、免疫持续时间长且不会出现毒力返强和变异，可以保护同种亚型AIV的攻击，有效避免禽流感的大暴发或大流行。其缺点是免疫剂量较大，制备成本高，不能有效地抑制呼吸道中AIV的复制。

这里以重组禽流感病毒灭活疫苗（H5N1亚型，Re-6株）为例，介绍其质量标准和使用方法。

【制造要点】本品系用免疫原性良好的重组禽流感病毒H5N1亚型Re-6株接种易感鸡胚

培养，收获感染胚液，用甲醛溶液灭活后，加油佐剂混合乳化制成。用于预防 H5 亚型禽流感病毒引起的鸡、鸭、鹅的禽流感。

【质量标准】除按兽医生物制品检验的一般规定进行外，应进行如下检验。

①安全检验：用 3～4 周龄 SPF 鸡 10 只，各肌内注射疫苗 2.0 mL，连续观察 14 d，应全部健活，且不应出现因疫苗引起的局部或全身不良反应。

②效力检验：下列方法任择其一。

a. 血清学方法：用 3～4 周龄 SPF 鸡 10 只，每只肌内注射疫苗 0.3 mL，5 只鸡作为对照。接种后 21 d，分别采血分离血清，用 H5 亚型抗原测定 HI 抗体。免疫鸡 HI 抗体效价的几何平均值(GMT)应不低于 1：64，对照鸡 HI 抗体效价均应不高于 1：4。

b. 免疫攻毒法：用 3～4 周龄 SPF 鸡 10 只，每只肌内注射疫苗 0.3 mL，5 只不接种作为对照。接种后 21 d，所有鸡各鼻腔接种 H5N1 亚型 HPAIV 0.1 mL(含 100 LD_{50})，连续观察 10 d，对照鸡应全部死亡，免疫鸡应全部保护。攻毒后第 5 天采集泄殖腔棉拭子分离病毒。免疫鸡应全部为阴性，对照鸡病毒分离应均为阳性。

【保存与使用】疫苗 2～8℃保存，有效期为 12 个月，用于预防 H5 亚型禽流感病毒引起的鸡、鸭、鹅的禽流感。接种后 14 d 产生免疫力，鸡免疫期为 6 个月；鸭、鹅加强接种 1 次，免疫期为 4 个月。使用时，颈部皮下或胸部肌内注射。2～5 周龄鸡，每只 0.3 mL；5 周龄以上鸡，每只 0.5 mL；2～4 周龄鸭和鹅，每只 0.5 mL，5 周龄以上鸭，每只 1.0 mL，5 周龄以上鹅. 每只 1.5 mL。

(2)禽流感(H9 亚型)灭活疫苗　近年来陆续批准了系列 H9 亚型禽流感疫苗，累计超过 10 种疫苗毒株在临床使用，包括早期广泛使用的主要是 A/Chicken/Shandong/LG1/2000(H9N2)株(简称 LG1 株)、A/Chicken/Shandong/6/96(H9N2)株(简称 SD696 株)和 A/Chicken/Guangdong/SS/94(H9N2)株(简称 SS 株)等，SS 株疫苗是我国第一个被批准使用的 H9N2 亚型 AIV 商品化疫苗。

这里以禽流感(H9 亚型)灭活疫苗(SD696 株)为例介绍。

【制造要点】一般是将疫苗种毒接种易感鸡胚培养，收获感染鸡胚尿囊液，经甲醛溶液灭活后，浓缩，加矿物油佐剂混合乳化制成。

【质量标准】除按兽医生物制品检验的一般规定进行外，应进行如下检验。

①安全检验：用 4～5 周龄 SPF 鸡 10 只，每只肌肉或颈部皮下注射疫苗 2.0 mL，连续观察 14 d，应全部存活且不出现疫苗引起的局部或全身不良反应。

②效力检验：下列方法任择其一。

a. 血清学方法：用 4～5 周龄 SPF 鸡 10 只，每只颈部皮下注射疫苗 0.3 mL，对照鸡 5 只，接种 21 d 后采血，用 H9 亚型抗原测定 HI 抗体。对照鸡 HI 效价均应不高于 1：4，免疫鸡应至少有 9 只鸡 HI 抗体效价不低于 1：64。

b. 免疫攻毒法：用 4～5 周龄 SPF 鸡 10 只，每只注射疫苗 0.3 mL，对照鸡 5 只，接种 21 d，各静脉注射禽流感 SD696 株病毒液 0.2 mL(含 $2.0\times10^{6.0}$ EID_{50})。攻毒后第 5 天，采集每只鸡喉头和泄殖腔棉拭子，分别尿囊腔接种 9～11 日龄 SPF 鸡胚 5 枚，每胚 0.2 mL，孵育 96 h，测定所有鸡胚液 HA 效价。每个拭子样品接种的鸡胚中只要有一个鸡胚的尿囊液 HA 效价不低于 1：16，即可判为病毒分离阳性。阴性样品应盲传一代后进行判定。免疫鸡中应至少有 9 只鸡病毒分离阴性，对照鸡应全部为阳性。

【保存与使用】疫苗 2～8℃保存，有效期 12 个月。颈部皮下或胸部肌内注射。2～5 周龄鸡，每只 0.3 mL，5 周龄以上鸡，每只 0.5 mL。

(3)重组禽流感病毒(H5+H7)二价灭活疫苗(H5N1 Re-8 株+H7N9 H7-Re1 株)　2017 年初我国出现了 H7 亚型高致病性禽流感疫情。利用流感病毒反向遗传操作技术平台，采用野毒株的免疫保护基因 *HA* 和 *NA*，替代低致病性流感病毒 PR8(H1N1)株的相关基因，拯救出低毒力的重组 H7 亚型疫苗候选株(H7-Re1 株)，并与 Re-8 株(H5N1 亚型)联合应用，研制出重组禽流感病毒(H5+H7)二价灭活疫苗(H5N1 Re-8 株+H7N9 H7-Re1 株)。此二价疫苗质量标准，均应不低于其相应的单独疫苗的质量标准。

【质量标准】除按兽医生物制品检验的一般规定进行外，应进行如下检验。

①安全检验：用 3～4 周龄 SPF 鸡 10 只，各肌内注射疫苗 2.0 mL，连续观察 14 d，应全部健活，且不应出现因疫苗引起的局部或全身不良反应。

②效力检验：下列方法任择其一。

a. 血清学方法：用 3～4 周龄 SPF 鸡 10 只，每只肌内注射疫苗 0.3 mL，接种后 21 d，连同 5 只对照鸡，采血分离血清，分别用 H5 亚型 Re-8 株和 H7 亚型 H7-Re1 株抗原测定 HI 抗体。对照鸡 HI 抗体效价均应不高于 1∶4，免疫鸡 H5 亚型 Re-8 株和 H7 亚型 H7-Re1 株禽流感 HI 抗体效价的几何平均值(GMT)应不低于 1∶64。

b. 免疫攻毒法：用 3～4 周龄 SPF 鸡 20 只，每只肌内注射疫苗 0.3 mL，10 只不接种作为对照。接种后 21 d，同时进行下列检验。

用 10 只免疫鸡，连同对照鸡 5 只，各滴鼻接种禽流感病毒 CK/GA/4/13(H5N1)株病毒液 0.1 mL(含 100 LD_{50})，另用 10 只免疫鸡，连同对照鸡 5 只，各滴鼻接种禽流感病毒 CK/GX/SD098/17(H7N9)株病毒液 0.1 mL(含 100 LD_{50})，均连续观察 10 d，对照鸡应全部死亡，免疫鸡应全部健活。攻毒后第 5 天采集免疫鸡泄殖腔棉拭子，进行分离病毒，应全部为阴性。

【保存与使用】疫苗 2～8℃保存，有效期为 12 个月，用于预防 H5 亚型和 H7 亚型禽流感病毒引起的禽流感。使用时，颈部皮下或胸部肌内注射。2～5 周龄鸡，每只 0.3 mL；5 周龄以上鸡，每只 0.5 mL。

(4)禽流感多联多价灭活疫苗　为了减少免疫次数，我国又相继研制成功了禽流感病毒 H5 与 H9 亚型二价活疫苗、禽流感病毒 H9 亚型与新城疫、传染性法氏囊病、鸡产蛋下降综合征、鸡传染性支气管炎等多联多价灭活疫苗。这些多联多价疫苗质量标准，均应不低于其相应的单独疫苗的质量标准。

这里仅以鸡新城疫、禽流感(H9 亚型)二联灭活疫苗(LaSota 株+F 株)为例，介绍疫苗质量控制标准及其使用方法，其他疫苗不再赘述。

【制造要点】本品系用鸡新城疫病毒 LaSota 株和 A 型禽流感病毒 H9 亚型 A/Chicken/Shanghai/1/98(H9N2)株(简称 F 株)分别接种易感鸡胚，收获感染胚液，超滤浓缩，用甲醛溶液灭活后，加油佐剂混合乳化制成。

【质量标准】除按兽医生物制品检验的一般规定进行外，应进行如下检验。

①安全检验：用 30～60 日龄 SPF 鸡 10 只，每只肌肉或颈部皮下注射疫苗 1.0 mL，连续观察 14 d，应不出现由疫苗引起的任何局部或全身不良反应。

②新城疫的效力检验：采用血清学方法进行检验，结果不符合规定时，可采用免疫攻毒法进行检验。

a. 血清学方法：用30～60日龄SPF鸡15只，其中10只各皮下或肌内注射疫苗20 μL，另5只作为对照。免疫后21～28 d，每只鸡分别采血，免疫组NDV HI抗体效价的几何平均值应不低于1∶16，对照组不高于1∶4。

b. 免疫攻毒法：用30～60日龄SPF鸡15只，其中10只各注射疫苗20 μL，另5只作为对照。免疫后21～28 d，每只鸡肌内注射NDV北京株强毒（CVCCAVl611株）$10^{5.0}ELD_{50}$，观察14 d。对照组全部死亡，免疫组应保护至少7只。

③禽流感的效力检验：用21～35日龄SPF鸡15只，其中10只各皮下或肌内注射疫苗0.2 mL，另5只作对照。免疫后21～28 d，每只鸡分别采血，分离血清，测定HI抗体效价。免疫组HI抗体效价的几何平均值应不低于1∶64，对照组HI抗体效价均应不高于1∶4。

【保存与使用】2～8℃保存，有效期12个月。肌肉或颈部皮下注射，无母源抗体或母源抗体不大于1∶32的雏鸡，7～14日龄时首免，每只0.2 mL，免疫期2个月；母源抗体大于1∶32的雏鸡，2周龄后首免，每只0.5 mL，免疫期5个月；母鸡在开产前2～3周接种，每只0.5 mL，免疫期6个月。

（5）重组活载体疫苗　重组活载体疫苗是以利用基因工程方法改造的弱毒病毒作为载体，将病原体的抗原保护性基因插入病毒载体基因组中，构建成重组病毒，其毒力较弱，可以用作活疫苗种毒，诱导免疫保护作用。目前，常用于构建禽流感重组活载体疫苗的病毒载体有禽痘病毒、新城疫病毒、鸭瘟病毒、鸡传染性喉气管炎病毒、火鸡疱疹病毒和逆转录病毒等。以重组病毒作为疫苗，可在动物体内复制，表达出禽流感目的抗原，不仅能诱导产生针对禽流感病毒的体液免疫和细胞免疫反应，同时，还可以诱导产生对载体病毒的免疫保护力，起到联合疫苗的免疫作用。我国研究开发出了禽痘病毒活载体疫苗和新城疫病毒活载体疫苗等。

①禽流感重组鸡痘病毒载体活疫苗（H5亚型）：本疫苗种毒为表达H5亚型禽流感病毒*HA*和*NA*基因的重组鸡痘病毒rFPV-HA-NA株，该毒株是通过将GS/GD/96的*HA*和*NA*基因重组到鸡痘病毒疫苗株的基因组中构建而成。疫苗制造时，将重组鸡痘病毒rFPV-HA-NA株接种鸡胚成纤维细胞培养，收获培养物，加适宜稳定剂，经冷冻真空干燥制成。疫苗质量标准相当于H5亚型禽流感Re-1灭活疫苗和鸡痘活疫苗的标准。疫苗－15℃以下保存，有效期为24个月。使用时，用灭菌生理盐水或其他适宜稀释液，稀释成5.0 mL，用蘸水笔尖（或稀释成6.0 mL用刺种针）在翅膀内侧无血管处皮下刺种2周龄以上鸡，每只1羽份。

②禽流感、新城疫重组二联活疫苗（rLH5-5株）：本疫苗种毒为表达H5亚型禽流感病毒*HA*基因的重组新城疫病毒rLa Sota-H5 mutHA-AH06株（简称rLH5-5株），该弱毒株是通过将GS/GD/96的*HA*基因重组到新城疫病毒La Sota株的基因组中构建而成。疫苗生产时，将rLH5-5株接种鸡胚培养，收获感染鸡胚尿囊液，加适宜稳定剂，经冷冻真空干燥即可制成。疫苗质量标准相当于H5亚型禽流感Re-1灭活疫苗和新城疫LaSota株疫苗的标准，并进行鉴别检验，即将疫苗用灭菌生理盐水稀释至$10^{3.0}EID_{50}$，与10倍稀释的新城疫病毒单因子高免血清等量混合，24～30℃中和1 h，尿囊腔内接种10日龄SPF鸡胚，置37℃观察120 h，应不引起特异性死亡及病变，并应至少有8枚鸡胚健活，鸡胚尿囊液作红细胞凝集试验，应为阴性。H5亚型禽流感HA抗原蛋白表达采用免疫荧光检测，应符合规定。疫苗－20℃以下保存，有效期为12个月。滴鼻、点眼、肌内注射或饮水。推荐的免疫程序为新城疫母源抗体滴度降至1∶16以下或2～3周龄时首次免疫（肉雏鸡可提前至10～14 d），首次免疫3周后加强免疫。以后每间隔8～10周或新城疫HI抗体滴度降至1∶16以下，肌内注射、点眼或饮水加

强免疫 1 次。

③重组鸭瘟病毒活载体疫苗：使用重叠 DNA 黏粒转移载体途径建立了鸭瘟疫苗毒株的反向遗传操作系统，并应用该系统成功构建了表达 H5N1 亚型 AIV(DK/AH/1/06)*HA* 基因的重组鸭瘟禽流感活载体疫苗株。对鸭的动物试验表明，该疫苗具有免疫原性，并且能够对 H5 亚型 AIV 和 DEV 的攻击提供坚实的免疫保护。该疫苗免疫肉鸡 14 d 可获得完全保护，同时肉鸡不感染鸭瘟病毒，也不存在母源抗体干扰的情况。

(6)禽流感 DNA 疫苗(H5 亚型，pH 5-GD)　禽流感 DNA 疫苗是将编码目的抗原蛋白基因序列的质粒经肌内注射导入宿主细胞，通过转录系统表达抗原蛋白，诱导宿主产生针对该抗原蛋白的免疫应答，从而达到免疫目的的新型基因工程疫苗。DNA 疫苗使用后不仅能够诱导良好的体液免疫反应，还可诱导较强的细胞免疫应答，具有环境友好和可靠的生物安全性等特点。

本品为无色透明液体。每毫升疫苗含 DNA 质粒 pCAGGoptiHA5 应不低于 1 mg。用于预防鸡的 H5 亚型禽流感。免疫期为 6 个月。腿部肌内注射。用禽流感 DNA 疫苗(H5 亚型，pH 5-GD)稀释液将疫苗稀释至每羽份 0.2 mL，10～35 日龄蛋鸡每只 0.2 mL，肉鸡每只 0.4 mL；36 日龄以上蛋鸡每只 0.4 mL，肉鸡每只 0.8 mL。首免后 21 日用相同剂量加强免疫一次。

(7)其他　此外，国内外对禽流感基因工程亚单位疫苗和 DNA 疫苗也有大量研究，并取得重要进展：①基因工程亚单位疫苗，即用重组 DNA 技术将禽流感病毒的 *HA*、*NA* 或 *M2* 基因在真核细胞(如昆虫细胞)中高效表达，蛋白产物经有效的纯化后即可用作亚单位疫苗。禽流感 HA 和 NA 特异性的抗体可以中和病毒的感染性，而且能减少病毒复制、阻止病毒传播。M2 蛋白可以作为流感病毒的保护性抗原，对不同亚型禽流感病毒具有广谱性。②DNA 疫苗，DNA 疫苗免疫不仅可以诱导体液免疫而且可以诱导细胞免疫反应，兼有灭活疫苗和亚单位疫苗的安全性，即容易制备和储存等优点。我国学者通过优化目的基因，构建成功 DNA 疫苗 pCAGG-opti-HA 重组质粒，实现了 *HA* 基因在真核细胞中高效表达，并可以有效抵抗高致病性禽流感病毒的攻击。③M2e 保守蛋白的广谱流感疫苗：把 M2e 连接到合适的载体上面，以便能稳定其结构和空间构象，提升免疫原性。如把 M2e 融合表达在真核转录激活蛋白 GCN4 的四级结构域上，或把 M2e 插在乙肝病毒核心蛋白(HBc)上构造出 M2e-HBc 融合颗粒，再把颗粒与佐剂混合制成疫苗。另外，针对核蛋白 NP、血凝素蛋白的茎部 HA2 等保守蛋白的广谱流感疫苗一直是近年流感疫苗研究的热点。

4.诊断制剂

禽流感病毒的确诊有赖于病毒的分离和鉴定、病毒血清学和分子生物学诊断。目前常用的诊断试剂有禽流感病毒乳胶凝集试验检测试剂盒、禽流感病毒荧光 RT-PCR 检测试剂盒，禽流感病毒 HA 和 NA 亚型鉴定抗原、阳性血清与阴性血清，禽流感病毒抗原和抗体 ELISA 检测试剂盒等。

(1)禽流感病毒乳胶凝集试验检测试剂盒　本品系从禽流感病毒中提取核蛋白，免疫家兔得到免疫血清并提取 IgG，用该 IgG 致敏羧化聚苯乙烯乳胶得到乳胶诊断试剂。

(2)禽流感病毒血凝抑制试验抗原、阳性血清与阴性血清　本抗原系用禽流感病毒接种 SPF 鸡胚，收获感染鸡胚液，经纯化、甲醛溶液灭活后，加适宜稳定剂，经冷冻真空干燥制成。阳性血清系用禽流感病毒灭活疫苗接种 SPF 鸡，采血、分离血清，经冷冻真空干燥制成。阴性血清系用 SPF 鸡血清，经冷冻真空干燥制成。$-15℃$以下保存，有效期为 24 个月。

(3)禽流感病毒抗原 ELISA 检测试剂盒　本品系用抗禽流感病毒蛋白(NP)的单抗包被酶标板，和兔抗 AVI-NP 抗体(一抗)，羊抗兔 IgG 酶标抗体等组装而成。

(4)禽流感抗体检测 ELISA 试剂盒　本品系用禽流感病毒制备抗原包被板，与羊抗鸡酶标抗体等组装而成。

(5)禽流感病毒荧光 RT-PCR 检测试剂盒　本品系用针对不同亚型禽流感病毒的特异性引物、一条特异性荧光探针，采用逆转录酶、耐热 DNA 聚合酶(*Taq* 酶)、4 种核苷酸单体(dNTPs)等成分组装而成。

此外，还有一些禽流感病毒分子检测新方法，如环介导等温核酸扩增技术(LAMP)、依赖核酸序列的扩增技术(NASBA)、基因芯片技术、核酸探针技术等也已经完成了实验室试验。

(二)猪流感

猪流感(swine influenza)是由 A 型流感病毒属病毒引起的一种急性、高度接触传染性的群发性猪呼吸道疾病。猪流感的发生和流行已有近百年历史，现已遍及世界各地。猪流感病毒(swine influenza virus，SIV)能感染人和禽；猪也能被人源和禽源流感病毒感染，可以成为人源和禽源流感病毒基因重排或重组的重要场所，在流感病毒种间传播链中扮演着中间宿主及混合器的角色。

目前已分离到的 SIV 包括 H1N1、H1N2、H1N7、H2N3、H3N1、H3N2、H3N6、H4N6、H5N1、H6N6、H9N2 等多种亚型。但在猪群中流行的亚型主要有古典型 H1N1、禽源 H1N1、人源 H3N2、重组型 H3N2 和多基因重组型 H1N2。

SIV 常用鸡胚和 MDCK 细胞进行分离培养，但 SIV 在鸡胚上分离或传代时，抗原容易发生变异。鸡胚成纤维细胞等原代细胞，犬肾细胞、牛肾细胞、猪肾细胞、猪小肠上皮细胞、猪气管上皮细胞、非洲绿猴肾细胞等传代细胞对 SIV 敏感。为了提高细胞病变程度和增加病毒产量，SIV 用细胞分离培养时可添加适量的 TPCK 胰蛋白酶。

1. 疫苗

防控猪流感的主要措施是建立严格的生物安全制度和疫苗免疫。目前国内外对猪流感疫苗的研究较多，包括猪流感减毒活疫苗、灭活疫苗、基因工程亚单位疫苗、基因重组活载体疫苗和核酸苗等。

目前国外有数种商品化的 SIV 灭活疫苗，包括先灵葆雅公司的 MaxiVac Platinum 猪流感(H1N1-H3N2 亚型)-猪肺炎支原体二联灭活苗、MaxiVac Excell 5.0 H1N1-H3N2 亚型猪流感病毒灭活疫苗；英特威公司的 End-FLUence 2，M+RHUSIGEN；梅里亚公司的 Gripovac 系列；辉瑞公司的 FluSure 系列；德国 Impfstoffwerk Dessau-Tornau 的三价苗(H1N1、H3N2 和 H1N2)等疫苗。我国 2015 年批准了首个猪流感 H1N1 亚型灭活疫苗(TJ 株)。

2. 诊断制剂

猪流感病毒实验室常规诊断方法是病毒分离培养、HA 和 HI 试验、RT-PCR 和实时荧光定量 PCR 等，HI 试验应用广泛，可检测感染抗体、免疫抗体和鉴定病毒血清亚型。其他诊断方法有 NASBA 法、抗原捕捉 ELISA 法、双抗体夹心 ELISA 法、间接 ELISA 法、免疫组织化学法、免疫荧光法、中和试验和琼脂凝胶扩散试验等。大部分商品化的检测试剂盒都是以 ELISA 为基础的，我国已有生产和供应猪流感病毒 ELISA 抗体检测试剂盒；国外 MultiS-

Screen ELISA(FlockChen^{TM},IDEXX)试剂盒可检测猪的抗体亚型。

二、痘病

痘病(variola,pox)是由痘病毒(poxvirus)引起的一种急性、热性、共患性传染病。临床特征是皮肤和某些部位的黏膜发生痘疹。典型病例中,痘开始时呈丘疹状,以后变为水疱,最后变成脓疱,脓疱干瘪结痂,脱落后痊愈。痘病以绵羊痘、山羊痘、鸡痘较为常见,猪痘、牛痘和马痘较少发生。禽痘常在禽的头部皮肤或口腔上出现特殊的痘疹。畜禽发病时一般都呈良性经过,痊愈后能获得强免疫力。

痘病毒呈砖形或椭圆形,大小为(200～390) nm×(100～260) nm,是动物病毒中最大的病毒。病毒基因组为单一分子的双股DNA,分子质量为(150～200)×10^6,G+C含量为35%～40%,核心两面凹陷呈盘状,两面凹陷内各有一个侧体。在易感细胞的细胞质内复制,形成嗜酸性包涵体。多数痘病毒能在鸡胚绒毛尿囊膜上生长,产生痘疮病灶。各种痘病毒均可在同种动物的肾、睾丸、胚胎组织细胞上生长,并引起细胞病理变化或空斑;痘病毒划痕接种到宿主动物皮肤上,能引起与自然病例相似的痘疹。同属病毒之间还可以发生基因重组。

病毒对温度有较强的抵抗力,在干燥的痂块中可以存活几年,但病毒很容易被氯制剂或对SH-基有作用的物质所破坏,有的对乙醚敏感。

羊痘(capripox,CP)是由羊痘病毒(capripox virus,CPV)引起的一种高度接触性传染病,是所有动物痘病中最为严重的一种。羊痘可引起妊娠母羊的高流产率和羔羊的高死亡率,受感染羊群的生产力极大降低,皮毛品质也大大下降,造成巨大经济损失,严重影响养羊业的发展。CPV属于山羊痘病毒属,包括绵羊痘病毒和山羊痘病毒。在羊痘的防治上主要依靠疫苗接种免疫,我国目前使用的羊痘疫苗主要是GPV太原株经过鸡胚弱化制备的弱毒疫苗。这种疫苗在羊痘的综合防控上发挥了积极的作用,但也存在一些风险,如安全性能不高,羊接种之后可能会有体温升高、水肿、化脓等现象,难以全面根除羊痘病毒等。

(一)绵羊痘

绵羊痘是由绵羊痘病毒(sheep pox virus,SPV)引起绵羊的一种急性、热性、高度接触性传染病,呈流行性发生。其特征是在皮肤和黏膜上出现典型痘疹病变,传播速度快,死亡率高。

绵羊痘曾流行于欧洲、非洲及亚洲许多国家。该病通常是接触感染,其次是呼吸道感染,吸血昆虫亦可能成为机械的带毒者,从而传播羊痘病毒。各品种的绵羊均可感染,纯种细毛羊最易感,改良羊发病率高,土种羊抵抗性较强,病情较轻。羔羊最易感,发病率和死亡率均高。怀孕羊在妊娠后期可因感染羊痘而发生流产。绵羊痘在一年四季均有流行,主要的流行季节是冬末春初。

1. 疫苗与免疫

自然发病后恢复的绵羊,具有坚强的终生免疫性。绵羊痘强毒灭活疫苗、绵羊痘氢氧化铝甲醛灭活疫苗和绵羊痘鸡胚化活疫苗都有报道,但由于受病毒毒力强、疫苗免疫期短及成本高等缺点限制,未能广泛使用。弱毒疫苗免疫原性较高,可以给机体提供长期的保护力,但弱毒疫苗也存在一定的局限性,如在接种时常会使绵羊产生轻微的痘斑,当接种羊有其他疾病感染时,疫苗接种甚至可以引起死亡。历史上曾经研发和应用的绵羊痘疫苗大致有以下几种。

(1)绵羊痘强毒活疫苗　一般所说的痘浆,是未经减毒处理的活毒。此疫苗仅限于有羊痘疫情的地区作紧急接种用。苏联和伊朗等国曾使用经改进的方法制苗。经接种的绵羊要隔离饲养，以防散毒。1913 年德国学者曾用绵羊痘病毒与抗血清混合作用后，将所得沉淀物用生理盐水稀释制成疫苗。此苗曾在德国和其他一些国家使用。其优点是产生免疫力快；缺点是疫苗不稳定，效力不确切，免疫持续期短。

(2)绵羊痘氢氧化铝甲醛疫苗　由苏联科学家 1944 年创制，在苏联广泛应用。我国在 20 世纪 50 年代应用抗原性良好的“内蒙株”制造出该类疫苗，此苗可以应用于成年羊、羔羊和怀孕羊。但由于该苗使用剂量大，免疫期短，成本高等缺点，未能在农牧区广泛推广。

(3)绵羊痘鸡胚化弱毒疫苗　我国科技工作者于 1955 年将绵羊痘病毒在鸡胚 CAM 上适应，连续继代达 200 代以上，对绵羊的毒力明显减弱，并保持良好的免疫原性，对不同毒株具有交互免疫原性，但随着在鸡胚继代次数的增加，病毒滴度亦有下降。1957 年中国又研制成功羊痘鸡胚化弱毒，将其接种于绵羊体内，仅在接种皮肤局部形成丘疹，数日后消退，不再出现典型的发痘过程；接种羊与健康羊同居不能引起自然感染；用静脉接种方法也不出现全身痘反应，毒力显著减弱并保持了良好的免疫原性；用鸡胚毒连续复归羊体继代，在一定的代次内毒力稳定。苏联兽医生物药品监察所于 1958 年引入我国的绵羊痘鸡胚化弱毒，1960 年进行了大量的试验，在阿塞拜疆共和国南部地区接种 3 万余只绵羊，证明鸡胚化弱毒疫苗对绵羊安全，免疫力坚强，制造工艺简单，其成本比氢氧化铝甲醛苗便宜，便于携带和运输，是一种良好的疫苗。

(4)绵羊痘鸡胚化弱毒羊体反应苗　鸡胚化弱毒对绵羊的毒力有明显的减弱，并保持良好的免疫原性，但该毒仅存在于接种部位的绒毛尿囊膜上，产量过少，成本高。为此，有人将鸡胚毒以皮内接种法连续通过绵羊体继代，一般不超过 8 代，选用适当代数的发痘绵羊的丘疹组织制成疫苗，称为羊体反应苗。此法解决了疫苗的产量问题，平均 1 只羊所取得的样品，可制成 10 万头剂疫苗，成本显著降低。羊体反应毒可制成蛋白明胶苗和真空冻干疫苗，以冻干苗生产为主，1958 年在我国推广应用。羊体反应苗的质量标准规定，效力检验标准不应低于 10^{-4}/0.5 mL；安全检验标准 25 倍剂量/0.5 mL；痘型正常，不允许检验羊出现局部化脓、结痂等严重反应。推广后，由于生产厂所用的绵羊品种不同，易感性不同，因而在生产过程中曾出现毒力时强时弱的现象，毒力不够稳定，较难掌握。必须加强生产过程中的质量监测，严格执行成品检验制度，才能保证出厂疫苗的安全性和有效性。

(5)绵羊痘组织培养细胞苗　自 20 世纪 50 年代始，已有学者用组织培养方法培育减弱毒株，用羊胎皮肤和肺组织血浆凝块法培养绵羊痘病毒 Sn3 株，传至 15 代获得减弱毒株，但其后未见推广使用的报道。1968 年有学者用南斯拉夫 Rm/65 株在绵羊肾细胞继代培养至 30 代，制成干燥活毒疫苗，野外试验证明安全，免疫期 1 年以上，已推广使用。也有人于 1968 年用罗马尼亚株通过羔羊睾丸细胞继代至 25 代后，证明安全有效，将此毒称为 Fanar(spy/rf)株。有学者 1972 年在绵羊甲状腺细胞上用 Ranipet 毒株传至 35 代，作为活毒疫苗，认为安全性良好。据报道，使用 Bakrkoy 毒株通过犊牛睾丸细胞 32 代被致弱，免疫期 1 年，但在羊肾细胞上传至 50 代尚未获得减弱毒株。1974 年在伊拉克用 26 代以后的 Fanar 株制苗免疫 400 万只绵羊，无不良反应，根据血清中和试验的结果，免疫羊的抗体可存在 1 年以上。1979 年将 Fanar 株在羔羊肾细胞上又传代 30 代，用皮下途径免疫，证明安全有效，免疫期为 1 年。在 6℃保存 2 年，保存性能良好。1981 年用弱毒细胞苗以 20 倍稀释，0.1 mL 皮内接种。可抗强毒攻击，野外试验接种 2 万余只绵羊无不良反应，经 1 年的临床观察，未感染绵羊痘。

中国兽医药品监察所等单位于1976—1978年以绵羊痘鸡胚化弱毒羊体反应毒作为种毒，分别通过羔羊睾丸细胞和肾细胞生产细胞苗。试验证明，用E116S1第8代种毒能比较容易地适应在两种细胞上，其中睾丸细胞苗进行了试产、区域试验、免疫期试验和疫苗的保存期试验等，取得满意的结果，已在1978年推广使用。自1980年始，中国兽医药品监察所已将绵羊痘细胞毒供作生产疫苗用种毒。

【毒种】绵羊痘病毒鸡胚化弱毒株(CVCC AV44)。

【制造要点】病毒制备法择二选一。

①皮毒制苗：选择未患过羊痘也未注射过羊痘疫苗的1～4岁健康易感绵羊。将细胞毒原液或皮毒，用生理盐水制成10～20倍稀释的乳剂后，过滤，或3 000 r/min离心10 min，取滤液或上清液，胸腹部皮内分点注射绵羊若干只。发痘后3～4 d后，即可无菌采集痘皮毒。

②细胞毒制苗：选择未患过羊痘也未注射过羊痘疫苗的1～4岁健康易感绵羊，制备睾丸细胞。用Hank's液将皮毒(新鲜痘皮组织)制成10倍稀释的乳剂，置2～8℃过夜，吸取上清。按细胞维持液量的1/10，接种生长良好的羊睾丸单层细胞，37℃吸附1 h，倒去病毒液，后37℃静置或旋转培养；接种细胞毒，选用生长良好的羊睾丸单层细胞，倒去生长液后，换以含1%～2%细胞毒液的细胞维持液，后37℃静置或旋转培养。细胞病变达75%时收获。－15℃以下保存，应不超过3个月。

【质量标准】除按兽医生物制品检验的一般规定进行外，需做如下检验。

①鉴别检验：将疫苗用汉氏液作100倍稀释，与等量抗绵羊痘病毒特异性血清混合，置37℃水浴中和1 h，皮内注射绵羊2只，各2点，每点0.5 mL，观察15 d，应不发痘；或接种绵羊睾丸单层细胞培养，观察6 d，应不出现CPE。

②安全检验：按瓶签注明头份，将疫苗用灭菌生理盐水稀释成4头份/1.0 mL，胸腹部皮内注射1～4岁绵羊3只，各2点，每点0.5 mL，观察21 d。应至少有2只羊在注射部位出现直径为0.5～4.0 cm淡红色或无色的不全经过型痘肿，持续期为10 d左右，逐渐消退。发痘羊间或可有轻度体温反应，但精神、食欲应正常。如果个别羊痘肿表层出现直径小于0.5 cm的薄痂而无其他异常，也判为安全。如果有1只羊出现痘肿直径大于4.0 cm，或出现紫红色、严重水肿、化脓、结痂或呈全身性发疹等反应，判为不安全。

③效力检验：按瓶签注明头份，将疫苗用灭菌生理盐水稀释成0.02头份/mL，胸腹部皮内注射1～4岁绵羊3只，每只2点，每点0.5 mL，观察14 d，应至少有2只羊在注射部位出现直径为0.5～3.0 cm微红色或无色痘肿反应，且持续4 d以上，逐渐消退。发痘羊间或有轻微体温反应，但精神、食欲应正常。如果出现痘肿反应的羊少于2只，应判为不合格。如果结果可疑，可重检1次。病毒$TCID_{50}$终点法可简化羊体效力检验法。

【保存与使用】2～8℃保存，组织苗有效期18个月，细胞苗有效期12个月。－15℃以下保存，有效期24个月。

2.诊断制剂

该病血清学诊断技术有琼脂扩散试验、对流免疫电泳、乳胶凝集试验、反向被动血凝试验和酶联免疫吸附试验等。近年来，羊痘病毒P32蛋白ELISA方法取得成功，但抗原制备难度大，限制了ELISA在绵羊痘诊断中的广泛应用。PCR检测羊痘病毒的方法有高度的特异性和准确性，具有较高的实用价值，但山羊痘病毒属的各病毒的鉴别诊断仍有一定难度。

(二)山羊痘

山羊痘是由山羊痘病毒(goat poxvirus,GPV)引起的山羊的一种高度接触性传染病。临床特征与绵羊痘相似。主要表现为皮肤和黏膜上出现疱疹,进而形成痘肿,并渐进发展为化脓,结痂和引起全身痘及全身性反应。但临床上也有痘肿不经化脓过程的,即所谓"石痘"。重症患羊多出现内脏器官病变和死亡。该病在地中海地区、非洲和亚洲的一些国家,以及中东、近东一带均有发生,也偶见欧洲部分地区和澳大利亚发生。此病呈散发或地方性流行。其病状和死亡率,因毒株及宿主不同而有差异。20 世纪 50 年代,该病在我国仅见西北、华北、东北地区流行;但最近几年,南方数省亦有发生。就山羊的敏感性而言,纯种奶山羊最易感,病情重,死亡率高;杂交羊次之;土种山羊较不易感。

山羊痘病毒与绵羊痘病毒是截然不同的两种病毒,在自然条件下,是互不发生感染的。但二者的发病机制、临床症状和病理过程类似。在免疫原性方面也有一定的关联性。通常情况下,山羊痘灭活疫苗免疫的绵羊可以坚强抵抗绵羊痘强毒的攻击,而绵羊痘灭活疫苗免疫的山羊则不能抵抗山羊痘强毒的攻击。

1. 山羊痘弱毒疫苗

【毒种】山羊痘病毒弱毒株 CVCCAV41。

【制造要点】毒种按细胞生长液的 1%~2%接种绵羊羔睾丸细胞,37℃培养,当病变细胞达到 75%以上时收获。无菌检验和病毒含量测定合格后,加适宜稳定剂,冷冻真空干燥。

【质量标准】除按兽医生物制品检验的一般规定进行外,需做如下检验。

①鉴别检验:将疫苗用 0.5%乳欧液或 0.5%乳汉液作 100 倍稀释,与等量抗山羊痘病毒特异性血清混合,置 37℃水浴作用 60 min 后,接种绵羊羔睾丸单层细胞,观察 6 d,应不出现 CPE。

②安全检验:按瓶签注明头份,将疫苗用灭菌生理盐水稀释成每 1.0 mL 含 4 头份,胸腹部皮内注射山羊 3 只,每只 1 mL,观察 15 d。应至少有 2 只羊出现直径为 0.5~4.0 cm 微红色或无色痘肿反应,持续 4 d 以上,逐渐消退,间或可有轻度体温反应,但精神、食欲应正常;若任何痘肿直径大于 4.0 cm 或出现紫红色、严重水肿、化脓、结痂,或呈全身性发痘等反应,判疫苗不合格。

③效力检验:下列方法任选其一。

a. 用羊检验:按瓶签注明头份,将疫苗用灭菌生理盐水稀释成每 1.0 mL 含 0.02 头份,胸腹部皮内注射山羊 3 只,每只 1 mL,观察 15 d。在接种后 5~7 d 应至少有 2 只山羊出现直径为 0.5~3.0 cm 微红色或无色痘肿反应,且持续 4 d 以上,逐渐消退,发病羊间或可有轻度体温反应,但精神和食欲应正常。

b. 病毒含量测定:按瓶签注明头份,将疫苗用 0.5%乳欧液或 0.5%乳汉液稀释成每 1.0 mL 含 1 头份,再做 10 倍系列稀释。取 3 个适宜的稀释度,接种 96 孔细胞板,每稀释度接种 5 孔,每孔 0.1 mL,接种后每孔加入 50 万~100 万个/mL 绵羊羔睾丸细胞悬液 0.1 mL,5%CO_2,37℃培养 3~5 d,每日观察 CPE,第 5 天判定。根据出现的细胞孔数计算 $TCID_{50}$,每头份疫苗病毒含量应不低于 $10^3 TCID_{50}$/mL。

【保存与使用】2~8℃保存,有效期 18 个月;-15℃以下保存,有效期 24 个月。使用按瓶签注明头份,用生理盐水稀释成每头份 0.5 mL,不论羊大小,一律在尾根内侧或股内侧皮内注射 0.5 mL，免疫期 1 年。

(三)鸡痘

鸡痘是由鸡痘病毒(fowl pox virus，FPV)引起的一种急性、热性、高度接触性传染病。该病主要以在鸡的无毛或少毛处的皮肤上形成痘疹、结痂，或在口腔、咽喉部黏膜处形成纤维素性、坏死性假膜为特征。该病通过直接接触经过皮肤或黏膜伤口感染，也可以通过口腔和呼吸道上皮感染，蚊子、库蠓等体表寄生虫是主要传播媒介。各种品种、不同日龄的鸡都可感染发病，鹌鹑、鸽子亦常发生，尤以产蛋禽最为严重。该病分布广泛，几乎所有养鸡地方都有鸡痘发生。在饲养密度高、体表有寄生虫、通风不良、鸡舍内阴暗潮湿等条件下，更易引发该病乃至流行。如有传染性鼻炎、慢性呼吸道病等并发感染，可造成大批死亡。该病几乎一年四季均有发生，近年来发病日龄提前，发病率提高，病程延长，死亡率及淘汰率增加，继发感染和疫苗免疫失败现象越来越普遍，给养鸡业造成很大的经济损失。

1. 免疫与疫苗

家禽和野生动物都是通过自然感染和免疫接种获得免疫力来抵抗病毒感染。有研究表明感染后康复的动物通常会有终身免疫能力，科学家通过研究发现 FPV 可以同时诱导机体产生体液和细胞免疫应答。对于鸡痘的免疫，国内常用鸡痘鹌鹑化弱毒苗、鸡痘鹌鹑化细胞苗。重组和弱毒疫苗应用于预防鸡、火鸡、鹌鹑和一些野生鸟类的 FPV 感染。这些疫苗能够有效地预防商品养殖场的疾病。

(1)鸡痘鹌鹑化活疫苗　20 世纪 70 年代中期，由中国兽医药品监察所用 APV102 野毒株，在鹌鹑上反复传代致弱而研制成功。该疫苗具有良好免疫原性，但用鸡胚繁殖时在鸡胚上传代代次不能太高，应在 8 代以内。

【制造要点】可以采用两种方法制苗。

①采用 11～12 日龄 SPF 鸡胚，绒毛尿囊膜上接种，收获 96～120 h 死亡和 120 h 活胚有水肿或痘斑的绒毛尿囊膜，称重后加入适量的 5%蔗糖脱脂奶，制成匀浆，滤过。

②选取生长良好的鸡胚成纤维细胞单层，接入毒种后继续培养，待 75%以上的细胞出现特异性病变时，将细胞培养液全部弃去，或对检验合格的细胞毒，将沉淀的细胞团块捣散均匀后，集中于混合瓶内，按适当比例加入 5%蔗糖脱脂奶，定量分装并冻干。

【质量标准】不论是鸡胚化苗或鸡胚成纤维细胞苗，其质量均应符合以下检验标准。

①安全检验：用 1～2 周龄易感雏鸡 10 只，每只肌内注射 100 个使用剂量的疫苗 0.2 mL，观察 7～10 d，应健活。

②效力检验：下列 3 种方法任选其一。

a. 病毒含量检验：按瓶签注明羽份，用生理盐水将疫苗稀释成 1 羽份/0.2 mL，再继续做 10 倍系列稀释，取 3 个适宜稀释度经绒毛尿囊膜接种 11～12 日龄鸡胚 5 枚，每胚 0.2 mL，接种后 96～120 h，鸡胚绒毛尿囊膜水肿增厚或出现痘斑为感染，计算 EID_{50}，每羽份应≥$10^{3.0}EID_{50}$。疫苗判为合格。

b. 用鸡胚检验：按瓶签注明羽份，用生理盐水稀释，绒毛尿囊膜接种 11～12 日龄鸡胚 10 枚，每胚 0.2 mL(含 1/100 个使用剂量)，接种后 96～120 h，全部鸡胚绒毛尿囊膜应水肿增厚，或出现痘斑，疫苗判为合格。

c. 用鸡检验：按瓶签注明羽份，用生理盐水稀释，接种 1～2 月龄敏感鸡 4 只，每只于翅内侧无血管处刺种1针(含1/100个使用剂量),4～6 d,刺种部位发生痘肿,判为合格。

(2)鸡痘鸡胚化弱毒疫苗(鸡痘汕系弱毒株活疫苗) 20世纪60年代用APV在鸡胚上连续传代培育而成,开始一直使用湿苗,直至1987年冻干苗研制成功。这种疫苗免疫原性较好,免疫期在6个月以上,但对幼鸡毒力较强。

【制造要点】疫苗采用鸡胚绒毛尿囊膜制成,加适量0.5%、pH 7.6甘油磷酸盐缓冲液制成甘油苗,或加适量5%蔗糖脱脂奶制成冻干苗。

【质量标准】

①安全检验:用1～2周龄易感雏鸡10只,每只肌内注射10倍使用剂量的疫苗(0.2 mL),观察7～10 d,应健活。

②效力检验:按瓶签注明羽份,用生理盐水稀释,绒毛尿囊膜接种11～12 d龄鸡胚10枚,每胚0.2 mL(含1/100使用剂量),接种后96～120 h,全部鸡胚绒毛尿囊膜应水肿增厚,或出现痘斑,疫苗判为合格。

【保存与使用】1月龄以上小鸡免疫期为2～2.5个月;1月龄以下雏鸡免疫期为1.5～2个月。后备种鸡可于雏鸡免疫60 d后再免疫一次即可。

(3)鸡痘组织培养活疫苗 生物药品厂将鹌鹑化鸡痘弱毒接种10日龄鸡胚组织细胞,出现细胞病变后,用含毒的细胞液配制成冻干疫苗,对鸡安全,攻击强毒,免疫力良好。

(4)鸽痘疫苗 是异源疫苗,1986年研制,对鸡和火鸡安全,免疫期为6个月左右。但若使用不当对鸽会引起较严重的不良反应。

近年来,随着生物工程技术的快速发展,鸡痘病毒以低毒力、基因组结构庞大、有双股DNA、含有多个复制非必需区、可供多种免疫源基因插入、易培养、表达能力强和不感染非禽类的特性,成为重组疫苗的优选活载体,广泛应用于制备家禽重组活疫苗。2005年由中国农业科学院哈尔滨兽研所首次研究成功了禽流感H5亚型禽痘病毒活载体疫苗;在美国,以禽痘病毒作为载体表达鸡新城疫病毒和H5亚型禽流感病毒的重组活载体疫苗已获得了生产许可证。目前研究较为成功的鸡痘活载体疫苗还有以下几种:能表达鸡新城疫病毒血凝素或融合蛋白的重组禽痘病毒、能表达马立克病病毒(MDV)糖蛋白B抗原的重组禽痘病毒等。病毒活载体疫苗具有广泛的应用前景,生产成本低,便于免疫接种,类似于常规弱毒疫苗,除能真实地再现外源基因的抗原性外,还具有鸡痘本身的抗原性,能全方位地激发机体对两种病毒的免疫应答反应,免疫接种与自然感染动物可以应用特异性诊断试剂鉴别。

三、口蹄疫

口蹄疫(foot and mouth disease,FMD)是由口蹄疫病毒引起的一种急性、热性、高度接触传染性和可快速远距离传播的动物疫病。侵染对象是猪、牛、羊等主要畜种及其他家养和野生偶蹄动物,易感动物达70余种。发病动物的主要症状是精神沉郁、流涎、跛行、卧地,近查可见口、舌、唇、鼻、蹄、乳房等部位发生水疱、破溃形成烂斑。FMD发病率高,成年动物死亡率低,幼畜常突然死亡且死亡率高,仔猪常成窝死亡。FMD可造成巨大经济损失和社会影响,世界动物卫生组织(OIE)将该病列为必须通报的多种动物共患传染病之一,我国将其列为一类动物疫病,将该病病原列为一类病原微生物。按照口蹄疫疫情紧急程度、发展态势和可能造成的危害,将口蹄疫疫情的预警由高到低划分为四级预警,分别为特别严重(一级)、严重(二级)、较大(三级)和一般(四级)4个级别,并依次用红色、橙色、黄色和蓝色表示。除经济发达、已消灭口蹄疫的国家采取强制扑杀的根除政策外，我国和其他大多数国家均采用生物安全、疫苗免疫和扑杀相结合的综合防控策略，通过疫苗免疫提高畜群整体抗体水平来预防口蹄疫的感染和传播。

（一）病原

口蹄疫病毒（foot and mouth disease virus，FMDV）属小 RNA 病毒科（*Picornaviridae*）口蹄疫病毒属（*Aphthovirus*），是人类最早确认的一种动物病毒（1897 年，Loeffer 和 frosch）。FMDV 呈球形，无囊膜，粒子直径为 28～30 nm，病毒基因组是单股正链 RNA，约由 8 400 个核苷酸组成。FMDV 的衣壳由 VP1、VP2、VP3 和 VP4 四种结构蛋白构成，其中 VP1～3 位于病毒粒子表面，涵盖了大部分抗原位点，VP4 则位于衣壳内部。VP1 以突起形式暴露在病毒粒子表面，在免疫中发挥重要作用。FMDV 一个主要的抗原位点是线性抗原位点，位于 VP1 的 G-H 环内，与受体识别位点 RGD 模域重叠，是口蹄疫合成疫苗的候选抗原序列。FMDV 非结构蛋白有前导蛋白酶、2A、2B、2C、3A、3B、3C 和 3D 聚合酶等，参与 RNA 的复制、多聚蛋白的裂解和结构蛋白的折叠与装配等过程，基因相对保守。

FMDV 在感染的细胞中存在 5 种颗粒（见二维码 8-2）。该病毒有 7 个血清型，分别是 O、A、C、SAT1、SAT2、SAT3 和 Asia Ⅰ，每一个血清型又包含若干个亚型。该病毒各血清型之间无交叉免疫保护，同一血清型的亚型之间交叉免疫力也较弱。同一血清型的病毒株在传播过程中会不断发生衍变，可导致抗原、致病力和宿主嗜性方面的差异。新变异株的出现往往会引起一次新的疫情。

二维码 8-2

目前，我国目前流行的血清型是 A 和 O 型两种。从 2011 年 6 月以来，全国未检出 Asia Ⅰ型口蹄疫病原学阳性样品。对出现 O 型、A 型口蹄疫免疫失败情形的，要进行亚洲Ⅰ型口蹄疫检测，发现问题果断采取处置措施。

该病毒可用多种哺乳动物细胞系培养，如犊牛肾细胞、仔猪肾细胞、仓鼠肾细胞等，并产生细胞病理变化，最常用的是乳鼠、豚鼠、乳仓鼠肾传代细胞。由于乳仓鼠肾传代细胞对口蹄疫病毒高度易感，故现在常用于单层细胞培养和深层悬浮培养以供研究或生产疫苗。

该病毒对外界环境的抵抗力很强，耐干燥。高温和直射阳光（紫外线）对病毒有杀灭作用，病毒对酸和碱都特别敏感，2%～4%氢氧化钠、3%～5%甲醛溶液、5%氨水、0.2%～0.5%过氧乙酸和 5%次氯酸钠等均可有效杀灭病毒。

（二）免疫

该病免疫机制主要是依赖 T 细胞的 B 细胞应答。感染或免疫机体在外周血液中有中和抗体，并能抵抗同型强毒的攻击，证实免疫应答主要由 B 细胞参与，疫苗接种主要诱导中和抗体产生。动物感染口蹄疫耐过后，可以产生坚强的免疫力，初期抗体为 IgM，感染后 3 d 即可产生，此类抗体无记忆性，且不具备中和能力，但其作为抗体的前体形式，具有较强的激发补体系统的能力；IgG 抗体出现于感染第 10 天后，是中和抗体的主要形式。抗体可通过初乳传递给仔畜。因此，疫苗免疫成为大多数国家综合防控口蹄疫的关键措施之一，但免疫动物不能完全抵抗 FMDV 感染，可能存在病毒持续感染。由于口蹄疫病毒的型和亚型极其复杂，且病毒高度变异，及时明确疫苗毒株与流行毒之间的抗原关系，对预防和控制该病十分重要。

（三）疫苗

目前灭活疫苗仍然是防控口蹄疫的主要疫苗，合成肽疫苗也有一定范围的应用。但口蹄疫病毒具有 7 个血清型，80 多个亚型，病毒很容易发生变异，各型之间均无交叉免疫性，同型各亚型之间免疫力差，给 FMD 的防控与净化带来了困难。口蹄疫疫苗的发展阶段（见二维码 8-3）。口蹄疫亚单位疫苗、核酸疫苗、表位疫苗、活载体疫苗、基因缺失/标记疫苗和病毒样颗粒疫苗等新型疫苗的研发也已成为研究的重点，并取得了阶段性的进展。

二维码 8-3

1. 新型疫苗研究

近年来，国内外对该病毒新型疫苗进行了大量研究，主要包括以下几方面的进展。

①基因工程亚单位疫苗：使用基因工程技术将编码病原微生物抗原表位的基因导入受体菌或细胞，使其在受体中高效表达抗原，然后制备疫苗。如大肠杆菌表达 VP1 蛋白主要抗原位点（第 141—160、200—213 位氨基酸）。

②基因缺失疫苗：应用基因工程技术把强毒株中与毒力相关的基因敲除后构建的弱毒或无毒的活疫苗，如一株利用反向遗传技术制备的缺失 L 蛋白编码区的 FMDV 基因工程毒株。

③核酸疫苗：如用编码病毒结构蛋白前体 P1-2A 和非结构蛋白 3C 和 3D 的质粒，接种猪体可以诱导产生较高的免疫保护效力。

④病毒活载体疫苗：如将 FMDV *P1* 基因插入复制缺陷型腺病毒基因组中构建的重组腺病毒活载体疫苗。

⑤合成肽疫苗：是以抗原表位为依据，用组成免疫原的最小结构单位人工合成一段寡肽所制备的疫苗，如猪口蹄疫 O 型合成肽疫苗（多肽 2570＋7309）、猪口蹄疫 O 型合成肽疫苗（多肽 98＋93）、猪口蹄疫 O 型合成肽疫苗（多肽 2600＋2700＋2800）。

2. 细胞悬浮培养技术在口蹄疫疫苗中的应用

2009 年以前，国内的口蹄疫疫苗生产企业均采用传统的细胞转瓶贴壁培养的方式来生产口蹄疫疫苗，这一方式已延续多年，为防控口蹄疫起到了非常重要的作用，但由于转瓶数量众多，占用车间面积大、手工操作、生产效率低下，且细胞密度低，因此悬浮培养成为兽用疫苗技术和质量发展瓶颈。2009 年 4 月，随着我国第一个生物反应器生产牛口蹄疫疫苗获得注册批准，标志着国内用生物反应器悬浮培养细胞生产兽用疫苗的时代到来。目前已经有 5 家公司应用反应器悬浮培养技术生产口蹄疫疫苗。

疫苗生产过程研发的两个主要目的是提高产率、保证产物的质量和过程工艺设计的一致性，前者直接关系到商业化生产的可行性，后者则关系到产品的安全和有效性。对应悬浮培养技术主要包括高表达细胞株的获得、个性化培养基的研发、动物细胞反应器及配套设施的完善、生产工艺的优化等 4 个方面。

3. 口蹄疫疫苗生产

【毒种】自 2018 年 7 月 1 日起，在全国范围内停止 Asia Ⅰ型口蹄疫免疫，实施以监测扑杀为主的综合防控措施。现在生产用疫苗毒种只有 A 型和 O 型的，主要有口蹄疫 O 型灭活疫苗（OHM/02 株、OS 株、OJMS 株），口蹄疫 A 型灭活疫苗（AF/72 株），口蹄疫 O 型、A 型二价灭活疫苗（O/HB/HK/99 株＋AF/72 株，OHM/02 株＋AKT-Ⅲ株，O/MYA98/BY/2010 株＋Re-A/WH/09 株）等。毒种选择的主要标准：必须有良好的免疫原性，对流行毒株的抗原要有广谱性；其次要有良好的细胞适应性，复制能力强，并有稳定性。由于 FMDV 变异性强，为了保证有效的免疫效果，应定期检验疫苗毒株和流行毒株之间的抗原关系（r 值），并适时更新制苗毒株。疫苗种毒一般由 OIE 口蹄疫参考实验室选择、定性和分发。疫苗制造企业在疫苗制造前要检查疫苗种毒的型、亚型和标准株的同源性，无菌检验和支原体检验等以证明无微生物污染，尽量减少盲传代次，以降低抗原“漂移”造成的影响。疫苗毒种一般低温冷冻保存（如－70℃）或冻干保存。OIE 特别强调制苗毒种分离和传代所用各种材料一定要避免牛海绵状脑病病原的污染。

【制造要点】目前应用于商品疫苗大规模生产 FMDV 抗原的技术有 3 种：①牛舌上皮组织生产的 Frenkel 培养法；②在转瓶单层 BHK_{21} 传代细胞上生产的单层培养法；③在发酵罐中 BHK_{21} 或 $IFFA_8$ 传代细胞上生产的悬浮培养法。这 3 种大规模病毒抗原生产系统，虽然各有利弊，但都能生产出高质量的病毒抗原用于疫苗制造。生产过程中要严格控制温度和酸碱度，细胞生长、病毒繁殖最适温度 37℃，病毒最适 pH 7.6，决不能低于 7.0。当 BHK_{21} 细胞数增至 3×10^6 个/mL 时，即可接种病毒，并于接毒后 20～30 h 收毒，病毒滴度一般可达 10^7～10^8 $TCID_{50}$/mL。

病毒收获后，用氯仿抽提，离心和过滤，去除培养物中的细胞碎片等杂质，在澄清病毒液中加入一定浓度的 BEI。病毒灭活非常重要，应根据实际情况和灭活效果等确定合适的灭活时间和灭活温度，如 3 mmol/L BEI 两次灭活法，在 26℃条件下灭活 24 h 后，将病毒悬液转移到新的灭菌容器中，重新加 BEI 灭活 24 h。病毒灭活后去除残留 BEI 或用 2%硫代硫酸钠中和。病毒灭活后，可用超滤、聚乙二醇沉淀、聚氧化乙烯吸附进行浓缩，再用层析法纯化。低温保存病毒抗原或加各种佐剂制备成疫苗。常规疫苗用油乳佐剂，如矿物油制备成油包水型疫苗，目前，一般都制成较复杂的双相乳剂疫苗（水/油/水型）。双相油佐剂疫苗安全性和免疫效果更好，能够用于所有的动物，Montanide ISA206 和 ISA205 的利用大大简化了疫苗的配制。

【质量标准】口蹄疫灭活疫苗的质量控制包括中间控制和终产品控制。

中间控制：包括生产环境、种毒管理、生产过程控制和中间检验。其中，中间检验包括以下几点。

①原材料检验：主要包括细胞营养液、小牛血清等的检验，不能含有外源病毒等。

②病毒抗原的质量和数量检验：一般用敏感性和重复性好的蚀斑测定法测定病毒的感染性、蔗糖密度梯度离心定量分析病毒抗原量和检测病毒质量。

③病毒抗原灭活安全性检验：在病毒灭活过程中定期规律性地取样监测灭活过程。灭活完成后，每批灭活抗原（至少代表 200 个剂量）样品应通过敏感细胞传代或乳鼠接种试验，判定灭活抗原的安全性。敏感细胞单层传代时，通常连续传 2～3 代，应无 CPE；或样品接种乳鼠后连续观察 7 d，应全部健活。

④无菌检验、支原体检验和外源病毒检验：大量的灭活抗原液、佐剂、稀释缓冲液及最后配制的疫苗均要进行上述检验。不同国家和地区参考不同的检验标准，我国现在主要参考 2015 年版《中国兽药典》。

【质量检验】制成成品疫苗后，必须通过国家或国际化标准的一系列严格检验，方可出厂使用。成品疫苗主要包括性状、装量检验、无菌检验、安全检验、效力检验和防腐剂检验等，其中，无菌检验、安全检验、效力检验的方法和标准如下。

①无菌检验：参照 OIE 推荐的以及某些改进的方法，系统检测需氧菌、厌氧菌、支原体和真菌等。我国一般按《中国兽药典》中无菌检验或纯粹检验法进行，应无菌生长。

②安全检验:检验 FMD 疫苗有无感染性和毒副作用,是成品苗检验很重要的环节。主要包括对动物的无害性和疫苗中是否残留活病毒两部分。前者一般用靶动物或敏感动物,如牛、羊、猪或家兔进行试验,确定是否引起机体损伤和临床症状;后者主要应用敏感细胞连续传代试验和乳鼠试验,以确定成品或半成品疫苗中是否残留感染性病毒。另外,每头份疫苗中内毒素含量应不高于 50 EU。下面是 2010 年版《中国兽药典》中牛口蹄疫(O 型)灭活疫苗安全性检验的两种方法。

a. 用体重 350~450 g 豚鼠 2 只,各皮下注射疫苗 2.0 mL;用体重 18~22 g 小鼠 5 只,各皮下注射疫苗 0.5 mL,观察 7 d,应不出现由疫苗引起的死亡或明显的局部和全身不良反应。

b. 用牛体内试验对疫苗毒性和无感染性同时作出评价。用 3 头血清学阴性的牛(6 月龄以上牛,血清的细胞中和抗体效价≤1∶8、ELISA 抗体效价≤1∶16 或乳鼠中和抗体效价≤1∶4),各舌背面皮内注射疫苗 20 个点,每点 0.1 mL,逐日观察 4 d 后,按推荐的接种途径各接种疫苗 3 头份,继续观察 6 d,均不应出现口蹄疫症状或由接种疫苗引起的明显毒性反应。

OIE 推荐的安全性检验方法是感染性试验,即用灭活抗原接种于单层敏感细胞上看是否出现 CPE。安全性检验用至少两头本种动物,接种推荐剂量疫苗,连续观察至少 14 d,产生疫苗效力反应,而不应出现口蹄疫症状或其他明显毒副反应,证明疫苗安全。当疫苗申请临床应用时欧洲药典建议用 8 头本种动物进行检测。

③效力检验:效力检验的目的是检验疫苗的效果,即疫苗用于免疫动物抵御 FMD 的能力。根据 2010 年版 OIE 标准,效力检验方法有两种:第一种是半数保护剂量(PD_{50})测定法,该法规定常规预防用疫苗每免疫剂量不少于 3 个 PD_{50},紧急免疫用疫苗每免疫剂量不少于 6 个 PD_{50};另一种是抗蹄部一般感染保护百分率(percentage of protection against generalized foot infection,PGP)测定法,该法规定免疫保护率必须达 12/16。

a. PD_{50} 法:按照 OIE 标准,实验动物来自无 FMD 地区,并且以前未免疫过 FMD 疫苗,根据商品推荐的免疫剂量接种。常用如下程序:用至少 6 月龄牛(血清的细胞中和抗体效价≤1∶8、ELISA 抗体效价≤1∶16 或乳鼠中和抗体效价≤1∶4 即无 FMD 各型的中和抗体)17 头,其中 15 头分为 3 组,每组 5 头,接种不同剂量疫苗。如将疫苗分为 1 头份、1/3 头份、1/9 头份 3 个剂量组,每一剂量组各颈部肌内注射 5 头牛,2 头作对照。接种后 21 d,每头牛各舌上表皮两侧皮内注射 O 型口蹄疫强毒株,每点 0.1 mL(共 0.2 mL,含 $10^{4.0}BID_{50}$,即 50%牛感染剂量)。观察至少 8 d,一般 10 d,对照牛均应有至少 3 个蹄出现水疱或溃疡。免疫牛,除注射部位外,任一部位出现典型的口蹄疫水疱或溃疡时,判定为不保护。仅在舌面出现水疱或溃疡,其他部位无病变,判为正常。根据免疫牛保护数计算疫苗 PD_{50},推荐使用 Kärber 法,每头份疫苗至少含 3 个 PD_{50},最好含有 6 个 PD_{50} 或更高。

b. PGP 测定法:18 头 6 月龄以上口蹄疫阴性牛(背景同 PD_{50} 法中的试验牛),其中的 16 头按疫苗厂家推荐的剂量和方法接种,另 2 头牛作对照。4 周后,每头牛各舌上表皮两侧皮内注射口蹄疫强毒,至少注射 2 点,共注射 0.2 mL 病毒(含 $10^{4.0}$ BID_{50})。接毒后观察 7~8 d,对照牛至少 3 个蹄出现病变,未受保护牛 7 d 内舌两侧出现病变。16 头疫苗接种牛至少有 12 头受到保护判为合格。本法不能得出疫苗 PD_{50},但是能直观地得出单剂量疫苗的免疫保护率。此外还可以通过间接试验(如病毒中和试验)、ELISA 检测抗体或乳鼠血清抗体保护试验等,这些方法正在用于疫苗效力检验研究中。

④蛋白含量检测：取 1 瓶疫苗恢复至室温，在 3 个 1.5 mL 离心管中分别精确加入 100 μL 疫苗和 900 μL 丙酮，充分混匀，室温放置 10 min，在 4℃条件下，以 15 000 g 离心 15 min。吸弃液相，沉淀物用 400 μL 丙酮洗涤 2 次，室温干燥约 15 min，加 50 μL 去离子水复溶后，进行检验。同一样品不同重复间变异系数应小于 5.3%，否则试验不成立，应重做。若测定值小于或等于 500 μg/mL，则判定被检疫苗总蛋白含量符合规定；若测定值大于 500 μg/mL，则判定被检疫苗总蛋白含量不符合规定。

【保存与使用】疫苗按规定保存，有效期 12 个月，主要用于常规计划免疫和紧急免疫。我国规定对口蹄疫实行强制免疫政策，免疫密度达 100%，免疫抗体合格率要求高于 70%。具体使用方法一般参照商品化疫苗说明书。特别注意疫苗保存、运输、使用以及疫苗不良反应时的动物紧急救治等注意事项。

（四）诊断制剂

口蹄疫的诊断技术日新月异，已从传统病原检测和血清学诊断发展到分子生物学领域，包括间接夹心酶联免疫吸附试验、胶体金免疫层析试纸、RT-PCR、核酸探针和基因芯片技术等，并逐渐向简便、快速、精确、灵敏以及检样处理高通量化发展。

目前，OIE 公布的检测结构蛋白抗体的血清学检方法（国际贸易指定试验）有三种，即液相阻断 ELISA（LPBE）、病毒中和试验（VNT）、固相竞争 ELISA 方法（SPCE）。最经典的仍是病毒中和试验，其被公认为评价疫苗效果和检验其他血清学方法的"金标准"。1986 年口蹄疫参考实验室建立的 LPBE 敏感性、特异性和稳定性得到全球公认，目前仍是大多数国家广泛使用的抗体检测方法，也是我国进行口蹄疫疫苗免疫抗体水平监测的标准方法，具体有 O 型口蹄疫抗体液相阻断 ELISA 检测试剂盒、Asia Ⅰ型口蹄疫抗体液相阻断 ELISA 检测试剂盒和 A 型口蹄疫抗体液相阻断 ELISA 检测试剂。我国研制的 O 型口蹄疫正向间接血凝试验（IHA）诊断试剂，虽非国际标准方法，但因其操作简便，价廉，适用于基层使用。非结构蛋白抗体检测的血清学诊断方法可用于区分非免疫动物感染和疫苗免疫动物鉴别诊断，包括以 FMDV 非结构蛋白（NSP 主要是 3A、3B、2B、2C、3AB 和 3ABC）发展起来的 NSP-ELISA 和酶联免疫电转印试验（EITB），其中，3ABC-ELISA 和 EITB 是 OIE 推荐的参考方法。国际流行的商品化试剂盒，如荷兰赛迪诊断公司的 Ceditest FMDV-NS 竞争 ELISA、美国 UBI 公司的合成肽 ELISA、美国 IDEXX 公司生产的 CHEKIT FMD-3ABC ELISA、瑞典 Svanova 公司的 SVANOVIR FMDV-Ab ELISA 等。

我国研制的口蹄疫 3ABC 抗体 ELISA 检测试剂盒（3ABC-I-ELISA）和其他一些口蹄疫非结构蛋白 ELISA 试剂盒，可用于感染抗体和免疫抗体的鉴别诊断。牛、羊口蹄疫病毒 VP1 结构蛋白抗体 ELISA 诊断试剂盒是用人工合成 FMDV VP1 结构蛋白多肽 2463、2466 和 2956 作为包被抗原制成，可用于检测牛、羊口蹄疫病毒 VP1 结构蛋白抗体。牛、羊口蹄疫病毒非结构蛋白抗体 ELISA 诊断试剂盒则系用人工合成的 FMDV 非结构蛋白多肽 2372 作为包被抗原制成，可用于检测牛、羊口蹄疫病毒非结构蛋白抗体，这两种试剂盒配套使用，还可用于区分牛、羊口蹄疫野毒感染和疫苗免疫动物。猪口蹄疫病毒 VP1 结构蛋白抗体 ELISA 诊断试剂盒和猪口蹄疫病毒非结构蛋白抗体 ELISA 诊断试剂盒配套使用，则可以鉴别口蹄疫野毒感染。我国研制的口蹄疫细胞中和试验抗原，阳性血清与阴性血清，可用于细胞中和试验检测猪、牛、羊等偶蹄动物的口蹄疫病毒中和抗体。此外，口蹄疫病毒感染相关抗原和口蹄疫、猪水疱病反向间接血凝试验用致敏红细胞等制品液都有生产。

1. 抗原

(1)一般性检验　为粉红色澄明液体。无菌检验和支原体检验均按《中国兽药典》附录进行检验，均应无菌生长或无支原体生长。按《中国兽药典》附录进行外源病毒检验，应无外源病毒污染。

①效价检定：将被检抗原用细胞维持液作 10 倍系列稀释，取 10^{-6}、10^{-7}、10^{-8} 3 个稀释度，分别接种 4 瓶 IBRS-2 细胞，每瓶 1.0 mL，补加 9.0 mL 细胞维持液。同时设正常细胞对照。置 37℃培养 72 h，每日观察 CPE，计算 $TCID_{50}$，应不低于 $10^{7.0}$ $TCID_{50}$/mL。

②型特异性鉴定：在间接血凝试验中，被检抗原与相同型抗体致敏的红细胞应发生完全凝集，而与不同型抗体致敏的红细胞不发生凝集。

(2)保存与有效期　－70℃以下保存，有效期 12 个月。

2. 阳性血清

(1)一般性检验　为浅黄色或微红色澄明液体。无菌检验和支原体检验均按《中国兽药典》附录进行检验，均应无菌生长或无支原体生长。

(2)效价测定　用细胞中和试验测定。将被检血清用细胞维持液作 2 倍系列稀释至 512 倍，将抗原稀释为 2 000 $TCID_{50}$/mL，取稀释后的被检血清和抗原各 0.2 mL，混合均匀，置 37℃中和 60 min 后，每一血清稀释度接种 2 管 IBRS-2 细胞，每管 0.1 mL，补加 9.0 mL 细胞维持液。同时设正常细胞对照和病毒含量复测对照。置 37℃培养 72 h，每日观察 CPE。判定标准：当对照细胞正常、病毒含量复测试验误差不超过 $10^{\pm 0.5}$ 时，如果同一血清稀释度的 2 管细胞都不产生 CPE，该稀释度判为阳性；如果 2 管细胞都产生 CPE，该稀释度判为阴性；如果其中 1 管出现 CPE，另一管不出现 CPE，则该稀释度判可疑。抗体效价应≥1∶64。

3. 阴性血清

效价测定时用细胞维持液将阴性血清作 2 倍和 4 倍稀释，按阳性血清的效价测定方法进行，效价应≤1∶2。其他检验同阳性血清。

上述阴、阳性血清－20℃以下保存，有效期为 12 个月。

四、狂犬病

狂犬病 (rabies) 又称恐水症、疯狗病，是由狂犬病病毒(rabies virus，RV)侵害中枢神经系统而引起的一种急性致死性人畜共患传染病，以恐水、畏光、吞咽困难、狂躁等为临床特征，病死率高达 100%。狂犬病病毒几乎能感染所有温血动物，野生动物是该病主要储存宿主和传播载体，哺乳类动物最为敏感，犬科动物、猪、牛、羊、家禽可感染，人可能因被病犬咬伤、抓伤而感染。家犬在传播病毒中起重要作用。狂犬病在世界范围内流行，严重危害人民身体健康和公共卫生安全。除南极洲和大洋洲外，全世界超过 2/3 的国家和地区曾报告发生人畜狂犬病疫情，每年因狂犬病致死的人数约 7 万。世界卫生组织(WHO)把每年的 9 月 28 日定为“世界狂犬病日”。进入 21 世纪，我国狂犬病疫情呈现上升趋势。2016 年，全国共报告人间狂犬病死亡病例 592 例，死亡人数已连续多年位居全国 27 种人的法定传染病的前三位。我国将其列为二类动物疫病。

(一)病原

狂犬病病毒属于弹状病毒科、狂犬病毒属。电镜下观察病毒粒子直径为 75～80 nm，长

140～180 nm，一端钝圆，另一端平凹，整体呈子弹状。病毒为单股负链 RNA，约 12 kb，病毒蛋白有核蛋白(N)、磷酸蛋白(P)、基质蛋白(M)、糖蛋白(G)和 RNA 聚合酶大蛋白(L)。糖蛋白基因具有重要免疫保护作用，但变异最为明显。N 蛋白基因的序列比较保守，在病毒的诊断中作用独特，WHO 推荐的检测中和抗体的快速荧光斑点抑制试验(RFFIT)中所用的抗体即为 N 蛋白的抗体。该病毒有 4 个血清型，其中血清 1 型为典型的狂犬病毒标准攻击毒株，包括全球各地主要的原型株(野毒株)、实验株(固定株)以及新认识的中欧啮齿动物分离株。野毒毒力很强，进入人体后引起发病，固定株病毒经选育可获得疫苗株，其毒力(致病力)已大大降低，一般条件下不能致病，但其抗原性却没有降低，甚至还有提高。血清 2 型为拉各斯蝙蝠病毒(Lagos bat virus)、血清 3 型为莫可拉原型株(Mokola virus)，来源于尼日利亚地鼠(Shrew)、非洲一些国家的人、野生动物和家养动物。血清 4 型为杜文海格原型株(Duvenhage virus)，来源于人和蝙蝠。根据狂犬病病毒的 *N* 基因序列，可以将病毒分为 7 个基因型。

该病毒宿主范围广，侵犯中枢神经细胞（主要是大脑海马回锥体细胞）并在其中增殖，于细胞质中可形成嗜酸性圆形或椭圆形包涵体。从感染的动物或病人中得到的狂犬病毒称野毒株或街毒（street virus）。街毒经过系列传代适应特定宿主后称固定毒（fixed virus）。病毒通过实验动物(主要是家兔)脑内传代培养，潜伏期缩短，脑组织中不产生内基小体(Negri bodies)——狂犬病特异包涵体。该病毒可在鸡胚内增殖。应用 5～6 日龄鸡胚经绒毛囊膜接种，病毒(特别是固定毒)可在绒毛囊膜和鸡胚的中枢系统内增殖，12 日龄后病毒滴度开始下降。该病毒可在原代鸡胚成纤维细胞以及小鼠和仓鼠肾上皮细胞中增殖，并可在适当条件下形成蚀斑。病毒可在兔内皮细胞系中长期增殖，适于做病毒增殖和装配等过程的观察。人二倍体细胞(如 WI-38、MRC-5 和 HDCS 株等)，也常用于狂犬病病毒的培养。接种狂犬病病毒于乳鼠(小鼠或仓鼠)脑内，可以获得高滴度的病毒，因此，乳鼠常被用于进行毒株传代。

该病毒对紫外线、日光、热、干燥敏感，对其抵抗力较弱，一般 50℃加热 1 h 或 60℃加热 5 min 即可杀死病毒，病毒对强酸、强碱敏感，容易被灭活。病毒对甲醛、乙酸、碘、肥皂水、乙醚、氯仿以及离子型和非离子型去污剂也均敏感，故在被犬猫咬伤后，立即使用上述液体处理伤口是预防狂犬病有效的办法。病毒于 4℃可保存 1 周，如在 4℃放置 5～6 周病毒就可丧失感染性，但是病毒感染组织如加 50%甘油在－20℃下可保存 4～5 年；病毒经冷冻干燥后，于 4℃保存数年仍有感染性。

(二)免疫

应用单克隆抗体进行中和试验，发现固定毒与街毒株之间抗原组成不同，有人认为，这可能是造成使用疫苗时保护不全的原因。应用补体结合试验、琼脂扩散试验和免疫荧光技术，均可测出其共同的核蛋白抗原，但用“肽键图谱法”和交叉中和试验，证明不同血清型的狂犬病病毒之间存在着抗原差异，但这种抗原差异对免疫保护力的影响不明显。

该病毒感染后机体产生中和抗体，可以中和游离状态的病毒，阻断病毒进入神经细胞。接种疫苗所获得的防止发病效果与免疫次数有关。但抗体对已进入神经细胞内的病毒难以发挥作用，同时也可能产生免疫病理反应而加重病情。杀伤性 T 淋巴细胞特异性地作用于病毒的蛋白抗原，引起病毒溶解；单核细胞产生的干扰素和 IL-2 具有抑制病毒复制和抵抗病毒攻击的作用。

(三)疫苗

狂犬病的防治措施主要是控制和消灭传染源，其次是人和动物在暴露前的免疫预防，人在暴露后的有效处理伤口和及时使用疫苗与特异性抗血清。免疫接种是预防和控制该病的最重要措施之一。疫苗的推广与应用,使部分国家的疫情得到有效控制,欧美和日本等部分发达国家和地区甚至已经消灭了狂犬病。最早的狂犬病疫苗是用动物脑组织制备的,可使狂犬病发病率大大降低,但容易引起神经系统并发症。20 世纪 60 年代人们开始用组织细胞培养狂犬病病毒,制成细胞苗。

国内外已研发的兽用狂犬病疫苗主要包括:①神经组织疫苗,早期的狂犬病疫苗,由狂犬病病毒感染成年的山羊和绵羊神经组织灭活后制成的疫苗,副反应严重,现已停止生产。②鸡胚弱毒疫苗,应用病毒感染鸡胚而制备的疫苗,生产该疫苗的毒种主要为 Flury 和 Kelev 毒株。被推荐用于犬、猫和牛的肌肉免疫,免疫期为 1 年。③灭活细胞培养疫苗,目前常用的 β-丙内酯(BPL)在 4℃即可灭活病毒,不再使用甲醛作为灭活剂。BPL 可以破坏病毒核酸,但不改变病毒蛋白质,不影响狂犬病病毒的抗原性,可以在疫苗液体中完全水解,不必考虑在成品疫苗中的残留,因此用 BPL 灭活可以避免病毒的免疫原性降低和毒性物质或刺激物的残留。④减毒的细胞培养疫苗,用以制备减毒活疫苗的弱毒株主要有 Flury 株、SAD 株和 EAR 株。用很小剂量的疫苗进行免疫即可获得有效的免疫保护反应,疫苗生产成本低于灭活疫苗,可通过口服方式免疫而不需要注射器,方便了疫苗使用。这些疫苗对预防狂犬病的发生起到了积极重要的作用。此外,基因工程重组活载体疫苗、反向遗传操作研究的弱毒疫苗、DNA 疫苗以及亚单位疫苗等研究取得较好进展,基于牛痘病毒和金丝雀痘病毒构建的狂犬病病毒糖蛋白的活载体疫苗已经实现产业化生产,可通过口服免疫动物,主要用于预防野生动物狂犬病,免疫期 1～3 年。

我国狂犬病疫苗经历了羊脑兔脑神经组织苗、细胞培养疫苗、细胞培养浓缩疫苗、细胞培养纯化疫苗和细胞培养纯化无佐剂疫苗等阶段,人用狂犬病疫苗种类较多,但 WHO 推荐的狂犬病疫苗只有 4 种,即人二倍体细胞疫苗、Vero 细胞疫苗、鸡胚细胞纯化疫苗和鸭胚纯化疫苗,我国人用狂犬病疫苗只有地鼠肾细胞疫苗和 Vero 细胞纯化疫苗。我国生产上市的兽用狂犬病活疫苗种毒于 1979 年从国外引进,系在 BHK21 细胞系生长适应的 Flury 株狂犬病鸡胚低代毒(LEP)。2008 年我国成功研制犬狂犬病、犬瘟热、副流感、腺病毒病和细小病毒病五联活疫苗。由于活疫苗病毒在体内可能发生回复突变而引起发病,存在安全隐患,因此,近年来,灭活疫苗逐渐受到重视,我国已经研制成功多个兽用狂犬病灭活疫苗,采用的病毒株包括 dG 株 Flury LEP、PV2061、Flury、CVS-11、CTN-1 和 SAD 株等,而进口的灭活疫苗多属于一种改良型的 Semple 疫苗。鉴于我国狂犬病灭活疫苗能够满足防疫需要,农业部决定自 2017 年 7 月 1 日起,停止生产狂犬病活疫苗(包括多联活疫苗),涉及的相关企业的兽药产品批准文号同时注销。

1. 狂犬病灭活疫苗(Flury LEP 株)

本疫苗系用狂犬病病毒 Flury LEP 株接种仓鼠肾细胞(BHK21)培养,收获感染细胞培养物,经浓缩、β-丙内酯灭活、纯化后,加适宜稳定剂,经冷冻真空干燥制成。2～8℃保存,有效期为 24 个月。用于预防犬的狂犬病,皮下或肌肉接种。用配套稀释液稀释,3 月龄以上犬,每只 1.0 mL(含 1 头份)。建议在 3 月龄时进行首次接种,首免后 30～60 d 加强接种 1 次,以后每 12 个月接种 1 次。免疫期为 12 个月。

2. 改良型 Semple 灭活疫苗

本品系用巴黎株狂犬固定毒通过兔脑传代作为种毒。种毒经脑内或硬脑膜下接种成年健壮的绵羊，一般接种后第3天体温上升，第4～7天呈现四肢麻痹、瘫痪等明显症状，待体温下降濒死时，割杀取脑组织，用含有60%甘油及1%苯酚的蒸馏水按1∶4制备脑组织乳剂，经过滤后置36℃脱毒7 d。取少量样品，用生理盐水作4倍稀释，脑内接种小鼠，以检查是否脱毒完全。疫苗2～8℃保存，本疫苗可用于各种动物，后腿或臀部肌内注射，体重4 kg以下的犬注射3 mL，4 kg以上的犬注射5 mL；羊、猪10～20 mL，牛、马25～50 mL。

3. 其他灭活疫苗

目前我国大量生产销售的疫苗还有狂犬病灭活疫苗(dG株)、狂犬病灭活疫苗(SAD株)、狂犬病灭活疫苗(PV/BHK-21株)、狂犬病灭活疫苗(HCP-SAD株)等。

(四)诊断制剂

该病确诊必须依靠实验室诊断，并以病原检测为主，血清学检测为辅。病原检测主要包括感染动物脑组织内基小体检查、荧光抗体技术(FAT)、小鼠和细胞培养物感染试验、酶联免疫吸附试验(ELISA)、反转录-聚合酶链式反应(RT-PCR)和荧光定量聚合酶链式反应(Real-time PCR)等方法。单一试验的阴性结果不能排除动物感染的可能，应与细胞接种试验和小鼠接种试验相结合。

1. 病原检测方法

(1)荧光抗体技术(FAT)　该方法是WHO和OIE同时推荐的诊断方法，快速、敏感性和特异性好，可用于检测感染动物组织中狂犬病病毒，但需要训练有素的技术员、荧光显微镜及高质量的荧光标记抗体。目前，我国已经研制成功狂犬病免疫荧光抗原检测试剂盒。

(2)酶联免疫吸附试验(ELISA)　ELISA检测狂犬病抗原是免疫化学试验的另一种方法。应用方便，简单快速，可用于大批量样品的流行病学调查。WHO推荐应用法国Pasteur研究所研制的快速狂犬病酶联免疫诊断方法(RREID)，试剂为标准诊断试剂，用于检测脑样品中狂犬病病毒核蛋白，其敏感性和特异性与FAT相关性达96%，灵敏度略低于FAT。

(3)反转录-聚合酶链式反应(RT-PCR)或荧光定量聚合酶链式反应(Real-time PCR)　用于唾液、脑脊液、皮肤或脑组织标本以及感染病毒后的细胞培养物或鼠脑病毒核酸检测，具有高灵敏度和高特异性的特点，在大规模样品的初步筛选中具有无可替代的优点。

2. 血清学检测方法

主要用于：①确定动物暴露前的抗体水平、预防免疫效果和动物的免疫水平及免疫覆盖率。②通过测定野生动物狂犬病中和抗体的水平，了解狂犬病在动物种群中隐性感染的情况。③在疫苗研制和生产中，还可用于疫苗效力的鉴定。目前，荧光抗体病毒中和试验(FAVN)和快速荧光斑点抑制试验(RFFIT)为国际贸易的金标准。FAVN方法以100 $TCID_{50}$的狂犬病病毒完全被血清中和作为判定标准，所采用的标准对照血清是中和效价为0.5 IU/mL的犬血清，阴性对照为未免疫的犬血清，其检测结果稳定、准确，但耗时，且需操作活病毒。RFFIT用于检测动物血清样品抗体水平时，尤其是在抗体水平较低时存在一定比例的假阳性。大批量血清检测主要依赖于ELISA抗体检测，其敏感性比FAVN和RFFIT低，但可用于快速筛选试验(只需4 h)或测定犬和猫疫苗接种后的血清转变和暴露后免疫接种效果，阴性结果可用FAVN或RFFIT确定。ELISA抗体检测方法不需要采用活的狂犬病病毒，其价格低廉，操作简单安全，快速并准确。近年来，我国已经研制成功狂犬病抗体检测试剂盒。

五、流行性乙型脑炎

流行性乙型脑炎(epidemic encephalitis B,EEB)又称日本乙型脑炎(Japanese encephalitis,JE),简称乙脑,是由日本脑炎病毒(Japanese encephalitis virus,JEV)经蚊虫媒介叮咬传播而引起的一种人兽共患自然疫源性传染病,可引起人、马和猪发病。近年来全球每年人的报告病例数在5万人左右。病毒侵入机体后随血液进入脑部,引起中枢神经系统感染,具有死亡率高、隐性感染率高的特点。临床上表现为从隐形感染到急性感染,急性感染时表现为高热、狂暴和沉郁等症状。该病主要由三带喙库蚊(*Culex tritaeniorhynchus*)传播,具有明显的季节性,中国及东南亚地区流行较为严重,该病被我国列为二类动物疫病,对公共安全以及畜牧行业有着较大危害,被WHO列为需要重点控制的传染病。

猪是自然界最重要的储存和增殖宿主。该病毒可通过胎盘侵害胎儿,形成垂直感染。怀孕母猪发病后表现为早产、流产或死胎,多在妊娠后期发生,流产后症状减轻,体温、食欲恢复正常,公猪感染后会引发睾丸炎等繁殖障碍症,因此会给养猪业造成巨大经济损失。2016年瑞士学者发表的研究结果表明,在试验条件下该病可以在猪之间通过直接接触传播,扁桃体带毒时间可以持续25 d以上,这给该病的防控提出了更大的挑战。

(一)病原

日本脑炎病毒为黄病毒科(*Flaviviridae*)、黄病毒属(*Flavivirus*)成员。病毒粒子直径为30~40 nm,呈球形,二十面体对称,由核芯、囊膜和突起构成。JEV基因组是单股正链RNA,长度约为11 kb,由单一开放的读码框(ORF)以及5′非编码区和3′非编码区组成,ORF首先编码成一个多聚蛋白,然后多聚体蛋白在宿主蛋白酶和病毒的作用下加工形成3个结构蛋白(C蛋白、PrM蛋白、E蛋白)和7个非结构蛋白(NS1、NS2A、NS2B、NS3、NS4A、NS4B和NS5),其中膜前体蛋白(PrM)是病毒诱发保护性免疫的协同成分,它紧密地与E蛋白结合,形成异二聚体,在病毒粒子释放同时或释放之前一瞬间,PrM切割形成M蛋白,M蛋白能诱发轻度中和作用的抗体。囊膜糖蛋白(E)是病毒囊膜蛋白和病毒粒子表面最重要的成分,E蛋白含有病毒的抗原决定簇,在病毒吸附和进入宿主细胞中有着重要的作用,具有血凝活性和中和活性,可以诱导产生免疫保护作用。根据*E*基因,该病毒分为5个基因型,基因Ⅰ型和基因Ⅲ型在中国同时流行。NS1是病毒的非结构蛋白,与病毒的组装和释放有关,为糖蛋白,表达于感染细胞的表面。并可分泌到培养上清中。病毒感染过程中,NS1蛋白可以刺激机体产生抗体,但该抗体并非中和抗体,而是借助补体介导的溶细胞作用发挥保护性作用。

该病毒易在7~9日龄鸡胚内适应和增殖,胚体内含毒量最高,鸡胚接种后大都死亡。该病毒也可在多种继代细胞和传代细胞内增殖。但是,通常只在仓鼠肾原代细胞、猪肾和羊胎肾细胞产生稳定病变和蚀斑。病毒也可在蚊子的组织培养细胞内复制,并产生较高效价的病毒,但是一般不引起细胞病变。该病毒主要存在于中枢神经系统,如脑脊髓液、脾脏、睾丸和死胎脑组织,而在感染动物血液内存留时间很短。此外,该病毒具有较广的血凝活性,能凝集鸽、鹅、绵羊和雏鸡的红细胞,但不同毒株的血凝滴度与最适pH都有所差异。

该病毒对外界抵抗力不强,置56℃ 30 min或100℃ 2 min即死亡;−70℃低温冻干状态下可存活数年;−20℃条件下可保存1年,5%甘油生理盐水中4℃条件下存活6个月,但毒价降低;最适pH为8.5,在pH 7~10范围内可保持活性。病毒对乙醚、氯仿、脱氧胆酸钠、蛋白水解酶和脂肪水解酶等比较敏感。

(二)免疫

乙脑病毒只有1个血清型,但是不同毒株间的抗原性存在一定的差异。黄病毒属内病毒在血清学上彼此有交叉反应,根据血凝抑制试验的结果,JEV与西尼罗病毒(WNV)、墨果河谷脑炎病毒、圣路易脑炎病毒共同组成一个亚组。

JEV免疫应答相关基因主要集中于PrM蛋白、E蛋白和NS1蛋白。病毒侵入机体后,会刺激机体产生体液免疫和细胞免疫应答,前者占主导地位。病毒感染机体后。E蛋白表面的中和抗体表位可诱导机体产生特异性中和抗体IgM,IgM与病毒抗原结合后,就会阻断病毒侵入机体细胞。NS1蛋白诱导产生的抗体,通过补体介导的细胞毒作用发挥保护作用。另外,M蛋白亦能诱导产生具有轻度中和作用的抗体。与此同时,抗体与抗原结合后,也可能激活补体及细胞免疫。细胞免疫的抗原表位主要集中于其他非结构蛋白,病毒刺激机体的杀伤性T淋巴细胞特异地作用于病毒抗原,引起病毒溶解。另外病毒也会刺激机体产生各类细胞因子,增加免疫反应强度。

(三)疫苗

疫苗接种是预防和控制该病的最重要手段之一。乙脑病毒可产生坚强持久的免疫力,并且乙脑病毒抗原变异不明显,这些为乙脑疫苗用于预防提供了良好基础。

乙脑疫苗主要有灭活疫苗和减毒活疫苗,目前广泛应用的主要是弱毒疫苗。

(1)流行性乙型脑炎灭活疫苗　制疫苗所用原材料,分别来自鼠脑、鸡胚和仓鼠肾细胞。目前我国主要用小鼠生产猪乙型脑炎灭活苗。种毒为猪乙型脑炎病毒WH1株。制造时,将病毒脑内接种8～12 g小鼠,3～4 d后小鼠出现症状或濒死,取脑组织制成10%悬液,甲醛溶液灭活,加入油佐剂乳化即成。灭活疫苗一般需要多次接种才能产生良好的免疫效果,局部不良反应率较高,价格较高,故生产使用较少。

(2)流行性乙型脑炎活疫苗　我国乙型脑炎减毒活疫苗的研制走在世界前列,先后研制出SA14-2-8减毒株、SA14-5-3减毒株和SA-14-2-2减毒株等。我国学者俞永新等用具有良好免疫原性的减毒株SA14-14-2,通过原代地鼠肾细胞培养制备的活疫苗,是目前唯一用于人类的乙脑减毒活疫苗,在国内得到广泛应用并出口到韩国、尼泊尔和印度等亚洲国家使用。与原代地鼠肾细胞灭活疫苗相比,乙脑减毒活疫苗能激发细胞免疫反应,特异性更强,血清中和抗体转阳率更高,持续时间更长。

用SA14-14-2毒株接种地鼠肾原代细胞培养,收获病毒培养液,加适宜的稳定剂,经冷冻真空干燥制成疫苗。该减毒活疫苗具有可靠的安全性、良好的免疫原性。用后备母猪进行免疫原性试验,能产生良好的免疫应答;免疫该疫苗的初产母猪能抵抗JEV强毒的攻击,不产生病毒血症,对胎儿的保护率达100%。该疫苗的质量标准已经收录入2010版《中国兽药典》。该毒株通过猪体繁殖5代未见毒力回升。证明该疫苗具有接种针次少、副反应小、免疫原性高、免疫效果好等优点,是目前唯一获得认可和推广使用的乙脑活疫苗。

【毒种】SA14-14-2毒株接种地鼠肾原代细胞培养物。

【制造要点】

①毒种制备:将毒种用PBS稀释成含毒量$10^{3.7\sim4.7}$ $TCID_{50}$/mL,接种地鼠肾细胞,置35～36℃培养,在细胞病变达75%时,收获病毒液。每毫升病毒含量≥$10^{6.7}$ $TCID_{50}$。毒株对小鼠

的最小免疫剂量应≤$10^{3.5}$ $TCID_{50}$。应无细菌、霉菌、支原体和外源病毒污染。

②制苗病毒液的繁殖：选择生长良好的单层地鼠肾细胞，弃去培养液。加入适量的维持液。病毒的接种量为维持液含 $10^{3.7\sim4.7}$ $TCID_{50}$/mL。置 35～36℃ 培养，在细胞病变达 75% 时，收获病毒液。每毫升病毒含量≥$10^{7.5}$ $TCID_{50}$。

③配苗及分装：将检验合格的病毒原液合并后，加入适量保护剂和抗生素，充分混匀，分装，然后迅速进行冷冻真空干燥。

【质量标准】本品形状为淡黄色疏松团块，加入稀释液后迅速溶解为橘红色的透明液体。除按兽医生物制品检验的一般规定进行检验外，应进行如下检验。

①鉴别检验：用 PBS(0.015 mol/L，pH 7.4～7.6)将疫苗病毒含量稀释为 $2.0\times10^{2.0}$ $TCID_{50}$/mL，与乙型脑炎特异性抗血清等量混合，37℃ 作用 90 min，接种地鼠肾原代细胞，置 37℃ 培养。同时设不中和疫苗的对照组，置于同等条件下培养。观察 7 d，判定结果。对照组细胞应出现特征性细胞病变，中和组细胞应无细胞病变。

②安全检验：以下检验项目中，a 项为必检项目，b～d 项任择其一。

a. 用乳猪检验：用 4～8 日龄健康(猪乙型脑炎 HI 效价不高于 1∶4)乳猪 4 头，各肌内注射疫苗 2.0 mL(含 10 头份)，观察 21 d，应无因接种疫苗而出现的局部或全身不良反应。

b. 脑内致病力试验：用体重 12～14 g SPF 级小鼠 10 只，各脑内接种疫苗 0.03 mL (含 0.5 头份)。接种后 72 h 内出现的非常特异性死亡小鼠应该不超过 2 只。其余小鼠继续观察至接种后 14 d，应全部健活。

c. 皮下感染入脑试验：用体重 10～12 g 清洁级小鼠 10 只，各皮下注射疫苗 0.1 mL(含 0.5 头份)，同时右侧脑内空刺，观察 14 d。应全部健活。

d. 毒性试验：用体重 12～14 g 清洁级小鼠 4 只，各腹腔注射疫苗 0.5 mL(含 2.5 头份)，观察 30 min，应无异常反应，继续观察至接种后 3 d，应全部健活。若出现非特异性死亡，可重检一次。重检后，应符合上述标准，否则判为不合格。

③效力测定：以病毒含量测定代替。用 PBS(0.015 mol/L，pH 7.4～7.6)将疫苗作 10 倍系列稀释，取 10^{-5}、10^{-6} 和 10^{-7} 3 个稀释度，分别接种地鼠肾原代细胞培养物，每个稀释度接种 4 瓶，同时设同批对照细胞 4 瓶，置 36～37℃ 培养 7 d 后，观察细胞病变，并计算 $TCID_{50}$，每头份病毒含量应不低于 $10^{5.7}$ $TCID_{50}$。

【保存与使用】2～8℃ 保存，有效期 9 个月；－15℃ 以下保存，有效期 18 个月。疫苗应现配现用，稀释液使用前最好 2～8℃ 预冷。疫苗接种最好选择在 4～5 月份(蚊蝇繁殖季节前)。

(3)细胞灭活疫苗 IC51　IC51 疫苗是将 SA14-14-2 毒株接种 Vero 细胞，经过培养、纯化和甲醛灭活制得，不含明胶稳定剂、抗生素或硫柳汞。接种 IC51 疫苗后，局部/全身不良反应发生率低，未出现严重的过敏反应。目前在美国、澳大利亚、欧洲、加拿大和瑞士等国家的人群中获批使用。日本(2006 年)和美国(2012 年)等国家已经先后停用了鼠脑灭活疫苗。

近年来，国内外在乙脑病毒嵌合病毒疫苗、基因疫苗、活载体疫苗和亚单位疫苗等基因工程疫苗研究方面取得一些进展，如用 JEV 疫苗 SA14-14-2 毒株的 PrM 和包膜 E 蛋白基因代替 17D 黄热病毒相应基因序列，构建成功嵌合病毒，免疫鼠和猴安全性较好，并产生免疫保护作用。用表达 JEV E 蛋白(或含 *PrM* ＋ *E* 基因、*PrM*＋*E*＋*NS*1＋*NS*2 基因)的重组痘苗病毒免疫小鼠能诱导产生中和抗体及抗 JEV 攻击。JEV 的 *E* 基因、*PrM* ＋ *E*、*NS*1 基因疫苗免疫小鼠可以产生一定的保护作用。为进一步提高 JEV 核酸疫苗效果，使用 *PrM-E-NS*1 3 种基因，利用同时具有三者的保护性表位，来达到提高免疫的效果。用 JEV 的 PrM 蛋白和 E 蛋白组成的细胞外颗粒（EPs）免疫小鼠亦能产生特异的中和抗体和 T 淋巴细胞。除此之外，由于近几年来登革热、寨卡等病给人类带来了较为严重的危害，黄病毒的疫苗研究成为热点，有研究对乙型脑炎/登革热联合疫苗进行探索，也有对鸭坦布苏/乙型脑炎病毒基因重组疫苗进行研究。

（四）诊断制剂

该病临床症状与很多其他疾病相似，确诊需要进行病原学和血清学检测。病原学诊断包括病原的分离鉴定和核酸检测，如一步法 RT-PCR 检测试剂盒、荧光定量 PCR 等。血清学检测主要是针对特异性抗体，检测方法有猪乙型脑炎 ELISA 诊断试剂盒、IgG 抗体 ELISA 试剂盒和乳胶凝集试验抗体检测试剂盒等。

我国农业部在 2016 年颁布了我国首个猪乙型脑炎病毒 ELISA 抗体检测试剂盒的新兽药证书，获准能在国内正式生产和销售。制剂名称猪乙型脑炎病毒 ELISA 抗体检测试剂盒（操作见二维码 8-4）。

二维码 8-4

六、轮状病毒病

轮状病毒是一种广泛存在于人以及多种动物体内的肠道病原，可引起轮状病毒病（rotavirus disease，RVD）。轮状病毒能够引起婴儿和多种新生动物的轻微或无症状感染，并伴有不同程度的死亡。但成年动物和成人感染后，多呈隐性经过。轮状病毒首先于 1969 年在美国从犊牛体内发现，随后在不同国家相继发现由轮状病毒引起的多种动物的腹泻，包括猪、羊、火鸡等。我国于 1979 年由庞其方从儿童腹泻样品中首次分离到该病毒。之后从多种患病动物体内分离到轮状病毒。轮状病毒对于畜牧业的发展以及人类健康均存在较大危害，对该病毒的防控具有重要的公共卫生学意义。

（一）病原

轮状病毒属于呼肠孤病毒科，轮状病毒属。病毒粒子直径为 65～75 nm，呈二十面立方体，无囊膜。病毒基因由 11 个双链 RNA 节段组成，编码 6 个结构蛋白（VP1～4、VP6、VP7）和 5 个非结构蛋白（NSP1～5）。病毒粒子由 3 层衣壳蛋白组成：外层衣壳蛋白（VP4、VP7）、中间层衣壳（VP6）和内层衣壳（VP2）。正常情况下，只有包裹三层衣壳蛋白的病毒粒子才具有传染性。没有外层衣壳的双层病毒粒子较小，边缘粗糙。结构蛋白 VP4 和 VP7 是刺激动物机体产生中和抗体的主要抗原，其中 VP7 是轮状病毒的主要结构蛋白，占轮状蛋白总量的 30%，具有很好的免疫原性，是诱导机体产生免疫保护作用的重要蛋白。

根据 VP6 的抗原性，轮状病毒可以分为 A～G 共 7 个血清群。按宿主范围以 A 群最广，可以感染人、绝大部分哺乳动物和禽类；B 群感染对象主要为猪、牛、羊和人；C 群和 E 群主要感染猪；其他群主要感染禽类。哺乳动物轮状病毒与禽轮状病毒无抗原相关性，而牛轮状病毒疫苗株亦不能够保护仔猪免受轮状病毒的感染。其中 A 群轮状病毒是引起人和猪腹泻的最常见原因，对 A 群轮状病毒可根据 VP7 中和表位的不同，进一步分为不同的血清亚型，即 G 型；根据 VP4 中和表位的不同也可以将其分为不同血清亚型，即 P 型。

目前，轮状病毒主要用非洲恒河猴肾细胞系 MA-104 进行病毒的分离与培养。该病毒在培养过程中不产生或仅产生轻微的细胞病变，培养过程中添加胰酶或胰蛋白酶及采用旋转培养，能提高病毒的分离率。轮状病毒是一种无囊膜的病毒，因而对各种理化因素有较强的抵抗力，如对氯仿、乙醚、去污剂等具有抵抗力。

（二）免疫

轮状病毒感染后可刺激宿主产生肠道免疫和全身性免疫。轮状病毒强毒感染后，机体会产生保护力而不会再次被同型（P 型或 G 型）轮状病毒感染。

天然免疫在轮状病毒的感染过程中起重要作用。轮状病毒主要侵犯肠道绒毛上皮细胞。针对该病毒的免疫性保护主要与肠道和血清产生的中和抗体 IgA 相关。T 细胞在轮状病毒感染后同样起重要作用。首先，B 细胞产生抗体依赖于 T 细胞的调控。其次，$CD8^{+}$ T 细胞可以保护机体不受轮状病毒感染，但主要是限制病毒的原发感染；而 $CD4^{+}$ 细胞可以抵御轮状病毒对于机体的再次感染。

研究发现 1 周龄以内和刚断奶的仔猪对于轮状病毒最易感，而 2 周龄内的仔猪感染，出现腹泻的情况不多，这可能是仔猪通过初乳获得了被动免疫。轮状病毒感染后，初乳和常乳中的特异性抗体给新生幼畜提供了重要的保护。分泌型 IgA 由于对于消化酶的抵抗力更强，所以能够更有效地保护幼畜肠道。同时，对于新生幼畜进行主动免疫能够诱导新生幼畜在肠道内产生 IgA，继而抵抗病毒感染。

轮状病毒接种或者口服免疫之后，特异性抗体主要针对病毒的内层衣壳蛋白 VP6。虽然 VP6 是一种非中和性抗原，但是其 289aa～302aa 含有一个很强的 Th 细胞表位，可以刺激产生很强的免疫反应，产生具有免疫保护作用的抗体和具有中和作用的 sIgA。但 VP6 产生的抗体不足以保护机体免受轮状病毒的感染。轮状病毒的外层衣壳蛋白 VP4 和 VP7 是病毒中和反应的最主要目标。

（三）疫苗

目前主要实际应用于临床或者生产的轮状病毒疫苗主要是单价或多价灭活苗或弱毒苗。在人的临床上使用的疫苗目前主要有 3 种，包括葛兰素史克公司的 Rotarix，默克公司的 Rotateq，以及我国兰州生物制品研究所生产的罗特威。这 3 种疫苗均为口服减毒活疫苗，其中 Rotateq 为五价苗，Rotarix 与罗特威均为单价苗。

兽用疫苗方面，美国有一种已注册的犊牛用疫苗，但其保护效力仍存在争议。由于仔猪腹泻多由轮状病毒、猪传染性胃肠炎病毒、猪流行性腹泻病毒其中的一种或多种混合感染引起，为了增强防控效果和减少接种次数，通常将这几种病毒制成二联或三联苗。2015 年中国农业科学院哈尔滨兽医研究所研制出了猪传染性胃肠炎、猪流行性腹泻、猪轮状病毒（G5 型）三联活疫苗（弱毒华毒株＋弱毒 cv777 株＋nx 株，简称猪腹泻三联苗）。该疫苗采取后海穴注射免疫，能较好地诱导体液免疫与细胞免疫应答，保护率高，可用于紧急预防接种。

（四）诊断试剂

轮状病毒感染的症状不典型。诊断需要检测病毒、病毒抗原或者是病毒核酸（RNA）。检测轮状病毒的方法有许多，包括电子显微镜、免疫电镜、免疫组化、冰冻小肠切片或压片的间接免疫荧光、ELISA、病毒分离、乳胶凝集试验、斑点杂交、RNA 电泳型、RT-PCR 方法等。但受到条件的限制，实际应用中，以 PCR 和免疫学技术较为可靠和实用。

（1）A 群轮状病毒诊断试剂盒　该试剂盒采取双抗体夹心法检测样本中的 A 群轮状病

毒。使用时，直接将适量的粪便样品放入样品提取液中，混匀，离心后在加样处滴加样品上清，室温下静置 10 min 即可判定结果。

（2）轮腺快速检测试剂盒　采用免疫层析法，检测试条上包被有腺病毒和轮状病毒的单克隆抗体，当液相样品和金标结合物通过毛细现象接触到病毒抗体时，即可显示不同颜色，进而判断结果。

（亓文宝）

第三节　寄生虫类制品

一、旋毛虫病

旋毛虫病（trichinellosis）是由毛形科的旋毛形线虫寄生所引起的一种人畜共患寄生虫病。该病是肉品卫生检疫项目之一，在公共卫生上具有重要意义。人主要是通过食入生肉、半生不熟的肉而患病，其成虫寄生于小肠，引起肠旋毛虫病，导致的主要表现为肠炎；幼虫寄生于横纹肌，引起肌旋毛虫病，导致的主要病变在肌肉，如肌细胞横纹消失、萎缩和肌纤维增厚等。人、猪、犬、猫、狐狸、野猪和啮齿类等多种哺乳动物均可感染。

（一）病原

旋毛形线虫（*Trichinella spiralis*）属于毛首目、毛形科、毛形属。成虫微小，线状，虫体后端稍粗。雄虫大小为（1.4～1.6）mm×（0.04～0.05）mm；雌虫为（3～4）mm×0.06 mm。成虫寄生于小肠，所产出的新生幼虫，随淋巴血液运行至横纹肌寄生。幼虫分泌的代谢产物具有毒性，可引起心肌炎、肺炎，严重时引起死亡。

（二）免疫与疫苗

动物感染后能产生抗再感染的免疫力，其机制可能与小肠壁的细胞免疫反应有关。致敏 T 细胞能成功地攻击嵌入肠黏膜中的旋毛虫或移行中的幼虫。感染旋毛虫的动物均表现有细胞免疫反应，皮内注射虫体抗原可引起迟发型变态反应，并可通过淋巴细胞将免疫传递给正常动物。人工试验表明 25～500 条幼虫即可引起免疫，有免疫力的动物，可以抵抗一个或多个致死剂量感染性幼虫的攻击。另外，肌肉旋毛虫所形成的包囊可使虫体逃避宿主免疫系统的识别，还防止抗体及其他效应因子向囊内渗入，使囊内虫体得以生存。旋毛虫病可使感染动物发生非特异性免疫抑制，表现为对其他感染的抵抗力降低，对疫苗反应减弱及移植皮肤时皮肤存活期的延长。

接种经 X 射线辐射处理的幼虫可以引起免疫；注射旋毛虫的代谢分泌抗原可使成虫排除；感染动物的血清中，如有天然产生的抗体，有可能大大降低幼虫的感染性。旋毛虫成虫可溶性粗抗原是很好的免疫原；免疫印迹技术分析旋毛虫肌幼虫可溶性抗原成分，显示有 6 种旋毛虫多肽抗原。目前尚无商品化疫苗。

（三）诊断制剂

猪旋毛虫病的免疫诊断可采用皮内变态反应和沉淀试验等方法。我国已研制出猪旋毛虫的单克隆抗体,并用于 ELISA 试验诊断猪旋毛虫病。

二、猪囊虫病

猪囊虫病(cysticercosis)又称囊尾蚴病,是由猪带绦虫的幼虫——猪囊尾蚴寄生于猪的肌肉及其器官而引起的一种人畜共患寄生虫病。成虫寄生于人的小肠;幼虫寄生在猪的肌肉组织,有时也寄生于猪的实质器官和脑中。特别值得注意的是,人也可以作为中间宿主,幼虫也能寄生在人的肌肉组织和脑中,从而引起严重的疾病。

(一)病原

猪囊尾蚴,俗称囊虫,属于圆叶目带科带属,如黄豆大小,为白色半透明的囊状物,囊内充满透明的囊液。囊壁内面有一小米粒大的白点,是凹入囊内的头节,其结构与成虫头节相似,头节上有吸盘、顶突和小钩,典型的吸盘数为 4 个,小钩数目与成虫相似,但常有很大变化。囊尾蚴的大小、形态因寄生部位和营养条件的不同和组织反应的差异而不同,在疏松组织与脑室中多呈圆形,5～8 mm;在肌肉中略长。

(二)免疫

动物试验表明,初次感染囊尾蚴抗原,1 周后抗体水平开始升高,6～7 周达到高峰。若把从感染鼠肠道分泌物中纯化的 IgA 注入健康鼠肠道或喂幼鼠,再予攻虫,鼠肝内绦虫幼虫数明显低于对照组,而 IgG 则无效,表明肠道中分泌型 IgA 是抗囊尾蚴感染的第一道防线。囊尾蚴病人血清及多数脑囊尾蚴病人的脑脊液中可查到抗囊尾蚴 IgG、IgM、IgA、IgE 抗体,以 IgG 为主。患者血清的总 IgG、IgE 含量,以及特异性 IgG、IgE 都显著增高。同时肥大细胞脱颗粒阳性率明显高于正常人,推测 IgE、IgG 介导的免疫反应参与人体囊尾蚴病的发病过程。病人血清中特异性抗体的量依次为 IgG＞IgM＞IgA,治疗前与治疗后一定时间内变化不显著。

动物试验发现,T 细胞在感染后 12 h 有重要保护作用,B 细胞通过加强 T 细胞免疫效应起部分作用。单纯中性粒细胞对猪带绦虫六钩蚴无明显影响,但在抗体尤其是 IgG 参与下,中性粒细胞呈现明显的杀伤作用。若用羊抗人 IgG 血清吸附抗体,则虫体死亡率明显降低,提示 IgG 依赖的中性粒细胞介导的细胞毒作用(ADCC)在人体抗囊尾蚴免疫中是重要杀虫机制。脑囊尾蚴病人外周血 T 淋巴细胞亚群检测显示,患者 Th 减少、Ts 细胞占优势,提示免疫功能紊乱,细胞免疫功能低下。Mitchell(1987)在猪体试验中免疫接种猪肉绦虫卵前,外周血涂片嗜酸性粒细胞为 4%,猪感染后 8 个月,囊尾蚴周围有强烈的肉芽肿反应,有嗜酸性粒细胞、淋巴细胞、巨噬细胞、上皮样细胞、浆细胞和纤维细胞浸润,囊虫壁外周有浓密的嗜酸性粒细胞层,许多嗜酸性粒细胞浸润到虫体吸盘等组织内,脱出的嗜酸性粒细胞使虫体的结构受损,以致使虫体死亡,结构崩溃。

(三)疫苗

有的学者对猪囊虫体外培养进行了研究,这对于进一步研制囊虫苗免疫制品具有积极的作用。近年来,该病基因工程疫苗研究已取得重要进展。

猪囊尾蚴细胞油乳剂灭活疫苗,介绍如下。

【制备要点】本品系用猪囊尾蚴 CC-97 细胞系经传代培养,收获其细胞及代谢产物,经冻融,超声波裂解,加甲醛溶液灭活后,与油佐剂混合乳化制成,为乳白色乳状液。每头份猪囊尾

蚴细胞含量至少为 3.0×10^6 个。

【质量标准】除按成品检验的有关规定进行检验外，尚需做如下检验。

①安全检验：用 20～30 日龄健康易感仔猪 5 头，各颈部肌内注射疫苗 2 头份，逐日观察 14 d，应全部健活，且应不出现因注射疫苗引起的严重局部或全身不良反应。

②效力检验：用 20～30 日龄健康易感猪 10 头，其中 5 头各颈部肌内注射疫苗 2 mL，14 d 后，加强免疫 1 次，5 头不接种，作为对照。接种后 28～30 d，用 ELISA 方法测定血清抗体效价，免疫组应至少有 4 头猪的抗体效价≥1∶2 560。

【保存与使用】2～8℃保存，有效期 12 个月。用于预防猪囊尾蚴病。颈部肌内注射。20～30 日龄仔猪首免，14 d 后第二次免疫，每次 2 mL/头。接种后 21～28 d 产生免疫力。免疫期为 4 个月。

(四)诊断制剂

酶联免疫吸附试验和间接血凝试验等均可用于猪血清中猪囊虫特异性抗体的检测。

三、弓形虫病

弓形虫病(toxoplasmosis)是由刚地弓形虫引起的一种人畜共患的寄生虫病。刚地弓形虫广泛寄生在人和动物的有核细胞内，呈世界性分布。人和猫、犬、猪、牛、羊等 200 多种动物均可感染。弓形虫病对人畜的危害很大，孕妇感染可导致早产、流产、胎儿或婴幼儿发育畸形，甚至死亡；对免疫抑制或免疫功能低下患者的危害更为严重，是引起其死亡的主要原因之一。

(一)病原

刚地弓形虫(*Toxoplasma gondii*)是 1908 年由 Nicolle 等发现，是一种广泛存在于人和动物的寄生原虫。弓形虫的生活史可表现出 5 个形态阶段：速殖子、包囊、裂殖体、配子体和卵囊。弓形虫对中间宿主的选择性不强，无论哺乳类、鸟类和人都可以作为中间宿主，猫既可充当终末宿主又是中间宿主。对组织的选择性也不严格，除红细胞外，任何有核细胞都可侵犯。

(二)免疫

不同宿主种类对感染弓形虫的敏感性也有较大的区别，不同虫株对宿主的感染性也可有明显的不同。实验动物中的小鼠、仓鼠和兔等对感染弓形虫较为敏感，且易致病死亡，例如兔感染小剂量 RH 株弓形虫即可死亡。豚鼠、大鼠和灵长类动物具有某些天然抵抗力。Remington 等以强毒株弓形虫感染大鼠未见明显症状，表明具有较强的抵抗力，但是在感染后两年以上的时间内，仍能从大鼠脑中找到活的弓形虫。在家畜中，猪比牛敏感。人也有较强的免疫力，人单核细胞和由单核细胞衍化的巨噬细胞都具有一定的杀灭弓形虫的能力。Wilson 等报道，弓形虫可被新鲜分离的人血单核细胞迅速破坏。但也有学者认为，人的天然免疫力的个体差异很大；在相同的条件下，疾病的症状、病理变化和免疫应答等的个体差异也是很大的。

弓形虫感染的早期主要是以体液免疫为主，在后期或恢复期则主要为细胞免疫。故细胞免疫对机体控制感染起主要作用。

1. 体液免疫

人和动物感染弓形虫后，血清中较快出现抗体。主要属于两种免疫球蛋白，感染早期为大分子的 IgM 抗体，以后逐渐为小分子的 IgG 所代替。这些抗体可以用染色试验(DT)、间接血凝试验(IHA)、补体接合试验(CF)和免疫荧光试验(IFA)等方法进行检测。IgG 抗体可通过胎盘从母体传递给胎儿,在胎儿体内能持续数月,以后消失,因此出生后 5 个月内的婴儿所检出的 IgG 尚不能确诊为先天性感染。IgM 抗体不能通过胎盘,从先天性弓形虫病脐带血清分离出 IgG 和 IgM,而母亲血清中仅有 IgG,表明子宫内胎儿的 IgM 不是来自母体。因此,血清中弓形虫特异性 IgM 的出现是确诊新生儿先天性感染的重要依据。

扫描电镜下显示,抗体可溶解弓形虫细胞膜,导致弓形虫"萎陷"。然而特异性抗体的保护作用是有限的,抗体滴度的高低在机体保护反应中也无多大意义。将抗体输入急性感染或无胸腺小鼠,不能提供保护作用,但是将抗体(效价>1∶8 000)输入治疗后的 IgM 抑制小鼠,可使 50%小鼠清除弓形虫。表明在弓形虫急性感染期,抗体没有决定性保护作用;但在控制长期弓形虫感染方面,可能会起到重要作用。

2. 细胞免疫

试验证实,动物输入弓形虫免疫的淋巴细胞,可产生对强毒力弓形虫株攻击的保护作用;同时,免疫淋巴细胞还可激活并增强吞噬细胞杀灭弓形虫的作用,而输入免疫血清则只有轻微的保护作用。表明在弓形虫病免疫中细胞免疫较体液免疫起着更为重要的作用。

(三)疫苗

我国于 20 世纪 70 年代起就开始了猪弓形虫的体外培养研究,采用继代培养方法驯化弱毒株用于免疫接种。组织细胞培养致弱的弓形虫虫苗在 100%接种动物中产生免疫保护作用。通过驯化致弱的弓形虫弱毒苗使用安全,效果确实。

【虫种】从猪弓形虫病料中分离的弓形虫 NT 株,通过 Vero 细胞培养传代,经紫外线全暴露垂直连续照射 420 代次,建立一株抗紫外线辐照突变虫株 NTA-Ⅲ株。虫体全暴露垂直光源(距离 5 cm)辐照 2 h,活虫占 90%以上,生长繁殖正常。每头猪使用 100 个免疫量虫数,临床观察 4~7 d,免疫猪体温、食欲和精神均正常。免疫猪 14 d 后,产生免疫力,21 d 使用弓形虫强毒株攻击,对照组发病或死亡,免疫猪全部保护。虫种应无杂菌、真菌、支原体及外源病毒污染。虫种保存于-193℃液氮中,保存期 12 个月。

【制造要点】

①虫种继代:用 Vero 细胞,每传 10 代,需经紫外线辐照 1~2 代次,以便检查虫体抗照性。

②兔或地鼠细胞培。

③虫体繁殖:虫种接种在单层细胞旋转瓶内,2~3 d 收 1 次,换新鲜培养基,3~5 d 后再收一次。合并虫体,配苗含虫 100 000/mL 活虫数,以 2%台盼蓝染色镜检着色者为活虫。

④配苗及分装:a. 水剂虫苗:将计数的虫体原液加入 20%甘油 Hank's 溶液中,使含虫量保持在 1×10^5 个/mL。b. 浓缩虫苗:将计数的虫体原液,低速离心,弃上清液,加入 3%明胶液(37℃)充分摇匀使含虫数达 2 500 000 个/mL。

【质量标准】

①性状及一般性检查:细胞虫苗呈淡红色,pH 7.2;浓缩虫苗在 4℃ 呈半固体状,淡黄色,pH 6.8。抽取含虫悬浮液,加入厌气肝汤、肉汤、血琼脂斜面三种培养基,37℃ 培养,无菌生长为合格。

②安全检验:每头猪接种 100 个免疫量虫数,临床观察 4~7 d,免疫猪体温、食欲和精神均应正常。

③效力检验：虫苗免疫猪 14 d 后，产生免疫力，21 d 使用弓形虫强毒株攻击，对照组发病或死亡，免疫猪全部保护。免疫期 9 个月。

【保存和使用】疫苗于 −4℃ 保存，有效期 1 个月。供弓形虫病流行区内使用，以预防猪(羊)弓形虫病发病及死亡。100 头剂细胞虫苗及 500 头剂浓缩虫苗，用于未发病牲畜，每头 1 mL。对已发病牲畜、妊娠母畜和未断奶仔猪不得使用。

(四)诊断制剂

常用的弓形虫血清学诊断技术有染色试验(dye-test)、补体结合试验、间接血凝反应、改良凝集试验、间接荧光抗体技术、放射免疫试验和酶联免疫吸附试验等。

(刘国华)

复习思考题

1. 鸡大肠杆菌病和猪大肠杆菌病的主要表现形式各有哪些？如何进行免疫预防？
2. 鸡白痢和鸡伤寒平板凝集试验对其相应疾病的防控具有什么意义？
3. 根据多杀性巴氏杆菌的抗原结构特点以及动物抵抗多杀性巴氏杆菌感染的保护性反应，试述如何合理使用疫苗以防控禽霍乱、猪肺疫、牛出败和兔出败？
4. 简述牛型结核菌素评价标准。
5. 简述布鲁菌病疫苗种类及其使用方法。
6. 试列举 6 种钩体病实验室血清学诊断方法。
7. 简述禽流感疫苗的种类及优缺点，用于禽流感的诊断试剂有哪些？
8. 预防口蹄疫的疫苗有哪些种类？如何进行口蹄疫灭活疫苗的质量控制？
9. 如何利用疫苗综合防控狂犬病？
10. 简述弓形虫病弱毒苗制造要点。

第九章　猪用生物制品

本章摘要：猪病主要包括呼吸系统疾病、消化系统疾病和繁殖障碍性疾病三大类。由于病原的复杂性，病原的变异不断，致使疾病的表现形式多样化，特别是免疫抑制性疫病的危害加重，多病原混合感染的增多，呈现出新病不断、老病复发的态势。从病原上分，猪的细菌性传染病为数众多，除了一些共患细菌病（如链球菌病）以外，副猪嗜血杆菌病、猪传染性胸膜肺炎对养猪生产危害较大，表现在菌体的抗原性、血清型、毒力因子和致病性的复杂、多样及差异，疫苗保护效果一般都有限；而抗生素的过分依赖与使用，导致细菌耐药性增强、药效降低甚至无效、药物残留普遍，给公共卫生安全造成隐患。猪的病毒性传染病已成为猪病中的主体，虽无特效治疗方法，但大多数可用疫苗防控。在众多病毒性传染病中，猪瘟、猪繁殖与呼吸综合征、猪伪狂犬病、猪流行性腹泻、猪圆环病毒病等仍是影响养猪业的主要疫病。基于疫苗的安全性和有效性原则，在改进优化常规灭活苗和弱毒苗的基础上，利用基因工程技术研制新型的基因工程活载体疫苗、基因缺失苗、基因工程亚单位疫苗、核酸疫苗等，以及区分疫苗免疫和野毒感染的标记疫苗和诊断制剂，从而实现控制和净化猪传染病的目的。

第一节　细菌性制品

一、猪丹毒

猪丹毒（swine erysipelas）是由猪丹毒丝菌引起的一种人兽共患传染病，临床表现主要为急性败血型和亚急性疹块型，慢性表现为多发性关节炎或心内膜炎。该病是猪的重要传染病之一，由于多年来应用疫苗与化学药物广泛性预防，该病发生不多，但近几年来在我国多地又有新的病例发生。

（一）病原

猪丹毒丝菌（*Erysipelothrix rhusiopathiae*）属于丹毒丝菌属，通称为猪丹毒杆菌，为革兰阳性菌。该菌有荚膜、不产生芽胞、亦无运动性。在急性病例的组织或培养物中，该菌菌体细长，呈直或稍弯的杆状，大小（0.2～0.4）μm×（0.8～2.5）μm，单在或呈 V 形或短链状存在，在慢性病例的组织或陈旧培养物中多呈长丝状。

光滑型菌株在血液琼脂平板上，菌落呈圆形、边缘整齐、光滑透明、针尖状，周围有狭窄的草绿色溶血环；在肉汤培养基中培养 24 h 后，培养物呈均匀混浊，管底有少量菌丝沉淀，摇动后呈旋转的云雾状。明胶穿刺接种，15～18℃培养4～8 d后，细菌沿穿刺线向周围形成侧枝生长，呈试管刷状。

(二)免疫

根据猪丹毒丝菌热稳抗原的不同可分为不同血清型。目前公认的有25个血清型和1a、1b及2a、2b亚型。其中1a主要分离自败血症病例，2型分离自疹块型病例及慢性病例，无热稳抗原的菌株称为“N型”。我国从猪丹毒病死猪中分离的菌株中，80%～90%或以上为1a型，其次为2型。

不同血清型猪丹毒丝菌除具有一种或多种共同的不耐热抗原外，同时还具有各自型特异性的抗原。用2型菌灭活苗免疫能完全保护猪和小鼠抵抗1、2型菌的攻击，但对4、9和11型菌的攻击保护力只有75%～88%。我国小金井株、GAT10株和GC14株等3个弱毒菌株免疫的小鼠，对血清型1、2、4、6、8和10表现有较好的交互免疫效果。

应用保护性抗血清可以识别去污剂提取的各种抗原，其中特别是65 kD蛋白具有诱导小鼠的保护作用，可以用于评价疫苗效力。

(三)疫苗

猪丹毒疫苗有灭活疫苗和活苗两类。免疫效果取决于制苗用菌种、所用培养基及其佐剂。目前应用较广泛的有以下几种。

(1)氢氧化铝吸附灭活疫苗　20世纪50年代，我国用2型猪丹毒杆菌，研制成氢氧化铝吸附疫苗。本疫苗经我国长期使用，证明安全，其效力可靠。

【菌种】本品系用免疫原性良好的猪丹毒杆菌2型C43-5。

【制造要点】用2%裂解红细胞全血的肉肝胃消化汤在反应罐内通气培养，培养的菌液用0.25%甲醛灭活18～24 h，然后按灭活菌液5份加入1份氢氧化铝胶，搅拌并吸附，静置沉淀。再吸去全量3/5的上清液，加入防腐剂即成。

【质量标准】除按一般规定检验外，需进行以下检验。

①安全检验：用体重18～22 g小鼠5只，各皮下注射疫苗0.3 mL，观察10 d，均应健活。

②效力检验：用猪丹毒丝菌1型C43-8株(CVCC 43008)和2型C43-6株(CVCC 43006)强毒混合菌液进行攻毒，可任择下列方法其一。

a.用小鼠效检：用体重16～18 g小鼠16只，分成2组，第1组5只各皮下注射疫苗0.1 mL，第2组5只皮下注射4倍稀释(即1份疫苗加3份40%氢氧化铝胶生理盐水的混合液)的疫苗0.2 mL。接种21日后，连同条件相同的对照小鼠6只进行攻毒，其中第1组8只小鼠和第2组5只小鼠各皮下注射1 000 MLD强毒菌的混合菌液，第2组3只对照小鼠各皮下注射1 MLD的上述混合菌液。观察10 d。注射1 000 MLD的对照小鼠应全部死亡，注射1 MLD的对照小鼠应至少死亡2只，免疫小鼠应至少保护7只。

b.用猪效检：用体重20 kg以上的健康易感断奶猪5头，各皮下或肌内注射疫苗 3 mL，21 d后，连同条件相同的对照猪5头，各静脉注射1 MLD的上述强毒菌的混合菌液，观察14 d。对照猪至少发病4头并死亡2头以上，免疫猪应全部存活，且有反应不超过1头。

【保存与使用】保存于2～8℃，有效期为18个月。皮下或肌内注射。体重在10 kg以上的断奶猪5 mL，免疫期为6个月。未断奶仔猪3 mL，间隔1个月后，再注射3 mL；免疫期达9～12个月。注射后可能于注射处出现硬结，以后会逐渐消失。

(2)猪丹毒活疫苗　我国猪丹毒弱毒菌苗的研究始于20世纪40年代，目前以GC42株和G4T10株在生产中广泛使用。

【菌种】GC42株(CVCC1318)由哈尔滨兽医研究所通过豚鼠370代，再通过雏鸡42传代而育成。G4T10(CVCC1319)株由江苏省农业科学院兽医研究所与南京兽医生物药品厂合作，在上述通过豚鼠致弱的G370菌株基础上，再通过含0.01%%锥黄素的血琼脂培养基传40代，最后在0.04%锥黄素的血琼脂培养基继续传10代而培育成。

【制造要点】需选GC42或G4T10菌株冻干菌种经培养繁殖、选菌、扩大培养后制成生产种子液，制苗时再将检验合格的生产种子液按1%接种于含2%血清或裂解红细胞全血的肉肝胃(膜)消化汤内。35～37℃培养20 h(或采用通气培养8～10 h)，经离心浓缩，并经菌数计算和纯粹检验后，按菌液7份加明胶蔗糖保护剂1份，混合分装冻干即成。

【质量标准】

①纯粹性和活菌数：疫苗在纯粹检验时应纯粹生长。每头份活菌GC42应不低于7亿个。G4T10活菌应不低于5亿个。

②鉴别试验：本品用明胶培养基穿刺培养，GC42呈线状生长。G4T10有细而短的分支。

③安全检验：下列方法任择其一。

a.用小鼠安检：按瓶签注明头份，用20%铝胶生理盐水稀释，皮下注射体重20～22 g小鼠10只，每只2头份，观察14 d，注射GC42疫苗的小鼠全部健活为合格；注射G4T10疫苗的小鼠至少8只健活为合格。否则可用小鼠重检1次，若仍不符合标准，可用猪安检1次。

b.用猪安检：按瓶签注明头份，用20%铝胶生理盐水稀释，皮下注射断奶1～3月龄、体重20 kg以上的健康易感猪5头，每头30头份。每天上、下午测温，共观察10 d，应不出现猪丹毒症状，允许个别猪有体温反应，但稽留时间应不超过1 d，精神、食欲均应正常。

④效力检验：攻毒均采用猪丹毒丝菌1型和2型(各1株)强毒菌的混合菌液。下列方法任择其一。

a.用小鼠效检：按瓶签注明头份，用20%铝胶生理盐水稀释成每毫升含1/10头份，皮下注射体重16～18 g小鼠10只，每只0.2 mL(含1/50头份)。14 d后，连同条件相同的对照小鼠6只，其中3只对照小鼠和免疫小鼠各皮下注射1 000 MLD的上述混合菌液，另3只对照小鼠各皮下注射1 MLD的上述混合菌液。观察10日，注射1 000 MLD的对照小鼠全部死亡，注射1 MLD的对照小鼠至少死亡2只，免疫小鼠至少保护8只为合格。

b.用猪效验：按瓶签注明头份，用20%铝胶生理盐水稀释成每1 mL含1/50头份，皮下注射断奶1个月后、体重20 kg以上的健康易感猪5头，每头 1 mL。14 d后，连同条件相同的对照猪5头，各静脉注射1 MLD的上述混合菌液，观察14 d。对照猪全部死亡，免疫猪至少保护4头；或对照猪至少发病4头并至少死亡2头，免疫猪全部存活为合格。

【保存与使用】−15℃，有效期1年。2～8℃有效期9个月。使用时均按瓶签标定的头剂加入20%铝胶生理盐水1 mL稀释溶解，每头猪皮下注射1 mL(含活菌7亿个)。注射后在第7天产生免疫，G4T10弱毒皮下注射活菌5亿，80%以上的免疫猪可获得保护。两个菌株的活苗免疫后，断奶猪的免疫期可达6个月。GC42疫苗亦可用于口服，口服时剂量加倍，即2 mL，含活菌14亿个。口服后在第9天产生免疫力。口服时，在免疫前应停食4 h，用冷水稀释好的疫苗，拌入少量新鲜凉饲料中，让猪自由采食。

(3)猪丹毒、猪瘟、猪肺疫弱毒三联冻干苗(简称猪三联苗)　20世纪70年代我国研制成功本疫苗(简称猪三联苗),三联苗免疫力无相互干扰,接种后对于各个病原的免疫力与各单苗免疫后产生的免疫力基本一致。

【菌(毒)种】所用的菌(毒)株有猪丹毒 GC42 株或 G4T10 株、猪肺疫 EO630 株及猪瘟兔化弱毒株。

【制造要点】首先分别制备 3 种基础苗,用猪瘟兔化弱毒株接种乳兔或易感细胞,收获含毒乳兔组织或病毒培养物,以适当比例和猪丹毒丝菌(G4T10 株或 GC42 株)弱毒菌液、猪源多杀性巴氏杆菌(EO630 株)弱毒菌液混合,加适宜稳定剂,经冷冻真空干燥制成。

【质量标准】除按兽医生物制品的一般性检验外,尚需进行以下检验。

①纯粹检验:用细胞毒配制的疫苗应纯粹生长。用组织毒配制的联苗,如有杂菌生长,应进行杂菌计数,并作病原性鉴定,每头份疫苗非病原菌应不超过 75 CFU。

②活菌计数:按瓶签注明头份将疫苗稀释后接种于含 0.1% 裂解血细胞全血及 10%健康动物血清马丁琼脂平板中。每头份三联苗中,猪丹毒 G4T10 应不少于 5 亿活菌或 GC42 应不少于 7 亿活菌,猪多杀性巴氏杆菌 EO630 株应不少于 3 亿活菌,同时每头份三联苗中应含有猪瘟兔化弱毒组织毒 0.015 g 或细胞培养毒 0.015 mL。

③安全检验:按瓶签注明头份,用生理盐水稀释后接种小鼠、家兔、豚鼠和无猪瘟母源抗体的猪进行检验,应符合以下各项要求。

a. 用小鼠检验:取体重 18～22 g (30～35 日龄)小鼠 5 只,各皮下注射疫苗 0.5 mL,含 1 头份。

b. 用兔检验:取体重 1.5～2 kg 家兔 2 只,各肌内注射疫苗 1 mL,含 2 头份。

c. 用豚鼠检验:取体重 300～400 g 豚鼠 2 只,各肌内注射疫苗 1 mL,含 2 头份。

以上动物注射后观察 10 d,除用 C4T10 菌株配制的疫苗允许小鼠有 1 只死亡外,其他动物均应健活。否则应用加倍数量的小鼠重检一次,重检后应符合规定。

d. 用猪检验:按瓶签注明头份,将疫苗稀释成每毫升含 6 头份,肌内注射猪 4 头,各 5 mL (含 30 头份),注射疫苗后进行测体温、观察和判定。

④效力检验:按各单苗的效检法进行。

【保存与使用】在－15℃以下,有效期为 1 年;在 2～8℃为 6 个月。用于预防猪瘟、猪丹毒、猪肺疫。猪瘟免疫期为 1 年,猪丹毒和猪肺疫免疫期为 6 个月。猪三联疫苗和含猪瘟的二联疫苗均用生理盐水稀释;猪丹毒、猪肺疫二联疫苗用 20%铝胶生理盐水稀释。疫苗稀释后,应在 4 h 内用完。初生仔猪、体弱、有病猪均不应注射联苗。断奶半个月以上猪,按瓶签注明头份,每头猪肌内注射 1 mL。如断奶不足半个月仔猪首免,则必须在断奶两个月左右再注苗 1 次。注苗后可能出现过敏反应,应注意观察。免疫前 7 d、后 10 d 内均不应喂含任何抗生素的饲料。

(4)猪丹毒、猪多杀性巴氏杆菌病二联灭活疫苗　其制法:用免疫原性良好的猪丹毒丝菌 2 型 C43-5 株(CVCC43005)和猪源多杀性巴氏杆菌 B 群 C44-1 株(CVCC44401)分别接种于适宜培养基,收获培养物,经甲醛溶液灭活后,加氢氧化铝胶浓缩,经无菌检验合格后,按猪丹毒浓缩苗 8 份,猪肺疫浓缩苗 2 份进行混合。然后按混合后的全量加入 0.3%石炭酸防腐剂。充分搅拌后,进行分装。

安全检验时,用体重 18～22 g 小鼠 5 只,各皮下注射疫苗 0.5 mL,用体重 1.5～2 kg 家兔 2 只,各皮下注射疫苗 5 mL,观察 10 d,均应健活。

效力检验时，按各单苗（灭活苗）的效检法进行。

疫苗在2～8℃保存期为1年。本疫苗用于预防猪丹毒和猪多杀性巴氏杆菌病。皮下或肌内注射。未断奶的猪，注射3 mL，间隔1个月后再注射3 mL；10 kg以上的断奶猪注射5 mL。免疫期为6个月。

（四）诊断液

诊断猪丹毒较有价值的血清学试验有培养凝集试验和间接血凝试验。血清学方法主要适用于亚急性型和慢性型的诊断，对急性败血型意义不大。

(1)凝集抗原　选用无自凝现象的光滑型猪丹毒丝菌接种于马丁肉汤，经培养24 h后加入0.4%甲醛杀菌，经离心洗涤后，悬于1%甲醛生理盐水中，制成菌悬液（含菌数约60亿个/mL)，加20%甘油和0.001%结晶紫或煌绿，即可作平板凝集试验用抗原。试验时取被检猪的血液1滴，滴于清洁的玻板上，加上述制备的抗原1滴，充分混合，1 min左右混合液边缘出现凝集块为阳性反应。还可配制麦氏比浊管第1管浓度的菌悬液，作为试管凝集试验用抗原。试验时将被检血清用生理盐水作不同倍数的稀释，加入抗原，置37℃ 4 h，取出低速离心数分钟，阳性反应时上清透明，阴性反应仍呈混浊状态。凝集价高者可达1∶200。

(2)培养凝集试验诊断液　用血清1型或血清2型的猪丹毒丝菌为免疫原，制备相应血清型的高免血清。使用时按1∶(40～80)加到蛋白胨肉汤中，再按每毫升加入卡那霉素400 μg，庆大霉素50 μg、万古霉素25 μg，可用0.05%叠氮钠和0.000 5%结晶紫替代上述抗生素，分装小管，即制成猪丹毒血清抗生素诊断液。检测时将被检猪的耳尖血或病、死猪的肝、脾、心血等病料接入，经37℃培养14～24 h，管底出现凝集颗粒或团块为阳性。

（五）抗病血清

【菌种】用免疫原性良好的1型和2型猪丹毒丝菌。

【制备方法】将菌种分别接种马丁肉汤或肉肝胃消化汤培养，纯粹检查合格后将各菌液混合，作为免疫用抗原。按规定的免疫程序进行动物的高度免疫。凡血清效价达到标准的动物，采血，分离血清后加入防腐剂即可。经无菌检验、安全检验、效力检验合格后使用。

【质量标准】

①安全检验：用体重18～22 g小鼠5只，各皮下注射血清0.5 mL，或体重350～450 g的健康豚鼠2只，各皮下注射血清10.0 mL。观察10 d，均应全部健活。

②效力检验：用体重18～22 g小鼠18只，分为3组，每组6只。第1组，各皮下注射血清0.03 mL，第2组，各皮下注射血清0.02 mL（可用生理盐水稀释血清，使注射量均为0.5 mL）。第3组小鼠6只作为对照。血清注射1 h后，第1组免疫小鼠和3只对照小鼠各皮下注射100 MLD的猪丹毒丝菌1型和2型（各1株）强毒菌的混合菌液，第2组免疫小鼠和另3只对照小鼠各皮下注射1 MLD的上述混合菌液。观察10 d，攻击100 MLD的3只对照小鼠全部死亡，攻击1 MLD的3只对照小鼠至少2只死亡，第1组免疫小鼠全部保护，第2组免疫小鼠至少保护4只为合格。

【保存与使用】血清于2～8℃保存，有效期可达3年。血清注射后，被动免疫期约14 d。预防用量：仔猪3～5 mL，50 kg以下的猪5～10 mL，50 kg以上的猪10～20 mL。治疗剂量：仔猪5～10 mL，50 kg以下的猪30～50 mL，50 kg以上的猪50～80 mL。

二、猪支原体肺炎

猪支原体肺炎（mycoplasmal pneumonia of swine）习惯称猪气喘病，是由猪肺炎支原体引起的猪慢性呼吸道传染病。该病死亡率低，发病率甚高，常取慢性经过。感染猪发育迟缓，饲料转化率降低，上市期推迟，流行广泛，造成的经济损失十分严重。

（一）病原

猪肺炎支原体（*Mycoplasma pneumonia*），属于膜体纲，支原体属，形态呈多样性，在液体培养物和肺触片中，以环形为主，也见有球状、两极杆状、新月状、丝状等形态。革兰染色阴性，但着色不佳。姬姆萨或瑞氏染色着色良好。

该菌为兼性厌氧菌，对营养要求较高，在 A26 的液体培养基中生长良好，已适应液体培养基生长的培养物可在固体培养基上生长，菌落直径在 100 μm 左右。在 6～7 日龄鸡胚卵黄囊或猪肺单层细胞中也可生长繁殖，并能适应乳兔，经连续继代后对猪的致病性逐渐减弱，但仍保持较好的免疫原性。

猪肺炎支原体细胞膜上的膜蛋白与该菌的致病力、免疫原性、黏附作用和血凝性有关。在体外，支原体膜是猪淋巴细胞的有丝分裂剂。膜蛋白使支原体易于聚集并黏附在呼吸道纤毛上皮上，导致纤毛萎缩脱落及功能受损，继而发展为支气管肺炎，严重影响肺的正常功能。猪支原体肺炎导致肺泡内巨噬细胞和淋巴细胞浸润，诱导巨噬细胞产生白细胞介素和肿瘤坏死因子 α，从而加剧肺脏炎症，降低呼吸道免疫力，导致免疫抑制。此外，肺炎支原体与多杀性巴氏杆菌和胸膜肺炎放线杆菌、副猪嗜血杆菌、猪繁殖与呼吸道综合征病毒、猪 2 型圆环病毒等均有较强的协同作用。

（二）免疫

自然感染和人工感染的康复猪，对再感染具有较坚强的免疫力。应用补体结合试验、间接血细胞凝集等特异性诊断方法，证明患猪血清中有一定效价的特异性抗体，但保护力和血清抗体效价之间很少关联。局部的黏膜免疫和占位效应在该病的抗感染上起着主要的作用，细胞免疫也在抗病方面发挥一定作用。

应用猪肺炎支原体的膜制剂免疫妊娠母猪或 3～5 周龄的仔猪（被动和主动免疫）都能赋予仔猪抗猪肺炎支原体的人工攻击。细菌抽提物 P36、P65、P97R1-Nrdf 等蛋白组分的亚单位疫苗能刺激机体产生较高水平的抗体及高于常规疫苗的 IFN-γ。此外，活疫苗辅以多种免疫佐剂或配合 6 035 纳米佐剂肌内注射，微球疫苗口服免疫均能获得良好的免疫效果。

猪肺炎支原体基因密码子和通用密码子有一定差异，外源载体表达该菌有效抗原比较困难。利用传统方法或重组大肠杆菌制备的该菌 85 ku 表面蛋白，猪接种后可以部分降低猪肺炎支原体在肺脏定居及造成的肺病理损伤。该菌热休克蛋白和黏附素能激发有效的体液免疫、细胞免疫和局部黏膜免疫。有资料表明生物技术开发的新产品如亚单位疫苗和 DNA 疫苗具有较好的应用前景。

（三）疫苗

国内外现已研制成功猪肺炎支原体灭活疫苗和弱毒疫苗。但我国弱毒疫苗的免疫途径、猪肺炎支原体培养工艺和免疫佐剂等有待改进。

（1）灭活疫苗　本疫苗对该病具有较好的免疫保护作用，能有效降低肺病变程度及猪支原体肺炎的发生率。疫苗菌种有 J 株、BQ14 株、P 株和 P-5722-3 株等，一般采用二乙烯亚胺(BEI)或甲醛等灭活处理，菌液灭活后与植物油、矿物油、氢氧化铝或卡波姆等佐剂配制而成。不同的生产厂家使用佐剂不一，剂型有油包水型、水包油型或水溶性型，具有使用方便和反应性较小等优点。程序一般要求两次肌内注射，7～10 d 时进行首免，隔 2～3 周再免。我国进口疫苗有：美国硕腾公司 RespiSure 疫苗、Suvaxyn® RespiFend® MH 疫苗、西班牙海博莱公司 Mypravac® suis 疫苗、德国勃林格公司 Ingelvac M. hyo 疫苗、法国梅里亚公司 Hyoresp® 疫苗和英特威公司的猪肺炎支原体灭活疫苗(安百克)等。2015 年至今，国内先后正式批准了 4 家公司的猪支原体肺炎灭活疫苗。

疫苗质量检验除物理性状和无菌检验外，安全检验一般采用小鼠、豚鼠和仔猪进行接种试验。疫苗效力检验方法如下。

①豚鼠检验法：如 Mypravac® suis 疫苗，用 5～7 周龄豚鼠 7 只，取其中 5 只各肌内注射疫苗 0.5 mL，15 d 后重复注射一次。在疫苗注射前和第二次注射后 15 d，连同 2 只对照，采血分离血清，用 ELISA 测定猪肺炎支原体抗体，对照豚鼠应抗体阴性，免疫豚鼠应 4 只以上出现阳性。

②ELISA 测定法：直接测定疫苗中细菌抗原含量，但不同疫苗判定标准有所不同。如 Hyoresp® 疫苗，取 4 瓶疫苗，再从每瓶疫苗中各取 2 份样品(共 8 份样品)，按所附注的 ELISA 方法测定猪肺炎支原体的抗原滴度，每毫升应≥1.5 ELISA 单位，判为合格。RespiSure 疫苗采用的是固相 ELISA 法测定疫苗中所含抗原。相对效力单位≥5.06 判为合格。猪肺炎支原体灭活疫苗(安百克)采用的是竞争 ELISA 法检测，与参考疫苗相比，待检疫苗的相对效力(RP)值应≥1，判为合格。

(2)弱毒疫苗　国外至今未见到弱毒疫苗的报道。我国经过多年的努力，先后研制成功猪肺炎支原体兔化弱毒 RM48 株活疫苗和 168S 株活疫苗。

①猪肺炎支原体兔化弱毒疫苗(168 株)：168 株是由一强毒株通过无细胞培养，连续传 340 代致弱而成。产品系用猪肺炎支原体 168 株接种于 KM2 培养基培养，收获物加适宜稳定剂，经冷冻真空干燥制成。冻干苗为白色或淡黄色松团块，易与瓶壁脱离，加稀释液后迅速溶解。疫苗安全有效，无副作用，免疫保护力 80%～96%，免疫期 9 个月以上。

【质量标准】除按常规检验外，应进行如下检验。

安全检验：用鼠检验时，每批疫苗取 5 瓶，加灭菌生理盐水稀释后，接种小鼠 5 只，每只皮下接种 5 头份疫苗，观察 10 d，应全部健活。如有个别死亡，应注射量加倍重检 1 次。如全部健活，疫苗可判合格。用猪检验时，取 5～15 日龄易感猪 3 头，右侧肺内注射疫苗 10 头份，记录重要症状，注射后 2～5 d 内每天上午测直肠温度，根据临床症状，判定标准，总分<2 分为安全，>5 为不安全。如在 2～5 之间，可重检 1 次，累计总分<2，判为安全。

效力检验：按 CCU 测定法测定其含量，每头份冻干疫苗菌数应≥10^6 CCU。

【保存和使用】－15℃以下，有效期为 18 个月。疫苗使用时，按瓶签注明头份，用无菌生理盐水稀释后，在肺右侧肩胛骨后缘 2 cm 肋间隙进针注射。仔猪免疫 1 次即可，强阳性猪场 60～80 日龄二免一次，效果更佳。注射疫苗后 5～15 d 禁止使用对猪肺炎支原体有抑制性的药物。

②猪肺炎支原体弱毒疫苗(RM48 株)：RM48 株系我国自行采集、分离的流行强毒株通过乳兔连续传代 790 代致弱而成的弱毒株。菌株适应培养基生长，并进一步适应细胞。疫苗系用猪肺炎支原体兔化弱毒株，加适宜稳定剂，经冷冻真空干燥制成。

每头份疫苗活菌数≥5×10^7 CCU 疫苗 10 倍剂量接种易感染猪仍安全、有效。免疫时用无菌 PBS(0.01 mol/L,pH 7.2)按瓶签注明头份,稀释成 1 头份/mL。30 日龄仔猪,在肩胛骨后缘约 2 cm 处肋间隙进针,每头猪胸腔注射 1 mL。也可用于断奶前后的仔猪作鼻腔免疫。在猪吸气时喷入鼻腔深部,每头猪喷入 2 mL。疫苗稀释后在 2 h 内用完。

疫苗接种前 3 d 或接种后 2 周内,禁用土霉素、卡那霉素和对猪肺炎支原体有抑制性的药物。

(四)诊断制剂

1. 支原体肺炎微量间接血凝试验抗原

本抗原系用猪肺炎支原体 Z.C 株接种适宜培养基培养,收获培养物,浓缩、裂解、致敏醛化绵羊红细胞后,经冷冻真空干燥制成。

【质量标准】本品为棕色疏松团块,加 PBS 后迅速溶解,不出现肉眼可见的凝块。任取 3 支抗原,各加 5 mL PBS 溶解后混合,与标准阳性、阴性猪血清进行微量间接血凝试验。标准阳性猪血清凝集效价≥1∶40;标准阴性猪血清凝集效价<1∶5;抗原致敏红细胞加等量稀释液不出现自凝现象,为合格。

【保存与使用】在－15℃保存时为 18 个月;在 2～8℃为 6 个月。用于诊断猪支原体肺炎的微量间接血凝试验。使用方法见二维码 9-1。

二维码 9-1

2. 阳性血清

系用猪肺炎支原体济南系免疫接种健康猪,采血,分离血清制成。应无菌生长。凝集效价应≥1∶40,用于猪支原体肺炎微量间接血凝试验对照。在 2～8℃,有效期为 2 年。

3. 阴性血清

阴性猪血清系用健康猪,采血,分离血清制成。应无菌生长。凝集效价应≤1∶5,用于猪支原体肺炎微量间接血凝试验对照。在 2～8℃,有效期为 2 年。

三、猪传染性胸膜肺炎

猪传染性胸膜肺炎(porcine contagious pleuropneumoniae)是由胸膜肺炎放线杆菌引起的一种高度接触传染性呼吸道疾病,以出血性坏死性肺炎和纤维素性胸膜炎为特征。该病在世界养猪业发达的国家均有存在。该病主要发生于 6～20 周龄的生长猪和育肥猪,在猪群中急性暴发可引起死亡率和医疗费用急剧上升,慢性感染群则因生长率和饲料报酬降低,造成严重经济损失。

(一)病原

胸膜肺炎放线杆菌(*Actinobacillus pleuropneumoniae*,APP)是一种微小至中等大小的革兰阴性球杆菌,通常宽 0.3～0.4 nm,长 0.8～1.5 nm,有时形成丝状,并可表现多形性。该菌无鞭毛,也不形成芽胞,但有菌毛,新分离的有毒菌株具有荚膜。美蓝染色呈两极着色性,尤其是病料中的 APP 多呈两极浓染。

该菌需氧或兼性厌氧,初分离时供给 5%～10% CO_2 可促进生长发育,在绵羊血平板上,可产生稳定的β溶血,不能在普通培养基上或麦康凯琼脂上生长。因其生长需添加 V 因子,常将鲜血琼脂加热 80～90℃维持 5～15 min,制成巧克力培养基培养;此外,在事先划有金黄色葡萄球菌的血液琼脂培养基上再接种该菌，这样在葡萄球菌生长的菌落周围会形成卫星菌落，并使溶血区增大，可作为APP鉴定的参考依据。

APP分为两个生物型，在生物Ⅰ型再分12个血清型，在生物Ⅱ型中分有2个血清型。毒力上，生物Ⅰ型的毒力要比生物Ⅱ型高得多。在生物Ⅰ型中，又以血清1型毒力最强，而3、6、7型毒力相对较低。其他血清型的毒力介于它们中间。不同地区流行的血清型变化很大，对某个特定地区来说，也随时间而不同。据调查，在我国，大陆流行主要是1、5、7、8型，台湾主要为1、5型。

（二）免疫

人工和自然感染均可诱导免疫应答，并在感染后10～14 d可检测到循环抗体。这些抗体在4～6周内达到高峰，可维持数月或更长，并能减少病死率和降低流行发生率，但抗体水平和保护率之间无直接关联，表明感染后还可诱导细胞免疫。免疫母猪所产仔猪通过初乳可获得被动免疫，母源抗体可使吮乳仔猪在5～7周内得到被动保护。自然感染康复的猪能产生抗异源性攻击的部分免疫力。部分交叉的免疫机理还有待确定。

APP有多种毒力因子和保护性抗原，包括荚膜多糖、脂多糖（LPS）、外膜蛋白（OMP）、转铁结合蛋白（TBP）、黏附素及分泌的蛋白酶和4种外毒素（Apx蛋白）。一种血清型APP可产生其中1种或多种Apx蛋白，抗Apx的抗体具有中和外毒素的作用。对APP的免疫保护主要依赖血清中IgG抗体介导。OMP在APP的致病性中有重要作用。荚膜的厚薄与菌株毒力有关。LPS是APP在呼吸道黏附的主要因子，还可以增强溶血素对巨噬细胞的毒性作用。针对荚膜和LPS的抗体对细菌起调理作用。TBP也是APP的重要毒力因子，因为铁是细菌生长的必要成分，它还作为调节其他毒力因子表达的信号。脲酶的作用是多方面的，能水解尿素为氨和二氧化碳。而氨对肠上皮细胞有毒性作用，能加速中性粒细胞的损伤，并趋化和激活分叶白细胞和单核细胞。

荚膜多糖、OMP、TBP和Apx毒素均有免疫保护作用，特别是Apx毒素是疫苗中必不可少的成分，但作为疫苗使用时，单一的成分并不足以完全保护。自然感染或人工感染后的耐过存活猪均获得了对所有血清型菌株再次感染的免疫保护力，提示弱毒活疫苗通过这些保护性抗原或免疫原成分，在体内刺激机体产生针对所有血清型APP攻击的广泛性交叉保护。

近十多年来弱毒菌苗研究方兴未艾，如荚膜缺失菌株，溶血素缺失菌株、核黄素合成酶突变株、无活性ApxⅠ蛋白弱毒株、*Apx* Ⅱ *C*基因插入失活突变株、*aroQ*失活致弱株、*aspA*基因突变株、脲酶基因（*ureC*）和*Apx*Ⅱ *A*双基因缺失突变株、*apx*Ⅱ*C*、*apx*Ⅳ*A*双基因突变弱毒株等，经接种动物，不仅毒力降低，而且能诱导动物产生针对不同血清型APP攻击的交叉保护。此外，菌影疫苗是利用噬菌体FX174的*E*基因的表达导致细菌的裂解失活，获得空的细胞衣壳，其免疫效果值得关注，气雾免疫后用同型菌攻击获得了完全的保护，而且能抵抗攻毒菌感染。

（三）疫苗

针对当地流行的优势血清型进行多价灭活苗免疫接种是国内外广泛采取的预防措施，但是商品菌苗只能成功地降低死亡率，不能完全预防肺脏的病变，也不能消除带菌状态。此外菌苗免疫是血清型特异性的，故针对当地流行的优势血清型进行多价灭活苗免疫接种是国内外广泛采取的预防措施。我国已研制成功的有猪传染性胸膜肺炎二价灭活疫苗（1、7型）。在此详述三价灭活疫苗。

1. 猪胸膜肺炎放线杆菌(1、3、7 型)三价灭活疫苗

【菌种】猪胸膜肺炎放线杆菌(1、3、7 型)

【制造工艺】将上述三个血清型菌株(1 型 QH-1 菌株、3 型 HN-3 菌株、7 型 wf-7 菌株)冻干菌种分别接种培养繁殖,经选菌和扩大培养后制成生产种子液,再接入改良 3 号培养基上 37℃培养 18 h,收获培养物,经超滤浓缩,加入甲醛溶液灭活,按 3∶3∶4 比例混合,加矿物油佐剂乳化而成。

【质量标准】除按常规检验外,应进行以下检验。

①安全检验:用体重 1.5～2 kg 家兔 2 只,各肌内注射疫苗 2 mL,观察 14 d,应健活。用 2 月龄以上的健康易感(APP IHA 抗体效价≤1∶4)猪或妊娠母猪 3 头,各肌内注射疫苗 5 mL,观察 14 d,应无不良反应。

②效力检验:用体重 15～20 kg 的健康易感(APP IHA 抗体效价≤1:4)猪 9 头,各肌内注射疫苗 2 mL,连同条件相同的对照猪 9 头,各均分为 3 组,30 d 后分别滴鼻攻击 QH-1 株、HN-3 株、wf-7 菌液,每头 4 mL(含 4×10^9 CFU),观察 14 d,3 组对照猪应全部发病,3 组免疫猪均应至少保护 2 头。

【保存与使用】2～8℃下保存。有效期 1 年。用于预防由 1、3、7 型 APP 引起的猪传染性胸膜肺炎,免疫期 6 个月。体重 20 kg 以下的仔猪,每头 2 mL,体重 20 kg 以上的猪,每头 3 mL。种猪在引进时或 6 月龄时首免,隔 3 周后再免,每次 2～4 mL。种公猪每年 3 月和 9 月时各免 1 次,后备母猪在配种前免 1 次,妊娠母猪在产前 1 个月免疫 1 次,每次 2 mL。此外,上市前 21 d 禁止使用。

2. 猪胸膜肺炎放线杆菌(1、2、7 型)三价灭活疫苗

【菌种】猪胸膜肺炎放线杆菌(1、2、7 型),菌株分别为 1 型 JL-9901 菌株、2 型 XT-9904 菌株、7 型 GZ-9903 菌株),培养基为 TSB,配苗时按等比例混合。

【质量标准】安全检验是用 35～40 日龄的健康易感(APP IHA 抗体效价≤1∶4)仔猪 4 头各肌内注射疫苗 4 mL,经 14 d 观察无不良反应。效力检验时,用上述同日龄的健康易感猪 12 头,各肌内注射疫苗 2 mL,28 d 后,分别气管内攻击 1、2、7 型强毒株菌液(3 头猪/型,2 mL/头,含 1 个最小发病剂量),观察 14 d,3 组对照猪应全部发病,3 组免疫猪均应至少保护 3 头。

【保存与使用】2～8℃下保存。有效期 1 年。用于预防由 1、2、7 型 APP 引起的猪传染性胸膜肺炎,免疫期 6 个月。仔猪在 35～40 日龄时首免,隔 4 周后再加强免疫 1 次。初胎母猪在产前 6 周和 2 周各免疫 1 次,以后每 6 个月免疫 1 次。

(四)诊断制剂

目前,我国已有商品化的猪传染性胸膜肺炎补体结合反应试验抗原及其阴、阳性血清,ELISA 抗原及其阴、阳性血清和 ApX IV ELISA 抗体检测试剂盒。

1. 猪传染性胸膜肺炎补体结合试验抗原

【菌种和制造要点】本品系用抗原性良好的猪胸膜肺炎放线杆菌 1～10 型国际标准菌株,接种适宜培养基培养,收获培养物,经甲醛溶液灭活,离心收获菌体,再悬浮于硫柳汞生理盐水中制成。用于诊断猪传染性胸膜肺炎。

【质量标准】本品为乳白色海绵状疏松团块，加入稀释液后迅速溶解。

①效价测定：将单价抗原用巴比妥缓冲液（VBD）从 1∶5 开始作倍比稀释，至 1∶80；将标准阳性血清用生理盐水作 1∶5 稀释，60℃灭活 30 min，再作倍比稀释，至 1∶80。补体用量为 5 CH_{50}（50%溶血量），溶血素用量为 1 单位，红细胞悬液为 670 000 个红细胞/mm^3。各成分准备好后，用不同稀释度的抗原、阳性血清进行方阵滴定。单价抗原效价判定时，以与最高稀释度的阳性血清呈现 70%以上抑制溶血的抗原最高稀释度作为该型抗原的效价。将已测定过效价的各型抗原，用无菌生理盐水稀释到同一效价，等量混合，冻干，即为标定效价的混合（多价）抗原。

②特异性检验：将混合抗原按标定效价稀释后，作补反试验，与 1∶10 稀释的各型标准阳性血清应呈阳性反应；与 1∶10 稀释的阴性血清应是阴性反应。试验中所有补体对照应符合标准溶血百分比。

【保存与使用】在 2～8℃，有效期为 1 年。用于诊断猪传染性胸膜肺炎补体结合试验。冻干抗原用 VBD 溶解后，限当日使用。判定标准如下，血清 1∶10 稀释≤30%溶血，为阳性；>50% 溶血，为阴性；介于阴、阳性之间为可疑。

2. 猪传染性胸膜肺炎补体结合试验阳性血清

【菌株和制造要点】阳性血清系用猪胸膜肺炎放线杆菌国际标准菌株免疫接种猪或兔，采血分离血清制成。

【质量标准】液体血清为橙黄或淡棕红色，冻干血清为白色或略带红色海绵状疏松团块，加稀释液后迅速溶解。

效价测定：将血清从 1∶10 开始作倍比稀释至 1∶80，与 1 个工作量抗原作补体结合试验。猪血清 1∶80 稀释能呈现 70%以上抑制溶血时，可供标定抗原用≥1∶10、<1∶80 能呈现 70%以上抑制溶血时，可作阳性对照用。兔免疫血清≥1∶1 280 稀释能呈现 70%以上抑制溶血时，可供标定抗原用；≥1∶80、<1∶1 280 稀释能呈现 70%以上抑制溶血时，可作阳性对照用。

【保存与使用】在 2～8℃，液体血清有效期为 2 年，冻干血清为 4 年。用于猪传染性胸膜肺炎补体结合试验对照。

3. 猪传染性胸膜肺炎补体结合试验阴性血清

对猪传染性胸膜肺炎补体结合试验抗原应为阴性反应。

4. 猪胸膜肺炎放线杆菌 ApX IV-ELISA 抗体检测试剂盒

【制造要点】本试剂盒系用重组大肠杆菌表达的胸膜肺炎放线杆菌（ApX IV A5 包被的酶联反应板、阳性对照血清、阴性对照血清、羊抗猪酶标二抗、样品稀释液、底物液 A、底物液 B、终止液和血清稀释板等组成，用于检测猪血清中抗胸膜肺炎放线杆菌的 ApX IV 抗体。

【质量标准】

①特异性检验：按试剂盒说明，对 10 份猪胸膜肺炎阴性血清和 20 份灭活疫苗免疫血清进行检测和判定，均应阴性。试验其他成立的条件是：阳性对照孔 $OD_{630\ nm}$ 均≥0.6，且<1.6，阴性对照孔 $OD_{630\ nm}$ 应<0.3。如果 S（样品孔）$OD_{630\ nm}$≥P（阳性对照孔平均 $OD_{630\ nm}$）×0.25，判为阳性：如果 S<P×0.25，则判为阴性。

②敏感性检验：将阳性质控血清作 1∶5、1∶10、1∶20、1∶40、1∶80、1∶160、1∶320、

1∶640 稀释，各自按“用法与判定”进行检测和判定，其相应 OD_{630} nm 分别≥P×2.25+1.1、P×2.25+0.9、P×2.25+0.7、P×2.25+0.5、P×2.25+0.3、P×2.25+0.2、P×2.25+1、P×2.25。

【保存与使用】在 2~8℃，有效期为 6 个月。用于检测猪血清中抗猪传染性胸膜肺炎放线杆菌 ApX Ⅳ 抗体。

四、猪传染性萎缩性鼻炎

猪传染性萎缩性鼻炎(swine infectious atrophic rhinitis)，是一种以鼻炎、鼻甲骨萎缩为特征的猪慢性呼吸道传染病。临床上表现为喷嚏、鼻塞或鼻衄，该病可导致鼻梁变形、歪斜及鼻甲骨萎缩，猪生长缓慢，可造成严重的经济损失。该病多发于 2~5 月龄的猪，主要通过哺乳母猪或年龄较大的猪传染至仔猪。不同猪易感性不同，长白猪特别易感。目前世界养猪发达国家和地区均有该病的发生。

(一)病原

该病病原为支气管败血波氏杆菌Ⅰ相菌(*Bordetella bronchiseptica*，Bb-Ⅰ)和产毒素性多杀性巴氏杆菌(*Pasteurella multocida*，Pm)感染。支气管败血波氏杆菌作为该病的原发性致病因素，能引起轻度的可逆性萎缩性鼻炎；而 D 型或 A 型多杀性巴氏杆菌产毒素源性菌株感染，繁殖和释放出的毒素，引起严重的不可逆性萎缩性鼻炎和生长迟缓。此外，由环境性刺激物或其他感染也可引起猪鼻黏膜原发性损伤，成为该病的助发因子。饲养管理不良，蛋白质、矿物质、维生素不足，营养价值不全等均能促使该病发生。

1. Ⅰ相支气管败血波氏杆菌

该菌属于波氏杆菌属，能运动，革兰阴性，需氧杆菌或球杆菌，大小约(0.2~0.3) μm×(0.5~1.0) μm，不发酵糖，能利用柠檬酸盐和分解尿素。该菌在动物的鼻腔内或人工培养基上均极易发生菌相变异(Ⅰ-Ⅱ-Ⅲ)，其中有荚膜的Ⅰ相菌致病性强，大多数菌株在麦康凯培养基上培养 24 h 后能形成小而密实、半透明、边缘整齐、表面反光、呈珍珠状菌落。这种光滑型菌落为Ⅰ相菌，但也常常出现粗糙型菌落，称之为Ⅲ相菌。在二者之间有过渡型的Ⅱ相型菌。I 相菌除含有属特异性的耐热 O 抗原外，还有种特异的 K 抗原。用凝集试验可对支气管败血波氏杆菌进行血清学鉴定。

2. 多杀性巴氏杆菌

该菌能产生皮肤坏死毒素(dermonecrotic toxin，DNT)，是萎缩性鼻炎的主要病原。DNT 为一种耐热的外毒素，能致豚鼠皮肤坏死、小鼠死亡。用此毒素接种猪可复制所谓的进行性萎缩性鼻炎(progressive atrophic rhinitis，PAR)。多杀性巴氏杆菌的一般特性与鉴定见巴氏杆菌病。

(二)免疫

支气管败血波氏杆菌能产生几种毒素，包括皮肤坏死毒素和黏附因子(如纤毛)，它们均是良好的免疫原。此外，相对分子质量 68 ku 的外膜蛋白在呼吸道纤毛的黏附中发挥重要作用，是一种主要的保护性抗原。用纯化的纤毛、类毒素和 68 ku 外膜蛋白免疫有一定的保护作用。多杀性巴氏杆菌的 PAR 发生与毒素和定居因子有关。一般认为，疫苗中的类毒素量与保护力呈正相关，但用纯化的毒素免疫不能预防巴氏杆菌的定居。菌苗-类毒素疫苗中的菌苗成分可能有助于控制多杀性巴氏杆菌在鼻腔定居和排菌。

(三)疫苗

国内外研究表明,单用支气管败血波氏杆菌苗预防 PAR 效果并不理想,但有助于控制哺乳仔猪早期的支气管肺炎。用纯化的、脱毒的或重组的多杀性巴氏杆菌毒素免疫初产母猪,能部分防止仔猪 PAR 的临床症状出现和减少产毒素性巴氏杆菌的定居。免疫母猪所产的仔猪大多能预防由多杀性巴氏杆菌引起的鼻黏膜定居、鼻甲骨萎缩并有提高增重的效果。

免疫效果与菌株关系密切,多数疫苗采用能产生丰富保护性抗原(如纤毛血凝抗原、荚膜抗原和外毒素)的支气管败血波氏杆菌Ⅰ相菌和 D 型多杀性巴氏杆菌。因此预防该病的疫苗采用多杀性巴氏杆菌和支气管败血波氏杆菌两种成分较为理想。免疫后有降低 PAR 的临床症状和病理损伤的作用,但疫苗效果受猪群卫生状况的影响很大。油佐剂苗免疫后诱导的血清免疫应答和保护效果均明显优于铝胶苗。

目前我国有多种商品化疫苗,但多数是进口疫苗,如猪支气管败血波氏杆菌(Ⅰ相菌)灭活菌苗、多杀性巴氏杆菌类毒素疫苗,D 型产毒多杀性巴氏杆菌-支气管败血波氏杆菌二联苗,多杀性巴氏杆菌类毒素-支气管败血波氏杆菌二联苗等,其中多杀性巴氏杆菌 DNT 可用重组 DNT。有的在二联苗的基础上加入其他成分,如梅里亚公司的“Pneumobacter”苗则兼有多杀性巴氏杆菌 A∶3 和 D∶4 型、溶血性巴氏杆菌 A∶1 型及副流感嗜血杆菌,可以预防猪萎缩性鼻炎、兔鼻炎和肺炎等疾病。

1. 猪传染性萎缩性鼻炎灭活疫苗(波氏杆菌 JB5 菌株)

【制苗要点】将猪支气管败血波氏杆菌Ⅰ相 JB5 菌株,接种于胰大豆蛋白肉汤(TSB)液体培养基,收获培养物,经灭活后,与油佐剂混合乳化后制成。

【质量标准】除常规检验外,还应进行以下检验。

①安全检验:用 28～35 日龄健康易感仔猪(波氏杆菌 K 凝集抗体效价应<1∶8)5 头各颈部皮下肌内注射疫苗 4 mL(含菌量 3.2×10^{10} CFU),观察 14 d,应无不良反应,且全部健活。

②效力检验:用 28～35 日龄健康易感仔猪(波氏杆菌 K 凝集抗体效价应<1∶8)10 头,分成免疫组和对照组各 5 头。免疫组每头肌内注射疫苗 2 mL。免疫后 28 d,连同对照猪 5 头,各气管注射 JB 株菌液 2 mL[含活菌量$(2.0\sim10)\times10^{9}$ CFU],每日测体温,并观察记录临床症状,14 d 后,扑杀所有仔猪,并检查鼻部和肺部病变。免疫猪应至少保护 4 头,对照仔猪应至少发病 4 头。

【保存与使用】在 2～8℃,有效期为 1 年。用于预防猪传染性萎缩性鼻炎。颈部肌内注射,不论猪大小,一律每次免疫 2 mL,仔猪在 4 周龄左右免疫,妊娠母猪在产前 6 周和 2 周各免疫 1 次。

2. 猪传染性萎缩性鼻炎二联灭活疫苗(波氏菌Ⅰ相 A50-4 菌株+产生 PMT 的 PmQ13-1)

【制苗要点】将上述菌种分别在改良鲍姜氏液体培养基和改良的马丁肉汤中培养,收获培养物,经福尔马林灭活,用超滤法浓缩,按适宜比例混合后,配以油佐剂乳化制成。本品为乳白色乳剂,符合要求的油包水型乳剂苗(W/O)。两种菌含量各为 150 亿/mL。

【保存与使用】在 2～8℃,有效期为 1 年。使用方法:a. 在商品猪场,在产仔前 1 个月对妊娠母猪颈部皮下注射疫苗 2 mL,通过初乳防止仔猪发生传染性萎缩性鼻炎。b. 在种猪场,妊娠母猪免疫方法同商品猪场。对免疫母猪所生仔猪于7日龄时颈部皮下注射原苗0.2 mL，同时滴鼻各0.25 mL滴鼻苗；在21～28日龄颈部皮下注射原苗0.4 mL，同时滴鼻各0.5 mL滴鼻苗(在临用前将原苗用含有0.01%硫柳汞的灭菌磷酸盐缓冲盐水稀释为含200亿菌/mL的菌液即为滴鼻苗)。

(四)诊断制剂

该病确诊(尤其亚临床型)需要对支气管败血波氏杆菌和(或)多杀性巴氏杆菌进行分离和血清型鉴定，或者用血清学方法进行诊断。

多杀性巴氏杆菌的分离和血清定型，可从鼻腔材料中分离培养多杀性巴氏杆菌，通过皮内注射豚鼠或腹腔注射小鼠，确定为毒素源性菌株。再采用间接血凝试验对分离菌株进行荚膜血清定型，大部分产毒素菌株属D型，但也有的为A型。

支气管败血波氏杆菌抗体的检测采取凝集试验。平板凝集试验用于初检，以不加热的血清原液1滴(约0.03 mL)与等量未稀释的抗原混合，在20～25℃室温条件下，2 min内75%～100%菌体出现凝集者为阳性反应，50%菌体凝集为疑似反应，25%以下菌体凝集为阴性反应。对照阳性血清应呈完全凝集，对照阴性血清应不凝集。常规诊断应用试管凝集试验，被检血清经56℃水浴灭活30 min，以缓冲盐水作5倍稀释，再倍比稀释到160倍。各个稀释度取0.5 mL，再取稀释的抗原0.5 mL与之混合，37℃放置18～20 h，再置室温2 h，判定结果。以50%菌体被凝集的最大稀释倍数为反应终点。对阳性血清凝集价应为1∶160，阴性血清对照和抗原对照应无凝集，被检血清凝集价在1∶80或以上即为阳性。

1. 猪传染性萎缩性鼻炎波氏Ⅰ相菌凝集试验抗原

【菌种】及【制造要点】系以猪支气管败血波氏杆菌Ⅰ相菌株为菌种，接种适宜培养基培养，将培养物经甲醛溶液灭活后，离心浓缩制成。

【质量标准】本品为乳白色均匀混悬液。久置后，菌体下沉，上部澄清，振摇后仍为均匀的混悬液。

①特异性检验与效价测定：取待检抗原用标准OK抗血清、K抗血清、O抗血清及阴性血清作特异性检查，并用已知K凝集价的Ⅰ相菌感染猪血清[效价(1∶10)～(1∶160)]10份左右，进行敏感性检查。特异性和敏感性检查均与试管凝集试验及平板凝集试验两种方法相同。平板凝集试验中使用不经加热灭活的未稀释血清进行，抗原浓度为250亿个/mL；试管凝集试验中使用经加热灭活的稀释血清进行，抗原浓度为50亿个/mL。并用标准Ⅰ相菌抗原及Ⅲ相菌抗原作对照。

待检抗原及标准Ⅰ相菌抗原，对标准OK、K及不同稀释度的感染猪血清，试管凝集应达到原稀释度，平板凝集应呈阳性反应；对标准O及阴性血清两种试验应不凝集。

标准Ⅲ相菌抗原，对OK及O抗血清，试管凝集应达到原稀释度，平板凝集应呈阳性反应；对标准K及阴性血清两种试验应不凝集。所有抗原的缓冲生理盐水对照均应无自凝现象。符合以上标准为合格。

②非特异性检验：取本品及标准Ⅰ相菌抗原，分别与阴性血清及标准O抗血清作凝集试验，均应不产生凝集。

【保存与使用】在2～8℃，有效期为1年。用于检测猪支气管败血波氏杆菌K凝集抗体的凝集试验。具体可用于试管凝集试验，也可用于平板凝集试验。

2. 阳性血清

系用猪支气管败血波氏杆菌灭活抗原免疫接种猪，采血、分离血清制成。本品在 2～8℃，有效期为 1 年。用于凝集试验对照。

用标准Ⅰ相和Ⅲ相菌抗原进行试管凝集试验和平板凝集试验。试管凝集试验 K 凝集价应为 1∶60 时呈 50% 凝集，O 凝集价应为 1∶10 不凝集。平板凝集试验对Ⅰ相菌抗原应呈 100%凝集，对Ⅲ相菌抗原应为完全不凝集。

五、猪梭菌性肠炎

猪梭菌性肠炎(clostridial enteritis)是由产气荚膜梭菌 A 型和 C 型感染后引起新生仔猪迅速死亡的一种严重性疾病。A 型菌感染仔猪后迅速发病死亡，被称之为“猝死症”，而 C 型菌感染后引起初生仔猪的严重出血性肠炎，称之为“仔猪红痢”。猪梭菌性肠炎的特点是发病急，病情严重，病程短，死亡率高，抗生素往往来不及治疗，给养猪业带来潜在的威胁。该病在国内外均有不同程度的发生。

(一)病原

产气荚膜梭菌(*Clostridium perfringens*)，是梭菌属(*Clostridium*)的成员，革兰阳性产芽胞杆菌。该菌专性厌氧，但对厌氧条件的要求不严格。最适培养温度为 37℃。在牛乳培养基中能迅速分解糖并产酸，产生大量的气体，呈多孔海绵状碎块，此种“暴烈发酵”是该菌最突出的特征。在血液琼脂平板上，厌氧条件下培养 24 h，形成 2～5 mm、灰白色、表面光滑半透明的圆形菌落。大多数菌株可产生双环溶血圈，其内环为完全溶血、外环为不完全溶血区。在葡萄糖琼脂表面上经厌气培养生长的菌落，与空气接触后变成绿色。

(二)免疫

该病的致病作用主要是由毒素引起，以菌体抗原进行血清学分型的意义不大。按细菌产生的主要毒素和抗毒素中和试验，一般可分为 5 个菌型。A 型菌主要产生 α 毒素，是一种卵磷脂酶，具有坏死、溶血和致死动物的作用，C 型菌产生的主要毒素除 α 毒素外，还有 β 毒素，后者对胰酶敏感，具有致死、坏死的作用。各种菌型产生的毒素均为蛋白质，相对分子质量在 40 ku 以上，均具有良好的抗原性，经杀菌脱毒后成为类毒素，现用的仔猪梭菌性肠炎全菌疫苗中除含有菌体外，也含有类毒素。在国外，除了灭活的全菌苗外，也有用产气荚膜梭菌 C 型 β 类毒素菌苗免疫妊娠母猪，通过母猪初乳中的抗毒素抗体，为出生后哺乳仔猪提供短期保护。除了下列单苗和二价苗外，我国也有仔猪产气荚膜梭菌、大肠杆菌病二联灭活疫苗。

(三)疫苗

1. 仔猪红痢灭活疫苗

【菌种】C 型产气荚膜梭菌。

【制造要点】本品系用免疫原性良好的 C 型产气荚膜梭菌，接种于肉肝胃酶消化汤，培养 16～20 h，加入 0.5%～0.8%甲醛溶液杀菌脱毒 7～14 d，按 5∶1 加入氢氧化铝胶，充分振荡，静置沉淀，弃去占全量 1/2 的上清，然后按浓缩量加入 0.004%～0.01%的硫柳汞。

【质量标准】本品静置后，上层为橙黄色澄明液体，下层为灰白色沉淀，振荡后呈均匀混悬液。除一般性检验外，尚需进行以下检验。

①安全检验：用体重1.5～2 kg家兔4只，各肌内注射疫苗5 mL，观察10 d，均应健活，注射部位应不发生坏死。

②效力检验：用体重1.5～2 kg家兔4只，各肌内注射疫苗，14 d后，连同条件相同的对照兔2只，各静脉注射致死量的C型产气荚膜梭菌毒素，观察3～5 d，对照兔全部死亡，免疫兔至少保护3只为合格。也可用中和试验方法测定免疫动物血清效价。

【保存与使用】在2～8℃有效期为18个月。用于免疫妊娠后期母猪，母猪在产前30和45 d各肌内注射1次，每次5～10 mL。如前胎已用过本疫苗，于产前15 d免疫1次即可，剂量为3～5 mL。新生仔猪通过吮食初乳而获得被动免疫，预防仔猪红痢。

2.仔猪产气荚膜梭菌病A、C型二价灭活疫苗

【菌种】分别为A型产气荚膜梭菌C57-1菌株、C型产气荚膜梭菌C59-2菌株。

【制造要点】将菌种分别接种于厌气肉肝汤中，置36～37℃培养16～20 h，制备一级种子和二级种子。制苗用培养基为复合培养基，按培养基总量的1%接种二级种子，A型菌置36～37℃静止培养9～15 h，C型菌置35～36℃静置培养16～20 h，按各菌液总量的0.8%加入甲醛溶液，密封于37～38℃灭活脱毒5～7 d，每天充分振荡或搅拌2～3次。各菌液经灭活脱毒检验合格后，用无菌纱布或铜纱网滤过，再用硫酸铵提取，然后进行冷冻干燥成原粉。配苗前，将冻干原粉粉碎，A型苗每头剂为2个兔最小免疫剂量（MID），C型苗每头剂为100个兔MID，配制二价苗。最后在干燥无菌条件下定量分装。

【质量标准】本品为黄褐色海绵状疏松团块，易与瓶壁脱离，加稀释液后迅速溶解。除按一般规定进行检验外，还需进行以下检验。

①安全检验：疫苗用20%氢氧化铝胶生理盐水稀释后，接种体重1.5～2 kg健康家兔2只，各肌内或皮下注射2 mL，观察10 d，均应健活。

②效力检验：以下方法任择之一。

a.攻毒保护试验：先将疫苗用20%氢氧化铝胶生理盐水稀释后，免疫1.5～2 kg健康家兔4只，14～21 d，连同条件相同的对照兔2只，分别用相对应的1 MLD A型和C型毒素静脉攻毒，观察3～5 d，对照兔全部死亡，免疫兔至少保护3只，判为合格。

b.毒素中和试验：1.5～2 kg健康家兔2组，每组4只，每只肌内或皮下注射1 mL，其中一组含A型干粉苗，用母猪使用剂量的1/2免疫，另一组含C型干粉苗，用母猪使用剂量的1/40免疫，注射后14～21 d采血，分离血清。取0.1 mL血清分别与相应的1 MLD的毒素混合，置37℃中和40 min，然后静脉注射体重16～20 g小鼠2只，同时各用同批小鼠2只，分别注射1 MLD毒素作对照，观察24 h，判定结果，如对照小鼠全部死亡，3只以上兔血清中和效价≥1 MLD，可判为合格。

【保存与使用】在2～8℃保存，有效期3年。用于妊娠后期母猪的免疫注射，初胎母猪在产前35～40 d和10～15 d各肌内注射1次，每次2 mL，如经产母猪先前免疫过本疫苗，可于产前15 d左右注射1次。新生仔猪通过初乳而获得被动免疫，预防仔猪由A、C型产气荚膜梭菌引起的肠毒血症。

3.仔猪C型产气荚膜梭菌病、大肠杆菌病二联灭活疫苗

【菌种】大肠杆菌和C型产气荚膜梭菌

【制造要点】用大肠杆菌和C型产气荚膜梭菌分别接种适宜培养基培养，收获培养物，经

甲醛溶液灭活后，按一定比例混合，加氢氧化铝胶制成。

【质量标准】本品为乳白色乳剂，久置后有少量水。按大肠杆菌或C型产气荚膜梭菌灭活疫苗标准和要求进行安全检验及各自的效力试验。

【保存与使用】在2～8℃保存，有效期18个月。预防仔猪由大肠杆菌引起的腹泻和C型产气荚膜梭菌引起的仔猪红痢。母猪产前5周和2周各皮下或肌内注射1次，每次2 mL，如经产母猪先前已免疫过本疫苗，可在产前2周注射1次。新生仔猪通过初乳而获得被动免疫。

(四)诊断试剂——产气荚膜梭菌病定型血清

【菌种与制造要点】本品系用免疫原性良好的产气荚膜梭菌A、B、C、D型类毒素和毒素，分别多次免疫接种绵羊后，采血分离血清，加适当防腐剂制成。用于诊断产气荚膜梭菌病和产气荚膜梭菌定型。

【质量标准】本品为淡黄色或浅褐色澄清液体。安全检验时取体重16～20 g的小鼠5只，各静脉注射血清0.5 mL，另用体重250～450 g豚鼠2只，各皮下注射血清5 mL，观察10 d，均应健活。效价测定时取体重16～20 g的小鼠，用血清0.1 mL与各型毒素作中和试验，应符合表9-1的标准。

表9-1 各型产气荚膜梭菌血清与毒素的中和情况

血清型(0.1 mL)	中和毒素的型别及其剂量	中和其他型别毒素
A型	A型毒素10个LD以上	不能
B型	B型毒素100个LD以上	能
C型	C型毒素100个LD以上	可中和A、B型；不能中和D型
D型	C型毒素100个LD以上	可中和A型；不能中和B、C型

【保存与使用】在2～8℃，有效期3年。供定型用时，用各型血清1 mL，加入供检验的毒素20～100个LD(含量在1 mL内)。

供诊断用时，取死亡动物肠内容物加适量的生理盐水混合均匀，离心沉淀，用赛氏滤器滤过，取滤液1份，加各型血清1份，血清和检测样品混合后置37℃ 40 min，静脉注射小鼠0.2～0.4 mL(或家兔1～2 mL)，观察1 d，按表9-2判定结果。

表9-2 中和试验结果判定

毒素型	血清型			
	A	B	C	D
A	+	+	+	+
B	−	+	+	−
C	−	+	+	−
D	−	+	−	+

"+"表示中和，小鼠存活；"−"表示不能中和，小鼠死亡。

六、格拉瑟病

格拉瑟病(Glasser's disease)，曾称为副猪嗜血杆菌病，又称多发性纤维素性浆膜炎和关节炎。该病在世界各地广泛存在。以往该病仅零星散发，随着养猪业规模化的发展、高度密集饲养和免疫抑制、多重应激等因素存在，该病日趋流行，给养猪业造成严重危害。

(一)病原

副猪格拉瑟菌(Glaesserella parasuis，GPS)，原名副猪嗜血杆菌(*Haemophilus parasuis*)属于巴斯德菌科格拉瑟菌属，是一种有荚膜、无运动性、革兰阴性短小菌，形态呈多样性，如球杆状、长杆状以及丝状等。HPs 兼性厌氧、常规培养基中不能生长，生长时严格需要烟酰胺腺嘌呤二核苷酸(NAD)。在添加 NAD 及马血清的 M96 支原体培养基或添加 NAD、马血清和酵母浸出物的 PP10 培养基上生长良好。在 CAMP 试验中，该菌在金黄色葡萄球菌的培养物周围形成典型的“卫星菌落”。

GPS 有多种血清型，按 Kieletein-Rapp-Gabrielson(KRG)血清分型法，目前至少可分为 15 种血清型，各血清型之间毒力差别很大。其中血清型 1、5、10、12、13 和 14 为高毒力致病株；血清型 2、4、15 为中等毒力株；血清型 3、6、7、8、9、11 毒力较低，不能引起临床感染。此外还有 20%以上的分离株无法定型。日本、德国、美国、加拿大和澳大利亚以血清型 4、5 和 13 最为常见，我国以 4 型和 5 型为主。

(二)免疫

该菌不同血清型或不同菌株间交叉保护力低。GPS 具有明显的地方特异性，GPS 某些血清型还有抗原性亚型，不同地方分离的相同血清型菌株的毒力和抗原性可能不同。猪群初次接触无毒力菌株，血清中特异性抗体水平有显著增高，特异性抗体形成以后可产生对强毒菌株的免疫力。母源抗体对保护仔猪感染起着重要作用，种猪用副猪嗜血杆菌疫苗免疫能有效防止仔猪早期发病，降低复发的可能性。

目前有关 HPs 的致病因子仍然不十分明确。许多 GPS 菌株有类似菌毛的丝状结构，这些结构协助细菌黏附于细胞表面并且侵入机体。GPS 的荚膜多糖抗原(CPS)具有型特异性和热稳定性；脂多糖(LPS)具有内毒素样活性，但 CPS 及 LPS 与毒力的关系尚不清楚。脂寡糖(LOS)有助于细菌吸附于仔猪的气管上皮细胞(NPTr)，NPTr 释放 IL-8、IL-6，介导细胞凋亡和引起脑膜炎。外膜蛋白(OMP)与毒力有关，并有免疫保护作用。转铁蛋白(Tbp)与机体发病有关。TbpA 有很好的免疫原性，而 TbpB 不能产生免疫保护力。此外，溶血素操纵子(hhdBA)可能与毒力有关。某些急性期蛋白(acute-phase protein，APP)也与病程发展有关。

(三)副猪格拉瑟菌多价灭活疫苗

【菌种】副猪格拉瑟菌 4 型 MD 0322 株和副猪嗜血杆菌 5 型 SH165 株。

【制造要点】将副猪格拉瑟菌种子菌接种于适宜培养基培养，收获培养物，灭活菌数≥2×10^9/mL，经甲醛灭活，与油佐剂混合乳化制成。

【质量标准】外观为油包水乳白色乳剂。除常规检验外，还应进行以下检验。

①安全检验：用 28～35 日龄健康断奶仔猪 5 头，各肌内注射疫苗 4 mL，连续观察 14 d 后，注苗局部无严重反应，且全部健活为合格。

②效力检验：用 28～35 日龄健康易感断奶仔猪 10 头，分为 2 组，每组 5 头，各颈部肌内注射疫苗 2 mL，3 周后以相同方法重复免疫 1 次，二免后连同相同条件的对照猪 5 头，分别腹腔注射 1 个致死剂量的血清 4 型和 5 型菌液 3 mL，观察 14 d，免疫猪每组至少保护 4 头，而对照猪至少死亡 3 头或发病 4 头为合格。

【保存与使用】在 2～8℃保存，有效期 1 年。用于预防副猪格拉瑟菌病(4 型和 5 型)。免疫期 6 个月。猪不论大小，均颈部肌内注射 2 mL。后备母猪在产前 8～9 周首免，隔 3 周后二免。以后每胎在产后 4～5 周免疫一次。种公猪每半年免疫 1 次。仔猪在 2 周首免，隔 3 周后二免。

最近几年，国内有多家单位又开发出副猪格拉瑟菌三价灭活疫苗以及副猪格拉瑟菌、链球菌二联灭活疫苗。此外，进口疫苗也有不少。勃林格-殷格翰公司采用副猪格拉瑟菌 Z-1517 株制备单价灭活疫苗，海博莱公司采用副猪格拉瑟菌 SV-1 株和 SV-6 株制备二价灭活疫苗，均将菌种接种适宜培养物，经甲醛灭活后，加适宜佐剂混合制成。在每个头份疫苗中，灭活前活菌数 Z-1517 株 $\geqslant 1.5\times10^9$ 个。SV-1 株和 SV-6 株均 $\geqslant 2\times10^9$ 个。安全检验标准也略有不同。勃林格-殷格翰公司采用 16～20 g 小鼠，海博莱公司采用 2 周龄至 6 月龄健康猪。效力检验方面，勃林格-殷格翰公司采用 3～5 周龄易感猪 5 头，肌内注射疫苗 1 mL，4 周后，肌内注射 Z-2190 株 2 mL[$(4\sim8)\times10^5$ CFU/ mL]，连续观察 7 d，检查带菌数。对照猪至少感染 75%，免疫组感染数显著低于对照组($P\leqslant0.05$ 时)，判为合格。海博莱公司采用 5～7 月龄豚鼠 20 只免疫 2 次，间隔 15 d，检测血清抗体效价。免疫组血清对两株副猪格拉瑟菌的几何平均滴度应≥1∶16。在 2～8℃，有效期为 2～3 年。颈部肌内注射，每头 2 mL。

七、猪增生性肠炎

猪增生性肠炎(porcine proliferative enteritis，PPE)又称为“猪回肠炎”“猪坏死性肠炎”“猪腺瘤病”等，是由胞内劳森菌引起猪的肠道传染病。猪增生性肠炎多发生于 6～16 周龄的生长育肥猪，在临床上以进行性消瘦、腹泻、腹部膨大和贫血为主要特征。该病广泛发生于世界各国，已成为世界性疾病。

(一)病原

胞内劳森菌(*Lawsonia intracellularis*，LI)，属于脱硫弧菌科胞内劳森属。该菌具有典型的弧菌外形，多呈弯曲形、逗点形、S 形或直的杆菌，末端渐细或钝圆，其大小为(1.25～1.75) μm×(0.25～0.43) μm。革兰染色阴性，抗酸染色阳性，能被镀银染色法着色。该菌主要存在于易感动物肠细胞的原生质内，随脱落的肠黏膜经粪便排出体外。

该菌为严格细胞内寄生，在鼠、猪和人肠细胞系上均能生长。如 IEC-18 大鼠肠细胞或 IPEC-12 猪肠细胞可用来分离病原菌。该菌属微嗜氧，在 5% CO_2 条件下生长较好。在 5～15℃环境中至少能存活 1～2 周，细菌培养物对季铵消毒剂和含碘消毒剂敏感。

(二)免疫

胞内劳森菌广泛分布于不同组织器官中，包括肠道固有层的巨噬细胞、黏膜下层、扁桃体、毛细管系统和淋巴系统。感染后早期反应主要由 IgM 参与。人工感染第 7 天可从猪粪便中首次检出该菌，排菌时间维持到 12 周；接种后 14 d 能诱导体液免疫和细胞免疫，IgG 抗体水平在 3 周时达到高峰。免疫反应维持到接种后 13 周以上。耐过猪的免疫可能持续约 12 个月。

细胞免疫反应在抗胞内劳森菌感染中起重要的作用。病理组织学研究证实，在猪感染初期，肠道组织内可见中等数量的细胞毒性 T 淋巴细胞、巨噬细胞、携带 MHCⅡ的 B 淋巴细胞浸润，T 淋巴细胞(尤其是上皮组织黏膜中的 $CD3^+$ 和 $CD8^+$ T 细胞)下调。在早期病变中，肠道黏膜见有胞内劳森菌特异性抗原的巨噬细胞浸润，表明先天性的细胞防御可能对感染控制起到重要作用。具有活性的巨噬细胞在感染后 14 d 达到高峰。自然感染病例中，在增生的肠道固有层中可见 CD8 和 CD25T 细胞。人工感染病例中，动物机体 $CD3^+$ 淋巴细胞的显著下降，暗示在感染中可能出现免疫抑制。急性出血性病例中，免疫反应更加强烈，出现产生 IgM 的 B 细胞。

(三)疫苗

目前，美国、德国和荷兰等国已经研制出 PPE 无毒活苗和灭活苗，目前已在欧洲、北美和亚洲推广。仔猪 3、7 和 9 周龄通过饮水免疫可以改善猪日增重和整齐度。用无毒力 LI 活疫苗鼻腔接种 21 日龄仔猪，能显著地阻止病菌在试验猪体内繁殖和减少病变发生。我国从德国(勃林格-殷格翰公司)进口的活疫苗口服免疫能显著提高猪群生长性能，减低死亡率。

猪回肠炎活疫苗，系用胞内劳森菌分离株接种于 McCoy 细胞培养后，收获细胞培养物，加适宜稳定剂，经冷冻真空干燥制成。疫苗除无菌检验和支原体检验均为阴性外，还应进行安全和效力试验。

安全检验：采用 3～5 周龄健康猪。效力检验时用间接荧光抗体方法，即取疫苗及对照品，做适当稀释，接种于 McCoy 细胞培养，加入抗胞内劳森菌的单克隆抗体 VPM53 反应后，加入抗鼠 IgG-荧光素，在荧光显微镜下观察，测定效价，疫苗滴度应≥$10^{4.0}$ $TCID_{50}$/头份。

疫苗置 2～8℃保存，有效期为 36 个月。3 周龄及以上的猪，每头猪用 1 头份剂量经口服或饮水免疫。使用本品时，免疫前后 3 d 内禁用抗生素或消毒剂，以免灭活疫苗或降低效价。

(四)诊断制剂

猪增生性肠炎病的血清学诊断方法不少，报道的有 ELISA、间接免疫荧光抗体试验(IFAT)和免疫过氧化物酶单层抗体试验(IPMA)PCR、免疫组化试验(IHC)、原位杂交(ISH)等。其中美国礼来公司研究的 FIRSTtest 诊断法，具有快速、敏感和简便的特点，可对粪样进行现场检测。国内尚无检测该病的商品化血清学试剂盒可用。

(罗满林)

第二节　病毒性制品

一、猪瘟

猪瘟(classical swine fever，CSF)俗称“烂肠瘟”，又称猪霍乱，是由猪瘟病毒(classical swine fever virus，CSFV)引起的猪的一种急性热性、高度接触性传染病。临床特征：急性病例呈败血性变化，实质器官出血、坏死和梗死；慢性病例呈纤维素性坏死性肠炎，且后期常有副伤寒及巴氏杆菌病继发。CSF 于 1833 年首次发现于美国俄亥俄州，百余年来其流行遍及全球。OIE 将其定为必须申报的猪病，我国农业农村部则将其列为一类动物疫病，是目前危害中国养猪业发展的主要疫病之一。

(一)病原

CSFV 属于黄病毒科瘟病毒属，为单股正链 RNA 病毒，病毒粒子呈球形，直径 38～44 nm，核衣壳为二十面体对称，有囊膜，表面有纤突结构，不能凝集红细胞。病毒基因组仅含有一个大的开放阅读框(ORF),编码 4 种结构蛋白(C、E^{rns}、E1、E2)和 8 种非结构蛋白(N^{pro}、P7、NS2、NS3、NS4A、NS4B、NS5A、NS5B)构成的多聚蛋白:NH2-(Npro-C-E^{rns}-E1-E2-P7-NS2-NS3-NS4A-NS4B-NS5A-NS5B-COOH)。其中 E^{rns} 和 E2 可诱导产生中和抗体,具有免疫防制研究价值。猪利用 E^{rns} 蛋白进行免疫虽不能产生可检测的中和抗体,但针对强毒 CSFV 攻击却能提供致死量的保护性免疫,而针对 E2 蛋白的抗体在体外能中和 CSFV,故为最重要的免疫原性蛋白,此外 E2 存在抗原高变区。

CSFV 能在多种细胞内增殖,但以猪肾细胞最敏感,无论用何种细胞增殖,均不产生明显的细胞病变(CPE)。CSFV 是相对稳定的 RNA 病毒,只有 1 个血清型,但抗原性和遗传学具多样性。与同属的牛病毒性腹泻-黏膜病毒(BVDV)存在共同的可溶性抗原,既有血清学交叉反应,又有交叉保护作用。分为 3 个基因型(基因 1~3 型)和 11 个基因亚型(1.1~1.4、2.1~2.3、3.1~3.4),我国目前主要以基因 1.1 亚型和 2.1 亚型为主,而基因 2.1 亚型又进一步划分为 3 个亚亚型(2.1a~2.1c),在我国都有流行,其中 2.1b 是优势毒株。

CSFV 对乙醚、氯仿和去氧胆酸盐敏感。对外界环境的抵抗力较强,既能在冷冻条件下存活,也能在烟熏烤晒加工的肉品中存活,但不耐热,仅部分毒株可抵抗 56℃。pH<3.0 或 pH>11.0 可灭活 CSFV。CSFV 能被 5%~10%石灰乳、2%~3% 氢氧化钠、5%漂白粉灭活。

(二)免疫

猪对 CSF 免疫力的形成与中和抗体的产生是平行相关的,故该病的免疫以体液免疫为主,实际上细胞免疫也参与了保护性免疫,特别是免疫初期和后期,主要表现为淋巴细胞增殖反应、CTL 反应和 γ 干扰素分泌。

CSF 的人工免疫接种包括被动免疫和主动免疫。被动免疫主要采用特异性免疫血清,仅用于紧急预防和早期治疗;主动免疫主要应用疫苗,以调动机体自动产生免疫;而免疫母猪可通过初乳将母源抗体输给仔猪,使仔猪获得一定程度的被动免疫,其免疫持续期为 1.5~2 个月;但母源抗体对弱毒活苗的免疫有一定干扰作用,7 日龄无母源抗体的仔猪免疫后可获得坚强的免疫力,6 个月后攻毒可获得 100%保护,而有母源抗体的仔猪,于 7、30、45 日龄时免疫后 6 个月攻毒,其保护率仅为 50%~75%。

疫苗免疫在控制我国 CSF 中起到重要的作用。虽然养猪场十分重视 CSF 免疫注射,80%以上猪群均注射过疫苗,但猪群免疫力低下却普遍存在。母猪持续感染和仔猪胎盘感染是引起免疫失败的重要原因,这种母猪产下的仔猪多为先天免疫耐受猪,导致猪场形成 CSF 恶性循环,即 CSF 亚临床感染→胎盘感染→母猪繁殖障碍→仔猪带毒→后备母猪→亚临床感染,使带毒率为 3%~33%。

(三)疫苗

CSF 疫苗的发展经历了早期的灭活疫苗、弱毒疫苗到现在的基因工程疫苗。灭活疫苗因其免疫效果较差仅在 20 世纪 50~60 年代使用,目前广泛使用的是弱毒疫苗。1954 年我国成功培育出猪瘟兔化弱毒株(CLS),也叫"C 株"或"K 株"。CLS 不通过怀孕猪的胎盘屏障感染胎儿;在猪体内连续传代后仍保持原弱毒的特性;对乳猪和种猪无残余毒性;接种各种年龄、品种的猪不产生 CSF 临床症状,仅出现轻微病毒血症,免疫后 4~32 d 内,免疫猪不从尿中排毒,免疫猪与非免疫猪同圈饲养 60 d,不发生接触感染;免疫猪 7 d 后的脾和血液尚存微量病毒,17 d 后均无病毒存在;免疫 10~14 日龄哺乳仔猪,不影响发育;注射怀孕 1~3 个月母猪,不引起流产、死胎。利用 CLS 制成的猪瘟兔化弱毒苗，包括组织疫苗（脾淋苗）和细胞疫苗，是目前世界上应用最广泛、最优秀的疫苗。随着耐热冻干保护剂的发明（1999 年）与在猪瘟兔化弱毒苗生产中的运用，使 CSF 疫苗的产品质量得到进一步提高。除此之外，日本的细胞弱毒疫苗（GPE 株）和法国的细胞弱毒疫苗（Thiverval 株）也被广泛使用。

然而，CSF 疫苗目前存在的最大问题就是无法用准确、实用的方法区别 CSF 疫苗接种猪和野毒感染猪。因此，带有诊断标记而又不改变 CSF 疫苗免疫原性的新型疫苗是今后 CSF 疫苗研制的关键所在，国外已有 CSF 基因工程标记疫苗投入使用的报道。2017 年 12 月 25 日，中国首个猪瘟基因工程疫苗“猪瘟病毒 E2 蛋白重组杆状病毒灭活疫苗（Rb-03 株）”获批二类新兽药，将可实现对野毒感染和疫苗免疫抗体的区分。

1. 猪瘟活疫苗（兔源）

【种毒】猪瘟兔化弱毒株（CVCC AC1412）。标准：①对兔的最小感染量不低于 10 000 倍稀释 1 mL；②对猪的最小免疫量 1 mL；③仅对家兔产生热反应而不致死；④50 倍稀释 1 mL 对健康敏感猪应安全；⑤无菌；⑥湿毒 0～4℃保存不得超过 14 d，－15℃以下保存不得超过 6 个月，冻干毒 0～4℃保存 6 个月，－15℃以下保存 2 年，－30～－36℃以下保存 5 年；⑦选用体重 1.5～3 kg、观察 1 个月以上证明健康的家兔继代。

【制造要点】将经测温、观察表明健康的家兔（体重 1.5～3 kg），用 20～50 倍生理盐水稀释的脾乳剂、脾淋乳剂或冻干种毒，静脉注射 1 mL，定期测定体温。选择定型热反应兔（接种后 24～48 h 体温曲线上升明显，超过常温 1℃以上至少有 3 个温次，稽留 18～36 h）和轻热反应兔（接种后 24～72 h 体温曲线有一定上升，超过常温 0.5℃以上至少有 2 个温次，稽留 12～36 h），在其体温下降到常温后 24 h 内剖杀。采取脾脏和淋巴结供制备脾淋苗用；采取脾脏、淋巴结、肝脏、肺脏（严重病变者除外），去除脂肪、结缔组织、血管、胆囊、病灶部，供制备混合苗用，其中肝脏用量不超过脾脏和淋巴结质量的 2 倍。将组织称重、剪碎、加入适量 5%蔗糖脱脂乳保护剂，混合研磨、滤过，按实际滤过的组织液计算稀释倍数，加入余量保护剂为原苗。每毫升原苗可加青、链霉素各 500～1 000 IU，摇匀后置 4℃作用一定时间后即可分装、冻干。

【质量标准】除按成品检验的有关规定进行检验外，尚需做如下检验。

(1)安全检验　可用小动物和猪检验。

①用小动物检验：按瓶签注明头份，将疫苗用灭菌生理盐水稀释成 5 头份/mL；皮下注射体重 18～22 g 小鼠 5 只，各 0.2 mL；肌内注射体重 350～400 g 豚鼠 2 只，各 1.0 mL；观察 10 d，应全部健活。

②用猪检验：选用无 CSFV 中和抗体的断奶猪，接种前观察 5～7 d，每日上、下午各测体温一次，挑选体温、精神、食欲正常的使用。每批疫苗按瓶签注明头份用灭菌生理盐水稀释成每毫升含 6 头份，肌内注射猪 4 头，每头 5.0 mL（含 30 头份）；接种后，每日上、下午各观察并测体温 1 次，观察 21 d。体温、精神、食欲与接种前相比没有明显变化；或体温升高超过 0.5℃，但不超过 1℃，稽留不超过 4 个温次；或减食不超过 1 d。如果有 1 头猪体温升高 1℃以上，但不超过 1.5℃，稽留不超过 2 个温次，疫苗也可判为合格。如果有 1 头猪的反应超过上述标准，或出现可疑的其他体温反应和其他异常现象时，可用 4 头猪重检 1 次，重检的猪仍出现同样反应，疫苗应判为不合格。也可在猪高温期采血复归猪 2 头，每头肌内注射可疑猪原血 5.0 mL，测温观察 16 d，如果均无反应，疫苗可判为合格。如果第 1 次检验结果已经确证疫苗不安全，则不应进行重检。

(2)效力检验　下列方法任择其一。

①用兔检验:按瓶签注明头份,将疫苗用灭菌生理盐水稀释成每毫升含 1/150 头份,耳静脉注射体重 1.5～3.0 kg 兔 2 只,每只 1.0 mL;接种后,上、下午各测体温 1 次;48 h 后,每隔 6 h 测体温 1 次,根据体温反应和攻毒结果进行综合判定。

接种疫苗后,兔的体温反应标准及其结果判定见二维码 9-2。

②用猪检验:将疫苗用生理盐水稀释成每毫升含 1/150 头份,肌内注射无 CSFV 中和抗体的猪 4 头,每头 1.0 mL,接种后 10～14 d,连同对照猪 3 头,各注射 CSFV 石门系血毒 1.0 mL(含 $10^{5.0}$ MLD),观察 16 d。对照猪应全部发病,且至少死亡 2 头,免疫猪应全部健活或稍有体温反应,但无 CSF 临床症状。

二维码 9-2

【保存与使用】－15℃保存,有效期 12 个月。肌肉或皮下注射。按瓶签注明头份,用生理盐水稀释成 1 头份/mL,每头 1.0 mL。在没有 CSF 流行的地区,断奶后无母源抗体的仔猪,接种 1 次即可;有疫情威胁时,仔猪可在 21～30 日龄和 65 日龄左右各接种 1 次;断奶前仔猪可接种 4 头份疫苗,以防母源抗体干扰而导致免疫效果降低。疫苗接种后 4 d 产生免疫力,断奶后无母源抗体仔猪的免疫期,脾淋苗为 18 个月,乳兔苗为 12 个月。

2. 猪瘟活疫苗(细胞源)

【种毒】同猪瘟活疫苗(兔源)。

【制造要点】猪瘟兔化弱毒犊牛睾丸细胞活疫苗:制备犊牛睾丸细胞,选择非 CSF 疫区的和无口蹄疫的 1～2 日龄公犊牛,剖杀后消毒睾丸组织表面,无菌采取睾丸并放入含 1 000 μg/mL 青、链霉素的 Hank's 液中浸泡 30～40 min,去除被膜和附睾,剪碎后加入 Hank's 液反复洗涤,再用 5～8 倍量的 0.25%胰酶液消化处理(37℃ 50 min,每隔 10 min 轻摇 1 次)。消化完毕后去除胰酶,加入少量水解乳蛋白营养液,吹打分散细胞,再加入适量营养液混匀,用两层纱布过滤,收取细胞悬液,分装于培养瓶中,37℃转瓶培养,12 r/h,72～120 h 细胞即可长成致密单层。接毒、收获、换液、配苗、分装均同猪瘟兔化弱毒猪肾细胞活疫苗,但收获次数可达 6～7 次。

【质量标准】除按成品检验的有关规定进行检验外,尚需做如下检验。

(1)安全检验　用猪检验,同猪瘟活疫苗(兔源)。

(2)效力检验　下列方法任择其一。

①用兔检验:按瓶签注明头份,将疫苗用灭菌生理盐水稀释成每毫升含 1/750 头份,耳静脉注射兔 2 只,每只 1.0 mL。接种后的观察及判定同猪瘟活疫苗(兔源)。

②用猪检验:按瓶签注明头份,将疫苗用生理盐水稀释成每毫升含 1/300 头份,肌内注射无 CSFV 中和抗体的猪 2 头,每头 1.0 mL。攻毒和判定同猪瘟活疫苗(兔源)。

【保存与使用】－15℃保存,有效期 18 个月。使用同猪瘟活疫苗(兔源)。疫苗接种后 4 d 产生免疫力,断奶后无母源抗体仔猪的免疫期为 18 个月。

3. 猪瘟耐热保护剂活疫苗(兔源)

本品系用猪瘟兔化弱毒株接种家兔,收获感染家兔的脾脏及淋巴结,制成乳剂,加入耐热保护剂,经冷冻真空干燥制成。2～8℃保存,有效期 24 个月。肌肉或皮下注射。按瓶签注明头份,用生理盐水稀释成 1 头份/mL,大、小猪均 1.0 mL。在没有 CSF 流行的地区,断奶后无母源抗体的仔猪，接种 1 次即可；有疫情威胁时，仔猪可在 21～30 日龄和 65 日龄左右各接种 1 次；断奶前仔猪可接种 4 头份疫苗，以防母源抗体干扰而导致免疫效果降低。疫苗接种后 4 d 产生免疫力，断奶后无母源抗体仔猪的免疫期为 18 个月。

4. 猪瘟耐热保护剂活疫苗（细胞源）

本品系用猪瘟兔化弱毒株接种易感细胞培养，收获细胞培养液，加入耐热保护剂，经冷冻真空干燥制成。保存与使用同猪瘟耐热保护剂活疫苗（兔源）。疫苗接种后 4 d 产生免疫力，断奶后无母源抗体仔猪的免疫期为 12 个月。

5. 猪瘟、猪丹毒、猪多杀性巴氏杆菌病三联活疫苗

此疫苗的介绍详见第八章第一节中的猪巴氏杆菌病。

（四）诊断制品

1. 猪瘟单克隆抗体纯化酶联免疫吸附试验抗原

【制造要点】本抗原系分别用 CSFV 兔化弱毒株和 CSFV 强毒株接种细胞培养，收获病毒培养物，通过亲和层析法，利用 CSFV 兔化弱毒株特异性单克隆抗体和 CSFV 强毒株特异性单克隆抗体纯化制成。

【质量标准】微乳白色、无异物的透明液体。

【保存与使用】2～8℃保存，有效期 6 个月；－15℃以下保存，有效期 12 个月。用于酶联免疫吸附试验检测 CSF 兔化弱毒疫苗抗体和 CSFV 强毒抗体。用法和判定见二维码 9-3。

二维码 9-3

2. 猪瘟病毒酶标记抗体

【制造要点】本品系用过碘酸钠氧化法将提纯的 CSFV 抗体（IgG）与辣根过氧化物酶结合而制成。

【质量标准】淡黄色澄明液体。取本品 3 支，分别用灭菌 PBS 作 5、10、15 倍稀释，并分别与已知 CSF 阳性和阴性的肾脏触片或细胞片作酶标组化试验，进行效价测定。当 1∶10 以上（含 1∶10）稀释的酶标记抗体使阳性触片或细胞片中细胞（一般为肾小管上皮细胞）的细胞质染成棕黄色，而阴性触片或细胞片中细胞的细胞质不显色时，判为合格。

【保存与使用】2～8℃保存，有效期 8 个月。用于酶标组化试验诊断 CSF。将被检材料（扁桃体或肾脏）在干净的玻片上制成横切触片，用丙酮固定，再经叠氮钠处理，自然干燥后，加工作浓度的 CSF 酶标记抗体，37℃作用 30 min。将触片洗净后，浸泡在相应的底物溶液（含 3,3′-二氨基联苯二胺盐和过氧化氢的缓冲液）中 10～15 min。用注射用水将触片洗净后，即可判定。在被检触片中，出现细胞质被染成棕黄色的细胞（一般为上皮细胞）时，判为阳性反应；未出现细胞质被染成棕黄色的细胞时，判为阴性反应。

3. 猪瘟病毒荧光抗体

【制造要点】本品系用硫酸铵盐析法分离提纯的 CSFV 血清抗体，与异硫氰酸荧光素（FTTC）结合而制成。

【质量标准】蓝绿色澄明液体。特异性检验如下。

（1）CSFV 的荧光抗体染色　用 CSFV 实验感染猪 2 头及同窝对照猪 1 头，取扁桃体，制作冰冻切片，用被检荧光抗体进行染色试验。感染猪的扁桃体隐窝上皮细胞质应显明亮的黄

绿色特异性荧光，而对照猪扁桃体隐窝上皮细胞应不显荧光。

(2)荧光的特异性鉴定　采用荧光抑制试验。取两组 CSFV 感染猪的扁桃体冰冻切片，分别用 CSFV 高免血清(或 IgG)和健康猪血清(CSF 中和抗体阴性)在 37℃下作用 30 min 后，用硫酸盐缓冲液(PBS，pH 7.2，0.01 mol/L)洗净，随后进行荧光抗体染色。经 CSF 高免血清处理的扁桃体切片，隐窝上皮细胞特异性的荧光应被抑制而不出现荧光，或荧光显著减弱；而经阴性血清处理的切片，隐窝上皮细胞仍出现明亮的黄绿色荧光。

【保存与使用】2～8℃保存，有效期 24 个月。用于诊断 CSF。将待检病猪的扁桃体、肾脏等组织冰冻切片或待检的细胞培养片，经丙酮固定后，滴加 CSF 荧光抗体覆盖于切片或细胞片表面，置 37℃作用 30 min。然后用 PBS 洗涤，用碳酸盐缓冲甘油(pH 9.0～9.5，0.5 mol/L)封片，置荧光显微镜下观察。必要时设立抑制试验染色片，以鉴定荧光的特异性。在荧光显微镜下，见切片或细胞培养物(细胞盖片)中有细胞质荧光，并经抑制试验证明为特异的荧光，判为 CSF 阳性；无荧光，判为阴性。

(五)生物治疗制剂

生物治疗制剂主要有抗猪瘟血清。

【制造要点】本品系用 CSF 活疫苗对猪进行基础接种，再用 CSFV 强毒进行加强接种，采血，分离血清，加适当防腐剂制成。

【质量标准】略带棕红色的澄明液体，久置后有少量灰白色沉淀。

(1)安全检验　用体重 18～22 g 小鼠 5 只，各皮下注射血清 0.5 mL；用 1.5～2.0 kg 兔 2 只，各皮下注射血清 10 mL；用体重 350～400 g 豚鼠 2 只，各皮下注射血清 3.0 mL。观察 10 d，应全部健活。

(2)效力检验　用体重 25～40 kg、来源相同、无 CSF 中和抗体的猪 7 头，分成 2 组。第 1 组 4 头，每千克体重注射血清 0.5 mL，同时注射 CSFV 石门系强毒株(CVCC AV1411)血毒 1.0 mL；第 2 组 3 头，仅注射强毒株血毒 1.0 mL 作为对照。观察 16 d，对照猪应于注射强毒株血毒后 24～72 h 内体温上升，随之呈现典型 CSF 症状，并于 16 d 内至少有 2 头猪死于急性 CSF；第 1 组的 4 头猪至少应健活 3 头。

【保存与使用】2～8℃保存，有效期 36 个月。用于预防猪瘟。皮下或肌内注射。体重 20 kg 以下猪，每千克体重 0.25～100 mL；体重 20 kg 以上猪，每千克体重 1.0 mL。

二、猪繁殖与呼吸综合征

猪繁殖与呼吸综合征(porcine reproductive and respiratory syndrome，PRRS)是由猪繁殖和呼吸综合征病毒(porcine reproductive and respiratory syndrome virus，PRRSV)引起的以感染猪发热、厌食，妊娠母猪晚期流产、早产、产死胎、弱胎和木乃伊胎，各种年龄猪(特别是仔猪)呼吸障碍为特征的高度传染性疾病，又称猪蓝耳病。1987 年 PRRS 首次报道于美国，其后在德国、加拿大、日本、荷兰、西班牙、法国、英国等国家相继报道。目前，PRRS 已遍布世界各个养猪国家，在猪群密集、流动频繁的地区更易流行，常造成严重经济损失。自 1995 年 PRRS 传入我国大陆以来，该病在国内呈现明显的高发趋势，特别是在 2006 年，高致病性猪繁殖与呼吸综合征(HP-PRRS)的发生，致使猪群的发病率达 50%～100%，病死率哺乳仔猪 100%、保育猪最高可达 70%，生长育肥猪 20%，母猪流产率 30%以上，给我国养猪业造成了巨大的经济损失。OIE 将其定为必须申报的猪病，我国农业农村部将 HP-PRRS 列为一类动物疫病、PRRS 为二类动物疫病，是目前危害中国养猪业健康、可持续发展的重要疫病之一。

(一)病原

PRRSV 属于动脉炎病毒科动脉炎病毒属，为单股正链 RNA 病毒，病毒粒子呈球形，直径 50～70 nm，核衣壳为二十面体对称，有囊膜，并有蜂窝样的表面结构。病毒基因组含有 9 个重叠的开放阅读框(ORFs)，ORF1 占整个基因组的 80%，编码非结构蛋白(Nsps)为病毒复制所必需的 RNA 复制酶，ORF2～ORF7 编码结构蛋白，其中 3 个主要的结构蛋白分别为 N(核衣壳蛋白，12 ku)、GP5/E(囊膜糖蛋白，25 ku)和 M(非糖基化的嵌膜蛋白，16 ku)。N 蛋白和 M 蛋白具有很强的免疫原性，病毒感染后机体可产生针对它们的特异性抗体，但没有中和抗体；GP5/E 能诱导机体产生中和抗体和诱导细胞凋亡。PRRSV 分为两个基因型，即以 ATCC-VR2332 株为代表的美洲型和以 LV 株为代表的欧洲型，二者的核苷酸序列相似性约为 60%，氨基酸的相似性为 78%～81%，存在显著的抗原差异性，同一基因型的 PRRSV 之间也存在较广泛的变异，有基因突变、缺失和插入现象，我国的 PRRSV 分离株大多属于美洲型。2006 年我国暴发的高致病性猪繁殖与呼吸综合征的病原是美洲型的变异株(HP-PRRSV)，该病毒非结构蛋白 Nsp2 编码基因出现长短不等的缺失变异。

PRRSV 可在猪肺泡巨噬细胞(PAMs)或非洲猴肾细胞 MA-104 的细胞亚系(CL-2621、MARC-145)内增殖，经传代后出现特征性 CPE。由于并非所有的 PRRSV 均能在所有的细胞上生长，因此在可能的情况下至少要用两种细胞进行病毒分离。

氯仿、乙醚等脂溶剂和脱氧胆酸钠等去污剂可使 PRRSV 失活。PRRSV 在环境中的稳定性相对较差，对热和干燥敏感，但在特定的温度、湿度和 pH 条件下可保持长时间的感染力，如在−70℃和−20℃时能存活几个月至几年。

(二)免疫

PRRSV 感染猪体后，抗 PRRSV 的特异性抗体相继产生。5～7 d 出现 IgM 抗体，2～3 周后抗体水平降至检测限以下；7～10 d 出现 IgG 抗体，在第 4 周达到最高值，并会持续数月，到 300 d 时降低至较低水平；14 d 后出现 IgA 抗体，在 25 d 到达峰值，35 d 后则不能被检测到。早期主要产生针对 N 蛋白的抗体，随后才是针对 M 和 GP5/E 蛋白、具有中和作用的抗体。由于中和抗体能够从体循环中清除病毒，因此一般认为体液免疫在抵抗再次感染以及预防或减少病毒在动物之间的传播方面起着重要作用。然而中和抗体出现较慢且量较少，临床上 PRRS 表现为持续性感染，说明体液免疫的保护作用并不完全，并且由于抗体依赖性增强作用(antibody dependent enhancement，ADE)的存在，导致亚中和水平的体液抗体对 PRRSV 感染还具有促进作用。例如，在被动获得抗体的猪体内，PRRSV 感染和复制反而得到增强。

单独用抗体也许不能保护猪不发病，细胞免疫可能保护猪不受 PRRSV 感染。PRRSV 感染后 28 d 出现抗原特异性的淋巴细胞增生，第 49 天达到高峰，第 77 天时出现下降，重复感染后细胞增生反应增强，这种增生性反应是 $CD4^+$ 及 T 淋巴细胞依赖性的。PRRSV 感染可产生 Th1 细胞介导的免疫反应，其感染程度也受 $CD8^+$ 反应的影响。在自然感染 PRRSV 的猪体内，淋巴细胞亚群发生了变化，外周血中 $CD4^+/CD8^+$ 细胞的比例明显降低。T 细胞对 PRRSV 的反应具有高度的可变性。通过淋巴细胞增生试验和病毒特异性干扰素产生的细胞试验，进行 PRRSV 野毒接种猪、伪狂犬疫苗接种猪、PRRSV 减毒活疫苗接种猪的细胞免疫反应比较，结果显示 PRRSV 野毒接种猪可产生长期而强烈的细胞免疫反应，与伪狂犬疫苗接种猪的细胞免疫反应相当，而 PRRSV 减毒活疫苗接种猪的细胞免疫反应与保护性极好的伪狂犬疫苗诱导的细胞免疫反应效果相差甚远。

总之，目前针对 PRRS 的免疫特性不完全了解，因此难以用弱毒活疫苗或灭活疫苗来稳定可靠地控制 PRRS。

（三）疫苗

虽然疫苗免疫不能完全控制 PRRS，但预防性免疫能够在猪群暴发疾病时减轻临床症状，降低疾病传播并提高猪群生产性能，结合有效的生物安全措施，可以控制 PRRS 的流行。目前国内外均已研制出弱毒活疫苗和灭活苗。通常来说，弱毒活疫苗免疫效果较佳，但存在一定的安全问题，如散毒、毒力返强等，因此对活疫苗应慎用，最早进入我国市场的活疫苗是由德国勃林格殷格翰利用 PRRSV（ATTC-VR2332 经典株）生产的；国内活疫苗采用的经典株有 R98、CH-1R 等株；针对高致病性 PRRSV 变异株，2008 年我国上市了 JXA1-R 株，2011 年又添了 HuN4-F112 株和 TJM-F92 株，2015 年又添有 GDr180 株活疫苗。灭活疫苗不存在散毒和毒力返强的问题，但必须多次反复接种，而且免疫效果不稳定，甚至导致免疫失败，故应用逐渐减少。近几年，国内外均致力于基因工程疫苗的研究，有望在以下几个方面取得突破：多基因与佐剂分子 DNA 疫苗、多基因与佐剂亚单位疫苗、RNA 疫苗、“自杀性”DNA 疫苗以及活载体疫苗等，但到目前为止，全世界尚没有正式批准的基因工程疫苗上市。

1. 猪繁殖与呼吸综合征灭活疫苗

【种毒】猪繁殖与呼吸综合征病毒 CH-1a 株，系我国分离株。其标准：a. 接种 Marc-145 细胞单层，37℃培养 48～72 h，CPE 达 80％以上时收获，病毒含量应≥$2\times10^{7.0}$ $TCID_{50}$/mL；b. －20℃ 保存不超过 12 个月，－70℃保存不超过 24 个月；c. 毒种继代应不超过 5 代。

【制造要点】按 1％的接种量接种生长良好的 Marc-145 细胞单层，37℃培养 48～72 h，当 CPE 达 80％以上时收获细胞培养物，病毒含量应≥$2\times10^{7.0}$ $TCID_{50}$/mL。在病毒液中加入甲醛溶液，充分混匀，使甲醛最终浓度为 0.3％，37℃作用 6～8 h 后，置 2～8℃过夜，加入适量的硫柳汞，在 2～8℃保存应不超过 2 周。矿物油佐剂（油、司本和吐温的比例是 90∶7∶3，分数次加入适量硬脂酸铝，充分混匀），高压灭菌备用。水相与油相的比例是 1∶1，充分乳化后定量分装。

【质量标准】除按成品检验的有关规定进行检验外，尚需做如下检验。

（1）安全检验　可用母猪、仔猪检验。

①用母猪检验：选取怀孕 65～70 d 的母猪 3 头，每头颈部肌内注射疫苗 8 mL，观察至母猪分娩为止，应无因接种疫苗引起的不良反应，并能产下健康的活仔。

②用仔猪检验：选取 28～35 日龄的健康易感仔猪 5 头（中和抗体效价＜1∶4），每头颈部肌内注射疫苗 4 mL，连续观察 14 d，应无不良反应。

（2）效力检验　下列方法任择其一。

①中和抗体测定法：选取 28～35 日龄的健康易感仔猪 5 头（中和抗体效价＜1∶4），每头颈部肌内注射疫苗 2 mL。21 d 后，连同对照猪 3 头，分别静脉采血，分离血清，检测血清中和抗体效价。对照猪的中和抗体效价均应＜1∶4；免疫猪应至少有 4 头血清中和抗体效价≥1∶26。

②免疫攻毒法：选取 28～35 日龄的健康易感仔猪 5 头(中和抗体效价<1∶4)，每头颈部肌内注射疫苗 2 mL。21 d 后，连同对照猪 3 头，用 PRRSV 的 ATCC-VR2332 株($10^{5.0}$ $TCID_{50}$/mL)攻击，每头滴鼻 2 mL，连续观察 21 d，扑杀剖检，根据临床症状、病理变化和抗原检测进行判定。对照猪应至少有 2 头发病，免疫猪应至少保护 4 头。

【保存与使用】2～8℃保存，有效期 10 个月。颈部肌内注射。母猪在怀孕 40 d 内进行首次免疫，间隔 20 d 后进行第 2 次接种，以后每隔 6 个月接种 1 次，每次每头 4.0 mL；种公猪首次免疫与母猪同时进行，间隔 20 d 后进行第 2 次接种，以后每隔 6 个月接种 1 次，每次每头 4.0 mL；仔猪 21 日龄接种 1 次，每头 2.0 mL。免疫期 6 个月。

2. 猪繁殖与呼吸综合征活疫苗(CH-1R 株)

【种毒】猪繁殖与呼吸综合征病毒 CH-1R 株，系由 CH-1a 株致弱毒株，除病毒含量应≥$2\times10^{6.0}$ $TCID_{50}$/mL 外，其余标准同 CH-1a 株。

【制造要点】按 1%的接种量接种生长良好的 Marc-145 细胞单层，37℃培养 48～72 h，当 CPE 达 80%以上时收获病毒液，病毒含量应≥$2\times10^{6.0}$ $TCID_{50}$/mL。将检验合格的半成品加入适量的冻干保护剂，分装于疫苗瓶中，冷冻真空干燥。

【质量标准】除按成品检验的有关规定进行检验外，尚需做如下检验。

(1)安全检验　用 3～4 周龄无 PRRSV、HCV、PPV 抗原和抗体的健康易感仔猪 4 头，各肌内注射疫苗 10 头份，观察 21 d，均应无不良反应。

(2)效力检验　用 3～4 周龄无 PRRSV、HCV、PPV 抗原和抗体的健康易感仔猪 5 头，各肌内注射疫苗 1 头份。28 d 后，连同条件相同的对照猪 5 头，分别以滴鼻和注射攻击 PRRSV 强毒 3 mL(病毒含量≥$10^{5.0}$ $TCID_{50}$/mL)，观察 21 d，对照猪应全部发病并至少死亡 2 头，免疫猪应 4/5 以上健活。

【保存与使用】－20℃保存，有效期 18 个月。颈部肌内注射。3～4 周龄仔猪免疫，1 头份/头；母猪于配种前 1 周免疫，2 头份/头。免疫期 4 个月。

3. 高致病性猪繁殖与呼吸综合征耐热保护剂活疫苗(JXA1-R 株，蓝福佳)

【种毒】高致病性猪繁殖与呼吸综合征病毒强毒 NVDC-JXA1 株经传代致弱的 JXA1-R 株。其标准：①接种 Marc-145 细胞单层，37℃培养 70～74 h，CPE 达 80%以上时收获，病毒含量应≥$10^{7.5}$ $TCID_{50}$/mL；②－20℃保存不超过 3 个月；③毒种继代应不超过 3 代。

【制造要点】按 MOI＝0.1 的接种量接种微载体悬浮培养、生长良好的 Marc-145 细胞单层，37℃培养，接毒后继续培养 70～74 h，当 CPE 达 80%以上时收获细胞培养物，病毒含量应≥$10^{7.5}$ $TCID_{50}$/mL。经滤棒过滤去除微载体，再经过滤芯微滤，根据制备疫苗不同规格，将病毒液根据病毒含量测定结果用无菌 DMEM 培养基进行适当比例的稀释或不稀释，将处理后的病毒液与耐热保护剂按一定比例均匀混合，定量分装，经冷冻真空干燥制成疫苗，加盖密封。

【质量标准】除按成品检验的有关规定进行检验外，尚需做如下检验。

(1)安全检验　用 4～6 周龄健康易感仔猪 5 头，接种前观察 2～3 d，每天定时测温 1 次，取其平均值作为基础体温。每头猪各耳根后部肌内注射疫苗 10 头份，接种后每天定时测定体温 1 次，连续观察 14 d。与接种前相比，精神、食欲应无明显变化，体温升高不超过 1℃；若体温升高超过基础体温 1℃，但不超过 1.5℃，且稽留不超过 2 个温次，也判为合格。首次检验不合格时，可用相同数量动物重检。

(2)效力检验　下列方法任择其一。

①病毒含量测定法：将疫苗用无血清DMEM细胞培养液稀释为1头份/mL，再做10倍系列稀释，取10^{-3}、10^{-4}、10^{-5}、10^{-6} 4个稀释度，分别接种已长成良好单层、弃去细胞培养液的96孔Marc-145细胞培养板，每个稀释度接种6孔，每孔 0.1 mL，同时设正常细胞对照，置37℃、含5% CO_2 培养箱中吸附1 h后，每孔补加含4%新生牛血清的DMEM细胞培养液0.1 mL。置37℃、含5%CO_2 培养箱中培养观察5 d，根据Reed-Muench法计算$TCID_{50}$。每头份病毒含量应≥$10^{5.5}$ $TCID_{50}$。

②免疫攻毒法：用4～6周龄健康易感仔猪10头，随机分成2组，每组5头。一组各耳根后部肌内注射疫苗1头份，另一组不接种，作为对照，在同等条件下隔离饲养。28 d后，所有猪各肌内注射检验用强毒NVDC-JXA1株的病毒培养液($10^{4.5}$ $TCID_{50}$/mL)3 mL，每天定时测温并连续观察21 d。对照组均应发病，且至少2头死亡，免疫组应至少4头保护。

【保存与使用】2～8℃保存，有效期18个月。耳根后部肌内注射。按瓶签注明头份，用灭菌生理盐水稀释，仔猪断奶前后接种，母猪配种前接种，每头1头份。免疫期4个月。

(四)诊断制品

1. 猪繁殖与呼吸综合征病毒ELISA抗体检测试剂盒

【制造要点】本品系用PRRSV表达核衣壳蛋白包被的抗原包被板与稀释板、阳性对照血清、阴性对照血清、样品稀释液、洗涤液、酶结合物、TMB底物A液、TMB底物B液和终止液等组装而成。

【保存与使用】2～8℃保存，有效期6个月。用于检测PRRSV美洲型ELISA抗体。

质量标准与用法及其判定见二维码9-4。

二维码 9-4

2. 猪繁殖与呼吸综合征病毒荧光抗体

【制造要点】本品系采用PRRSV免疫SPF猪，制备高免血清，用硫酸铵盐析法提纯抗体，与异硫氰酸荧光素(FTTC)结合制成。

【质量标准】蓝绿色澄明液体。

【保存与使用】－20℃以下保存，有效期24个月。用于PRRSV抗原检测。

(1)用法　将待检材料接种相应的细胞培养玻片，经适当培养后，取出细胞玻片，或用新鲜的病理组织制备冰冻切片或触片，室温下丙酮固定待检材料的相应样本片(细胞培养玻片、组织切片、组织触片)5～10 min，滴加荧光抗体并覆盖整个细胞玻片，置37℃作用60 min；用pH 7.2、0.01 mol/L的PBS洗涤3次，再用pH 9.0～9.5、0.5 mol/L的碳酸盐缓冲液甘油封片，置荧光显微镜下观察。

(2)判定　已感染PRRSV的细胞内呈现明亮的翠绿色荧光，病毒细胞培养样本中，细胞呈散在性感染，感染细胞散见于视野中。该特异性荧光可被PRRSV抗体抑制。未感染PRRSV的阴性样本片不应出现特异性荧光。

三、猪伪狂犬病

伪狂犬病(pseudorabies，PR)是由伪狂犬病病毒(pseudorabies virus，PRV)引起的以种猪

繁殖障碍，仔猪脑脊髓炎、腹泻，育成猪呼吸道症状和生长发育受阻等为特征的急性传染病。PR 最早发现于美国，后来由匈牙利科学家 Aujeszky 首先分离出病毒并认定为一种独特的疾病，故 PR 又名奥耶斯基氏病(Aujeszky's disease，AD)。目前 PR 已遍布世界各国，特别是养猪密度比较大的国家，为危害全球养猪业的重大传染病之一，OIE 将其定为必须申报的多种动物共患传染病，我国农业农村部将其列为二类动物疫病。近几年 PR 在中国许多省(市)种猪场呈暴发流行趋势，给养猪业造成了巨大的经济损失。

(一)病原

猪 PRV 为猪疱疹病毒Ⅰ型，属疱疹病毒科疱疹病毒甲亚科，该亚科的主要特征是宿主范围广、有高度的细胞致病性、复制周期短、常在神经节内形成潜伏感染。病毒粒子呈球形或椭圆形，位于细胞核内无囊膜的病毒粒子直径 110～150 nm，位于细胞质内带囊膜的成熟病毒粒子的直径 150～180 nm，囊膜表面有长 8～10 nm 呈放射状排列的纤突，无囊膜病毒粒子的感染力较有囊膜的成熟病毒粒子约低 4 倍。基因组由单分子双股线状 DNA 组成，大小约 150 kb，平均 G＋C 含量高达 74％，具有典型的疱疹病毒基因组结构特征，由独特长区段(UL)、独特短区段(US)及位于 US 两侧的末端重复序列(TR)和内部重复序列(IR)构成。在病毒与宿主的相互作用中，病毒的糖蛋白起着重要作用，现已发现在 PRV 至少有 gE(gⅠ)、gB(gⅡ)、gC(gⅢ)、gD(gp50)、gI(gp63)、gG(gX)、gH、gL、gM、gN 和 gK 等 11 种糖蛋白，除 gG 以外，其他糖蛋白均为病毒囊膜的组成成分。毒力决定性蛋白包括病毒囊膜糖蛋白、病毒编码酶和非必需衣壳蛋白，其中病毒编码酶参与核酸代谢，是病毒毒力的主要决定因素，其活性减弱会导致病毒致弱，如蛋白激酶(PK)、胸腺激酶(TK)、脱氧尿苷三磷酸酶、核苷酸还原酶、尿嘧啶-DNA-糖化激酶等。糖蛋白 gE 在 PRV 对神经系统(包括三叉神经和嗅觉通路)的侵入过程中起关键性作用，去除 gE，不仅会使 PRV 入侵神经系统受阻，而且其毒力也会显著下降，但并不影响 PRV 在鼻内接种小鼠和猪的鼻上皮细胞的初始复制。

PRV 只有一个血清型，但不同毒株在毒力和生物学特征等方面存在差异。PRV 具有泛嗜性，能在多种组织培养细胞内增殖，其中以兔肾和猪肾细胞(包括原代细胞和传代细胞系)最为敏感，并引起明显的 CPE：细胞肿胀变圆，开始呈散在的灶状，随后逐渐扩展，直至全部细胞圆缩脱落，同时有大量多核巨细胞形成。PRV 诱导的 CPE 一般出现在攻毒后 24～72 h，但当病毒接种量大时，18～24 h 即能看见典型的 CPE。

PRV 是疱疹病毒中抵抗力较强的一种。在物体表面和液体中可存活 7 d。在 pH 4～12 之间保持稳定。对乙醚、氯仿等脂溶剂以及福尔马林和紫外线照射敏感。5％石炭酸 2 min 可杀死病毒，0.5％～1％氢氧化钠迅速使其灭活。对热具有一定的抵抗力，60℃时可存活 30～50 min，70℃时 10～15 min，80℃时 3 min，100℃时 1 min。

(二)免疫

PRV 感染可以刺激机体产生细胞免疫、体液免疫和局部黏膜免疫，然而免疫并不能完全防止病毒的入侵，但可以在一定程度内限制病毒的复制。PRV 的一系列糖蛋白、非糖蛋白和结构蛋白的抗体在感染动物中已经检测到，这些蛋白在免疫中的作用包括补体依赖性和非依赖性抗体中和作用、MHC 限制性和非限制性细胞毒性作用以及促进猪的免疫保护作用和免疫猪外周血单个核细胞(PBMC)增殖作用等，糖蛋白主要在调节猪的细胞免疫中起作用。

免疫母猪可以通过哺乳使仔猪获得 PRV 特异性抗体，母源抗体可以保护仔猪免受 PRV

的攻击,抑制 PRV 在中枢神经系统的复制。若母源抗体未降到一定水平,则会干扰仔猪自身抗体的产生。患病后康复的动物可产生坚强的免疫力,耐受强毒的攻击。

(三)疫苗

对 PRV 控制除常规隔离、消毒、控制人员流动以外,疫苗接种是防止 PR 发生流行的重要措施。国内外研制出的 PR 灭活疫苗、弱毒疫苗、基因缺失疫苗已经相对成熟,尤其是基因缺失苗的使用相当普遍,是当前猪场根除、净化 PR 的主要手段,如我国的猪伪狂犬病活疫苗(HB-98 株,*TK* 和 *gG* 双基因缺失株)、猪伪狂犬病活疫苗(SA215 株,*TK*、*gI*、*gE* 三基因缺失株),猪伪狂犬病耐热保护剂活疫苗(HB2000 株,*TTK*、*gI*、*gE* 三基因缺失株),勃林格殷格翰动物保健(美国)有限公司的猪伪狂犬病活疫苗(K-61 株,自然 *gI* 基因缺失株),而病毒载体重组疫苗、核酸疫苗、亚单位疫苗尚处于实验室研究阶段。

1. 猪伪狂犬病灭活疫苗

【种毒】猪伪狂犬病病毒鄂 A 株,其标准:在乳仓鼠肾细胞(BHK21)培养毒价应≥$10^{-6.0}$,对家兔或山羊的 LD_{50} 应≥$10^{-6.0}$。

【制造要点】种毒经 1∶100 稀释后接种 BHK21 细胞单层,37℃培养 24～48 h,CPE 达到 75%以上时收获病毒液,加入 0.1%甲醛溶液灭活,加油佐剂乳化即制成灭活疫苗。

【质量标准】除按成品检验的有关规定进行检验外,尚需做如下检验。

(1)安全检验　用体重 16～18 g 小鼠 5 只,各皮下注射疫苗 0.3 mL,观察 14 d,应健活;用体重 1.5～2.0 kg 家兔 2 只,各臀部皮下注射疫苗 5.0 mL,观察 14 d,应健活,且无不良反应。

(2)效力检验　用体重 10～20 kg、PRV 抗体阴性的断奶仔猪 4 头,各颈部肌内注射疫苗 3.0 mL。28 d 后,采血,分离血清,测定中和指数。免疫猪血清中和指数应≥316。

【保存与使用】2～8℃保存,有效期 12 个月。用于预防猪伪狂犬病。颈部肌内注射。育肥仔猪断奶时每头 2.0 mL;种用仔猪断奶时每头 2.0 mL,间隔 28～42 d 再接种 1 次,每头 3.0 mL,以后每隔半年接种 1 次;妊娠母猪产前 1 个月接种 1 次。免疫期 6 个月。

2. 伪狂犬病活疫苗

【种毒】伪狂犬病病毒 Bartha-K61 弱毒株,先在乳兔肾原代细胞培养 1～2 代复壮,然后挑选 1～2 mm 小蚀斑病毒培养物作种子液。

【制造要点】种毒按照 1∶100 稀释后接种 SPF 鸡胚成纤维细胞单层,37℃培养 24～48 h,CPE 达到 75%以上时收获病毒液。取病毒液 7 份加保护剂 1 份,混匀后经冷冻真空干燥制成。用鸡胚成纤维细胞测定疫苗的含毒滴度应≥$10^{4.0}$ $TCID_{50}$/0.1 mL。

【质量标准】除按成品检验的有关规定进行检验外,尚需做如下检验。

(1)安全检验　将疫苗用中性 PBS 稀释 7 倍,肌内注射 6～18 月龄 PRV 抗体阴性的绵羊 2 只,观察 14 d,应全部健活。

(2)效力检验　将疫苗用 PBS 作 1∶1 000 稀释,肌内注射 6～18 月龄 PRV 抗体阴性的绵羊 3 只,接种 14 d 后,连同对照绵羊 3 只,各肌内注射 1 000 个致死量 PRV 强毒。对照绵羊应全部死亡或 2/3 发病死亡;免疫绵羊应安全保护。

【保存与使用】2～8℃保存,有效期 9 个月;－20℃以下保存,有效期 18 个月。用于预防猪、牛和绵羊 PR。仅限于疫区及受威胁地区使用。在疫区、疫点内,除已发病的家畜外,对无临床表现的家畜也可进行紧急接种，肌内注射。按瓶签注明头份，用 PBS 稀释为每毫升含 1 头份。妊娠母猪及成年猪，每头 2.0 mL；3 月龄以上仔猪及架子猪，每头 1.0 mL；乳猪，第 1 次接种 0.5 mL，断乳后再接种 2.0 mL。妊娠母猪于分娩前 21～28 d 注射为宜，其所生仔猪的母源抗体可持续 21～28 d，此后的乳猪或断乳猪仍需接种；未用本疫苗接种的母猪，其所生仔猪，可在生后 7 d 内接种，并在断乳后再接种 1 次。注苗后 6 d 产生免疫力，免疫期 12 个月。

3.猪伪狂犬病活疫苗（HB98 株）

【种毒】伪狂犬病病毒 HB98 株（*TK*、*gG* 双基因缺失株）。

【制造要点】选用 9～11 日龄生长良好的 SPF 鸡胚成纤维细胞，按 10%接毒量接种细胞，37℃培养，培养 1～2 d 后，待 CPE 达到 80%以上时收获病毒液，每 0.1 mL 病毒含量应≥$10^{5.0}$ $TCID_{50}$。将检验合格的病毒液过滤去除细胞碎片，加入适宜保护剂配苗，定量分装，经冷冻真空干燥制成。

【质量标准】除按成品检验的有关规定进行检验外，尚需做如下检验。

（1）安全检验　用 18～21 日龄仔猪（PRV 中和抗体效价≤1∶2）4 头，各肌内注射或滴鼻接种疫苗 10 头份，连续测量体温 7 d，仔猪应体温正常并无其他不良反应。

（2）效力检验　用 1 日龄猪（PRV 中和抗体效价≤1∶2）4 头，各肌内注射疫苗 1 头份，21 d 后，连同对照猪 3 头，各滴鼻攻击 PRV 鄂 A 株病毒液 1 mL（含 $10^{7.0}$ $TCID_{50}$），观察 14 d。对照猪应全部发病（体温≥40℃，至少持续 2 d，精神沉郁），免疫猪应全部保护。

【保存与使用】2～8℃保存，有效期 6 个月；－20℃以下保存，有效期 12 个月。用于预防猪伪狂犬病。皮下或肌内注射，也可滴鼻免疫。按瓶签注明头份，用灭菌生理盐水稀释为每毫升含 1 头份。PRV 抗体阴性仔猪，在出生后 1 周滴鼻或肌内注射；具有 PRV 母源抗体的仔猪，在 45 日龄左右肌内注射；经产母猪每 4 个月免疫 1 次；后备母猪 6 月龄左右肌内注射免疫 1 次，间隔 1 个月后加强免疫 1 次，产前 1 个月左右再免疫 1 次；种公猪每年春、秋季各免疫 1 次。注苗后第 7 天产生免疫力，免疫期 6 个月。

4.猪伪狂犬病活疫苗（SA215 株）

【种毒】伪狂犬病病毒 SA215 株（*TK*、*gI*、*gE* 三基因缺失株）。

【制造要点】选用 9～11 日龄生长良好的 SPF 鸡胚成纤维细胞，将毒种按感染复数（multiplicity of infection，MOI）为 5 的量接种细胞，37℃培养，培养 1～3 d 后，待 CPE 达到 75%以上时收获病毒液，每 0.1 mL 病毒含量应≥$10^{5.0}$ $TCID_{50}$。将检验合格的病毒液过滤去除细胞碎片，加入等量 5%蔗糖脱脂牛乳保护剂配苗，定量分装，经冷冻真空干燥制成。

【质量标准】除按成品检验的有关规定进行检验外，尚需做如下检验。

（1）安全检验　用 20～22 日龄仔猪（PRV 中和抗体效价≤1∶4）2 头，各肌内注射疫苗 2 头份，连续观察 7 d，均应无反应。

（2）效力检验　下列方法任择其一。

①血清学方法：用 20～22 日龄仔猪（PRV 中和抗体效价≤1∶4）4 头，各肌内注射疫苗 1 头份，28 d 后，连同条件相同的对照猪 4 头，分别采血，分离血清，测定血清中和抗体效价。对照猪中和抗体效价均应≤1∶4，免疫猪中和抗体效价均应≥1∶30。

②免疫攻毒法：用上述免疫仔猪，接种 28 d 后，条件相同的对照猪 4 头，各滴鼻攻击 PRV

的 Fa 株病毒液 1 mL(含 $10^{6.0}$ PFU)，观察 7 d。对照猪应全部发病并至少死亡 2 头，免疫猪应全部保护。

【保存与使用】2～8℃保存，有效期 6 个月；－20℃以下保存，有效期 12 个月。用于预防猪伪狂犬病。肌内注射。按瓶签注明头份，用 PBS(pH 7.2)稀释，每头 1 mL(含 1 头份)。母猪配种前接种，其所产仔猪可在出生后 21～28 d 接种；非免疫母猪所产仔猪可在出生后 7 d 内接种；种公猪每年春、秋季各接种 1 次。注苗后 7 d 开始产生免疫力，免疫期 112 d；仔猪被动免疫的免疫期 28 d。

(四)诊断制品

PR 控制的最终目标是根除。根除方案包括系统全面的免疫、猪群血清 gE 抗体的监测、淘汰感染种猪以及最终停止免疫等 4 个环节，正确区分疫苗接种和野毒感染动物是对动物传染性疾病净化根除计划的关键，因此需用相应的特异敏感的检测方法对猪群进行检疫。而控制和根除 PR 暴发的重要突破是基因缺失疫苗和与之相关的 ELISA 检测方法的应用，如不表达 gE 的缺失苗可以有效地检验免疫猪只是否感染 PRV，若血清中含有 gE 抗体，说明猪已经感染了野毒。

1. 伪狂犬病胶乳凝集试验试剂盒

【制造要点】本品系由 PR 胶乳凝集试验抗原、阳性血清、阴性血清、稀释液及其他配套材料等组成。

【质量标准】胶乳抗原为乳白色均匀混悬液，阳性血清和阴性血清为橙黄或棕黄色液体，稀释液为透明无色液体。

【保存与使用】2～8℃保存，有效期 12 个月。用于胶乳凝集试验检测 PR 抗体。

①对照试验：应出现如下结果。

阳性对照：将阳性血清进行 2 倍系列稀释，取 20 μm 与等量胶乳抗原进行胶乳凝集试验。胶乳抗原与 1∶64 稀释的阳性血清应出现＋＋凝集反应。

阴性对照：阴性血清加抗原，应不发生凝集反应。

稀释液对照：抗原加稀释液混合后，应不发生凝集反应。

②定性试验：取被检测样品(血清或全血)，阳性血清、阴性血清、稀释液各 1 滴(约 20 μm)，分别置于玻片上，各加等量胶乳抗原 1 滴，混匀，搅拌并摇动 1～2 min，在 3～5 min 内观察，判定结果。

③定量试验：先将被检测样品在微量反应板或 Eppendorf 管内用稀释液作 2 倍系列稀释，各取 1 滴(约 20 μm)依次滴加于玻片上，同时设阳性血清和阴性血清对照，随后各加胶乳抗原 1 滴，如上搅拌并摇动，判定。达到阳性凝集反应的血清最高稀释度即为血清的抗体效价。

④凝集反应标准：＋＋＋＋表示全部胶乳凝集，颗粒聚于液滴边缘，液体完全透明。＋＋＋表示大部分胶乳凝集，颗粒明显，液体稍浑浊。＋＋表示约 50％胶乳凝集，但颗粒较细，液体较混浊。＋表示有少许凝集，液体呈混浊。－表示不凝集，液滴呈原有的均匀乳状。

2. 猪伪狂犬病病毒 ELISA 抗体检测试剂盒

【制造要点】本品系用灭活纯化的 PRV 抗原包被的酶标板，并配以阳性血清、阴性血清、羊抗猪 IgG 酶标二抗、样品稀释液、20 倍浓缩洗涤液、底物 A 液、底物 B 液及终止液组装而成。

【保存与使用】2～8℃以下保存，有效期 6 个月。用于 PRV 抗体检测。

【质量标准及操作、判定】详细介绍见二维码 9-5。

二维码 9-5

3. 猪伪狂犬病病毒荧光抗体

【制造要点】本品系 PRV 免疫 SPF 猪，制备高免血清，用硫酸铵盐析法提纯抗体，与异硫氰酸荧光素(FIFT)结合制成。

【质量标准】蓝绿色澄明液体。

【保存与使用】－20℃以下保存，有效期 24 个月。用于 PRV 抗原检测。

用法：将待检材料接种相应的细胞培养玻片，经适当培养后，取出细胞玻片，或用新鲜的病理组织制备冰冻切片或触片，室温下丙酮固定待检材料的相应样本片(细胞培养玻片、组织切片、组织触片)5～10 min，滴加荧光抗体并覆盖整个细胞玻片，置 37℃作用 60 min，用 pH 7.2，0.01 mol/L 的 PBS 洗涤 3 次，再用 pH 9.0～9.5，0.05 mol/L 的碳酸盐缓冲甘油封片，置荧光显微镜下观察。

判定：已感染 PRV 的细胞，细胞质内呈现明亮的翠绿色荧光，病毒细胞培养样本中，细胞呈局灶性感染，感染细胞呈片状分布于视野中，该特异性荧光可被 PRV 抗体抑制。未感染 PRV 的阴性样本不应出现特异性荧光。

4. 猪伪狂犬病病毒 gI 抗体检测试剂盒

【制造要点】本品系用灭 PRV 包被板、酶标记抗 PRV gI 单克隆抗体、10 倍浓缩洗涤液、样品稀释液、TMB 底物溶液、阳性对照血清和阴性对照血清组成。由美国爱德士生物科技有限公司生产。

【质量标准】

①PRV 包被板(96 孔板)：无色透明，无杂质吸附。

②酶标记抗 PRV gI 单克隆抗体：蓝绿色澄明液体。

③阴、阳性对照血清：淡黄色透明液体。

④样品稀释液：棕、红色的澄明或半透明液体。

⑤10 倍浓缩洗涤液：无色澄明液体。

⑥TMB 底物溶液：微黄色澄明溶液。

⑦终止液：无色澄明液体。

【保存与使用】2～8℃以下保存，有效期 12 个月。用于酶联免疫吸附试验，检测猪血清或血浆中 PRV 的 gI 抗体，以进行 gE 蛋白缺失苗免疫后野毒感染抗体的筛选检测。具体操作参见试剂盒说明书。

四、猪传染性胃肠炎

猪传染性胃肠炎(transmissible gastroenteritis of pigs，TGE)是由猪传染性胃肠炎病毒(transmissible gastroenteritis virus，TGEV)引起的猪的一种高度接触性肠道传染病，临床特征为严重腹泻、呕吐和脱水，可发生于各种年龄的猪，10 日龄以内的仔猪病死率很高，可达 95%～100%，5 周龄以上的猪病死率很低，较大的猪或成年猪几乎没有死亡。1945 年 Doyle 和 Hutchings 在美国首次报道 TGE，迄今为止，很多国家相继发生流行，目前 TGE 已发展为一种世界性疾病。我国最早流行于台湾地区，以后在大陆许多地方发生。OIE 将其定为必须申报的猪病，我国农业农村部将其列为三类动物疫病。

(一)病原

TGEV属于冠状病毒科冠状病毒属,为单股RNA病毒。病毒粒子呈圆形、椭圆形或多边形。病毒直径为60～160 nm,有囊膜,表面有花瓣样突起,长12～25 nm。TGEV包含4种结构蛋白:1个大的表面糖蛋白(S),1个小的膜蛋白(E),1个完整的膜糖蛋白(M),以及1个核衣壳蛋白(N)。S蛋白的机能作用包括病毒中和(依赖补体)、病毒吸附于细胞、膜的融合以及血细胞凝集。纯化后的S蛋白能诱导产生TGEV中和抗体,这种抗体在病毒复制的多个步骤中和病毒。

TGEV能凝集鸡、豚鼠和牛的红细胞,不凝集人、小鼠和鹅的红细胞。到目前为止,世界各地所分离的TGEV毒株均属于同一个血清型,各毒株之间有密切的抗原关系,但也存在广泛的抗原异质性。TGEV与猪呼吸道冠状病毒、猫传染性腹膜炎病毒和犬冠状病毒之间都有抗原相关性,而与猪血凝性脑脊髓炎病毒和猪流行性腹泻病毒无抗原相关性。TGEV可在猪肾细胞、甲状腺细胞、唾液腺细胞和睾丸细胞以及犬、猫的肾细胞中培养,其中以甲状腺细胞最为敏感,接种后24 h即可出现典型的CPE。

TGEV对乙醚、氯仿、去氧胆酸钠、次氯酸盐、氢氧化钠、甲醛、碘、碳酸以及季铵化合物等敏感。不耐光照,粪便中的病毒在阳光下6 h失去活性,病毒细胞培养物在紫外线照射下30 min即可灭活。对胆汁和胰蛋白酶有抵抗力、耐酸。病毒不能在腐败的组织中存活。对热敏感,56℃下30 min能很快灭活;37℃下4 d丧失毒力,但在低温下可长期保存,液氮中存放3年毒力无明显下降。

(二)免疫

TGE是典型的局部感染和黏膜免疫,只有通过黏膜免疫产生IgA才具有抗感染能力,IgG的作用很弱。TGEV强毒株能刺激肠相关淋巴组织(GALT)产生大量IgA抗体分泌细胞,而弱毒株(疫苗)只诱导产生极少量的IgA抗体分泌细胞。除局部抗体介导免疫外,细胞介导免疫(CMI)应答在抗TGEV感染的主动免疫中也起重要作用,包括巨噬细胞移动抑制试验、白细胞移动抑制试验、直接淋巴细胞性细胞毒试验和淋巴细胞增殖反应等。口腔感染强毒TGEV猪GALT的淋巴细胞存在CMI;非肠道或口鼻接种弱毒TGEV的猪全身许多部位发生CMI。CMI在TGEV感染猪的康复或抵抗再感染中可能起到一定作用。用TGEV弱毒疫苗免疫母猪证实了对TGEV的淋巴细胞增殖反应和乳腺免疫之间有相关性。

新生仔猪缺乏淋巴细胞性细胞毒性,但被动免疫在为新生仔猪抗TGEV感染提供及时保护方面非常重要。因此,目前免疫都集中在乳汁免疫。乳汁抗体包括IgG、IgA和IgM,IgA抗体主要是分泌型IgA,仅由肠管受抗原刺激时产生,泌乳期间滴度较高,对蛋白水解酶抵抗力强,持续时间较长,是乳汁免疫的主体。IgG抗体因非经口接种而产生,在乳汁中迅速下降或消失,因此在乳汁免疫中的作用不大,只能起一定的协同作用,若乳内IgG抗体能保持高滴度也有保护作用。乳汁免疫可以减少TGEV感染仔猪的死亡率。近些年来,各国对TGE的主动免疫进行了研究,研究者把目光集中在研制一种弱毒疫苗,给母猪免疫后在乳汁中产生IgA抗体,对哺乳仔猪产生保护。

(三)疫苗

平时的预防措施很重要,如强化猪场的卫生管理、定期消毒灯,但免疫预防仍是防制TGE的有效方法。有关TGE疫苗,国内外都做了大量的研究,经历了4个阶段:人工感染强毒阶段、灭活苗阶段、弱毒苗阶段以及基因工程疫苗阶段。人工感染强毒，可以使仔猪得到明显保护，但易造成环境污染，使该病反复发作；灭活苗安全性好，但其免疫后肠道局部的 IgA 产生较少，主动免疫的免疫效力不如弱毒苗；弱毒苗具有激发肠内 IgA 应答的能力，完全致弱的活疫苗是 TGE 疫苗的发展趋势；基因工程疫苗的出现为 TGE 的防治研究提供了新的思路，包括亚单位疫苗、活载体疫苗、核酸疫苗、转基因植物疫苗、乳酸杆菌疫苗等。到目前为止我国推广使用的疫苗是猪传染性胃肠炎、猪流行性腹泻二联灭活疫苗（transmissible gastroenteritis and porcine epidemic diarrhea vaccine，inactived）[1]和猪传染性胃肠炎、猪流行性腹泻二联活疫苗（transmissible gastroenteritis and porcine epidemic diarrhea vaccine，live）[2]。

1.猪传染性胃肠炎、猪流行性腹泻二联灭活疫苗

【种毒】猪传染性胃肠炎病毒华毒株，猪流行性腹泻病毒 CV777 株。

【制造要点】TGEV 的增殖选用生长良好的猪肾细胞系（PK15）或仔猪肾原代细胞（PK），PEDV 则选用非洲绿猴肾细胞（Vero）。各按 5%比例接种病毒，接毒后 48～72 h CPE 达 80%以上时收获细胞培养物，冻融 3 次，−40℃保存备用。无菌和支原体检验合格，病毒含量均应≥$10^{7.0}$ $TCID_{50}$/mL。TGEV 和 PEDV 病毒液按 1∶1 比例混合成疫苗批，加入最终浓度为 0.2%甲醛溶液，充分振荡，37℃灭活 24 h。将灭活检验合格的病毒液与等量 20%氢氧化铝胶盐水稀释液均匀混合，室温下沉淀 24 h，吸出 2/5 上清液，即按全量浓缩至 3/5，加入终含量 1/1.5 万～1/3 万的硫柳汞溶液，充分混合制成。

【质量标准】除按成品检验的有关规定进行检验外，尚需做如下检验。

（1）安全检验　用 TGEV 和 PEDV 抗体阴性母猪所产 3 日龄哺乳仔猪 10 头，其中 2 头免疫剂量为 2 mL，其余 8 头免疫剂量为 1 mL，观察 14 d，均应无异常临床反应。

（2）效力检验　下列方法任择其一。

①血清学方法：用 TGEV 和 PEDV 抗体阴性母猪所产 3 日龄哺乳仔猪 10 头，接种疫苗 1 mL，于免疫后 2 周，用中和试验检验血清中和抗体，8 头仔猪应至少 7 头仔猪抗体阳性，TGEV 和 PEDV 中和抗体效价均应≥1∶32。

②免疫攻毒法：用 TGEV 和 PEDV 抗体阴性母猪所产 3 日龄哺乳仔猪 10 头，接种疫苗 1 mL，于免疫后 2 周，分 2 组（各半），连同未接种疫苗的同龄仔猪 8 头（也分 2 组），以 10^{-4} 稀释的 TGEV 和 PEDV 强毒分别口服攻毒，攻毒后免疫仔猪应各有 3/4 保护，对照仔猪则 4/4 发病，或免疫仔猪 4/4 保护，对照仔猪 3/4 发病，判为合格。

【保存与使用】2～8℃保存，有效期 12 个月；−20℃以下保存，有效期 12 个月。用于预防 TGE 和 PED。后海穴注射。注射疫苗的进针深度为 0.5～4 cm，3 日龄仔猪 0.5 cm，随猪日龄增大则进针深度加大，成猪 4 cm，进针时保持与直肠平行或稍偏上。妊娠母猪于产仔前 20～30 d 注射疫苗 4.0 mL，其所生仔猪于断奶后 7 d 内注射疫苗 1.0 mL。体重 25 kg 以下仔猪每头 1.0 mL，体重 25～50 kg 育成猪每头 2.0 mL，体重 50 kg 以上成猪每头 4.0 mL。用于主动免疫时，仔猪接种后 14 d 产生免疫力，免疫期 6 个月；通过初乳获得被动免疫的仔猪，免疫期为哺乳期至断奶后 7 d。

2.猪传染性胃肠炎、猪流行性腹泻二联活疫苗

【种毒】猪传染性胃肠炎病毒华毒弱毒株，猪流行性腹泻病毒 CV777 克隆弱毒株。

【制造要点】TGEV 和 PEDV 的增殖选用生长良好的 PK 细胞，按 5%比例分别接种病

毒,接毒后 48～72 h CPE 达 80%以上时收获细胞培养物,冻融 3 次,－40℃保存备用。无菌和支原体检验合格,病毒含量均应≥$10^{7.0}$ $TCID_{50}$/mL。TGEV 和 PEDV 按 1∶1 配比制备,明胶蔗糖保护剂与病毒液的比例为 1∶7,混匀后分装,经冷冻真空干燥制成。

【质量标准】除按成品检验的有关规定进行检验外,尚需做如下检验。

(1)安全检验　用 3～5 日龄健康易感仔猪(TGEV 和 PEDV 中和抗体效价≤1∶4)4 头,后海穴位接种疫苗,每头 2 mL,观察 14 d,均应无反应。同时还要选用符合国家实验动物标准的饲养场或定点猪场供应的并经中和试验检测无 CSFV 抗体的健康易感断奶仔猪,注苗前观察 5～7 d,每天上、下午各测温 1 次,挑选体温、精神、食欲正常的使用。按瓶签注明的使用剂量用灭菌生理盐水稀释,肌内注射猪 4 头,每头 5 mL,注苗后,每天上、下午各测体温 1 次,观察 21 d。体温、精神、食欲与注苗前相比没有明显变化,或体温升高超过 0.5℃,但不超过 1℃,稽留不超过 2 d;或减食不超过 1 d,疫苗可判为合格。如有 1 头猪体温超过常温 1℃以上,但不超过 1.5℃,稽留不超过 2 个温次,疫苗也可判为合格。如有 1 头猪的反应超过上述标准,或出现可疑的其他体温反应和其他异常现象时,可用 4 头猪重检 1 次,重检的猪仍出现同样反应,疫苗应判为不合格。也可在猪高温期采血复归猪 2 头,每头肌内注射可疑猪原血 5 mL,测温观察 16 d,如均无反应,疫苗可判合格。如第 1 次检验结果已经确证疫苗不安全,则不应进行重检。

(2)效力检验　下列方法任择其一。

①血清学方法:用 3～5 日龄健康易感仔猪(TGEV 和 PEDV 中和抗体效价≤1∶4)8 头,后海穴位接种疫苗,每头 0.2 mL,14 d 后,连同条件相同的对照猪 2 头,采血,用中和试验方法检测血清中和抗体,8 头仔猪应至少有 7 头发生血清阳转,TGEV 和 PEDV 中和抗体效价均应≥1∶64,2 头对照仔猪中和抗体效价均应≤1∶4。

②免疫攻毒法:用 3～5 日龄健康易感仔猪(TGEV 和 PEDV 中和抗体效价≤1∶4)8 头,后海穴位接种疫苗,每头 0.2 mL,14 d 后,连同条件相同的对照猪 8 头,均分 2 组,1 组口服 TGEV 强毒华毒,每头 1 mL(含 1 000 个最小全数发病量),另 1 组口服 PEDV 强毒沪毒(含 1000 个最小全数发病量),观察 7 d。对照组全部发病,免疫组应至少保护 3 头;或对照组 3 头发病,免疫组应全部保护。

【保存与使用】2～8℃保存,有效期 12 个月;－20℃以下保存,有效期 24 个月。用于预防 TGE 和 PED。后海穴注射。妊娠母猪于产仔前 20～30 d 注射疫苗 1.5 mL,其所生仔猪于断奶后 7～10 d 注射疫苗 0.5 mL。对未免疫母猪所产 3 日龄以内仔猪注射疫苗 0.2 mL。体重 25～50 kg 育成猪每头 1.0 mL,体重 50 kg 以上成猪每头 1.5 mL。主动免疫接种后 7 d 产生免疫力,免疫期 6 个月;通过初乳获得被动免疫的仔猪,免疫期为哺乳期至断奶后 7 d。

五、猪流行性腹泻

猪流行性腹泻(porcine epidemic diarrhea,PED)是由猪流行性腹泻病毒(porcine epidemic diarrhea virus,PEDV)引起的猪的一种高度接触性肠道传染病,以呕吐、腹泻和食欲下降为基本特征,各种年龄猪均易感,其流行特点、临床特征和病理变化均与猪传染性胃肠炎极为相似。1971 年该病首次暴发于英国,20 世纪 80 年代包括我国在内的亚洲许多国家呈地方性流行。PED 可单一发生或与 TGE 混合感染。尽管已研制出了抗 PEDV 的灭活疫苗和弱毒疫苗,但由于近几年 PED 的流行特点和发病情况发生很大的变化,给防治工作带来了许多困难。自

2010 年以来，我国出现 PEDV 变异毒株，致病性明显增强，造成 7 日龄内的仔猪死亡率较高，对养猪业造成巨大的经济损失。

(一)病原

PEDV 属于冠状病毒科冠状病毒属，为单股正链 RNA 病毒。病毒粒子略呈球形，在粪便中常呈多形性，直径为 95～190 nm。有囊膜，其上有花瓣状纤突，长 12～24 nm。基因组包括 4 个开放阅读框，分别编码结构蛋白 N、sM、M 及一未知功能蛋白。免疫荧光(IFA)和免疫电镜(IEM)试验表明，PEDV 与鸡传染性支气管炎病毒(IBV)、猪血凝性脑脊髓炎病毒(HEV)、新生犊牛腹泻冠状病毒(NCDCV)、犬冠状病毒(CCV)、猫传染性腹膜炎冠状病毒(FIPV)之间没有抗原相关性。但经免疫印迹和免疫沉淀检查表明，PEDV 的 N 蛋白和 FIPV 的 N 蛋白有一定相关性。中和试验和 ELISA 等都证明 PEDV 和 TGEV 在抗原性上不同，无共同抗原。目前所有分离的 PEDV 毒株属于同一个血清型。

PEDV 不能凝集人、兔、猪、鼠、犬、马、羊、牛的红细胞。实验室条件下，PEDV 难以人工培养增殖，经过或未经过胰蛋白酶和胰酶处理的多种细胞，均不适合用于 PEDV 的培养，但 Vero 细胞有利于 PEDV 的持续增殖，在传代细胞培养液中加入胰酶可使 PEDV 适应传代细胞培养，随后可转入 PK 和 ST 细胞中增殖，并产生明显的 CPE，包括空泡化和形成合胞体。PEDV 对外界抵抗力弱，对乙醚、氯仿敏感，一般消毒药物都可将其杀灭。在 60℃条件下 30 min，可失去感染力，但在 50℃及以下时相对稳定。不耐强酸和强碱，pH 6.5～7.5 时稳定。

(二)免疫

PED 同 TGE 一样，也是典型的局部感染和黏膜免疫，也只有通过黏膜免疫产生 IgA 才具有抗感染能力，IgG 的作用很弱。因此，目前免疫也都集中在乳汁免疫。具体内容详见猪传染性胃肠炎的免疫。

(三)疫苗

疫苗免疫接种是目前预防 PED 的主要手段。由于发病日龄小、发病急、病死率高，依靠自身的主动免疫往往来不及，因此现行的 PEDV 疫苗大多是通过给母猪预防注射，依靠初乳中特异性抗体给仔猪提供良好的保护。

目前 PED 和 TGE 在猪场的流行已经相当普遍，混合感染的比例很大，因此 PED 和 TGE 二联疫苗的研制应是发展方向。PED 和 TGE 二联灭活疫苗往往不能诱导肠道免疫，而 PED 和 TGE 二联活疫苗(见本章中的猪传染性胃肠炎)，需要较大剂量才能诱导肠道免疫，故研制能够诱导高效肠道免疫而又不相互干扰的联苗应是今后 PED 疫苗研究的重点。2014 年、2015 年我国又相继推出了 TGE、PED 和 PR(猪轮状病毒病)三联活疫苗(二类新兽药)和 TGE、PED 二联活疫苗(三类新兽药)。随着分子生物学技术的发展，利用转基因植物生产人或动物基因工程疫苗已成为植物基因工程的一个新兴研究领域，与传统疫苗相比，口服植物疫苗能诱导黏膜免疫，且成本低廉，目前国内外已有关于 PEDV 和 TGEV 转基因植物疫苗的研究报道，但仍处于实验室研究阶段。同时核酸疫苗、乳酸杆菌疫苗等也将是今后 PED 疫苗研究的方向。

六、猪细小病毒病

猪细小病毒病(porcine parvovirus infection，PPI)是由猪细小病毒(porcine parvovirus

virus,PPV)引起的一种猪的繁殖障碍病，临床上主要表现为受感染的母猪，特别是初产母猪及血清学阴性经产母猪发生流产，产死胎、畸形胎、木乃伊胎、弱胎和屡配不孕等，但其他年龄的猪感染后一般无明显症状。目前，该病在世界范围内广泛分布，在大多数感染猪场呈地方性流行，猪群感染后很难净化，从而造成了持续的经济损失，现已是我国较常见的猪病之一，我国农业农村部将其列为二类动物疫病。

(一)病原

PPV 属于细小病毒科细小病毒属，为单股 DNA 病毒。病毒粒子呈圆形或六角形，无囊膜，直径约 20 nm。基因组含有 2 个互不重叠的开放阅读框，主要编码 3 种结构蛋白(VP1、VP2、VP3)和 3 种非结构蛋白(NS1、NS2、NS3)。PPV 只有一个血清型，很少发生变异，与其他细小病毒无抗原关系。能凝集多种动物(豚鼠、大鼠、猴、小鼠、鸡、猫)和人 O 型的红细胞。可在原代或传代猪肾细胞上增殖并产生 CPE，表现为细胞隆起、变圆、核固缩和溶解，最后许多细胞碎片黏附一起使受感染的细胞外形不整，呈“破布条状”。

PPV 具有较强的耐热能力，在 40℃极为稳定，56℃ 48 h、70℃ 2 h 病毒的感染性和血凝性均无明显改变，但 80℃ 5 min 可使感染性和血凝活性均丧失。对酸、碱有较强的抵抗力，pH 3.0～9.0 稳定。对乙醚、氯仿等脂溶剂不敏感。0.5%漂白粉 5 min、1%～1.5%氢氧化钠 5 min、2%戊二醛 20 min 可杀灭病毒，甲醛蒸气和紫外线照射需要相当长的时间才能杀死该病毒。

(二)免疫

对于急性 PPV 感染的保护，主要依靠体液免疫。猪自然感染 PPV 或注射疫苗后 7～14 d 产生抗体，母源抗体的持续期为 16～24 周，仔猪母源抗体的持续时间与母源抗体滴度呈正相关。一般认为，注苗后 HI 抗体效价大于 1∶80 倍时，即可抵抗 PPV 的感染，但血清抗体转阴后 1 周内对 PPV 又具有易感性。

对于慢性 PPV 感染的保护，细胞免疫起着重要作用。人工感染 PPV 试验表明，在鼻内接种 101 d 后，发现特异性的外周血单核细胞(PBMC)增生，流式细胞术检测显示特异性 $CD4^+$、$CD8^+$ T 细胞克隆增多，与免疫记忆中这些细胞的功能一致。在 PPV 感染的猪体内，CTL 杀伤活性较弱，在鼻内接种 80～87 d 达到高峰；在体外用 PPV 接种 PBMC 不会激发 CTL 发挥杀伤作用。在慢性感染中，PPV 通常与猪圆环病毒 2 型(PCV2)协同作用。

(三)疫苗

由于 PPV 血清型单一及其高免疫原性，使得疫苗免疫接种成为控制 PPV 感染的一种行之有效的方法。可应用的疫苗有 PPV 灭活疫苗和弱毒疫苗，目前在国内广泛应用的是灭活疫苗。

尽管 PPV 的灭活苗和弱毒苗在 PPI 的预防控制中起到了十分重要的作用，但是各种疫苗均有不同程度的缺陷和不足，如灭活疫苗免疫效果不稳定，弱毒疫苗发生重组及毒力返强的潜在威胁等。因此近年来，出现了许多有关新型疫苗研究的报道，包括病毒载体多价疫苗、基因工程亚单位疫苗、核酸疫苗等。如病毒载体多价疫苗是以 PRV 活疫苗株作为载体，表达 PPV 具有良好免疫原性的 VP2 抗原，从而达到一针两防的目的。这些疫苗的研究和开发必将对 PPI 的控制和最终消灭产生重要的意义。

1. 猪细小病毒病灭活疫苗

【种毒】猪细小病毒强毒(包括 CP-99 株、WH-1 株)。

【制造要点】采用同步接种法按病毒液与生长液 1∶10 的量将毒种接种于胎猪睾丸原代细胞或猪肾传代细胞(PK-15 或 IBRS-2),37℃旋转培养,约培养至 60～80 h,CPE 达到 80%以上时,收获病毒液。病毒的 $TCID_{50}$ 应不低于 $10^{-5.5}$/mL 或血凝效价不低于 $1:2^{9}$。在检测合格的病毒液中加入适量 N-乙酰乙烯亚胺(AEI)或甲醛溶液,充分搅拌,灭活。加矿物油佐剂,按油相和水相 1.5∶1 的比例乳化制成。

【质量标准】除按成品检验的有关规定进行检验外,尚需做如下检验。

(1)安全检验　可用乳鼠和猪进行检验。

①用乳鼠检验:用 2～4 日龄同窝乳鼠至少 5 只,各皮下注射疫苗 0.1 mL,观察 7 d,应健活。如有死亡,可重检一次。

②用猪检验:用 CSFV 中和抗体、PPV HI 抗体阴性猪 2 头,各颈部肌内注射疫苗 10 mL,观察 21 d,应无不良临床反应。

(2)效力检验　用体重 350 g 以上 HI 抗体阴性豚鼠 4 只,各肌内注射疫苗 0.5 mL,28 d 后,连同条件相同的对照豚鼠 2 只,采血,测定血凝抗体。对照豚鼠应为阴性,注苗豚鼠应有 3 只出现抗体反应,其 HI 抗体应不低于 1∶64。如达不到上述要求,可复检一次。

【保存与使用】2～8℃保存,有效期 12 个月。用于预防 PPI。颈部肌内注射。在阳性猪场,对 5 月龄至配种前 2 周的后备母猪、后备公猪均可使用;在阴性猪场,配种前母猪在任何时候均可接种。种公猪应每半年免疫 1 次。怀孕母猪不宜接种。每头 2 mL,免疫期 6 个月。

2. 猪细小病毒病灭活疫苗(L 株)

【种毒】猪细小病毒 L 株。

【制造要点】将猪细小病毒 L 株接种猪睾丸细胞(ST)传代细胞培养,收获病毒液,经二乙烯亚胺(BEI)灭活后,浓缩,加矿物油佐剂混合乳化制成。灭活前每毫升病毒含量不低于 $10^{6.0}$ $TCID_{50}$,血凝价不低于 512。

【质量标准】除按成品检验的有关规定进行检验外,尚需做如下检验。

(1)安全检验:用体重 10～20 kg 仔猪(CSFV 中和抗体阴性、PPV HI 抗体应不高于 8) 2 头,各颈部肌内注射疫苗 5 mL,观察 21 d,应无不良临床反应。

(2)效力检验:用体重 350～400 g 成年豚鼠(PPV HI 抗体应不高于 8)5 只,各肌内注射疫苗 0.5 mL,28 d 后,连同条件相同的对照豚鼠 3 只,采血分离血清,测定血凝抗体。对照豚鼠的血清 HI 抗体效价应不高于 8,免疫豚鼠至少应有 4 只出现抗体反应,其 HI 抗体效价应不低于 64。

【保存与使用】2～8℃保存,有效期 12 个月。用于预防 PPI。颈部肌内注射。初产母猪 5～6 月龄时接种 1 次;经产母猪于每次配种前 3～4 周接种 1 次;种公猪每年接种 2 次。怀孕母猪不宜使用。每头 2 mL,免疫期 6 个月。

(四)诊断制品

猪细小病毒荧光抗体是猪细小病毒病的主要诊断制品。

【制造要点】本品系 PPV 免疫 SPF 猪,制备高免血清,用硫酸铵盐析法提纯抗体,与异硫氰酸荧光素(FIFT)结合制成。

【质量标准】蓝绿色澄明液体。

【保存与使用】−20℃以下保存，有效期24个月。用于PPV抗原检测。

(1)用法　将待检材料接种相应的细胞培养玻片，经适当培养后，取出细胞玻片，或用新鲜的病理组织制备冰冻切片或触片，室温下丙酮固定待检材料的相应样本片(细胞培养玻片、组织切片、组织触片)5～10 min，滴加荧光抗体并覆盖整个细胞玻片，置37℃作用60 min，用pH 7.2,0.01 mol/L的PBS洗涤3次，再用pH 9.0～9.5,0.05 mol/L的碳酸盐缓冲甘油封片，置荧光显微镜下观察。

(2)判定　已感染PPV的细胞在细胞核内呈现明亮的翠绿色荧光，病毒细胞培养样本中，细胞呈散在性感染，亮核细胞散见于视野中，该特异性荧光可被PPV抗体抑制。未感染PPV的阴性样本不应出现特异性荧光。

七、猪圆环病毒病

猪圆环病毒病(porcine circovirus associated disease, PCVD)是指以猪圆环病毒2型(porcine circovirus type 2, PCV2)为主要病原，单独或继发或混合感染其他致病微生物的一系列疾病的总称，包括猪断奶后多系统衰竭综合征(PMWS)、猪皮炎肾病综合征(PDNS)、猪呼吸道疾病综合征(PRDC)、繁殖障碍、先天性震颤、肠炎等。自1991年首先在加拿大萨斯喀彻温省的猪群发现PCV2感染以来，该病在全世界各地蔓延，给养猪业造成了巨大的经济损失。在欧洲PCVD每年使养猪业损失6亿欧元，在北美PCVD造成的损失则为5.2亿美元，在中国虽尚无权威的数据来说明该病给养猪业造成多大的损失，但将PCVD与CSF、PRRS相提并论。现今，PCVD已被认为是全球养猪业的重大威胁，成为阻碍当今养猪业发展的重要病原之一，我国农业农村部将其列为二类动物疫病。

(一)病原

PCV2属于圆环病毒科圆环病毒属，为单股环状DNA病毒。病毒粒子呈20面体对称，直径15～17 nm，无囊膜，是目前为止发现的最小的动物病毒。基因组长约1 767 bp或1 768 bp，基因亚型PCV2b为1 767 bp，PCV2a为1 768 bp，目前出现了新的1 766 bp病毒。基因组含有大小相差悬殊的11个开放阅读框，ORF1和ORF2是两个主要的阅读框，分别编码病毒的复制相关(Rep)蛋白和衣壳(Cap)蛋白；Cap蛋白与病毒的免疫原性有关，该蛋白是研制PCV2疫苗和检测PCV2特异性免疫反应的血清学诊断方法的靶蛋白；ORF3包含在ORF1中，虽与病毒复制无关，但与病毒的致病性有密切的关系。

PCV2对外界的抵抗力较强，对氯仿、碘酒、酒精、酸性环境(pH 3.0)和高温(56℃和70℃)均有一定抵抗力，而苯酚、季胺类化合物、氢氧化钠和氧化剂等可以减弱其毒力。PCV2不能凝集牛、羊、猪、鸡等多种动物和人的红细胞。不能在原代猪肾细胞、恒河猴肾细胞、乳仓鼠肾细胞(BHK-21)上生长。仅可在PK-15细胞上生长，但不引起CPE，感染的PK-15细胞内含有许多胞浆内包涵体。

(二)免疫

PCV2主要侵害感染机体的免疫系统，单核细胞和巨噬细胞是PCV2的靶细胞，可以引起机体的免疫抑制，从而使机体更易感染其他病原，这也是PCV2与猪的许多疾病混合感染有关的原因。最常见的混合感染有PRRSV、PRV、PPV、MHP(肺炎支原体)、PM、PEDV、SIV(猪流感病毒），但 PCV2 如何影响机体的免疫系统尚不十分清楚。猪感染 PCV2 后，可产生体液免疫，但是否引起细胞免疫反应尚不明确。

（三）疫苗

由于 PCV2 感染最早发生在子宫内的胎儿发育期间或出生后通过接触感染病毒的母猪以及被病毒污染的产仔环境而感染，因此其传播不受病毒血症水平或免疫水平的影响。然而，通过 PCV2 感染动力学研究（包括感染与免疫状态的感染）发现，在没有免疫的情况下，抗体的存在不能防止感染以及从母猪到仔猪的垂直传播。通过病毒血症抑制，母源抗体抑制了仔猪感染，但当母源抗体保护力下降至仔猪获得主动免疫期间，仔猪的病毒载量会回升，在诱发因素的作用下，增加了 PCVD 发生的风险。相比之下，免疫可以逐渐把病毒载量降低到一个难以检测出的水平，母源抗体结合仔猪断奶时免疫，有效抑制了仔猪中病毒的增长，能够刺激仔猪产生更加积极的免疫反应，使得仔猪在生长过程中，能够持续控制感染的发生。因此，疫苗免疫是目前公认的防控 PCVD 最有效的方法。

2010 年之前，我国没有商品化的疫苗可供使用，但国外梅地亚动物保健公司、勃林格殷格翰动物保健公司、英特威/先灵葆雅动物保健公司以及富道动物保健公司先后研制成功了 PCV2 全病毒灭活疫苗、PCV2 基因工程亚单位疫苗以及 PCV1-PCV2 嵌合灭活疫苗。自 2010 年至今，国内陆续上市一批全病毒灭活疫苗，制苗用 PCV2 种毒包括 LG 株、SH 株、DBN-SX07 株、ZJ/C 株等。PCV2 疫苗预防疾病的能力表明，疫苗诱导免疫与天然免疫不同。所有包含细胞培养表达的衣壳蛋白或非复制灭活病毒制剂的 PCV2 疫苗，一般都能刺激机体产生抗体反应。然而，自然抗体反应的细微差别或者 T 细胞反应的差异，以及通过疫苗刺激机体产生抗 PCV2 抗体以对抗自然感染的过程均存在差异，因此导致不同疫苗的免疫效力存在差异。

目前，各种 PCV2 疫苗的制备成本高，且存在疫苗副反应、免疫持续期短等问题，因此研制高效、廉价、便于使用的 PCV2 疫苗对于控制乃至根除 PCV2 意义重大。乳酸杆菌作为宿主菌而构建的表达系统已成为实验室常用的细菌外源蛋白表达系统之一。近年来国内外对乳酸杆菌的研究日益增加，若能构建基于猪肠道常驻乳酸杆菌的异源蛋白表达系统，制备含有多种 PCV2 流行亚型 ORF2 编码病毒衣壳蛋白 Cap 蛋白的口服疫苗，是未来 PCV2 疫苗的一个研究方向。

1. 猪圆环病毒 2 型灭活疫苗（LG 株）

【种毒】猪圆环病毒 2 型 LG 株。

【制造要点】将猪圆环病毒 2 型 LG 株接种猪肾传代细胞（PK15）培养，收获病毒液，经甲醛灭活后，加矿物油佐剂混合乳化制成。灭活前每毫升病毒含量不低于 $10^{5.5}$ $TCID_{50}$。

【质量标准】除按成品检验的有关规定进行检验外，尚需做如下检验。

（1）安全检验　用 30～40 日龄健康易感仔猪（用 IPMA 法检测 PCV2 抗体效价，应低于 50）5 头，各颈部肌内注射疫苗 2 mL，连续观察 14 d。接种前 1 日及接种后逐日测定体温，每日上、下午各测定 1 次。应不出现体温升高，或仅于接种次日体温升高不超过 1℃，在观察期内应不出现由疫苗注射引起的任何局部或全身不良反应。

（2）效力检验　下列方法任其一。

①抗体检测：用 30～40 日龄健康易感仔猪（用 IPMA 法检测 PCV2 抗体效价，应低于 50）

10 头，随机等分成 2 组。其中一组分别经颈部肌内注射途径接种疫苗 1 mL，21 d 后，以相同剂量和途径加强免疫 1 次；另一组不接种疫苗，作为对照组。二免后 14 d 采血、分离血清，用 IPMA 法检测血清抗体效价。免疫猪应至少 4 头抗体效价不低于 800，对照猪抗体效价均应低于 50。

②免疫攻毒：二免后 14 d，取上述免疫猪和对照猪，用 PCV2 LG 株强毒攻击，通过滴鼻和肌内注射途径各接种 1 mL（$10^{5.0}$ $TCID_{50}$）。称取攻毒当日体重。攻毒后 28 d，将所有猪称重后扑杀，取腹股沟淋巴结样品，采用荧光定量 PCR 法检测病毒核酸载量。相对增重率应不低于 5%。免疫猪应至少 4 头组织中病毒核酸载量不高于 3.5×10^{7} 拷贝/g，对照猪应至少 4 头组织中病毒核酸载量不低于 1.45×10^{9} 拷贝/g。

【保存与使用】：2～8℃保存，有效期 18 个月。用于预防 PCVD，适用于 3 周龄以上仔猪和成年猪。颈部肌内注射。新生仔猪，3～4 周龄首免，间隔 3 周加强免疫 1 次，1 mL/头。后备母猪，配中前作基础免疫 2 次，间隔 3 周，产前 1 个月加强免疫 1 次，2 mL/头。经产母猪，跟胎免疫，产前 1 个月接种 1 次，2 mL/头。其他成年猪实施普免，每半年 1 次，2 mL/头。

2. 猪圆环病毒 2 型灭活疫苗（SH 株）

【种毒】猪圆环病毒 2 型 SH 株。

【制造要点】将猪圆环病毒 2 型 SH 株接种 PK15-B1 克隆细胞培养，收获细胞培养物，经甲醛溶液灭活，与矿物油佐剂混合乳化制成。灭活前的病毒含量不低于 $2.0\times10^{5.0}$ $TCID_{50}$/mL。

【质量标准】除按成品检验的有关规定进行检验外，尚需做如下检验。

（1）安全检验　用 14～21 日龄 PCV2 ELISA 抗体阴性和 PCV2 抗原阴性健康易感仔猪 3 头，每头肌内注射疫苗 4 mL，连续观察 14 d，应无异常临床反应。

（2）效力检验　下列方法任其一。

①仔猪免疫攻毒法：用 14～21 日龄 PCV2 ELISA 抗体阴性和 PCV2 抗原阴性健康易感仔猪 15 头，分成 3 组，每组 5 头。第 1 组每头颈部肌内注射疫苗 1 mL，2 周后按相同途径和剂量进行第 2 次接种。第 2 组作为非免疫攻毒对照。第 3 组作为空白对照（非免疫、非攻毒），均隔离饲养观察。首免后 5 周对所有猪称重，第 1、2 组各用 PCV2 SH 株（含 $10^{6.0}$ $TCID_{50}$/mL）滴鼻 1 mL、肌内注射 2 mL，隔离饲养。攻毒后第 4、7 天，分别在每头猪的两侧腋下及两侧臀部共 4 个点对所有猪接种用弗氏不完全佐剂乳化的钥匙孔血蓝蛋白（KLH/ICFA，0.5 mg/mL），每个点接种 1 mL（4 mL/头），同时腹腔接种巯基乙酸培养基，10 mL/头。攻毒后连续观察 25 d，于第 25 天称重后扑杀，剖检。根据体温、相对日增重和病毒抗原检测结果进行判定。攻毒对照组应至少 4 头发病，免疫组应至少 4 头保护。

②小鼠免疫试验法：用 5～6 周龄 PCV2 ELISA 抗体阴性、健康雌性清洁级 BALB/c 小鼠（PCV2 ELISA 抗体效价不高于 1∶50）15 只，分成 3 组，每组 5 只。第 1 组和第 2 组分别皮下接种参考疫苗和待检疫苗，每只 0.2 mL，2 周后按相同途径和剂量进行第 2 次接种。第 3 组不接种，作空白对照。各组小鼠均隔离饲养观察。首免后 5 周采血，分离血清，测定血清中 PCV2 ELISA 抗体效价。对照组应全部阴性，待检疫苗免疫组平均抗体效价应不低于参考疫苗免疫组平均抗体效价，参考疫苗免疫组平均抗体效价应不低于 1∶800。

【保存与使用】2～8℃保存，有效期 12 个月。用于预防 PCVD。颈部皮下或肌内注射。仔猪 14～21 日龄首免，1 mL/头，间隔 2 周后以同样剂量加强免疫 1 次。免疫期 3 个月。

(四)诊断制品

猪圆环病毒 2-dCap-ELISA 抗体检测试剂盒,详述如下。

【制造要点】本品系用大肠杆菌基因工程菌 BL21-*dCap* 表达的 PCV2 去核定位信号衣壳蛋白(简称 dCap)为抗原的抗原包被板、待检样品稀释板、封板膜、强阳性对照血清、弱阳性对照血清、阴性对照血清、山羊抗猪 IgG 酶标二抗工作液、样品稀释液及洗涤液、显色 A 液、显色 B 液及终止液组装而成。

【保存与使用】2～8℃以下保存,有效期 6 个月。用于 PCV2 抗体检测。

【质量标准及操作方法】详细内容见二维码 9-6。

二维码 9-6

(李郁)

复习思考题

1. 试述猪丹毒弱毒疫苗的制造要点和质量标准。
2. 简述猪喘气病弱毒疫苗的使用方法及其注意事项。
3. 猪传染性胸膜肺炎有哪些诊断试剂?
4. 简述猪传染性萎缩性鼻炎灭活疫苗的使用方法。
5. 未来的副猪嗜血杆菌疫苗主要有哪些发展方向?
6. 为什么说我国研制的猪瘟兔化弱毒苗是目前世界上应用最广泛、最优秀的疫苗?
7. PRRSV 主要生物学特点有哪些? 如何科学合理地使用 PRRS 活疫苗?
8. PRV 的 gE 基因缺失苗与 gE 抗体 ELISA 检测试剂盒对于 PR 的防制和净化有什么意义?
9. 根据 TGE 和 PED 的免疫特性,试述如何有效应用弱毒活疫苗和灭活疫苗进行防控。
10. 如何有效防控 PPV 引起的繁殖障碍?
11. 试分析影响 PCVD 疫苗免疫效果的因素。

第十章　牛、羊、马用生物制品

本章摘要：重点介绍了牛、羊、马主要传染病和寄生虫病病原及免疫特性，疫苗诊断制剂和生物治疗制品的制造要点、质量标准和使用方法。其中，细菌性传染病有牛传染性胸膜肺炎、气肿疽、副结核病、羊梭菌病和羊支原体肺炎等；病毒性传染病有牛病毒性腹泻/黏膜病、传染性鼻气管炎、牛白血病、牛流行热、牛副流行性感冒、小反刍兽疫、羊传染性脓疱和马传染性贫血等；寄生虫病包括伊氏锥虫病、片形吸虫病、日本分体吸虫病和棘球蚴病等。除牛白血病外，目前均有商品化疫苗可资利用，并以减毒活疫苗以及灭活疫苗等常规疫苗为主。对于牛传染性鼻气管炎已培育出了专用于鼻内接种的温度敏感疫苗株以及可作为标记疫苗从而区分野毒感染和疫苗免疫的 *gE* 基因缺失疫苗株。我国某些牛、羊、马传染性疾病疫苗曾走在了世界前列，牛传染性胸膜肺炎疫苗为世界上控制及根除此病发挥了决定性作用；马传染性贫血疫苗为世界上第一个成功研制的慢病毒疫苗，为世界马传染性贫血的控制提供了有力保障，也为人类及其他动物慢病毒病（如艾滋病等）的免疫与疫苗研制提供了借鉴。近年来，我国在牛、羊传染性疾病疫苗研发方面取得了一定进展。新注册的疫苗有牛流行热灭活疫苗、牛传染性胸膜肺炎活疫苗、羊梭菌病多联干粉灭活疫苗、山羊支原体肺炎灭活疫苗、羊传染性脓疱性皮炎活疫苗和羊棘球蚴（包虫）病基因工程亚单位疫苗。

第一节　细菌性制品

一、牛传染性胸膜肺炎

牛传染性胸膜肺炎（contagious bovine pleuropneumonia）又称牛肺疫，是由丝状支原体丝状亚种 SC 小菌落型（*Mycoplasma mycoides* subsp. *mycoides*）所引起的牛的一种高度接触性传染病。该病主要侵害肺和胸膜，胸部淋巴结，以浆液性-纤维素性胸膜肺炎为主要特征，多为亚急性或慢性经过。该病广泛分布于世界各个养牛国家，目前在非洲、拉丁美洲、大洋洲和亚洲一些国家还存在该病。中华人民共和国成立前，东北、内蒙古和西北一些地区时有该病发生和流行；中华人民共和国成立后，我国成功研制出了有效的牛肺疫疫苗，并结合严格的综合防控措施，于 1996 年宣布在全国范围内消灭了此病。

（一）病原

病原为丝状支原体丝状亚种（*Mycoplasma mycoides* subsp. *mycoides*），属于支原体科、

支原体属。菌体形态多样，可呈球状、两级状、环状、杆状，有些偶见分支丝状。无鞭毛，有些能滑动。革兰染色阴性，通常着色不良，用吉姆萨或瑞氏染色良好，呈淡紫色。大多数菌株在有氧条件下生长良好。各种支原体的抗原结构不同，交叉很少，可通过生长抑制试验、代谢抑制试验、免疫荧光技术以及 ELISA 等对支原体进行血清型鉴定及分型。

支原体对营养要求较高，培养基中通常需加有血清或血液，另需添加外源脂肪酸。为抑制细菌生长，还常加入青霉素、醋酸铊、叠氮钠等药物。丝状支原体丝状亚种在含 10％马(牛)血清马丁肉汤中生长良好，呈轻度混浊带乳光样纤细菌丝生长；在固体培养基中形成细小的半透明菌落，中心颗粒致密，边缘疏松，呈微黄褐色的“荷包蛋状”。可用 HeLa 细胞、鸡胚成纤维细胞、人结膜细胞、牛肾细胞进行人工培养，也可通过 9～11 日龄鸡胚绒毛尿囊膜接种连续传代。

该菌对外界环境因素抵抗力不强，干燥、高温都可使其迅速死亡，60℃水中 30 min 死亡；该菌对寒冷有抵抗力，在冻结状态的病肺组织和淋巴结中，能保持毒力 1 年以上，培养物真空冻干后可保存毒力 3～12 年。

(二)免疫

该支原体抗原主要由细胞膜上的蛋白质和类脂组成。动物发病后可获得较强免疫力，很少发生再次感染。牛罹患传染性胸膜肺炎痊愈后，免疫保护可持续 12～30 个月。支原体感染后，主要引发机体的体液免疫应答，产生 IgM、IgG、IgA 等免疫球蛋白。鸡胚传代培育成的弱毒株，可诱导机体产生良好的免疫力，而该病原培养物或组织制备的灭活苗都缺乏免疫力。

(三)疫苗

目前世界上用于预防牛传染性胸膜肺炎的疫苗主要为弱毒疫苗，包括 V_5 疫苗、T_1 疫苗、KH_3J 疫苗、牛传染性胸膜肺炎兔化弱毒苗、牛传染性胸膜肺炎兔化绵羊适应弱毒苗、牛传染性胸膜肺炎兔化藏系绵羊化弱毒苗等。我国使用的牛传染性胸膜肺炎兔化弱毒苗、牛传染性胸膜肺炎兔化绵羊适应弱毒苗(菌株为 C88001、C88002 菌株)、牛传染性胸膜肺炎兔化藏系绵羊化弱毒苗(菌株为 C88003 菌株)，在控制和消灭牛传染性胸膜肺炎中发挥了重要作用。下面仅介绍牛传染性胸膜肺炎兔化活疫苗制造方法及其质量标准。

【菌种】制造本品用的牛传染性胸膜肺炎兔化弱毒菌株为 C88004 菌株。

【制造要点】①种子繁殖：冻干菌种以 1％～2％的量接种于 10％马血清马丁肉汤培养，通过家兔复壮 1～2 代，选择发病典型的家兔剖杀，吸取胸腔积液，检验合格后作为一级种子使用。一级种子以 1％～2％的量接种于 10％马血清马丁肉汤，36～37℃培养 2～4 d，检验合格后作为二级种子使用。②胸腔积液制备：选用营养良好、体质量 1.5～2 kg 健康家兔，胸腔接种一级胸腔积液种毒 3 mL 或胸腔积液种毒第 1 代 10％马血清马丁肉汤培养物 5 mL。每日上下午 2 次测温观察，产生典型体温反应的家兔于 60～72 h 剖杀，无菌采集胸腔积液即为原苗。③配苗分装：原苗经纯粹检验、菌落形态检查和活菌滴度检验合格后，无菌分装即为湿苗。用灭菌的氢氧化铝胶生理盐水作 1：500 倍稀释，即成氢氧化铝苗；用灭菌的生理盐水作 1：100 倍稀释，即成盐水苗。

【质量标准】除按成品检验的有关规定检验外，进行如下检验。

①活菌计数：每份胸腔积液用 10％马血清马丁肉汤 10 倍系列稀释，均匀涂布接种于 10％马血清马丁琼脂，37℃培养 5～7 d，活菌滴度应≥10^8 CCU/mL。

②安全检验：以灭菌生理盐水 10 倍稀释的兔胸腔积液 1 mL 尾端皮下注射 4 头健康牛，

观察 30 d,应无反应或只出现局部轻微反应。

【保存与使用】湿苗于 2～8℃保存,有效期 10 个月。专用于预防黄牛传染性胸膜肺炎。6 月龄以下犊牛、临产孕牛、瘦弱或有其他疾病的牛不得使用。氢氧化铝胶疫苗,成年牛臀部肌内注射 2 mL,6～12 月龄小牛臀部肌内注射 1 mL,免疫期 1 年。盐水苗,成年牛尾端皮下注射 1 mL,6～12 月龄小牛 0.5 mL,免疫期 1 年。

(四)诊断制剂

补体结合反应是当前诊断牛传染性胸膜肺炎的可靠方法。目前生产使用的诊断制剂主要是牛传染性胸膜肺炎补体结合反应抗原、牛传染性胸膜肺炎补体结合反应阳性血清及牛传染性胸膜肺炎补体结合反应阴性血清。

【菌种】丝状支原体丝状亚种 C88051 强毒菌株。活菌滴度应达 10^8 CUU/mL。

【制造要点】

①菌种扩繁:冻干菌种以 1%～2%的量接种于 10%马血清马丁肉汤培养,作为一级种子使用。一级种子以 1%～2%的量接种于 10%马血清马丁肉汤培养,检验合格后作为二级种子使用。

②细菌培养:种子培养液接种于 10%马血清马丁肉汤,37℃培养 7～12 d,纯粹检验合格后,高速离心收集菌体(8 000 r/min,40 min),加入蒸馏水至原培养液的 1/10,使菌体悬浮于其中,倾入加有玻璃球的灭菌瓶中,充分摇振,使菌体分散。

③灭活与配制:分散好的菌液经棉花纱布滤过,按菌液量的 0.85%加入氯化钠,60～65℃作用 30 min,最后按总量的 0.5%加入石炭酸即为抗原。

④效价测定:抗原效价测定按常规方法进行。使 80%稀释的抗原对 1∶10 的阳性血清能 100%抑制溶血(++++),而对 1∶40 阳性血清仍有 50%以上的抑制溶血(++),且对 1∶5 的阴性血清 100%溶血。这批的抗原效价即为 1∶10。抗原效价测定后即可分装。

【保存与使用】本品 2～8℃保存,有效期 1 年 6 个月。供诊断牛传染性胸膜肺炎的补体结合试验用。按补体结合试验方法使用。判定标准为 0～40%溶血,阳性;50%～90%溶血,可疑;100%溶血,阴性。

牛传染性胸膜肺炎活疫苗安全性反应及菌株致病性检验判断标准见二维码 10-1。

二维码 10-1

二、气肿疽

气肿疽(Gangraena emphysematosa)俗称黑腿病或鸣疽,是由专性厌氧菌气肿疽梭菌(*C. chauvoei*)引起的反刍动物的一种急性败血性传染病。其特征是局部骨骼肌、皮下和肌肉结缔组织的气性坏疽,压之有捻发音,严重者常伴有跛行。

(一)病原

气肿疽梭菌(*Closridium chauvoei*)属梭菌属,为圆端杆菌,(0.5～1.7) μm×(1.6～9.7) μm,易呈多形性。有周生菌毛,能运动,无荚膜。在体内外均可形成中部或近端芽胞,呈纺锤状,能产生不耐热的外毒素。专性厌氧,在接种豚鼠腹腔渗出物中,单个存在或呈 3～5 个菌体形成的短链,这在形态上可与形成长链的腐败梭菌区别。革兰染色时,幼龄培养物呈阳性,但是陈旧培养物可能变成阴性。

芽胞抵抗力强，可在泥土中保持 5 年以上，在腐败尸体中可存活 3 个月。在液体或组织内的芽胞经煮沸 20 min、0.2%升汞 10 min 或 3%福尔马林 15 min 方能杀死。

(二)疫苗

疫苗预防接种是控制该病的有效措施。我国于 1950 年研制出气肿疽氢氧化铝甲醛灭活疫苗，皮下注射 5 mL，免疫期 6 个月。近年来，我国又研制成功气肿疽、巴氏杆菌病二联干粉疫苗，用时与 20%氢氧化铝胶混合后皮下注射 1 mL，对两种病的免疫期各为 1 年，干粉疫苗的保存期长达 10 年或更长，使用效果好，剂量小。反应轻，使用方便，易于推广。另外还有气肿疽明矾甲醛苗也有良好的免疫效果。

三、副结核病

副结核病(paratuberculosis)是由副结核分枝杆菌(*Mycobacterium paratuberculosis*)引起反刍兽的慢性消耗性疾病，又称副结核性肠炎，偶见于羊、骆驼和鹿。患病动物的临床特征是慢性卡他性肠炎、顽固性腹泻和渐进性消瘦，剖检可见肠黏膜增厚并形成皱襞。该病不仅是危害养牛业的主要疾病，也可引起猪、马等非反刍动物发病，同时对人类的健康也有潜在的威胁。

(一)病原

副结核分枝杆菌(*M. paratuberculosis*)为需氧的、革兰阳性、无运动性的小杆菌，具有抗酸染色的特性。在人工培养基上生长缓慢，需要 1～2 个月才能长出针尖大小的白色、坚硬、粗糙的小菌落，且依赖分枝杆菌素，少数菌株可产生黄色素。在组织或粪便中成团或成丛存在。从分子生物学的角度分析，该菌的染色体 DNA 与禽分枝杆菌染色体 DNA 的相似性至少达 99.7%以上。

该菌主要位于肠道内和肠系膜淋巴结。感染通常是由于食入患病或带菌动物的粪便或被污染的食物而引起的。有的病原菌可能侵入血液，因而可随乳汁和尿排出体外。经子宫感染是副结核病传播的一种重要途径，有临床症状的奶牛子宫感染率为 50%，亚临床症状的病例子宫感染率为 9%。

该菌对自然环境抵抗力较强，在牛奶和甘油盐水中可存活 10 个月。该菌最佳生长温度为 38～40℃，对热敏感，63℃ 30 min，70℃ 20 min，80℃ 5 min 即可被杀死。抗强酸强碱，在 5%草酸、5%硫酸、15%安替福民、4%苛性钠溶液中 30 min 仍保持活力，但 5%来苏儿、5%福尔马林、石炭酸(1∶40)10 min 可将其灭活。

(二)疫苗

目前已有副结核菌弱毒苗和灭活苗可用，免疫效果虽好，但不宜推广，主要原因是因接种后变态反应阳性，无法与自然感染牛区别，影响检疫的结果。我国有的单位从英国引进副结核弱毒株，研制出副结核弱毒疫苗，在有副结核(无结核病)的牛场试验，免疫期可达 48 个月。

四、羊梭菌病

羊梭菌病(clostridiosis of sheep)是由梭状芽胞杆菌属(*Clostridium*)的某些致病性微生物引起的一类羊传染性疾病的总称。一般包括羊快疫、羊猝狙、羊肠毒血症、羊黑疫和羔羊痢疾等。这些疾病发病快，都能造成急性死亡，对养羊业危害很大。

这类疾病的病原菌多为土壤性细菌，广泛存在于世界各地。在养羊的国家和地区都有发生，而且这类疾病的临床症状有不少相似之处，易混淆。

（一）病原

梭菌属（*Clostridium*）的细菌有 80 余种，多为非病原菌，一般为杆状菌体，两端钝圆。细胞常单在、成双、也可呈短链或长链状。运动或不运动，运动者具周鞭毛。对早期培养物做革兰染色，一般呈阳性。可形成卵圆形或圆形芽胞，常使菌体膨大。当芽胞位于菌体中央且膨大时，菌体如梭状。绝大多数种专性厌氧。常见的病原菌约 9 种，多为人兽共患病病原。能产生毒力强大的外毒素，毒素在致病性方面有重要意义。

腐败梭菌（*Clostridium septicum*）为直或弯曲的杆菌，菌体大小（0.6～1.9）μm×（1.9～35.0）μm。在体外环境和动物体内均能产生芽胞，不形成荚膜。在动物体内尤其是在肝脏被膜和腹膜上可形成微弯曲的长丝，长者可达数百微米。这种无关节的长丝状形态，在诊断上具有重要意义。腐败梭菌可产生 4 种外毒素，包括 α、β、γ 和 δ 毒素。利用凝集试验，按照菌体抗原（O 抗原）可分为 4 个抗原型，再按鞭毛抗原（H 抗原）可分为 5 个亚型。但没有毒素型的区分。腐败梭菌经消化道感染引起羊快疫，经创伤感染引起动物的恶性水肿和人的气性坏疽。

产气荚膜梭菌（*Clostridium perfringens*），菌体直杆状，两端钝圆，菌体大小（0.6～2.4）μm×（1.3～19.0）μm。单在或成双，无鞭毛，不运动。多数菌株在动物体内可形成荚膜，荚膜多糖的组成可因菌株不同而有变化。该菌对厌氧程度的要求不严，对营养要求不苛刻，在普通培养基上可生长，若加葡萄糖、血液，则生长更好。该菌最突出的生化特性是对牛乳培养基的“暴烈发酵”。产气荚膜梭菌可产生 α、β、ε、ι、γ、δ、η、θ、κ、λ、μ 和 ν 等多种外毒素，现至少已发现 15 种。主要的致病性毒素为 α、β、ε 和 ι 毒素。依据毒素中和试验可将产气荚膜梭菌分为 A、B、C、D、E 五型。产气荚膜梭菌可引起人和动物的多种严重疾病。A 型菌主要引起人、动物的气性坏疽以及人的食物中毒；B 型菌主要引起羔羊痢疾，也可引起驹、犊牛、羔羊、绵羊和山羊的肠毒血症；C 型菌主要引起绵羊猝击，也可引起羔羊、犊牛、绵羊的肠毒血症以及仔猪和人的坏死性肠炎；D 型菌主要引起羔羊、绵羊、山羊和犊牛的肠毒血症；E 型菌可致犊牛、羔羊的羊肠毒血症，但较少发生。

诺维梭菌（*Clostridium novyi*）为两端钝圆的大型芽胞杆菌，粗细一致，多单在，有时成双或呈短链。大小（0.6～1.3）μm×（1.6～22.5）μm。该菌严格厌氧。最适生长温度 45℃，大多数菌株在 37℃生长良好。可形成卵圆形芽胞，不产生荚膜，具有周身鞭毛者能运动。诺维梭菌可产生多种外毒素，依据毒素中和试验，通常分为 A、B、C、D 四型。A 型菌主要产生 α、γ、ε、δ 等四种外毒素；B 型菌主要产生 α、β、η、ζ、θ 五种外毒素；C 型菌不产生外毒素；D 型又称溶血梭菌，产生较多 β 毒素。诺维梭菌不同菌型致人和动物的不同疾病。A 型菌引起人气性坏疽、动物恶性水肿以及绵羊大头病；B 型菌主要引起绵羊黑疫，也可感染山羊。

（二）免疫

病原梭菌有许多的抗原成分，有些菌株既存在菌体抗原和芽胞抗原，又存在毒素抗原和荚膜抗原。有些梭菌其菌体在免疫上作用甚微，有些芽胞抗原彼此相同。病原性梭菌在羊引起的疾病本质上大多为毒血症或致死性毒血症。病原梭菌产生的外毒素和一些酶类往往毒力强大，是主要的致病因素。外毒素是主要的免疫抗原，免疫动物可诱发不同的抗毒素抗体。不同型菌株产生的外毒素具有抗原特异性，用以制成类毒素，其免疫原性良好。一般而言，梭菌产生的毒素毒力越强,制成的类毒素免疫原性愈好。即使一些菌体本身是重要免疫原的梭菌,也要筛选产生外毒素良好的菌株作为制苗用菌种,使疫苗中含有菌体抗原和类毒素抗原。

(三)疫苗

免疫接种是预防该病的根本措施。一般而言,羊梭菌性病疫苗免疫效果都较为理想。本疫苗制备应注意四个关键问题:一是要筛选免疫原性良好且产生外毒素强的菌种;二是要选择适宜的培养基;三是掌握好培养温度和培养时间;四是做好脱毒灭菌工作,脱毒不彻底,接种动物后会引起严重反应,甚至发生死亡。目前使用的梭菌性疾病疫苗大致分为两类,即全菌疫苗和类毒素疫苗,前者如气肿疽灭活疫苗,后者如破伤风类毒素等。全菌疫苗既含有菌体抗原,又含有类毒素抗原。家畜梭菌性疾病的免疫预防,起初多研制和使用单价苗,如气肿疽灭活疫苗、羔羊痢疾疫苗等。由于梭菌性疾病特别是羊梭菌性病临床上往往不易作出确诊,加之混合感染的情况较为普遍,为了加强免疫接种效果和使用方便,相继研发出羊黑疫快疫二联苗、羊快疫猝狙肠毒血症三联苗等。梭菌病疫苗制造程序基本相同,通常先制成单苗菌液后按需要再配制成联苗。这些联苗在预防上发挥了很好的作用。在剂型上,除传统湿苗(即液体苗)外,还研发出多联干粉疫苗。干粉疫苗具有使用方便、剂量小等优点,可根据疫情进行选择、因地制宜配苗,既可作为单苗使用,又可配制成多联苗使用。目前广泛使用的多是灭活疫苗,包括羊黑疫、快疫二联灭活疫苗,羊快疫、猝狙(或羔羊痢疾)、肠毒血症三联灭活疫苗,羊快疫、猝狙、黑疫、肠毒血症和羔羊痢疾五联灭活疫苗,羊梭菌性病多联干粉灭活疫苗等。

1. 羊快疫、猝狙、羔羊痢疾、肠毒血症和黑疫五联灭活疫苗

【菌种】制苗和检验用菌种为腐败梭菌 C55-1 菌株,产气荚膜梭菌 B 型 C58-2 菌株,产气荚膜梭菌 C 型 C59-2 菌株,产气荚膜梭菌 D 型 C60-2 菌株,诺维梭菌 C61-4 菌株。

(1)诺维梭菌菌株　应符合标准株生物学特性,其肉肝胃酶消化汤[加 1/10(*W*/*V*)铁钉]60～72 h 培养菌液离心上清 0.000 25～0.000 1 mL,静脉注射 16～20 g 健康小鼠,应于 72 h 内死亡。所选菌株按下述方法制成单苗,肌内注射 1～3 岁健康易感绵羊 4 只,每只 1.5 mL,14～21 d 后,连同条件相同的对照绵羊 2 只,各静脉注射≥2 MLD 的诺维梭菌毒素,观察 3～5 d,对照绵羊全部死亡,免疫绵羊全部保护;或用单苗肌内注射 1.5～2 kg 的健康家兔 4 只,每只 1 mL,21 d 后,连同条件相同的对照家兔 2 只,各皮下注射≥50 MLD 的诺维梭菌毒素,观察 3～5 d,对照家兔全部死亡,免疫家兔全部保护。

(2)腐败梭菌菌株　应符合标准株生物学特性。其肉肝胃酶消化汤 24 h 培养菌液 0.005～0.01 mL,肌内注射 16～20 g 健康小鼠,应于 24 h 内死亡;或胰酶牛肉消化汤 36～48 h 培养菌液离心上清(2 500 r/min,30 min)0.005～0.01 mL,静脉注射 16～20 g 健康小鼠,应于 48 h 内死亡。所选菌株按下述方法制成单苗,皮下或肌内注射 1.5～2 kg 的健康家兔 4 只,每只 1 mL,14～21 d 后,连同条件相同的对照家兔 2 只,各肌内注射致死量腐败梭菌强毒菌液,观察 14 d(或用胰酶牛肉消化汤制苗,也可静脉注射 1 MLD 的腐败梭菌毒素,观察 3～5 d),对照家兔全部死亡,免疫家兔全部保护。

(3)产气荚膜梭菌菌株　应符合标准株生物学及血清型特性。产气荚膜梭菌 B 型菌株和 C 型菌株 16～24 h 培养菌液离心上清(2 500 r/min,30 min)0.001 mL,静脉注射 16～20 g 健康小鼠,应于 24 h 内死亡。产气荚膜梭菌 D 型菌株 16～24 h 经胰酶活化后的菌液离心上清(2 500 r/min,30 min)0.000 25～0.000 1 mL,静脉注射 16～20 g 健康小鼠,应于 24 h 内死

亡。所选菌株按下述方法制成单苗，皮下或肌内注射 1.5～2 kg 的健康家兔 4 只，每只 1 mL，14～21 d 后，连同条件相同的对照家兔 2 只，分别静脉注射致死量的各型毒素，观察 3～5 d，对照家兔全部死亡，各型菌疫苗免疫家兔至少保护 3 只。

【制造要点】

(1)制苗培养基　腐败梭菌用胰酶消化牛肉汤或厌气肉肝汤；产气荚膜梭菌、诺维梭菌用肉肝胃酶消化汤或鱼肝肉胃酶消化汤。

(2)种子繁殖　菌种分别接种适宜培养基，腐败梭菌培养 24 h，产气荚膜梭菌培养 16～20 h，诺维梭菌培养 60～72 h。纯检合格后作为一级种子使用，2～8℃保存，使用期不超过 15 d。使用中的菌种，腐败梭菌、产气荚膜梭菌、诺维梭菌也可用多种蛋白胨牛心汤半固体、无糖厌气肉肝汤或肉肝胃酶消化汤每月移植 1 次，每 3 个月更换冻干菌种。同样方法进行二级种子繁殖，纯检合格者作为种子繁殖物，2～8℃保存，使用期不超过 5 d。

(3)菌液培养　待培养基灭菌后凉至 37～38℃时立即接种。种子繁殖物分别按腐败梭菌 2%、产气荚膜梭菌 1%、诺维梭菌 5%的量接种。接种后，腐败梭菌 37℃培养 20～24 h，B 型和 C 型产气荚膜梭菌 35℃培养 10～20 h，D 型产气荚膜梭菌 35℃培养 16～24 h，诺维梭菌 37℃培养 60～72 h。培养完成后，进行纯粹检验和毒素测定。

(4)纯粹检验和毒素测定　纯粹检验按常规进行。毒素测定用各菌液离心上清液(2 500 r/min 30 min)，静脉注射 16～20 g 小鼠。对小鼠的最小致死量应不低于下列标准：B 型产气荚膜梭菌 0.001～0.002 mL，C 型产气荚膜梭菌 0.001～0.002 5 mL，D 型产气荚膜梭菌(菌液用胰酶活化后)0.000 5～0.000 75 mL，诺维梭菌 0.000 5 mL，腐败梭菌 0.005～0.01 mL(也可肌内注射 0.01 mL 菌液)。

(5)灭活脱毒　各菌液加入福尔马林杀菌灭活脱毒，腐败梭菌加至 0.8%，产气荚膜梭菌加至 0.5%～0.8%，诺维梭菌加至 0.5%。加入福尔马林的菌液分别置 37～38℃温育，腐败梭菌 3～5 d，产气荚膜梭菌 5～7 d，诺维梭菌 3～4 d。每日充分振荡或搅拌 1～2 次。

(6)配苗分装　脱毒检查合格的菌液，用灭菌纱布或铜纱网滤过，调 pH 至 7.0±0.2，均按 5 份菌液加入 1 份灭菌的氢氧化铝胶溶液，混匀制成单苗，并加入 0.004%～0.01%硫柳汞，即可用于配苗。以 B 型产气荚膜梭菌单苗 2 份、C 型产气荚膜梭菌单苗 1 份、D 型产气荚膜梭菌单苗 1 份、腐败梭菌单苗 1 份和诺维梭菌单苗 1 份的比例配苗，充分混匀后分装即成。

【质量标准】除按成品检验的有关规定检验外，进行如下检验。

(1)安全检验　选用 1.5～2 kg 家兔 2 只，各肌内注射疫苗 5 mL，观察 10 d 均应健活，注射部位不应发生坏死。

(2)效力检验　选用 1.5～2 kg 家兔或 1～3 岁健康易感绵羊分组免疫，每组 4 只，皮下或肌内注射疫苗，家兔 3 mL，绵羊 5 mL。14～21 d 后，连同条件相同的对照家兔或绵羊 2 只，用 5 种梭菌病原进行攻毒试验。对照家兔或绵羊全部死亡，各组免疫家兔或绵羊至少保护 3 只。

【保存与使用】于 2～8℃冷暗处保存，有效期 2 年。用于预防羊快疫、羊猝狙、羔羊痢疾、羊肠毒血症和羊黑疫。不论羊大小一律皮下或肌内注射疫苗 5 mL。免疫期羊快疫、羊猝狙、羊黑疫和羔羊痢疾 1 年，羊肠毒血症半年。

2. 羊梭菌性疾病多联干粉灭活疫苗

【菌种】制苗和检验用的菌种为腐败梭菌 C55-1 菌株，产气荚膜梭菌 B 型 C58-2 菌株，产气荚膜梭菌 C 型 C59-2 菌株，产气荚膜梭菌 D 型 C60-2 菌株，诺维梭菌 C61-4 菌株，肉毒梭菌

C62-4 菌株及破伤风梭菌 C66-1 菌株。肉毒梭菌菌株标准见肉毒梭菌中毒症(C 型)灭活疫苗,破伤风梭菌菌株标准见破伤风类毒素。

【制造要点】

(1)制苗培养基　制苗用培养基腐败梭菌用胰酶消化牛肉汤;产气荚膜梭菌、诺维梭菌用肉肝胃酶消化汤或鱼肝肉胃酶消化汤;肉毒梭菌用鱼(牛)肉胃酶消化汤;破伤风梭菌用 8%甘油冰醋酸肉汤、牛肉胨水消化汤或黄豆蛋白胃酶水解液。

(2)种子繁殖　菌种分别接种适宜培养基,破伤风梭菌 35℃培养,其余 37℃培养。腐败梭菌培养 24 h,产气荚膜梭菌培养 16～20 h,诺维梭菌培养 60～72 h,肉毒梭菌培养 72～120 h,破伤风梭菌培养 48 h。纯检合格后作为一级种子使用,2～8℃保存,使用期不超过 15 d。使用中的菌种,腐败梭菌、产气荚膜梭菌、诺维梭菌也可用多种蛋白胨牛心汤半固体、无糖厌气肉肝汤或肉肝胃酶消化汤每月移植 1 次,每 3 个月更换冻干菌种;肉毒梭菌可将产芽胞的菌种接种于厌气肉肝汤中继代,2～8℃保存,每 3 个月继代 1 次;破伤风梭菌用碎肉半固体培养基继代,35℃培养 48 h 后封蜡并置 2～8℃保存,每半年移植一次。同样方法进行二级种子繁殖,纯检合格者作为种子繁殖物,2～8℃保存,使用期不超过 5 d。

(3)菌液培养　菌液培养基本同各单菌液制造。接种时,除破伤风梭菌在 45～50℃接种外,其余均在 37～38℃接种。种子繁殖物分别按腐败梭菌 2%、产气荚膜梭菌 1%、诺维梭菌 5%、肉毒梭菌 1%～2%、破伤风梭菌 0.1%～0.2%的量接种。接种后置 34～35℃培养,腐败梭菌 36～48 h,产气荚膜梭菌 16～24 h,诺维梭菌 60～72 h,肉毒梭菌和破伤风梭菌 5～7 d。

(4)纯粹检验和毒素测定　纯粹检验按常规进行。毒素测定时,除破伤风梭菌用滤去菌体后的滤液皮下注射小鼠外,其余均用离心上清液(2 500 r/min,30 min)静脉注射小鼠。腐败梭菌、产气荚膜梭菌、诺维梭菌用 16～20 g 小鼠;肉毒梭菌用 14～16 g 小鼠;破伤风梭菌用 15～17 g 小鼠。对小鼠的最小致死量分别为腐败梭菌≤0.01 mL,B 型和 C 型产气荚膜梭菌≤0.002 5 mL,D 型产气荚膜梭菌和诺维梭菌≤0.000 5 mL,肉毒梭菌≤0.000 02 mL,破伤风梭菌≤0.000 005 mL。

(5)灭活脱毒　各菌液加入福尔马林杀菌灭活脱毒,腐败梭菌加至 0.8%,产气荚膜梭菌加至 0.5%～0.8%,诺维梭菌加至 0.5%,肉毒梭菌加至 0.5%并加入硫柳汞至 0.005%,破伤风梭菌菌液加至 0.4%。加入福尔马林的菌液分别置 37～38℃温育,腐败梭菌 3～5 d,产气荚膜梭菌 5～7 d,诺维梭菌 3～4 d,肉毒梭菌 10 d,破伤风梭菌 21～31 d。每日充分振荡或搅拌 1～2 次。然后进行脱毒试验、灭菌检验及破伤风类毒素结合力单位(EC)测定。

(6)干燥、配苗　脱毒、菌检和破伤风结合力单位测定试验合格后,用灭菌纱布或铜网过滤。滤液用冷冻干燥法或雾化干燥法进行脱水干燥。干燥后的菌粉装入适当灭菌容器并密封。利用家兔或绵羊进行最小免疫剂量测定。根据需要,按羊的 2 个免疫剂量配制不同的多联干粉苗。

【效力检验】不论是单苗还是联苗,均用氢氧化铝胶生理盐水稀释。

采用免疫动物直接攻毒法。每种成分各肌内注射体质量 1.5～2 kg 家兔 4 只,每只 1 mL(相当于羊 1 头份的 60%),或注射健康易感绵羊 4 只,每只 1 mL(相当于羊 1 头份)。14～21 d 后,连同条件相同的对照兔或羊各 2 只注射强毒。快疫、羔羊痢疾、猝狙、肠毒血症,每只静脉注射 1 MLD 毒素,观察 3～5 d;黑疫,每只家兔皮下注射 50 MLD 毒素,每只绵羊皮下注射 2MLD 毒素,观察 3～5 d;肉毒梭菌,各静脉注射 10 MLD 毒素,观察 10 d;破伤风,皮下注射 10 MLD 毒素，观察 10 d。对照动物全部死亡，免疫动物至少保护 3 只为合格。

【保存与使用】于 2～15℃干暗处保存，有效期 5 年。用于预防羊快疫、羊猝狙、羊黑疫、羊肠毒血症、羔羊痢疾、肉毒梭菌中毒和破伤风等疾病，免疫期 1 年。

“羊黑疫、快疫二联灭活疫苗”及“羊快疫、猝狙（或羔羊痢疾）、肠毒血症三联灭活疫苗”制备和检验用菌种和上述五联灭活疫苗有关菌株相同。其制造工艺和【质量标准】等参考上述五联灭活疫苗。

（四）治疗制剂

抗羔羊痢疾血清是主要的治疗制剂。

【制造和检验用菌种】参考上述五联灭活疫苗。

【高免血清制造】第一免疫原为 B 型产气荚膜梭菌的灭活菌液。用 2～3 株产气荚膜梭菌接种于厌气肉肝汤中，在 34～35℃培养 16～20 h。按总量的 0.5%～0.8%加入甲醛溶液脱毒制成。第二免疫原为 B 型产气荚膜梭菌的毒素。菌株分别接种于肉肝胃酶消化汤中，置 34～35℃培养 16～20 h。将各菌液等量混合，离心滤过制成。第三免疫原为 B 型产气荚膜梭菌的活菌液。其制造方法与第二免疫原相同，唯培养物不经滤过，经纯粹检验合格后分装，置 2～8℃保存，限 72 h 内使用。本品制造时一般选择体质量 40 kg 以上，2～3 岁健康绵羊。在隔离观察期间，进行必要的检疫。注射第 11 次（或 12 次）免疫原后 8～10 d，抽 3～5 只羊采血，分离血清，混合，测定效价。如血清 0.1 mL 能中和 B 型毒素 1 000 MLD 以上时，再经 1 次免疫注射后 9～11 d 放血（或采血）。如中和效价达到标准时，于最后注射免疫原后 7～11 d 采血。采得的血液用自然凝结加压法或离心法分离提取血清，并按总量的 0.004%～0.01%加入硫柳汞或按 0.5%加入苯酚，混匀分装。

【质量标准】除按成品检验的有关规定检验外，还需进行如下检验。

①安全检验：用体质量 16～20 g 小鼠 5 只，各静脉注射血清 0.5 mL；另用体质量 250～450 g 豚鼠 2 只，各皮下注射血清 5 mL，观察 10 d，均应健活。

②效价测定：用体质量 16～20 g 小鼠作中和试验，0.1 mL 血清能够中和 B 型毒素 1 000 MLD 以上为合格。

【保存与使用】本品在 2～8℃保存，有效期为 5 年。用于预防及早期治疗产气荚膜梭菌所引起的羔羊痢疾。在羔羊痢疾流行地区，给 1～5 日龄羔羊皮下注射或肌内注射血清 1 mL，即可获得良好的免疫力。对已患羔羊痢疾的病羔，静脉或肌内注射血清 3～5 mL。必要时 4～5 h 后再注射 1 次。

五、羊支原体性肺炎

羊支原体性肺炎（mycoplasmal pneumonia of sheep and goats）又称羊传染性胸膜肺炎，是由支原体属的某些致病性支原体引起的绵羊和山羊的高度接触性传染病。一般包括山羊传染性胸膜肺炎和羊支原体肺炎。前者以纤维素性胸膜肺炎为特征，后者以流鼻涕、呼吸困难、增生性间质性肺炎为特征。该病流行于许多国家，呈世界性分布，我国不少地区的绵羊、山羊也有发生，特别是养羊较多的地区普遍存在，一些境外引进的种羊亦有此病。该病羔羊感染率高，病死率高，对养羊业危害严重。

（一）病原与免疫

引起山羊传染性胸膜肺炎（caprine infectious pleuropneumonia）的病原体是丝状支原体

山羊亚种(*Mycoplasma mycoides* subsp. *capri*)，羊支原体肺炎的病原体是绵羊肺炎支原体(*Mycoplasma ovipneumoniae*)，分类上均归于支原体科(*Mycoplasmataceae*)支原体属(*Mycoplasma*)。该类支原体均为细小、多形性的微生物，革兰染色阴性，平均大小为0.3～0.5 μm，用姬姆萨或美蓝染色法着色良好。对理化因素的抵抗力很弱。对青霉素、链霉素不敏感，对红霉素高度敏感，但其对红霉素有一定抵抗力，四环素也有较强的抑菌作用。

绵羊肺炎支原体与猪肺炎支原体和猪鼻支原体、絮状支原体、殊异支原体、牛眼支原体有交叉反应抗原；绵羊肺炎支原体与丝状支原体山羊亚种无交互免疫性。丝状支原体山羊亚种与丝状支原体各菌株之间在血清学上有广泛的交叉反应。

(二)疫苗

我国目前用于预防山羊传染性胸膜肺炎的疫苗有山羊传染性胸膜肺炎灭活疫苗等。近年来，又开发研制了用于预防羊支原体性肺炎的羊支原体肺炎灭活疫苗，具有良好的免疫保护作用。

1. 山羊传染性胸膜肺炎灭活疫苗

【菌种】制苗菌种选用丝状支原体山羊亚种 C_{87-1} 株，用其所制备的山羊传染性胸膜肺炎灭活疫苗，应符合效力检验。检验菌种选用丝状支原体山羊亚种 C_{87-2} 株，于山羊气管注射肺组织毒0.000 04 g或冻干毒0.004 g，观察30 d，应发生典型的山羊传染性胸膜肺炎。真空冻干菌种2～8℃保存，可使用5年，届时通过山羊传代并鉴定一次。典型的病羊肝变肺组织置50%甘油生理盐水，2～6℃可保存使用2个月。

【制造要点】冻干菌种通过山羊两代以上复壮，取典型的肝变肺组织，加生理盐水制成1∶1乳剂，杂菌检验合格后作为种子用。置0～4℃保存，试用期不超过7 d。选择1～3岁以下体质量20 kg以上的健康易感山羊，气管接种生理盐水1∶10稀释的种子乳剂5～10 mL。每日测温观察，体温升高40.5℃以上并出现特异症状者，剖杀取病变组织。无菌操作吸取胸腔积液，采集肝变肺组织、纵隔淋巴结及渗出的纤维蛋白，置0～4℃冰箱保存。采集病料的同时，取血液、胸腔积液接种检验培养基，作杂菌生长检查。无杂菌生长时，研磨病料，滤过即为组织乳剂。用灭菌的氢氧化铝胶缓冲溶液(50份氢氧化铝胶与40份磷酸盐)9份加病料组织乳剂1份配苗，振荡混匀，置2～4℃冷暗处20～24 h，充分吸附。加福尔马林至0.1%，置16～18℃ 48 h，每日振荡2次。无菌检验合格后，分装即成。

【质量标准】除按成品检验的有关规定检验外，还需进行如下检验。

(1)安全检验　选用350～450 g豚鼠和1.5～2 kg家兔各2只，每只肌内注射疫苗2 mL，观察10 d均应健活。

(2)效力检验　选用1～3岁以下20 kg以上健康易感山羊4只，各皮下或肌内注射疫苗5 mL。14～21 d后，连同条件相同的对照羊3只，分别气管注射10～25个发病量的强毒组织乳剂5～10 mL，观察25～30 d。对照羊全部发病，免疫羊至少保护3只；或对照羊发病2只，免疫羊全部保护。

【保存与使用】2～8℃冷暗处保存，有效期1.5年。用于预防山羊传染性胸膜肺炎。成年羊皮下或肌内注射疫苗5 mL，6月龄以下羔羊注射3 mL。免疫期1年。

2. 羊支原体肺炎灭活疫苗

【菌种】制苗和检验菌种选用绵羊肺炎支原体 MoGH3-3 或 MoGH4-3 株。用其所制备的羊支原体肺炎灭活疫苗，应符合效力检验。用绵羊肺炎支原体 MoGH3-3 或 MoGH4-3 株 KM_2 液体培养基或牛心汤支原体培养基 5 倍浓缩液，于健康易感绵羊或山羊气管注射 5 mL，观察 25～30 d，应发生典型的羊支原体肺炎。真空冻干菌种－30℃保存，可使用 4 年，届时通过易感羊传代并鉴定一次。

【制造要点】冻干菌种接种于 KM_2 液体培养基，37℃培养 4～10 d 进行一级种子繁殖。纯粹检验合格后，接种于 KM_2 液体培养基或牛心汤支原体培养基，37℃培养 4～5 d 进行二级种子繁殖。纯粹检验合格作为种子使用。置 0～4℃保存，使用期不超过 5 d。以 2%～4%的种子量接种 KM_2 液体培养基或牛心汤支原体培养基，37℃培养 5～6 d，每日摇振数次。当培养基 pH 下降到 7.0 左右，取样检测羊肺炎支原体生长滴度达 10^{-8}～10^{-9} 时，中止培养。置 0～4℃冷暗处，纯粹检验合格后，以中空纤维超滤器浓缩菌液至原菌液量的 1/5。浓缩菌液加入甲醛溶液至 0.2%，充分混匀，37℃灭活 10 h，其间摇振 2 次。无菌检验和灭活检验合格后，以 5 份浓缩菌液加 1 份氢氧化铝胶溶液配苗，充分混匀，4～8℃吸附 8～10 d，每日摇振 2～3 次。吸附完成后，加入 0.01%硫柳汞。无菌检验合格后，分装即成。

【质量标准】除按成品检验的有关规定检验外，还需进行如下检验。

(1)安全检验　选用健康易感山羊或绵羊 2 只，各颈侧皮下注射疫苗 8 mL，观察 30 d，应无不良反应。

(2)效力检验　选用 1～2 岁、体质量 20 kg 以上健康易感山羊或绵羊 4 只，各颈侧皮下注射疫苗 5 mL。30 d 后，连同条件相同的对照羊 3 只，以强毒菌株 KM_2 液体培养基或牛心汤支原体培养基 5 倍浓缩液，分别气管注射 5 mL，观察 25～30 d。剖检观察肺部变化，并进行羊肺炎支原体的分离培养。对照羊全部发病(病羊可见咳嗽、流涕、呼吸困难，肺部剖检呈局部性气肿，肺叶间质增生，肝变病灶与肺胸膜发生纤维素性粘连。从病变肺组织可分离出绵羊肺炎支原体)，免疫羊至少保护 3 只；或对照羊发病 2 只，免疫羊全部保护。

【保存与使用】2～8℃冷暗处保存，有效期 1 年。用于预防绵羊支原体引起的肺炎。成年羊颈侧皮下注射疫苗 5 mL，6 月龄以下羔羊注射 3 mL。免疫期 1 年 6 个月。

(胡永浩)

第二节　病毒性制品

一、牛病毒性腹泻-黏膜病

牛病毒性腹泻-黏膜病(bovine viral diarrhea-mucosal disease，BVD)是由牛病毒性腹泻病毒 1 型和 2 型引起的一种急性、热性传染病，简称牛病毒性腹泻或牛黏膜病。该病以腹泻和整个消化道黏膜坏死、糜烂或溃疡为特征。目前，该病毒广泛分布于世界大多数养牛国家，自 1980 年在我国发现该病以来，随着我国畜牧业的快速发展，已存在于我国二十几个省(市、自治区)，给养牛业带来了巨大的损失。

(一)病原

牛病毒性腹泻病毒(bovine viral diarrhea virus，BVDV)，又名黏膜病病毒(mucosal disease virus,MDV),是黄病毒科(*Flaviviridae*)、瘟病毒属(*Pestivirus*)的成员。成熟的 BVDV 病毒粒子为直径 50～80 nm 的具囊膜的球形颗粒,其内含直径约 30 nm 的电子致密内核,囊膜表面有 10～12 nm 的环形亚单位。BVDV 主要分布在血液、精液、脾、骨髓、肠淋巴结、妊娠母畜的胎盘等组织以及呼吸道、眼、鼻的分泌物中。能在胎牛肾、睾丸、脾脏、肺、皮肤、肌肉、气管、鼻甲、胎羊睾丸、猪肾等细胞培养物中增殖传代。现在常用胎牛肾细胞株进行培养,牛鼻甲骨细胞也用于增殖该病毒及疫苗制备。

该病毒为单股正链 RNA 病毒,基因组约 12.5 kb,由一个含有约 4 000 个密码子的开放读码框(ORF)和两侧的 5′-及 3′-端非编码区组成(UTR)。ORF 编码一个多聚蛋白,经病毒和宿主蛋白酶的加工后切成多个成熟的病毒蛋白质。按照这些蛋白在基因组上的编码顺序依次命名为 Npro、C、Erns、E1、E2、p7、NS2-3、NS4A、NS4B、NS5A、NS5B。结构蛋白包括核心衣壳蛋白 C 和包膜糖蛋白 Erns、E1、E2,它们与基因组 RNA 及脂膜共同形成病毒粒子。非结构蛋白包括 p7、自剪切蛋白酶 Npro、蛋白酶/螺旋酶 NS2-3、蛋白酶辅因子 NS4、病毒复制酶 NS5A 和一种 RNA 依赖的 RNA 聚合酶 NS5B。常用的是胎牛肾、鼻甲的原代细胞或二倍体细胞,有的毒株有致细胞病变作用。病毒对乙醚、氯仿、胰酶等敏感,pH 3 以下易被破坏;50℃氯化镁中不稳定;56℃很快被灭活;血液和组织中的病毒在－70℃可存活多年。在低温下稳定,冻干状态下可存活多年。

(二)免疫

BVDV 与猪瘟病毒和绵羊边界病病毒有抗原相关性。根据不同的分型标准,BVDV 有一种血清型、两种生物型。BVDV 虽然仅有一种血清型,但是各毒株之间存在抗原多样性。根据接种上皮细胞培养物后是否引起细胞病变,可将 BVDV 分为两种生物型:致细胞病变型(CP),非致细胞病变型(NCP)。BVDV 含有二种抗原,一种抗原可与感染性病毒相结合,诱导中和抗体的产生;另一种抗原可引起沉淀抗体和补体结合抗体的产生。牛感染 BVDV 后,引起牛的病毒血症,产生免疫中和抗体,且出现率很高,免疫期 12～22 个月不等。吸吮初乳的犊牛可以得到母源抗体,维持 6～9 个月,产生的被动免疫可抵抗野毒感染。

(三)疫苗

目前,我国尚无商品化疫苗可资利用。欧洲和北美现有商品化疫苗使用。疫苗一般由致细胞病变毒株制备,有减毒活疫苗和灭活疫苗二类。

1. 活疫苗

Baker 等(1954)将 NY-1 株通过牛兔交替传代,75 代后毒力减弱,接种易感牛不引起反应。Gillespie 等(1965)将 NY-1 株通过胎牛肾细胞传 100 代,获得的减弱毒株对犊牛仍不安全。将 Oregon C24 V 毒株通过胎牛肾细胞传 32 代,获得减弱毒株。经过多年试验及临床应用,证实了其安全性和免疫力,已商品化并在许多国家应用。1978 年,我国从匈牙利引进了 Oregon C24 V 弱毒株种毒,1981 年开始研制疫苗。试验表明,该株弱毒在犊牛肾细胞培养中生长良好,72 h 可致细胞产生典型病变。用犊牛肾原代细胞、次代细胞测定病毒滴度,可达 $10^{5.0}$ $TCID_{50}$/mL 以上。该株弱毒疫苗肌内注射接种不同的牛,表现安全。除接种后白细胞减少或一过性热反应外,无其他症状。使用时,每头牛肌内注射 2 000 个 $TCID_{50}$。该弱毒疫苗在－15℃冻干保存,有效期达 1 年以上;4～8℃保存,有效期 6 个月。本疫苗主要用于 6～8 个月龄的犊牛,一般禁止使用于怀孕母牛。

2. 灭活疫苗

多采用致细胞病变型和非致细胞病变型毒株混合培养物制备。灭活剂一般有福尔马林、二乙烯亚胺及β-丙内酯等。灭活疫苗可以克服弱毒活疫苗引起胎牛感染的问题，但免疫原性较差。

(四)诊断制剂

牛病毒性腹泻-黏膜病急性病例病毒血症时间短暂，检测病原较为困难。但能从出血性致死病例中分离到病毒。目前广泛使用的检测方法有病毒分离鉴定、免疫荧光技术、病毒中和试验、ELISA 及 RT-PCR 等，其中，前三种方法是 OIE 推荐的标准方法。我国目前有 BVDV 中和试验抗原及阳性血清、阴性血清的商品化供应。

1. 中和试验抗原

【制造要点】本品系用 Oregon C24 BVDV 种毒接种牛肾或牛睾丸原代或继代细胞培养，收获培养物加适宜稳定剂经冷冻真空干燥制成。

【质量标准】本品抗原性状为微黄色或微红色海绵状疏松团块，易与瓶壁脱离。除按成品检验的有关规定检验外，还需进行如下检验。

(1)病毒含量测定　取 10^{-4}、10^{-5}、10^{-6} 3 个稀释度，接种 96 孔细胞板，每稀释度接种 5 孔，每孔 0.1 mL，每孔再加入每毫升 50 万牛肾或牛睾丸继代细胞悬浮液 0.2 mL，同时设立细胞对照，置 37℃、5%CO_2 培养箱培养 5～7 天，每天观察 CPE，细胞对照不应出现 CPE。根据病毒组各稀释度出现 CPE 的细胞孔数计算 $TCID_{50}$。每 0.1 mL 病毒含量应不少于 $10^{5.0}TCID_{50}$。

(2)特异性检验　将被检抗原用乳汉液 100 倍稀释，与等量抗牛病毒性腹泻-黏膜病病毒特异性血清混合，置 37℃作用 1 h，接种 48 孔细胞培养板，共 10 孔，每孔 0.2 mL，每孔再加入每毫升 50 万牛肾或牛睾丸继代细胞悬浮液 0.3 mL，置 37℃、5%CO_2 培养箱培养 5～7 d，应不出现 CPE。

【保存与使用】本品 2～8℃保存，有效期 6 个月；－15℃以下保存，有效期 36 个月。用于中和试验检测牛病毒性腹泻-黏膜病病毒抗体。

2. 阳性血清、阴性血清

【制造要点】阳性血清系用 BVDV 中和试验抗原接种健康犊牛，采血、分离血清制成；阴性血清系用无 BVDV 抗体的健康犊牛采血，分离血清制成。

【质量标准】阳性血清、阴性血清性状均为淡黄色澄明液体。除按成品检验的有关规定检验外，还需进行如下检验。

(1)阳性血清效价测定　将被检血清用无血清 MEM 作 2 倍系列稀释，取(1∶64)～(1∶2 048)稀释度接种 96 孔细胞培养板，每稀释度接种 5 孔，每孔 0.1 mL，每孔加入含 100 $TCID_{50}$BVDV 中和试验抗原液(0.1 mL)，同时设立不加抗原的血清对照、细胞及 100 $TCID_{50}$ 病毒对照，37℃作用 1 h，每孔加入每毫升 100 万牛肾或牛睾丸继代细胞悬浮液 0.1 mL，置 37℃、5%CO_2 培养箱培养 5～7 d，每日观察 CPE。抗原对照孔应出现 CPE，不加抗原的血清对照及细胞对照不应出现 CPE。根据不出现 CPE 的血清中和组细胞孔数计算血清中和效价。中和抗体效价应≥1∶1 024。

(2)阴性血清特异性测定　将被检血清接种 48 孔细胞培养板，接种 10 孔，每孔 0.1 mL，每孔加入含 100 $TCID_{50}$ BVDV 中和试验抗原液(0.1 mL)，同时设立不加抗原的血清对照、细胞及 100 $TCID_{50}$ 抗原对照，37℃作用 1 h，每孔加入 10 万牛肾或牛睾丸继代细胞悬浮液(0.1 mL)，置 37℃、5%CO_2 培养箱培养 5～7 d，每日观察 CPE。不加抗原的血清对照及细胞对照不应出现 CPE，所有抗原对照及血清中和孔均应出现 CPE。

【保存与使用】本品－15℃以下保存，有效期 36 个月。用于牛病毒性腹泻-黏膜病病毒中和试验。

二、牛传染性鼻气管炎

牛传染性鼻气管炎(bovine infectious rhinotracheitis，IBR)是由牛传染性鼻气管炎病毒(bovine infectious rhinotracheitis virus，BIRV)引起牛的一种急性接触性传染病，又称“坏死性鼻炎”(necrotic rhinitis)、“红鼻病”(red nose disease)，其特征是体温升高，呼吸困难，鼻黏膜发红，流鼻液，呼吸道黏膜水肿、出血、坏死和形成糜烂。还可引起孕畜流产、结膜炎、脑膜炎和乳腺炎等多种病型。该病的危害性在于病毒侵入牛体后，可潜伏于一定部位，导致持续性感染，病牛长期乃至终生带毒，给控制和消灭该病带来极大困难。

该病在世界各地养牛业中普遍存在，世界上仅有澳大利亚、丹麦、芬兰、瑞典和瑞士消灭了该病。我国于 1980 年从新西兰进口奶牛中发现该病并分离到病毒。

(一)病原

牛传染性鼻气管炎病毒(bovine infectious rhinotracheitis virus，IBRV)分类上属于疱疹病毒科、α-疱疹病毒亚科、水痘病毒属的成员，病毒粒子呈球形，大小为 140～230 nm，有囊膜，核酸类型为双股 DNA。病毒可在牛肾、睾丸、肾上腺、胸腺(细胞)，以及猪、羊、马、兔肾细胞、牛胎肾细胞上生长，也可在 MDBK 传代细胞上培养，并可产生细胞病变，使细胞聚集，出现巨核合胞体。在体内和体外感染细胞后，均可产生核内包涵体。用苏木紫-伊红染色后可见嗜酸性核内包涵体。

(二)免疫

IBRV 只有一个血清型。与马鼻肺炎病毒、马立克病病毒和伪狂犬病病毒有部分相同的抗原成分。IBRV 含 138 kb 的线性双股 DNA，基因组至少编码 70 个左右的蛋白，病毒含有 25～33 种结构蛋白。其中 11 种是糖蛋白，gB、gC、gD 和 gE 4个糖蛋白主要负责病毒的吸附、渗透和在细胞之间扩散，gB、gC、gD 是引起宿主免疫应答的主要抗原蛋白，能刺激机体产生中和抗体，并可在补体存在下使感染细胞裂解。gD 能诱导产生最高水平的体液和细胞免疫。

病毒自然感染或人工接种疫苗都能诱导牛产生持久的免疫性，耐过牛可以形成终身免疫。一般认为，该病免疫特性主要与血清抗体和细胞免疫有关。犊牛通过吮初乳而获得母源抗体，这种抗体随着代谢降解而逐渐减少，其持续时间差异很大，长者可达 6 个月。

(三)疫苗

牛传染性鼻气管炎疫苗主要分为弱毒活疫苗和灭活疫苗两大类。美国早期使用的弱毒活疫苗是将病毒连续通过牛肾或猪肾细胞传代获得，可用于健康牛。6 月龄以前接种免疫的犊牛，在断奶或 6 个月龄时仍需加强免疫一次。弱毒活疫苗一般不用于妊娠母牛和哺乳孕牛，以免引起流产。

由牛和异种动物细胞传代培育出的 IBRV 无毒温度敏感株，只能在温度较低的鼻腔内繁殖，不能在温度较高的动物体内繁殖，安全无毒，不引起流产，是一种理想的疫苗。

目前认为，灭活疫苗免疫效果不一。而且使用灭活疫苗还易引起致死性超敏反应或非致死性荨麻疹。

美国将病毒经牛肺细胞培养，再用非离子型去污剂 Triton X-100 和 NP-40 制备裂解亚单位抗原，加入弗氏不完全佐剂制成亚单位疫苗，可使犊牛产生高滴度的抗体，抵抗野毒经鼻腔感染。

近年来，用于预防牛传染性鼻气管炎的 IBRV-1gD 亚单位疫苗、基因缺失疫苗研究取得重要进展。牛传染性鼻气管炎 *gE* 基因缺失的重组灭活疫苗已在欧盟获准应用。

（四）诊断制剂

牛传染性鼻气管炎实验室检测方法主要包括分离鉴定病毒、PCR 检测以及血清学试验。血清学试验主要有病毒中和试验、ELISA、间接血凝试验、琼脂扩散试验等，其中前二者为 OIE 确定的国际贸易指定试验。我国目前有 IBRV 中和试验抗原及阳性血清、阴性血清的商品化供应。

1. 中和试验抗原

【制造要点】本品系用 Nu/67 株（CVCC AV20）牛传染性鼻气管炎病毒种毒接种敏感细胞培养，收获培养物加适宜稳定剂经冷冻真空干燥制成。

【质量标准】本品抗原性状为微黄色或微红色海绵状疏松团块，易与瓶壁脱离。除按成品检验的有关规定检验外，还需进行如下检验。

（1）效价测定　将被检抗原用 0.5％乳汉液（pH 7.1～7.2）10 倍系列稀释，取 10^{-5}、10^{-6}、10^{-7} 3 个稀释度，接种 96 孔细胞板，每稀释度接种 5 孔，每孔 0.1 mL，每孔再加入 10 万牛肾或牛睾丸继代细胞悬浮液（0.2 mL），同时设立细胞对照，置 37℃、5％CO_2 培养箱培养 5～7 d，每天观察 CPE，细胞对照不应出现 CPE。根据病毒组各稀释度出现 CPE 的细胞孔数计算 $TCID_{50}$。每 0.1 mL 病毒含量≥$10^{6.0}$ $TCID_{50}$。

（2）特异性检验　将被检抗原用乳汉液 100 倍稀释，与等量抗牛传染性鼻气管炎病毒特异性血清混合，置 37℃作用 1 h，接种 48 孔细胞培养板，共 10 孔，每孔 0.2 mL，每孔再加入 15 万牛肾或牛睾丸继代细胞悬浮液（0.3 mL），置 37℃、5％CO_2 培养箱培养 5～7 d，应不出现 CPE。

【保存与使用】本品 2～8℃保存，有效期 9 个月。15℃以下保存，有效期 36 个月。用于中和试验检测牛传染性鼻气管炎病毒抗体。

2. 阳性血清、阴性血清

【制造要点】阳性血清系用 IBRV 中和试验抗原接种健康犊牛，采血、分离血清制成；阴性血清系用无 IBRV 抗体的健康犊牛采血，分离血清制成。

【质量标准】阳性血清、阴性血清性状均为淡黄色澄明液体。除按成品检验的有关规定检验外，还需进行如下检验。

（1）阳性血清效价测定　将被检血清用无血清 EME 进行 2 倍系列稀释，取（1∶64）～（1∶2 048）稀释度接种 96 孔细胞培养板，每稀释度接种 5 孔，每孔 0.1 mL，每孔加入含 100

$TCID_{50}$ IBRV 中和试验抗原液(0.1 mL),同时设立不加抗原的血清对照、细胞及 100 $TCID_{50}$ 病毒对照,37℃作用 1 h,每孔加入 10 万牛肾或牛睾丸次代细胞悬浮液(0.1 mL),置 37℃、5% CO_2 培养箱培养 5～7 d,每日观察 CPE。抗原对照孔应出现 CPE,不加抗原的血清对照及细胞对照不应出现 CPE。根据不出现 CPE 的血清中和组细胞孔数计算血清中和效价。中和抗体效价应不低于 1∶256。

(2)阴性血清特异性测定:将被检血清接种 48 孔细胞培养板,接种 10 孔,每孔 0.1 mL,每孔加入含 100 $TCID_{50}$ IBRV 中和试验抗原液(0.1 mL),同时设立不加抗原的血清对照、细胞及 100 $TCID_{50}$ 抗原对照,37℃作用 1 h,每孔加入 10 万牛肾或牛睾丸次代细胞悬浮液(0.1 mL),置 37℃、5% CO_2 培养箱培养 5～7 d,每日观察 CPE。不加抗原的血清对照及细胞对照不应出现 CPE,所有抗原对照及血清中和孔均应出现 CPE。

【保存与使用】本品－15℃以下保存,有效期 36 个月。用于牛传染性鼻气管炎病毒中和试验。

三、牛白血病

牛白血病(bovine leukemia,bovine leukosis)是由牛白血病病毒(bovine leukemia virus,BLV)引起的牛、绵羊等动物的一种慢性肿瘤性疾病,其特征为淋巴样细胞恶性增生,进行性恶病质和高病死率。

该病又称牛病毒性造血细胞组织增生症、牛淋巴肉瘤、牛恶性淋巴瘤、牛白血病复合症等。最早于 1878 年报道于德国。1969 年美国的 Miller 从病牛外周血液淋巴细胞中分离到病毒。目前,该病分布广泛,几乎遍及全世界养牛的国家。此病在我国于 1974 年首次发现于上海,以后在许多省区相继发生,对养牛业的发展构成威胁。

(一)病原

该病病原为牛白血病病毒,属于反转录病毒科、丁型反转录病毒属(*Deltaretrovirus*)。病毒粒子呈球形,直径 80～100 nm,芯髓直径 60～90 nm,外包双层囊膜,膜上有 11 nm 长的纤突。病毒含单股 RNA,能产生反转录酶。反转录酶以病毒 RNA 为模板合成 DNA 前病毒,前病毒能整合到宿主细胞的染色体上。据观察发现,该病毒是一种外源性反转录病毒,存在于感染动物的淋巴细胞 DNA 中。同时已证明 B 细胞为 BLV 的主要靶细胞,但大量试验证实,BLV 可同时感染 B 细胞、T 细胞和单核细胞。

病毒含 60%～70%的蛋白质、20%～30%的类脂、2%的糖类和 1%的 RNA。病毒有多种蛋白质,囊膜上的糖基化蛋白主要有 gp35、gp45、gp51、gp55、gp60、gp69,芯髓内的非糖基化蛋白,主要有 P10、P12、P15、P19、P24、P80 。该病毒具有凝集绵羊和鼠红细胞的作用。

病毒易在牛源和羊源原代细胞上生长。将感染该病毒的细胞与牛、羊、人、猴等细胞共同培养,可使后者形成合胞体。胎羊肾细胞系(FLK/BLV)和蝙蝠肺细胞系可持续感染该病毒,为病毒抗原的制备创造了有利条件。

(二)免疫

世界不同地区分离到的毒株没有明显的抗原差异。病毒囊膜蛋白 gp51 和核衣壳蛋白 P24 抗原活性最高。这两种蛋白作为抗原进行血清学试验,可以检出特异性抗体。gp51 抗体在动物机体产生早、滴度高,并具有中和与沉淀活性;P24 抗体产生晚、滴度低,只有沉淀活性。

病毒在动物体内呈持续感染，病毒和抗体并存。母牛的初乳抗体有被动保护作用。

(三)诊断制剂

1.牛白血病琼脂扩散试验抗原

【制造要点】抗原系用牛白血病病毒持续接种羊胎肾细胞系或蝙蝠肺细胞系培养，收获培养物，经离心、超声波处理、透析，提取含囊膜蛋白 gp51 和核衣壳蛋白 P24 抗原，最后浓缩后冷冻真空干燥制成。

【质量标准】本品抗原性状为海绵状疏松团块，易与瓶壁脱离，加稀释液后迅速溶解。除按成品检验的有关规定检验外，还需进行如下检验。

(1)效价测定　按方阵滴定法进行。被检抗原应含有 8 单位病毒囊膜糖蛋白抗原(gP 抗原)和 16 单位病毒核蛋白抗原(P 抗原)。抗原与标准阳性血清应出现 gP 抗体和 P 抗体两条沉淀线。

(2)特异性检验　采集白血病污染率 20%以上牛群的血清 40 份，分别与经过标化的抗原和被检抗原进行琼脂扩散试验，两种抗原的结果应完全一致。

采集 24 个月以上检查确认无牛白血病牛群的血清 40 份，与被检抗原进行琼脂扩散试验，应不出现任何反应。

【保存与使用】本品－20℃以下保存，有效期 24 个月。用于琼脂扩散试验诊断牛白血病。

2.阳性血清、阴性血清

【制造要点】阳性血清系用自然感染牛或人工感染牛，采血、分离血清制成；阴性血清系用无白血病的健康牛采血，分离血清制成。

【质量标准】阳性血清、阴性血清性状均为澄清液体。除按成品检验的有关规定检验外，还需进行如下检验。

(1)阳性血清效价测定　gP 抗体琼扩效价应≥1∶32，P 抗体琼扩效价应≥1∶64。

(2)阴性血清效价测定　与 P 抗原和 gP 抗原应均无反应。

【保存与使用】本品 2～8℃保存，有效期 2 个月；－20℃以下保存，有效期 24 个月。用于琼脂扩散试验诊断牛白血病。

四、牛流行热

牛流行热(bovine epizootic fever)又称暂时热(ephemeral fever)或三日热(three day fever)，是由牛流行热病毒引起的牛的一种急性热性传染病。其临诊特征为突发高热、流泪、泡沫样流涎、鼻漏、呼吸迫促、后躯僵硬、跛行。一般呈良性经过，发病率高，病死率低。

该病广泛流行于非洲、亚洲及大洋洲大部分热带和亚热带地区。日本称该病为流行热，南非、澳大利亚称该病为暂时热或三日热。我国也有该病发生和流行，而且分布面较广。本病对奶牛的产乳量有明显的影响，且部分病牛常因瘫痪而淘汰，给养牛业带来巨大经济损失。

(一)病原

牛流行热病毒(bovine epizootic fever virus)，又名牛暂时热病毒(bovine ephemeral virus)，属弹状病毒科(*Rhabdoviridae*)，暂时热病毒属(*Ephemerovirus*)。该病毒为单股不分节段 RNA 病毒，成熟的病毒粒子呈子弹形或圆锥形，长 130～220 nm、宽 60～70 nm。该病毒

有囊膜，囊膜表面有纤突。病毒粒子中央由紧密盘绕的核衣壳组成，在宿主的细胞质内装配，以出芽方式释放到空泡内或细胞间隙中，出芽的形态为弹状或锥形。该病毒可在牛肾、牛睾丸以及牛胎肾细胞、仓鼠肾原代细胞和传代细胞(BHK-21)、仓鼠肺细胞系、非洲绿猴肾细胞(Vero)等细胞培养物中生长，并产生细胞病变。

病毒基因组长 14.8 kb，已确定的编码基因有 12 个，其中 *N*、*P*、*M*、*L* 和 *G* 为编码结构蛋白基因。*N* 基因编码核蛋白(N)，是转录-复制复合物的基本组成蛋白，能刺激机体产生细胞免疫和体液免疫；*P* 基因为聚合酶相关的磷酸化蛋白(P)；*M* 基因编码基质蛋白(M)，对于病毒装配和出芽起重要作用；*L* 基因编码 RNA 聚合酶大蛋白(L)，对基因的转录、复制都具有调控作用，N、P 和 L 蛋白是病毒核衣壳的重要组成成分。G 蛋白在病毒吸附和穿入细胞过程中起重要作用，是重要免疫原蛋白，表面含有 5 个糖基化位点，也是中和抗体结合位点，位于病毒粒子囊膜表面，形成突起。

自 1967 年南非首次分离到病毒，用交叉中和试验证明，至今全球所有毒株均属同一血清型。

(二)免疫

无论是自然感染病牛还是人工实验感染的病牛，在病愈恢复后均能抵抗强毒的攻击而不再发病；取病愈恢复期的牛血清进行抗体检测，均可检出特异性的血清中和抗体。用 G 蛋白制成亚单位疫苗免疫牛，可使牛产生中和抗体，对强毒攻击具有抵抗力。

(三)疫苗

牛流行热灭活疫苗和活疫苗都有报道，它们都存在不同程度的接种反应较重的现象。以纯化的病毒 G、N 蛋白为免疫原的试验结果表明，牛流行热 G 蛋白疫苗有良好的研究前景。我国在 20 世纪 80 年代进行过牛流行热活疫苗、结晶紫灭活疫苗、AEI 灭活疫苗、β-丙内酯灭活疫苗及甲醛灭活疫苗的研究，但效果都不理想。后来，采用非离子型去污剂 Triton X-100 裂解牛流行热病毒制备亚单位疫苗和灭活疫苗，试验证明，两种疫苗安全有效。

1. 牛流行热油佐剂灭活疫苗

【制造要点】将牛流行热病毒接种 BHK-21 细胞培养，取细胞病毒液冻融 2 次，病毒含量不少于 10^6 $TCID_{50}$/mL。然后按每 100 mL 病毒液加 10% Trion X-100 溶液(含 10% Trion X-100，0.2 mol/L 甘氨酸，0.76 mol/L 三羟甲基氨基甲烷)1 mL，在 4℃下搅动 1 h 灭活。按 100 mL 灭活的病毒液加入 1%硫柳汞溶液 1 mL 混匀。再与等量的白油佐剂混合、乳化，即为油佐剂灭活疫苗。

【保存与使用】本疫苗应在 2～8℃避光保存，有效期为 4 个月，防止高温和日光照射。使用时应不断振摇疫苗瓶使疫苗混匀。成年牛颈部皮下注射 2 次，每次 4 mL，间隔 21 d。6 月龄以下的犊牛，注射剂量减半。妊娠牛接种时要注意保护和固定，避免引起机械性流产。接种疫苗后，有少数牛在接种部位出现轻度肿胀，3 周后基本消退，还有极少数牛有一过性热反应。

2. 牛流行热亚单位疫苗

【制造要点】将牛流行热病毒接种 BHK-21 细胞培养，病毒含量不少于 10^6 $TCID_{50}$/mL。取细胞病毒液冻融 2 次，以 100 000 *g* 离心 1 h，弃上清液。每 100 mL 病毒液的离心沉淀加 0.1% Triton X-100 溶液(含 0.5% Triton X-100，0.01 mol/L 甘氨酸和 0.038 mol/L 三羟甲

基氨基甲烷)2 mL进行悬浮。再用功率为100 W超声波发生器间隔5 min处理两次,每次2 min。经处理的混悬液在4℃条件下用磁力搅拌器搅动lh,再以100 000 g离心1 h,上清液即为裂解的可溶性病毒抗原。用RPMI1640营养液将可溶性抗原稀释一定倍数(一般为20倍),与等量白油佐剂混合,乳化后即为牛流行热亚单位疫苗。

【质量标准】

①对牛进行2次免疫后,血清中和效价应大于1∶16。

②裂解病毒提取的可溶性抗原,经SDS-PAGE电泳和免疫印迹试验证明,在可溶性抗原中存在具有免疫活性的G、N和M_2蛋白,且蛋白含量应不低于3.6 mg/mL。

【保存与使用】同牛流行热油佐剂灭活疫苗。

(四)诊断制剂

该病的特点是大群发生,传播快速,有明显的季节性,发病率高、病死率低,结合病畜临诊特点,不难作出初步诊断。确诊需做实验室检测,一般进行病原分离与鉴定和血清学诊断。血清学试验通常有病毒中和试验、琼脂扩散试验、免疫荧光抗体技术及ELISA等,但商品化诊断试剂较少。

五、牛副流行性感冒

牛副流行性感冒(parainfluenza in cattle)简称牛副流感,是由牛副流感病毒3型引起牛的急性接触性呼吸道传染病。当长途运输等诱因存在时,该病发病率高,表现流鼻汁、咳嗽、呼吸困难等呼吸道症状,以感染的肺组织细胞质和核内形成包涵体为特征,多发生于规模化养殖场。我国最早于2007年在黑龙江省分离到该病毒,是牛呼吸道综合征的主要病原体之一。

(一)病原

牛副流感病毒3型(bovine parainfluenza virus 3,BPIV3)为副黏病毒科、副黏病毒亚科、呼吸道病毒属的成员。病毒粒子平均直径在150～200 nm,具有多形性,球状的居多。该病毒在鸡胚羊膜腔内繁殖良好,也可在犊牛肾细胞(MDBK)、犬肾细胞(MDCK)、人子宫颈腺癌细胞(HeLa)、猴肾细胞(MS)和喉癌细胞(Hep-2)上良好生长并且产生细胞病变,在感染细胞的细胞质和细胞核内同时形成包涵体。

病毒基因组为线性不分段的单股负链RNA病毒,基因组大约为15 456 bp。BPIV3的全基因组主要由6个基因组成,即核壳体蛋白(N)-磷蛋白(P)-基质蛋白(M)-融合蛋白(F)-血细胞凝集素神经氨酸酶(HN)-大分子结构蛋白(L),而且基因组次序是不可变的。病毒粒子囊膜由F和HN组成,在囊膜内是核衣壳形成的病毒核心,由负链RNA包裹N和另外2种附属蛋白(即L和P)组成。核衣壳呈螺旋状,平均直径18 nm。

该病毒只有一个血清型,经中和试验和血凝抑制试验分析证实,该病毒与人副流感病毒3型(human parainfluenza virus type 3,HPIV-3)存在交叉反应。

(二)免疫

母牛获得的抗病毒免疫力可通过泌乳传递给犊牛,犊牛经吸吮初乳后血液中抗体水平与母牛相同或大于母牛的抗体水平。当犊牛感染副流感病毒时可产生良好的主动免疫。鼻内感染时,从鼻分泌物中可以检测出分泌型IgA,而在血清中则可检出IgM和IgG抗体。研究者则认为分泌型IgA,在给动物提供保护作用时起重要作用。

(三)疫苗

国内目前没有商品化的牛副流感疫苗。国外有牛副流感、传染性鼻气管炎、黏膜病和巴氏杆菌病多联疫苗。美国有牛副流感 3 型活疫苗,系由副流感病毒 3 型经细胞培养制备而成;疫苗每头份病毒含量为 $10^{2.5}$ $TCID_{50}$;该疫苗被证明安全,且具有良好的免疫原性,牛免疫后 2～4 周,血清中和抗体达 1∶40 以上。可以单独使用 3 型副流感弱毒疫苗免疫犊牛,或牛副流感 3 型活疫苗与牛传染性鼻气管炎和牛腺病毒感染联苗经鼻内接种免疫犊牛,安全有效。此外,国内外围绕该病新型疫苗进行了很多研究,如基因工程亚单位疫苗、病毒活载体疫苗和核酸疫苗等,具有较好的潜在应用前景。

(四)诊断制剂

该病实验室检测方法主要有病毒分离和鉴定、病毒中和试验、免疫荧光技术、ELISA、血凝抑制试验、血细胞吸附抑制试验和 RT-PCR 等,但尚无商品化诊断试剂。

六、小反刍兽疫

小反刍兽疫(Peste des pestis ruminants,PPR)是由小反刍兽疫病毒引起小反刍动物的一种急性热性传染病。OIE 将该病定为必须报告的疫病,我国规定为一类动物疫病。该病的临床表现与牛瘟类似,故也称为伪牛瘟(pseudorinderpest)。其特征是发病急剧、高热稽留、眼鼻分泌物增加、口腔糜烂、腹泻和肺炎。该病毒主要感染绵羊和山羊,也有水牛、骆驼等大型反刍动物感染的临床报道。

该病于 1942 年首次发生于科特迪瓦,现流行于非洲的塞内加尔、加纳、多哥、贝宁等,阿拉伯半岛及大多数中东国家(如约旦、以色列、黎巴嫩),印度也有报道。近几十年来,该病在上述区域频繁暴发,且不断有新疫情。目前,PPR 在某些国家已经得到控制,但在疫区比较集中的国家,该病暴发仍较为频繁,给疫情国造成了巨大经济损失。2007 年 7 月 25 日,中国农业农村部接到国家外来动物疫病诊断中心报告,确诊西藏自治区日土县热帮乡龙门卡村暴发山羊 PPR 疫情,次年,西藏地区依然有疫情报道。2013 年以来,我国新疆、甘肃、内蒙古等多地暴发流行小反刍兽疫,使我国防控小反刍兽疫形势更趋严峻。

(一)病原

小反刍兽疫病毒(Peste des pestis ruminants virus,PPRV)为副黏病毒科、麻疹病毒属的成员。该病毒与麻疹病毒、犬瘟热病毒、牛瘟病毒等有相似的理化及免疫学特性,但对牛无感染性。PPRV 呈多型性,通常为粗糙的球形,直径为 130～390 nm。病毒颗粒较牛瘟病毒大,核衣壳为螺旋中空杆状并有特征性的亚单位,有囊膜,囊膜上有 8～15 nm 的纤突。PPRV 只有 1 个血清型,但根据基因进化树将该病毒分为 4 个系,其中Ⅰ、Ⅱ、Ⅲ 系来自非洲,Ⅳ 系来自亚洲。PPRV 基因组是不分节段的单股负链 RNA,分别编码 8 种相应蛋白,核衣壳蛋白(N)、磷蛋白(P)、大蛋白(L)、囊膜基质蛋白(M)、纤突糖蛋白(F)、血凝素蛋白(H)及两个非结构蛋白(C、V)。

该病毒可在绵羊胎肾细胞及睾丸细胞、Vero 细胞上增殖,并产生细胞病变(CPE),形成合胞体。将病料接种于原代羊肾细胞或 Vero 细胞时,一般在 5 d 内产生细胞病变,即细胞变圆、聚集,最终形成合胞体,合胞体的细胞核以环状排列呈“钟表面”样外观。

(二)免疫特性

小反刍兽疫病毒与牛瘟病毒有完全相同的动物抗原性和密切的亲缘关系。学者们一致认为两种病毒有交叉免疫作用。但对血清学交叉试验结果则意见不一致。通过免疫电镜观察，认为共同抗原在核衣壳，而囊膜抗原则不同。耐过该病的山羊和绵羊会产生对该病的主动免疫性，可维持免疫力达 3 年以上。通过免疫接种，西非有些国家已经成功控制了该病发生和流行。

(三)疫苗

目前，该病疫苗主要是以 PPR Nigeria75/1 和 Sungri/96 弱毒疫苗株生产的活疫苗，Nigeria 75/1 弱毒株活疫苗早在 1977 年已经获得 OIE 认证。该疫苗无副作用，能交叉保护各个群毒株的攻击感染。也有关于用牛瘟弱毒疫苗来预防小反刍兽疫的研究报告。现介绍小反刍兽疫弱毒疫苗如下。

【毒种】Nigeria 75/1 株，1975 年在尼日利亚分离得到，经 Vero 细胞连续盲传 94 代致弱。由中国兽医药品监察所－70℃保存。

【制造要点】将疫苗种毒与 Vero 细胞培养液混合，使每个细胞至少含有 0.01 $TCID_{50}$ 的病毒。37℃下培养，当培养细胞出现 40%～50% CPE 时，开始收获病毒。病毒悬浮液储存于－70℃。后间隔 2 d 收毒一次，直到 CPE 达到 70%～80%，最后冻结培养液。收获所有病毒悬液冻融两次即为病毒抗原。冻干保护剂由 2.5%乳白蛋白、5%蔗糖和 1%谷氨酸钠组成(pH 7.2)。将病毒液与冻干保护剂等体积混合均匀，分装冻干。

【质量标准】除按成品检验的有关规定检验外，还需进行如下检验。

(1)安全检验　将 5 瓶疫苗溶解混合。取 6 只豚鼠(体质量 200～250 g)，2 只后肢肌内注射疫苗(0.5 mL/只)，2 只腹腔注射疫苗(0.5 mL/只)，剩余 2 只不注射作为对照。10 只未断奶小鼠(17～22 g)，2 只腹腔注射疫苗(0.1 mL/只)，剩余 4 只不注射作为对照。隔离饲养，观察 3 周，如果一只豚鼠或两只小鼠死亡，试验须重做。死亡的动物应剖检查明死亡原因。3 周后，扑杀所有动物做剖解检查，记录结果。在观察期内至少 80%的动物应健康存活，剖检未发现明显损害则认为疫苗安全合格。

(2)效力检验　用生理盐水分别配制每毫升含 100 个剂量(约 5 瓶混合)和 0.1 个剂量的疫苗溶液。选择 1 岁左右的山羊和绵羊各 6 头(经检验无牛瘟病毒或 PPRV 抗体)。两头山羊和两头绵羊用每头 100 个剂量经皮下接种，两头山羊和两头绵羊用每头 0.1 个剂量经皮下接种，剩余动物作对照。隔离饲养，观察 3 周，每天测温并记录。3 周后采血并分离血清。将 PPRV 强毒株用无菌生理盐水稀释到每毫升含 10^3 个山羊半数感染量，病毒悬液皮下注射所有动物(1 mL/只)攻毒。每天观察并记录体温至两周。如果免疫接种动物能抵抗攻毒感染，且至少一半对照组动物出现该病临床症状，认为合格。

【保存与使用】本疫苗免疫保护期 3 年，－15℃以下保存，有效期 12 个月。开瓶稀释后的疫苗应在 0.5 h 内用完。所有 1 月龄以上的羊皮下注射 1 mL。每年春秋两季对未免疫的新生羔羊进行补免，同时对免疫期满 3 年的羊只强化免疫一次。

(四)诊断制剂

根据该病的流行病学、临床表现和剖检变化可作出初步诊断，确诊需要进行实验室诊断。该病实验室检测方法主要有病毒分离鉴定、RT-PCR、琼脂扩散试验、病毒中和试验、免疫荧光技术、ELISA、血凝抑制试验、血细胞吸附抑制试验等。

这里详细介绍琼脂凝胶免疫扩散试验抗原和阳性血清、阴性血清。

【制造要点】

①标准琼脂凝胶免疫扩散试验抗原：由感染羊的肠系膜或支气管淋巴结、脾或肺组织材料加缓冲盐水研磨成 1∶3 悬液，以 500 g 离心 10～20min，收集上清液分装储存在－20℃下，制备抗原可以保持 1～3 年。对照抗原是正常组织以同样方法制备。

②阳性血清：以每毫升含病毒滴度 10^4 $TCID_{50}$ 的 PPRV 5 mL 免疫接种绵羊，每周注射一次，共 4 周。最后一次注射后 5～7 d 放血。用标准牛瘟高免抗血清检测 PPRV 抗原同样有效。

③阴性血清：阴性血清系用无 PPRV 抗体的健康绵羊采血，分离血清制成。

七、羊传染性脓疱

羊传染性脓疱（contagious ecthyma）俗称羊口疮（orf）、羊传染性脓疱皮炎（contagious pustular dermatitis，CPD），是由羊口疮病毒引起的绵羊和山羊的一种传染性疾病。该病以患羊口唇等部位皮肤、黏膜形成丘疹、脓疱、溃疡以及疣状厚痂为特征。犊牛、骆驼等也可感染发病。自 1923 年 Aynaud 首次证实该病病原为病毒以来，世界各养羊国家和地区都有该病发生，我国养羊地区均有该病发生、流行。

（一）病原

羊口疮病毒（orf virus）分类上属于痘病毒科、副痘病毒属。病毒粒子长 220～280 nm，宽 140～200 nm，呈砖形或呈椭圆形的线团样（病毒粒子表面呈特征性的绳索样螺旋构造，管状条索斜形交叉呈编制样外观，围绕病毒粒子的长轴做 8 字形缠绕，但也有呈其他缠绕形式的。一般排列较为规则。核酸类型为双股 DNA。羊口疮病毒对外界环境抵抗力强。干燥痂皮内的病毒于夏季日光下经 30～60 d 开始丧失其传染性；散落于地面的病毒可以越冬，至来春仍具有感染性。

（二）免疫

羊口疮病毒具有高度的上皮嗜性，在可再生表皮细胞中复制，并引起局部强烈的炎症反应以及免疫应答反应，但主要以细胞免疫和局部免疫为主，血液中抗体水平低下，用常规方法无法检测。自然感染的病愈羊可获得一定的免疫力。

（三）疫苗

目前尚无商品化疫苗可资利用。在该病常发地区可自制疫苗接种，即用自然发病绵羊或山羊，发病后采取痂皮病料，用 50％甘油缓冲盐水研磨制成 1％病毒液，在健康羊尾根无毛部位或后腿内侧无毛处划痕接种，10 d 后产生免疫力，免疫期 1 年左右。研究报道的疫苗有活疫苗、灭活疫苗和基因工程疫苗等。

1. 羊口疮细胞活疫苗

甘肃省畜牧兽医研究所从多株羊口疮病毒中选育出 1 株毒力强、免疫原性良好的 HCE 毒株。本毒株在犊牛睾丸细胞上连续传 95 代后，毒力减弱，但保持了良好的免疫原性，回归本动物 5 代以上不发病。HCE 弱毒株接种于犊牛睾丸细胞单层培养 40～69 h，待细胞病变率达

75%以上时，收获病毒，冻融 2 次，加入明胶、蔗糖、脱脂奶作为保护剂，冻干制成羊口疮弱毒活疫苗，每 0.1 mL 含毒量达 $10^{5.0}$ $TCID_{50}$。适用于各种年龄的绵羊、山羊下唇黏膜划痕接种，每只 0.2 mL，亦可于股内侧皮肤划痕接种，21～25 d 后用强毒 HCE 株（10 $TCID_{50}$/0.2 mL）进行攻毒，保护率可达 3/4 以上，免疫期达 3 个月。田间大面积使用，保护率可达 80%以上。

2. 羊口疮组织活疫苗

该病流行区分离流行的羊口疮病毒株，通过易感山羊体传一代，选择有典型病变的羊口唇病料作种毒用。制备疫苗时，选 3 月龄的羔羊 4 只，接种活毒前，供毒羊首先用灭菌生理盐水冲洗口腔，擦净黏膜，剔除其牙缝间等处黏附的饲草料残渣。将称重的种毒加入适量的灭菌玻璃砂和少量生理盐水，充分研细，用 50%的甘油盐水按质量/体积 1∶10 稀释，在供毒羊的上下唇、舌背、颊部、齿跟等处划痕至轻微出血，用棉签蘸取种毒在划痕处涂擦数次。接种后的供毒羊在第 4～6 d 出现红斑、丘疹，随后糜烂，形成痂皮等典型病变。从第 7 天开始，对于反应最严重的羊，用蒸馏水充分冲洗口腔污物，打开口腔用灭菌的刀尖剥离舌皮、唇黏膜等病变组织，装入灭菌的青霉素瓶内。取新鲜种毒适量，称重后在灭菌乳钵内加灭菌玻璃砂及少量生理盐水，充分研细，用 50%甘油盐水按质量/体积作 1∶100 倍稀释，取上清液装入灭菌的青霉素瓶内，每瓶 5 mL，制成羊口疮组织活疫苗。制备的活疫苗应进行无菌检验。疫苗接种部位在尾根部距肛门 2～3 cm 处或股内侧无毛处的皮肤，局部用 75%酒精消毒，用 12 号针头作井字形划痕，以划痕处轻量出血为宜，后用棉签蘸取疫苗在划痕部位涂擦 1 次（0.05～0.1 mL）。免疫保护期约为半年。

八、马传染性贫血

马传染性贫血（equine infectious anemia，EIA）简称马传贫，又称沼泽热，是由马传染性贫血病毒引起的马、驴、骡的一种慢性传染病。该病以发热、血小板低下、贫血、出血、黄疸、心脏衰弱、浮肿和消瘦等临床症状为特征；该病在 1843 年首次发现于法国，目前呈世界性分布，其中法国、德国、美国、日本和俄罗斯等国流行严重。1931 年日本侵华时把此病带进了我国东北及华北等地，1954 年和 1958 年由苏联进口马匹时又将该病传入我国。随着综合性防疫措施的实施，该病在我国已得到有效控制。

（一）病原

马传染性贫血病毒（equine infectious anemia virus，EIAV）又称为沼泽热病毒，属反转录病毒科、慢病毒属、马慢病毒群的成员，属于 RNA 病毒。病毒粒子呈球形，有囊膜，其直径为 90～120 nm，囊膜厚约 9 nm，囊膜外有小的表面纤突。病毒粒子中心有一直径为 40～60 nm 的类核体（拟核），呈锥状。病毒核酸为单链正股线状 RNA，分 2 个节段。

病毒中和抗原主要存在于 *env* 基因编码的囊膜蛋白，即 gp90 及 gp45 中。该病毒非常易于变异，其高度变异区主要集中在 *env* 基因和长末端重复序列（LTR）。LTR 序列的变异即可导致该病毒毒力和细胞嗜性的改变。

病毒前病毒基因组全长 8 235 bp，基因组两端为 316 bp 的长末端重复序列（LTR），其中 U3 区 197 bp，R 区 80 bp，U5 区 39 bp；前病毒基因组有 3 个较长的开放阅读框架（ORF），分别是 *gag*、*pol* 和 *env* 基因；此外，前病毒还有 3 个小的 ORF，即 *S1*、*S2* 和 S3 基因。

(二)免疫

病毒的不同毒株均具有两种抗原，即群特异性抗原和型特异性抗原。群特异性抗原为各毒株所共有，存在于病毒衣壳蛋白，是一种可溶性核蛋白抗原，该抗原只有用乙醚处理，破坏病毒颗粒的外部结构后才能释放出来，可用补体结合反应和琼脂扩散反应检出；型特异性抗原是各型毒株之间不同的抗原，存在于病毒粒子表面，属于中和抗原，但不同毒株之间该抗原的差别很大，目前至少有 14 个型，该抗原可用中和试验检出。

耐过马匹有抗感染的能力，并有沉淀抗体、中和抗体、补体结合抗体和 HI 抗体，证明该病存在体液免疫。该病毒囊膜糖蛋白（gp90 和 gp45)及主要内在蛋白(p26、p15、pll 和 pg)是动物持续感染期间的主要免疫原。

该病毒也有细胞免疫特性。急性病毒血症的清除与 CTL 有关。在感染过程中，动物形成大量的 $CD4^+$ 和 $CD8^+$ 记忆细胞 CTL，可以识别病毒抗原。$CD8^+$ CTL 识别和溶解提呈 Gag 和 Env 表位的靶蛋白，而 $CD4^+$ CTL 只溶解 Env 特异的靶细胞。

(三)疫苗

20 世纪 20～60 年代，先后研制 50 多种灭活苗或弱毒苗，但效果不理想。1970 年，日本学者用马白细胞培养法继代并用终点稀释法选育弱毒株，证实对同株强毒有免疫力。1976 年，哈尔滨兽医研究所利用经典的异体传代和细胞工程方法，将一株来源于马体的马传染性贫血病毒超强毒力毒株 LN 经过驴体连续传 116 代，获得驴强毒株 DV(对马和驴均 100%致死)。将 DV 株连续通过驴白细胞进行体外培养驯化，使其毒力完全丧失，但保持了良好的免疫原性，培育成功马传染性贫血驴白细胞弱毒疫苗株。

1. 马传贫活疫苗(马传贫驴白细胞弱毒疫苗)

【毒种】马传贫驴白细胞弱毒株，由中国农业科学院哈尔滨兽医研究所保存。

【制造要点】①驴白细胞培养：动物选择，供提取驴白细胞的驴为 2～5 岁无马传贫感染的健康驴，无菌采取血浆并分离出白细胞，加赛氏液(Seligmarls)与牛血清混合的营养液培养 48 h。②按 3%量接种毒后，继续培养。③病毒收获在培养 5～7 d 进行，收毒冻融 2 次。

【质量标准】疫苗必须通过无菌检验；补体结合试验效价不低于 2.0 以上；在驴白细胞做毒力测定不低于 $10^{5.0}$ $TCID_{50}$/mL；原苗 5 mL 皮下注射健康马，观察 3 个月，每天测温两次，每 20 d 进行补体结合反应检验，不出现马传贫症状；血清阳性率达 2/3～3/4，即为合格。

【保存与使用】液体苗在－20℃以下，可保存 1 年；在 0～4℃可保存 7 d。冻干苗在－20℃以下，可保存 2 年；在 0～4℃可保存 6 个月。马、驴、骡不分品种、年龄、性别，一律皮下注射 10 倍稀释的疫苗 2 mL。注苗后马需 3 个月、驴需 2 个月才能产生免疫力，免疫期为 2 年。

2. 马传贫驴体反应疫苗

用驴白细胞培养的弱毒株接种于驴体内一代，再用感染驴的血液制成疫苗。质量标准与马传贫驴白细胞弱毒疫苗相同。本疫苗适合新、老疫区及清净区马、驴、骡使用。

(四)诊断制剂

实验室检测血清抗体是该病诊断的主要方法，包括琼脂扩散试验、补体结合试验、补体结合抑制试验、病毒中和试验、免疫荧光技术、ELISA 等，其中，琼脂扩散试验是国际上检测 EIAV 的标准方法。我国也建立了检测马传贫病毒抗体的 AGID 和 ELISA 诊断方法。AGID

特异性强，操作简单、容易掌握、检出率高，适合大面积检疫，是国际上检测 EIAV 的标准方法。ELISA 试验敏感、特异、快速、简便，且能用于大批血清样品的检测。美国农业部已批准了两种 ELISA 方法，一种是检测 p26 抗体的竞争 ELISA，另一种是以合成肽抗原检测抗跨膜蛋白抗体的 ELISA。

1. 马传贫琼脂扩散试验抗原、阳性血清和阴性血清

【制造要点】①抗原系用马传染性贫血病毒弱毒株接种驴胎皮肤细胞培养，收获病毒培养物，离心，乙醚处理，经冷冻真空干燥制成。阳性血清系用马传染性贫血强毒株病毒接种马，采血、分离血清，经冷冻真空干燥制成。阴性血清系用健康马采血，分离血清，经冷冻真空干燥制成。②将 6 个月龄左右驴胎肺、胸腺、皮肤等组织制成二倍体细胞，换入等量维持液后，按 2%～5%接种种毒。种毒为抗原性良好的马传贫病毒驴胎肺、真皮、胸腺二倍体细胞适应株，制成 1.5%沉淀物，免疫扩散试验检测，扩散环直径应在 10 mm 以上。培养 10～15 d 收毒。调 pH 至 5.0，于 4℃透析 15 h，离心，弃上清，沉渣以 pH 8.6 硼酸缓冲液稀释，再加乙醚研磨，待乙醚挥发后重复处理一次即为抗原。

【质量标准】用含 8 个单位标准阳性血清，配制成含 1%标准阳性血清、1%琼脂的平板，打孔、加样，经过反应后出现沉淀环者即为合格。

【保存与使用】2～8℃保存，抗原、阳性血清和阴性血清有效期均为 12 个月。－20℃以下保存，抗原有效期为 18 个月，阳性与阴性血清均为 24 个月。使用时，采用 PBS 制成 1%琼脂糖平板，抗原和阳性血清的滴加量以孔满为度，置于 37℃ 48～72 h，抗原和待检血清间有明显沉淀线为阳性。

2. 马传染性贫血酶联免疫吸附试验抗原、酶抗体

【制造要点】①抗原系用马传染性贫血病毒弱株接种驴胎皮肤细胞培养，收获病毒培养物，经乙醚处理制成。②酶标抗体系用山羊抗马 IgG 抗体经辣根过氧化物酶标记制成。

【质量标准】抗原活性测定用标准阴、阳性血清及合格的酶标记抗体进行，将抗原稀释 1∶20 包被 40 孔聚苯乙烯微量板，血清稀释不同倍数，酶标记抗体使用 1∶1 000 稀释液。如标准阳性血清的 ELISA 终点滴度不低于 1∶1 024 倍，则抗原认为合格。

【保存与使用】抗原－20℃保存，有效期为 2 年；酶标记抗体－4℃以下保存，有效期 24 个月。用于酶联免疫吸附试验诊断马传染性贫血。

（胡永浩）

第三节　寄生虫类制品

一、伊氏锥虫病

伊氏锥虫病(trypanosomiasis)又称“苏拉病”，是由吸血昆虫传播的一种原虫病。马属动物常呈急性经过，牛及骆驼多为慢性经过。该病在世界各地广泛分布，我国多数省区都有分布。目前，该病在我国许多省区仍有零星发生，稍不注意就有扩散、蔓延的风险，因此应加强防范。

(一)病原

伊氏锥虫(*Trypanosoma evansi*),虫体细长,呈卷曲的柳叶状,长度一般为 15～34 μm,宽 1.5～2.5 μm,平均 25 μm×2 μm。前端尖,后端钝,中央有一较大的椭圆形核,后端有一点状的动基体。动基体也叫运动核,由位于前方的生毛体和后方的副基体组成,鞭毛由生毛体长出。鞭毛与虫体之间有薄膜相连,虫体运动时鞭毛旋转,此膜也随着波动,故称波动膜。

(二)免疫和疫苗

在急性期有强烈的免疫学反应产生,这些反应有特异性和非特异免疫反应。研究已证明,T 和 B 淋巴细胞对控制锥虫感染都有作用。抑制虫体的繁殖,也就是说宿主能耐过急性期,很可能是由依赖 T 细胞的抗体免疫反应在起作用。研究已证明,耐过急性期的宿主产生的抗体能引起补体介导的鞭毛体(血液)型虫体的裂解作用。因此,可认为保护性反应是由于抗体介导的裂解作用杀死血液中的寄生虫,被动转移试验表明这类抗体可能是 IgG2b 亚型。对感染的宿主来说,虽然寄生虫是一个复杂抗原的混合体,但免疫转印技术证明宿主仅对少数糖蛋白反应强烈,对应寄生虫的 92 kD 糖蛋白的抗体能防止感染,而对应 85 kD 糖蛋白的抗体能防止入侵细胞。应当注意的是:感染时出现的有些对寄生虫的细胞免疫反应和体液免疫反应好像并无保护效能。

通过伊氏锥虫病的疫苗进行免疫预防或可达到根治人与家畜锥虫病目的,科学家们为此进行了不少的探索,大约经历了强毒锥虫疫苗、弱毒锥虫疫苗、亚细胞成分疫苗和基因工程苗等阶段。但由于锥虫具有抗原变异逃避宿主免疫和锥虫虫株间的差异等问题,迄今尚没有成功疫苗的报道。

(三)诊断制剂

与疫苗相比,伊氏锥虫病的免疫血清学诊断技术进展较快,目前已建立很多血清学诊断技术用于伊氏锥虫病的临床诊断,如间接血凝试验、琼脂扩散试验、对流免疫电泳、补体结合试验、酶联免疫吸附试验及 PAPS 免疫微球凝集试验等,这些技术主要用于感染动物血清中特异性抗体的检测,伊氏锥虫单克隆抗体的问世进一步提高了血清学技术的特异性、稳定性及灵敏度。牛伊氏锥虫病间接血凝试验抗原致敏红细胞制备方法如下。

【虫种】由流行区采得伊氏锥虫虫株,小鼠或豚鼠传代保种,或体外培养虫体,液氮保存备用。

【制造要点】

(1)抗原制备　用小鼠保种的虫体或液氮保存的体外无细胞培养虫体复苏后接种小鼠,见到虫体后,尾尖采血接种去脾的犬,待镜检每视野有 100 个虫体以上时,颈动脉放血以 1∶2 比例加入抗凝剂,消毒纱布(两层)过滤,离心沉淀收集纯净虫体,或用 DEAE 纤维素层析柱收集纯净虫体,以 PBS 液配成 10%锥虫悬液,冷冻保存。冷冻的锥虫悬液,反复冻融数次,超声裂解处理,高速离心,其上清液即为抗原,致敏时,以 PBS 液稀释成所需浓度。

(2)致敏红细胞制备　抽取绵羊静脉血液,脱纤,无菌生理盐水离心洗涤数次,记录红细胞压积,用 PBS 液配成 5%悬液。以 2%丙酮醛 PBS 液醛化,1/2 万鞣酸生理盐水处理,再以 2%戊二醛 PBS 醛化,其间均要离心洗涤数次,然后用所需浓度的抗原液稀释红细胞沉积成 5%悬液,37℃水浴致敏,离心洗涤,以含 0.5%～1%灭活健兔血清 PBS 液配成 2%悬液,加入叠氮钠,即成致敏红细胞。同时同法制作一批等量的不用抗原致敏的非致敏红细胞,作对照用。进行凝集价检测。

【质量标准】从冰箱取出保存的诊断液，取出充分振动摇匀，呈均匀的血细胞悬液，无颗粒状出现，制备的诊断液用阳性血清测定凝集价，凝集价达 1∶640 以上判为合格。

【保存与使用】4℃冰箱中保存，有效期不少于 6 个月，不能冻结。使用前必须充分摇匀，如发现颗粒状则不应使用。用于间接血凝反应测定血清抗体。

二、片形吸虫病

片形吸虫病(fascioliasis)是牛羊最主要的寄生虫病之一。常引起急性或慢性肝炎和胆管炎，并伴发全身性中毒现象和营养障碍，危害相当严重，特别对幼畜和绵羊，可引起大批死亡。在其慢性病程中，使牛羊消瘦、发育障碍，生产力下降，病肝成为废弃物，因而给畜牧业造成巨大的经济损失。

(一)病原

病原体为片形科、片形属的肝片形吸虫(*Fasciola hepatica*)和大片形吸虫(*Fasciola gigantica*)。前者存在于全国各地，尤以我国北方较为普遍，后者在华南、华中和西南地区较为常见。虫体寄生于各种反刍动物的肝脏胆管中。片形吸虫的终末宿主为反刍动物，中间宿主为椎实螺科的淡水螺。

(二)免疫与疫苗

肝片形吸虫感染动物后，可引起机体的体液免疫和细胞免疫，但对其具体的机理研究并不多，只有一些零星的报道：如用肝片形吸虫的免疫血清保护宿主，可降低囊蚴的侵袭力。IgE 的产生和由其引起的过敏反应在控制肝片形吸虫感染中有重要作用。抗原刺激机体产生 IgE 抗体，被 IgE 致敏的肥大细胞再次接触抗原时，即可引起细胞脱粒，分泌血管活性物质，这些活性物质可刺激平滑肌收缩，血管通透性增加，嗜酸性粒细胞浸润，从而激发局部Ⅰ型过敏反应。由于肠肌的剧烈收缩，血管通透性增加，大量液体进入胆管、肠腔，使肝片形吸虫无法定居而被排出体外，此即所谓自愈反应的机理。免疫学研究结果显示，肝片吸虫分泌排泄抗原、表面抗原及体抗原皆具有一定的保护作用。国内外学者也对相关抗原基因进行了克隆和表达，以期制造出相关的基因工程苗，但目前结果并不理想。

(三)诊断制剂

目前已有家畜肝片吸虫、血吸虫、锥虫三联诊断试剂盒，其主要成分包括三联对照液、三联致敏液、血吸虫病鉴别液、肝片吸虫病鉴别液、锥虫病鉴别液及稀释血样专用试剂等。

【虫种】肝片形吸虫、日本分体吸虫和伊氏锥虫。

【制造要点】在 pH 7.2 条件下，先用锥虫抗原(35 μg/mL)致敏醛化红细胞，再用日本分体吸虫抗原(20 μg/mL)和肝片形吸虫抗原(26 μg/mL)同时致敏在该醛化红细胞上，制成三种虫的三联致敏液，同时同法制作非致敏的醛化红细胞作为对照液。另外，用日本分体吸虫、肝片形吸虫、锥虫抗原分别致敏三份醛化红细胞，特制成三种虫的相应病的鉴别液。

【保存与使用】在 4～8℃条件下保存 11 个月仍然有效，其血凝价在 1∶320 以上(使用方法见二维码 10-2)。

二维码 10-2

三、日本分体吸虫病

日本分体吸虫病(schistosomiasis)又称日本血吸虫病，是由分体科分体属的日本分体吸虫寄生于人和牛、羊、猪、犬等家畜，以及多种啮齿类动物的门静脉和肠系膜静脉内的小血管内引起的一种危害严重的人畜共患寄生虫病。该病以急性或慢性肠炎、肝硬化、严重的腹泻、贫血、消瘦为特征，广泛分布于我国长江下游流域及其以南的一些省、市自治州，严重影响人类的健康和畜牧业的经济发展。

(一)病原

日本分体吸虫(*Schistosoma japonicum*)为雌雄异体，虫体呈圆柱形，似线虫，雌虫常处于雄虫的抱雌沟内，呈合抱状态。雄虫较粗短，乳白色，虫体扁平，发达的口吸盘和腹吸盘位于虫体前部，腹吸盘大于口吸盘。虫体自腹吸盘以后，两侧体壁向外延展并向腹面卷折而成沟槽，称抱雌沟。睾丸常为 7 个，串珠状纵形排列于腹吸盘后的虫体背侧。雌虫较细长，呈圆柱形，前段较细，后段较粗。因虫体肠管内含有红细胞被消化后残留的黑褐色色素而呈暗褐色。一个长椭圆形的卵巢位于虫体中部，子宫开口于腹吸盘下方的生殖孔。

(二)免疫与疫苗

宿主感染血吸虫后对再感染产生不同程度的抵抗力，即获得性免疫，是一种不完全免疫，它是作用于再感染的童虫，而对原来感染的成虫无杀伤作用，称伴随免疫。在伴随免疫中，初次感染的成虫能逃避宿主的免疫攻击，因而能在已建立免疫应答的宿主血管内存活和产卵，这种现象称免疫逃避。这是由于虫体表面结合有宿主的抗原，逃避了宿主免疫系统的识别，称抗原伪装。另外，虫体表面抗原的改变是逃避免疫效应的基本机制。因此，伴随免疫是部分免疫，反映了血吸虫对宿主的适应性，是一种宿主免疫效应与血吸虫逃避宿主免疫之间复杂的动态平衡的结果。在流行病学的调查结果和大量证据的基础上，一般认为人体感染血吸虫也存在伴随免疫。

宿主的免疫效应是指其免疫活性细胞，即 T 细胞和 B 细胞受到血吸虫抗原刺激，引起分化、增殖并释放淋巴因子或(及)分泌抗体过程，最后通过体液免疫和细胞免疫共同作用于寄生虫，其结果：一方面具有获得性免疫；另一方面诱发免疫病理，同时血吸虫又可以逃避宿主的免疫效应。现有资料显示：参与免疫效应的成分有抗体和补体；宿主获得性免疫主要是直接作用于再次感染入侵的童虫；在宿主体内被清除的部位因动物的种类而异，主要见于皮肤和肺；这种免疫力通常有种的特异性，并且免疫力是不完全的。

国内外研究人员在疫苗方面进行了大量的研究。经历了从死虫苗、活虫苗到目前的基因工程苗和抗 Id 苗的发展过程，但迄今尚无可供免疫防控用的疫苗。

(三)诊断制剂

血吸虫病可采用免疫血清学诊断技术进行诊断。免疫酶染色法可检测血吸虫抗原，ELISA、单克隆抗体 Dot-ELISA 可用于检测感染动物血清中的特异性抗体。聚醛化聚苯乙烯载体微球(PAPS)凝集试验可用于日本血吸虫病的快速诊断。该方法用于检测病牛血清中的特异性抗体，其特异性和敏感性较高，重复性较好，制成的诊断试剂较稳定，在 1 年内均有效。

1. PAPS 免疫微球凝集试验诊断液的制备

(1)可溶性血吸虫成虫抗原的制备　用 2 000 条血吸虫尾蚴感染家兔，感染后 42 d 剖杀冲虫，将虫体冰冻干燥，磨成粉末。虫体干粉按 1∶100 加入 0.15 mol/L、pH 7.2 PBS，置于冰箱中浸泡 1 周，浸泡期间反复冻融 5 次，超声波处理(200 μA/10 min×2)，最后经 15 000 r/min 离心 30 min，上清液即为血吸虫虫体抗原液。可溶性血吸虫虫卵抗原的制备除了将虫卵干粉按 1∶100 加入 0.15 mol/L、pH 7.2 PBS 浸泡 1 周外，其余步骤与成虫抗原的制备方法相同。

(2)PAPS 诊断液的制备　取 5%PAPS 悬液经 4 000 r/min 离心 15 min，弃去上清液，沉淀用 PBS 洗涤一次，然后在沉淀中加入血吸虫抗原溶液(蛋白质浓度为 2～3 mg/mL)打散混匀，置于 37℃水浴箱中恒温振荡交联 2 h。经 12 000 r/min 离心 10 min，弃去上清液，沉淀用 PBS 洗涤 2 次，最后用含 0.01%叠氮钠的 PBS 配成 0.5%的悬液即为 PAPS 血吸虫病快速诊断液。

2. 环卵沉淀反应诊断液的制备

(1)血吸虫纯卵收集与分离　虫种为日本分体吸虫。人工接种的阳性兔经冲虫后，取肝脏捣碎，加适量生理盐水，以 8 000 r/min 连续捣碎 3 次，经 50～120 目分样筛过滤，滤渣再捣碎，过滤，沉淀，离心分层，直至呈现金黄色纯净虫卵为止，然后用 130～150 目尼龙筛过滤，滤渣即为纯净虫卵。

(2)冰冻干燥虫卵　纯虫卵经 1.5%甲醛溶液作用，自然沉淀，弃上清液，加入蒸馏水浸泡，吸出沉淀的虫卵，置于糊状的乙醇-干冰中(约−70℃)速冻，再置于内盛硅胶的抽滤瓶中，于冰浴内进行真空干燥 2 次，分装安瓿内，真空条件下封口，置于 4～6℃干燥保存。

3. 试验操作

将受检血清一滴置载玻片上，加冻干血吸虫虫卵 100 个左右，盖上盖玻片封蜡，置 37℃温箱中培养 48 h，取出镜检观察。典型的阳性反应为泡状、指状或细长卷曲的带状沉淀物，边缘较整齐，有明显折光，凡虫卵周围出现块状(≥1/8 虫卵面积)或索状(≥1/3 虫卵长径)沉淀物，才定为阳性反应，阳性反应的标本片，应观察 100 个虫卵，计算其沉淀率；阴性者必须看完全片，全片虫卵少于 60 个者应重做。本制剂于 4～6℃干燥保存，有效期 6 个月以上。

四、棘球蚴病

棘球蚴病(echinococcosis)又称包虫病，是一种严重的人畜共患寄生虫病。该病呈全世界性分布，导致全球性的公共卫生和经济问题，受到人们的普遍关注。我国棘球蚴病高发流行区主要集中在高山草甸地区及气候寒冷、干旱少雨的牧区及半农半牧区，以新疆、青海、甘肃、宁夏、西藏、内蒙古、陕西、河北、山西和四川北部等地较为严重。

(一)病原

棘球绦虫(*Echinococcus*)中绦期——棘球蚴寄生于绵羊、山羊、黄牛、水牛、骆驼、猪、马等家畜以及多种野生动物和人的肝脏、肺脏和其他多种器官。一般近似球形，但常因寄生部位和宿主器官构造的不同而有很大变化，直径 5～10 cm，而小的仅有黄豆大，巨大的囊体直径可达 50 cm，含囊液可达数升。囊液为无色或微黄色的透明液体，内含少量蛋白质、脂肪、盐及糖类养分。棘球蚴的囊壁分两层，外为角皮层，内为胚层。胚层向囊内长出许多头节样的幼虫——原头蚴。棘球蚴的成虫为细粒棘球绦虫，其寄生在终宿主犬、狼、豹等肉食动物的小肠，一般数量很多。含有孕节或虫卵的粪便排出后污染饲料、饮水或牧场，被中间宿主吞入，虫卵内的六钩蚴即在消化道内孵出，钻入肠壁，随血液进入肝脏或其他器官，发育为棘球蚴，棘球蚴进一步发育生出原头蚴而能感染终宿主。

(二)免疫和疫苗

关于宿主对棘球蚴免疫的研究正如对其他大多数寄生虫免疫的研究一样，进展不大。棘球蚴囊能使棘球蚴逃避牛、羊免疫系统的识别，还能防止抗体及其他效应因子向囊内的渗入，使囊内原头蚴得以生存。棘球蚴的囊液成分具有结合补体活性，从而保护了原头蚴的原头节免受补体介导的溶解作用。

关于疫苗的研究，一是为了控制细粒棘球绦虫对终末宿主犬等肉食动物的感染；二是为了控制棘球蚴对中间宿主绵羊等的感染。1989 年，Johnson 等报道了第一个非常成功的抗绵羊带绦虫囊尾蚴基因工程疫苗。该疫苗为大肠杆菌表达产物，其基因来源于活化的六钩蚴 cDNA 文库，免疫保护率达到 94%。1996 年，Lightowlers 等报道了抗细粒棘球蚴基因工程疫苗 EG95，该疫苗为六钩蚴抗原，天然抗原分子质量为 24.5 ku，cDNA 表达产物为 153 个氨基酸，分子质量 16.5 ku，表达系统为大肠杆菌，产物为谷胱甘肽转硫酶融合蛋白。人工感染试验证明，该疫苗对绵羊和山羊的保护率大于 95%，对新西兰、澳大利亚、阿根廷和中国细粒棘球绦虫具有同样的保护效果。两次免疫后，免疫保护时间最少可以持续 1 年以上。该疫苗在体内可诱导补体依赖性溶解活性，使六钩蚴溶解，与体外试验结果一致。该疫苗于 1996 年初在我国新疆进行了田间试验和区域试验，田间试验动物为 4～5 月龄羔羊，试验组颈部皮下注射疫苗 2 次，间隔期为 4 周，第二次注射后 2 周和 5 个月，按每只羊 1 000 个新鲜成熟虫卵经口进行人工攻虫。结果显示：田间试验第二次免疫后 2 周攻虫，半年后剖检，保护率绵羊为 90.5%，山羊为 100%。第二次免疫后 5 个月攻虫，1 年后剖检，保护率绵羊为 83.9%，山羊为 82.6%。绵羊羔羊区域试验结果表明，疫苗保护率为 81.3%。注射后 3 d 内注射部位无红、肿、热、痛表现，但于注射后 3 d 内普遍体温升高 0.5～1℃，且行动迟缓，跛行，采食减少，轻度便稀，2～3 d 逐渐恢复，未见直接死亡。目前，抗细粒棘球蚴基因工程单位疫苗 EG95 已有商业化生产。

(三)诊断制剂

常用的棘球蚴病血清学诊断技术有间接血凝反应和酶联免疫吸附试验等方法，对人和动物的棘球蚴病有较高的检出率。

（刘国华）

复习思考题

1. 试述牛传染性胸膜肺炎补体结合试验抗原的制造方法。

2. 试述牛副结核病的疾病特征及诊断方法。
3. 试述羊快疫、羊肠毒血症、猝狙、羔羊痢疾及黑疫五联苗的制备要点。
4. 怎样进行羊支原体肺炎灭活疫苗的效力试验?
5. 试述牛病毒性腹泻病毒的分类及抗原特性。
6. 试述牛传染性鼻气管炎疫苗的研究进展。
7. 试述牛流行热疫苗的研究进展。
8. 试述小反刍兽疫的免疫接种及防控措施。
9. 试述羊口疮的免疫特征及疫苗研发前景。
10. 试述马传染性贫血驴细胞弱毒疫苗的制造要点。
11. 简述牛伊氏锥虫病间接血凝试验抗原致敏红细胞制备过程、质量标准及如何保存。

第十一章　禽用生物制品

本章摘要：我国是养禽大国，养禽总量高，但水平参差不齐，老病仍有流行，新病不断出现，推动了禽用生物制品的发展。在细菌性疾病中，血清型繁多的细菌影响到疫苗免疫的特异性。在病毒性传染病中，新城疫作为传统的老病，其疫苗种类和效果均属稳定。马立克病毒和传染性法氏囊病毒毒力均在增强，有必要提高疫苗效果。其他如传染性支气管炎病毒、传染性喉气管炎病毒的疫苗也仍有提升的空间。腺病毒引起的产蛋下降综合征通过疫苗免疫已经得到了有效控制，但新的腺病毒引发的包涵体肝炎和心包积水-包涵体肝炎病仍需加强疫苗研究。随着水禽的疾病（如鸭瘟、鸭病毒性肝炎、小鹅瘟和番鸭细小病毒病等）危害加大，水禽疾病的增多如近几年新出现的鸭坦布病，对研发水禽专用的生物制品有了新的需求。除目前以传统的活疫苗和灭活疫苗为主之外，基因工程疫苗也有商业化生产，如表达禽流感病毒 *HA* 基因的重组新城疫病毒灭活疫苗，表达禽流感病毒 *HA* 基因的鸡痘重组苗等。

第一节　细菌性制品

一、鸡支原体病

危害禽类的支原体主要有鸡毒支原体、鸡滑液支原体和火鸡支原体等，其引起禽支原体病(avian mycoplasmosis)。支原体以水平传播为主，也可经蛋进行垂直传播。各品种、年龄的鸡均可感染支原体，一般呈慢性感染过程，影响鸡的生产性能。

鸡毒支原体感染又称慢性呼吸道病，其特点是病鸡咳嗽、窦部肿胀，流鼻涕和呼吸啰音。有的呈隐性感染，病程较长，在鸡群中长期蔓延。该病存在于世界各国，发病率可高达 90%，但死亡率不高。滑液支原体比鸡毒支原体小，营养需求更高（需添加辅酶 I、NAD），只有一个血清型，不同菌株的致病力存在差异。实验室里常用改良 FM-4 培养基或接种 5～7 日龄鸡胚卵黄囊增殖支原体。

（一）病原

鸡毒支原体（*Mycoplasma gallisepticum*，MG）呈卵圆形，革兰染色弱阴性，直径 0.25～0.5 μm。培养时营养要求较高，培养基以肉汤为基础，添加酪蛋白的胰酶水解物、10%酵母溶液、葡萄糖和 10%～15%的鸡、猪或马血清，加入 0.25%醋酸铊和 1 000 IU/mL 青霉素则更好。国外常用不含结晶紫的 PPLO-肉汤培养基为基础，再加入 10%～15%灭活猪（马）血清、

2.5%新酵母提取物、0.1%葡萄糖、0.05%醋酸铊、1 000 IU/mL 青霉素及 0.2%酚红，再加入1%琼脂，则可制成固体培养基。

该菌生长相当缓慢，最适温度为 37～38℃，在固体培养基上需 3～10 d 才能形成菌落，但强毒菌株在 1 d 内即可形成菌落。菌落直径 0.2～0.3 mm，光滑、圆整，中心稍有突起。此外，该菌也可在 7 日龄鸡胚卵黄囊繁殖，接种后 5～7 d 胚体死亡，表现发育不良、全身水肿、肝坏死和脾肿大。在胚临死时，卵黄与绒毛膜中支原体含量最高。该菌分解葡萄糖、麦芽糖、甘露醇及果糖产酸不产气，不分解乳糖和杨苷。能溶解马红细胞，凝集禽类红细胞。该菌抵抗力不强，一般消毒药物均能迅速杀死，冻干后低温条件下能长期生存，冷冻（－20℃）保存不超过数天。

（二）免疫

鸡感染 MG 后可产生特异性抗体，并用于快速血清凝集试验（RSA）和血凝抑制（HI）试验。但这些血清学试验都缺乏特异性和敏感性，它们更适于鸡群的普查，而不是个体检查。成年鸡感染 MG 后第 2～3 d，即出现血清试管凝集抗体，第 4～6 天抗体滴度达 1∶25 以上，第 25 天达 1∶520，以后逐渐下降；接种后第 9～10 天出现 HI 抗体，抗体效价 1∶10，至第 20 天，HI 抗体效价达 1∶400，并维持 20 d。第 45 天抗体开始下降，第 330 天后降至 1∶40 以下。国际支原体组织（1986—1988 年）认为该病疫苗的发展应以弱毒疫苗为主。

（三）疫苗

常用的弱毒疫苗菌株为 MG-F 株（自然弱毒株，中等毒力，对火鸡有很强的毒力）、6/85 株（中等毒力）及 TS11（温度敏感变异株）等。R 株已被广泛用于菌苗生产，并作为一个致病菌株用于 MG 的攻毒试验。A5969 株为生产各种 MG 抗原的标准菌株。MG-65 株则可用于制备 MG 阳性血清。

活苗研究中，日本把 G250 株、法国将 CP 株、美国将 F 株、TS11 株及 6/85 株制成疫苗应用，其中 G250 株、CP 株由于极度削弱，需频繁使用，效果不佳。TS11 株及 6/85 株为 MG 温度敏感变异株，最近的研究表明，TS11 株弱毒虽不具有强毒置换能力，但可置换 F 株，且具有鸡间自然传播的特性。Tuner 等（1996）的研究表明，在集约化饲养的条件下，用 TS11 株置换 F 株，可以成功根除 MG。近些年来 TS11 株和 MG6/85 更多地被作为商品化弱毒苗用于鸡和火鸡。6/85 疫苗株为冻干制品，通过喷雾法使用，接种后，可在呼吸道存在几周；TS11 为冷冻制剂，经滴鼻或点眼免疫，接种后可在呼吸道内持续存在，需要留意的是 6/85 株引起的免疫应答几乎检测不到，TS11 株引起的抗体应答也很弱。因此，通过血清学方法无法检测到 6/85 株的免疫效果。

国内使用的活疫苗为 MG 康涅狄克 F 株疫苗。F 株是由 Carpenter 等（1981）命名并用于疫苗生产的，其致病力极弱，给 1、3、20 日龄的雏鸡滴眼接种，不会引起任何可见的症状和气囊病变，不影响增重。它比野毒株致病性低，可经点眼、喷雾或饮水途径免疫，以点眼法最为安全。在鸡产蛋之前和被野外 MG 株感染之前使用，可以降低商品产蛋鸡的产蛋损失和种蛋的经卵传递。鸡点眼免疫后 35 d 保护率达 85%以上，免疫期 7.5 个月以上。

1. 鸡毒支原体 F 株活疫苗

【菌种】鸡毒支原体 F 株。

【制造要点】按种子液 5%接种于肉汤培养基中，37℃培养 24 h，活菌数达 10^8～10^9/mL

或菌体压积达1%时收获，加入保护剂分装冻干。

【质量标准】除按成品检验的有关规定检验外，还需进行如下检验。

(1)菌数检验　按瓶签注明羽份加CM2培养基稀释，以每毫升颜色变化单位(CCU)计数，其活菌数应≥10^8 CCU/mL。

(2)安全检验　用20只10～20日龄敏感鸡，以10倍免疫剂量点眼免疫，另10只鸡作对照，观察10 d。无临床症状和气囊病变者判为合格。如不合格，可重检一次。

(3)效力检验　用40只2～3周龄敏感鸡，点眼免疫后2～3周，用0.1 mL强毒菌株24 h培养物攻击，观察7～14 d后剖检，80%以上免疫鸡无气囊病变者为合格。

【保存与使用】冻干疫苗在−20℃保存，有效期为1年。用于预防鸡毒支原体引起的慢性呼吸道疾病。1日龄鸡免疫，免疫期为9个月。

灭活苗研究始于20世纪50年代。MG油乳剂灭活苗能引起机体产生较强的免疫应答，安全、不散毒，该疫苗可保护鸡群免受强毒株(R株)的攻击，在一定程度上可防止MG经蛋传播，保护产蛋鸡免受产蛋率下降的影响。采用鸡毒支原体CR菌株制成灭活油佐剂苗免疫7周龄鸡，4周后用强毒攻击，免疫组在接种后1个月、2个月和3个月时，气管中鸡毒支原体的分离率分别较对照组降低78%、71%和39%，气囊炎程度较对照组降低93%、86.6%和77.2%。5个半月和6个半月攻毒，体质量增加明显高于对照组，免疫组的产蛋率较攻毒前分别降低了0.9%和7%，而对照组则分别降低27.4%和26%，免疫期达半年以上。两次免疫接种的鸡在强毒攻击后，气囊损伤保护率较一次免疫接种的效率高10%以上。

但另有学者指出MG油乳剂苗虽能引起机体较强的免疫应答，却不能完全阻止MG在气管内定殖。还需注意的是，MG油乳剂苗虽能诱导机体产生高水平的抗体，但MG的血清抗体水平与对机体的保护水平有时不相关。Yoder证实，有些鸡的抗体水平处于中等或较低状态时，仍对MG强毒株有较强的抵抗力。

2.鸡毒支原体灭活疫苗

【菌种】用强毒菌株或弱毒菌株，但一般以前者为佳。标准：①应符合鸡支原体的形态及生化反应特性；在含10%～20%马猪血清的牛心汤培养基培养48～72 h，呈均匀混浊生长，在固体培养基上长成荷包蛋状菌落，对健康鸡红细胞液(0～25%)有良好的吸附作用。②菌种培养物与鸡毒支原体抗血清进行代谢抑制试验，应出现特异性代谢抑制作用。或者离心沉淀菌体，作玻片凝集检查，应与特异性血清呈良好的凝集反应，与阴性血清及PBS不发生凝集。③免疫原性：用20只2～3周龄易感鸡，肌内或皮下注射灭活菌0.5 mL/只，2～3周后连同20只同龄易感鸡用MG强毒菌株24 h培养物攻毒(0.1 mL/只，后胸气囊接种)，7～10 d后剖检，免疫组80%鸡应无气囊病变；或者免疫后以强毒培养物经眶下窦接种0.1 mL/只进行攻击，7～14 d后免疫组鸡应无流鼻涕等症状。其余同鸡毒支原体平板凝集反应抗原。④经纯粹检查合格。⑤于4～10℃保存，每7～10 d传代一次；−20℃保存时，每隔20 d传代1次。

【制造要点】①配制改良FM-4培养基或含10%猪血清的牛心汤。②将种子液按5%接种培养基，37℃培养24 h。③浓缩菌液。④用β-丙酯或甲醛灭活。⑤乳化。用矿物油加入适量乳化剂，制成油包水型。

【质量标准】除按成品检验的有关规定检验外，尚需进行如下检验。

①安全检验：用20只2～3周龄易感鸡，肌内或皮下注射灭活菌1 mL/只，另10只作对照，观察10 d，免疫组无临床症状和气囊病变判为合格。如不合格，可重检一次。

②效力检验:用 40 只 2～3 周龄易感鸡,分成两组,试验组 20 只鸡肌内或皮下注射灭活菌 0.5 mL/只,2～3 周后用 MG 强毒菌株 24 h 培养物接种于鸡后胸气囊,0.1 mL/只,7～10 d 后剖检,免疫组 80%鸡应无气囊病变;或者免疫后以强毒培养物经眶下窦接种 0.1 mL/只攻击,7～14 d 后免疫组应无流鼻涕等症状。

【保存与使用】4～8℃保存,有效期 1 年。用于预防鸡毒支原体引起的慢性呼吸道疾病。7 日龄鸡免疫,0.5 mL/只,免疫期为 9 个月。

(四)诊断试剂

根据流行情况、临床症状和病理变化可作初步诊断,但进一步的确诊必须进行血清学检查及病原分离。血清学检查常用凝集试验,尤以平板凝集试验最为简便。

1. 鸡毒支原体平板凝集抗原

【菌种】同鸡毒支原体灭活疫苗菌种标准。

【制造要点】

①取抗原性良好的纯净菌种按 10%接种牛心汤培养基,37～38.5℃培养 48～72 h(其间振荡 2～3 次),菌液呈均匀混浊,生长良好后取出,置 4～12℃阴暗处 7～10 d,使菌体沉淀。

②取沉淀物 4 000 r/min 离心 1 h,除去上清液,加入适量蒸馏水悬浮,再离心去上清,如此反复洗涤沉淀 2 次。然后加入适量蒸馏水,使菌体悬浮均匀,并补加蒸馏水至原培养基量的 0.5%,收集于灭菌瓶中,加入结晶紫溶液(终浓度 0.001%～0.002%),充分混匀后置 4～12℃阴暗处 12～16 h,使菌体充分着色。在离心沉淀后弃去上清,加入适量 pH 7.0～7.2 的 1.3%枸橼酸钠磷酸盐缓冲溶液,充分吹打混合至均匀悬液,经效价滴定后用枸橼酸钠磷酸盐缓冲溶液稀释成合格效价的抗原,再加 0.1%硫柳汞防腐。

③抗原滴定:在不低于 20℃室温中,分别取已稀释的阳性血清(每毫升含 100 单位)、阴性血清和磷酸盐缓冲液各 25 μL 滴于洁净玻片或白瓷板上,加等量待检抗原,充分混匀,对阳性血清应在 30 s 内开始出现反应,在 2 min 时出现“++”或“++”以上的凝集,而阴性血清和磷酸盐缓冲液对照应不出现凝集反应,则该滴度的抗原为合格。

【质量标准】每批抗原按成品检验的有关规定抽样进行检验。特异性检验:取抗原与阴性血清 25 μL 与等量抗原做平板凝集反应,在 30 s 时出现初凝,在 2 min 内应出现“++”或“++”以上的凝集反应。以出现凝集反应的最高稀释度,判为该抗原的效价。

2. 阳性血清

选择 MG 血清抗体阴性成年鸡,用鸡毒支原体 S6 株的 48～72 h 培养物,肌内注射 6 次,每次间隔 1 d,第 1～3 次注射剂量为 0.5 mL,第 4～6 次注射剂量为 1.0 mL。末次注射后 3～6 d,经试管凝集反应良好时,进行放血,分离血清,加 1/10 000～ 1/5 000 硫柳汞防腐。无菌检验应合格。1∶16 稀释与抗原做玻片凝集试验,应于 2 min 内呈现“++”以上凝集反应,判为合格。阳性血清于 2～15℃冷暗处保存,有效期 18 个月。

二、鸡传染性鼻炎

鸡传染性鼻炎(infectious coryza)是由副鸡嗜血杆菌引起的上呼吸道传染病,临床上以淌水样鼻汁、流泪和面部水肿为主要特征。该病在我国大部分地区流行,呈散发或地方流行,一年四季均可发生,但秋冬季节较多发。该病可感染不同年龄的鸡,中雏与成鸡较易感,发病率高，传播快，一经发生即污染整个鸡场，鸡育成率和产蛋率下降，开产期推迟，肉鸡增重下降，给养鸡业带来较大损失。

(一)病原

副鸡嗜血杆菌属于嗜血杆菌属成员之一，革兰阴性，球状、杆状或丝状，兼性厌氧，5%CO_2条件下生长适宜，在脑心浸出液，胰蛋白胨和鸡肉浸液等基础培养基内需要加入X-因子和V-因子及NaCl等成分，X-因子和V-因子可来源于血液、血清、血红素和分泌V因子的细菌。该菌生长的温度范围为25～45℃，通常培养于37～38℃。在固体培养基上菌落呈露珠样，大小0.3 mm，在斜光下可观察到黏液型（光滑型）虹光菌落和粗糙型无虹光的菌落。该菌于48～60 h内可发生退化，出现碎片和不规则的形态，但如果再接种到新鲜的培养基，则可恢复形成典型的杆状。能凝集鸡红细胞，并可被特异性抗体所抑制，故可用血凝抑制试验检测血清抗体效价。按Page使用的平板凝集试验，该菌分为A、B和C三个血清型。但最近，Mume提出该菌有9个血清型，即A-1、A-2、A-3、A-4、B-1、C-1、C-2、C-3和C-4，其中C-1和C-2，C-3和C-4之间有交叉保护作用。

(二)疫苗

国内外研制和使用的疫苗，包括美国的感染鸡胚卵黄囊灭活疫苗、日本的氢氧化铝灭活疫苗。澳大利亚的铝胶油佐剂灭活疫苗及我国研制的油乳剂灭活疫苗和氢氧化铝胶吸附疫苗。其中，油乳剂灭活疫苗效果优于氢氧化铝胶吸附疫苗。为了简化免疫程序，减少多次疫苗注射造成的应激反应，我国还成功研制了鸡传染性鼻炎-新城疫二联灭活疫苗。

1. 鸡传染性鼻炎灭活疫苗

将鸡副嗜血杆菌A和C型菌落接种鸡血清鸡肉汤琼脂平皿上，在37℃以烛光法培养16 h，挑选典型的荧光性好的菌落若干，接种于6日龄SPF鸡胚卵黄囊内，继续孵化24～30 h，待鸡胚死亡后采集感染卵黄按1%接种到含鸡血清的鸡肉汤中，在37℃培养16 h即可作为种子液；按1%的量将种子液接种于半合成培养基（蛋白胨5 g、酪蛋白氨基酸1 g、谷氨酸5 g、NaCl 5 g、新鲜酵母提取液30 mL和灭活健康鸡血清10 mL、加热灭菌后加入蒸馏水1 000 mL）中，或接种于含5%～10%鸡血清的鸡肉汤中，培养过程摇动数次。培养16 h后收集菌液作活菌计数，或用中空纤维进行超滤浓缩使CFU达10^9/mL；然后加入0.1%～0.5%甲醛和0.01%硫柳汞，37℃ 16 h灭活病原，置4℃保存备用。最后配制白油佐剂，并乳化制成油包水型苗。疫苗质量标准除按成品检验的有关规定进行检验外，尚需做安全检验和效力检验。合格者4～8℃保存，有效期1年。该疫苗以0.25 mL免疫注射42日龄以下鸡，保护率达66.7%～100%，免疫期至少3个月；以0.5 mL次免疫注射42日龄以上鸡，保护率达89%～100%，免疫期6个月；若42日龄鸡作首次免疫注射，120日龄做二次注射，即可保护整个产蛋期。

此外，国内有些单位采用B型等菌株按类似方法制成油乳剂苗或铝胶苗，也取得了良好的进展。

2. 鸡传染性鼻炎-新城疫二联灭活疫苗

【制造要点】按鸡传染性鼻炎灭活苗细菌种子培养方法培养，活菌数量达10^{10}个/mL以上；同时按新城疫LaSota系弱毒疫苗制法增殖新城疫病毒，HA价达2^{10}以上；将二者分别用

0.3%和0.1%甲醛灭活后等量混合，加入2%吐温-80作为水相，白油为油相，按水相与油相比1∶3乳化匀质后分装，即鸡传染性鼻炎-新城疫二联灭活疫苗。

【质量标准】质量标准除按成品检验的有关规定进行检验外，尚需做疫苗效力检验。

①传染性鼻炎：以0.25 mL疫苗皮下注射21日龄易感鸡10只，另取10只作对照，注射疫苗28 d后，用副鸡嗜血杆菌Hpg-668菌株的肉汤培养物由鸡眶下窦内注射0.2 mL(500万～1 000万CFU/0.2 mL)，观察7 d，对照组4/5以上鸡发病，免疫组鸡至少保护4只为合格。

②新城疫：取1～2月龄易感鸡20只(ND HI抗体低于1∶4)，用不含抗原的油佐剂为稀释液，将疫苗稀释25、50和100倍，每个稀释度皮下(肌内)注射疫苗5只，0.5 mL/只，另5只不免疫作为对照；4周后肌内注射1 000倍稀释的NDV强毒0.5 mL(强毒对鸡的MLD≥10^{-6}/mL)，观察14 d，对照组应全部死亡，免疫组鸡存活数和不发病数过半，即PD_{50}应≥50，疫苗判为合格。

【保存与使用】合格疫苗于4～8℃保存，有效期1年。适用于21日龄以上鸡，颈部皮下注射，21～42日龄鸡0.25 mL/只，42日龄以上鸡0.5 mL/只，免疫后2～3周产生免疫力。免疫期为3～5个月；若21日龄首免，120日龄再免，免疫期达9个月。

本疫苗使用前一定要充分摇匀。疫苗开封后，宜当日用完。注苗前要观察鸡群的健康状况，健康状态异常的鸡切忌注射。

3. 鸡传染性鼻炎(A型+C型)、新城疫二联灭活疫苗

乳白色乳剂。含灭活的副鸡嗜血杆菌A型(Hpg-8株)和C型(Hpg-668株)及鸡新城疫病毒LaSota株。灭活前副鸡嗜血杆菌A型(Hpg-8株)和C型(Hpg-668株)含量均≥2.4×10^{9} CFU/mL，鸡新城疫病毒含量≥10^{8} EID_{50}/0.1 mL。

用于预防鸡传染性鼻炎和鸡新城疫。颈部皮下注射。21～42日龄鸡，每只0.25 mL；42日龄以上鸡，每只0.5 mL。注苗后14～21 d产生免疫力。免疫期为3～5个月；若21日龄首免，120日龄二免，免疫期为9个月。一般无可见不良反应。用于肉鸡时，屠宰前21 d内禁止使用；用于其他鸡时，屠宰前42 d内禁止使用。切忌冻结，冻结后的疫苗严禁使用。

4. 鸡传染性鼻炎三价灭活疫苗

本疫苗含有副鸡嗜血杆菌A型、B型和C型菌株，或A型、C1型和C2型菌株，灭活后加入油佐剂或氢氧化铝胶制成。荷兰英特威及海博莱生产的三价疫苗含有A型、B型和C型菌株，具有广泛保护作用，可预防所有血清型的副鸡嗜血杆菌的感染，抗原含量高，佐剂效果好，可最大限度地刺激免疫反应。美国威兰实验室生产的三价苗含有A型、C1型和C2型菌株，可预防A型和C型副鸡嗜血杆菌的感染。三价苗能引起产蛋下降，有些鸡注射部位会出现肿胀。

5. 重组肽疫苗

已有研究报道HMTp210蛋白是保护鸡抵抗血清型A和C副鸡嗜血杆菌感染的主要抗原，其相对分子质量为210 ku，为外膜蛋白。区域2为HMTp210蛋白的特异性血清区域，尽管已有报道认为血清型C副鸡嗜血杆菌区域2为预防传染性鼻炎的有效疫苗抗原，但还没有关于血清型A副鸡嗜血杆菌区域2的报道。日本化学血清治疗研究所的科研人员将源自血清型A和C副鸡嗜血杆菌的区域2表达为融合肽，鸡免疫含有0.6 μg融合肽的疫苗后，无论是用血清型A或C副鸡嗜血杆菌攻毒都无任何临床病症出现，同时在疫苗免疫部位不出现肿

胀等副作用。试验结果表明，源自 HMTp210 的重组融合肽可用于生产有效、安全的鸡传染性鼻炎疫苗。

三、鸭疫里默氏杆菌病

鸭疫里默氏杆菌病是由鸭疫里默氏杆菌（*Riemerella anatipestifer*）引起鸭的一种接触性、急性、败血性传染病，主要侵害雏鸭、雏火鸡、鹅等多种禽类，常引起小鸭的大批发病和死亡。该病以 1～8 周龄的雏鸭发病较多，发病率最高可达 90%以上，死亡率为 5%～75%，目前已成为危害肉鸭养殖业的一种最常见细菌病。临诊上主要表现为眼和鼻分泌物增多、喘气、咳嗽、下痢、共济失调和头颈震颤，少数慢性病例出现头颈歪斜等症状。特征病变为纤维素性心包炎、肝周炎、气囊炎、干酪性输卵管炎、脑膜炎及部分病例出现关节炎。该病 1932 年最早报道于美国，并从病死鸭体内分离到病原，先后有“新鸭病”“鸭疫巴氏杆菌病”“鸭败血症”“鸭疫综合征”“传染性浆膜炎”等名称。至今世界各养鸭地区几乎都有流行。

（一）病原

鸭疫里默氏杆菌病为革兰阴性小杆菌，无芽胞、不能运动，纯培养菌落涂片可见到菌体呈单个、成对或呈丝状，菌体大小不一，(0.2～0.4) μm×15 μm。用瑞氏染色法，菌体两端浓染，经墨汁负染色见有荚膜。RA 血清型众多，目前世界范围内已确定的有 21 种，各血清型之间的交叉保护作用差。

该菌不能在普通琼脂与麦康凯琼脂培养基上生长，在含有血清的肉汤培养基内，经 37℃ 48 h 培养，培养基呈一致轻微混浊，管底有少量灰白色沉淀物。最适合的培养基是巧克力琼脂平板培养基、鲜血（绵羊）琼脂平板、胰酶化酪蛋白大豆琼脂培养基等，于 37℃培养 48 h 生长良好，若能在含 5%～10% CO_2 环境中培养，则生长更佳。在血琼脂培养基上不溶血。

（二）免疫与疫苗

鸭疫里默氏杆菌自然弱毒株及强毒株的灭活苗可引起雏鸭和成年鸭的体液免疫和细胞免疫反应。雏鸭接种蜂胶复合佐剂苗后第 3 天即产生部分免疫保护力，第 93 天时仍具有完全保护力；油剂苗产生保护力的速度较慢，接种后第 10 天时开始表现出部分免疫保护，其完全保护力也可持续到接种后第 93 天；铝胶苗产生免疫保护的速度较慢，免疫持续期也较短，其开始产生部分免疫保护和开始产生完全保护的时间同油剂苗相当，但其完全保护力只有 2～5 周的持续时间。灭活疫苗免疫鸭后的 T 细胞转化能力比非免疫鸭明显增高，但该作用只持续 2 周左右，此后便下降到与对照组相当的水平，加强免疫可以增强和延长细胞免疫持续时间。

由于该病菌血清型多，使用疫苗的抗原血清型必须与当地流行的血清型一致才能取得良好效果。目前在美国有商品化血清 1、2 和 5 型 RA 弱毒疫苗，疫苗菌种为自然分离弱毒株。我国在生产中使用的鸭疫里默氏杆菌灭活疫苗有甲醛水剂灭活疫苗、铝胶佐剂灭活疫苗、油佐剂灭活疫苗和蜂胶佐剂灭活疫苗。但尚无生产标准。

1. 鸭传染性浆膜炎、大肠杆菌病二联蜂胶灭活疫苗（WF 株＋BZ 株）

本品采用进口佐剂制备的乳白色乳剂。含灭活的鸭疫里默氏杆菌和鸭大肠杆菌，菌体的含量均在 1.67×10^9 个/mL 以上。在 2～8℃，有效期为 1 年。用于预防由血清 1 型鸭疫里默氏菌引起的鸭传染性浆膜炎和 O78 血清型大肠杆菌引起的鸭大肠杆菌病。颈部皮下注射，3～10 日龄鸭注射 0.3 mL。免疫期为 3～4 个月。屠宰前 28 d 内禁用。一般无可见的不良反应。

2. 鸭传染性浆膜炎、大肠杆菌病二联多价蜂胶灭活疫苗

利用蜂胶作佐剂，含灭活的鸭传染性浆膜炎(1 型、2 型 10 型及地方株，灭活前细菌含量均≥10^9 CFU/mL)和大肠杆菌(O1/O2/O78 等血清型，灭活前细菌含量≥1.5×10^9CFU/mL)。黄色或黄褐色混悬液，久置后底部有沉淀，振摇后呈均匀混悬液。颈部皮下或胸肌注射。雏鸭于 7 日龄注射 0.3 mL/羽；肉鸭免疫 1 次即可；蛋鸭、种鸭与 30 日龄二免，注射 0.5～1.0 mL/羽；于 22、25 和 46 周龄左右分别免疫，剂量为 1.0 mL/羽。

(三)诊断试剂

1. 试管凝集和琼脂扩散用诊断抗原

【制造要点】将 RA 接种到 TSA 琼脂平板，置 37℃厌氧培养 36 h，用含 0.3%甲醛的 PBS 洗下，离心，再重复洗涤和离心两次，最后将菌体以含 0.3%甲醛的 PBS，调节至 OD 值为 0.2(525 nm)，即为试管凝集抗原。将 P-L 琼脂平板培养的细菌以高盐溶液(0.3%甲醛、8.5% NaCl、0.02 mol/L 磷酸盐缓冲液，pH 7.0)，洗下制成菌悬液，于沸水中煮 1 h，冷却后，4 000 r/min 离心 30 min，上清液作为琼扩抗原。

2. 试管凝集和琼脂扩散试验用诊断抗体

【制造要点】将试管凝集抗原和等量的弗氏完全佐剂研磨成乳剂，于第 1、8、15、23 天免疫体质量为 3 kg 的健康鸡，每只鸡皮下注射 0.5 mL(分 5 点注射，每个注射点 0.1 mL)，第 30 天每只鸡静脉注射 0.5 mL 制备好的抗原，第 45 天采血检测抗体效价，当琼扩抗原效价≥1∶32 为合格。

(胡思顺)

第二节　病毒性制品

一、鸡新城疫

鸡新城疫(Newcastle disease)又称亚洲鸡瘟、伪鸡瘟，是禽类的一种急性高度接触性传染病。

(一)病原

新城疫病毒(Newcastle disease virus，NDV)为副黏病毒科，腮腺炎病毒属，禽副黏病毒Ⅰ型的强毒株(APMV-1)。禽副黏病毒有 10 个血清型，分别命名为 APMV1～APMV10。

NDV 为有囊膜的病毒粒子，基因组为单链 RNA 分子，约由 15 186/15 192/15 198 个碱基连接而成。NDV 有 L、NP、P、HN、F 和 M 6 种结构蛋白，排列顺序为 3′-NP-P-M-F-HN-L-5′。

NDV 能在 9～10 日龄普通鸡胚和 SPF 鸡胚中繁殖，除少数毒株外，均可致鸡胚死亡，胚体周身出血。NDV 还可在多种原代和传代细胞上增殖，如鸡胚成纤维细胞(CEF)，兔、牛、猪、猴或乳仓鼠的肾细胞及 HeLa 细胞等多种动物细胞上培养，引起细胞病变或形成空斑。但由

于细胞培养的敏感性不如鸡胚，故目前仍多用鸡胚培养制备疫苗。NDV 可凝集鸡、鸭、鹅等禽类及人的红细胞，并可被 NDV 血凝抑制抗体所抑制，可用于病毒血凝（HA）效价及疫苗免疫效果测定。

该病毒只有 1 个血清型，毒株间有一定的交叉保护。根据病毒对鸡胚的平均致死时间（MDT）、对 1 日龄雏鸡的脑内致病指数（ICPI）和对 6 周龄鸡的静脉致病指数（IVPI），可将病毒分为 3 型，即缓发型（弱毒株，Lentogenic）、中发型（中毒株，Mesogenic）和速发型（强毒株，Velogenic），其中前二者可用于制备疫苗，如 B1、F、LaSota、Mukteswar、Roakin、Ulster2c、ss、Aust、V_4 及 D_{10} 等是从自然病例或健康鸡分离的自然弱毒株，而 Rit_{4030}、$AG_{68}L$ 及 CDF66 等疫苗毒株则由 NDV 强毒经传代选育而成，N79、Clone 30、LZ_{58}、Clone 83 和 CS2 则分别由 LaSota、B1 或 I 系疫苗株经空斑克隆化技术筛选获得。

该病毒易被 2%氢氧化钠、1%来苏儿、1%碘酊、漂白粉或 70%酒精灭活，被甲醛、β-丙酰内酯（BPL）和酚灭活而不会严重损害其免疫原性，耐酸，不耐热，8℃可保存数年。

（二）免疫

体液免疫和细胞免疫机制均参与鸡对 NDV 的保护作用。

体液免疫中血凝抑制（HI）抗体和血清中和（VN）抗体是免疫力的标志。在体液免疫中起关键作用的是 F 蛋白和 HN 蛋白。鸡在初次感染 NDV 或接种疫苗后，在早期出现的是 IgM 抗体，最早可在第 3 天检出，第 8 天开始降低；IgG 抗体可在第 7 天检出，并持续很长时间，IgA 抗体也同时能够检出。IgM 在第 2 次注射疫苗后再次增加，但总体仍以 IgG 为主。雏鸡母源抗体一般可维持 2 周，少数能保持 5～6 周。雏鸡可从卵黄中获得母源抗体，约在孵化的第 14～15 天开始吸收抗体，持续保护雏鸡免受 NDV 的攻击，这种 HI 和 VN 抗体一直维持到雏鸡 3 周龄，其时间段因母鸡的抗体水平和雏鸡个体差异而不同。

细胞免疫应答在 NDV 的感染中作用重要，但研究很少且尚浅。

（三）疫苗

新城疫疫苗种类很多，主要包括活疫苗、灭活疫苗和生物技术疫苗 3 类。

活疫苗包括两大类：中等毒力疫苗和弱毒力疫苗。中等毒力疫苗使用最普遍的就是Ⅰ系苗（Mukteswar 株），弱毒力疫苗包括Ⅱ系（HB1 株）、Ⅲ（F 株）和Ⅳ系（LaSota 株），以Ⅰ系苗和Ⅳ系使用最为普遍。我国生产使用的新城疫活疫苗有鸡新城疫Ⅰ系鸡胚疫苗、Ⅰ系细胞疫苗、Ⅱ系活疫苗、鸡新城疫 F 系活疫苗和鸡新城疫 LaSota 系活疫苗，自澳大利亚引进的自然弱毒株 V4、D10 以及一些克隆毒株（Clone30、N79 等）。新城疫灭活疫苗主要是油乳剂灭活苗，该疫苗安全，鸡免疫后可获得稳定的免疫力。同时辅以弱毒疫苗效果更好。生物技术疫苗如我国研制的新城疫病毒 *HA* 基因重组鸡痘病毒活疫苗、禽流感 H5 亚型 *HA* 基因重组新城疫病毒活疫苗均实现了产业化生产。此外，新城疫基因Ⅶ型重组病毒灭活疫苗也已申报注册。

1. 鸡新城疫Ⅰ系活疫苗（鸡新城疫中等毒力活疫苗）

【毒种】中等毒力毒株Ⅰ系（Mukteswar）或其他毒株，应符合下列标准。

①对鸡胚的最小致死量应不低于 10^{-7}/mL，接种鸡胚应在 24～72 h 死亡，胚胎有明显病变，血凝效价（1∶80）～（1∶320）。

②种毒对鸡的最小免疫量应不低于 10^{-6}/mL。

③种毒 100 倍稀释，肌内注射 1 mL，对 2～4 月龄健康来航鸡应安全。符合标准的种毒应

保存在－15℃以下，湿毒应不超过1年半继代1次，冻干毒不超过4年继代1次；湿毒和冻干毒在0～4℃保存应不超过4个月继代1次。

【制造要点】种毒以100倍稀释，按照0.1 mL/胚接种鸡胚尿囊腔，37℃培养，24 h内和48 h后死亡胚弃去，无菌操作收获24～48 h内死亡鸡胚尿囊液，加双抗后分装制成湿苗，或将鸡胚尿囊液、胚体及绒毛膜混合研磨制成悬液（或将鸡胚尿囊液和胚体分别制苗），加入等量5%蔗糖脱脂乳，充分混合，过滤，加双抗后分装冻干。

【质量标准】冻干疫苗应为淡黄色海绵状疏松团块，加稀释液后能迅速溶解，也需进行外源病毒检验。

①安全检验：用2～12月龄来航鸡3只，每只肌内注射100倍稀释疫苗1 mL，观察10～14 d，可有轻微反应，但需在14 d内恢复健康，判为合格。如有1只鸡出现腿麻痹且不能恢复时，可用6只鸡重检一次。重检结果，如果1只鸡出现严重反应，再用6只鸡做第3次检验，仍有1只鸡出现严重反应，则判为不合格。

②效力检验：下列方法任选其一。

a. 用鸡胚检验：将疫苗用灭菌生理盐水稀释成10^{-5}，尿囊腔接种10日龄鸡胚5只，0.1 mL/胚，鸡胚在24～72 h全部死亡，胚体有明显病变，混合鸡胚液做血凝试验(HA)，凝集价在1∶80以上为合格。如不能在规定时间内致死，可重检1次。

b. 用鸡检验：用2～12月龄敏感鸡6只，其中3只以1 000倍稀释疫苗皮下刺种，或用10万倍稀释疫苗肌内注射1 mL，10～14 d后，与3只对照鸡同时注射1 000倍稀释的强毒1 mL，观察10～14 d，如对照鸡不能全部发病，或全部发病但不能死亡2只时，可重检。如免疫鸡发病或死亡1只，则判为不合格。

效检用强毒标准：对鸡的最小致死量应不低于10^{-7}/mL（肌内注射，14 d内死于ND）；对鸡胚最小致死量应不低于10^{-7}/mL（尿囊腔接种，24～72 h死亡，胚体有明显病变）。

【保存与使用】湿苗应－20℃以下冷冻保存，冻干苗4～15℃冷藏保存即可。由于此疫苗毒力较强，使用时应注意以下事项：需用于已经新城疫弱毒苗免疫过的2月龄以上鸡，不得用于雏鸡。对纯种鸡反应强，产蛋鸡接种后2周内产蛋下降，可能出现软壳蛋。2月龄以上土种鸡接种后有少数鸡减食，个别出现麻痹或死亡。接种途径主要为皮下刺种、点眼和肌内注射。

2. 鸡新城疫Ⅰ系细胞活疫苗

将种毒于鸡胚成纤维细胞(CEF)细胞单层培养，加入等量5%蔗糖脱脂乳冻干制成。本品含病毒量EID_{50} 10^{-8}～10^{-7}/mL。疫苗质量标准和保存与使用方法与鸡新城疫Ⅰ系活疫苗相同。

3. 鸡新城疫低毒力活疫苗

【毒种】NDV的弱毒力毒株，包括HB1株、F株、LaSota株、Clone30株、N79株、VG/GA株、ZM10株和CHR株等。

①毒株需达到以下要求：a. 种毒对鸡胚的毒力，以10倍稀释的种毒0.1 mL，尿囊腔接种10日龄鸡胚，鸡胚应于接种后24～120 h内死亡70%以上，胚体有明显的病变，血凝价在1∶640以上；b. 种毒对1月龄雏鸡滴鼻免疫的最小免疫量应≤(10^{-5}～10^{-4})/mL；种毒对10日龄鸡胚半数感染量(EID_{50})应≤10^{8}/mL；种毒对初生雏鸡不致病。

②毒种继代：将种毒用灭菌生理盐水稀释10^{4}～10^{5}倍，以0.1 mL尿囊腔接种10日龄非

免疫鸡胚或 SPF 鸡胚，选接种后 72～120 h 内死亡的鸡胚，且病变显著者，分别收获鸡胚液，将经无菌检验，血凝价≥1∶640 及 EID_{50} 达 10^8/mL 的鸡胚液混合，分装保存；或将合格的鸡胚液混合后加等量 5%蔗糖脱脂乳冻干，作为疫苗种毒。

【制造要点】以 10^{-6}～10^{-4} 稀释的种毒 0.1 mL，接种 10 日龄鸡胚尿囊腔，用蜡或膜封孔后置 37℃孵育。取出 96～120 h 死亡鸡胚和 120 h 活鸡胚，冷却 4～24 h，以无菌方式吸出鸡胚液并混合分装，置灭菌瓶中。加入 5%蔗糖脱脂乳分装、冻干制成。

【质量标准】物理性状上，液体苗应为淡黄色澄清液体，静置后可能有少量沉淀；冻干苗为微黄色，海绵状疏松团块，加稀释液后能迅速溶解。通过无菌检验，应无杂菌生长。外源病毒检验结果应符合规定。

①安全检验：下列方法任选其一。

a. 用鸡胚检验：将疫苗 10 倍稀释，尿囊腔接种 10 日龄鸡胚 10 只，每胚 0.1 mL，接种后 24～72 h 内鸡胚死亡率不超过 20%为合格，若两次检验结果均在接种后 48 h 内全部死亡，并确定是由于接种物引起，则判为不安全，不得用雏鸡再检，疫苗应予报废。

b. 用鸡检验：用无母源抗体的 2～7 日龄雏鸡 20 只，分成 2 组，第 1 组 10 只，每只鼻孔内滴入 10 羽份，每 2 组 10 只作为对照。两组在同样的条件下分开饲养观察 10 d，应无不良反应。每组死亡的雏鸡均需剖检及细菌检查，任何一组非特异性死亡鸡不得超过 1 只。

②效力检验：下列方法任选其一。

a. 用鸡检验：用 1～2 月龄健康鸡 10 只（不含母源抗体或无 ND 血凝抑制抗体），每只鼻孔滴入 1/100 羽份，10～14 d 后与另 3 只对照鸡同时肌内注射 ND 强毒 10^4 ELD_{50}，观察 10～14 d，对照鸡应全部发病死亡，免疫鸡至少 9 只全部健活，疫苗判为合格，否则重检 1 次。

b. 用鸡胚检验：将 10^{-6}、10^{-7} 和 10^{-8} 稀释的疫苗分 3 组接种 10 日龄非免疫鸡胚，每组接种鸡胚 5 只，每胚 0.1 mL，48 h 前死亡的鸡胚不计，及时取出 48～120 h 死亡的鸡胚收获的胚液，同组等量混合，至 120 h 取出活胚逐个收获胚液，分别测定血凝价，1∶160 以上判为感染，计算 ELD_{50}，ELD_{50}≥10^8/mL，判为合格。否则可重检 1 次（或用鸡重检 1 次）。

【保存与使用】对各种日龄鸡均可使用，应用于雏鸡时注意母源抗体的干扰。免疫途径可通过滴鼻和饮水免疫，免疫后 7～9 d 产生免疫力。

4. 鸡新城疫-传染性支气管炎二联活疫苗

【毒种】可有以下几种联苗形式：HB1＋H120；LaSota＋H120；HB1＋H52；LaSota ＋H52；Ⅰ系＋H52。

【制造要点】将两种弱毒按一定比例混合后，由尿囊腔途径接种 9～10 日龄鸡胚，37℃孵育 96 h 后收取鸡胚液，加适当的保护剂，分装冻干制成。

【质量标准】物理性状上，液体苗应为淡黄色澄清液体，静置后可能有少量沉淀；冻干苗为微黄色，海绵状疏松团块，加稀释液后能迅速溶解。通过无菌检验，应无杂菌生长。外源病毒检验结果应符合规定。

①安全检验：方法如下。

a. LaSota（或 HB1）和 IBV H120 二联苗：用 10 只 4～7 日龄 NDV 和 IBV 易感鸡，滴鼻 10 个使用剂量疫苗，同时设 10 只对照鸡，观察 14 d，应无任何死亡。若两组非特异性死亡鸡超过 2 只，应重检 1 次。

b. LaSota（或 HB1）IBV H52 二联苗：易感鸡年龄为 21～30 日龄，其余同上。

②效力检验：

a. NDV LaSota(或 HB1)与 IBV H120 二联苗的效力检验，下列方法任选其一。

方法一：用鸡胚检验。用生理盐水将疫苗做 1 000 倍稀释后，分成两份，1 份加 IBV 血清 24～30℃中和 1 h，再做 10 倍梯度稀释，接种于 10 日龄健康敏感鸡胚，5 个胚/组，0.1 mL/胚；取 24～48 h 死亡鸡胚尿囊液，至 120 h 取出活胚，逐个收获胚液；分别测定 HA，以 HA≥1：160 判为 NDV 感染，计算 EID_{50}，每羽份疫苗≥10^6 EID_{50}，判 NDV 合格，另 1 份加 NDV 血清中和 1 h，也做 10 倍梯度稀释，再分别接种敏感鸡胚，5 个胚/组，0.1 mL/胚；37℃观察至 6 d，每日收获死亡鸡胚及第 6 天存活胚，取胚体观察有无失水、蜷缩及发育小等现象，按每组死亡胚数和胚体出现特异性病变数，计算 IBV EID_{50}，每羽份≥$10^{3.5}$ EID_{50}，则 IBV 判为合格。

方法二：用鸡检验。分别与鸡新城疫Ⅱ系活疫苗和鸡传染性支气管炎活疫苗相同。

b. NDVⅠ系与 IBV H52 株二联苗的效力检验，下列方法任选其一。

方法一：用鸡胚检验。将疫苗做 1 000 倍稀释后，分成两份，1 份加 IBV 血清中和 1 h，再做 10 倍梯度稀释，接种于 10 日龄易感鸡胚尿囊腔内，5 个胚/组，0.1 mL/胚，37℃培养，24～72 h 内鸡胚全部死亡，胚体明显出血，鸡胚液 HA 价在 1：80 以上判为感染，每羽份 NDV≥10^5 EID_{50}。另一份按上述方法检验鸡支气管炎病毒毒价。

方法二：用鸡检验。分别与 NDVⅠ系弱毒疫苗和鸡传染性支气管炎弱毒疫苗相同。

【保存与使用】－15℃以下保存，有效期 1 年。HB1-H120 二联苗适用于 1 日龄以上鸡，LaSota-H120 二联苗适用于 7 日龄以上鸡；LaSota(或 HB1)-H52 二联苗适用于 21 日龄以上鸡。均可采用饮水或滴鼻方法免疫。

Ⅰ系-H52 二联苗仅适用于经低毒力疫苗免疫后 2 个月龄以上鸡饮水免疫，不能用于雏鸡。

5. 鸡新城疫-鸡传染性支气管炎-鸡痘三联活疫苗

【毒种】分别是 NDV B1 株、鸡痘鹌鹑化弱毒株和 IBV H120 毒株的混合，其标准分别同 ND、鸡痘及 IB 活疫苗。

【制造要点】将三种病毒分别接种 9～10 日龄鸡胚，按其单苗制造方法，分别收获尿囊液和绒毛尿囊膜，再按一定比例混合，加入稳定剂，冻干。或将三种病毒按一定比例混合后接种于同一鸡胚，收获尿囊液和绒毛膜，加入稳定剂后冻干。或将 NDV B1 株毒株与鸡痘弱毒株混合接种鸡胚。IBV H120 毒株单独接种鸡胚，分别收获尿囊液和绒毛尿囊膜，接一定比例混合后加入稳定剂。

【质量标准】物理性状上，液体苗应为淡黄色澄清液体，静置后可能有少量沉淀；冻干苗为微黄色，海绵状疏松团块，加稀释液后能迅速溶解。无菌检验，应无杂菌生长。外源病毒检验结果应符合规定。

①安全检验：选用 7 日龄 SPF 鸡 20 只，分两组，一组 10 只鸡做点眼并于翅膜皮肤划痕接种 5 个使用剂量疫苗，另一个组 10 只鸡作为对照，观察 14 d，接种鸡应无任何反应或仅 2 只鸡出现非特异性死亡判为合格，若有 3 只以上的鸡非特异性死亡应重检一次。

②效力检验：下列方法任选其一。

a. 用雏鸡检验：3 种病毒分别如下检测。

NDV：将疫苗做 100 倍稀释后，以 0.1 mL 皮下翅膜接种 7～14 日龄敏感鸡 10 只，并设 3

只同源鸡作为对照，10～14 d 后用 100 EID_{50} NDV 强毒肌内注射 1 mL，对照组鸡全部死亡，免疫组鸡全部存活，则判疫苗 ND 部分合格。

IBV：用 1～3 日龄雏鸡 20 只，分成两组，一组免疫，另一组作为对照，10～14 d 后用 10 倍稀释的 IBV M 株强毒鸡胚液滴眼 1～2 滴，观察 10 d，免疫组鸡保护率≥80%、对照组发病≥80%，则疫苗 IBV 部分合格。

鸡痘病毒：用 7～14 日龄鸡 5 只做免疫，2 只鸡作对照，10～14 d 后肌内注射鸡痘强毒 1 mL，并于毛囊涂擦，观察 10～14 d，免疫组不发生鸡痘、对照组全部发生鸡痘，则疫苗的鸡痘部分合格。若以上 3 部分均合格，则判疫苗合格。

b. 用鸡胚检验：3 种病毒分别作如下检测。

NDV：疫苗 10^{-3} 稀释，加 IBV 和鸡痘病毒高免血清 24～30℃中和 1 h 后，再做 10 倍梯度稀释至 10^{-8}，选择 10^{-6}、10^{-7} 和 10^{-8} 3 个稀释度分别接种易感鸡胚 10 只，当 $EID_{50} \geq 10^{8}$/mL 时，ND 部分合格。

IBV：疫苗稀释后用 ND 和鸡痘高免血清中和，继续稀释至 10^{-6}，尿囊腔接种易感鸡胚 10 只，观察 6 d，第 2～6 天死亡一部分，第 6 天时存活胚部分表现胎儿失水、蜷缩、发育小，这两部分达 50%以上，则判 IB 部分合格。

鸡痘病毒：疫苗稀释后用 ND 和 IB 高免血清中和，再稀释 10^{-5}，绒毛尿囊膜接种 10 只 11～12 日龄易感鸡胚，96～144 h 判定，全部鸡胚绒毛膜有水肿、增厚或痘斑，则判鸡痘部分合格，以上鸡胚检验均需设立阴性对照。

【保存与使用】同上。

6. 油乳剂灭活疫苗

【毒种】可用 LaSota 株、Clone30 株或选择其他强毒株。为避免散毒，尽量选择弱毒株。

【制造要点】相应毒株接种 SPF 鸡胚，收获鸡胚液后灭活，于滤过含毒鸡胚液中加入 0.1%甲醛，充分摇匀于 37℃灭活 16 h；也可于鸡胚液加入 1/1 500 β-丙内酯(BPL)，充分摇匀后 36℃灭活 1 h。按常规方法配制油相、水相，并乳化，制成油包水乳剂苗。

【质量标准】外观应为乳白色均匀乳剂，不应有分层现象。做无菌检验应无菌生长。

①安全检验：用任何年龄鸡 20 羽分两组，每组 10 羽，第一组肌内注射 1 mL 灭活苗，第 2 组肌内注射 1 mL 生理盐水作为对照，饲养观察 10 d，第 1 组较第 2 组死亡数少或相等，注射部位反应轻微判为合格。

②效力检验：用 2～6 周龄无母源抗体鸡 20 羽，第 1 组 10 羽肌内注射 0.5 mL 灭活苗，第 2 组 10 羽作为对照，隔离饲养 14 d 后用新城疫强毒攻击，逐日观察 14 d，若第 2 组中出现新城疫症状或死亡的鸡不到 90%，判检验无结果，应重检；若第 1 组保护率达 90%以上，则判为合格。

【保存与使用】－20℃可保存 8 个月到 1 年，为了保持疫苗效力，应 4℃保存。使用剂量，一般成年鸡 0.5 mL，雏鸡 0.1～0.2 mL，颈部皮下注射。

7. 禽流感、新城疫重组二联活疫苗(rLH5-6 株)

【毒种】LaSota 株和 H5 亚型禽流感病毒 A/Duck/Guangdong/S1322/2010(H5N1)株。

【制造要点】本疫苗为生物技术疫苗，通过分子生物方法，以 NDV LaSota 株为载体，在 NDV 内嵌合表达禽流感病毒 A/Duck/Guangdong/S1322/2010(H5N1)株 *HA* 基因。构建的重组 NDV，接种 SPF 鸡胚，收获感染鸡胚尿囊液，加适宜稳定剂，经冷冻真空干燥制成。

【质量标准】除冻干制品的一般检验外，尚需做如下检验。

①鉴别检验：将疫苗用灭菌生理盐水稀释至 10^4 EID_{50}/mL，与 10 倍稀释鸡新城疫病毒免高免血清等量混合，24～30℃中和 1 h，尿囊腔内接种 10 日龄 SPF 鸡胚 10 枚，每胚 0.2 mL，置 37℃观察 120 h，应不引起特异性死亡及病变，并应至少有 8 枚鸡胚健活，取鸡胚尿囊液做红细胞凝集试验，应为阴性。同时按附注方法进行 H5 亚型禽流感 HA 抗原蛋白表达免疫荧光检测，应符合规定。

②安全检验：将疫苗用生理盐水适当稀释，滴鼻接种 2～7 日龄 SPF 鸡 10 只，每只 0.05 mL，连同对照鸡 10 只，观察 14 d，应无异常反应。

③效力检验：2 种病毒分别如下检测。

a. 鸡新城疫部分：下列方法任选其一。

方法 1：将疫苗用无菌生理盐水稀释至每 1 mL 含 1 羽份，再进行 10 倍系列稀释，分别尿囊腔内接种 10 日龄 SPF 鸡胚 5 枚，置 37℃继续孵育 120 h。至 120 h，取出所有活胚，逐枚收获鸡胚液，分别测定红细胞凝集价。凝集价不低于 1∶160 者判为感染，计算 EID_{50}。每羽份病毒含量≥10^6 EID_{50}。

方法 2：用 30～60 日龄 SPF 鸡 10 只，各滴鼻接种疫苗 0.01 羽份，另 3 只作对照。接种后 14 d，连同对照鸡各肌内注射鸡 NDV 强毒北京株（CVCC AV1611 株）10^5 EID_{50}，连续观察 14 d。对照鸡应全部发病死亡，免疫鸡应至少保护 9 只。

b. H5 亚型禽流感部分：采用血清学方法进行检验，结果不符合规定时，可采用免疫攻毒法进行检验。

血清学方法：用 1～2 月龄 SPF 鸡 10 只，每只滴鼻接种疫苗 0.05 mL（含 1/10 羽份），接种后 3 周，连同对照鸡 5 只，分别采血，分离血清，用禽流感病毒 H5 亚型抗原测定 HI 抗体。对照鸡 HI 抗体全部阴性，免疫鸡 HI 抗体几何平均滴度（GMT）不低于 1∶16，且至少 7 只鸡 HI 抗体滴度＞1∶16。

免疫攻毒法：用 1～2 月龄 SPF 鸡 10 只，每只滴鼻接种疫苗 0.05 mL，接种 3 周后，连同对照鸡 5 只，分别鼻腔接种上述禽流感株病毒液 0.1 mL（含 100 LD_{50}），连续观察 14 d，对照鸡应全部发病死亡，免疫鸡应全部健活。

【保存与使用】－20℃以下保存，有效期 12 个月。用于预防鸡的 H5 亚型禽流感和新城疫。使用时，按标签注明的羽份，用生理盐水或其他稀释液适当稀释。每只点眼、滴鼻接种 0.05 mL（含 1 羽份）或腿部肌内注射 0.2 mL（含 1 羽份）。二免后加强免疫，如采用饮水免疫途径，剂量应加倍。推荐的免疫程序 NDV 母源抗体 HI 滴度降至 1∶16 以下或 2～3 周龄时首免，首免 3 周后加强免疫。以后每间隔 8～10 周或新城疫 HI 抗体滴度降至 1∶16 以下，肌内注射、点眼或饮水加强免疫一次。

(四)诊断制剂

常用的实验室诊断方法有病毒血凝试验和血凝抑制试验、血清中和试验、ELISA 试验、胶体金试验、RT-PCR 和 qRT-PCR 等。

这里重点介绍病毒浓缩抗原。

【毒种】鸡新城疫 LaSota 弱毒株。

【制造要点】病毒增殖按常规方法进行。抗原浓缩纯化：取鸡胚尿囊液 6 000 r/min 离心 60 min，取上清液加 8% PEG2000 和 1%～2% NaCl，边加边搅拌，4℃过夜，10 000 r/min 离心 60 min，去上清液后，加入适量 PBS，混匀，再经 40 000 r/min 离心 2 h，取沉淀加入少量 PBS，过夜浓缩 200 倍，充分溶解后加入 0.1%甲醛，36℃灭活 16 h。测定 HA 后分装，－20℃保存。

【质量标准】测定血凝效价。以 PBS 或生理盐水稀释浓缩抗原，用 1%鸡红细胞测定其血凝效价，HA≥1∶400。

(五) 治疗制剂

这里重点介绍高免血清。

【种毒】ND 弱毒苗和灭活疫苗。

【制造要点】以 5～10 倍免疫剂量肌内注射免疫健康鸡群 2～3 次，间隔 10～14 日后加强免疫，7 d 后采血，HI 价达 1∶128 以上时即可颈动脉采血，分离血清，加入青霉素和链霉素各 500～1 000 μg/mL。

【质量标准】需要做如下检验。

①安全检验：用 30～60 日龄 SPF 鸡 10 只，各肌内或颈部皮下分点注射本制剂 4 mL。观察 10 d，应全部健活。

②效力检验：测定 HI 血清抗体效价应不低于 1∶512。也可采用免疫攻毒法，即用 30～60 日龄 SPF 鸡 15 只，其中 10 只各肌内注射本品 1 mL，另 5 只各注射生理盐水 1 mL。作为对照。24 h 后，所有鸡各肌内注射鸡新城疫病毒强毒(CVCC AV1611 株)1 mL，(含 10^4 EID_{50})，观察 10 d，对照组应全部死亡，接种本制剂的 10 只鸡中应至少保护 8 只。

此外，也可制备高免卵黄抗体，卵黄抗体 HI 价应达 1∶512 以上。卵黄抗体也应通过安全检验。

二、鸡马立克病

马立克病(Marek's disease，MD)是由病毒引起的一种淋巴组织增生性慢性肿瘤病。

(一)病原

马立克病病毒(Marek's disease virus，MDV)属 α 疱疹病毒亚科马立克病毒属，核衣壳呈二十面体对称，直径 85～100 nm，衣壳上有 162 个壳粒，有囊膜或无囊膜。在羽囊上皮细胞上的有囊膜的病毒粒子直径为 273～400 nm。MDV 含有线性双股 DNA，长约 175 kb，可编码 100 多个蛋白质。

MDV 分为Ⅰ型(致病性毒株)、Ⅱ型(非致病性毒株)、Ⅲ型(火鸡疱疹病毒，HVT)3 个血清型。Ⅰ型毒株据其毒力和致癌性不同又分为三个病理型，即温和 MDV(mMDV，如 CU_2 株)、强毒 MDV(vMDV，如 JM、GA 和 HPRS-16 株)及超强毒 MDV(vvMDV，如 Md_5 和 RB1B 株)。3 个血清型生物特性也不相同，血清Ⅰ型病毒在鸭胚成纤维细胞(DEF)或鸡肾细胞培养上生长最好，缓慢产生小蚀斑；致弱的血清Ⅰ型病毒和血清Ⅱ型病毒在鸡胚成纤维细胞(CEF)上生长最好，缓慢产生含有大合胞体的中等大小蚀斑；血清Ⅲ型病毒(如 HVT)在 CEF 上生长最好，速度快且产生大蚀斑。细胞病变(CPE)常为分散的局灶性病变，成熟时由圆形折光的变性细胞簇组成。

为了保持 MDV 和 HVT 的活性，MDV 和 HVT 的细胞结合毒应在含 10%～20%犊牛血清和 5%～10% DMSO 的 199 营养液中于－196℃（液氮）保存。pH 8 至 pH 11 处理 10 min、4℃保存 2 周、25℃经 4 d、37℃经 18 h、56℃经 30 min 或 60℃经 10 min 都可使来源于皮肤的 MDV 游离细胞毒失活，因此 MDV 和 HVT 游离细胞毒应尽量保持于－70℃及以下保存，并加入一定量的 SPGA 稳定剂冷冻干燥保存。

（二）免疫

MDV 感染后可引起细胞免疫应答和体液免疫应答。针对 MD 的免疫以细胞免疫应答为主。MD 疫苗免疫产生的作用包括抵抗早期抗病毒感染，特别是在其后阻止淋巴细胞的转化和增生。先天性免疫应答也在抵抗 MDV 感染过程中起到了重要作用。鸡的遗传因素的差异影响不同鸡的品种或品系对 MDV 的易感性，已经有一些免疫基因被认为和某些鸡种抵抗 MDV 有关，如 MHC 位点、IL-6、IL-18 或 IFNγ 等位点。鸡感染 MDV 后 1～2 周即可检出抗体，且可在鸡体内终生存在。雏鸡 3 周内带有母源抗体，从而降低感染的程度。也有认为雏鸡的早期感染带毒是后期免疫失败的原因之一。

（三）疫苗

在早期使用 HVT 活疫苗后起到了良好的预防效果，MD 的发病率也一度得到控制，但随着病毒毒力的攀升，免疫失败频发。根据 MDV 毒力的强弱，可将 MDV 分为 4 种不同的毒力类型：温和型（mMDV）、强毒型（vMDV）、超强毒型（vvMDV）和特超强毒型（vvplusMDV）。MDV 毒力在不停地变异，生产实际中仍需要研制新型 MD 疫苗（包括基因工程疫苗）。

该病的疫苗（表 11-1）免疫，是防治最为关键的措施。目前的疫苗包括人工致弱的 MDV（如 CVI 988）、自然不致瘤的 MDV（如 SB1、Z4）和 HVT（如 FC126）。HVT 疫苗使用最广泛，由于 HVT 疫苗具有异源、无毒、易冻干、运输方便、免疫效果好等优点而在全世界广泛使用，但其不能抵抗马立克超强毒的感染。多价疫苗主要由自然不致瘤的 MDV 或人工致弱的 MDV 和 HVT 组成。人工致弱的 MDV 和 HVT 为细胞结合疫苗，需在液氮条件下保存。防止在出雏室和育雏室的 MDV 早期感染是疫苗免疫成功与否的关键。此外，选择对 MDV 不易感的抗病品系鸡也是减少 MD 的一个重要方向。

表 11-1　马立克病疫苗种类

疫　苗	血清型	毒　株	保存条件/℃
致弱疫苗	Ⅰ	Md11/75c、CVI 988、K	－196
天然弱毒疫苗	Ⅱ	SB-1、HN、298B、298C、Z4	－196
HVT 疫苗	Ⅲ	Fc126、Ac16、WTHV-1	冻干
双价或多价苗	Ⅱ＋Ⅲ	301B/1＋HVT、SB1＋HVT、Z4＋HVT	－196
	Ⅰ＋Ⅲ	CVI 988＋HVT	－196
	Ⅰ＋Ⅱ＋Ⅲ	Md11/75c＋SB－1＋HVT	－196
	Ⅰ＋Ⅱ＋Ⅲ	CVI 988＋HCV2/B5＋HVT	－196

1. 血清Ⅰ型疫苗

【毒种】Md11/75c、CVI 988 或 K 株。其中 K 株为天然弱毒活疫苗，其毒株稳定，安全，免疫原性好，接种鸡后可产生高水平抗体，并对同群鸡散播感染。缺点是这类疫苗属细胞结合性的，必须保存在液氮中，难于在基层推广。我国研制成功 MDV 814 弱毒疫苗，毒株为 K 株，也属于这类疫苗。Md11/75c 疫苗对无母源抗体鸡群抵抗强毒株感染比用血清Ⅱ和Ⅲ型疫苗保护率更高，但对有母源抗体的鸡群保护率低，用鸡检测发现其比血清型Ⅱ(SB-1)、血清型Ⅲ(HVT)苗中和作用更敏感。CVI988 克隆疫苗已普遍使用，多次使用传代后的高代次的 CVI 988 克隆疫苗效果降低，需将其疫苗毒在鸡体回归数代后方可提高疫苗免疫力。

以 K 株为例：①用 1 000 以上空斑形成单位(PFU)接种 4～6 d 鸡胚卵黄囊，观察至 18～19 日龄，不应出现死亡。取尿囊液通过鸡胚尿囊腔接种传代 3 代，其尿囊液对鸡红细胞凝集应为阴性。②用 1 000 PFU 以上腹腔注射 1 日龄小鸡，观察 90 d 以上。应无 MD 症状，剖检无 MD 病变。③用 1 000 PFU 肌内接种 1 日龄白洛克小鸡 20 只，21 日龄时连同对照鸡用京-1 株强毒 0.2 mL，腹腔注射攻毒，观察 2 个月，对照组 MD 阳性率(死亡鸡及剖杀鸡 MD 肉眼病变阳性)应在 60%以上，免疫鸡保护率应在 75%以上。④接种适量的种毒于细胞单层，38℃培养 2～3 d，细胞病变应达 70%～100%。⑤种毒－196℃(液氮)保存期 3 年以上。制苗用种毒代次为 25～45 代。

【制造要点】用 12～13 日龄鸡胚制备鸡胚皮肤细胞或用 9～10 日龄鸡胚制备鸡胚成纤维细胞，培养 24 h 形成细胞单层。取液氮保存的毒种，于鸡胚皮肤细胞单层上复壮 1～2 代。当 CPE 达 70%以上时用胰酶消化，加适量 199 营养液，吹散细胞即为种子毒液。单层细胞以(1∶60)～(1∶100)细胞感染比接种病毒液，继续培养至出现 70%以上 CPE，用胰酶消化或机械刮脱、分散细胞后低速离心，收集沉淀细胞。加入细胞保存液，使细胞均匀分散后分装、封口，再保存于液氮中。

【质量标准】物理性状上，应为淡红色细胞悬液。通过检验应无菌、无支原体，无外源病毒。

①安全检验：用 10 日龄的 SPF 鸡胚 10 只，以 10 倍稀释的疫苗以尿囊腔接种 0.1 mL/胚，孵育 5 d 后收集尿囊液，其不凝集鸡红细胞，接种后 24～120 h 内死亡胚不超过 20%，死亡鸡胚尿囊液不凝集鸡红细胞，判为合格。

②效力检验：疫苗做 10^{-3}、10^{-4} 等梯度稀释，分别取 0.2 mL 接种细胞单层，加入适量维持液后于 37℃培养 24 h，之后做蚀斑形成试验，培养 5～7 d 后，计算病毒蚀斑数(PFU)，每羽含病毒 1 500 PFU 即为合格。

【保存与使用】疫苗应液氮保存、运输，保存期 1 年。用稀释液稀释后 2 h 内用完。注射后 8 d 产生免疫力，免疫期 18 个月。

2. 马立克病火鸡疱疹病毒活疫苗

火鸡疱疹病毒(HVT)可从细胞中释放出游离细胞病毒，可制成冻干疫苗。HVT 疫苗毒株已有 Ac16、WTHV-1、WHG、NSW/70 及 TAM1 等上百种之多，我国用 Fc126 毒株。由于本疫苗已经不能有效抵抗超强毒感染，因此使用量逐渐减少。

【毒种】以 Fc126 毒株为例：①用 1 万 PFU 以上剂量由卵黄囊接种 4～5 日龄鸡胚，观察至 18～19 日龄，应不致死鸡胚，尿囊膜应有 HVT 典型痘斑，胚体出现绿肝等特征性病变。由尿囊腔接种鸡胚，取尿囊液做鸡红细胞凝集试验为阴性。②对 1 日龄雏鸡肌内或腹腔接种的最小感染量应低于 1 000 PFU，在 2 周龄以后扑杀接种，做肾细胞培养应出现典型的火鸡疱疹病毒细胞病变。③用 1 日龄健康雏鸡 20 只，每只腹腔接种 1 000 PFU，观察 70～90 d，应全部无 MD 临床症状和肉眼病变。④免疫原性检测，1 日龄白洛克健康鸡 20 只肌内接种 1 000 PFU，于 21 日龄时连同对照鸡 20 只，用京-1 株强毒 10^{-3}～10^{-1} 0.2 mL 腹腔注射攻毒，观察 8 周。对照组 MD 阳性率不低于 60%，免疫组 MD 减少率应在 70%以上。⑤种毒继代方法，冻干苗用 SPGA 稳定剂稀释，液氮保存的细胞毒在 37～40℃温水中速融后，1 000 r/min 离心 10 min，细胞沉淀用 199 液或 SPGA 做成 1∶5 悬液，以 0.5 mL 接种 24 h 的 100 mL 方瓶培养的鸡胚成纤维细胞单层。冻干毒需在 37℃吸附 60～72 min。细胞病变达 70%以上，以 0.25%胰酶和 EDTA(1∶1)液消化并分散细胞，收获的细胞经 1 000～1 500 r/min 离心 5～10 min，取沉淀细胞加入 10%犊牛血清、10% DMSO 及 100 μg/mL 青霉素和 100 μg/mL 链霉素组成的 199 营养液，用 5.6% $NaHCO_3$，调节 pH 至 7.0～7.2，分装小安瓿后封口保存；或于收获的细胞中加入 SPGA 稳定剂，经超声波裂解后冻干保存。细胞毒或冻干毒应无菌，细胞毒 PFU 为 20 万 PFU/mL 以上，冻干毒为 30 万 PFU/mL 以上。

【制造要点】用 9～10 日龄鸡胚制备鸡胚成纤维细胞。一般要求在 16～24 h 内形成单层，然后接毒。冻干或液氮保存种毒接种于鸡胚成纤维细胞上复壮继代 1～2 代，选培养 48～72 h、CPE 达 70%以上者，按种毒继代方法收获处理，作为种毒液。以(1∶60)～(1∶100)细胞感染比接毒，37℃培养 64～72 h，待 CPE 达 60%时用(1∶4)～(1∶6)胰酶-EDTA 消化细胞，加入适量营养液后离心收集沉淀细胞。加入适量 SPGA 稳定剂悬浮细胞，用超声波裂解，即为原苗。配苗、分装、冻干制成。

【质量标准】物理性状为淡红色均一的细胞悬液。按照规定进行无菌检验、无支原体检验和无外源病毒检验。

①安全检验：用 10 日龄的 SPF 鸡胚 10 只，以 10 倍稀释的疫苗由尿囊腔接种 0.1 mL/胚，孵育 5 d 后收集尿囊液，其不凝集鸡红细胞，接种后 24～120 h 内死亡胚不超过 20%，死亡鸡胚尿囊液不凝集鸡红细胞，判为合格。

②效力检验：疫苗以 SPGA 液稀释，接种细胞单层，吸附后加入含 2%犊牛血清的 199 营养液，继续培养 24 h，除去营养液，覆盖含 5%小牛血清的 MEM 营养琼脂，继续培养 4～6 d，分别计算 PFU，每瓶冻干苗不应低于 5 万 PFU。

【保存与使用】冻干苗 4℃保存，有效期 6 个月；－10℃以下保存，有效期 1 年。适用于各品种的 1～3 日龄雏鸡。使用时加入适量 SPGA 稀释液稀释，每只鸡肌内或皮下注射 0.2 mL(含 1 600 个 PFU)，稀释的疫苗应置于冰浴中并避免日光照射，1 h 内用完。

3. 双价和多价活疫苗

由于 MD 毒力逐步增强，免疫失败多发，可使用双价或多价苗加强保护。双价或多价疫苗具有协同保护作用，优于单价疫苗。

以鸡马立克病双价活疫苗(Z4＋HVT)为例介绍如下。

【毒种】MDV Ⅱ型 Z4 毒株、HVT Fc126 毒株。

【制造要点】如上述 MDV 活疫苗的制造方法，将种毒接种于鸡胚成纤维细胞，待出现 70% CPE 后，用胰酶-EDTA 消化收获细胞，离心沉淀细胞，加入适量的 DMSO 细胞冻存液，分装后于液氮保存。

【质量标准】各种检验同上，其中安全检验和病毒含量测定如下。

①安全检验：用鸡胚检验同上。或用 10 只 1 日龄健康鸡接种 10 羽份剂量疫苗，观察 2 周，应无异常反应。

②病毒含量测定：用免疫荧光蚀斑计数法，即每批疫苗抽样 3 瓶，稀释成 10^{-3}、10^{-4}，接种 2 块 24 孔板细胞单层，每孔 0.1 mL(每个样品每个稀释度重复 4 孔)，吸附 1 h 后每孔加入维持液 1 mL。37℃培养 3～4 d 后弃培养液、用 PBS 洗 2 次，加入冷甲醇(－30℃)固定 10～15 min，用 PBS 洗 3 次后，加入工作浓度的 MDVⅡ型或Ⅲ型单抗、另二孔加Ⅲ型单抗，37℃孵育 30 min，用含 0.05%吐温的 PBS 洗 3 次，于荧光显微镜下计数蚀斑，计算 Z4 和 Fc126 蚀斑平均数，以 3 个样品中最低的蚀斑数，确定每批双价疫苗的使用头剂，每羽剂在 Z4 不低于 150 PFU，Z4＋Fc126 不低于 1 500 PFU，每瓶疫苗不应低于 75 万 PFU。

【保存与使用】疫苗应液氮保存、运输，保存期 1 年。用稀释液稀释后 2 h 内用完。注射后 8 d 产生免疫力，免疫期 18 个月。

三、鸡传染性支气管炎

传染性支气管炎(infectious bronchitis，IB)是鸡的一种急性、高度传染性、呼吸道和泌尿生殖道损伤的病毒性疾病。

(一)病原

病原传染性支气管炎病毒(infectious bronchitis virus，IBV)属冠状病毒科，呈多形态，多为圆形，有囊膜，直径 90～120 nm，表面有杆状纤突，长约 20 nm。IBV 为单股正链 RNA 病毒，含有 3 种特异蛋白，即纤突蛋白(S)、基质蛋白(M)和核衣壳蛋白(N)。

该病毒可在 10～11 日龄的鸡胚中增殖，并造成鸡胚的侏儒症状。初次分离的毒株一般不致死鸡胚，但随着鸡胚传代次数的增加，毒株对鸡胚的毒力逐渐增强。出现死胚的情况。在 10～11 日龄鸡胚中接种约为 10^7 EID_{50} 病毒，37℃ 12 h 或 32℃ 24 h 尿囊液中 IBV 可达到高峰且滴度相似，绒毛尿囊膜的病毒滴度比尿囊液中的滴度更高。37℃24 h 或 32℃48 h 引起鸡胚死亡，但 42℃孵化 12 h 鸡胚即死亡，且只有较低的病毒滴度。一般情况下，接种 10^4 EID_{50} 置 37℃36～40 h 可达到最高滴度。随着鸡胚传代次数的增加，IBV 病毒也能逐渐适应鸡胚原代细胞，一般在鸡胚传代 4～6 代后，病毒可在鸡胚肾细胞(CEK)和鸡肾细胞(CK)上繁殖并形成病变和蚀斑，蚀斑的大小和形态因毒株而异，多数毒株在 40℃下培养引起的蚀斑要比在 37℃培养所产生的蚀斑大。病毒感染 CEK 或 CK 细胞在 14～36 h 达到最高滴度。病毒在鸡胚肝(CEL)细胞培养可与在 CEK 细胞培养达到相同的滴度，在鸡胚中的滴度比在 CEK 和 CK 细胞培养中的要高 10～100 倍，也比 CEL 细胞敏感，接种 IBV Beaudette 株于 CK 细胞，在 pH 6～9 的条件下可达到相近的最大滴度。最佳 pH 为 6.5。经鸡胚及 CK 细胞多次传代后可在 CEF 中增殖，但滴度要比在 CK 细胞中低几个 Log10，当培养液中有胰酶存在时可形成蚀斑。此外，IBV Beaudette 株、M41 株及 Iowa-97 侏已适应于 Vero 细胞，有的毒株也可在 BHK21 细胞生长，但都不能在 HeLa 细胞生长。接种 IBV Beaudette 株 6 h 后、CK 细胞即开始形成合胞体，18～24 h 后合胞体中的核数达 20～40 个或更多，同时合胞体形成空泡，核出现圆缩、脱落。此外 IBV 也常用 20 日龄鸡胚气管环组织培养，进行 IBV 的分离和鉴定。经特殊处理的鸡胚尿囊液病毒可以凝集鸡红细胞。

56℃ 15 min 可以灭活病毒，尿囊液毒在－30℃下保存几年仍有活性，冻干毒冰箱保存 30 年后仍存活。在培养细胞中，pH 6.0～6.5 下培养要比在 pH 7.0～8.0 条件下稳定。病毒对普通消毒剂敏感，0.05%～0.1% BPL 或 0.1%甲醛处理可使 IBV 失去感染性，仅用 BPL 处理对 IBV 的血凝抗原活性无影响。

(二)免疫

多数证据表明 S1 蛋白在诱导中和抗体上起到了重要作用,但由于该病毒具有多血清型性及毒株毒力的变异性,因此对防止 IB 发病的保护机制上仍然了解不足。黏膜免疫和局部抗体在防止 IB 的二次感染中起到一定作用。但抗体并不是构成 IB 免疫的唯一指标,有些实验证实,虽然检测不到抗体,但实验鸡仍然能够诱发免疫保护。细胞免疫应答在 IBV 感染过程中起到重要作用,包括细胞毒性 T 细胞的活化。

(三)疫苗

疫苗免疫是预防该病的重要方法,可根据不同的病型选择合适的疫苗。我国常用的疫苗为 Massachusetts 型的 H120、H52 和肾型的 W93 株等。由于 IBV 血清型众多,可以根据实际情况选择合适的毒株免疫。

1. 灭活疫苗

【毒种】我国用 H52 株、M41 株、F 株及肾病变型毒株研制灭活苗。

【制造要点】种毒通过尿囊腔接种 9～11 日龄鸡胚,0.2 mL/胚,48 h 后取尿囊液,0.3%甲醛 4℃灭活 24 h。按水相∶油相 1∶3 比例混合乳化成油包水型苗检验。

【质量标准】物理性状应为乳白色乳剂,质量均匀,无分层现象。

①安全检验:取 4 周龄 SPF 鸡 10 只,每只鸡肌内注射疫苗 2 羽份,观察 14 d,无异常反应。

②效力检验:取 3～4 周龄 SPF 鸡 10 只,点眼接种 1 羽份,21 d 后,分别采血,再肌内注射灭活疫苗 1 羽份,28 日后分别采血。将 2 次血清分别做 HI 试验,如二免血清的 HI 几何平均滴度比首免血清 HI 高 3 倍以上,即为合格。

【保存与使用】2～8℃保存,不可冻结,有效期 1 年。

2. 活疫苗

我国批准生产鸡传染性支气管炎活疫苗有 H120 株、H52 株、LDT3-A 株、B48 株、Ma5 和 W93 株活疫苗及多联苗等。

(1) H120 株和 H52 株　介绍如下。

【毒种】IBV 的 H120 株和 H52 株。

【制造要点】用灭菌生理盐水将 H120 或 H52 毒种稀释 10～100 倍,以 0.1 mL 接种 10～11 日龄鸡胚尿囊腔,37℃孵育 30～36 h,废弃死胚,气室向上直立置 0～10℃ 4～24 h,收获鸡胚尿囊液,冷冻保存。鸡胚尿囊液加等量灭菌 5%蔗糖脱脂乳混匀,过滤后加双抗分装、冻干。

【质量标准】物理性状为淡黄或微红色海绵状疏松团块,加稀释液后迅速溶解。

①安全检验:分别按以下方法操作。

a. H120 疫苗:冻干疫苗稀释 5 倍,每只滴鼻 0.05 mL,2～7 日龄 SPF 雏鸡 10 只连同 10 只对照鸡,观察 10 d,应无呼吸异常及神经症状,任何一组雏鸡不得有 5 只以上死亡。如两组雏鸡死亡数相等,或试验组雏鸡比对照组死亡数少时,疫苗判为合格。如试验组雏鸡死亡数比对照组多,但不超过 2 只,疫苗也判为合格,否则重检 1 次。

b. H52 疫苗:将疫苗稀释 5 倍,滴鼻接种 1 月龄健康鸡 10 只,每只 0.05 mL,观察 14 d,应不出现任何症状。

②效力检验：分别按以下方法操作。

a. H120 疫苗：用灭菌生理盐水按实含病毒量稀释成 10^{-5}、10^{-6}、10^{-7} 3 组，每组接种 10 日龄鸡胚 6 只，每胚尿囊腔接种 0.1 mL，连同对照胚 6 只，37℃孵育，观察 6 d。以第 2～6 天死亡胚和 6 d 内存活胚但胚体具有失水、蜷缩、发育小等，且 EID_{50} 10^7/mL 为合格。也可用 1～3 日龄雏鸡 10 只检验，即用生理盐水将疫苗 10 倍稀释，每鸡滴鼻 1 滴，10～14 d 后连同对照鸡 10 只，每只用 10 倍稀释的强毒滴鼻 1～2 滴，观察 10 d，免疫鸡保护率在 80%以上，对照鸡发病不低于 80%，判为合格。

b. H52 疫苗：鸡胚检验与 H120 疫苗同。也可用 21 日龄健康鸡 5 只检验，用生理盐水将苗稀释 10 倍，每鸡滴鼻 1 滴或气管注射 0.1 mL；接种后 14～21 d 采血分离血清，检测 3 只以上鸡的中和抗体。抗体效价在 1∶8 以上，则判疫苗合格。

【保存与使用】－15℃保存，有效期 1 年。H120 疫苗适用于初生雏鸡，饮水、滴鼻；H52 疫苗专供 1 月龄以上鸡饮水或滴鼻。

(2)W93 株　介绍如下。

【毒种】IBV 的 W93 株。

【制造要点】W93 株接种 10～11 日龄鸡胚尿囊腔，37℃孵育，收获鸡胚尿囊液加稳定剂冷冻保存。

【质量标准】物理性状为乳白色海绵状疏松团块，加稀释液后迅速溶解。

①安全检验：疫苗接种 3～10 日龄 SPF 雏鸡 10 只，连同 10 只对照鸡，观察 28 d，应无症状，若有 1 只有一过性反应，2～3 d 恢复，剖检确定肾脏无明显病变，可判为合格。

②效力检验：用灭菌生理盐水按实含病毒量 10 倍比稀释，接种 9～10 日龄鸡胚，计算病毒含量，每羽应大于 $10^{4.7}$ EID_{50}。也可用 7～14 日龄 SPF 鸡 10 只检验，即用生理盐水将疫苗 10 倍稀释，每鸡滴鼻 1 滴，14 d 后连同对照鸡 10 只，每只用 10 倍稀释的强毒滴鼻点眼(0.5～1)$\times 10^5$ EID_{50}，观察 28 d，免疫鸡保护率在 80%以上，对照鸡发病不低于 80%，判为合格。

【保存与使用】－15℃保存，有效期 1 年，用于肾型 IB 的预防。

(3)Ma5 株　介绍如下。

【毒种】IBV 的 Ma5 株。

【制造要点】Ma5 株接种 10～11 日龄鸡胚尿囊腔，37℃孵育，收获鸡胚尿囊液加稳定剂冷冻保存。

【质量标准】

①安全检验：疫苗接种 1 日龄 SPF 雏鸡 10 只，点眼 10 羽份，观察 21 d，应无症状。

②效力检验：用灭菌生理盐水按实含病毒量 10 倍倍比稀释，接种 9～10 日龄鸡胚，计算病毒含量，每羽应大于 $10^{3.5}$ EID_{50}。

四、鸡传染性喉气管炎

传染性喉气管炎(infectious laryngotracheitis，ILT)是鸡的一种急性、接触性上部呼吸道传染病。

(一)病原

传染性喉气管炎病毒(infectious laryngotracheitis virus，ILTV)是疱疹病毒 α 亚科的成

员，核衣壳呈二十面体对称，直径80～100 nm，有囊膜，直径为195～250 nm。ILTV的主要的免疫原为其囊膜糖蛋白，目前已经鉴定的有gB、gC、gN、gM、gG和gJ。

该病毒能在鸡胚中增殖，引起鸡胚绒毛膜形成中央凹陷边缘不透明的痘斑。在接种鸡胚后48 h能观察到坏死区的痘斑，2～12 d后鸡胚死亡。感染鸡胚存活时间随传代次数的增加而缩短。ILTV可以在鸡胚肝(CEL)、鸡胚肾(CEK)和鸡肾细胞(CK)中增殖，Vero细胞系和鸡胚成纤维细胞(CEF)不敏感。病毒感染细胞后出现细胞折光性增强、细胞膨胀、出现合胞体，染色质移位，核仁变圆及出现核内包涵体。

该病毒对外界环境因素的抵抗力中等，病毒对脂溶剂非常敏感，55℃ 10～15 min可灭活病毒，3%来苏儿、1%烧碱可在1 min内灭活病毒。在4℃甘油和肉汤中病毒的感染性可以保持几个月。

(二)免疫

ILTV感染后可迅速激活体液免疫应答和细胞免疫应答。接种疫苗后可在5～7 d后检测到中和抗体，21 d左右抗体达高峰，之后抗体水平就逐渐消退，但在之后1年或更长时间都可检测到中和抗体。细胞介导免疫应答在ILTV的感染过程中起重要作用，可以引起迟发型超敏反应。ILTV的母源抗体不能提供感染保护，也不会影响疫苗的免疫。

(三)疫苗

1. 活疫苗

【毒种】SA_2毒株，对鸡胚EID_{50}为$10^{6.83}$/mL，在绒毛尿囊膜上形成典型痘斑。疫苗毒株主要通过细胞传代，鸡的毛囊传代致弱育成，或选用地方流行的弱毒力株。由于接种疫苗后可引起带毒，故仅在流行地区使用。

【制造要点】将种毒液尿囊腔接种10～11日龄SPF鸡胚或鸡胚成纤维细胞，37℃培养后，收获鸡胚尿囊液及绒毛尿囊膜或感染细胞混合磨碎制成乳剂，加保护剂，冻干。

【质量标准】疫苗为浅红色海绵状疏松团块，加稀释液后迅速溶解。

①安全检验：点眼或滴鼻接种3～5周龄健康易感雏鸡5只，0.1 mL/只，观察10～14 d，应无任何副反应；或在接种后3～5 d有轻微眼炎或轻度咳嗽，2～3 d内恢复正常。

②效力检验：两种方法任选一种。

a. 用鸡胚检验：将疫苗接种10～11日龄易感鸡胚，每组5只，每只绒毛尿囊膜接种0.2 mL，37℃培养120 h后取出，于冰箱内冷却致死，剖检鸡胚，绒毛尿囊膜应有增厚病斑。每羽份≥$10^{2.7}$ EID_{50}为合格。

b. 用鸡检验：用疫苗接种免疫5周龄以上易感鸡4只，点眼或滴鼻。21 d后连同对照鸡4只，气管注射ILTV强毒，0.2 mL/只，观察10 d，免疫鸡全部无临床症状，对照鸡3/4出现眼炎和呼吸道症状，判为合格。

【保存与使用】－15℃以下保存，有效期12个月。适用于5周龄以上鸡，点眼、滴鼻均可。

2. 灭活疫苗

【毒种】2～3代ILTV强毒株。

【制造要点】将毒株接种SPF鸡胚，取有特征病变的鸡胚绒毛尿囊膜磨碎，加入甲醛37℃灭活24 h，再加入氢氧化铝胶，振荡30 min，制成鸡胚绒毛尿囊膜灭活疫苗。也可取感染

120 h 的鸡胚(EID_{50} 为 $10^{3.77}$/0.2 mL)，剪碎研磨，取尿囊液与之混合后超声波处理，再用甲醛灭活后加入氢氧化铝胶制成鸡胚尿囊液灭活疫苗。

【质量标准】外观为乳白色，剂型为油包水或水包油。

①安全检验：用 3～5 周龄 SPF 鸡 6 只，肌内或皮下注射疫苗 1 mL，观察 14 d，无局部或全身反应。

②效力检验：用 3～5 周龄 SPF 鸡免疫后攻强毒 ILTV，免疫组无发病，对照组 3/4 发病。

【保存与使用】稀释后疫苗应放冷暗处，4 h 内用完。

五、鸡传染性法氏囊病

传染性法氏囊病(infectious bursal disease，IBD)又叫甘布罗病，是一种严重危害雏鸡的免疫抑制性、高度接触性传染病。

(一)病原

传染性法氏囊病病毒(infectious bursal disease virus，IBDV)属于双 RNA 病毒科。该科病毒的基因组由两个片段的双股 RNA(dsRNA)组成，因此被命名为双 RNA 病毒。该病毒具有单层衣壳，无囊膜，呈 20 面体立体对称，其直径 55～65 nm。IBDV 的基因组由 A、B 两个片段的双链 RNA 组成。已确认 IBDV 有 5 种病毒蛋白，分别为 VP1、VP2、VP3、VP4 和 VP5。

鸡胚可用于增殖病毒，10 日龄鸡胚在接种病毒后 3～5 d 出现死亡。许多 IBDV 毒株已适应鸡胚来源的细胞培养物，并能产生细胞病变效应。采用鸡胚成纤维细胞(CEF)可培养鸡胚适应的 IBDV 毒株。适应毒可在鸡胚法氏囊细胞、鸡胚肾细胞、火鸡和鸭胚细胞、兔肾细胞、猴肾细胞(Vero)等细胞上生长。

IBDV 在环境中非常稳定。在 56℃ 经 5 h 后病毒仍有活力，70℃ 经 30 min 可使病毒失活。病毒在 0.5%甲醛溶液中 6 h 或 1%甲醛溶液中 1 h 感染效价显著下降。复合碘对病毒有灭活作用。在碱性条件下(pH 12)可被灭活，3%煤酚皂溶液可用于消毒。

(二)免疫

VP2 是诱导产生保护性抗体的主要抗原。正常情况下，野毒感染或免疫后 IBD 抗体水平都很高，中和滴度常达 1∶1 000 以上。成年鸡对经口感染有抵抗力，但通过肌内注射或皮下接种 IBDV 后能产生抗体。在表达 VP2 蛋白的重组鸡痘疫苗免疫鸡实验中，鸡群在缺乏可检测的中和抗体下产生了部分对 IBD 的保护力，由此发现细胞介导的免疫反应可能在抗 IBD 感染中起到重要作用。

由卵黄囊获得的母源抗体能够保护雏鸡免受 IBDV 的早期感染和防止由该病引起的免疫抑制。IBD 母源抗体的半衰期为 3～5 d。IBD 油佐剂疫苗能够刺激鸡体产生足够的母源免疫力，可以保护雏鸡 4～5 周。

(三)疫苗

常用疫苗包括中毒苗、弱毒苗和灭活苗两种，中毒苗有 CU-1M、D_{78}、TAD、B_{87} 和 BJ_{836} 等，弱毒苗有 PBG98、LKT、Bu-2 和 LZD258 等。可根据鸡的抗体水平和感染情况合理选择疫苗。疫苗会受到母源抗体干扰。它们能突破干扰的母源抗体滴度分别为 1∶250(中毒苗)和 1∶100(弱毒苗)。若母源抗体滴度小于 1∶100，则可选用低毒型疫苗。中毒型毒株的毒力有所不同，能导致1日龄和3日龄SPF鸡的法氏囊萎缩和免疫抑制。疫苗病毒可在胸腺、脾脏、法氏囊中复制，并持续存在2周。一旦母源抗体消失，持续存在疫苗即可引起初次抗体反应。

1. 灭活疫苗

(1)组织油乳剂灭活苗　简要介绍如下。

【毒种】IBDV强毒(CJ801株)或超强毒(如 HN_{914}、HBC_3 株)。

【制造要点】病毒接种7～8周龄敏感鸡后72 h，解剖病鸡，取病变法氏囊，加入适量PBS液制成匀浆，经反复冻融或超声波裂解后离心，取上清病毒液加入0.1%甲醛作用一定时间。接种敏感鸡安全检验，确认充分灭活，即可作为制苗病毒液。再按常规方法制备白油油相，并乳化，即制成油包水型灭活疫苗。疫苗外观为乳白色，剂型为油包水。

(2)细胞毒灭活疫苗　简要介绍如下。

【毒种】CJ801株和日本的IQ毒株。

【制造要点】将IBDV毒株接种于CEF进行增殖培养，毒价达到规定要求(如CJ801株 $TCID_{50}$ 应为 10^8/mL，IQ毒株PFU应为 10^7/mL)，即可作为制苗毒液。甲醛灭活后制成油佐剂灭活疫苗。

【质量标准】外观为乳白色。

①安全检验：用20～30日龄鸡20只，10只颈背部皮下注射疫苗2羽份，另外10只作对照，观察15 d剖杀，肌肉、法氏囊和脏器无可见病变。

②效力检验：用20～30日龄鸡20只，10只颈背部皮下注射疫苗1羽份，另外10只作对照，30 d后检测IBDV中和抗体，其几何平均值不低于5 000。或采取攻毒试验，免疫30 d后，用10倍稀释的毒株攻毒，每只0.2 mL，72 h后全部剖杀，检查法氏囊无可见病变，对照组至少8只有病变。

【保存与使用】稀释后疫苗应放冷暗处。使用方式为颈背部皮下注射。

2. 活疫苗

(1)中等毒力活疫苗　简要介绍如下。

【毒种】BJ_{836}、J_{87}、K_{58}、NF_8 和228E等中等毒力株。

【制造要点】接种病毒于9～10日龄鸡胚绒毛膜，37℃孵育至120 h，收获死胚绒毛膜、胚体及尿囊液，匀浆后加保护剂、冻干。或者接种于CEF，培养至出现70%以上CPE，收获细胞营养液，加入保护剂，冻干。

【质量标准】疫苗为浅红色海绵状疏松团块，加稀释液后迅速溶解。

①病毒含量测定：将疫苗适当稀释后接种易感鸡胚或CEF细胞，鸡胚苗每羽量应大于1 000 EID_{50}；细胞苗每羽剂含毒量应大于5 000 TCD_{50}。

②安全检验：用20只7～10日龄无IBD母源抗体雏鸡，分为两组，检测组点眼和口服10羽份的疫苗，对照组不接毒，隔离饲养观察21 d，均应健活，剖检法氏囊均应无明显的外观变化。

③效力检验：下列方法任选其一。

a. 对雏鸡的保护力测定用20只7～10日龄无IBD母源抗体的易感雏鸡，分成两组，各10只，一组点眼和口服1/5使用剂量疫苗，另一组作为对照，隔离饲养20 d后，取免疫组鸡和对照组鸡各10只，每只点眼攻毒0.05 mL (BC_{6-85}，强毒，100～1 000个 ELD_{50})，72 h后剖杀所有鸡、检查法氏囊变化。攻毒对照组鸡法氏囊病变应在80%以上，免疫组鸡法氏囊应80%

以上无病变，健康对照组鸡法氏囊不应有任何变化。

b. 对雏鸡免疫抗体效价测定同上，免疫后 20 d 采血，测定血清中和抗体，免疫组中和抗体效价应在 1∶320 以上，对照组中和抗体效价在 1∶20 以下为合格。

【保存与使用】供给有母源抗体的鸡使用，可以点眼、口服、注射和饮水使用。

(2)低毒力活疫苗　简要介绍如下。

【毒种】IBDV 低毒力 A_{80} 株。

【制造要点】接种易感鸡胚或 CEF 培养，收获感染鸡胚或细胞培养液，加适宜稳定剂，经冷冻真空干燥制成。

【质量标准】

①病毒含量测定：按实含鸡胚组织量用生理盐水做 10 倍梯度稀释，各接种 10 日龄 SPF 鸡胚，0.1 mL/胚，观察 144 h，每 0.1 mL 含毒量应大于 10^5 EID_{50}。

②安全检验：用 20 只 7～10 日龄无 IBD 母源抗体雏鸡，分为两组，检测组点眼和口服 10 羽份的疫苗，对照组不接毒，隔离饲养观察 14 d，均应健活，剖检法氏囊均应无明显的外观变化。

③效力检验：用 1～7 日龄易感鸡，方法同 IBD 中等毒力株活疫苗效力检验。

【保存与使用】−18℃保存，有效期 18 个月。本苗适用于无母源抗体雏鸡首次免疫，点眼、滴鼻、肌内注射或饮水免疫均可。

3. 新型疫苗

目前已制成 IBDV *VP*2 基因重组禽痘疫苗、IBDV *VP*2 基因重组火鸡疱疹病毒疫苗、IBDV *VP*2 基因重组酵母菌疫苗及 IBDV *VP*2 基因重组杆状病毒疫苗等新型疫苗。

*VP*2 基因工程亚单位疫苗

【毒种】IBDV 毒株的 VP2 蛋白。

【制造要点】将构建的 pET28a-VP2 重组质粒转化大肠杆菌 *E. coli* BL21 菌株，经发酵培养，诱导表达，破碎菌体，离心去除菌体碎片。经甲醛溶液灭活残留细菌后，加入矿物油佐剂混合乳化制成。

【质量标准】为乳白色乳剂，无分层。

①安全检验：取 3～8 周龄 SPF 鸡 10 只，每只肌内或颈部皮下注射疫苗 1.0 mL，观察 14 d，应不出现任何局部和全身不良反应。

②效力检验：下列方法任择其一。

a. 血清学方法：取只 3～8 周龄 SPF 鸡 20 只，其中 10 只肌内或颈部皮下注射疫苗，每只 0.25 mL，另外 10 只不接种，作为对照，同群饲养。接种后 21 d，采血，分离血清，用琼脂扩散试验检测 IBD 抗体滴度，免疫鸡应至少有 8 只琼脂扩散试验抗体效价大于等于 1∶8，对照鸡应全部阴性。

b. 免疫攻毒法：取 3～8 周龄 SPF 鸡 20 只，其中 10 只肌内或颈部皮下注射疫苗，每只 0.25 mL，另外 10 只不接种，作为对照。21 d 后，经点眼途径接种 100 倍稀释的 BC_{6-85} 株毒液 0.1 mL。攻毒后，至 72～96 h 扑杀存活鸡，观察法氏囊病变。免疫鸡应至少 8 只不发病，不出现法氏囊病变；对照鸡应至少 8 只发病或出现明显的法氏囊病变。

【保存与使用】2～8℃保存，有效期为 12 个月。颈部皮下或肌内注射。

(四) 诊断制剂

常用的诊断方法有 ELISA 检测与琼脂扩散试验(AGP)等，AGP 方法简便实用。

AGP 抗原

【毒种】IBDV 强毒(CS_{801} 株)或超强毒(如 HN_{914}、HBC_3 株)。

【制造要点】动物攻毒发病后，取法氏囊组织，经 3 次冻融的囊毒按 1～5 倍体积加入 PBS,4℃浸泡 24 h 后 3 500～40 00 r/min 离心 30 min，收集上清液，沉淀物用 PBS 悬浮后再经 10 000 r/min 离心 60 min，两次上清液合并后加入 0.1%～0.4%甲醛，37℃作用 20 h，即成灭活抗原。

【质量标准】与标准阳性血清做琼脂扩散试验，在 24 h 后出现 1～3 条沉淀线为合格。

【保存与使用】－20℃保存，有效期 2 年；－10℃保存，有效期 1 年。

(五) 治疗制剂

高免卵黄抗体是主要的治疗制剂，现介绍如下。

【毒种】鸡 IBDV 囊毒组织灭活油乳剂疫苗毒。

【制造要点】免疫接种健康产蛋鸡，一般免疫 2～3 次，每次间隔 10～14 d，待卵黄 AGP 效价达 1∶128 以上即可收蛋。无菌操作取出卵黄，加入适量灭菌生理盐水或 PBS，充分捣匀后用纱布过滤，硫酸铵法纯化抗体，加入 0.001%硫柳汞及 100 U/mL 青、链霉素制成。

【质量标准】本品为略带棕色或淡黄色透明液体，久置后瓶底可有少许白色沉淀，AGP 抗体效价应≥1∶32。

①安全检验：用体质量 18～22 g 小鼠 5 只，各皮下注射本品 0.5 mL；用 14 日龄 SPF 雏鸡 5 只，各皮下注射本品 10 mL。观察 10 d，小鼠和雏鸡应全部健活。

②效力检验：取 4～8 周龄 SPF 鸡 30 只，随机分为 3 组，每组 10 只。第 1 组为健康对照组，不注射任何药品，单独隔离饲养。第 2 组和第 3 组每只鸡点眼和滴鼻接种 IBDV SN93 株囊毒 0.1 mL(100 LD_{50})。24 h 后，第 2 组皮下注射生理盐水 2 mL。观察每组鸡发病和死亡情况至第 10 天。第 1 组试验期间鸡应全部健活。第 3 组鸡应于攻毒后 24～48 h 发病，48 h 后开始死亡，72 h 全部发病，7 d 内应死亡 8 只以上。第 2 组注射本品后 12 h，即攻毒后 36 h 发病 3～5 只，再经 8～12 h 后恢复正常，至观察结束时至少存活 9 只，判为合格。

【保存与使用】本品于 2～8℃保存，有效期 18 个月。皮下、肌肉或腹腔注射均可。每次注射的被动免疫保护期为 5～7 d。

六、禽脑脊髓炎

禽传染性脑脊髓炎(avian encephalomyelitis，AE)又叫流行性震颤，是一种主要侵害雏鸡的病毒性传染病，以共济失调和头颈震颤为特征。

(一)病原

禽脑脊髓炎病毒(avian encephalomyelitis virus，AEV)属于小 RNA 病毒科，肠道病毒属，病毒直径 20～30 nm，病毒粒子具有六边形轮廓，无囊膜。基因组全长 7 058 或 7 059 bp。编码包括 VP1、VP2、VP3 和 VP4 共 4 个结构蛋白，2A～2C，3A～3D 共 7 个非结构蛋白。

通过脑内接种可以感染鸡，通过卵黄囊接种可以感染 5～7 日龄鸡胚，某些鸡胚适应毒和野毒株可以在鸡胚成纤维细胞、鸡肾细胞等细胞上生长。野毒株一般均为嗜肠道型，鸡胚适应毒株为高度嗜神经型。

AEV 可抵抗氯仿、酸、胰酶、胃蛋白酶和 DNA 酶。在二价镁离子保护下可耐热。AEV 对甲醛熏蒸敏感，BPL 可以灭活病毒。

（二）免疫

自然感染和实验感染康复鸡能够产生中和 AEV 的循环抗体。在感染不同时间检测抗体，4～10 d 后琼脂扩散试验为阳性，11～14 d 病毒中和试验阳性，血清学阳性的鸡群，很少再次感染 AEV。来源于卵黄的母源抗体对于雏鸡的保护也比较坚强，感染后 11 d 所产蛋鸡孵出小鸡，已携有被动型母源抗体，可以抵抗接触性感染。4～6 周龄鸡血清中可以检测到中和抗体，8～10 周龄的雏鸡仍能抵抗口服感染。

（三）疫苗

1. 弱毒活疫苗

【毒种】该病活疫苗毒种为 1143 株，属于传代致弱的温和野毒株。制备疫苗过程中应采用严格的传代次限制，防止疫苗适应鸡胚返祖，造成临床感染。

【制造要点】将病毒接种 5～7 日龄 SPF 鸡胚卵黄囊，37℃培养 10 d，收获感染胚体，磨碎，过滤，加适当保护剂冻干制成。

【质量标准】疫苗为浅红色海绵状疏松团块，加稀释液后迅速溶解。

①安全检验：取疫苗溶解后接种 25 只 6～10 周龄 SPF 鸡，每只 10 羽份，观察 21 d，应无局部或全身反应。

②效力检验：测定病毒含量，每羽份病毒滴度应大于 $10^{2.5}$ EID_{50}。必要时可以采用攻毒试验，免疫 2～4 周龄易感雏鸡 10 只，免疫 3～4 周，与 10 只对照组共同攻 AEV 强毒，观察 7～20 d，免疫组至少 8 只鸡保护，对照组至少 8 只鸡有相应症状，即判为合格。

【保存与使用】－15℃以下保存，有效期 24 个月。接种方式为皮下刺种或饮水免疫。

2. 灭活苗

【毒种】毒价较高的鸡胚适应株或细胞适应株，病毒滴度 10^6 EID_{50}/0.1 mL。

【制造要点】鸡胚组织或细胞培养物经甲醛或 β-丙内酯灭活后，油乳剂混合乳化配苗制成。

【质量标准】外观为乳白色，剂型为油包水或水包油。

①安全检验：用 3～5 周龄鸡 6 只，肌内或皮下注射疫苗 1 mL，观察 14 d，无局部或全身反应。

②效力检验：用 4 周龄 SPF 鸡免疫 28 d 后攻强毒 AEV，观察 21 d，免疫鸡 8/10 得到保护，对照组 8/10 发病，判为合格。

【保存与使用】稀释后疫苗应放冷暗处，4 h 内用完。

七、禽病毒性关节炎

禽病毒性关节炎（avian viral arthritis，AVA）又称传染性腱鞘炎、腱炎腱裂综合征、呼肠孤病毒性肠炎或呼肠孤病毒性败血症。

(一)病原

禽病毒性关节炎病毒(avian viral arthritis virus,AVAV)属于呼肠孤病毒科,呼肠孤病毒属。无囊膜,仅有核衣壳,直径约 75 nm。衣壳呈二十面体。AVAV 为双股 RNA 病毒,病毒蛋白结构研究相对较少。

病毒通过卵黄囊接种,可以感染鸡胚,3～5 d 后死亡,绒毛尿囊膜接种可以使鸡胚在 7～8 d 死亡。病毒可以在原代鸡胚细胞、肾、肺、肝、巨噬细胞和睾丸细胞中增殖。以 2～6 周龄原代鸡肾细胞和鸡胚原代肝细胞最好,鸡胚成纤维细胞需要传代适应,适应 Vero、BHK21 等细胞也需要传代适应才能增殖。

病毒对热有抵抗力,可耐受 60℃ 8～10 h,37℃ 15～16 周,－20℃ 4 年以上。用 70%乙醇、0.5%有机碘和 5%的过氧化氢溶液可以灭活病毒。

(二)免疫

AVAV 感染后 7～10 d 可查出中和抗体。在有高水平循环抗体的情况下,病毒仍能感染鸡,目前抗体保护作用的机制仍然不清楚。但是母源抗体对 1 日龄雏鸡人工或自然感染具有一定程度的保护作用。由抗体提供的保护作用可能与血清型同源性、病毒的毒力、宿主年龄和抗体效价有关。肠黏膜上的特异性 IgA 对于限制病毒在机体内的扩散有重要作用。除了体液免疫外,细胞免疫应答和干扰素的产生对于限制 AVAV 的感染也起到重要作用。

(三)疫苗

1. 弱毒活疫苗

【毒种】活疫苗毒株有 S_{1133} 株和 UMO_{207} 株等,主要用于 7 日龄或更大日龄的雏鸡。7 日龄使用 AVA 活疫苗可能干扰马立克病免疫接种。

【制造要点】将病毒接种在鸡胚成纤维细胞上,37℃培养,48～120 h 产生细胞病变,收获感染细胞加入保护剂,冷冻真空干燥制成。

【质量标准】疫苗为浅红色海绵状疏松团块,加稀释液后迅速溶解。

①安全检验:取疫苗溶解后接种 10 只 1 日龄易感雏鸡,每只 10 羽份,观察 21 d,应无局部或全身反应。

②效力检验:用鸡胚成纤维细胞测定病毒含量,将病毒做 10^{-5}～10^{-8} 梯度稀释,接种细胞,37～39℃观察 4～7 d,计算 $TCID_{50}$,每羽份病毒含量应大于 $10^{3.5}$ $TCID_{50}$。

【保存与使用】－15℃以下保存。接种方式为颈部皮下注射。

2. 灭活苗

【毒种】灭活疫苗是由抗原性相似的几株病毒(如 S_{1133}、S_{1733}、S_{2408} 和 C_{08})经灭活后制备的油乳剂苗,主要用于成年母鸡,以保证雏鸡体内存有母源抗体。病毒滴度达到 $10^{5\sim6}$ $TCID_{50}$。

【制造要点】常规灭活苗配苗方法制成油乳剂苗。

【质量标准】外观为乳白色,剂型为油包水或水包油。

①安全检验:用 3～5 周龄鸡 10 只,肌内或皮下注射疫苗 1 mL,观察 14 d 无局部或全身反应。

②效力检验:用 4 周龄 SPF 鸡 10 只,免疫 21～28 d 后攻强毒 AVAV,观察 14 d,对照组足垫肿是免疫组的 2 倍,判为合格。

【保存与使用】稀释后疫苗应放冷暗处。使用方式为颈部皮下注射。

八、鸡传染性贫血

鸡传染性贫血(chicken infectious anemia,CIA)最早称为贫血综合征、蓝翅病、贫血因子病和贫血-皮炎综合征等。

(一)病原

该病病原为鸡贫血病毒(chicken infectious anemia virus,CIAV),属于圆环病毒科、圆环病毒属成员,基因长由 2.3 kb,形成环状结构,进行滚环复制。编码 VP1、VP2 和 VP3 共 3 种病毒蛋白。其中 VP1 为核衣壳蛋白,VP2 为病毒支架蛋白,VP3 为介导凋亡的蛋白。病毒粒子在电镜下呈球形或六面体形,直径 19～24 nm,可通过 25 nm 滤膜。

病毒可在 MDCC-MSB1、MDCC-JP_2 和 LSCC-1104B_1 细胞中生长。

该病毒对乙醚和氯仿有抵抗力,耐酸,pH 3 作用 3 h 仍稳定,耐热,70℃ 60 min,80℃ 30 min 致病性不减,100℃ 15 min 才能使其完全灭活。50%酚处理 5 min 可使其失去感染性。碘类和福尔马林处理可使其感染性明显减弱。

(二)免疫

1 日龄雏鸡感染后 3 周才能出现中和抗体且滴度低,4 周后才稍有上升。肌内接种 2～6 周龄的鸡,接种后 4～7 d 可检测到中和抗体。母源抗体可以给雏鸡提供保护作用,母源抗体介导的免疫可以持续 3 周。由于 CIAV 可以直接损伤造血组织和淋巴祖细胞,因此可以引起较为严重的免疫抑制。使鸡对其他病毒、细菌和真菌表现为强易感性。

(三)疫苗

CIAV 可垂直传递。对 CIAV 的祖代鸡群净化非常重要。目前研制出了 CIAV 活疫苗,该疫苗用于 12～16 周龄种鸡饮水免疫,可使种鸡产生对 CIA 产生免疫力,雏鸡可获得母源抗体,从而获得对该病的免疫力,但疫苗的使用可能会引起细胞因子的分泌异常。由于该疫苗是活毒,因此免疫种鸡时不得迟于产蛋前 4～5 周,以防止疫苗毒通过种蛋而传播。一些有效的灭活疫苗也在研制中,另外,表达 VP1 和 VP2 的重组疫苗也有应用前景。

九、产蛋下降综合征

产蛋下降综合征(egg drop syndrome,EDS76)又叫 EDS76,该病仅感染鸡,可通过垂直传播与水平传播,一般发生在产蛋率达到峰值约 50%时发生该病。

(一)病原

产蛋下降综合征病毒(egg drop syndrome virus)属腺病毒科成员,直径为 70～90 nm,无囊膜,呈二十面体对称。该病毒为双股 DNA 病毒。

采用鸡肾(CK)或鸡胚肝(CEL)细胞培养病毒。禽腺病毒在 CK 细胞上可形成蚀斑。与其他细胞比,鸡的气管培养物和鸡胚成纤维细胞对此病毒并不敏感。通过鸡胚绒毛尿囊膜途径接种较尿囊腔接种更易分离到病毒。

病毒对脂溶剂(如乙醚、氯仿、脱氧胆酸钠)、胰蛋白酶、2%酚和 50%乙醇等具有抵抗力,同时可耐受 pH 3～9,但在浓度 1∶1 000 的甲醛中可被灭活。病毒在水溶液中 56℃ 30 min

被灭活，但有些病毒株在60℃，甚至70℃ 30 min仍具有活力。

（二）免疫

禽类感染后1周后可产生中和抗体，3周后滴度达到高峰。幼雏抗体产生较慢，因此排毒时间较长。禽类初次感染后45 d对同一血清型病毒再感染有抵抗力。局部免疫可持续8周，然后消退。灭活疫苗诱导的血清中和抗体对粪便排毒无影响，但能减少咽部排毒。母源抗体不能防止自然感染。某些腺病毒毒株感染可引起法氏囊、胸腺和脾脏中的淋巴细胞严重缺失，导致免疫抑制。

（三）疫苗

1. 鸡产蛋下降综合征油乳剂灭活疫苗

【毒种】EDS76病毒强毒株，包括NE4、GC2和H91-1等。

【制造要点】用1∶(10～100)倍种毒稀释液0.2 mL接种于9～12日龄鸭胚尿囊腔内，38～39℃孵育，每日照蛋，直到120 h。收获72～120 h死胚及120 h存活胚尿囊液及绒毛尿囊膜，并制成病毒悬液，HA价达2^{15}以上。用0.2%甲醛(终浓度)38℃作用16 h以上灭活。油相配制后，乳化制成油包水型，最终每羽份疫苗含2 500个血凝单位。

【质量标准】外观为乳白色，剂型为油包水或水包油。无分层现象。

①安全检验：用3～6周龄易感鸡，每只肌内或皮下注射3 mL疫苗，连同对照鸡10只，观察10～14 d，状态正常视为合格。

②效力检验：用3～6周龄易感鸡10只，5只注射疫苗，5只作对照，饲养3周后检测HI抗体，免疫组HI抗体几何平均滴度应在1∶128及以上，对照组在1∶4及以下，视为合格。

【保存与使用】4～8℃可保存1年。肌内或皮下注射。

（四）诊断制剂

常用的血清学方法有ELISA试验、HI和AGP等。

1. 血凝试验抗原

【毒种】EDS76毒株。

【制造要点】毒株尿囊腔接种13～14日龄鸭胚，每胚接种0.2 mL，38.5℃孵育并每日照蛋，弃去48 h前死胚，将72～96 h死亡和存活的鸭胚取出放4℃冰箱致死。无菌收取尿囊液，3 000 r/min离心20 min，取上清(HI价≥1∶640)加入0.1%～0.2%甲醛，38℃灭活16 h后加入甘油，使其最终浓度达到25%。抗原经测定血凝价后分装，－15℃保存。试验使用4～8个血凝单位。

【质量标准】

①效价测定：于96孔血凝板上以PBS或生理盐水倍比稀释抗原后，加入0.8%～1%鸡红细胞悬液混匀，4℃作用30 min，以完全凝集孔的最高稀释倍数为抗原HA价。

②特异性检验：将EDS76阴阳性血清与4～8单位抗原混合后，于37℃作用30 min，加入0.8%～1%鸡红细胞悬液混匀，4℃作用30 min，EDS76阳性孔不凝集、EDS76孔阴性孔完全凝集，判为合格。

2. 琼脂扩散试验抗原

【毒种】EDS76毒株。

【制造要点】按 HI 抗原制备方法增殖病毒，加入甲醛灭活，以 40 000 r/min 超速离心 2 h，取沉淀物，按原液量的 1/20 加入灭菌生理盐水，充分吹打混合，以 3 000 r/min 超速离心 20 min，收集上清；将沉淀物再加少量灭菌生理盐水充分吹打离心，将每次离心上清液混合，用灭菌生理盐水补足至原尿囊液的 1/20 量，即为 AGP 抗原。

【质量标准】用含 8% NaCl（以 pH 5.6～6.4、0.01mol/L，PBS 配制）的 0.6%～1%琼脂糖铺板，进行 AGP 试验。在抗原孔与阳性血清孔间出现乳白色沉淀线，而与阴性血清孔间无沉淀线，判抗原合格。

十、心包积液-肝炎综合征

心包积液-肝炎综合征（hepatitis and hydropericardium syndrome）又叫禽安卡拉病（Angra disease），是Ⅰ亚群腺病毒感染引起的一类疫病的总称，1987 年在巴基斯坦卡拉奇的安卡拉地区内鸡场暴发流行而得名。多发于肉鸡，也可见于肉种鸡和蛋鸡。产蛋鸡群感染后临床表现并不明显。发病鸡群多于 3 周龄开始死亡，4～5 周龄达高峰，高峰持续期 4～8 d，5～6 周龄死亡减少。发病快，病程 1～2 周，死亡率 20%～80%。病鸡表现羽毛杂乱，拉稀，呼吸困难。剖检见心包积液，肝脏肿大，部分鸡出现花斑肾和腺胃出血。

（一）病原

禽腺病毒血清 4 型（fowl adenovirus serotype 4）与 EDS76 病毒相同，同属腺病毒科禽腺病毒属成员。腺病毒分 3 个群，Ⅰ群、Ⅱ群和Ⅲ群，跟鸡病有关的是Ⅰ群和Ⅲ群。Ⅰ群引起包涵体肝炎和安卡拉病；Ⅱ群引起火鸡出血性肠炎和鸡大脾病；Ⅲ群引起 EDS76。Ⅰ群有 12 个血清型（FAdV1～12），根据抗原性可分成五个分支，即 A、B、C、D 和 E 群。禽安卡拉病属于 C 种血清 4 型（FAdV-4）。

其他同 EDS76。

（二）免疫

同 EDS76，参见相应部分。

（三）疫苗

心包积液-肝炎综合征主要的疫苗是灭活苗，详述如下。

【毒种】FAdV-4 分离株。

【制造要点】用 10 倍种毒稀释液 0.2 mL 接种于 9～11 日龄鸡胚尿囊膜内，37℃孵育，每日照蛋，直到 96 h。收获胚尿囊液及绒毛尿囊膜，并制成病毒悬液，灭活用 0.1%甲醛或 0.05%的 BPL 37℃作用 16 h。油相配制后，乳化制成油包水型。

【质量标准】外观为乳白色，剂型为油包水或水包油。无分层现象。

①安全检验：用 21 日龄 SPF 鸡，每只颈背部皮下注射 4 羽份疫苗，连同对照鸡 10 只，观察 14 d，状态正常视为合格。

②效力检验：用 7 日龄健康 SPF 鸡 5 只，各颈背部皮下注射疫苗 0.5 mL，第三周后，连同对照鸡 5 只，各肌内注射 FAdV-4 强毒，观察 14 d。对照组应出现明显发病症状，甚至死亡，免疫组应无症状，全部健活。

【保存与使用】4～8℃可保存 1 年。肌肉或皮下注射。

十一、鸭瘟

鸭瘟(duck plague)是由鸭瘟病毒引起的鸭、鹅及雁形目多种禽类的一种急性、热性、败血性、高致死率的传染病。

(一)病原

鸭瘟病毒(duck plague virus,DPV)属于疱疹病毒科、α-疱疹病毒亚科、马立克病毒属,为鸭疱疹病毒Ⅰ型。成熟病毒粒子呈球形,有囊膜,直径 150～200 nm。为线状双股 DNA 病毒,大小约为 150 kb,编码的结构蛋白包括囊膜蛋白、衣壳蛋白、皮层蛋白等。

该病毒可以在 9～14 日龄鸭胚中生长繁殖,DPV 不能直接在鸡胚中传代,必须在鸭胚传代(约 6 代以上)后才能在鸡胚中生长,鸡胚适应株可感染 8～13 日龄鸡胚,随着鸡胚继代增加,出现更加明显的病变,鸡胚死亡时间缩短且对鸭的毒力则越来越弱,至一定代次后丧失对鸭的致病力,但仍保持其免疫原性,从而可培育鸡胚弱毒疫苗。该病毒可以在鸭胚成纤维细胞中增殖和传代,并能在接种后 2～6 d 引起细胞病变,形成核内包涵体和小空斑。鸡胚适应毒可在鸡胚单层细胞上生长并造成细胞病变,如细胞变圆、浓缩,细胞折光率增加等。一些毒株可能需盲传几代才能出现细胞病变。通过细胞继代也可以使病毒毒力减弱,应用此法可培育细胞弱毒疫苗。

病毒对乙醚和氯仿敏感,对热敏感,56℃ 10 min 即可被杀死,常用的消毒剂,常用浓度和时间即可杀死病毒,如 0.1%升汞 10～20 min,75%酒精 5～30 min,0.5%石炭酸 60 min,0.5%漂白粉和 5%生石灰。

(二)免疫

病毒可在免疫细胞中大量增殖,造成免疫抑制,鸭表现为长期带毒,持续性感染。该病毒自然或人工感染后,康复鸭能抵抗鸭瘟病毒的再次感染。疫苗免疫后可迅速产生免疫力,接种弱毒疫苗 3 d 后即可抗强毒的攻击,弱毒对强毒的干扰是弱毒疫苗能够迅速产生保护作用的重要机制。黏膜免疫是抗 DPV 感染的重要组成部分,病毒感染 20 日龄鸭后 3 d 即可在消化道和呼吸道黏膜上出现 sIgA,到 60 d 此抗体仍然存在。DPV 感染后可出现特异性的抗体应答,主要针对 gB 蛋白产生特异性抗体,感染后 5 h 即可产生 IgM,之后是 IgG,在 28d 达到抗体峰值。细胞免疫在抗 DPV 的免疫中起主要作用,针对 gC 蛋白的细胞应答占主要地位。种鸭产生的抗体可经卵黄传递给雏鸭,使其在 10～13 d 内获得一定程度被动免疫保护,从而在一定程度上会干扰对活疫苗的免疫应答。

(三)疫苗

1. 鸭瘟鸡胚化活疫苗

【毒种】将 DPV 在鸭胚中传 9 代,再在鸡胚上传 28 代适应鸡胚,毒力降低,制成 CKCE 弱毒株。

【制造要点】用灭菌生理盐水将生产用毒种做 50～100 倍稀释,每胚绒毛尿囊膜上接种 0.2 mL,置 37℃继续孵育。每 4～8 h 照蛋 1 次。取 48～120 h 死亡的鸡胚,置 4℃后收获。用无菌手术取绒毛尿囊膜、胎儿、胚液,每若干个混为一组,置于灭菌瓶中。加入适当的冻干保护剂,配苗、冻干。

【质量标准】为浅红色海绵疏松团块，加稀释剂后迅速溶解。

①安全检验：用 2～12 月龄健康易感鸭 4 只，各肌内注射疫苗 1 mL（含 10 个使用剂量），观察 10～14 d，允许有轻微反应，但需在 1 d 内恢复，疫苗判为合格。

②效力检验：用 2～12 月龄健康易感鸭 4 只，各肌内注射 1 mL（含 1/50 个使用剂量），10～14 d 后，连同条件相同的对照鸭 3 只，各肌内注含鸭瘟强毒 1 mL（1 000 LD_{50}），观察 10～14 d。对照鸭全部发病，且至少 2 只死亡，免疫鸭全部健活，或虽有反应，但在 2～3 d 内恢复，判为合格。

【保存与使用】本疫苗在－15℃以下，有效期为 2 年。肌内注射。

2. 鸭瘟灭活苗

【毒种】DPV 强毒。

【制造要点】将 DPV 强毒接种 12 日龄鸭胚，37℃培养，收获 72～96 h 感染鸭胚液，鸭瘟病毒每 mL 含量至少 $10^{4.5}$ EID_{50}，经甲醛溶液灭活后，与佐剂乳化制成。

【质量标准】外观为乳白色，剂型为油包水或水包油。无分层现象。

①安全检验：用 10～14 日龄健康易感鸭 10 只，各皮下注射疫苗 1 mL，观察 14 d。应不出现由疫苗引起的任何局部和全身不良反应。

②效力检验：用 2～12 月龄健康易感鸭 5 只，各颈背部皮下注射疫苗 0.5 mL，21～28 d 后，连同对照鸭 5 只，各肌内注射鸭瘟强毒，观察 14 d。对照组应全部发病死亡，免疫组应至少 4 只健活。

【保存与使用】2～8℃保存，有效期为 12 个月。皮下或肌内注射。

十二、鸭病毒性肝炎

鸭病毒性肝炎（duck viral hepatitis）是感染 25 日龄内的小鸭的高度致死性、传播迅速的病毒性疾病。

（一）病原

该病的病原为 3 种不同类型的病毒，分别是 1 型、2 型和 3 型鸭肝炎病毒（duck viral hepatitis virus，DHV）。

1 型鸭肝炎病毒：属于小 RNA 病毒科，禽肝病毒属的鸭甲肝病毒（duck hepatitis A virus，DHAV）。病毒大小为 20～40 nm。病毒无囊膜，核衣壳 20 面体对称。核酸为 RNA，基因组为单分子线状正股单股 RNA，大小约 7.7 kb。病毒经尿囊腔接种后可在鸭胚、鸡胚中增殖。病毒可在鸭肾单层细胞或鸭胚原代肾细胞上生长。病毒对热稳定，50℃加热 1 h，56℃加热 60 min 仍可存活；在 37℃条件下可存活 21 d，对 pH 3、氯仿、乙醚、胰蛋白酶等都有抵抗力。2％来苏儿、0.1％福尔马林、15％煤酚皂溶液、20％无水碳酸钠等都不能使病毒失活，但在 1％甲醛或 2％氢氧化钠中 15～20℃ 2 h、2％次氯酸钙中 15～20℃ 3 h、0.2％福尔马林中 2 h、0.23％ BPL 中 37℃ 30 min 等均可使病毒完全失活。

2 型鸭肝炎病毒：属于星状病毒科，禽星状病毒属的鸭星状病毒（duck astrovirus，DAstV）种。DAstV 病毒粒子呈球形，有囊膜，电镜下呈特征性的带有顶角的星形，直径 27～30 nm，核酸为 RNA，基因组为单分子线状正股 RNA、大小约 6.8 kb。病毒经过尿囊腔途径接种鸭胚盲传几代后，可以在鸡胚中增殖，大部分感染胚表现为发育不良、肝脏淡绿色而有坏死；该病毒对氯仿、酸性环境(pH 3.0)和胰酶等处理有一定的耐受能力;50℃ 60 min对病毒的感染力无影响。

3型鸭肝炎病毒:分类不明确,暂分为小RNA病毒科,与1型鸭肝炎病毒无关,中和试验和荧光抗体试验证实它们之间有共同抗原。病毒直径30 nm,该病毒可在鸭胚肝和鸭源的肝、肾细胞中增殖,也可接种9～10日龄鸭胚,接种绒毛尿囊膜,一般在8～9 d死亡。鸭胚或雏鸭的肝或肾细胞培养物可用以增殖病毒,该病毒可耐受pH 3和氯仿的处理,对50℃加热敏感。

(二)免疫

1型鸭肝炎病毒康复鸭血清中有中和抗体,可介导坚强的免疫力,但有些毒株需要重复接种才能使鸭产生高滴度的抗体。成年鸭免疫该病毒疫苗可产生中和抗体并可使后代获得保护,雏鸭注射康复鸭或免疫鸭血清后可获得被动免疫。

(三)疫苗

弱毒活疫苗

【毒种】DHAV弱毒株,如CH60、QL79、E85、BAU-1和A66。

【制造要点】取9～10日龄鸡胚,尿囊腔接种病毒,37℃孵育,每日照蛋,收获24～96 h内死亡胚尿囊液、尿囊膜和胚体,混合碾磨,加入5%蔗糖脱脂乳冻干制成。

【质量标准】为浅红色海绵疏松团块,加稀释剂后迅速溶解。

①安全检验:用1～7日龄健康易感鸭10只,每只肌内注射0.2 mL(含10个使用剂量),允许有轻微反应,但需在1 d内恢复,观察10 d,鸭10/10健活,疫苗判为合格。

②效力检验:下列方法任选其一。

a. 用28日龄以上健康易感鸭15只,其中10只肌内注射1羽份,14 d后,所有15只鸭采血,分离血清、进行中和抗体测定,免疫鸭中和抗体均≥1∶2^6,对照鸭5只中和抗体均为阴性,疫苗判为合格。

b. 用灭菌生理盐水将疫苗稀释成每1 mL含疫苗100羽份,然后做10倍系列倍比稀释,取10^{-5}、10^{-6}、10^{-7}和10^{-8} 4个稀释度的病毒接种9日龄SPF鸡胚,每胚0.2 mL,每个稀释度接种5枚鸡胚、置37℃温箱中观察120 h,24 h内的死胚弃去。记录鸡胚死亡情况,计算毒价。每羽份病毒含量应该≥10^4 EID_{50}。

c. 1日龄健康易感鸭20只,其中10只肌内注射1羽份疫苗,另外10只注射0.5 mL生理盐水为对照。免疫后7 d,实验鸭和对照鸭注射检验用强毒,每只0.5 mL(含1万个ELD_{50}),观察1周,免疫鸭保护率≥80%,非免疫对照鸭不保护。

【保存与使用】2～8℃保存,有效期12个月。肌内注射。

(四)治疗制剂

1. 鸭病毒性肝炎高免血清

【毒种】CH60、QL79、E85、BAU-1、A66等弱毒株或本地流行的DHAV-A强毒株。

【制造要点】用鸡胚弱毒100 ELD_{50} 0.2 mL,肌内注射1日龄健康雏鸭,于6周龄时再用0.5 mL。重复加强免疫1次,最后1次免疫后15 d采血分离血清。或成年鸭弱毒首免后15 d再注射弱毒或强毒0.5 mL/只,加强免疫后15 d采血分离血清。或用鸡胚弱毒1 000 ELD_{50},或强毒100 LD_{50},1.5 mL肌内注射成年羊,间隔7 d重复3次,最后一次免疫后15～20 d采血分离血清。

【质量标准】除物理性状、无菌检验和安全检验外，应进行抗体效价测定。效价测定用中和试验，通常中和效价应在 1∶28.5 以上。

【保存与使用】0℃以下保存，有效期 18 个月；4～8℃保存，有效期 20～30 d。雏鸭预防剂量为 0.5～1 mL/只，治疗剂量为 2～3 mL/只。

2. 鸭病毒性肝炎精制蛋黄抗体

【毒种】CH60、CRF98 等 DHAV-A 强毒株。

【制造要点】基础免疫：将免疫原皮下注射接种健康产蛋鸡，0.5 mL/只；第二次免疫基础接种后 15 d，皮下注射接种，1 mL/只；第三次免疫第二次接种后 15 d，皮下注射接种，1 mL/只；以后每隔 8～10 周，皮下注射 1 次，1 mL/只。

【质量标准】

①安全检验：18～22 g 健康小鼠 5 只，各腹腔注射本品 1.0 mL；3 日龄 SPF 鸡 5 只，各分点肌内注射本品 2 mL；1 日龄雏鸭 5 只，各分点肌内注射本品 2 mL，观察 10 d，小鼠、SPF 鸡和雏鸭均应全部健活。

②效力检验：下列方法择其一。

a. 效价测定：使用鸭胚进行测定。抗体效价≥1∶256 时判为合格。

b. 免疫攻毒试验：2 日龄易感雏鸭（中和抗体效价≤1∶4）30 只，随机分为 3 组。第一组为健康对照组，不注射任何药品，隔离饲养。第二组腿部肌内注射本品 0.5 mL，第三组腿部肌内注射生理盐水 0.5 mL。12 h 后分别给第二组和三组雏鸭颈部肌内注射接种 200 LD_{50} 鸭肝炎病毒强毒。攻毒后观察每组雏鸭发病、死亡情况至第 10 日。结果判定，第一组为健康对照组，试验期间全部雏鸭应健康无病；第三组攻毒对照组，应于攻毒后 16 h 开始发病，10 d 内死亡 8 只以上；第二组为预防组，试验期间雏鸭应存活 8 只以上。

【保存与使用】2～8℃保存，有效期 24 个月。10 日龄以下 0.5～1.0 mL/只，10 日龄以上 1.0～1.5 mL/只。

十三、番鸭细小病毒病

番鸭细小病毒病（muscovy duck parvovirus disease，MDPD）是番鸭的一种急性败血性传染病，又称雏番鸭细小病毒感染和雏番鸭“三周病”。

（一）病原

番鸭细小病毒（muscovy duck parvovirus，MDPV）为细小病毒科、细小病毒属成员，含单股线状 DNA，约 5.2 kb，直径 24～25 nm，无囊膜，二十面体对称，直径 3～4 nm。病毒具有 4 种结构多肽（VP1、VP2、VP3 和 VP4），其中 VP3 为主要结构多肽。病毒通过尿囊腔途径接种 11～13 日龄番鸭胚、11～12 日龄麻鸭胚、12～13 日龄鹅胚增殖。MDPV 不感染鸡胚。病毒可在番鸭胚成纤维细胞、番鸭胚肾细胞生长并形成细胞病变。病毒能抵抗乙醚、胰蛋白酶、酸和热，但对紫外线辐射敏感。

（二）免疫

番鸭感染后可产生中和抗体，成年番鸭免疫可产生中和抗体并可使后代获得保护，番雏鸭注射康复番鸭或免疫番鸭血清后可获得被动免疫。弱毒疫苗接种雏番鸭后 3 d 开始产生免疫力，21 d 抗体水平达到高峰。

（三）疫苗

雏番鸭细小病毒病活疫苗

【毒种】番鸭细小病毒 P_1 株。

【制造要点】使用番鸭胚成纤维细胞培养，在接种时将培养液弃去，加入适量种毒，置 37℃ 吸附 1 h 后加入维持液。接毒后观察细胞病变，待 75%以上的细胞出现细胞病变时即可收获。将细胞刮下，连同培养液收获于灭菌容器内。收获细胞培养液制备的液体苗或加适宜稳定剂，冻干制成。

【质量标准】为浅红色海绵疏松团块，加稀释剂后迅速溶解。

①安全检验：1 日龄健康易感雏鸭 5 只，肌内注射疫苗 10 羽份，观察 20 d，应全部健活。

②效力检验：下列方法任选其一。

a. 用 1 日龄健康易感雏鸭 5 只，各腿部肌内注射疫苗 0.2 mL，观察 15 d，心脏采血，分离血清，测定血清中胶乳凝集抑制效价，如≥1∶4 为合格，若其中有 1 份血清 LPAI 为 1∶2，可重检 1 次。

b. 用 1 日龄健康易感雏番鸭 5 只，每只腿部肌内注射疫苗 0.2 mL，7 d 后，连同条件相同的对照组番鸭 5 只，各胸部肌内注射 F 株含毒胚液 0.5 mL，观察 15 d。对照组鸭至少 2 只死亡，免疫组鸭全部保护为合格，否则重检一次，

【保存与使用】－20℃保存，有效期 1 年。肌内注射。

十四、鸭坦布苏病毒病

鸭坦布苏病毒病(duck tembusu virus disease)是鸭坦布苏病毒感染鸭的一种急性高度传染性传染病。

（一）病原

鸭坦布苏病毒(duck tembusu virus，DTMUV)属于黄病毒科(*Flaviviridae*)，黄病毒属(*Flavivirus*)，恩塔亚病毒群。病毒颗粒呈球形，核衣壳二十面体对称，直径 40～50 mn，单股正链 RNA 病毒，有囊膜。鸭坦布苏病毒基因组长度约为 11 kb，编码 3 个结构蛋白和 7 个非结构蛋白。结构蛋白为核衣壳蛋白(C)、膜蛋白(M)、囊膜蛋白(E)。非结构蛋白为 NS1、NS2A、NS2B、NS3、NS4A、NS4B 和 NS5。

病毒可在鸡胚、鸭胚、CEF 原代细胞、DEF 原代细胞及部分传代细胞系(如 DF-1、Vera 等)中传代培养。

病毒对乙酸、氯仿敏感。对热敏感，56℃ 15 min 即可灭活。该病毒对酸碱敏感。pH 11 以上可以灭活病毒。

（二）免疫

疫苗免疫 23 日龄樱桃谷肉鸭，免疫后抗体迅速上升，3 周后到最高点，抗体效价可达 $2^{11.4}$，之后缓慢下降，免疫 7 周开始迅速下降，免疫后 15 周下降至免疫前抗体水平。如有加强免疫，抗体可在初免 5 周后到达抗体高峰，并持续 6 个月以上。

(三)疫苗

鸭坦布苏全病毒灭活疫苗

【毒种】鸭坦布苏病毒分离株。

【制造要点】将种毒接种 10 日龄易感鸭胚，0.2 mL/枚。24 h 时照胚，死亡鸭胚弃去，之后死亡的鸭胚放至 4℃，72 h 后收集鸭胚尿囊液，加入甲醛至终浓度为 0.1%，37℃，灭活 36 h，与油佐剂乳化配苗制成。

【质量标准】外观为乳白色，剂型为油包水或水包油。无分层现象。

①安全检验：4 只成年鸭，肌内注射疫苗 2 mL，观察 2 周，无异常反应。注射部位及内脏有无异常。

②效力检验：在免疫后 28 d，每组各 20 只易感鸭肌内注射强毒 200 ELD_{50}，连续观察 15 d。无异常反应。

【保存与使用】2～8℃保存，有效期为 12 个月。皮下或肌内注射。

十五、小鹅瘟

小鹅瘟(gosling plague)是雏鹅的一种急性或亚急性败血性传染病，主要侵害 3～20 日龄的雏鹅。

(一)病原

小鹅瘟病毒(gosling plague virus，GPV)属于细小病毒科细小病毒属成员，病毒粒子呈球形或六面体，无囊膜，核衣壳二十面体对称，核酸为单股线状 DNA，约 5.2 kb，病毒直径为 20～22 nm，病毒结构多肽有 3 种(VPI、VP2 和 VP3)，其中 VP2 和 VP3 为主要结构多肽。VP2 和 VP3 也是 GPV 的主要保护性抗原，能刺激产生中和抗体。

该病毒能在鹅胚、番鸭胚或其制备的原代细胞培养物中增殖并形成细胞病变，且随着传代次数的增加，细胞病变越来越明显，鹅胚适应毒株经鹅胚和鸭胚交替传代数次后，可适应鸭胚并引起部分死亡。随着鸭胚传代数次增加，可引起绝大部分鸭胚死亡，且对雏鹅的致病力减弱。用鹅胚分离病毒时，一般在接种后 5～7 d 死亡，死亡鹅胚绒毛尿囊膜局部增厚，胚体皮肤、肝脏、心脏等出血。随着在鸭胚传代次数增多，该病毒对鹅胚的致死时间稳定在接种后 3～4 d。

该病毒对环境的抵抗力强，65℃加热 30 min、56℃ 30 h 其毒力无明显变化，能抵挡氯仿、乙醚、胰酶和 pH 3 的环境。

(二)免疫

该病毒感染鹅后主要表现为体液免疫反应，首先出现 IgM，然后主要为 IgG。康复的雏鹅以及经过隐性感染的成年鹅，均能产生高水平的病毒中和抗体和沉淀抗体，并能持续较长时间，而且还能将抗体通过卵黄传至后代，使孵出的雏鹅免于发病。

(三)疫苗

1. 小鹅瘟活疫苗(GD 株)

【毒种】鸭胚化弱毒 GD 株(或 21/486 株，或 W 株)。

【制造要点】将种毒做适应稀释后尿囊腔接种 10～12 日龄鸭胚，37℃孵育，每日照蛋。收获 48～120 h 内死亡胚尿囊液和羊水，混合后分装于－20℃保存。加入 5%蔗糖脱脂乳冻干制成。

【质量标准】为浅红色海绵疏松团块，加稀释剂后迅速溶解。

①安全检验：4～12 月龄易感母鹅 4 只，肌内注射 10 羽份，每只 1 mL，观察 14 d，应无临床反应，同时肌内注射 3～6 日龄易感雏鹅 10 只，每只 0.5 mL，观察 10 d，应全部健活。

②效力检验：下列方法任选其一。

a. 取 3 个适宜稀释度，各尿囊腔接种 8 日龄健康易感鸭胚 5 个，每胚 0.3 mL，观察 10 d，记录 72～240 h 死亡鸭胚数，计算 ELD_{50}，每羽份病毒含量应≥10^3 ELD_{50}。

b. 用鹅检验取健康易感成年鹅 4 只，分别采血 10 mL，分离血清并混合备用。然后注射 1 个使用量的疫苗，每只 1 mL，21～28 d 后再采血，分离血清混合，将接种疫苗前后的 2 次血清分别与小鹅 GD 株在鸭胚中做中和试验。两次 ELD_{50} 值之差≥2 对数值为合格。

【保存与使用】：本疫苗在－15℃以下保存，有效期为 1 年。

2. 小鹅瘟活疫苗(SYG 株)

【毒种】鹅胚化弱毒 $SYG_{41\text{-}50}$(雏鹅用)。

【制造要点】将种毒做适当稀释后尿囊腔接种 12～14 日龄鹅胚，37℃孵育，每日照蛋。收获 48～120 h 内死亡胚尿囊液和羊水，混合后分装于－20℃保存。加入 5%蔗糖脱脂乳冻干制成。

【质量标准】为浅红色海绵状疏松团块，加稀释剂后迅速溶解。

①安全检验：5 日龄易感雏鹅 6 只皮下注射 20 羽份，每只 1 mL，观察 14 d，应无临床反应。

②效力检验：下列方法任选其一。

a. 病毒含量测定：将疫苗稀释为 10^{-6}～10^{-8}，每个稀释度尿囊腔内接种 12 日龄易感鸡胚 5 个，每胚 0.2 mL，观察 7 d。记录 48～168 h 死亡数，计算 ELD_{50}，每羽份疫苗病毒含量应≥10^5 ELD_{50}。

b. 雏鹅攻毒保护试验：取 2 日龄易感雏鹅 6 只，按瓶签注明羽份稀释疫苗后，皮下注射适当稀释的疫苗 0.1 mL(含 1 羽份)，9 d 后连同条件相同的对照组雏鹅 6 只，用 1∶50 稀释的 SYG_{61} 强毒 0.1 mL 攻击，观察 14 d。对照组雏鹅应至少 4 只发病死亡，免疫组雏鹅应至少保护 5 只。

【保存与使用】－15℃以下保存，有效期 12 个月。

(四) 治疗制剂

1. 小鹅瘟高免血清

【毒种】GD 株、21/486 株、W 株、SCa15 株、$SYC_{26\text{-}35}$ 株、$SYG_{41\text{-}50}$ 株或本地流行的 GPV 强毒株均可。

【制造要点】用弱毒 2 倍免疫剂量肌内注射成年健康鹅，15 d 后用弱毒 200 倍免疫剂量肌内注射或未稀释强毒尿囊液 1 mL 肌内注射，再隔 15～20 d 放血致死，收集血液分离血清。用弱毒 200 倍免疫剂量(成年羊)、300 倍免疫剂量(成年猪)、400 倍免疫剂量(成年牛)肌内注射，15 d 后分别用弱毒 400 倍免疫剂量、600 倍免疫剂量、800 倍免疫剂量或未稀释强毒尿囊液 2、3、5 mL 肌内注射，再隔 15～20 d 放血致死，收集血液分离血清。

【质量标准】除物理性状、无菌检验和安全检验外,应进行抗体效价测定。效价测定用琼脂扩散试验,抗体效价应在 1∶16 以上。

【保存与使用】2～8℃保存,有效期为 12 个月;20～25℃保存,有效期为 2 个月。使用时,雏鸭预防剂量为 0.5～1 mL,治疗剂量为 2～3 mL。

2. 小鹅瘟精制蛋黄抗体

【毒种】小鹅瘟强毒 GD 株、W 株、SCa 株或本地流行的 GPV 强毒株均可。

【制造要点】将小鹅瘟强毒接种非免疫鹅胚培养,收获死亡鹅胚尿囊液、羊水作为毒液,经灭活后,与矿物质佐剂制成油乳剂灭活免疫原。第 1 次免疫为免疫原皮下注射免疫健康产蛋鸡、0.5 mL/只;15 d 后第 2 次免疫为皮下注射 1 mL/只;15 d 后第 3 次免疫为皮下注射 1 mL/只;以后每隔 8～10 周,皮下注射免疫 1 次,1 mL/只。

【质量标准】

①安全检验:18～22 g 健康小鼠 5 只,各腹腔注射本品 1 mL;3 日龄 SPF 鸡 5 只,各肌内注射本品 2 mL;1 日龄雏鸡 5 只,各分点肌内注射本品 2 mL,观察 10 d,小鼠、SPF 鸡和雏鹅均应全部健活。

②效力检验:下列方法任择其一。

a. 抗体效价测定:用琼脂扩散试验,小鹅瘟抗体效价≥1∶8 时判为合格。

b. 免疫攻毒试验:2 日龄易感雏鹅 30 只随机分为 3 组,第一组为健康对照组,不注射任何药品,隔离饲养。第二组腿部肌内注射本品 1 mL/只,第三组腿部肌内注射生理盐水 1 mL/只。注射后 24 h 第二组和第三组每只雏鹅颈部肌内注射接种小鹅瘟强毒 0.5 mL。观察每组雏鹅发病、死亡情况至 14 d。第一组全部雏鹅应健康无病。第三组攻毒后 72 h 开始发病并死亡,14 d 内死亡 5 只及以上。第二组雏鸭发病不得超过 3 只,健活 8 只以上。

【保存与使用】2～8℃保存,有效期 12 个月;20～25℃保存,有效期 2 个月。用于雏鹅小鹅瘟的早期预防和紧急预防,使用时腿部肌内注射,10 日龄以下 0.5～1 mL/只,10 日龄以上 1.0～1.5 mL/只。

(阮文科)

第三节　寄生虫类制品

鸡球虫病是危害最严重的鸡寄生虫病,是鸡寄生虫类生物制品研制的重点疾病。

鸡球虫病(Coccidiosis)是一种常见的危害严重的寄生性原虫病,呈世界性分布。该病由一种或者数种艾美耳科艾美耳属(*Eimeria*)球虫寄生于鸡的肠道黏膜上皮细胞引起,以肠炎、腹泻、生长迟缓、饲料转化率下降和死亡为特征,15～50 日龄的雏鸡发病率最高,死亡率可高达 80%以上,病愈雏鸡生长受阻,成年鸡多为带虫者,增重和产蛋均受到一定影响。

(一)病原

鸡球虫属于顶复门、孢子虫纲、真球虫目、艾美耳亚目、艾美耳科、艾美耳属。目前,鸡的艾美耳属球虫公认的有 7 种,即柔嫩艾美耳球虫(*E. tenella*)、毒害艾美耳球虫(*E. necatrix*)、巨型艾美耳球虫(*E. maxima*)、堆型艾美耳球虫(*E. acervulina*)、布氏艾美耳球虫(*E. brunetti*)、和缓艾美耳球虫(*E. mitis*)和早熟艾美耳球虫(*E. praecox*),另有报道变位艾美球虫(*E. mivati*)和哈氏艾美球虫(*E. hagani*)。

柔嫩艾美耳球虫主要的侵害部位在盲肠,感染的盲肠会出现肿胀,肠腔内有血凝块,浆膜面可看到暗红色的瘀斑;毒害艾美耳球虫常寄生在小肠中段,病灶处的小肠高度肿大,充血、出血和坏死,内容物有大量血液和掉落的黏膜,浆膜面可见出血点和针尖状的白点;巨型艾美耳球虫同毒害艾美耳球虫一样也寄生在小肠中段,病变症状为出血性肠炎,内容物为黏稠而腥臭的液体,呈褐色或红褐色,浆膜面可见针尖状出血点;堆型艾美耳球虫寄生在十二指肠,感染严重时扩展到小肠中段,病变部位可见白点、横纹状的白斑,严重时会合并成片;布氏艾美耳球虫寄生于卵黄蒂至盲肠连接处,病灶处可见大量的出血细纹,严重感染时,会出现凝固性坏死;和缓艾美耳球虫寄生于小肠前半段,病变正常情况下不明显但可见出血点;早熟艾美耳球虫寄生于小肠前1/3,致病性弱,病变不显著。临床上常见的鸡球虫有4种,柔嫩艾美耳球虫引起急性盲肠球虫病,毒害艾美耳球虫引起急性小肠球虫病,堆型艾美耳球虫和巨型艾美耳球虫引起慢性小肠球虫病。球虫的感染很少仅呈现单一虫种,通常呈现两种或两种以上的混合感染。

(二)免疫

鸡球虫免疫学的研究始于20世纪20年代,Johnson和Tyzzer发现患过球虫病的鸡对球虫的再次感染具有免疫力;20世纪70年代除了更进一步地确定免疫对球虫的作用外,对球虫的免疫原性、宿主的免疫应答以及保护性免疫的机制进行了研究。20世纪80年代以来,细胞生物学、分子生物学和免疫学等学科的发展,为球虫免疫更深入的研究提供新的技术方法和理论基础。由于艾美耳球虫的生活史非常复杂,其发育经过孢子生殖、裂殖生殖和配子生殖三个阶段,除孢子生殖在外界环境进行,其他两个发育阶段都在鸡体内完成,虫体在体内发育的各个阶段都能诱发机体产生保护性免疫。鸡对球虫病的免疫是机体对病原体入侵的综合性防御表现,包括非特异性免疫和特异性获得性免疫,而特异性免疫又可分为体液免疫和细胞免疫。在抵抗球虫感染中,体液免疫所处的地位是次要的,而居于主导地位的是细胞免疫。

鸡体产生免疫保护是各阶段免疫应答的共同结果,鸡体要获得对球虫的免疫力最少要经过1个生活周期,由于艾美耳球虫具有种的特异性,不同虫种的免疫原性存在差异,但任何一种艾美耳球虫经过反复感染2～3次后,宿主基本上对它都能产生坚强的免疫力,这也是使用球虫活疫苗免疫鸡的理论依据。鸡在接种活疫苗后,疫苗活卵囊在鸡体内完成一个生活周期,此过程能刺激机体产生初次免疫应答。球虫完成体内发育过程后,子代卵囊随粪便排出,在外界环境中经过孢子发育可以再次感染鸡,这样免疫鸡形成了轻度的持续重复感染。由于每次感染的卵囊数量较少,这种持续性感染不会引起鸡发生球虫病,而是使鸡从不断的再次应答中获得免疫保护力。

(三)疫苗

国内外对于用球虫疫苗来预防鸡球虫病有广泛的研究,鸡球虫疫苗有活苗、重组蛋白苗、重组DNA疫苗等,目前在生产上使用的是活苗,包括强毒苗和弱毒苗两种。1952年,一种强毒株球虫病疫苗(Coccivac)在美国Sterwin实验室生产出来,随后加拿大也于1985年研制和生产强毒苗Immucox,均已推广应用于全世界,但其毒力较强,在使用时需要承担一定的风险。英国于1992年研制的Paracox则为7种球虫的早熟致弱苗;捷克生产的Livacox为鸡胚致弱和早熟致弱的不同种混合虫株。球虫卵囊理化处理、鸡胚传代致弱和早熟选育这三种方法可看成是鸡球虫致弱虫苗研究所走过的三个阶段，目前认为早熟选育的方法最为可取。早熟系具有良好的生物学特性和免疫原性，其潜在期缩短，繁殖力和致病力都比亲代低，且致弱性能有良好稳定性。目前，早熟选育技术已成为研制球虫弱毒株虫苗的重要手段。20 世纪 80 年代后，我国开展鸡球虫病疫苗研究工作的单位有河北省畜牧兽医研究所、中国农业科学院上海家畜寄生虫病研究所、华南农业大学、北京农学院、中国农业大学、广东省农业科学院兽医研究所和佛山市正典生物技术有限公司等。2007 年，佛山市正典生物技术有限公司以早熟选育的技术自主研制成功鸡球虫弱毒苗，同年兴建球虫疫苗生产车间，并于 2008 年通过 GMP 认证，成为我国第一个获得球虫疫苗生产许可证和批准文号的企业，其“鸡球虫病四价活疫苗”和“鸡球虫病三价活疫苗”获得国家三类新兽药证书，实现产业化生产。鸡球虫病四价活疫苗含有 *E. tenella*，*E. necatrix*，*E. maxima* 和 *E. acervulina* 4 种球虫，目前被应用于预防黄羽肉鸡及种/蛋鸡的球虫病；鸡球虫病三价活疫苗含有 *E. tenella*，*E. maxima* 和 *E. acervulina* 3 种球虫，主要用于预防白羽肉鸡球虫病。

1. 鸡球虫病三价活疫苗

柔嫩艾美耳球虫 PTMZ 株＋巨型艾美耳球虫 PMHY 株＋堆型艾美耳球虫 PAHY 株。

【制造要点】将柔嫩艾美耳球虫梅州株早熟系（PTMZ 株）、巨型艾美耳球虫河源株早熟系（PMHY 株）和堆型艾美耳球虫河源株早熟系（PAHY 株）分别经口接种于雏鸡，收获粪便中的卵囊，置 1%氯胺 T 溶液中，在适宜温湿度条件下孵育获得孢子化卵囊，按适当比例混合制成。

【质量标准】除按成品检验的有关规定检验外，进行如下检验。

①卵囊计数：用血细胞计数板计数法进行卵囊计数，每羽份疫苗的孢子化卵囊数应为 400 个左右（±10%）。

②安全检验：用 3～7 日龄 SPF 鸡 20 只，其中 10 只各经口接种 10 羽份疫苗，另 10 只不接种作为对照。分别置隔离器中饲养，观察 6 d，应不出现由疫苗引起的球虫病症状和死亡。剖检所有鸡，检查每只鸡球虫适宜寄生部位（柔嫩艾美耳球虫检查盲肠；巨型艾美耳球虫检查小肠中段；堆型艾美耳球虫检查十二指肠）的病变并记分。所有接种鸡的十二指肠、小肠中段、盲肠病变记分均应≤＋1.0 分；所有对照组鸡的相应部位均应无病变。

③效力检验：用 3～7 日龄 SPF 鸡 20 只，其中 10 只各经口接种 1 羽份疫苗，另 10 只不接种作为对照。将两组鸡分别在相同条件下隔离饲养（垫料上饲养）。接种 21 d，每只鸡口服柔嫩艾美耳球虫梅州株（TMZ 株）、巨型艾美耳球虫河源株（MHY 株）、堆型艾美耳球虫河源株（AHY 株）孢子化混合卵囊（含巨型艾美耳球虫河源株 10 万个，其他 2 种球虫各 5 万个），观察 5～7 d，剖检所有鸡，检查每只鸡的球虫适宜寄生部位（同安全检验）的病变并记分。对照组至少 9 只鸡的十二指肠、小肠中段、盲肠病变记分均应≥＋3.0 分，所有免疫组鸡的十二指肠、小肠中段、盲肠病变记分均应≤＋2.0 分，其中至少 8 只鸡的十二指肠、小肠中段、盲肠病变记分均应≤＋1.0 分。

【保存与使用】在 2～8℃保存，严禁冻结。有效期 6 个月。用于 3～7 日龄鸡饮水免疫。使用球虫病疫苗助悬剂，配成混悬液，供雏鸡自由饮用，鸡 4～6 h 饮用完毕。接种疫苗后 12～14 d，个别鸡可能会出现排血粪的现象，不需用药。如果出现严重血粪或球虫病死鸡，则用磺胺喹噁啉或磺胺二甲嘧啶按推荐剂量投药 1～2 d，即可控制。

2. 鸡球虫四价活疫苗

柔嫩艾美耳球虫 PTMZ 株＋毒害艾美耳球虫 PNHZ 株＋巨型艾美耳球虫 PMHY 株＋堆型艾美耳球虫 PAHY 株。

【制造要点】各虫种卵囊制备类同鸡球虫病三价活疫苗。

【质量标准】除按成品检验的有关规定检验外，进行如下检验。

①卵囊计数：用血细胞计数板进行卵囊计数。每羽份疫苗的孢子化卵囊数应为 1.1×10^{3} 个左右（±10%）。

②安全检验：取 3～7 日龄 SPF 鸡 20 只，10 只经口接种 10 羽份疫苗，另 10 只不接种作为对照，置隔离器中饲养，观察 7 d，应不出现由疫苗引起的球虫病症状和死亡。剖检所有鸡，检查每只鸡的球虫适宜寄生部位病变并记分，其中柔嫩艾美耳球虫检查盲肠，毒害艾美耳球虫检查小肠中部，巨型艾美耳球虫检查小肠中部，堆型艾美耳球虫检查十二指肠感染组平均病变记分应≤＋1 分；对照组中每只鸡的所有部位均应无病变。

③效力检验：取 3～7 日龄 SPF 鸡 20 只，分成 2 组，每组 10 只，免疫接种组 10 只鸡，每只鸡经口接种 1 羽份疫苗，另 10 只鸡不接种作为对照组。将两组鸡分别在相同条件下隔离饲养。21 d 后，每只鸡口服攻击柔嫩艾美耳球虫梅州株（TMZ 株）、毒害艾美耳球虫贺州株（NHZ 株）、巨型艾美耳球虫河源株（MHY 株）、堆型艾美耳球虫河源株（AHY 株）强毒孢子化混合卵囊（含堆型艾美耳球虫河源株 10 万个，其他 3 种球虫各 5 万个），观察 5～7 d，剖检所有鸡，检查每只鸡的鸡球虫寄生适宜部位的病变并记分。对照组至少 9 只鸡的十二指肠、小肠中段、盲肠平均病变记分应≥＋3.0 分；免疫组至少 8 只鸡十二指肠、小肠中段、盲肠平均病变记分应≤＋1.0 分。

【保存与使用】同鸡球虫病三价活疫苗。有效期为 7 个月。

（林瑞庆）

复习思考题

1. 简述鸡毒支原体 F 株活疫苗的质量检查内容。
2. 试列举 4 种鸡传染性鼻炎疫苗。
3. 试列举国内的鸭疫里默氏杆菌灭活疫苗的种类。
4. 新城疫疫苗的种类和各自的作用特点是什么？
5. 鸡马立克病的疫苗各自针对的不同马立克病毒的毒力类型是什么？
6. 鸡传染性支气管炎病毒的不同致病型和对应的疫苗种类有哪些？
7. 针对禽肿瘤性疾病的常用疫苗有哪些？
8. 鸡腺病毒引发的种类及其应用的疫苗有哪些？
9. 鸭场几种常见的鸭病及其应用的疫苗种类有哪些？
10. 鸡球虫病有哪些疫苗？早熟选育疫苗特点是什么？如何控制质量？

第十二章　鱼和其他经济动物用生物制品

本章摘要：本章介绍的鱼用生物制品涉及的疾病有8种，主要包括运动性气单胞菌败血症、疖病、弧菌病、红嘴肠炎、爱德华菌败血症等5种细菌性疾病以及草鱼出血病、鱼虹彩病毒病和传染性胰坏死症等3种病毒性疾病。本章重点介绍了我国已建立了生产规程和质量标准的4种鱼用生物制品，即嗜水气单胞菌败血症灭活疫苗、草鱼出血病灭活疫苗、草鱼出血病活疫苗(GCHV-892株)和牙鲆鱼溶藻弧菌、鳗弧菌、迟缓爱德华菌病多联抗独特型抗体疫苗，以及1种国外进口产品鱼虹彩病毒灭活疫苗。

犬、猫、水貂等动物传染病已严重威胁我国宠物业和毛皮动物养殖业发展，疫苗、抗体、诊断制品等的研究业已成为该领域的热点。在宠物及毛皮动物领域，国内外针对不同的烈性传染病，研制出了相应的疫苗，同时新的多联多价疫苗和新型疫苗均在开发之中，免疫血清、单克隆抗体、基因工程抗体、卵黄抗体等产品在疾病防治过程中已得到应用并已显示出明显的疗效。此外，血清中和试验、PCR技术、ELISA等实验室检测技术及相应的诊断用品研制为疾病的早期诊断提供了技术保障。

第一节　鱼用生物制品

一、运动性气单胞菌败血症

运动性气单胞菌败血症(motile aeromonas septicemia)，俗称出血病，是由运动性气单胞菌引起的水生动物的一种急性传染病。临床上以水生动物体表及内脏器官出血的急性败血症为主要特征，皮肤溃疡及肠炎等慢性型亦较为常见。该病在世界各国广泛存在。嗜水气单胞菌的致病范围十分广泛，鲫、鳊、鲢、鳙、鲤、鲮、草鱼、香鱼、狼鲈、虹鳟、罗非鱼、斑点叉尾鮰和黄鳝等各种淡水鱼类及蜗牛、蚌、蛙、蛇、鳄鱼、鳖、鸟、禽、貂、貉、兔、牛、猪、水牛和人等。

(一)病原

引起水生动物发病的运动性气单胞菌主要为嗜水气单胞菌(*Aeromonas hydrophila*)、豚鼠气单胞菌(*A. caviae*)和温和气单胞菌(*A. sobria*)，其中尤以嗜水气单胞菌的致病具有代表性和最为严重。嗜水气单胞菌是气单胞菌科气单胞菌属的成员。嗜水气单胞菌为一种短杆菌。具有极端单鞭毛，有动力，不形成芽胞和荚膜。革兰阴性兼性厌氧菌。最适生长条件均为TSA(胰蛋白大豆琼脂)28℃、24 h，在0～5℃的低温和38～41℃的高温亦能生长。菌落大小因培养时间而异，小者如针尖，大者直径可达2～3 mm，不产生色素。在血液平板上生长茂盛。致病菌多能产生清晰的溶血圈,氧化酶试验阳性。

嗜水气单胞菌具有 4 种抗原成分,即耐热的 O 抗原、不耐热的 K 抗原、鞭毛成分 H 抗原及菌毛抗原。一个菌株只有 1 种 O 抗原,但可有 1 种以上的 K 抗原。到目前为止,已发现的 O 抗原达 100 余种,H 抗原有 9 种。有人认为致病性嗜水气单胞菌具有一种共同的 O 抗原。

嗜水气单胞菌普遍存在于水环境中,仅那些具有毒力因子的菌株才有致病性。其毒力因子包括 3 类:一是胞外产物,如毒素、蛋白酶;二是黏附素,如 S 蛋白、4 型菌毛、外膜蛋白等;三是铁载体。

外毒素、蛋白酶、菌毛及 S 层是气单胞菌的致病因子。气单胞菌的外毒素十分复杂,如溶血素(hemolysin)、气溶素(aerolysin)、细胞毒性毒素(cytotoxic enterotoxin)和细胞兴奋性肠毒素(cytotonic enterotoxin)等,但这些毒素均为单一的多肽分子,具有相同的生物学活性。溶血性、肠毒性、细胞毒性,属于穿孔毒素,在结构和功能上极为相似。气单胞菌产生的气溶素或 HEC 毒素,不耐热、抗胰酶,能溶解人 O 型及兔红细胞,对 Vero、Hela 细胞有明显毒性,家兔肠绊结扎试验时发生肠积水。这些活性均可被其抗血清所中和。气单胞菌还分泌多种蛋白酶,能降解酪蛋白、弹性蛋白与纤连蛋白。胞外蛋白酶主要有耐热的金属蛋白酶及不耐热的丝氨酸蛋白酶两种。蛋白酶本身可导致直接损伤,有利于细菌入侵和扩散,可灭活宿主血清中的补体,此外还可活化毒素前体,因此是最重要的毒力因子。

S 层是新近发现的一种细菌表层结构,位于细菌表面的最外层,完整地包裹着细菌菌体。对细菌本身有很好的保护作用。

(二)免疫

嗜水气单胞菌和杀鲑气单胞菌的表面蛋白层能保护菌体免于吞噬细胞消化,从而为细菌进入细胞内繁殖并在体内扩散,形成病灶创造了条件。不同种的鱼或同一种鱼不同品种对嗜水气单胞菌的抵抗力均有一定的差异。比较研究中发现,嗜水气单胞菌对青、草、鲢、鳙四大家鱼的 LD_{50} 差异显著。

对嗜水气单胞菌的保护性抗原尚无清楚的认识,因此在研制疫苗时存在单价自家疫苗和多价联苗的争论,二者都有成功的报道。嗜水气单胞菌的抗原类型多而复杂,血清型与致病性之间的关系尚不明了。近期研究结果表明,HEC 毒素和 S 层蛋白亦是嗜水气单胞菌的重要保护性抗原;不同菌株所产毒素之间的抗原性差异远较菌体之间小得多,从而为疫苗研制带来了曙光。

(三)疫苗

嗜水气单胞菌灭活苗直接浸浴免疫能够引起鱼类局部的黏膜免疫应答。用福尔马林灭活的嗜水气单胞菌强毒株的全菌苗、胞外产物苗和菌体破碎苗分别免疫鲫鱼,全菌苗注射免疫保护率为 100%,破碎菌体苗的保护率为 80%。免疫效果以全菌为佳。用聚乳酸—乙醇酸共聚物包裹嗜水气单胞菌全菌后口服可诱导草鱼的血清抗体和黏膜免疫反应。

通过提取病原菌的某些成分如病毒的衣壳蛋白、囊膜糖蛋白,细菌的外膜蛋白、脂多糖(LPS)、外毒素、胞外蛋白酶等而制成的疫苗,即为亚单位疫苗。它具有接种剂量小,免疫原性强的优点。用嗜水气单胞菌主要外膜蛋白免疫刺激复合物亚单位疫苗,腹腔注射免疫欧洲鳗鲡。再用 $10\times LD_{50}$ 攻击,免疫保护率可达 80%以上,且无明显的血清型特异性。

嗜水气单胞菌血清型众多,不同地区、不同鱼种之间分离的菌株差异明显,灭活疫苗使用剂量大，机体的免疫应答水平较低，弱毒疫苗存在毒力返强等原因而导致免疫效果不佳。开发以针对多种血清型菌株新型疫苗仍是今后防治嗜水气单胞菌病的重要方向。针对嗜水气单胞菌的保护性抗原基因构建的基因工程疫苗以及新一代的核酸疫苗，安全、可靠、纯度高、成本低，能大规模生产。通过大肠杆菌表达嗜水气单胞菌外膜蛋白 OMP、TS 基因，证明表达产物稳定具有原外膜蛋白的免疫原性。中山大学成功地研制出了甲鱼气单胞菌的基因工程疫苗，实验室免疫保护率达到 100%，现正在进行大面积试用。

我国研发成功了嗜水气单胞菌败血症灭活疫苗。

【菌种】为致病性嗜水气单胞菌 J-1 株，其标准为：①培养及染色特征典型；②生化反应符合；③能产生较高水平的 HEC 毒素，要求≥32 个溶血单位；④有 S 层结构；⑤毒力强，对小白鼠的 $LD_{50}\leqslant 10^6$

【制造要点】取种子按 1%的比例接种改良营养肉汤培养基在 28℃下振荡通气培养 36 h，经活菌计数、纯粹检验及 HEC 毒素含量测定合格后，加入终浓度为 0.15%的甲醛置 37℃灭活 24 h，分装即成。灭活前培养物菌体含量须大于 10 亿/mL，HEC 毒素含量≥32 个溶血单位。

【质量标准】本品为棕黄色混悬液，久置后，下层有白色沉淀。除按成品检验的有关规定外，应作如下检测：①安全检验，用小白鼠 2 只，每只皮下注射 1 mL，观察 7 d，应保持健康；②效力检验，取成品腹腔免疫小鼠 5 只，21 d 后连同对照小鼠 5 只，腹腔攻击强毒菌 10^6（10 个 LD_{50}），对照组死亡 80%以上、免疫组保护 80%以上为合格。

【保存与使用】疫苗于阴暗处保存，2～8℃以下保存 6 个月。使用时既可浸泡免疫，也可注射免疫：①浸泡免疫，取疫苗 1.0 L，以清洁自来水稀释 100 倍，分批浸泡鱼种 100 kg 鱼种，每次浸泡时间为 15 min，同时以增氧泵增氧。配制好的使用液可反复使用 10 次，每次浸泡间应混匀；②注射免疫时则用灭菌生理盐水将疫苗作 100 倍稀释，每尾鱼腹腔注射 1 mL。该苗免疫期 6 个月。甲鱼及蛙（牛蛙）可采用腹腔注射免疫接种法，而蚌则在植株插片时将疫苗使用液 1 mL 滴入壳内，相当于浸泡免疫。

二、疖病

疖病（furunculosis）是由杀鲑气单胞菌感染所致的一种鱼类细菌性传染病。临床上以体表出血、内脏器官出血肿大的急性败血症为主；慢性皮肤病损（溃疡）亦常见，并得名疖病。该病主要发生于人工养殖的淡水鲑鳟鱼，但所有的淡水鱼及海鱼均易感。目前发现患该病的鱼种至少有 16 种鲑科鱼、7 种鲤科鱼及鮨科的成员。患病鱼主要表现为急性败血症；成年鲑鱼可出现皮肤病，草鱼、鲢、鲫、鲤等易感，有时还表现腹水综合征。金鱼溃疡病亦由该菌感染所致。疖病在全世界广泛分布。

（一）病原

杀鲑气单胞菌（*Aeromonas salmonicida*）属于气单胞菌科、气单胞菌属，是一种革兰阴性两端钝圆的球杆菌，偶有呈球形者。大小约 1.0 μm，菌体单个或数个成链排列。无荚膜，不产生芽胞和鞭毛，也无运动力，这是与本属其他成员的重要区别。

杀鲑气单胞菌为兼性厌氧菌，在普通营养琼脂上 22℃ 48 h 后长出圆形、隆起、透明、易碎的灰白色小菌落。大多数菌株在疖病琼脂或胰酪胨大豆琼脂上培养 3～6 d，可产生特征性的水溶性棕色色素。在血琼脂上可迅速形成 α-溶血环，菌落在 7 d 后变得略带绿色。

杀鲑气单胞菌可分为 5 个亚种，即杀鲑亚种（ssp. *salmonicida*）、无色亚种（ssp. *achromogenes*）、日本鲑亚种（ssp. *masoucida*）、史密斯亚种（ssp. *smithia*），这 4 个亚种的适宜培养温度为 22℃，2000 年新发现的溶果胶亚种（ssp. *pectinolytica*）。需在 35～37℃培养。

A 蛋白和脂多糖是该菌的主要表面抗原，其结构和组成高度保守，免疫特性非常稳定。所有菌株的抗原均有同一性。

A 蛋白是杀鲑气单胞菌的重要致病因子，对杀鲑气单胞菌在宿主体内的生存、增殖、疾病发生和感染扩散等过程都发挥重要作用。A 蛋白即 S 层，它通过脂多糖结合到细菌表面。A 蛋白能保护杀鲑气单胞菌抵抗噬菌体、蛋白酶及血清补体的杀灭作用，并可协助细菌结合血红素以获取生长所需的铁。此外，A 蛋白能促进细菌进入巨噬细胞，然后又能保护细菌免遭巨噬细胞溶酶体的消化。成为细菌逃避抗体及其他免疫机制的庇护所，有利于感染随血流扩散，并且在杀鲑气单胞菌的隐性感染中起重要作用。此外，细菌的胞外产物可能与致病力有关。它是细菌在生长繁殖过程中分泌到菌体外的全部物质，其化学性质非常繁杂，并具有多种生物学活性，如蛋白酶活性、磷脂酶活性、细胞毒性（杀白细胞素）、溶血性（溶血素）及动物致死性等。

（二）免疫

杀鲑气单胞菌只有一个血清型。表面的 A 蛋白及分泌的蛋白酶是重要的保护性抗原，脂多糖成分具有佐剂的功效，能增强机体对 A 蛋白的免疫应答。目前欧美国家已有商品化的疖病疫苗上市，配合油佐剂免疫后相对存活率可达 70%～100%，免疫持续期达 12 个月，免疫功效良好。

但是，疫苗免疫也还有些问题亟待解决。体液免疫水平与保护率之间的关系还不明确，有关该病的细胞免疫作用还不清。例如，疖病疫苗免疫后可能会有更多的鱼带菌，加大该病防治的困难。此外，疫苗的效果还不能达到完全保护。实验室试验表明，用 ECP 疫苗免疫的鱼较未免疫鱼更易患疖病，据研究在杀鲑气单胞菌发现有免疫抑制表位。

（三）疫苗

1. 疖病灭活疫苗

【菌种】杀鲑气单胞菌强毒株。

【制造要点】取种子按 1%～2%的比例接种营养肉汤培养基，于 22℃培养 48 h，经活菌计数及纯粹检验合格后，加入终浓度为 0.15%的甲醛，37℃灭活 24 h，分装即成。灭活前液体培养物的活菌含量要求≥10 亿/mL。

【质量标准】除按成品检验的有关规定外，应作如下检验：①安全检验，用体质量为 20 g 左右的虹鳟 5 尾，每尾腹腔注射 1 mL，置 15℃水温条件下饲养观察 7 d，应保持健康；②效力检验，取成品腹腔免疫体质量为 20 g 左右的虹鳟 25 尾，置 15℃水温条件下饲养，6 周后连同对照 25 尾鱼用杀鲑气单胞菌强毒株腹腔攻击，对照组发病死亡率应在 60%以上，免疫组的感染率应低于 24%为合格。

【保存与使用】疫苗于阴暗处保存，25℃以下保存 6 个月。使用时既可浸泡免疫，亦可注射免疫：①浸泡免疫，用洁净无污染的塘水（湖水、河水、自来水）将疫苗原液稀释 100 倍，制成浸泡使用液，每 1 L 浸泡液每次可浸泡鱼种 454 g，每次浸泡时间为 20 s，其间充气混匀。配制好的使用液可反复使用 20 次。②注射免疫时则用灭菌生理盐水将疫苗作 10 倍稀释，每尾鱼腹腔注射 0.2～0.5 mL。

2. 疖病弱毒疫苗

制苗时，用肉汤培养基在22℃培养48 h，经活菌计数和纯粹检验合格后分装。

菌种特性应为：①培养及染色特征典型；②生化反应相符；③能正确地表达A蛋白的亚单位，但不能组装成S层；④毒力较弱，虹鳟腹腔注射10亿活菌能存活。质量标准与疖病灭活菌苗相同。弱毒苗应置4～8℃保存，有效期不超过1个月。

三、弧菌病

弧菌病(vibriosis)，俗称红瘟、咸水疖病，是海鱼、河口鱼及洄游性鱼类的一种全身性细菌感染菌，临床上以全身出血的急性败血症为主，皮肤溃疡等慢性型亦时常见到。该病在世界范围内广泛存在，主要见于海洋环境，在淡水中亦有散发。波及的人工养殖鱼类至少有40余种，我国人工养殖的对虾及鳗亦被殃及，损失极为严重。

（一）病原

引起弧菌病的病原有多种，鳗弧菌(*Vibrio anguillarum*)、杀鲑弧菌(*V. salmonicida*)、病海鱼弧菌(*V. ordalii*)、溶藻弧菌(*V. alginolyticus*)及创伤弧菌(*V. vulnificus*)等是主要的病原菌，而副溶血弧菌(*V. parahaemolyticus*)和美人鱼弧菌(*V. damsela*)亦能引起发病。其中以鳗弧菌最为重要，也最具代表性。

鳗弧菌为革兰阴性短杆菌，大小为(1.2～2.1) μm×(0.4～0.6) μm，菌体平直微弯，常为1根端鞭毛，运动活泼。不形成芽胞和荚膜。生长的温度范围较广，最适温度20～25℃，最适pH 8.0左右。最佳生长需1.5%～3.5%氯化钠。

在含氯化钠的营养琼脂上26℃培养48 h，形成光滑、隆起、湿润、灰色至浅灰黄色的圆形菌落。培养较久则变为蓝灰色。在含氯化钠的鲜血平板上26℃培养72 h，菌落周围出现明显的β-溶血圈，肉汤培养基表面形成薄的菌膜。

鳗弧菌是水生环境的正常微生物菌丛，仅在某些特定条件下致病，例如高温应激、温差变化大、卫生状况差及水质不良等。根据菌种抗原性差异，可分为1～10个血清型。绝大部分的鱼类病原性弧菌归于O_1和O_2两种血清型。其中O_1血清型主要见于鲑科鱼；O_2血清型主要分离自患病的海鱼，但从鲑科鱼、香鱼中分离的鳗弧菌绝大部分也属于此型。同时，病海鱼弧菌亦属于O_2血清型，并作为该血清型的代表。

杀鲑弧菌可分为两个独立的血清型，其中有一种普遍存在于非鲑科鱼中。两种血清型的杀鲑弧菌对鲑鱼的致病性最强。该菌尚有一种表层结构抗原。由强毒菌株47Mu质粒编码的脱铁传递蛋白(siderophore)对铁的亲和力极高，能高效率地从宿主体内结合铁，以满足细菌增殖的需要。因此，与该菌的致病性有关。

鳗弧菌可产生若干外毒素，包括溶血素、溶白细胞素和蛋白酶等。

（二）免疫

细菌胞壁上具有耐热性的脂多糖(相对分子质量大于100 ku)，不仅能决定血清型，而且也是保护性抗原，能诱导机体产生坚强的免疫力。在外膜上的其他蛋白抗原包括相对分子质量49～51 ku的一种小抗原和抗原性较弱相对分子质量40 ku的一种蛋白抗原，这些表面结构抗原对热敏感。细菌的溶血素经甲醛灭活后可制成类毒素。

弧菌病保护性抗原为脂多糖。它对热稳定，对绝大多数鱼都具有良好的免疫原性。既可诱导体液免疫,又可诱导细胞免疫,不需加强免疫即可维持有效的免疫保护作用。弧菌病灭活疫苗早在20世纪80年代即获准批量生产,对主要病原弧菌的感染均有效,适用于各种养殖鱼类,是最为成功的鱼类疫苗。我国近年来独立开发出预防牙鲆鱼溶藻弧菌、鳗弧菌、迟缓爱德华菌病多联抗独特型抗体疫苗。

(三)疫苗

1. 牙鲆鱼溶藻弧菌、鳗弧菌、迟缓爱德华菌病多联抗独特型抗体疫苗

【制造要点】用能稳定分泌溶藻弧菌抗独特型抗体的杂交瘤细胞1B2株和2F4株,分泌鳗弧菌抗独特型抗体的杂交瘤细胞1E10株和1D1株,分泌迟缓爱德华菌抗独特型抗体的杂交瘤细胞1E11株,分别接种适宜的培养基培养后,转入生物反应器培养,收获培养物、离心取上清混合制成。

【质量标准】本品为粉红色块状固体,加生理盐水后迅速溶解。除按成品检验的有关规定外,应作如下检测。

①安全检验:用体重5～7 g、4～5月龄的牙鲆幼鱼200尾,其中100尾分别腹腔注射100倍剂量疫苗;另外100尾不接种疫苗作对照。同条件饲养,观察30 d,应全部存活。若有非特异死亡应不超过10尾,且免疫组非特异死亡不得超过对照组。

②效力检验:用注射型和浸泡型疫苗分别经腹腔内注射和浸泡免疫接种体质量5～7 g、4～5月龄的牙鲆鱼各100尾。30 d后分别各取60尾,随机可分成3组,每组20尾,每组连同对照10尾,分别用溶藻弧菌(ATCC33838)株、鳗弧菌(ATCC19106)株、迟缓爱德华菌(ATCC23657)株腹腔注射攻击牙鲆鱼,每尾注射0.1 mL(含5个LD_{50})。观察7 d,对照组应至少70%死亡;接种注射型疫苗组,保护率至少应为60%;接种浸泡型疫苗组,保护率至少应为30%。

【保存与使用】有两种免疫方法可选择:①注射免疫,用注射用生理盐水将瓶内的疫苗稀释到25 mL,再与等量的弗氏不完全佐剂混合均匀。用1 mL的注射器接种体质量5～7 g、4～5月龄的幼鱼,每尾腹腔注射50 μL,含疫苗量为3.75 μg。②浸泡免疫,用生理盐水将3瓶疫苗溶解混合,倒入装有90 L海水的容器内充分搅匀,将体质量5～7 g、4～5月龄的幼鱼1 000尾、分2～3批放入其中浸泡,每批浸泡30 min,如一次浸泡不完,可分批浸泡。每尾鱼的疫苗量为11.25 μg。

2. 鱼弧菌病灭活疫苗

【菌种】包括鳗弧菌强毒株、奥达利弧菌强毒株和杀鲑弧菌强毒株3种。强毒菌种的标准:①具有染色和培养的典型特征;②生化反应符合;③毒力较强,对鲑鱼的$LD_{50} \leqslant 10^6$;④鳗弧菌则应是O_1或O_2血清型,能产生溶血素。

【制造要点】取种子液按1%～2%比例接入含2%氯化钠的肉汤培养基,26℃通气培养24 h。经纯粹检验及活菌计数合格后,加入终浓度为0.15%的甲醛,37℃灭活24 h后分装即成。灭活前液体培养物中活菌含量不应低于10亿/mL。

【质量标准】除按成品检验的有关规定外,还应进行如下检验。

①安全检验:取体质量约20 g的鲑5尾,每尾腹腔注射1 mL,置水温为15℃条件培养7 d,应保持健康。

②效力检验:取25尾体质量约20 g的鲑,腹腔接种疫苗1 mL,置15℃水温中饲养6周

后，连同对照组 25 尾同样大小的鲑，用相应细菌强毒株腹腔注射攻击，对照组的发病死亡数应在 15 尾以上；而免疫组的感染数不超过 6 尾为合格。

【保存与使用】疫苗应于阴暗处保存，有效期不超过半年。免疫途径：①注射法，将疫苗用灭菌生理盐水稀释成 10^8/mL 浓度，鱼麻醉后，每尾鱼腹腔接种 0.2～0.5 mL；②浸泡法，将疫苗稀释成浸泡液，按每升浸泡液 450 g 鱼的比例浸泡 20 s，其间充气混匀；可连续使用 30 次。③喷雾法，用特制喷雾器，压力为 1～2 kg/cm^2，喷口距鱼 30～51 cm，置 5 s 即可。

口服疫苗的制备所用菌株一样，稍有不同的是在制备疫苗时将种子液接种含 2%氯化钠的营养琼脂，26℃培养 24 h 后，用灭菌生理盐水洗下菌苔，经纯粹检验合格后用甲醛灭活，按每克饲料 2 mg 干菌体的比例加入饲料中混匀即成。免疫时按鱼体质量 4%的比例投喂，连续投喂 30 d。口服疫苗的质量标准与注射疫苗相同。若将疫苗制成微胶囊经口免疫，则仅需使用 1 次即可奏效。

四、红嘴肠炎

红嘴肠炎(enteric-redmouth disease)又称肠型红嘴病，是由鲁氏耶尔森菌感染所致的一种鱼类急性传染病。临床特征为全身出血的急性败血症。由于最初发现患病鲑鱼在鳃盖、嘴、肠道等部位因出血而呈现红色外观，因而称为肠红嘴病，以区别于气单胞菌、假单胞菌及弧菌感染所致的类似病症。肠红嘴病在世界范围内广泛存在，北美、欧洲、大洋洲、南非及亚洲均有报道，我国养殖的鲢、鳙亦被殃及。主要危害人工养殖的鲑科鱼，如虹鳟、棕鳟、克氏鲑、红点鲑、鲑、溪鳟、红大马哈鱼、大鳞大马哈鱼及银大马哈鱼，其中尤以虹鳟为甚。非鲑科的金鱼、鳊、美鳊、鲢、鳙、大嘴鲃、胖头、钝吻鲟及大菱鲆等亦可感染致病。

(一)病原

鲁氏耶尔森菌(*Yersinia ruckeri*)是肠杆菌科、耶尔森菌属的成员，为一种革兰阴性杆菌。菌体大小为(1.0～2.0) μm×(2.0～3.0) μm，有周鞭毛，能活泼运动，不形成荚膜和芽胞。在营养琼脂平板上，菌落光滑、微凸、圆整，透明至半透明。最适培养温度为 22～25℃。以 18℃培养时生化特性最具代表性，可保持其可能存在的各种毒力因子。

鲁氏耶尔森菌的分型尚无统一标准。有毒力的 O_1 血清型菌株对宿主血清的杀灭作用有显著的抵抗力，细菌表面的疏水性有助于它的黏附定居。细菌能在鱼体吞噬细胞内存活，从而有利于感染随血流扩散。同时有毒力的菌株具有 40～50 Mu 的毒性质粒，它可能与脂多糖的表达有关。在细菌超声破碎物中发现一种对热敏感的类脂样因子(lipid-like factor)可能与毒力有关。

(二)免疫

鲁氏耶尔森菌具有良好的免疫原性，能诱导鱼体产生有效的保护性免疫。鱼类除有高效价的循环凝集抗体外，还可能存在着非特异性免疫应答，细胞免疫也起着关键性的作用。

(三)疫苗

鱼肠红嘴病灭活疫苗

【菌种】鲁氏耶尔森菌强毒株，选择标准：①染色培养特征典型；②生化反应相符合；③属 O_1 血清型；④有较强的毒力，即对血清的杀灭作用有抵抗力，对虹鳟的 LD_{50}≤10^7。

【制造要点】取种子按 1%～2%比例加入 pH 7.2 的肉汤中，18℃通气培养 48 h，经活菌计数及纯粹检验合格后，在 pH 9.8 中裂解 1～2 h，再加入 0.3%终浓度的甲醛 37℃灭活 24 h，分装即成。灭活前肉汤培养物中活菌含量不应低于 10 亿/mL。

【质量标准】除按成品检验的有关规定外，还应进行如下检验。

①安全检验：取体质量为 20 g 左右的虹鳟 5 尾，每尾腹腔注射疫苗 1 mL，在 15℃水温中饲养 7d，应保持健康。

②效力检验：取 25 尾体质量约 20 g 的虹鳟，腹腔接种疫苗 1 mL，置 15℃水温中饲养 6 周，连同对照组同样大小的虹鳟 25 尾用相应强毒株以 5 个 LD_{50} 的剂量腹腔注射攻击，对照组感染发病死亡率应大于 60%，而免疫组的感染率应低于 24%，两组的非特异性感染均不应高于 10%为合格。

【保存与使用】阴暗处保存，有效期为 6 个月。免疫途径：①浸泡法，将疫苗稀释成浸泡液，按每升浸泡液 454 g 鱼的比例进行，每次浸泡时间为 30 s。期间充气混匀，可连续反复用 20 次。②注射法，用灭菌生理盐水将疫苗稀释成 10^8/mL 菌浓度的注射液，每尾鱼腹腔注射 0.2～0.5 mL；③喷雾法，将疫苗稀释成一定浓度后用特制喷雾器进行，所用的压力为 1～2 kg/cm^2，鱼距喷口 30～51 cm 置 5 s 即可。

口服疫苗所用菌种和质量标准与浸泡疫苗相同，但制造时系将种子液接种营养琼脂，20℃培养 24 h，用灭菌生理盐水洗下菌苔，经甲醛灭活，按每克饲料 5 mg 湿菌体的比例加入饲料中，混匀并制成小颗粒。投喂时按鱼体质量 2%的比例，每日 1 次，连续使用 2 周。

五、鱼爱德华菌败血症

鱼爱德华菌败血症(Edwardsiella septicemia)包括温水鱼败血症和回肠道败血症两种疾病，这两种病在病原、流行病学、临床症状和病理发生等方面完全不同，分述如下。

(一)温水鱼败血症

温水鱼败血症(septicemia of warm water fish)，通常称为爱德华菌败血症，是由迟缓爱德华菌(*Edwardsiella tarda*)感染引起的一种温水鱼类的急性传染病，临床上以全身出血、腹壁破裂、内脏器官流出并有恶臭气味液体为主要特征，病理变化特点为实质性脏器化脓性炎症。迟缓爱德华菌主要感染温水性鱼类，但近年来冷水性鱼类感染的报道也渐增多。目前该病主要分布于美国、非洲及东南亚，我国人工养殖的日本鳗亦有感染发病的报道。

1. 病原

迟缓爱德华菌是肠杆菌科、爱德华菌属的成员，为革兰阴性短杆菌，大小约 1.0 μm×(2.0～3.0) μm。不产生芽胞和荚膜，有周鞭毛，能运动。该菌生长缓慢，在营养琼脂平板上需培养 48 h 后才长出灰白色、圆整光滑、湿润半透明，菌落直径 0.5～1.0 mm，在营养肉汤中呈均匀一致的混浊，不形成菌膜，仅有少许沉淀。能耐受 3%的氯化钠。生长的 pH 范围为 5.5～9.0，最适培养温度为 37℃。

迟缓爱德华菌分为野生型和生物Ⅰ群两个生物型，其中以野生型更为多见。迟缓爱德华菌的血清学分型未有定论。

迟缓爱德华菌被宿主吞噬细胞吞噬后在细胞内增殖，从而造成感染随血流扩散，并且成为带菌状态。该菌能抵抗宿主血清的杀菌作用。迟缓爱德华菌的毒力因子有铁载体、细胞黏附素、两种不同形式的溶血素。溶血素为不耐热的蛋白，溶血作用的铁离子被细菌的铁载体转运系统所摄取。溶血素相关蛋白 EA 是细菌侵袭所必需。外膜蛋白与抗生素的耐受性有关，也可用于菌株分型。

2. 免疫

迟缓爱德华菌胞壁上的 LPS 具有良好的免疫原性，可加强鳗鱼的吞噬细胞活性，提高血清抗体效价，诱导鱼体产生有效的免疫保护作用，抵抗强毒的攻击。但全菌制成的疫苗无论何种途径免疫，虽能诱导高效价的抗体产生，攻毒后却仍有很高的发病率。相对分子质量 35 ku 及 45 ku 等外膜蛋白是良好的免疫原。

3. 疫苗

以下介绍迟缓爱德华菌灭活疫苗。

【菌种】为迟缓爱德华菌强毒株，其特征：①培养染色特征典型；②生化反应相符；③毒力强，对鱼的 $LD_{50} \leqslant 10^5$。

【制造要点】将种子液接种营养肉汤，37℃培养 24 h，经活菌计数及纯粹性检验合格后，加入终浓度为 0.15%的甲醛 37℃灭活 24 h，分装即成。灭活前肉汤培养物中活菌含量不应低于 10 亿/mL。

【质量标准】　灭活苗除按成品检验的有关规定检验外，尚需进行以下检测。

①安全检验：取体质量为 20 g 左右的斑点叉尾鮰 5 尾，每尾腹腔注射疫苗 1 mL，在 30℃水温中饲养 7 d，应保持健康。

②效力检验：取 25 尾体质量约 20 g 的斑点叉尾鮰，腹腔接种疫苗 1 mL，置 24℃以下水温中饲养 6 周，连同相同数目、规格的斑点叉尾鮰用相应强毒株按 5 个 LD_{50} 的剂量腹腔注射攻击，对照组应死亡 15 尾以上，而免疫组死亡则应少于 6 尾为合格。

【保存与使用】疫苗成品置冷暗处可保存 6 个月。免疫途径：①腹腔注射，用灭菌生理盐水将疫苗稀释成 10^8/mL 菌浓度的使用液，每尾鱼腹腔注射 0.2～0.5 mL；②直接浸泡法，用洁净无污染的水，将疫苗配制成菌浓度为 10^8/mL 的浸泡液，并加入皂土佐剂，浸泡时间为 3 min，其间充气混匀。每升浸泡液可浸泡 400 g 的鱼苗，可反复使用 20 次。

（二）鮰肠道败血症

鮰肠道败血症（enteric septicemia of catfish），又称“头开孔”（hole-in the head），是由鮰爱德华菌（*Edwardsiella ictaluri*）感染所致的一种鱼类具有高度传染性的全身性急性败血症。临床上以全身出血的急性败血症和在头额部出现脓肿及孔洞为特征。鮰爱德华菌仅感染有限的几种温水鱼，如斑点叉尾鮰、小白鮰、云斑鮰、蓝鮰、担尼鱼、绿刀鱼、奥利罗非鱼及胡鲇等，虹蹲及大鳞大马哈鱼等非鮰科鱼可人工感染。该病主要在美国东南部养鮰地区流行，另泰国有过报道。

1. 病原

鮰爱德华菌为肠杆菌科、爱德华菌属的成员，为革兰阴性短杆菌，大小约 1.0 μm×2.0 μm，不产生芽胞和荚膜，25℃时有运动力，但 35℃以上则丧失。耐受氯化钠的最高浓度为 1.5%。平板上需要 2～3 d 才能形成直径约 1 mm 的菌落。菌落圆整、微凸、光滑、湿润、半透明。最佳生长温度为 25～30℃，在 37℃时生长迟缓或不生长。

鮰爱德华菌与迟缓爱德华菌在血清学上无交叉反应。鮰爱德华菌有 2 种不同的 O 抗原，其代表菌株为斑点叉尾鮰分离株及绿刀鱼分离株。

2. 免疫

鮰爱德华菌的保护性抗原是其脂多糖(LPS),可诱导斑点叉尾鮰迅速形成坚强的保护性免疫。目前已研制成鮰肠道败血症灭活疫苗。用 LPS 为基础制作的疫苗与佐剂同时使用,3 次免疫能取得理想的效果。与对照组相比,其发病率降低 66.7%,但采用浸泡免疫时则效果不佳。而全菌制作的疫苗免疫效果,浸泡法优于注射法。特别是用超声法处理的疫苗相对存活率达 74.4%。

3. 疫苗

以下介绍鮰爱德华菌灭活疫苗。

【菌种】烟爱德华菌强毒株,菌种特性:①培养染色特征典型;②生化反应相符;③对斑点叉尾鮰的毒力较强,$LD_{50} \leqslant 10^5$。

【制造要点】制苗时将种子液按 1%～2%的比例加至肉汤培养基中,25℃通气培养 48 h,经活菌计数及纯粹检验合格后,按终浓度 0.15%的比例加入甲醛,37℃灭活 24 h,分装即成。灭活前肉汤培养物中细菌含量不应低于 10 亿/mL。

【质量标准】除按成品检验的有关规定进行检验外,尚需进行如下检测。

①安全检验:取 5 尾体质量约 20 g 的斑点叉尾鮰,每尾腹腔注射疫苗 1 mL,在水温为 25℃的条件下饲养 7 d,应保持健康。

②效力检验:取 25 尾体质量约 20 g 的斑点叉尾鮰,每尾腹腔注射疫苗 1 mL,置 25℃水温条件下饲养 6 周,连同数目和规格相同的斑点叉尾鮰对照,腹腔注射 5 个 LD_{50} 的细菌攻击。对照组应死亡 20 条,而免疫组应存活 16 条以上为合格。

【保存与使用】疫苗在冷暗处可保存 6 个月。疫苗的免疫途径:①浸泡免疫,疫苗成品 10 倍稀释,将 0.15 g/尾的鱼苗置疫苗使用液中浸入 2 min,每升稀释的疫苗每次可浸泡 2 000 尾鱼苗。可反复使用 20 次,其间应充气混匀。浸泡免疫时必须在 23℃以上水温中进行,鱼苗免疫后应在 23℃以上水温中饲养至少 3 d。②注射免疫,疫苗 10 倍稀释后,每尾鱼腹腔注射 0.2～0.5 mL;水温应高于 23℃。③口服免疫,口服疫苗是将菌液疫苗干燥,然后用胶囊包被制成。使用时按 1%的比例与饲料混匀后投喂,每天投喂一次,按鱼体 4%的比例投料。免疫时先连续 5 d 喂含疫苗的饲料,间隔 10 d 投常规饲料,再连续 5 d 投喂含疫苗的饲料。

六、传染性胰坏死症

传染性胰坏死症(infectious pancreatic necrosis)是由传染性胰坏死病毒引起的鲑科鱼类的高度传染性疾病。临床上以全身发黑、眼球突出及鱼体旋转为特征,组织学检查以胰腺坏死为主。该病广泛分布于世界各国,几乎所有鲑鳟鱼类养殖地区均有发病的报道。我国人工养殖的虹鳟亦被殃及。自然感染的范围过去认为仅限于鲑鳟鱼类,但近年来发现多种非鲑科鱼类及其他水生动物均能感染。鲑科鱼最为易感,发病也最严重。虹鳟、鲑、大鳞大马哈鱼、克氏鲑、红大马哈鱼、银大马哈鱼、大马哈鱼、美洲红点鲑等重要养殖鱼类危害最重。此外,七鳃鳗科、鲱科、鳗科、鲤科的鱼类、贝类、甲壳类及鱼类寄生虫等均可感染。感染的宿主范围及流行地区之广在鱼类病毒中首屈一指。

(一)病原

传染性胰坏死病毒(infectious pancreatic necrosis virus,IPNV)为双 RNA 病毒科(*Birnaviridae*)双 RNA 病毒属的主要成员。病毒粒子为无囊膜的正二十面体,直径约 60 nm。病毒基因组为双股、双节段的 RNA,其中有一个节段可直接作为信使 RNA。病毒粒子具有 4 种结构多肽,其中相对分子质量为 94 000 u 的 VP1 被认为是 RNA 聚合酶,VP2 的相对分子质量为 54 000 u,为核衣壳蛋白的主要成分,与产生中和抗体有关,是病毒的主要保护性抗原。各毒株之间的同源性很高。

传染性胰坏死病毒易于适应细胞培养,多种鱼类细胞系均可用于病毒的增殖。常用的易感鱼类细胞系有大鳞大马哈鱼胚胎细胞系 CHSE-214、虹鳟性腺细胞系 RTG-2 及大鳍鳞鳃太阳鱼细胞系 BF-2。此外,黑头软口鲦细胞系 FHM 及白斑狗鱼性腺细胞系 PG 也很适用。病毒在 RTG-2 细胞上还可产生清晰的空斑。

病毒对培养温度要求不严格,4～26℃均可增殖。在 RTG-2 细胞上,4℃培养数天后才出现细胞病变,但在 26℃则仅需 9 h 即可出现。与鲑鳟鱼类的其他病毒相比,该病毒在较高的温度下增殖更为迅速,而其他病毒则受到抑制。如细胞置 10℃,可培养包括该病毒在内的任何鲑鳟鱼类病毒,若仅限于分离培养传染性胰坏死病毒,一般采用 20℃,通常在接种 48 h 后,出现以细胞崩解为特点的细胞病变,病毒在 RTG-2 细胞上所产生空斑的特点为细胞皱缩、拉长形成网状。

根据中和试验,可将 IPNV 分为 A、B 两个血清群,A 群再分为 9 个血清型(A1～A9)。血清型分型与地理分布有关。另根据 *VP2* 基因序列的差异,又可将 IPNV 分为 9 个基因群。基因群和血清型之间存在一定的关联,具体是,A1 和 A9 与基因 1 群相对应,A7 和 A8 与基因 2 群相对应,A3 与基因 3 群相对应,A5 和 A6 与基因 4 群相对应, A2 与基因 5 群相对应,A4 与基因 6 群相对应。

病毒各毒株之间存在着显著的毒力差异。英国分离的各毒株之间的毒力相似,对虹鳟幼鱼的致死率为 43%～56%,Ab 型毒力较低,致死率仅为 15%,非鲑科鱼的分离株毒力更低,致死率仅 6%～10%,但从鲑鱼中获得一个强毒株,对虹鳟致死率高达 60%。

传染性胰坏死病毒是已知鱼类病毒中抵抗力最强的。病毒对氯仿、乙醚稳定,对酸(pH 3)及热(56℃ 30 min)有抵抗力,耐 EDTA 及胰酶。在 4℃的水中,病毒毒力至少可维持 5～6 个月,在 10℃的自来水中可存活 7 个月以上。

(二)免疫

传染性胰坏死病毒在已知鱼类病毒中免疫原性最强,在水温 10℃左右,虹鳟人工感染约 30 d 后即可产生中和抗体,在 12～14 周达最高滴度,此后可维持数年。此外,在正常的虹鳟血清中还存在一种能中和传染性胰坏死病毒的蛋白质——6S 因子,它不同于抗体,据认为是非特异性抗病毒因子。近年来有报道,用含 VP2 的多价疫苗免疫大西洋鲑有效。

传染性胰坏死症的免疫预防尚在试验阶段,但值得注意的是:①病毒存在许多亚型,亚型之间缺乏交叉保护作用;②虹鳟鱼苗在感染后至少需 14 d 才能产主保护性免疫;③尽管免疫力可以被动传递,但虹鳟不产生母源抗体。

(三)疫苗

国内外对此疫苗研究较早,如美国和加拿大均有核酸疫苗上市。我国黑龙江水产研究所正在研制 HPN 的核酸疫苗。以下介绍 IPN 的传统疫苗。

传染性胰坏死症细胞培养灭活疫苗是将传染性胰坏死病毒 Sp 株接种 CHSE-214 细胞，用无血清培养基 15℃培养，4 d 后收毒。加入终浓度为 0.15%的甲醛，20℃灭活 4 d，分装即成。使用途径主要是腹腔注射。

传染性胰坏死症细胞培养弱毒苗所用毒种为自河鲈中分离的传染性胰坏死症天然弱毒株。制苗时将病毒按 0.01 MOI 的量接种 RTG-2 细胞，加入无血清 MEM 培养基，置 15℃培养 4 d 收毒。效力检验时，以疫苗液浸泡稚鱼 20 d 后，以 10 PFU/mL IPNV 浸泡稚鱼 18 h，然后饲养观察 58 d，保护率在 70%以上。免疫途径为浸泡免疫，用水将疫苗液稀释 32 倍，浸泡稚鱼 20 min 后，再加入 7 倍水稀释，浸泡 15 min，再继续稀释 2.5 倍后，浸泡 20 min 即可。

七、草鱼出血病

草鱼出血病(grass carp hemorrhagic disease)是由草鱼呼肠孤病毒感染所致的草鱼急性传染病。临床上以草鱼全身出血为主要特征。该病主要危害草鱼，2 cm 左右的鱼苗即可感染，以 5～10 cm 的幼鱼最严重，死亡率高达 60%～80%。目前，该病仅见于我国。它是我国最重要的鱼类病毒病，遍布我国所有养殖地区，尤以南方各省最为严重。

(一)病原

草鱼呼肠孤病毒(*grass carp reovirus*)也称草鱼出血病病毒，是呼肠孤病毒科水生呼肠孤病毒属(*Aquareovirus*)的成员，是本属中唯一具有致病性的病毒。病毒粒子为正二十面体，无囊膜，具有双层外壳，直径 68～72 nm。病毒的基因组为双股 RNA，分 11 个节段，并可分为大(L)、中(M)、小(S)3 组。基因组大小约 15 kb，在聚丙烯酰胺凝胶电泳中图谱分型(3∶3∶3∶2 或 3∶3∶5)与水生呼肠孤病毒 C 群的金体美鳊鱼病毒只有微小差异。

草鱼呼肠孤病毒的抵抗力较强，对酸(pH 3)、碱(pH 10)和热(56℃ 30 min)均有抵抗力，对氯仿和乙醚不敏感。组织中的病毒－20℃保存 2 年仍有活力。

草鱼呼肠孤病毒可在若干草鱼细胞系中增殖，如草鱼肾细胞系 CIK 及 GCK-34、草鱼吻端组织细胞系 ZC-7901、草鱼胚胎细胞系 CP-80 等。最适培养温度 25～28℃。适应这些细胞系中的病毒株均可产生细胞病变，特点为细胞圆缩、脱落、死亡。CIK 细胞系的适应毒株尚可产生空班，在 28℃培养 48～72 h 后，空斑直径达 2 mm。培养 2 h 后接种 CIK 细胞的病毒滴度达最高，接种时的感染比(MOI)为 0.05 PFU/细胞时，获毒量最高。

草鱼呼肠孤病毒各分离株之间尚未发现抗原性的差异。它与水生呼肠孤病毒的其他成员也无免疫学交叉。

(二)免疫

草鱼呼肠孤病毒具有良好的免疫原性，可刺激草鱼产生较强的免疫保护力。其循环抗体在免疫后 80 d 仍保持有较高的效价，免疫保护期达 14 个月之久。目前有草鱼出血病组织灭活疫苗和草鱼出血病细胞培养灭活疫苗及草鱼出血病活疫苗 3 种疫苗可供选用，均有可靠的保护作用。

(三)疫苗

1. 草鱼出血病组织灭活疫苗

【制造要点】采集自然发病或人工感染发病的临床上有明显出血症状的患病草鱼肝、脾、肾和肌肉，称重、剪碎，按 1∶10 加入 PBS 或生理盐水后用组织捣碎机或高速匀浆器制成组织匀浆，离心后在上清液中加入 10%福尔马林溶液，使甲醛终浓度为 0.1%，混匀后置 32℃灭活 72 h 即成。

【质量标准】除按成品检验的有关规定进行检验外，应进行如下检测。

①无菌检验：取疫苗 1 mL 均匀涂布鲜血琼脂平板，每批号 2 只平板，置 25℃培养 48 h，应无菌生长。

②安全检验：取灭活疫苗腹腔注射 7～10 cm 大小的草鱼，每批号 5 尾，每尾 0.3～0.5 mL，置 25～28℃的水缸中饲养 15 d，应保持健康。

③效力试验：取 10 cm 大小的草鱼 25 尾，每尾腹腔注射疫苗 0.2～0.5 mL，置 25～28℃水温中饲养 15 d，连同 25 尾同样大小的草鱼腹腔攻击病毒悬液，对照组全部发病且死亡率在 70%以上，而免疫组的发病率及死亡率低于 10%为有效。

【保存与使用】疫苗应置于 4～8℃冰箱中保存，有效期为 1 年。浓缩的疫苗在使用前要充分混匀再作 100 倍稀释，免疫途径为腹腔或肌内注射。每尾鱼苗接种 0.2～0.5 mL，经注射免疫后的鱼种，其免疫保护期达 14 个月以上，浸泡免疫时尚可加入莨菪碱免疫增强剂，即用 0.5%浓度的疫苗，并加入终浓度为 10^{-6} 的莨菪碱。免疫时在 20～25℃水温下充氧 3 h，可获最佳保护效果。

2. 草鱼出血病细胞培养灭活疫苗

【毒种】为草鱼出血热病毒 ZV-8909 草鱼组织细胞系适应毒株。

【制造要点】用病毒种接种草鱼吻端组织细胞株或草鱼胚胎细胞株进行培养，收获培养物，经甲醛和热灭活处理，加氢氧化铝胶和 L-精氨酸制成。

【质量标准】除按成品检验的有关规定进行检验外，应进行如下检验。

①安全检验：将 13 cm 左右的健康草鱼 20 尾，各肌肉或腹腔注射疫苗 0.5 mL，置 25～28℃的水中饲养 15 d，全部鱼应健活。

②效力试验：将疫苗用生理盐水稀释 10 倍，肌肉或腹腔注射 13 cm 左右的健康草鱼 20 尾，每尾 0.5 mL，置 25～28℃水温中饲养 15 d，连同条件相同的对照草鱼 20 尾各注射病毒液 0.3～0.5 mL(100 LD_{50}/mL)，在 25～28℃水中饲养 15 d，每天观察并记录各组的死亡鱼数(其中，对照组草鱼应至少死亡 10 尾)计算各组死亡率后，计算免疫保护率，免疫组的保护率在 80%以上为合格。

免疫保护率=(对照组鱼的死亡率－免疫组鱼的死亡率)/对照组鱼的死亡率

【保存与使用】疫苗应置 2～8℃中保存，有效期 10 个月。用于预防草鱼出血病，免疫期 12 个月。疫苗的免疫途径：①浸泡免疫，3 cm 左右草鱼采用尼龙袋充氧浸泡法。浸泡时疫苗浓度为 0.5%，每升浸泡液加入 10 mg 莨菪，充氧浸泡 3 h。②注射免疫，体长 10 cm 左右草鱼采用注射法，先将疫苗用生理盐水作 10 倍稀释，每尾鱼肌内或腹腔注射 0.3～0.5 mL；疫苗使用时应避免阳光直射。开瓶后的疫苗应在 12 h 内用完。

3. 草鱼出血病活疫苗(GCHV-892 株)

【毒种】草鱼出血病病毒 GCHV-892 株。

【制造要点】本品系用草鱼出血热病病毒 GCHV-892 株接种草鱼吻端成纤维细胞(PSF)，经 28℃培养，收集细胞培养物，经冷冻真空干燥制成。用于预防草鱼出血病。

【质量标准】本品为淡黄色海绵状松团块，易于瓶壁脱离，加稀释液后迅速溶解。除按成品检验的有关规定进行检验外，应做以下检验。

①安全检验：按瓶签标明的尾份数，用灭菌生理盐水将疫苗稀释成每 0.2 mL 含 10 个使用剂量，经腹腔注射 4 月龄(体长 10～12 cm)健康易感草鱼 50 尾，每尾 0.2 mL。在 28℃左右水体中饲养 21 d，每日观察 2 次。应不出现由疫苗引起的任何症状或死亡。

②效力检验：以下两种方法任择其一。

a. 病毒含量测定：按瓶签标明的尾份数，用灭菌生理盐水将疫苗稀释成每毫升含 1 尾份。再用灭菌生理盐水 10 倍系列稀释，取 10^{-3}、10^{-4} 和 10^{-5} 稀释度，每个稀释度接种草鱼肾细胞(CIK)6 瓶(约 3 cm×6 cm)，每瓶 1 mL，吸附 1 h 后，弃病毒液，加入维持液，置 28℃下培养观察 6～8 d，记录细胞病变。根据 Reed-Muench 法计算 $TCID_{50}$。每尾份病毒含量应≥$10^{4.2}$ $TCID_{50}$。

b. 免疫攻毒：按瓶签标明的尾份数，用灭菌生理盐水将疫苗稀释成每 0.2 mL 含 1 尾份。经腹腔注射 4 月龄(体长 10～12 cm)健康易感草鱼 50 尾，每尾 0.2 mL，在 28℃左右水体中饲养 15 d 后，连同条件相同的对照非免疫草鱼 50 尾，分别用检验用毒种(草鱼出血病病毒 GCHV-901 株)腹腔注射，每尾 $10^{3.2}$ LD_{50}/0.2 mL，在 28℃左右水体中饲养 15 d，每日观察并记录各组的死亡鱼数。对照组应全部发病(出现草鱼出血病症状)，且应死亡至少 45 尾，免疫组应至少保护(健活)46 尾。

【保存与使用】－10℃以下保存，有效期 18 个月；2～8℃保存，有效期 6 个月。用于预防草鱼出血病，免疫期为 15 个月。腹腔或肌内注射。按瓶签标明的尾份数，用灭菌生理盐水(0.65%)稀释成每 0.2 mL 含 1 尾份。体质量 12～250 g 的草鱼，每尾注射 0.2 mL，体质量 250～750 g 的草鱼，每尾注射 0.3 mL。疫苗使用时应现配现用，开瓶后的疫苗应在 12 h 内用完。

八、鱼虹彩病毒病

鱼虹彩病毒病(fish iridovirus disease)是由虹彩病毒感染引起的鳖、龟、牛蛙、蟾蜍、鲈鱼、牙鲆、真鲷、鲍鱼、石斑鱼和鲶鱼等百余种鱼类、两栖类和爬行类等水生动物疾病的总称，例如鲈脾肿大症、石首鱼暴发性传染病、真鲷虹彩病毒病、牙鲆淋巴囊肿病、石斑鱼慵懒病、甲鱼“红脖子病”，养殖及观赏水生动物的死亡率高达 30%～100%，危害性极大。近年来，许多国家从患病鱼、蛙和龟等水生经济动物中分离到病毒。

(一)病原

传染性脾肾坏死病毒(infectious spleen and kidney necrosis virus，ISKNV)，属于虹彩病毒科(*Iridoviridae*)，细胞肿大病毒属(*Megalocytivirus*)的代表种，该病毒由我国学者报道。病毒中心是一个电子密度高的类核体(核心)，类核体的直径 70～90 nm，周围为一个清晰的六角形外壳。核衣壳呈二十面体对称。直径为 120～240 nm，个别成员的直径甚至可达 300 nm。虹彩病毒基因组为单分子线状双股 DNA，大小为 130 kb，G+C 比例为 29%～32%。病毒粒子的浮密度为 1.6～1.35 g/mL。在由宿主细胞的细胞膜出芽逸出时，获得外层囊膜。

FV3 能在 9 种哺乳动物细胞系、21 种爬行动物细胞系、鸡胚细胞和 4 种鱼类细胞系中于 12～32℃增殖。国外已有利用培养细胞研究淋巴囊肿病毒等虹彩病毒的报道。国内张奇亚等通过对呈上皮细胞形态草鱼椎骨间质组织体外培养，连续传代 30 次以上，建立草鱼椎骨间质组织细胞系(GCVB),将从蛙、鳖、鱼中分离到的 10 株病毒接种于 GCVB 细胞,包括中国分离株 RGV9506 及美国分离株 FV3 的 8 株蛙虹彩病毒可引起 GCVB 细胞明显病变。GCVB 细胞对不同水生动物病毒株的敏感性不同。孙修勤等、吕宏旭等分别利用牙鲆鳃细胞系进行了养殖牙鲆淋巴囊肿病毒的分离及培养。

病毒的抵抗力较大,23℃可以存活数月,并能耐受反复冻融处理。置于－20℃以下保存,病毒可存活 20 个月,虹彩病毒对乙醚或氯仿等脂溶性溶剂敏感,不能在 50%的甘油中保存。

(二)免疫

虹彩病毒能在自然条件下感染不同纲动物。病毒主要存在于病鱼脾肾等器官中;并能随着血液循环很快扩散到全身。病毒的传播与感染存在温度依赖性。虹彩病毒在仔稚鱼、幼鱼和成鱼间的传播,可通过水平和垂直两种方式进行。不同地区间的水产贸易促进了病毒的跨地域、跨物种间传播。由于病毒本身分布广,特别是弱毒疫苗的大量使用,自然界的健康带毒状况很普遍。

大多数虹彩病毒株的毒力很强,但免疫原性甚低。虽然动物在感染后 7～21 d 内可产生补体结合性抗体、沉淀抗体和红细胞吸附抑制抗体,但无论是自然感染还是人工感染,都难发现有中和抗体的存在。鱼类虹彩病毒的弱毒疫苗对海水鱼的保护率能达到 80%。然而也有报道,接种弱毒疫苗能产生高效价抗体,但是并不一定有良好的免疫保护力。一般感染过虹彩病毒的水生生物,常能抵抗同类型毒株的攻击,这种对再感染的抵抗力,可能来自体内某种干扰素样物质的作用。

肖国华等用 50 尾健康牙鲆鱼,体质量在 250～350 g/尾,体长 15～20 cm,制备用甲醛灭活疫苗。免疫试验共分 6 个处理组(肌注、肌注创伤、腹腔注射、腹腔注射创伤、空白、空白创伤),放入患有淋巴囊肿病鱼池中饲养,免疫接种后 15、30 d,分取免疫牙鲆和患病牙鲆,分离血细胞和脾细胞,用牙鲆免疫球蛋白单克隆抗体荧光检测,六组鱼均未呈现出明显的淋巴囊肿症状,从血液和脾脏中分离的淋巴细胞表面都出现很强的荧光,说明用灭活淋巴囊肿病毒免疫牙鲆取得了一定的效果。

(三)疫苗

鱼虹彩病毒病灭活疫苗(IR009),由日本阪大微生物病研究会生产。

【毒种】虹彩病毒 Ehime-1/GF14 株。

【制造要点】系用虹彩病毒接种三线石鲈鳍组织细胞培养,收获病毒培养液,经甲醛溶液灭活后制成。

【质量标准】本品为橘红色透明液体。除按成品检验的有关规定进行检验外,还应进行如下检验。

①无菌检验:将灭活疫苗液接种于肉汤蛋白胨培养基,置于 37℃培养 7 d,应无菌生长。

②安全检验:用体质量约 10 g,经连续观察 7 d 确认健康的真鲷鱼至少 180 尾,分为二组,每组至少 90 尾,1 组作为免疫组,另 1 组作为对照不免疫。停食 24 h 后,免疫组各腹腔注射疫苗 0.1 mL(1 尾份),观察 10 d,两组均全部健活为合格。

③效力检验:将上述试验结束后的两组鱼(免疫组和对照组)再各分为 3 个组(即总计 6 个组),每个组至少 30 尾,停食 24 h 后,用(含 10%牛血清的 Eagle's 基础培养基的)稀释液将真鲷虹彩病毒强毒 E hime-1 株或同等毒力的其他毒株进行适当稀释,取其中 3 个稀释度(其中

1个稀释度可使对照鱼的死亡率至少达80%，另两个稀释度分别是前后稀释度）各腹腔注射两组鱼（免疫组和对照组各1），0.1 mL/尾，继续观察14 d，统计各组的死亡数及其死亡率。应至少在1个稀释度的攻毒组中，对照鱼的死亡率≥60%，免疫组死亡率较非免对照组的死亡率至少低40%为合格。

【保存与使用】在2～8℃保存，有效期为1年半。用于预防海水鱼类鱼虹彩病毒病。使用方法因动物种类而异。真鲷鱼（体质量约5～20 g）：腹腔（自鱼体腹鳍至肛门的下腹部）或肌内（鱼体侧线的微上方至背鳍中央正下方的肌肉）注射，各1尾份（0.1 mL）。鰤鱼属（体质量10～100 g）：麻醉处理后，腹腔（将腹鳍贴紧于体侧时接触腹鳍尖段部位的体侧线轴心线上）注射，各1尾份（0.1 mL）。拟鲹（体质量10～70 g）：麻醉处理后，腹腔（自鱼体腹鳍至肛门的下腹部）注射，各1尾份（0.1 mL）。

（罗满林）

第二节　其他经济动物用生物制品

随着人们生活水平的日益提高，越来越多的人开始饲养宠物，包括犬、猫、鱼、鸟和一些野生动物等。全国各地家庭宠物饲养开始逐步大众化，我国毛皮动物养殖业也正在蓬勃发展。尽管在部分大城市中其他动物饲养已纳入政府管理，包括限养工作及人畜共患病的防疫，但是犬、猫、水貂等动物传染病的迅速传播与蔓延已成为制约我国宠物业和养殖业发展的很大障碍。疫苗、抗体、诊断制品作为生物制品的重要组成部分，在动物疾病的诊断、防治方面起着不可替代的作用，其研究领域为生物制品研制的前沿热点。

一、疫苗

小动物传染病复杂多样，犬以犬瘟热、犬细小病毒病、犬传染性肝炎、犬腺病毒病、狂犬病、结核病危害最为严重；猫的常见传染病主要有猫泛白细胞减少症（猫瘟）、猫传染性鼻气管炎、猫杯状病毒病、猫狂犬病、猫白血病、鹦鹉热衣原体引起的猫肺炎、猫传染性腹膜炎等；毛皮动物常见传染病有犬瘟热、细小病毒性肠炎、狐脑炎、传染性肠炎、水貂阿留申病等疾病。对小动物和毛皮动物进行疫苗免疫是最有效的防治措施。

在小动物和毛皮动物疫苗的研制方面，国内外针对不同的烈性传染病研制出了相应的宠物疫苗。近年来，随着生物技术的显著发展，不少研究成果已经或正在从试验阶段向实际应用过渡，并已开始形成新的产业，新多联多价疫苗的研制和新型疫苗的开发成为宠物用疫苗的发展方向。

1. 新一代宠物疫苗

生物学手段的完善使新型疫苗层出不穷，随着科技的不断进步，利用基因工程技术开发研制的新一代宠物疫苗将不断投放市场，这些疫苗主要包括核酸疫苗、活载体疫苗、亚单位疫苗等。迄今，国外已有至少4种核酸疫苗被批准进入临床试验，包括美国、瑞士和英国的艾滋病核酸疫苗、美国的成纤维细胞生长因子核酸疫苗。

(1)核酸疫苗　核酸疫苗也称基因疫苗或DNA疫苗,核酸疫苗是将病原微生物的保护性抗原基因克隆于质粒或病毒载体上,将其注射到动物体内表达出天然形式保护蛋白,从而引起机体产生免疫应答的新型疫苗。这种新型的免疫方法具有良好的发展前景,目前在宠物临床上,核酸疫苗已应用于狂犬病的防治中。

(2)活载体疫苗　利用分子生物学手段将致病微生物的保护性基因重组到非致病性病毒或细菌基因组中制成活疫苗,免疫动物后在宿主体内产生保护性蛋白,接种这种重组疫苗后,动物除获得对原来病毒或细菌的保护之外,还获得对插入基因相关疾病的保护力。在宠物用活载体疫苗方面,狂犬病活载体疫苗已在狂犬病的预防上得到了应用。

除此之外,伪狂犬病基因缺失疫苗已应用于伪狂犬病的防治,其他基因工程疫苗(如重组亚单位疫苗、合成肽疫苗和转基因植物疫苗),尽管还没有在宠物上得到应用,但已应用于人和某些动物上,并取得了良好效果。如人乙肝基因工程亚单位疫苗已被广泛应用。这些疫苗具有良好的开发应用前景,是未来宠物疫苗的研发方向。

2. 多联疫苗

犬、猫、水貂疫病种类繁多,而且随着新疫病的不断出现,疫苗的品种也在逐渐增加,因此迫切需要研制和开发新的多联多价疫苗,以达到一针防多病的目的。如常用的犬五联苗可预防狂犬病、犬副流感、犬瘟热、犬细小病毒病和犬传染性肝炎;猫三联苗可预防猫泛白细胞减少病、猫传染性鼻气管炎和猫杯状病毒病;水貂犬瘟热、病毒性肠炎和肉毒梭菌三联疫苗,狐、貉犬瘟热、病毒性肠炎和脑(肝)炎三联疫苗等具有安全、方便、免疫原性强、价廉等优点。

3. 几种毛皮动物常用疫苗

(1) 细小病毒细胞灭活疫苗　主要采用猫肾传代细胞培养细小病毒强毒,然后用适量福尔马林灭活,加入一定比例的佐剂研究而成,该疫苗是目前应用最广泛的一种疫苗,具有安全、高效、方便、价廉等优点。

(2)鸡胚成纤维细胞弱毒疫苗　将犬瘟热鸡胚弱毒接于鸡胚成纤维细胞,增殖制成湿苗和冻干苗,是目前国内应用最为广泛的疫苗,中国农业科学院特产研究所等就是采用该方法制备犬瘟热疫苗。

(3) 狐脑炎弱毒疫苗　是由腺病毒B型经致弱后,在犬肾细胞增殖而成。其具有免疫原性强,安全可靠的优点,深受广大用户的欢迎,对控制狐脑炎蔓延流行起到了积极作用。

二、抗体

1. 免疫血清

在畜禽疾病的防治中应用十分广泛,其中,应用于宠物上的免疫血清有犬瘟热免疫血清和犬细小病毒免疫血清等,在宠物疾病的防治中起到了重要作用。

2. 单克隆抗体

单克隆抗体技术是现代生命科学研究的重要工具,在动物的免疫学诊断方面至今仍有着无可代替的重要作用。现在应用于宠物临床治疗的单克隆抗体有抗猫泛白细胞减少症病毒单克隆抗体、抗犬瘟热病毒单克隆抗体和抗犬细小病毒单克隆抗体等。

3. 基因工程抗体

作为第三代抗体的基因工程抗体是将获得的抗体基因或抗体基因片段,与适当载体重组后引入不同表达系统所产生的抗体，有望广泛应用于疾病的临床诊断、预防和治疗等领域，其在宠物领域中的发展前景十分广阔。

4. 卵黄抗体

已被广泛用于动物的细菌、病毒、寄生虫及肿瘤等疾病的诊断与防治，在特种毛皮动物（水貂、狐狸、貉）主要传染病包括犬瘟热、水貂细小病毒性肠炎、水貂阿留申病、狐狸脑炎、水貂出血性肺炎、狐加德纳菌病等研究中已有报道。应用卵黄抗体 IgY 防治特种毛皮动物疾病，不会出现应用动物高免血清治疗引起的副作用，又可避免同源或近源材料带毒而导致本动物发病的潜在危险，对有效降低疾病暴发，减少损失将具有重要意义。

三、诊断制品

目前应用于宠物的实验室诊断技术主要包括血清中和试验、补体结合试验（如犬瘟热的诊断试验）、PCR 技术（如诊断犬细小病毒病）、荧光抗体技术（如犬传染性肝炎的检测）、ELISA 技术（如鉴定猫泛白细胞减少症）。其应用的诊断制品主要包括核酸诊断试剂、抗原、诊断血清、诊断用毒素和标记抗体等。

1. 单克隆抗体

单克隆抗体在临床诊断及检测中的应用也已证实，单克隆抗体不仅在动物疾病的治疗中有着广阔的应用前景，而且在宠物疾病的诊断方面也受到了人们的关注。目前，国内应用于宠物上的相关诊断试剂盒主要有犬瘟热诊断试剂盒、犬细小病毒病诊断试剂盒和犬传染性肝炎诊断试剂盒。

2. 核酸探针

对于一些难以分离培养，常规检测方法无法满足相关疾病诊断，核酸探针是很好的诊断手段之一，犬瘟热病毒可利用犬瘟热病毒互补的 RNA 作为探针进行检测，此外，国内已建立利用核酸探针检测犬冠状病毒的方法。

3. PCR

随着荧光定量 PCR、巢式 PCR、多重 PCR 的相继问世，相应 PCR 诊断试剂盒的应运而生，PCR 用途越来越广。国内已建立了利用 RT-PCR 检测犬冠状病毒、犬瘟热病毒的方法。

4. 基因芯片

已应用于基因表达谱分析、疾病的诊断与预测、基因突变与多态性分析等领域对于病原性疾病的诊断，随着基因芯片技术的不断进步，相信基因芯片将广泛应用于宠物、毛皮动物等相关疾病诊断中，并成为疾病诊断的有效武器。

5. 免疫胶体金技术

随着免疫胶体金技术的迅速发展及其简便快速、特异性强、敏感性高、能用肉眼判读、试验结果易保存、无须特殊仪器设备和试剂等优点，其逐渐被应用于兽医临床疾病诊断中。目前应用于小动物的主要有犬瘟热病毒孔雀源 NDV 毒株、鸽源 NDV 毒株试纸条检测卡。

随着小动物饲养在中国的兴起，小动物用生物制品作为宠物健康的有力保障，受到了人们的高度重视，国内宠物用生物制品市场呈现出巨大的活力和潜力，但我国产品的质量、品种和数量都远远不能满足市场的需要，国内的宠物与毛皮动物用生物制品还没有像国外那样形成产业化，对我国来说既是机遇又是挑战，我们要在借鉴国外先进的小动物用生物制品生产技术的同时，加强自主创新，把握新型小动物用生物制品的研发方向，使宠物与毛皮动物用生物制品逐渐形成产业化，满足国内市场需求。

（单虎）

复习思考题

1. 鱼用生物制品的免疫方法通常有哪些？
2. 如何对运动性气单胞菌败血症灭活疫苗进行安全检验和效力检验？
3. 试述疖病灭活疫苗和弱毒疫苗的制造要点。
4. 鱼弧菌病疫苗有哪些类型？其具体免疫方法有哪几种？
5. 试述红嘴肠炎灭活疫苗的使用方法。
6. 鱼爱德华菌败血症包括哪两种疾病？它们在病原、流行病学、临床症状和病理发生等方面有何不同？
7. 传染性胰坏死症胞培养灭活疫苗和弱毒疫苗制作和使用上有何不同？
8. 试述草鱼出血病组织灭活疫苗和细胞灭活疫苗的制作要点。
9. 如何对鱼虹彩病毒病灭活疫苗进行安检和效检？
10. 在宠物及小动物临床中应用较多的抗体种类有哪些？
11. 应用于宠物及毛皮动物的诊断制品主要有哪几种？

第十三章　微生态制剂和免疫增强剂

本章摘要：微生态制剂是指根据微生态学原理，利用对宿主有益无害的益生菌或益生菌的促生长物质，经特殊工艺制成的制剂。免疫增强剂也称为免疫促进剂或免疫刺激剂，是指能够非特异性加速或加强免疫应答反应的诱导，主要用于提高动物的免疫功能、增强动物机体的抗感染能力的一类制剂。本章主要介绍微生态制剂的基本概念、作用原理以及常见的制剂种类；免疫增强剂的基本概念、标准、分类以及常用的免疫增强剂。

第一节　微生态制剂

一、微生态制剂的概念、作用机制及应用

（一）微生态制剂的概念

微生态制剂是一种新型活菌饲料添加剂，具有抗菌和酶的功效。使用一定量的微生态制剂可增强动物抗病能力，促进生长，提高饲料利用率。该制剂还是一种环保型产品，具有无毒副作用、无耐药性、无残留、无污染的优点，对提高畜禽产品质量、改善生态环境具有重要意义，未来微生态制剂能够为畜牧业发展作出更大的贡献。

微生态制剂又称微生态调节剂，兴起于20世纪70年代，被认为只有活的微生物才能起到微生态的平衡作用，因此认定微生态制剂是活菌制剂，甚至有一段时间，曾把微生态制剂称为“活菌制剂”。活菌制剂是指在动物胃肠道微生态理论指导下，运用微生态学原理，利用对宿主有益无害的正常微生物经特殊工艺制成的活的微生物饲料添加剂，动物食入后，能在消化道中生长、发育或繁殖，并起到有益作用的活体微生物饲料添加剂。

活菌制剂能通过改进肠道微生物平衡对动物施加有益影响。在我国，人们经常称其为益生菌或微生态制剂。美国联邦食品与药物管理局（FDA）1989年将其名称定为“直接饲喂微生物”（direct-fed microbial，DFM）。加拿大称之为“活的微生物产品”（viable microbial products，VMP）。在日本，其被称为“有效微生物”（effective microbial，EM）。但随着科学研究的深入，微生态制剂的不断发展，大量资料证明，死菌体、菌体成分、代谢产物也具有调整微生态失调的功效。

因此国际微生态学术讨论会上，对微生态制剂（益生菌）重新进行了定义。微生态制剂是含活菌和（或）死菌，包括其组分和产物的活菌制品，经口或黏膜途径投入，旨在改善黏膜表面处微生物或酶的平衡，或者具有刺激特异性或非特异性免疫机制。

抗生素自发现以来，给人类生产和生活带来了巨大的变化。20 世纪中叶开始，抗生素(如喹诺酮)、喹乙醇等被广泛用于饲料添加剂，随之各种弊端日益凸显，动物正常菌群失调，耐药菌株不断出现，药物残留造成环境污染，甚至严重威胁人类的健康。西欧、美国、日本等国家已经颁布相关法律，从立法上限制抗生素使用。此外，很多国家大力研制抗生素替代品，微生态制剂作为理想的替代品，在畜牧业上逐渐受到重视，应用微生态制剂具有投入少、收益大、无抗药性和药物残留，是畜牧养殖业发展的方向之一，也是 21 世纪生命科学的重要分支。

(二)微生态制剂的作用机制

动物微生态制剂发挥作用的确切机理尚未完全揭晓，因而限制了微生态制剂的广泛使用。一般认为，动物微生态制剂进入畜禽肠道内，与其中极其复杂的微生态环境中的正常菌群会合，出现栖生、互生、偏生、竞争或吞噬等复杂关系。

1. 拮抗动物病菌并恢复优势菌群，保持胃肠道微生态环境的相对稳定

正常情况下，动物肠道微生物种群及其数量处于一个动态的微生态平衡状态。当机体受到某些应激因素的影响，这种平衡可能被破坏，导致体内菌群比例失调，原有的优势种群发生变更，动物出现生产性能下降或疾病症状。合理使用微生态制剂可以调节动物肠道菌群，保持肠道菌群的平衡，对有害菌起到拮抗作用。

2. 定植抗力与生态占位

动物胃肠道的原籍种群能抑制其他外来微生物在肠道中定植和增殖，这就是定植抗力。这种定植抗力的产生是因为体内微生物与致病菌竞争肠道上皮的吸附位点而产生的。如果这些吸附位点被有益微生物占据，病原微生物就会被排斥。

3. 分泌抑菌物质，抑制有害细菌生长

乳酸杆菌能产生细菌素、类细菌素拮抗物质和其他具有抑菌作用的代谢物(过氧化氢、有机酸等)。嗜酸乳杆菌和发酵乳杆菌产生的细菌素对乳杆菌、片球菌、明串珠菌、乳球菌和嗜热链球菌有抑制作用。枯草杆菌能产生分枝杆菌素、杆菌溶素及杆菌肽等，对病原菌有较强的抑制作用。

4. 微生物夺氧作用

在动物胃肠道微生态系统内，正常环境下厌氧菌所占比例约为 99%，需氧菌仅占 1%，当微生物添加剂中的需氧细菌进入动物胃肠道，会迅速繁殖，消耗胃肠道内的氧气，使胃肠道内氧分子浓度下降，氧化还原电势下降，促进厌氧菌的生长，使厌氧菌的数目保持在较高的水平，从而维持胃肠道内微生物群落之间的生态平衡，提高定植抗力，达到防治疾病的目的。

5. 膜菌群屏障作用

在动物饲料中添加有益微生物可以竞争性抑制病原体富集到胃肠道壁上，起到屏蔽作用，阻止致病菌的定植与入侵，保护动物体免受感染。

6. 增强机体免疫功能，提高抗病能力

微生态制剂能促进肠道相关淋巴组织处于高度反应的应激状态，可以刺激肠道内免疫细胞分化增殖，增加局部抗体的数量和巨噬细胞的活力。同时也可产生非特异性调解因子，进一步增强免疫功能。另外，对于生长发育中的幼龄动物，微生态制剂可促进免疫器官的发育与成熟。研究表明，乳酸菌可诱导机体产生干扰素、白细胞介素等细胞因子，通过淋巴循环活化全

身的免疫防御系统，增强机体抑制癌细胞增殖。

7. 产生多种酶类促进动物消化，提高日粮的利用率

某些种类的益生菌能产生多种酶类，能促进动物对营养物质的消化吸收。枯草芽胞杆菌和地衣芽胞杆菌具有较强的蛋白酶、淀粉酶和脂肪酶活性，同时分泌降解植物饲料中复杂碳水化合物的酶(果胶酶、葡聚糖酶、纤维素酶等)，其中很多酶是哺乳动物不具有的。因此，利用芽胞杆菌制剂可增强动物消化酶的活性，能够促进动物生长。

(三)微生态制剂的应用

微生态制剂根据应用对象不同分为植物微生态制剂、动物微生态制剂和人微生态制剂等几大类。其中动物微生态制剂具有天然无毒、无副作用、安全、多功效、无残留、不污染环境等优点，已得到广泛应用。欧美各国和日本已广泛用于饲料添加，形成了微生态制剂产业。美国规定准许饲喂的微生态制剂有 43 种，年使用量 8 000 t 以上。日本年销售量在 1 000 t 以上。我国农业农村部 2013 年发布《饲料添加剂品种目录(2013)》明确了我国在动物养殖中允许添加的益生菌种类为地衣芽胞杆菌、枯草芽胞杆菌、两歧双歧杆菌等 29 种(详见表 13-1)。从事活性微生物饲料添加剂开发应用的企业大约有 400 家。2013 年微生物饲料添加剂年销售额大约 20 亿人民币。微生态制剂主要应用在猪、禽、反刍动物和水产动物的养殖中。

表 13-1 《饲料添加剂品种目录(2013)》

类别	微生物种类
养殖动物	地衣芽胞杆菌、枯草芽胞杆菌、两歧双歧杆菌、粪肠球菌、屎肠球菌、乳酸肠球菌、嗜酸乳杆菌、干酪乳杆菌、德式乳杆菌乳酸亚种(原名：乳酸乳杆菌)、植物乳杆菌、乳酸片球菌、戊糖片球菌、产朊假丝酵母、酿酒酵母、沼泽红假单胞菌、婴儿双歧杆菌、长双歧杆菌、短双歧杆菌、青春双歧杆菌、嗜热链球菌、罗伊氏乳杆菌、动物双歧杆菌、黑曲霉、米曲霉、迟缓芽胞杆菌、短小芽胞杆菌、纤维二糖乳杆菌、发酵乳杆菌、德氏乳杆菌保加利亚亚种(原名：保加利亚乳杆菌)
青贮饲料、牛饲料	产丙酸杆菌、布氏乳杆菌
青贮饲料	副干酪乳杆菌
肉鸡、生长育肥猪水产养殖动物	凝结芽胞杆菌
肉鸡、肉鸭、猪、虾	侧孢短芽胞杆菌(原名：侧孢芽胞杆菌)

1. 在养禽业中的应用

提高蛋鸡的产蛋率和蛋品质。司振书报道了微生态制剂加入蛋鸡饲料中的应用效果，试验组的料蛋比明显降低，且观察到 50 日龄及 380 日龄时，血清中新城疫血凝抑制抗体效价比对照组分别高出 25.81%和 25.42%，肠道发病率和死淘率明显降低。同时可降低雏鸡腹泻等肠道疾病的发生率，提高雏鸡成活率、日增重及饲料报酬，还能改善肉仔鸡肌肉表观性能及风味指标、提高肉鸡的日增重和饲料利用率，增强机体免疫力。

2. 在养猪业中的应用

大量试验证明，在猪饲料中添加微生态制剂，能有效改善饲料的利用率，提高猪的生长速

度及生产性能，改善猪肉品质。仔猪使用微生态制剂可以提高仔猪成活率，促进仔猪生长，防止仔猪腹泻，母猪使用后，可控制母猪阴道炎的发生，降低母猪便秘率，减少母猪助产次数，提高养猪业的经济效益。

微生态制剂还可以改善家畜的饲养环境，消除养殖环境污染，降低舍内有害气体浓度，减少苍蝇和寄生虫。潘永荣等研究认为，益生菌中的枯草芽胞杆菌可在动物大肠中产生氨基氧化酶、氨基转移酶及分解硫化物的酶，可以将臭源吲哚化合物完全氧化，将硫化物氧化成无臭、无毒的物质，从而降低血液及粪便中的有害气体浓度。

3. 在养牛业中的应用

(1)改善牛的生产性能　微生态制剂能够增加反刍动物的采食量，尤其是对粗饲料的采食量，能够避免出现能量负平衡，提高奶牛产奶量。反刍动物瘤胃内环境的变化，对瘤胃纤维素分解菌影响很大，给反刍动物饲喂微生态制剂，可以刺激瘤胃纤维素分解菌和乳酸菌的大量增殖，提高反刍动物对饲料的消化和利用能力，提高反刍动物对干物质的采食量。研究表明反刍家畜饲用微生态制剂能加快肉牛和羊的增重速度。

(2)治疗和预防牛的某些疾病　微生态制剂能提高反刍动物的免疫力，增强抗病力，可用于治疗和预防某些疾病。给奶牛饲料中添加微生态制剂能提高抗热应激的能力。微生态制剂可以补充动物由于应激时益生菌已失去平衡或将要失去平衡的微生物群落，来达到预防和治疗的目的。用微生态制剂治疗奶牛子宫内膜炎取得了显著的疗效，并对防治奶牛隐性乳腺炎具有一定效果。

(3)增加犊牛成活率　新生反刍动物肠道菌群容易受到破坏，添加产酸的乳酸菌类微生态制剂，可以促进瘤胃发育、提早断奶和调节瘤胃的 pH。能预防和治疗新生反刍动物的消化不良和下痢。用微生态制剂作为代乳品饲喂犊牛，能降低犊牛死亡率，并提高日增重和饲料转化率。

4. 在水产养殖业中的应用

(1)提供营养物质，促进生长　微生态制剂本身含有大量的营养物质，生长过程中产生营养物质；代谢过程中产生的酶可促进食物的消化和吸收；产生维生素，加强营养代谢，提高饵料转化率。Douille 等将细菌 CA2 作为饲料添加剂投喂太平洋牡蛎幼虫，促进了幼体的生长。其原因可能是 CA2 为幼体提供了藻类中没有的必需营养元素，或者产生可存进幼体食物消化过程的酶，从而促进了幼体生长。

(2)刺激免疫系统，提高免疫力　益生菌是良好的免疫激活剂，能提高免疫细胞的活性，增强宿主的免疫力和抗病能力。Austin 发现微藻 *Tetraclmis succia* 能产生一种水溶性的抗菌物质，对常见的鱼类病原菌(如嗜水气单胞菌、液化沙雷菌等)有抑制作用，进一步研究发现葡聚糖和其他活性物质起到了增强动物非特异性抗病能力的作用。

(3)改善养殖生态环境　近年来，国内外已报道微生物制剂对淡水养殖水体中氮、磷元素具有较强的去除能力，如采用光合细菌、硝化细菌、诺卡菌和假丝酵母等去除养殖水体高浓度氨氮。王秀林等使用微生态制剂净化养殖水体技术的试验取得了很好的经济效益，特别是可以显著抑制细菌性鱼病的发生，从而减少甚至避免抗生素类药物的使用，大大提高了水产品的质量安全。

(4)对有害蓝藻有防治作用　现已发现多种溶藻细菌、蓝藻噬菌体和真菌能裂解藻类营养细胞或破坏细胞。李雪梅等将EM应用于藻型富营养化的湖泊水体中，结果表明有效微生物群对水体的透明度、叶绿素a含量的改善有明显的效果，水中的溶解氧含量和水体的透明度上升。

二、微生态制剂的分类

目前养殖生产中用到的微生态制剂根据组成成分，分为单一菌制剂和复合菌制剂。单一菌制剂是由一种菌制备而成，如乳酸菌制剂、枯草芽胞杆菌制剂、双歧杆菌制剂、粪链球菌制剂等；复合菌制剂是由两种以上菌种组成的复合菌剂，主要成分为正常菌种中的优势种群及其生长促进物质。

按微生物种类划分，大致可分为以下几类。

1. 乳酸菌类制剂

用于乳酸菌是多种动物消化道中主要的共生菌，目前应用的主要有乳酸肠球菌、嗜酸乳杆菌、干酪乳杆菌、德式乳杆菌乳酸亚种（原名：乳酸乳杆菌）、植物乳杆菌、乳酸片球菌、纤维二糖乳杆菌、发酵乳杆菌、德氏乳杆菌保加利亚亚种（原名：保加利亚乳杆菌）等。该类制剂为厌氧或微需氧，有较强的耐酸性。但耐热性差，65～75℃条件下即可死亡，饲料颗粒化过程中瞬间高温即可将其杀死。由于生产技术、工艺水平所限，导致该产品贮存期短，质量不稳定，进而影响了饲喂效果。

乳酸菌在肠道内无害定植，能抑制病原菌生长繁殖，合成维生素，促进食物消化，帮助营养吸收，促进代谢，克服食物腐败。乳杆菌在防治动物腹泻中的效果十分明显，当腹泻动物的正常菌群发生紊乱时，口服乳酸杆菌后，腹泻得以治愈。乳酸菌产生一种细菌素，能有效地抑制枯草芽胞杆菌、葡萄球菌的生长。此类菌制剂种类繁多，是应用较早的活菌制剂。

2. 芽胞杆菌制剂

目前应用的主要有地衣芽胞杆菌、枯草芽胞杆菌、迟缓芽胞杆菌、短小芽胞杆菌、凝结芽胞杆菌、侧孢短芽胞杆菌等。

芽胞杆菌制剂是一种需氧的非致病菌，以内孢子的形式存在于肠道微生物群落中，是益生菌常用的菌种之一。该类菌具有耐酸、耐盐、耐高温、耐挤压等特点，在饲料加工制粒，以及通过动物胃肠道的过程中具有较高的稳定性，并且具有很强的蛋白酶、脂肪酶、淀粉酶的活性，能降解植物性碳水化合物和植物性饲料中某些复杂的化合物，产生具有拮抗肠道致病菌的多肽类物质。

芽胞杆菌在肠道中主要通过生物夺氧维持肠道生态平衡，在肠道内消耗大量氧气，维持肠道厌氧环境，增强厌氧菌的定植抗力。此外，芽胞杆菌可以将淀粉转化为单糖，然后再由肠道中的乳酸菌将单糖转化为乳糖，降低肠道内的pH，从而达到抑制病原菌的作用。

3. 双歧杆菌制剂

目前应用较多的有婴儿双歧杆菌、长双歧杆菌、短双歧杆菌、青春双歧杆菌、动物双歧杆菌。

双歧杆菌是寄生在人、动物小肠下段的重要菌群，起着维护微生态平衡的作用。双歧杆菌从出生一次性获得，终生携带，仔畜出生后2 d开始定植，之后增长迅速，第4～5天占优势，6～8 d则建立了以双歧杆菌占绝对优势的菌群，此后随着生长日龄的增加菌群数量会发生变化，呈先减少后稳定的趋势。成年动物肠道内双歧杆菌的数量呈优势状态。研究表明该菌具有促进动物机体生长、发育，增强机体免疫力，调节肠道菌等作用。随着研究的不断深入，研究者发现双歧杆菌还具有抑制肿瘤、抑制衰老的作用。TURRONI 等研究发现，双歧杆菌对细胞因子具有诱生作用，可促进 B 细胞的增殖，参与免疫调节。SINGH 等先将氧化偶氮甲烷注射大鼠体内，再用双歧杆菌喂食后发现，诱癌蛋白 ras-p21 被抑制表达，结肠癌发生率明显降低，双歧杆菌喂食患结肠癌的大鼠，发现双歧杆菌具有抗肿瘤的作用。Verena 等将含有乳酸双歧杆菌牛乳添加至人体肠道细胞 DNA 的培养基中，可使肠道细胞避免氧化损伤，具有延缓肠道衰老的作用。

双歧杆菌的这些生理功能使其成为微生态制剂研究的热点。但双歧杆菌目前的应用并不广泛，原因有几个方面：首先，双歧杆菌属于严格厌氧菌，对生产条件要求苛刻，生产过程中如无法保持厌氧环境，则会导致发酵失败。此外，与乳酸菌相比，双歧杆菌对营养成分要求高而复杂，培养基中含有生长素或酵母素才能生长，加大了菌种的培养难度。双歧杆菌尚无法在常温下长时间保藏，造成产品中双歧杆菌活菌浓度低，从而影响了双歧杆菌的产业化进程，限制了双歧杆菌制剂在生产中的应用。

4. 光合细菌制剂

光合细菌广泛分布于自然界的土壤、湖泊和江海中，具有独特的光合作用，在自然界物质循环中起着重要作用。在水产养殖中，能够降解水中的亚硝酸盐、硫化物等有毒物质，光合细菌还含有丰富的蛋白质、维生素、微量元素，富含丰富的生理活性因子(辅酶 Q10、促生长因子、抗病活性因子等)。实现充当饵料、净化水质、预防疾病、作为饲料添加剂等功能。此外，光合细菌在水中繁殖时释放酵素，能抑制病原菌的生长。光合细菌制剂还具有独特的抗病、促生长功能，大大提高了生产性能，在应用方面显示了巨大的潜力。在净化水质、鱼虾养殖、畜禽饲养、有机肥料及新能源的开发方面有着广阔的应用前景。

5. 真菌及酵母菌复合制剂

主要有产朊假丝酵母、酿酒酵母、黑曲霉、米曲霉。其培养物可为动物提供丰富的蛋白质和多种 B 族维生素，能帮助消化，刺激有益菌的生长，抑制病原微生物的繁殖，提高机体免疫力和抗病力，对防治畜禽消化道系统疾病起到有益作用。

在多糖偏酸的环境中生长，但耐热性差，60～70℃ 1 h 即可死亡。酵母菌与真菌、细菌等其他微生物互生、共生培养，产物经处理后可以作为饲料调节剂、粗饲料的发酵剂、治疗剂以及营养剂，能有效促进畜禽对饲料的消化、吸收，治疗消化道系统疾病和泌尿系统感染。

三、微生态制剂菌种的要求

微生态制剂菌种筛选是产品质量的关键因素之一。在微生物种群中，可用作微生态制剂的菌种很多。美国(FDA)规定了 40 多种菌种作为微生态制剂的研发菌株，我国农业农村部也列出了包括嗜酸乳杆菌、芽胞杆菌、粪链球菌、酵母菌等 34 种微生物，这些菌种的生理特性均已被深入研究，并在实际应用中表现出良好的生产性能。

1. 菌种来源于土著菌群

选育菌种时，应尽量选用来自该动物的正常菌群(即土著菌群)，这样才能最大限度地发挥其益生作用，正常菌群进入动物体内较易存活，并能与致病菌抢夺附着点。虽然也有很多微生物(如芽胞杆菌等)非正常菌群,其共生作用与正常菌群有所不同,它们更多的是消耗肠内的氧气,造成不利于致病菌生存的环境。另外产生酶和维生素等代谢产物,起到促进动物生长的作用,也常被用作微生态制剂的菌株。

2. 菌种不应具有病原性

作为微生态制剂,非病原性是筛选菌种的首要条件,即使促生长或其他生产性能良好,但具有病原性一定不予考虑。因此,必须确定所选菌株的安全性,并且对该菌种可能的代谢产物进行系统的研究。

3. 菌种理化性质稳定

用于制备微生态制剂的菌种必须具有较好的稳定性,主要指对特定环境的耐受力,如温度、湿度、酸度、机械摩擦和挤压以及室温条件下的存贮时间等。菌种稳定性的高低直接关系到微生态制剂的使用效果。对饲用微生态制剂,必须经受饲料加工过程中高温的考验,所以菌种对温度的稳定性显得尤为重要。此外,饲料的保存时间、饲料中的矿物质和不饱和脂肪酸也会影响益生菌的活力。

4. 适合规模化生产

用作微生态制剂生产的菌种应适合大规模培养,这样才能有效降低生产成本。特别筛选那些在体内外繁殖速度快,生长条件粗犷,以较短时间形成高生物量的菌种,同时对菌种的生理特性进行系统的研究,探索菌种生长的最适生长条件。

四、影响微生态制剂使用效果的因素

在微生态制剂的使用过程中,宿主动物正常菌群的组成、用药程序、动物年龄、制剂类别等都可影响到微生态制剂的作用效果,应予以注意。此外,微生态制剂多数为活菌制剂,其存活率的高低也影响制剂的使用效果。

1. 菌种的影响

(1)细菌种类的影响　不同种类的益生菌对使用动物具有宿主特异性,因此在选用微生态制剂时,要根据动物种类不同选择合适的益生菌。

(2)活菌数目的影响　微生态制剂是活菌制剂,必须含有规定数量的活菌数才能取得预期的效果。目前,我国正式批准生产的微生态制剂中,对含菌数量及畜禽用量有明确规定。在贮存和使用过程中都要保证活菌数目。微生态制剂在贮存时采取低温干燥,尽量减少活菌的死亡数目;环境的 pH 也会影响活菌制剂的活性,除乳酸菌能耐受一定的酸性环境外,其他微生物最适 pH 是中性;随着保存时间的延长,活菌数量也会不断下降,下降速度因微生物种类不同而有差异;在饲料的加工过程中,高温、高压、蒸汽都会影响益生菌制品的活菌数目。

未开封使用的微生态制剂应保存在干燥、凉暗的地方,适宜的保存温度为 5～15℃。未用完的微生态制剂应存放在干燥、凉暗的环境,同时要特别注意密封,因为空气中的氧气能导致微生态制剂中厌氧菌死亡。微生态制剂不论开启与否,均不宜长时间存放,存放的时间越长,活菌的数目越少,其功效越差或失效。

2. 动物的影响

不同种类的微生态制剂对宿主有一定的特异性,因此,在选择微生态制剂时,应根据动物种类进行选择。即使是同一种类动物，处于应激状态下的动物使用微生态制剂效果明显优于正常状态下的动物；当动物处于幼龄期时，体内微生态平衡尚未完全建立，抵抗疾病的能力较弱，此时使用微生态制剂，可较快地进入体内，并迅速占领附着点，微生态制剂的使用效果最佳。因此，在动物出生后尽早添加微生态制剂效果较好。

3. 使用方式的影响

(1)使用方式和剂量　同样剂量条件下，饮水使用的生物效果较好。

(2)与抗生素的配伍　在微生态制剂的使用过程中，与抗生素的协同使用，可更好地发挥微生态制剂的作用。抗菌药物的杀菌作用十分明显，可以弥补微生态制剂在治疗上的不足。可以在动物发病期，先选用针对性较强的抗菌药物杀灭或抑制致病微生物的繁殖，控制疾病的蔓延。但抗生素在杀灭致病菌的同时，会对动物体内正常菌群也具有杀伤作用，此时应及时补充微生态制剂，通过其独特的益生作用，使紊乱的肠道菌群平衡得到恢复。

对微生态制剂的效果应合理看待。微生态制剂提倡的是正常微生态平衡的维护，这是一个长期的工程，必须在动物的日常养殖过程中不断给予补充，方能起到预期效果。目前人们还仅仅把它作为一种生物调控手段，如用作疾病防治剂，因其治疗效果还难以和化学药物相比，仅作预防使用，当养殖动物出现突发性病症，还需通过化学药物加以控制。因此，在微生态制剂的使用过程中，应全面了解微生态制剂的作用机理和产品特性，正确对待其作用效果。

五、微生态制剂使用时存在的问题

微生态制剂已经在生产实践中得到了广泛的应用，并取得了一定的效果，但在生产实践中仍然存在许多问题，需要进一步的改进和完善。微生态制剂使用中主要存在如下问题。

1. 定植困难

微生态制剂中的活菌主要是体外培养产物，竞争力不强，难以定植，往往成为匆匆过客。动物肠道内的微生物系统是经过数亿年生物进化的结果，是平衡的完美体系，特别是成年动物更是比较稳定，不容易被外源性体系所替代。此外，有益活菌对宿主的定植有种属特异性，从某一动物分离的细菌，只对该类动物有较强定植性，对其他动物则不易定植。

2. 竞争力不强

微生态制剂的繁殖速度处于劣势，一株致病大肠杆菌 24 h 可以增殖成 43 亿菌的群体，而微生态制剂中的活菌增殖速度远远达不到这个数量，较难形成群体优势。

3. 抵抗灭活作用不强，不耐久存，不耐高温

大多数有益活菌适宜的 pH 为 6.0～7.0，通过 pH 低于 6.0 的胃酸环境时易被灭活。另外，消化道内的胆汁对有益活菌也有灭活作用，从而使微生态制剂中的菌株不能定植肠道内，所以微生态制剂中的菌株通过胃及小肠后，数量大量减少，活力严重削弱，发挥作用有限。

在饲料加工过程中，温度达 80～100℃时，大量不耐热的活菌会被杀死。在运输和贮存过程中也会导致微生态制剂失去活性，降低生物活性作用。随着保存时间的延长，微生态制剂中的活菌数量不断减少，活力逐渐减弱。

因此最好是对微生态制剂处理后添加，目前微胶囊技术是保护菌体活力较为有效的方法，可将菌体与外界不良环境分开，减缓制粒过程中温度和压力的影响；微胶囊使微生态制剂形成

固体颗粒，有利于在预混料中的均匀分布，也有利于贮存和运输；采用肠溶性壁材后，能防止胃液的破幻，使更多的菌体到达肠道，发挥作用。

4. 菌种种类较少

目前使用的微生态制剂菌种种类不多，只有芽胞杆菌、乳酸杆菌、双歧杆菌等菌种，其他菌种制剂仍有待于进一步研究。

（陈晓月）

第二节　免疫增强剂

免疫增强剂也称为免疫促进剂或免疫刺激剂，是生物制品的重要类别，能够非特异性加速或加强免疫应答反应的诱导，主要用于提高动物的免疫功能，增强动物机体的抗感染能力。在此类制品中，有的可激活一种或多种免疫活性细胞，增强机体特异性和非特异性免疫功能；有的具有佐剂作用，增强抗原的免疫原性，加速诱导免疫应答反应；有的可替代体内缺乏的某些免疫活性成分，产生免疫代替作用；有的对机体的免疫功能可产生双向调节作用，使过高或过低的免疫功能趋于正常。兽医临床上，在动物免疫力低下或传染病流行期间使用该类制剂是必要的；但对于可造成免疫病理反应的病原感染则应慎用。

一、免疫增强剂的标准

世界卫生组织（WTO）规定了免疫增强剂的五项标准，即化学成分明确、易于降解、刺激作用适中、无致癌及致突变作用、无毒性及不良反应。

二、免疫增强剂的分类

1. 按其来源分类

①微生物及其提取物，如卡介苗、脂多糖、香菇多糖等。

②动物免疫系统产物，如胸腺素、转移因子、干扰素、白介素等。

③化学合成药物，如左旋咪唑、聚肌胞苷酸等。

④中草药或其提取物，如人参、黄芪、黄芪多糖、海藻多糖等。

⑤其他，如蜂花粉、铝佐剂、蜂胶等。

2. 按其作用机制分类

①免疫佐剂：是指先于抗原或与抗原物质混合或同时注入动物体内，能非特异性地改变或增强机体对抗原物质的特异性免疫应答和发挥辅助作用的一类物质。

②免疫替代剂：用来代替某些具有免疫增强作用的生物因子的生物制品。按其作用机制可分为提高巨噬细胞吞噬功能的药物，提高细胞免疫功能的药物，提高体液免疫功能的制品等；按其作用性质又可分为特异性免疫增强剂和非特异性免疫增强剂；按其来源则可分为细菌性免疫增强剂及非细菌性免疫增强剂。

③免疫恢复剂：是指能够增强机体被抑制的免疫功能，但对正常免疫功能影响作用不大的生物制品。

3. 按其组成材料分类

主要包括矿物质类、维生素类、氨基酸类、中草药类、植物多糖类、寡糖类、微生物制剂类、微生物提取物类、免疫佐剂、细胞因子类、激素或激素样物质类、核酸制剂类、化学合成类等（表13-2）。

表 13-2　免疫增强剂按组成材料的分类及举例

序号	类别	举例
1	矿物质类	硒、锌等
2	维生素类	维生素 A、维生素 C、维生素 E 等
3	氨基酸类	精氨酸、亮氨酸等
4	中草药类	白勺、芦荟、当归、黄芪、紫锥菊等
5	中草药多糖类	黄芪多糖、海藻多糖、灵芝多糖、猪苓多糖等
6	寡糖类	甘露寡糖、果寡糖
7	微生物制剂类	卡介苗、短小棒状杆菌苗、乳酸菌、草分枝杆菌类等
8	微生物提取物类	β-葡聚糖、肽聚糖、脂多糖、霍乱毒素 B 亚单位、香菇多糖等
9	免疫佐剂	铝佐剂、蜂胶、脂质体佐剂、弗氏佐剂等
10	细胞因子类	干扰素、转移因子、白细胞介素、免疫球蛋白等
11	激素或激素样物质类	生长激素、胸腺素等、胸腺喷丁等
12	核酸制剂类	多(聚)核苷酸、双链聚核苷酸、免疫核糖核酸等
13	化学合成类	左旋咪唑、西咪替丁、雷咪替丁、新鱼腥草素钠、咪喹莫特、匹多莫德、二硫卡钠、异丙丙肌苷、叠氮美克、乌苯美司、替洛隆、聚腺尿核苷、聚肌胞核苷等
14	其他	蜂花粉、丙种球蛋白、热休克蛋白、聚肌胞、甘草甜素、蛋白多肽等

三、常用的免疫增强剂

1. 硒

硒是机体最重要的微量元素，是多种酶的活性中心，其作用是广谱的，在生命活动中起到抵御疾病、防止衰老、增强机体免疫功能，从而达到平衡机体的作用。硒能够促进抗体的产生，从而增强机体抗病的能力。试验证明，硒和维生素 E 能促进抗体的形成，硒能加强小鼠的免疫反应。给免疫后小鼠饲喂含硒 1～3 mg/kg 的日粮，IgG 的水平明显升高；而日粮中硒低于此浓度时，IgG 的水平则低。有人将亚硒酸钠加到新城疫疫苗，鸡在免疫后的凝集抗体效价显著高于对照组。

2. 维生素

维生素除了在发育和代谢中发挥重要功能外，还在免疫功能中起到关键性的作用。维生素A缺乏的小鼠胸腺萎缩，胸腺淋巴细胞减少，脾脏质量减轻，脾淋巴细胞减少。维生素B科增进免疫系统和神经系统的功能，促进细胞生长和分裂。维生素D在体内最终被转化为有较强生物活性的1,25-二羟维生素D3，经血液循环运送到各个靶器官发挥作用；研究表明维生素D是一种新的神经内分泌－免疫调节激素，对细胞免疫具有重要的调节作用。维生素E是机体所必需的主要脂溶性维生素，是血浆脂蛋白、细胞膜和细胞器的抗氧化剂；对机体产生的免疫增强作用，可能是通过降低前列腺素的合成和/或减少自由基的形成而实现的。维生素C也是一种重要的抗氧化剂，常与维生素E协同产生抗氧化作用，还能刺激干扰素(IFN)生成，使正常细胞产生抗病毒蛋白(AVP)阻止病毒mRNA翻译，免遭病毒侵袭。

3. 微生物制剂

卡介苗为减毒的牛型结核杆菌，可非特异地改变机体产生免疫反应的能力，一般可分为活菌苗和死菌苗两种。卡介苗含有多种发挥免疫增强作用的物质，但功效不尽相同。到目前为止，已提取出的组分主要包括卡介苗素、卡介苗多糖、卡介苗胞壁酰二肽、卡介苗细胞壁骨架和卡介苗甲醇提取残余物等。其中，卡介苗素和卡介苗为良好的巨噬细胞激活剂，卡介苗胞壁酰二肽和卡介苗细胞壁骨架具有免疫佐剂的功效，卡介苗甲醇提取残余物则对人类恶性黑色素瘤具有良好的治疗效果。

灭活的草分枝杆菌主要通过影响机体的免疫应答反应来对免疫功能发挥调节作用，从而达到治疗疾病的目的。其作用机制包括：①增强特异性细胞免疫功能，促进淋巴细胞转化与增殖以及各种细胞因子的产生；另外还可显著增强NK细胞的活力；②增强Th细胞活性，促进B细胞生长因子和B细胞分化因子的分泌，进而刺激B细胞的增殖和分化；③促进单核－巨噬细胞的功能和代谢，诱导内皮细胞和单核巨噬细胞产生集落刺激因子，促进骨髓多能干细胞以及巨噬细胞的前体增殖。

4. 左旋咪唑

左旋咪唑为一种免疫恢复剂，有利于恢复巨噬细胞或T细胞功能的减退，而对免疫功能正常的机体无效。左旋咪唑对免疫系统的作用：提高机体产生抗体的水平；增加IgA含量；促进免疫细胞的增殖和成熟，加强其吞噬和趋化功能，诱导机体产生细胞因子；增强巨噬细胞功能，激活和提高补体活性。

5. 中草药多糖

已经发现从中草药中提取的多糖具有增加抗体产生，促进细胞因子的分泌，提高机体的细胞免疫和体液免疫功能。例如，黄芪多糖是黄芪的天然活性成分之一，可显著提高机体的细胞免疫和体液免疫功能，是黄芪发挥作用的决定性因素之一。姜黄素是从姜黄中提取得到的主要有效成分，具有免疫调节作用。

6. 干扰素

干扰素(IFN)是一组由单核巨噬细胞和淋巴细胞等产生的细胞因子，其本质是糖蛋白，具有广谱的抗病毒作用以及调节免疫功能等多种生物活性，目前主要分为三类，即α-IFN(白细胞型)、β-IFN(成纤维细胞型)和γ-IFN(淋巴细胞型)。IFN并不直接杀伤或抑制病毒，而主要是通过诱导正常细胞产生抗病毒蛋白，从而抑制病毒的复制；同时IFN还可增强NK细胞、巨噬细胞和T细胞的活力，从而起到免疫调节作用，并增强抗病毒能力。

7. 转移因子

转移因子(TF)是从致敏淋巴细胞中提取的一种不耐热的低分子多肽与核苷酸复合物,具有传递免疫信息、激发免疫细胞活性、调节免疫功能、增强机体非特异性细胞免疫功能等作用,被誉为 T 细胞活性的触发剂、细胞免疫的增强剂和调节剂、干扰素产生的启动剂。TF 具有相对分子质量小、无毒性、无抗原性以及可超越种系界限应用等优点,是一种广泛应用的免疫增强剂。

8. 胸腺肽

胸腺肽(又名胸腺素)是胸腺组织分泌的一组具有非特异性免疫效应的小分子多肽,具有免疫调节活性,且作用无种属特异性。胸腺肽主要参与免疫调节,具有调节和增强细胞免疫功能的作用,例如能促使有丝分裂原激活后的外周血中的 T 细胞成熟,增加 T 细胞在各种抗原或致有丝分裂原激活后各种淋巴因子(如 IFN、IL-2 IL-3 等)的分泌。此外,还可影响 NK 前体细胞的趋化。

9. 白细胞介素

白细胞介素(interleukin,IL)是由多种细胞产生并作用于多种细胞的一类细胞因子,其分子结构和生物学功能已基本明确,具有重要调节作用。IL 最初是在白细胞中发现的细胞因子,所以由此得名,现仍一直沿用。IL 在传递信息,激活与调节免疫细胞,介导 T、B 细胞活化、增殖与分化及在炎症反应中起重要作用。由于 IL 是免疫系统功能调节的重要细胞信号,因此是重要的免疫调节剂。

10. 核酸制剂

核苷酸一类由嘌呤碱或嘧啶碱、核糖或脱氧核糖以及磷酸三种物质组成的化合物,是生物体的基本成分。核苷酸是核糖核酸的基本组成单位,故核糖核酸又称多聚核苷酸。临床上使用的免疫核糖核酸是从被免疫机体的淋巴细胞或淋巴组织中提取的核糖核酸,可传递细胞免疫和体液免疫的信息,具有超越种属界限传递免疫功能的特点。研究表明,当机体缺乏核苷酸时,免疫细胞的数量减少,免疫细胞的活性下降,抗体的形成也明显下降,而补充核苷酸则有利于恢复免疫细胞功能和抗体的产生。

(成大荣)

复习思考题

1. 试述微生态制剂的概念及作用机制。
2. 简述我国目前使用的微生态制剂的种类及其特点。
3. 微生态制剂的菌种应满足哪些基本要求?
4. 影响微生态制剂使用效果的因素有哪些?
5. 试述免疫增强剂的概念与标准。
6. 免疫增强剂有哪些分类方法?每种方法里包括哪些种类?
7. 列举兽医临床常用的免疫增强剂。

参考文献

陈溥言.兽医传染病学[M].6版.北京:中国农业出版社,2015.

冯忠武.动物生物疫苗[M].北京:化学工业出版社,2007.

姜平.兽医生物制品学[M].3版.北京:中国农业出版社,2015.

Jeffrey J. Zimmerman 主编.猪病学[M].10版.赵德明主译.北京:中国农业大学出版社,2014.

李国清.兽医寄生虫学(中英双语)[M].2版.北京:中国农业大学出版社,2015.

陆承平.兽医微生物学[M].5版.北京:中国农业出版社,2013.

宁宜宝.兽用疫苗学[M].北京:中国农业出版社,2008.

单虎,李明义,沈志强.现代兽用兽药大全——动物生物制品分册[M].北京:中国农业出版社,2008.

索勋,李国清.鸡球虫病学[M].北京:中国农业大学出版社,1998.

王学明,车清明.畜禽饲料添加剂及使用技术[M].北京:中国农业大学出版社,2016.

文心田,罗满林.现代兽医兽药大全——动物常见传染病的防制分册[M].北京:中国农业大学出版社,2009.

中国兽药典委员会.中国兽药使用指南—生物制品卷(2010年版)[M].北京:中国农业出版社,2011.

中国兽药典委员会.中国兽药使用指南—生物制品卷[M].北京:中国农业出版社,2011.

中国兽药典委员会.中华人民共和国兽药典(三部)(2015年版)[M].北京:中国农业出版社,2016.

中国兽药典委员会.中华人民共和国兽药典三部(2010年版).北京:中国农业出版社,2011.

中国兽医药品监察所,农业部兽药评审中心.兽用生物制品质量标准汇编(2009)[M].北京:中国农业出版社,2000.

中国兽医药品监察所,农业部兽药评审中心组.兽用生物制品质量标准汇编(2010年)[M].北京:中国农业出版社,2011.

中国兽医药品监察所,农业部兽药评审中心组.兽用生物制品质量标准汇编(2011)[M].北京:中国农业出版社,2012.

中华人民共和国农业部.中华人民共和国兽用生物制品质量标准[M].北京:中国农业科学技术出版社,2001.

中华人民共和国兽用生物制品制造与检验规程,2008.

朱荫昌,吴观陵,管晓虹.血吸虫感染免疫学[M].上海:上海科学技术文献出版社,2008.

潘永荣,张俊峰,蒋运友.微生态制剂在养猪生产中的应用[J].现代畜牧兽医,2010(8):34-35.

曾凡龙,郭鄂平,王燕,等.旋毛虫体外培养研究[J].医学动物防制,2003,19(3):151-152.

陈羽琪，南文龙，秦立得，等. 三种不同灭活方法对新城疫病毒血凝和 RT-PCR 试验结果的影响[J]. 中国兽药杂志，2016(9)：11-14.
陈蕞，陈建华. 乳酸菌表达系统在生化药物研发中的应用[J]. 药学进展，2008(12)：529-535.
邓桦，杨鸿，刘玉清，等. 免疫增强剂硒对雏鸡免疫功能的影响[J]. 中国兽医学报，2001，21(1)：96-98.
杜德伟. 动物微生态制剂的生产研究现状及发展前景[J]. 中国畜牧杂志，2006，17(42)：51-53.
杜鹏飞，关贵全，刘爱红，等. 牛巴贝斯虫体外培养体系的建立[J]. 中国兽医科学，2012，42(8)：771-775.
范丹斗. 血浆蛋白分离及病毒灭活的新进展[J]. 国外医学. 预防. 诊断. 治疗用生物制品分册，2001(4)：170-173.
黄翠琴，陈宁，邹丰才，等. 猪蛔虫不同发育期幼虫的收集方法研究[J]. 热带医学杂志，2006，6(5)：487-498.
霍萍萍，张聪敏，赵宝华. 单链抗体制备技术及应用的研究进展[J]. 细胞与分子免疫学杂志，2011(10)：1154-1156.
孔君，刘箐，韩跃武，等. 单克隆抗体制备技术的最新进展及应用前景[J]. 免疫学杂志，2011(2)：170-173.
孔君，刘箐，韩跃武，等. 单克隆抗体制备技术的最新进展及应用前景[J]. 免疫学杂志，2011，27(2)：170-173.
雷晓军，雷江红. 微生态制剂在养猪业中的应用效果[J]. 畜牧与饲料科学，2013，34(7)：41-42.
梁国栋. 最新分子生物学实验技术[M]. 北京：科学出版社，2001：336-354.
林彩琴，姚波. 数字 PCR 技术进展[J]. 化学进展，2012(12)：2415-2423.
蔺俐仲，徐春志，靳朝. 免疫胶体金技术及其在兽医临床上的应用[J]. 动物医学进展，2007，28(2)：106-109.
刘娟娟，殷国荣. 弓形虫包囊体外培养的研究进展[J]. 国外医学寄生虫病分册，2005，32(6)：243-246.
刘晓攻，沈金芳. 免疫增强剂的分类介绍及评价[J]. 药物流行病学杂志，2007，16(3)：145-149.
盛嘉元，张绪，郑强，等. 无细胞蛋白表达系统新进展及在生物制药工程中的应用[J]. 生物工程学报，2014(10)：1491-1503.
舒黛廉，邢钊. 牛病毒性腹泻—黏膜病(BVD-MD)研究进展[J]. 中兽医学杂志，2004(3)：38-41.
宋宏新，薛海燕. 鸡抗传染性法氏囊病卵黄抗体的 ELISA 及琼脂扩散检测[J]. 中国兽医杂志，2005(1)：11-12.
宋世荣，李良荣，王秀琴，等. 环形泰勒虫裂殖体感染细胞培养技术的改进[J]. 中国兽医科技，1999，29(11)：30-31.
王志勇，张循善，王明丽，等. 维生素 B2 作为光敏剂灭活病毒的实验研究[J]. 安徽医科大学学报，2006(1)：71-73.
吴家泉，刘爱君. 微生态制剂对母猪和仔猪生产性能的影响[J]. 中国饲料添加剂，2012(11)：19-21.

胥振国,蔡玉华,刘修树,等.双歧杆菌研究进展及应用前景[J].中国生物制品学杂志,2017,30(2):215-220.
胥振国,蔡玉华,刘修树,等.双歧杆菌研究进展及应用前景[J].中国生物制品学杂志,2017,30(2):215-220.
张京,张中庸,李靓如.日本血吸虫细胞体外培养实验研究[J].中国病原生物学杂志,2009,4(1):74-75.

张树栋.鸭肠炎病毒主要囊膜糖蛋白复合表位的制备及间接 ELISA 方法建立和初步应用[D].哈尔滨:东北农业大学,2015.

张泽英,袁宗辉.兽药人工抗原合成的研究进展[J].中国兽药杂志,2006(5):44-47.

张振兴,陈闻,李玉峰,等.兽用抗体制品制造技术与应用[J].经济动物学报,2007(2):63-67.

周洁,白木.毛皮动物主要传染病疫苗及最新研究进展[J].经济动物学报,2001(4):53-56.

庄金秋,梅建国,王玉茂.卵黄抗体在毛皮动物疾病防治中的应用[J].中国动物保健,2015(7):31-32.

Babiuk L,Campos M. Respiratory vaccines for farm animals[M]//PETERS A R. Vaccines for veterinary applications. Butterworth-Heinemann Ltd ,1993:102-107.

Douillet P A, Langdon C J. Use of a probiotic for the culture of larvae of the Pacific oyster (*Crassostrea gigas* Thunberg) [J]. Aquaculture, 1994,119:25-40.

Dudda-Subramanya R,Lucchese G,Kanduc D,et al. Clinical applications of DNA microarray-analysis[J]. J EXp Ther Oncol,2003,3(6):297-304.

Ejtahed H S,Mohtadi-nia J,Homayouni-rad A,et al. Probiotic yogurt improves antioxidant status in type 2 diabetic patients [J]. Nutrition, 2011,28(5):539-543.
Ejtahed H S,Mohtadi-nia J,Homayouni-rad A,et al. Probiotic yogurt improves antioxidant status in type 2 diabeticpatients[J]. Nutrition,2011,28(5):539-543.
Ko K Y,Ahn D U. Preparation of immunoglobulin Y from egg yolk using ammonium sulfate precipitation and ion exchange chromato-graphy[J]. Poult Sci,2007,86(2):400-407.

Kritratanasak S,Chiampanichayakul S,Kasinrerk W. Production of IgY anti-mouse IgG antibodies from chicken eggs[J]. Asian Pac J Allergy Immunol,2004,22(1):61-68.

Lee J S, Pushko P, Parker M D,et al. Candidate vaccine against botulinum neurotoxin serotype A derived from a Venezuelan equine encephalitis virus vector system. [J] Infection and Immunity, 2001, 69(9):5709-5715.

Pensaert M, Van Reeth K. Vaccines for swine[M]//PETERS A R. Veterinary Vaccinology. The Netherlands:Elsevier Science B. V,1997.

Schwarzkopf C,Staak C,Behn I,et al. In Chicken egg yolk antibodies,production and application:IgY technology[J]. Immunisation,2000:25-64.

Singh J,Rivenson A,Tomita M,et al. *Bifidobacteriumlongum* ,a lactic acid-producing intestinal bacterium inhibits colon cancer and modulates the intermediate biomarkers of colon arcinogeneses [J]. Carcinogenesis, 1997,18(4):833-841.

Sunwoo H H,Wang W W,Sim S. Detection of *Escherichia coli* O157 : H7 using chicken immunoglobulin Y[J]. lmmunol Lett,2006,106(2):191-193.

Thimmalapura N D, Fatimah M Y, Mohamed S. Changes in bacterial populations and shrimp production in ponds treated with commercial microbial products[J]. Aquaculture, 2002,206:245-256.

Turroni F,Taverniti V,Ruas-madiedo P,et al. *Bifidobacterium* bifidum PRL2010 modulates the host innate immune response[J] Appl Environ Microbiol,2013,80(2):730-740.

Van Coillie E,De Block J,Reybroeck W. Development of an indirect competitive ELISA for flumequine residues in raw milk using chicken egg yolk antibodies[J]. J Agric Food Chem,2004,52(16):4975-4978.

Yamazaki S,Kaneko T,Taketomo N, et al. Impact of lactic acid bacteria on oxidative DNA damage in human derived colon cells [J]. Food Chem Toxicol,2008,46(4):1221-1229.